Anton Friedrich Busching

Neue Erdbeschreibung

Anton Friedrich Busching

Neue Erdbeschreibung

ISBN/EAN: 9783741102301

Hergestellt in Europa, USA, Kanada, Australien, Japan

Cover: Foto ©Klaus-Uwe Gerhardt /pixelio.de

Manufactured and distributed by brebook publishing software
(www.brebook.com)

Anton Friedrich Busching

Neue Erdbeschreibung

D. Anton Friderich Büschings,
Kön. preußl. Oberconsistorialraths, und Directors des
Gymnasii im grauen Kloster zu Berlin,

neue

Erdbeschreibung

Des fünften Theils
erste Abtheilung,
welche
unterschiedene Länder von Asia
begreift.

Groß sind die Werke des Herrn

Mit Röm. Kaif. und Churf. Sächf. wie auch der hochlöbl. Eidgenof-
senfch. Zürich, Glarus, Basel, Appenzell und der löbl. Reichs-
städte Gallen, Mühlhausen und Biel Freyheiten.

Vorrede.

An mir liegt nicht die Schuld, daß seit 1760 keine Fortsetzung meiner Erdbeschreibung ans Licht getreten ist. Meine Neigung zu dieser Arbeit ist sehr groß; und mein Verlangen, sie zu endigen, und alsdenn immer mehr zu verbessern, ist noch größer. Seitdem ich aber den vierten Theil zum erstenmal ausgegeben habe, sind meine äußern Umstände so stark und oft verändert worden, und dieser Arbeit so wenig günstig gewesen, daß ich sie zu meiner Betrübniß habe liegen lassen müssen. Es müssen bey dieser Arbeit überaus viele Bücher in vielerley Sprachen zur Hand seyn, durchgelesen, und critisch miteinander verglichen werden. Dazu gehöret Gelegenheit, Muße, Bequemlichkeit und zusammenhangende Zeit. An

allen

* 2

allen diesen Vortheilen hat es mir gefehlet. Zu
St. Petersburg konnte ich nur den Auszug aus
den ersten vier Theilen meines Werks endigen,
gute Nachrichten von einigen Gegenden Asiens
sammlen, und die allgemeine Einleitung zu Asien
ausarbeiten, welche schon 1763 gedruckt worden
ist. Mehr verstattete die ungeheure und mich be-
täubende Menge und Mannichfaltigkeit meiner
dasigen Geschäffte nicht. Als ich 1765 wieder in
Deutschland und zu Altona ankam, griff ich die
Arbeit von neuem begierig und muthig an: es
kostete mir aber ein jeder gedruckter Bogen über
acht volle Tage, und mancher Abschnitt, als, die
Beschreibung des Gebirges Libanon, S. 244-
256 über sechs volle Wochen, und Palästina einige volle Monate. Auf solche Weise konnte ich
zu Altona nicht weiter, als bis zu dem Bogen Ee
kommen. Hierauf hat die Arbeit wieder eine geraume Zeit ruhen müssen, und es ist unmöglich
gewesen, daß ich hier zu Berlin im ersten Jahr
meines Aufenthalts hätte Ruhe und Zeit dazu
gewinnen können. Ich war bis an Arabien gekommen, und ich wünschte gar sehr, dieses unbekannte Land bekannter zu machen. Wer mich
aber in meinen täglichen Geschäfften und Unruhen siehet, der muß mir bezeugen, daß mein hiesiger mir sonst angenehmer Zustand für die Geographie gar nicht vortheilhaft sey, weil er mir
keine Zeit dazu verstattet. Es gehet mir dieses
nahe, ich kann es aber nicht ändern, und muß
also alle diejenigen, welche mich so oft öffentlich
und

Vorrede.

und besonders an die Fortsetzung und Vollendung meiner Erdbeschreibung erinnert haben, inständig bitten, daß Sie eben dieselbe Geduld haben mögen, welche ich in Ansehung dieser vieljährigen Arbeit lernen muß.

Ich weiß wohl, daß ich mir dieselbige sehr leicht machen könnte, wenn ich dem Beyspiel aller derjenigen folgen wollte, welche bis auf jetzige Zeit Geographien geschrieben haben. Dadurch aber würde nicht nur keiner meiner Leser, sondern auch mein eigenes Gemüth nicht befriediget werden. Auch diejenige allgemeine Geographie, welche mit der größten Mühe ausgearbeitet wird, ist ein fehler- und mangelhaftes Werk: was ist denn von einer solchen zu urtheilen, welche auf die leichteste Weise zu Stande gebracht wird? Ohne Zweifel halten viele dafür, daß es jetzt nicht schwer mehr sey, Asia, Africa und America zu beschreiben, nachdem die allgemeine Historie der Reisen zu Wasser und zu Lande, eine Sammlung aller Reisebeschreibungen gemacht, auch in der allgemeinen Welthistorie und des Abts Massy neuern Geschichte der Chineser, Japanen, rc. von vielen Ländern geographische Abhandlungen geliefert worden. Es ist aber das erst genannte große Werk für einen wahren und fleißigen Erdbeschreiber noch lange nicht hinlänglich, sondern er hat weit mehrere Hülfsmittel nöthig: und über die Brauchbarkeit des geographischen Theils der letztgenannten Werke, können

* 3   nen

nen diejenigen, welchen daran gelegen ist, selbst
urtheilen, wenn sie sich die Mühe geben wollen,
meine Arbeit mit denselben zu vergleichen.

Die Wahrheit zu sagen, so sind alle vorhandene Hülfsmittel zur vollkommenen Beschreibung
von Asia, Africa und America unzulänglich, so
groß auch ihre Menge ist. Ich besitze selbst eine
ganze Bibliothek von Reisebeschreibungen, und
von Beschreibungen einzelner Länder und Oerter
dieser drey Theile des Erdbodens, und sammele
noch immer, um nach und nach alle Bücher zusammen zu bringen, welche davon vorhanden
sind, der vielen hundert Landcharten, welche ich
schon davon habe, nicht zu gedenken. Es reichen
aber alle diese Bücher und Charten nicht zu, um
eine richtige und hinlängliche Beschreibung von
diesen Theilen der Erde zu liefern. Das erste
Stück meiner Beschreibung von Asia, welches
jetzt ans Licht tritt, zeiget zwar deutlich genug,
wie unbekannt uns die Erdbeschreiber aller Völker die darinn beschriebenen Länder bisher gelassen
haben: es ist aber keinesweges so beschaffen, wie
ich wünsche, daß es seyn möchte. Ich habe die
Fehler und Mängel meiner Hülfsmittel, und
also auch meiner durch dieselben zu Stande gebrachten Arbeit, unaufhörlich empfunden, und
offenherzig angezeiget, bin auch oft fast muthlos
dabey geworden. Es tröstet und ermuntert mich
aber nicht nur die Betrachtung, daß alle mensch-
liche Werke unvollkommen sind und bleiben, sondern

dern vermuthlich auch diese, daß meine mühseli-
ge Arbeit etwas merkliches zur Verbesserung und
Vergrößerung unserer Kenntniß, dieser auswärtigen Länder beytragen könne und werde. Sie ist
der Kern aus einer großen Anzahl Bücher, welche
aufs mühsamste mit einander verglichen worden.
Sie kann künftigen Reisenden viele Mühe erspa-
ren, aber auch verursachen. Sie wird ihnen
zum Wegweiser dienen, sie wird sie aber auch zu
unzähligen Untersuchungen veranlassen, auf welche sie sonst vielleicht nicht gekommen seyn würden.
Und wenn sie denn auch auf jeder Seite vieles
ausstreichen und vieles hinzusetzen werden, so hat
doch meine Arbeit einen meiner Absicht gemäßen
Nutzen gehabt. Sie dienet jetzt schon zur Be-
antwortung, oder doch wenigstens zur Erläuterung mancher von des Herrn Hofraths Michaelis gelehrten Fragen, an eine Gesellschaft gelehrter Männer, die auf Befehl des Königs
von Dännemark nach Arabien geschicket worden. Der Urheber derselben, einer der größten
Gelehrten unserer Zeit, hat in seiner Vorrede
selbst gemuthmaßet, „daß die Antwort auf man-
„che seiner Fragen hin und wieder in Büchern,
„sonderlich in Reisebeschreibungen, versteckt lie-
„ge:„ und so ist es auch. Eine völlige Beant-
wortung aller seiner Fragen, wird Herr Michaelis weder von mir, noch selbst von den Reisenden, für welche sie zunächst bestimmt gewesen, und
also auch nicht von dem Herrn Ingenieur-Haupt-
mann Niebuhr erwarten. Für künftige Rei-

sende

sende ist eine jede Zeile meines Buchs eine Frage, und insonderheit wünsche ich, daß Reisende
ihre Aufmerksamkeit auf dasjenige richten mögen,
was ich ausdrücklich entweder als unbekannt,
oder als ungewiß angegeben habe. Zunächst
warte ich mit Sehnsucht auf des Herrn Nie-
buhrs Reisebeschreibung, welche gewiß eine der
wichtigsten seyn wird.

Aufmerksame Leser, und vornehmlich diejenigen, welche meine Arbeit mit andern Geographien
zu vergleichen belieben, werden bald gewahr
werden, daß in diesem meinem Buch keine aus
einigen Büchern geschwind zusammen getragene,
sondern vielmehr lauter sehr mühsam gesammlete
und beurtheilte Nachrichten vorkommen. Damit sie die Quellen derselben wissen mögen, so
habe ich sie fast bey allen Artikeln angegeben, wo
solches aber, vornehmlich im Anfang, nicht geschehen ist, da kann die folgende Anzeige der gebrauchten Bücher, diesen Mangel ziemlich erse-
tzen. Ich habe bey dieser Arbeit auf folgende
Weise gehandelt. Zuerst habe ich allen Reisebeschreibungen, von welchen ich gewußt, daß
sie von einem Lande viele oder wenige Nachricht
gäben, und welche ich entweder selbst besitze, oder
geliehen bekommen können, in Ansehung der
Länder, welche ich beschreiben wollen, in chrono-
logischer Ordnung sehr aufmerksam durchgelesen, ihre Nachrichten unter einander verglichen,
und diejenigen, welche zu meiner Absicht nöthig
und

und dienlich gewesen, erwählet. Hierauf habe
ich die von einzelnen Ländern und Oertern vorhandenen besondern Beschreibungen und Nachrichten zu gleichem Zwecke gebraucht. Alsdenn
habe ich die morgenländischen geographischen
Nachrichten, welche Herbelot, Asseman, Schultens und andre gesammlet und heraus gegeben
haben, insonderheit aber die gedruckten Schriften
des Scherif Edrisi, und Abulfeda, gebraucht.
Nachmals habe ich die alten griechischen Erdbeschreiber, und die besten neuern Schriftsteller von
der alten Geographie, einen Bochart, einen Reland und einen Cellarium, nachgeschlagen, um
die alte Geographie, so weit meine Absicht es
verstattete, mit anzubringen. Wenn ich denn
zuletzt noch neue Geographien und geographische
Abhandlungen von denen Ländern, welche ich
schon beschrieben hatte, angesehen, so habe ich
in denselben niemals etwas gefunden, das mir
nöthig und brauchbar gewesen wäre. So ist
mein Verfahren im Großen beschaffen gewesen.
Der kleinen Anmerkungen, welche mir vielerley
Schriftsteller an die Hand gegeben haben, ge-
denke ich hier nicht: ich habe dergleichen aber oft
genannt.

Die Rechtschreibung der Namen der Länder und Oerter, hat mir viele Schwierigkeit ver-
ursacht. Nicht nur die Reisebeschreiber und
überhaupt die Europäer, sondern auch die Morgenländer, sind in Ansehung derselben sehr von
einander unterschieden, und es ist mir oft recht

schwehr

schwehr geworden, einen und eben denselben Ort
unter den vielerley Namen, unter welchen er
bey den Schriftstellern vorkömmt, zu entdecken.
Damit nun diese Schwierigkeit andere nicht auf-
halte, so habe ich die mannichfaltige Schreibart
einerley Namens, wenn sie gleich fehlerhaft ist,
angeführet. Da ich mir zur Regel gemacht habe, die ausländischen Namen so zu schreiben,
wie ein Deutscher sie aussprechen muß: (eine
Regel, über deren Richtigkeit und Werth ich
mich jetzt nicht erklären kann, auch mit niemand
zu streiten verlange:) so habe ich auch bey allen
Namen hierauf gesehen. Ich muß mich aber
selbst anklagen, daß ich in dieser Absicht nicht ein-
förmig und übereinstimmig genug gehandelt habe, insonderheit im Anfang, welches billige Leser bey der großen Menge der Namen, gern
entschuldigen werden. Ein Hauptunterschied
meiner Schreibart, kömmt auf den arabischen
Buchstaben Dschim an, den die meisten durch
ein g ausdrücken, aber verlangen, daß man
dasselbige wie das französische g vor e und i aussprechen solle. Einige drucken ihn durch Dg, andere durch Sj, andere durch Gi, andere durch Tsch,
andere durch Dsch, aus. Ich halte es mit den
letzten. Es fehlet mir aber hier an Raum und
Zeit, um von der Verschiedenheit der Schreibart der ausländischen, insonderheit der morgenländischen Namen, meine Meynung ausführlich
vorzutragen: ich muß also diese Materie zu einer
besondern Abhandlung aussetzen.

Wegen

Vorrede.

Wegen Kürze der Zeit, zeige ich so gleich, aber auch nur ganz allgemein, die gebrauchten Bücher an.

Ueberhaupt gebrauche ich von Asia die Bibliotheque orientale, — par Mr. *d' Herbelot*, die Bibliothecam orientalem Clementino - Vaticanam von *Josepho Sim. Assemano*, und *Alb. Schultens* Indicem geographicum in vitam Saladini. Bey allen jüdischen Ländern in Asia habe ich gebraucht, die Histoire de l'Etât présent de l'Empire Ottoman - par Mr. *Ricaut. Busbequii* legationis Turciae epistolam primam, *Smithi* Notitiam septem Asiae ecclesiarum, Voyage — du Levant par *Wheler*, Voyage – — du Levant par *Spon* et *Wheler*, P. della Valle Reisebeschreibung, Thevenots Reisen, Voyages de *Tavernier*, Paul Lucas Reisen, Voyages de *Corneille le Bruyn*, Relation d'un Voyage du Levant - par *Tournefort*, Richard Pococks Beschreibung des Morgenlands, Voyage en Turquie - par Mr. *Otter*, den Auszug aus den Reisen Alexander Drummonds im ersten Bande des berlinischen Auszugs aus den besten und neuesten Reisebeschreibungen, Extrait d'un Voyage par Mr. *des Mouceaux*, beym fünften Theil der Reisen von le Bruyn, Schillingers persianische und ostindianische Reise, *Joh. Cotovici* Itinerarium Hierosolymitanum, *Charles Thompson* Travels, Reisen en Opmerkingen van den Heer van *Boullaye de Gouz*, Hasselquists Reise nach Palästina, Nouveaux Memoires des Missions, Beschryving van gantsch Syrie en Palestyn — door

Dap-

Vorrede.

Dapper, **Thomas** Shaws Reifen, The Natural hiftory of Aleppo by Alex. *Ruffel*, *Relandi* Palaeftina, *Willem Alb.* Bachiene Heilige Geographie, Reyß - Buch des heiligen Landes, zwey Theile, in welchem die Reifebeschreibungen von Alexander, Pfalzgrafen bey Rhein, Bernhard von Breitenbach, Felix Fabri, Albrecht Grafen zu Löwenstein, Wormser, Stephan von Gumpenberg, Melchior von Seydlitz, Johann von Ehrenberg, Johann Tucher, Joh. Helfrich, Rudolph, Bruder Brocard, enthalten find, welche ich noch nicht besonders besitze: P. Angelicus Maria Myller Reiß-Beschreibungen, Breuning von und zu Brochenbach orientalische Reyß, Reizen — gedaan door *Joh. Aegidius van Egmond van der Nyenburg en Joh. Heyman*, hierosolymitanische Reyse und Wegfahrt des Fürsten Nic. Chrift. Radzivili, Christoph Fürers von Haimendorf Reißbeschreibung, Siebenjährige — — Weltbeschauung des Georg Christoph von Neitzschitz, der chriftliche Ulyffes — fürgestellt in der denkwürdigen Bereisung des heiligen Landes — — von Christoph Harant Freyherrn von Polschnitz, wahrhaftige Reisebeschreibung Hieronymi Welschens, Neue Jerosolymitanische Pilgerfahrt durch Ignatium von Rheinfelden, Leonharti Rauwolfen Beschreibung seiner Raiß, *Petri Belonii* obfervationes, Le voyage de la Terre fainte par *Doubdan*, Le voyage de Hierufalem par *Bernard*, Relation iournaliere du

voyage

Vorrede.

vóyage de Levant, faict et decrit par *Henry de Beauvau*, des Herrn von Arvieux merkwürdige Nachrichten, Itinerarium Orientale *Philippi a S. Trinitate*, auch die deutsche Ausgabe unter dem Titul, orientalische Raisebeschreibung, Voyages de *Monconys*, Jonas Kortens Reise nach dem gelobten Lande, Franz Ferdinand von Troilo orientalische Reisebeschreibung, Otto Fridr. von der Gröben orientalische Reisebeschreibung, Sal. Schweiggers Reyßbuch nach Constantinopel und Jerusalem, Cosmographie de Levant par *Thevet*, Sandys Reise, Het bereysde Oosten door *Stochove*, Voyage d'Alep à Jerusalem par *Maundrel*, *Johannis de Montevilla* curieuse Reißbeschreibung, Voyage nouveau de la Terre sainte par *Nau*, Voyage fait à la terre sainte par *Ladoire*, Henrich Myrike Reise nach Jerusalem und dem Lande Canaan, Voyage du Mont Liban par *Dandini*, Voyage de Syrie et du Mont Liban par *de la Roque*, Voyage dans la Palestine par *de la Roque*, Hieronymus Scheidt Beschreibung der Reise nach dem gelobten Lande, Voyages de *Texeira*, Voyage des Indes orientales par *Carré*.

Zur Beschreibung des Theils von Armenien, welchen die Türken besitzen, und Georgiens, habe ich noch besonders gebraucht, die Relation de l'Armenie par le *Monier*, *Mosis Chorenensis* historiae armeniacae libros tres, Voyages du Chevalier *Chardin* en Perse, Noord en Oost Tartarye — door *Nicolas Witsen*, das allerseltenste Buch, Mül-

Vorrede.

Müllers Sammlung russischer Geschichte, Band 7. Essay sur les troubles actuels de Perse et de Georgie par de *Peyssonel.*

Meine Abhandlung von Syrien und Palästina war schon gedruckt, als 1766 Herr Prof. Köhler *Abulfedae* Tabulam Syriae ans Licht stellete, ich habe auch bey angestellter Vergleichung gesehen, daß aus derselben für meine Abhandlung zwar eine kleine, aber nicht sehr erhebliche Nachlese angestellt werden könne.

Zur Beschreibung von Arabien, haben mir außer den oben angeführten Werken von Herbelot, Asseman, Schultens, und außer vielen schon genannten Reisebeschreibungen, welche ich in der Abhandlung fleißig anführe, annoch gedienet, die eben angeführte *Abulfedae* Tabula Syriae, Herrn Prof. Reiskens lateinische Uebersetzung von *Abulfedae* Annalibus Moslemicis, einige Reisen in denen von *Ramusio* gesammleten Navigationi et Viaggi, les voyages du Sieur *le Blanc,* de *Zee-en Land - Reise* van *Lud. di Barthema,* Journael van de Reysen ghethaen door *Thomas Roe,* Jürgen Andersens Reisebeschreibung, Thaten der Portugiesen unter dem Vice-König *Almayda,* des *Soliman Pascha* Reise von Sues nach Indien, Reisebeschreibungen von *Juan de Castro, Keeling, Middleton, Scharpey, Dounton* und *Saris,* im ersten Bande der Sammlung aller Reisebeschreibungen, vornehmlich

lich aber die so genannte Geographia Nubienſis von *Scherif Edriſi*, die ich der eingeführten Gewohnheit gemäß immer den Nubiſchen Erdbeſchreiber nenne, die Deſcription generale de l'Arabie faite par *Abulfeda*, bey der voyage dans le Paleſtine par de la Roque, und die voyage de l'Arabie heureuſe, welche auch *la Roque* herausgegeben hat. *Bocharts* Geographiam ſacram habe ich fleißig verglichen, auch des Herrn Hofraths *Michaelis* Fragen an eine Geſellſchaft gelehrter Männer, die nach Arabien reiſen, beſtändig vor Augen gehabt.

Ich habe vermuthlich noch unterſchiedene gebrauchte Bücher hier nicht genennet, weil ich mich ſo gleich nicht auf dieſelben beſinne; ihre Verfaſſer aber werden in meiner Abhandlung hin und wieder genannt. Weil ich alle Reiſebeſchreibungen ſammle, ſo werde ich dereinſt in meinem Magazin, ein vollſtändiges und critiſches Verzeichniß derſelben liefern.

Ich gedachte zwar, der Beſchreibung von Arabien eine umſtändliche Abhandlung von dem arabiſchen Meerbuſen beyzufügen: allein, die Nähe der Meſſe verſtattet es nicht. Es iſt auch alezeit mein Vorſatz geweſen, daß ich Aſia auf einmal und in einem Bande liefern wolle: weil ich aber gar zu wenig Zeit zu dieſer Arbeit habe, und es alſo noch ſehr lange währen möchte, ehe ich den ganzen Band zum Stande brächte:

ſo

Vorrede.

so habe ich lieber das Stück desselben, welches jetzt fertig ist, und daran seit vier bis fünf Jahren gedrucket worden, ans Licht stellen wollen, damit es nicht ganz veralten möge.

In Ansehung der Fortsetzung kann ich wegen der oben angezeigten Ursachen, nichts versprechen. Könnte ich hinlängliche Zeit dazu erhalten, so sollte sie bald erfolgen. Ich bitte meine Leser zum Beschluß, daß Sie das vor dem Register hergehende Verzeichniß der vielen Druckfehler, und die unter denselben gelieferten Zusätze und Verbesserungen, ja nicht übersehen mögen. Da es mir unbeschreiblich sauer geworden ist, dieses Stück des fünften Theils meiner Erdbeschreibung zum Stande zu bringen, so danke ich Gott für die dazu verliehenen Kräfte, und empfehle die Fortsetzung und Vollendung dieser Arbeit, seiner Vorsehung. Berlin, am 21sten April 1768.

Asia.

Asia.

A

Einleitung.

§. 1.

Der Haupttheil der Erde, welchen wir Asia
nennen, liegt unserm Europa gegen Morgen.
Beyde hängen zwar innerhalb des russischen
Reichs in einem Strich, der änige hundert geographische Meilen beträgt, zusammen: sie werden aber
weiter nach Süden zu durch unterschiedene Gewässer
von einander getrennet; nämlich durch den untern
Theil des Donstroms, den asowschen See, die Straße
von Caffa, das schwarze Meer, die Meerenge bey
Constantinopel, (welche vor alters der thracische Bosporus hieß), das Meer von Marmora, den Hellespont, und den Archipelagus. Auf eben dieser
Abendseite gränzet Asia noch ferner an das mittelländische Meer, an Africa, mit welchem Haupttheil
der Erde es durch die Landenge von Suez zusammenhängt, und an den arabischen Meerbusen, welcher fälschlich das rothe Meer genennet wird, wohl
aber ein Busen des rothen Meers ist. Gegen Mittag gränzet Asia an das offene Weltmeer, welches
die alten griechischen Erdbeschreiber, so weit es die
mittäglichen Küsten von Asia bespült, das rothe
Meer genennet haben, und zwar, wie Reland sehr
wahr-

wahrſcheinlich muthmaßet, aus eben derſelben Urſache, wegen welcher der hitzige Erdgürtel oder Erd-
ſtrich von griechiſchen und lateiniſchen Dichtern der
rothe Erdgürtel genennet wird, nämlich wegen der
ſtarken Sonnenhitze. Auf unſern heutigen Landcharten aber werden die nächſten Gegenden dieſes
Weltmeers von den anliegenden Ländern benennet,
als, das arabiſche Meer, das perſiſche Meer,
und das indiſche Weltmeer, von welchem der
bengaliſche Meerbuſen wieder ein Theil iſt. Gegen Morgen wird Aſien von dem Theil des offenen
Weltmeers eingeſchloſſen, welchen man das Südmeer nennet, und der es von America ſcheidet. Die
Gegend deſſelben, an welche China gränzet, wird
überhaupt das chineſiſche Meer, ſonſt aber, in
Anſehung dieſes Reichs, das ſüdliche Meer, das
öſtliche Meer, und das gelbe Meer genennet. Die
nördlicheren Gegenden des Südmeers heißen von denen daran liegenden Ländern das koreiſche Meer,
das kamtſchatkiſche Meer, und das anadiri-
ſche Meer. In der Gegend der letzteren nähern
ſich Aſia und America einander ſo ſehr, daß ſie endlich etwas weiter gegen Mitternacht oder um die Gegend des nördlichen Polarkreiſes nur durch eine Meerenge oder ſogenannte Straße getrennet werden, welche man ehedeſſen die Straße Anian nannte, und
die das Südmeer mit dem Eismeer verbindet, von
welchen Aſia gegen Mitternacht umgeben iſt. Eben-
gedachte Meerenge iſt nach dem Eismeer zu nicht
breit; es liegt auch in derſelben eine Inſel, von welcher man bey klarem Wetter das feſte Land von America ſehen kann. Von den Tſchukotſchoi Noß kann

man

man in Kähnen von Seehundfellen in einem halben
Tage nach gedachter Insel, und von dieser in einem Tage
nach dem angezeigten festen Lande rudern; mit deſſen
Einwohnern die Tſuktſchi öfters Krieg führen. Aus
dem bisherigen erhellet, daß nur ein Theil der Abendseite von Asia mit festem Lande zusammenhängt, der
größte Theil desselben aber mit Wasser umgeben ist.

§. 2. Es iſt mehr als viermal größer wie
Europa; denn seine Größe beträgt ungefähr
641,000 geographiſche Quadratmeilen, davon faſt
⅓ zum ruſſiſchen Reich gehören.

§. 3. Die Herleitung und Bedeutung des Namens Aſia, kann nicht zur Gewißheit gebracht werden: er iſt aber zu unterſchiedenen Zeiten bald einem
kleinern, bald einem größern Strich Landes beygeleget worden. In der eingeſchränkteſten und engſten
Bedeutung iſt in dem Theil des kleinen Aſiens, welcher jetzt Natolien genennet wird, und zwar in dem
alten Lydien die Gegend am Fluß Cayſtro und Berge.
Tmolo, vor Alters Aſia genannt worden: ja es iſt
auch eine Stadt dieſes Namens daſelbſt geweſen.
Die Römer haben den Theil des kleinen Aſiens, welcher zwiſchen dem 36 und 41ſten Grad der Breite und
zwiſchen dem 44 und 50ſten Grad der Länge (von der
Inſel Ferro an zu rechnen) liegt, das eigentliche
Aſien genennet, und von demſelben iſt das lydiſche
Aſien, deſſen Apoſtelgeſch. 16, 6. gedacht wird, wieder ein Theil geweſen. Das Land zwiſchen dem Archipelago auf der einen, und dem Fluß Halys, und
Gebirge Taurus, auf der andern Seite, hieß das
dieſſeitige Aſien, im Gegenſatz des jenſeitigen,
darunter man das übrige bekannte Aſien verſtand.

Ent-

Endlich ist die ganze Halbinsel, welche gegen Norden vom schwarzen Meer, gegen Westen von der Meerenge bey Constantinopel, von dem See Marmora, Hellespont und Archipelago, und gegen Süden von dem mittelländischen Meer umgeben ist, klein Asia, oder Anatolien, das ist, das Morgenland, nämlich in Ansehung Europa, und insonderheit der Stadt Constantinopel, und alles übrige zwischen Europa und Africa belegene, und den Römern bekannt gewesene Land, groß Asien genannt worden. Was heutiges Tages Asia heißt, und oben (§. 1.) nach seinen Gränzen beschrieben worden, ist den Griechen und Römern kaum dem vierten Theil nach bekannt gewesen.

§. 4. Asia liegt größtentheils zwischen der Mittellinie (dem Aequator) und dem nordlichen Polarkreise; doch erstrecket sichs in Ansehung der Inseln auf 10 Grade über die erste gen Süden, und über den letzten bis auf den 78sten Grad gegen den Nordpol. Es gehört also der größte Theil desselben zum gemäßigten, ein kleiner Theil zum hitzigen, und der kleinste Theil zum kalten Erdgürtel. Daß die nordliche Hälfte dieses Haupttheils der Erde im Winter sehr kalt ist, rühret nicht allein von ihrer nordlichen Lage, sondern auch daher, weil sie aus lauter zusammenhangendem Lande besteht, welches durch kein Meer unterbrochen, ja, seinen innern Gegenden nach, fern vom Meer ist. Asia hat viele und große Striche Landes, die, wo nicht ganz unfruchtbar, jedoch ungebauet sind. Nichts destoweniger ist es, wenn wir es im Ganzen betrachten, mit einer großen Menge und Mannichfaltigkeit wichti-

ger

ger natürlicher Güter versehen. Aus dem Pflan-
zenreich will ich weder die große Menge der heil-
samsten Kräuter, noch die Erd- und Baumfrüchte, welche allein zum Unterhalt und Vergnügen
der Einwohner dienen, anführen; ich will auch dessen nicht gedenken, daß Europa seine edelsten Fruchtbäume und den Weinstock aus Asia bekommen habe;
sondern ich will nur solche Producten nennen, welche
die Asianer an die Europäer in Menge verkaufen,
als: 1) Gewürze, nämlich Canel oder Zimmet,
Cordamomen, Cubeben, Gewürznägelein,
Ingber, Muscatennüsse, Muscatenblüten,
Pfeffer, Pistazien. 2) Apothekerwaaren, als:
Aloe, Balsame, Chinawurzel, Galanga
oder Galgant, Galäpfel, Gummi, Kampfer,
Kaßia, Manna, Myrrhen, Opium, Rha-
barbara, Weihrauch, und viele andere. 3) Farbe-
materialien, als: Indig, Curcume, Gummi
Gutta, Drachenblut, u. a. m. 4) Zur Speise
und zu Getränken, als: Sago, Caffee und Thee,
deren eigentliches Vaterland Asien ist. 5) Zu Manufacturen, Baumwolle. 6) An vorzüglichen Holz-
arten, als: Ebenholz, Sandelholz, Sapan-
holz. Aus dem Mineralreich führet Asia aus:
russisch Marienglas, schöne Halbedelgesteine,
und die vortrefflichsten Edelgesteine, von welchen
einige, als die Diamanten, Rubine, Sapphire,
und Smaragde, alle andere dieser Arten an Härte
übertreffen, Salpeter, Tinkal, oder natürlicher
Borax, Salmiac, Ambra, Gold, Kupfer,
Zinn, Zink, und Quecksilber. In Ansehung des
Thierreichs hat Asia nicht nur die Geschlechter der
Thiere,

Thiere, welche man in Europa findet, sondern auch viele besondere und vorzügliche Geschlechter und Arten. Z. E. 1) an vierfüßigen Thieren: die Argati, welche den Hirschen ähnlicher, als den Schafen, sind, aber zu keinem von diesen beyden Geschlechtern gehören; die weiße Kämelziege um Angora und Begbazar, von welcher das ungemein weiße und feine Kämelhaar kömmt; den Muskusbock, der am Nabel eine kleine Tasche, und in derselben einen klebrichten Saft von gutem Geruch hat; den Bezoarbock, in dessen Magen sich der Bezoarstein erzeuget; das Barbiroesa, das Nasenhorn, den Elephanten, das Kameel, die Panzerthiere, unter welchen der schönste Armodillo ist; die schwarzen, silberfarbigen, schneeweißen, und fliegenden Eichhörner, das Hermelin, den Zobel, das Stachelschwein mit hangenden Schweinsohren und den längsten Stacheln; den schwarzen Fuchs, das Zibetthier, den Hyäna, den Parder oder das Panterthier, den Tieger, den Löwen, Affen, die Seeotter, den Seebär, und den Seelöwen. 2) An Vögeln: den Straus, den Kasuar, Papagaien, u. a. m. An schalichten Thieren: Austern und Schnecken von ungeheurer Größe, und Muscheln. In Austern und Muscheln finden sich vortreffliche Perlen. Der Seidenbau ist in Asia sehr ansehnlich.

§. 5. Wahrscheinlicher Weise enthält alles gegen Norden von Persien, Hindistan und China gelegene Land, welches über die Hälfte von Asia ausmacht, nicht 10 Millionen Menschen. China und Japan sind zwar sehr volkreiche Staaten: allein, die übrigen länder

der

der des südlichen Asiens, sind entweder nur mäßig
oder gar schlecht bewohnt. Da nun die südliche
Hälfte von Asia etwa noch einmal so groß, als Europa ist; so glaube ich, daß sie auch nur noch einmal so viel Menschen, als Europa, enthalte, und daß
man die Zahl aller Menschen in Asia höchs-
stens auf 300 Millionen schätzen könne.

In Ansehung der Farbe der Asianer ist zu
merken, daß die, so unter der Linie wohnen, schwarz
sind; je weiter aber von der Linie ab gegen Norden
und Süden, je mehr steigt die Farbe aus dem Schwarzen ins Gelbe, und endlich ins Weiße.

§. 6. Die **Völker,** welche Asia bewohnen, sind man-
nichfaltig. Ich will sie in ein alphabetisches Verzeich-
niß bringen, damit man sie auf einmal übersehen könne.
Abalar, s. **Tataren.**
Abinzi, s. **Tataren.**
Abdollier, in Persien, werden für einen Stamm
    der Awganen gehalten.
Agem, Agemi, oder **Agiami,** heißen in der arabi-
    schen Sprache alle Völker, die nicht Amber sind.
    in einer engern Bedeutung werden die Perser also
    genannt. Es wird auch von gemeinen und un-
    wissenden Leuten gebraucht.
Akuschinzi, s. **Lesgi.**
Alanen, wohnen bey den Awchasi in den nächsten
    Gebirgen.
Andamaner, auf den Andamanischen Inseln, sind
    wilde Heiden.
Araber, haben sich aus Arabien, ihrem Vaterlande,
    auch in andere Länder ausgebreitet. Sie leben
    entweder in Städten oder im Felde, bloß in Ge-
                                            zelten.

zelten. Die letzteren werden Bedawi, oder
Bedewi, oder Beduinen genennet, und halten
sich für die edelsten. Die arabische Sprache ist
die Landessprache in Arabien, Syrien, Mesopotamien, am arabischen und persischen Meerbusen,
und in unterschiedenen afrikanischen Ländern, und
die gelehrte und gottesdienstliche Sprache unter
allen Völkern, die sich zu der muhamedanischen
Religion bekennen. Es ist aber die neue arabische
Sprache von der alten merklich unterschieden.

Arinzi oder Aralar, am Jenisei im krasnojar-
stischen Gebiete, sind meistens ausgestorben, oder
haben die tatarische Sprache angenommen. Ihre eigene Sprache wird noch geredet von den Kos-
towzi am Fluß Kan, von den Assanen am
Fluß Ussolka im Jeniseiskischen Gebiete, von den
Inbazkischen Ostiaken am Jenisei, und von
den Pumpokolischen Ostiaken am Fluß Ket.
Es machen also diese hin und her zerstreueten Völker in der That nur ein Volk aus.

Armenier, sind nicht allein in Armenien, sondern
auch in vielen andern asiatischen und europäischen
Ländern anzutreffen. Ihre jetzige Sprache weicht
von der alten armenischen, die mit der alten
ägyptischen verwandt ist, sehr ab. Sie sind theils
der armenischen, theils der römischkatholischen Kirche zugethan.

Assanen, s. Arinzi.

Awari, zwischen dem schwarzen und caspischen See,
haben ihre eigene Sprache und sind sunnische Muhamedaner.

Awchaszi, oder Awchasi, nicht Abasgi, auch nicht

A 5   Abkas

Abkassen, Abassen, wohnen neben den Tscherkassen, haben eine besondre Sprache, und sind
ehedessen Christen gewesen. Es sind noch Christen unter ihnen, welche georgianisch reden.

Awgani, haben vor alters insgesamt in Persien in
dem District Muschkur zwischen Derbent und Ba-
ku gewohnet, und sind armenische Christen gewesen: sie sind aber größtentheils von bannen wegge-
zogen, haben sich bey Candahar an der Gränze
von Hindistan niedergelassen und sind Muhamedaner. Die Abdollier, Baltscher, und Cligier,
sollen Stämme derselben seyn.

Awscharen, in Persien, in der Provinz Chorasan.

Atschani, am Fluß Amur, s. Natkani.

Bactiarier, in Persien, sind in 2 Stämme getheilet,
welche heißen Tschabarling und Eschling.

Badagys oder Badagas, die Einwohner von
Karnata, auf der diesseitigen Halbinsel Indiens.
Ihre Sprache ist eine Mundart der Tamulischen.
Sie sind Heiden.

Bajoten, in Churestan in Persien.

Baltscher, in Persien, und Hindistan, sollen ein
Stamm der Awganer seyn.

Barabinzen. s. Tataren.

Barmer, in Pegu und Ava.

Baschkiren, siehe Tataren. Sie gehören heutiges Tages zu den Tataren, werden aber von einigen für Nachkommen der alten Bulgaren gehalten.

Beddas auf Ceylon, sind Heiden.

Beduinen, s. Araber.

Begdeleer, s. Turkomannen.

Bogdoien, und Bogdoitsen, s. Mansuren.

Bornes

Bornesen, Einwohner der Insel Borneo, sind theils Muhamedaner, theils Heiden. Die mitten im Lande wohnen heißen Byayo.

Brazki, s. Kalmücken.

Bucharen, sind die Einwohner der Städte in der großen und kleinen Bucharey und in Chiwa. Sie nennen sich selbsten Sarti, das ist, Bürger, werden auch von den Tataren und Persern Tadsiken das ist, Bürger, genennet. Ihre Sprache ist Tatarisch. Sie sind sunnische Muhamedaner.

Burutten, s. Kirgisen.

Byayo, s. Bornesen.

Calinger, auf der diesseitigen Halbinsel Indiens, haben ihre eigene Sprache.

Canarinen, s. Kanarinen.

Chaitaki, an der caspischen See, und die über ihnen im Gebirge wohnenden Kara-Chaitaki, oder schwarze, das ist, schlechte Chaitaki, reden ihre eigene Sprache, die aber etwas mit der kumükischen übereinkömmt, und sind sunnische Muhamedaner

Chaldäer, oder Mendai, Jabia, welche grobes Chaldäisch oder Syrisch sprechen und schreiben, sonst aber auch die arabische Sprache reden, in der persischen Provinz Curdistan, in der Stadt Bassora, in dem kleinen Lande Kiumalava, und in andern unter persischer und türkischer Bothmäßigkeit stehenden Oertern. Sie werden auch Sanct Johannis Christen und Sabäer genennet: ihre Religion aber ist ein Mischmasch vom Heidenthum und Christenthum.

Chassu-Kumüki, s. Dagestaner.

Chazaren,

Chazaren, Einwohner der persischen Provinz
Astrabad.

Chineser, in der mansurischen, daurischen und tun-
gulischen Sprache Nikaner genannt, sind nicht
allein in China, sondern auch die Einwohner in
Kochin-China, Tongking, auf Java und den phi-
lippinischen Inseln, stammen aus China her.

Choschot, s. Kalmücken.

Cingalesen, s. Singalesen.

Cligier, s. Awgani.

Conganer, Einwohner von Cuncan, auf der diesseitigen Halbinsel Indiens, haben ihre besondere
Sprache.

Cosaken, nämlich die sibirischen, jaikischen, gre-
benskischen und semeinischen, im sibirischen,
orenburgischen und astrachanischen Gouvernement
des russischen Reichs, stammen ursprünglich von
den donnischen Cosaken ab.

Curden, in der persischen Landschaft Curdistan und
in Syrien, sollen ursprünglich Araber seyn. Ihre
Sprache kömmt der groben persischen am nächsten:
sie reden auch türkisch. Sie sind Muhamedaner.

Dagestaner, welche auch Kumüken genennet werden, in Dagestan, reden eine aus der tatarischen
und türkischen vermischte Sprache, und sind sunnische Muhamedaner.

Dargussier, in Persien.

Dauren, welche auch Solonen genennet werden,
und unter chinesischer Hoheit stehen, sind so, wie
die Mansuren, Abkömmlinge von den Tungusen,
wie die Verwandschaft der Sprache lehret. Unter diesem Namen werden auch die Dutscheri,
Natki und Giljaki begriffen. De-

Decaner oder Dacaner, in Decan oder Dacan, auf der diesseitigen Halbinsel Indiens, deren Sprache eine Hauptmundart der hindistanischen Sprache ist.

Dilemiten in Persien an der mittäglichen Seite des caspischen Sees oder in Gilan.

Drusen, Durzi, Truscen, in Syrien, sind schon vor den Kreuzzügen der Christen vorhanden gewesen: es haben sich aber nachher Franzosen von denen, welche Gottfried Bouillon nach Asien geführet, mit ihnen vereiniget. Sie sind Heiden.

Dschari oder Dschartali, s. Lesgi.

Dsongari, s. Kalmücken.

Eluten, s. Kalmücken.

Eschling, s. Bactiarier.

Franken, ist der allgemeine Name, mit welchem alle Europäer, die sich in Asien aufhalten, beleget werden.

Farsi, s. Parsi.

Ganimen, s. Marabtier.

Gauren oder Gebren, in Persien und Indien, nennen sich selbst Behendin, sind Heiden und haben eine besondere Sprache.

Georgianer, oder Grusiner, in Georgien oder Gurdistan, sind theils Christen, theils Muhamedaner, und reden eine besondere Sprache.

Giljäki, von den Chinesern Rupitarse genannt, in den untersten Gegenden des Flusses Amur.

Gnay, in der jenseitigen Halbinsel Indiens.

Goguli, am Fluß Amur.

Grasiaer, in Hindistan.

Grusiner,

Grusiner, s. Georgianer.

Hassaraier, in Persien.

Hinduer, Hindower, Indower, Hindi, In-
dianer, die alten und ursprünglichen Einwohner
in Indien oder Hindistan, sind auch in Persien.
Ihre Sprache hat viele persische, und in gottesdienstlichen Sachen auch arabische Wörter aufgenommen: sonst aber hat sie 3 Hauptmundarten,
nämlich die pädtanische, dacnische und hoch-
mogulsche.

Jakuten, s. Tataren.

Jangomas, auf der jenseitigen Halbinsel Indiens,
sollen einerley seyn, mit den Lanjeyanen.

Japaner, stammen vielleicht von den Tataren ab;
wie es denn scheint, daß ihre Sprache mit der tatarischen einige Verwandschaft habe. Sie sind
Helden.

Jasades, in Syrien, sind Heiden.

Javaner, auf der Insel Java, haben eine besondere Sprache.

Inbaki, oder Inbaskische Ostiaken, s. Arinzi.

Indianer, s. Hinduer.

Juden, sind in Asia weit und breit zerstreuet, und
reden die Sprachen der Länder, in denen sie sich
aufhalten.

Jukagiri, in der nordöstlichen Gegend von Asia, oder
Sibirien, nach dem Eismeer zu, haben ihre eigene Sprache.

Kacheti, zwischen der schwarzen und caspischen See,
sprechen georgianisch, auch eine aus der türkischen
und tatarischen vermischte Sprache, und sind größtentheils Muhamedaner, zum Theil aber Christen.

Kalischa,

Kalischa, oder Kalischaner, s. Tataren.

Kalkas, s. Mongolen.

Kalmücken, eigentlich Kalmack, ist der von einem Theil der Tataren aufgebrachte Name eines zahlreichen und mit den Mogolen der Herkunft und Sprache nach verwandten Volks; welches sich selbst nicht also, sondern nach seinem vornehmsten Stamm Oelöt nennet, sonst auch die Namen Uirät und der schwarzen Kalmücken bekömmt. Es besteht aus 4 Hauptstämmen, welche sind:

1) Die Oelöt oder Eluten, die von den Russen Sengorzi oder die dsongarischen Kalmücken von dem ehemals regierenden Geschlecht genennet werden, auch eine Zeitlang die contaischischen Kalmücken geheißen haben.

2) Die Bürät, von den Russen Brazki genannt, welche russische Unterthanen sind. Auf beyden Seiten des Sees Baikal in Sibirien.

3) Die Chöschot, in Tangut und an der chinesischen Gränze in der Gegend des Sees Kokonor, wovon auch viele unter den dsongarischen und törgötischen Kalmücken wohnen.

4) Die Törgöt, unter russischer Bothmäßigkeit im astrachanschen Gouvernement. Sie werden von den Chinesern To-eul-gut genennet.

Kamaschinzi, s. Samojeden.

Kambojer, auf der jenseitigen Halbinsel Indiens.

Kamtschedalen, welche sich selbst Itelmen nennen, von den beständigen Korjäki Nümylaha, von den herumstreifenden aber Chontschäla, und von den Kurilen Arutarunkur genennet werden, wohnen auf der Halbinsel Kamtschatka, sind Heiden,

den, und haben ihre besondere Sprache von zwoen stark unterschiedenen Mundarten, welche sie Kschaagschi und Tschupiagschi nennen.

Kara-Chaitaki, s. Chaitaki.

Karagassi, s. Samojeden.

Karakalpaken,
Kasatschia-Orda,
Kaschkar oder Kaschtar
Katschinzi,
} s. Tataren.

Kien, s. Mansuren.

Kirgisen
Kirgis-Kasaken
} s. Tataren.

Kochin-Chineser, auf der jenseitigen Halbinsel Indiens, stammen aus China her, und haben mit den Chinesern einerley Sprache und Religion

Korjäki, oder Koräki, wohnen um den penschinskischen Meerbusen, und beym Anfang der Halbinsel Kamtschatka. Ein Theil hat feste Wohnsitze, und heißt Tschäutschu, ein Theil aber ziehet umher, und nennet sich Tumúhutu. Ihre Sprache hat zwo Hauptmundarten. Von den Kurilen werden sie Tauchliuvan genennet. Die umherziehenden Korjáki nennen den Theil der ersten, welche am Fluß Olutora wohnen, Elutetat.

Kotowzi, s. Arinzi.

Kowlier, in der Provinz Gusurat in der dießseitigen Halbinsel Indiens.

Kubeschäuer, zu Kubescha in Ober-Dagestan, deren Vorfahren vermuthlich Europäer gewesen sind, haben ihre eigene Sprache und sind sunnische Muhamedaner.

Kumüken, s. Dagestaner.

Kurä́

Kurài und Kuràli, f. Lesgi.

Kurilen, welche sich selbst Ulivut Eeke nennen,
von den Koräken Kuinala, und von den Kamtschedalen Kuschin genennet werden, wohnen
theils auf dem festen Lande von Asia, den Kamtschedalen gegen Süden, theils auf den Inseln
zwischen Kamtschatka und Japan. Diese letzteren werden von den Kamtschedalen Hych-Ku-
schin, das ist, wahre Kurilen, und von den erstern Kurilena Jaúnkur genennet. Sie haben ihre
eigene Sprache, die aber mehrere Mundarten hat,
und sind Heiden.

Lanjeyannen, oder Lenjeyanen oder Lansanen,
oder Labos oder Laos, in der jenseitigen Halbinsel Indiens, sind Heiden und Sprachverwandte
der Siamenser.

Lesgi, oder Lesginzi, ist der gemeinschaftliche
Name aller Völker in Lesgistan: die besondern Namen derselben aber sind, Akuschinzi, Tabass-
saraner, Dschari oder Dschartali, Chassus
Kumüki, Kuràli, Kurài, und Schaki. Sie
reden alle die lesgische Sprache, aber auch zum
theil vermischt türkisch und tatarisch, und kumükisch.
Sie sind sunnische Mühammedaner.

Loys oder Loyer, im Lande Tschampa auf der jenseit-
gen Halbinsel Indiens. Unter ihnen sind die Moys
oder Moyer begriffen.

Lutoren, f. Olutorzi.

Malabaren, f. Tamuler.

Maldivier, auf den maldivischen Inseln, sollen ursprünglich Araber seyn.

Malaier, auf der Halbinsel Malaka. Die malai-

B. Ausz. 2 Th.　　　　B　　　　sche

sche Sprache wird nicht nur in Malaka, sondern
auch auf den südlichen asiatischen Inseln geredet.
Maleiamer, im gadischen Gebirge, auf der Halbinsel diesseits des Ganges. Ihre Sprache ist eine
Mundart der tamulischen.

Mankat, s. Tataren.

Mansuren, Mandsjuren, Mantscheu, in
den neuern Zeiten von den Russen nach dem Bog-
do Chan oder Kaiser in China, dem sie unter-
thänig gewesen, Bogdoien oder Bogdoitsen,
sonst auch Niochtere, Nuken oder Nuki,
Dschurtsi und Kin genannt, wohnen in der sogenannten chinesischen Tatarey, und stammen
von den Tungusen her, welches die Aehnlichkeit
der Sprache zeiget, ihre Schrift aber ist der mongolischen oder kalmükischen gleich. Sie sind
Helden.

Maradtier, Maratten, Marasten, auf der diesseitigen Halbinsel Indiens, heißen auch Ganimen. Sie haben ihre eigene Sprache, und sind
Helden.

Maroniten, in Syrien auf dem Gebirge Libanon,
reden arabisch.

Mari, s. Tscheremissen.

Mendai Jahia, s. Chaldäer.

Moganzi, in Persien, am Fluß Aras, wohnen in
Zelten, haben von der moganischen Heide den
Namen.

Moguln, s. Mongolen.

Mohren, werden alle Muhammedaner in Asia genennet, sie mögen übrigens Indianer, oder Tataren, oder Türken, oder Persier u. s. w. seyn.

Die

Die Portugiesen haben diese Benennung derselben aufgebracht, und die andern Europäer haben sie von denselben angenommen.

Monakobos, auf der Halbinsel Malaka.

Mongolen, Mungalen, Moguln, unter chinesischer Hoheit, sind ursprünglich einerley Volk mit den Tataren, mit welchen sie auch einerley Sprache geredet haben, jetzt aber verstehen beyde die alte mongolische Sprache nicht mehr, und sind in der Sprache unterschieden. Sie sind Heiden, von der Dalai-lamischen Religion. Zu denselben gehören die Kalkas. Die Hindistan beherrschenden Moguln, stammen von den Mongolen ab.

Moys, oder Moyer, s. Loys.

Narkani, Natki, Atschani, unterschiedene Namen einerley Völker, am Fluß Amur.

Nestorianer, ist heutiges Tages mehr der Name eines Volks, als einer christlichen Partey in Syrien.

Nicobaren, auf den nicobarischen Inseln, sind Heiden, und reden eine besondere Sprache nach unterschiedenen Mundarten.

Nikaner, s. Chineser.

Niochtere, s. Mansuren.

Noceres, in Syrien, sind Heiden.

Nogaiische Tataren, s. Tataren.

Nuki, s. Mansuren.

Oelöt, s. Kalmüken.

Oewön, s. Tungusen.

Olutorzi, sind Koraken, die am Fluß Olutora wohnen. Witsen nennt sie Lutoren.

Ostiaken, auf tatarisch Ischrjäk, ist ein gemeinschaftlicher Name, welcher unterschiedenen Völkern

in

in Sibirien beygelegt wird. Die sogenannten
Ostiaken im tobolskischen, beresowschen und surgu-
tischen Gebiet, haben vieles, vornehmlich in der
Sprache, mit den Permiern und Finnen gemein;
hingegen sind die sogenannten Ostiaken im tomskischen und narimischen Gebiet, von jenen ganz
unterschieden, und können vielmehr zu den Samojeden gerechnet werden. Zwischen jenen Ostiaken
und den Wogulen, ist zwar in der Sprache, einiger Unterscheid in der Mundart, letztere aber
werden doch an einigen Orten mit unter dem Namen der Ostiaken begriffen, und haben auch der
Hauptsache nach einerley Sprache mit denselben.
Die wogulisch-ostiakische Sprache hat neun Mundarten.

Padtanen, in Hindistan, stammen von den Türken,
Persern und Arabern ab, welche ums Jahr 1000
Dehli und Multan erobert haben. Ihre Sprache
ist eine Hauptmundart in Hindistan. Sie sind
Muhammedaner. Die Safter sind ein Stamm
derselben.

Paraganen, in Hindistan, in der Provinz Gusurat.

Parsi oder Farsi, in Hindistan, stammen von den alten
Persern ab, welche das Feuer verehreten.

Patatas, das ist, Nord-Tataren, ein bey den Chinesern gewöhnlicher Name.

Peguaner, in Pegu und Siam, haben eine eigene
Sprache.

Perser, in Persien. Ihre jetzige Sprache ist ein Mischmasch von der alten persischen Sprache, von der
arabischen, türkischen, tatarischen, indianischen,
u. s. w. Sie sind Muhammedaner von Ali Secte.

Portus

Portugiesen, heißen nicht allein die eigentlichen europäischen Portugiesen, welche die rechte portugiesische Sprache reden, sondern auch alle diejenigen, welche verdorben portugiesisch sprechen. Diese werden in schwarze und blanke eingetheilet. Unter jenen versteht man die schwarzen Malabaren, welche portugiesisch reden können, zu Soldaten gemacht worden sind, und portugiesische Kleidung tragen. Unter diesen versteht man solche, die von europäischen Vätern, als Portugiesen, Franzosen, Engländern, Holländern, und Dänen, mit schwarzen Müttern, welche verdorben portugiesisch reden, gezeuget werden. Diese letzteren sind in dem ganzen südlichen Asia weit und breit anzutreffen.

Pumpokolsche Ostiaken, s. Arinzi.

Rasbuten, in Hindistan, und zwar in Kaschmir. Die Tzaaten und Ahierer sind Stämme derselben.

Ruschowans, in Syrien.

Russen, in der nördlichen Hälfte von Asia. Von den Kamtschedalen, am Fluß Bolschaia, werden sie Brychtatyn, von den Korjäken Melgytangy, von den Kurilen Susian, von den Tataren Gruß oder Uruß, von den Tschuwaschen Würeß, von den Chinesern Olossen, genennet.

Safier, s. Padtanen.

Samariter, auf arabisch Semri, sind heutiges Tages nicht zahlreich mehr, man trifft aber doch noch welche in Palästina, Syrien und Aegypten an. Sie reden nicht mehr die samaritanische, sondern die arabische Sprache.

B 3   Samos

Samojåd, Samojeden, in Sibirien am Eismeere,
werden in den russischen Kanzleyen Sirojedzi,
das ist, Leute, die rohe Sachen essen, genennet. Sie selbst nennen sich Ninez und
Chasowo, und sind Heiden. Die Juraki, die
Tawgi, und die sogenannten Ostiaken im tomskischen und narimischen Gebiete, wie auch einige
Völker im krasnojarskischen Gebiete, als die Ra-
maschinzi, Karagassi, und Taiginzi, können
ihrer Sprache wegen auch zu den Samojeden gerechnet werden.

Sanganen oder Zinganen, in der hindistanischen
Provinz Gusurat.

Sarti, s. Bucharen.

Saytatas, das ist, West-Tataren, ein bey den Chinesern gewöhnlicher Name.

Schaffuanzi, in Persien am Fluß Kur.

Schelagi, s. Tschuktschi.

Sengorzi, s. Kalmüken.

Siamer, in Siam. Ihre heutige Sprache ist von
der alten unterschieden.

Siddier, in Hindistan.

Si-fan, s. Tanguten.

Sindier, in Hindistan.

Singalesen oder Cingalesen oder Cingalers, auf
der Insel Ceylon, leiten ihren Ursprung aus China
her, haben aber ihre eigene Sprache, und sind
Heiden.

Sioner, s. Tay-yay.

Sochalar, s. Jakuten.

Sojeti, s. Tataren.

Solonen, s. Dauren und Tungusen.

8

Sonti

Sonti oder Sondi, in Tawtiſtan, haben ihre eigene Sprache, und ſind Heiden.

Tadſiken, ſ. Bulgaren.

Taiginzi, ſ. Samojeden. Sie haben ihren Namen daher, weil ſie in dicken Wäldern wohnen,
dergleichen in Sibirien Taiga genennet werden.

Tamuler, welche auch Malabaren, Pandies
und von den Warugern Arawaru genennet werden, eine große Nation auf der dieſſeitigen Halbinſel Indiens, und auf der Inſel Ceylon. Sie
haben ihre beſondere Sprache, welche von der
Sprache Malelam nicht viel unterſchieden, auch
mit der warugiſchen verwandt iſt. Viele von den
Heiden ſind Chriſten geworden.

Tanguten, ſonſt Si-fan oder Tusfan genannt, in
Tangut oder Groß-Tibet.

Tarcha, ein mongoliſches Volk am Fluß Selenga.

Tataren, (ein Name, den die Völker, welche man mit
denſelben belegt, nicht lieben;) ſind zwar mit den
Mongolen urſprünglich einerley Volk, ich will ſie
aber hier von denſelben unterſcheiden, und abtheilen,

1. in diejenigen, welche unter ruſſiſcher Bothmäßigkeit
ſtehen, und zwar

1) in Sibirien, woſelbſt die Tataren das vornehmſte Volk ſind, und die ſüdlichen Gegenden der
Flüſſe Tobol, Irtiſch, Ob, Tom, und Jeniſei,
nebſt denen dazwiſchen liegenden Steppen bewohnen. Die meiſten haben den Zunamen von
den Flüſſen, Städten und Gegenden, die ſie bewohnen. Sie ſind entweder Muhammedaner, oder
Heiden: es ſind aber auch viele von ihnen getauft
worden. Man kann ſie nach den Mundarten ihrer Sprache abtheilen, B 4 (1)

(1) in diejenigen, welche im werchoturischen und catharinenburgischen Gebiet am Fluß Bisert wohnen. Mit denselben kommen auch die Baschkiren in der isettischen und ufflischen Provinz des orenburgischen Gouvernements überein.

(2) in diejenigen, welche um Turinsk und Tumen, am Fluß Tura wohnen. Die tumenschen und tobolskischen Tataren, werden von den Baschkiren Turali genennet.

(3) in diejenigen, welche um Tobolsk und Tara am Irtisch wohnen. Die Mundart derselben haben auch die Barabinzen, (von den Chinesen Pa-eul-par genannt,) eigentlich Baraba, oder Barama, und andere Geschlechter eben dieses Volks, als Luba, Terehja, Turins, rc. Die an der Mündung des Flusses Tara wohnenden salinischen Tataren, heißen eigentlich Agali.

(4) in die bey Tomsk wohnenden tschatzkischen und seustinischen Tataren.

(5) in die tomskischen Tribut bezahlenden Tataren, am Ob und Tschulim.

(6) in die unter russischer Bothmäßigkeit stehenden Telenguten oder Teleuten, im tomskischen und kusnetzkischen Gebiet, die nur eine kleine Anzahl ausmachen, und in den russischen Kanzleyschriften mehrentheils weiße Kalmücken genennet werden, weil sie ehedessen mit den Kalmücken zusammen gewohnt haben, und weißer sind, als dieselben.

(7 bis 9)

7 bis 9) in die abinzischen (eigentlich Abalar,) katschinzischen (eigentlich Kaschkar, oder Kaschtar) kabalischen, sagayischen, beltirischen, und turuberdschen oder tuluberdischen Tataren, die Kangaten, und die Madoren oder Matorzi, am Fluß Tuba. Alle diese Tataren wohnen im kusnetzkischen und krasnojarskischen Gebiete, und haben dreyerley Mundarten. Die Sojeti in der Gegend von Tunkinskoi Ostrog, in der Provinz Irkuzk, haben einerley Mundart mit den krasnojarskischen Tataren.

(10) in die jakutischen. Die Jakuten, welche sich selbst Socha, in der vielfachen Zahl Sochalar nennen, wohnen zwar jetzt in den untern Gegenden des Lenastroms, und ihre Sprache hat viel mongolisches, und der Mundart der Büratten ähnliches, sie stammen aber von den Tataren ab.

2) im casanischen Gouvernement, welche Tataren muhammedanischer Religion sind.

3) im astrachanischen Gouvernement ist ein Theil der Mankat oder nogaiischen Tataren. Diese sind im Anfange des 17ten Jahrhunderts aus ihren alten Wohnungen zwischen dem Jaik und Irtisch, von den Kalmücken verjaget worden, worauf ein Theil sich ins astrachanische Gouvernement begeben hat, und bey Astrachan und Kislar sich aufhält; ein anderer Theil aber ist an der Westseite des caspischen Sees zwischen den Flüssen Sulak und Akai, und ein

B 5

Theil

Theil hat sich mit den cubanischen und crimi-
schen Tataren vereiniget.

4) Im orenburgischen Gouvernement, woselbst
   (1) die uffischen Tataren,
   (2) die vorhingenannten Baschkiren,
   (3) die mittlere und kleine Horde der Kirgis Ka-
     saken, welche sich von 1733 bis 42 unter rus-
     sische Bothmäßigkeit gegeben haben. Die
     mittlere Horde, welche auch die Kasats-
     schia-Orda genennet wird, bestehet aus
     unterschiedenen kleinern Horden, unter wel-
     chen die vornehmsten sind: Naimanskoi,
     Argynskoi, und Kiptschazkoi. Die klei-
     nere Horde begreift vornehmlich folgende
     kleine Horden: Altschinskoi, Adanskoi,
     Moschkorskoi, Tuminskoi, Tabynskoi,
     Kitginskoi, Kara-Kitaiskoi, Tschu-
     nianskoi, Tschiklinskoi, und Dsagal-
     bailinskoi.

2. In die freyen Tataren. Dergleichen sind
  1) die Kirgisen, von den Chinesen Keseul-kiß
    genannt, welche aus dem krasnoiarskischen Ge-
    biet und Sibirien weggezogen sind, sich seit-
    dem unter den dsongarischen Kalmüken aufhal-
    ten, und Burutten genennet werden. Mit
    ihnen haben sich einige andere tatarische Ge-
    schlechter vereiniget, nämlich die Tubinzi, Je-
    sari, oder Dsjesari, und Altirzi.
  2) die größere Horde der Kirgis-Kasaken,
    zu welcher vornehmlich folgende kleine Horden
    gehören: Janyshskoi, Sykymskoi, Tschy-
    marskoi, Siumskoi, Kalynskoi, Tscha-
                             nyrschi-

nyrſchilynskoi, Alman Siumskoi, und Glynskoi.

3) die obere Horde der Karakalpaken, am araliſchen See.

4) die Kuraminzen.

5) die Schibanzen, oder Ak-Jalowzi, von welchen der ehemalige ſibiriſche Chan Kutſchum abſtammet.

6) die Sarſebidi.

7) die Allatau-Kirgiſen, welche das Gebirge Allatau bewohnen, und nach den unterſchiedenen Höhen deſſelben Bachalshi und Kurkur genennet werden.

8) die Turkomannen, von den Ruſſen Truchmenzi genannt, an der öſtlichen Seite des caſpiſchen Sees, und in vielen Ländern des türkiſchen und perſiſchen Reichs. Ein Theil von denen, welche in Syrien ſind, wird Begdeleer genannt. Sie reden die türkiſche Sprache, und ſind wahrſcheinlicher Weiſe urſprünglich Türken.

9) Uesbeken, die Bewohner des platten Landes in Chiwa, Aral, und in der Bucharey. Sie halten ſich in Zelten auf, und ſind ſunniſche Muhammedaner.

10) Kaliſcha oder Kaliſchaner, in der Gegend der perſiſchen Provinz Candahar.

11) die Cubaner Tataren.

Tawlinzi oder Tawlintai, in Tawliſtan, iſt der gemeinſchaftliche Name unterſchiedener Völker von unterſchiedenen Sprachen, dergleichen die Oſſi, Swanidziki, Tuſchi u. a. m. Sie ſind ſunniſche Muhammedaner.

Tay-pay,

Taysyay, das ist, die großen Freyleute, auf der jenseitigen Halbinsel Indiens, gegen Norden von Siam, sind vermuthlich einerley mit den sogenannten Sionern.

Telenger, in der Provinz Telenga, im Königreich Decan auf der dießeitigen Halbinsel Indiens, haben eine besondere Sprache, welche von einigen mit der canarischen für einerley gehalten wird.

Telenguten, oder Teleuten, s. Tataren.

Tibetenser, in Tibet.

Tongkineser, oder Tonquineser, in Tongking oder Tunquin auf der jenseitigen Halbinsel Indiens. Ihre Sprache ist mit der chinesischen verwandt, sie haben auch mit den Chinesern einerley Religion.

Törgöt, s. Kalmüken.

Truchmenzi, s. Turkomannen.

Tschaharlin, s. Bactiarier.

Tscheremissen, welche sich selbst Mari nennen, wohnen im Gebiet der Stadt Casan. Ihre Sprache ist mit der Finnischen verwandt; es sind auch tatarische Wörter in dieselbe aufgenommen worden. Sie hat 2 besondere Mundarten. Sie sind größtentheils Muhammedaner, zum theil aber Helden, und zum theil von den Russen getauft.

Tschetschenzi, in Dagestan, reden tatarisch und sind sunnische Muhammedaner.

Tscherkässen, oder Tscherkassen, welche von den Russen Tschirkassen, und von den Arabern Mesmalik (Mamelucken) genennet werden, besitzen das Land Cabarda zwischen dem schwarzen und caspischen See. Sie haben ihre eigene Sprache,

reden

reden auch die türkisch-tatarische. Einige sind sunnische Muhammedaner, andere Heiden.

Tschuktschi, von den Korjäken Tanginjaku genannt, wohnen in der nordöstlichen Ecke von Sibirien. Ein besonderes Geschlecht derselben sind die Schelagi.

Tschuwaschen, von den Morduanen Wjedke genannt, wohnen im Gebiet der Stadt Casan. Ihre Sprache hat mit der tatarischen viele Gemeinschaft, und 2 besondere Mundarten. Sie sind Heiden, viele aber sind von den Russen getauft.

Tu=fan, s. Tanguten.

Tuluker, ist ein Name, welchen die Malabaren denen aus Hindistan auf die Küste Coromandel kommenden so genannten Mohren beylegen, die aber diesen Namen nicht leiden können, sondern sich lieber Padtanigöl nennen. Sie reden die dacnische Sprache, und sind sunnische Muhammedaner.

Tungusen, auf chinesisch Solun oder Solon, eines der vornehmsten sibirischen Völker, welches vom Jenisei bis ans östliche Weltmeer wohnet, und seine eigene Sprache, diese aber 8 besondere Mundarten hat. Sie sind Heiden, und nennen sich selbst Oewön. Der Name Tungus kömmt nicht von dem tatarischen Tongus, ein Schwein, her, sondern ist aus der Sprache der oben am Ket wohnenden und mit den Tungusen zusammengränzenden pumpokolschen Ostiaken angenommen. Diejenigen von ihnen, welche am Meer wohnen, heißen Lamuten, weil das Meer in ihrer Sprache Lamu heißt. Von den Tungusen stammen die Dauren und Mansuren ab.

Türken,

Türken, ſind ſunniſche Muhammedaner. Ihre Sprache wird in vielen Ländern geredet.

Turkomannen, ſ. Tataren.

Uesbeken, ſ. Tataren.

Ud, oder Udmurt, ſ. Wotiaken.

Warreln, in der Provinz Guſurat in Hindiſtan.

Warnger oder Wardnger, auf der Küſte Coromandel, nennen ſich ſelbſt Teluguwandlu, haben ihre eigene Sprache, welche auch die gentovi-
ſche und telugiſche genennet wird, und mit der
malabariſchen verwandt iſt, und ſind Heiden.

Wjedke, ſ. Tſchuwaſchen.

Wogulen oder Wogulitſchi, in der Provinz To-
bolſk, haben in der Sprache vieles mit den Permiern und Finnen gemein. Man rechnet ſie
mit zu den Oſtiaken. Sie ſind Heiden, viele aber
ſind von den Ruſſen getauft worden. Vielleicht
ſtammen ſie aus Permien her.

Wotiaken, welche ſich ſelbſt Udmurt, oder eigentlich Ud nennen, und von den Tataren Ar
genennet werden, wohnen im Gebiete der Stadt
Caſan. Ihre Sprache kömmt viel mit der tſchere-
miſſiſchen, am meiſten aber mit der permiſchen überein, hat aber 2 beſondere Mundarten. Sie ſind
Heiden, viele aber ſind von den Ruſſen getauft.

§. 7. Die älteſte und urſprüngliche Spra-
che in Aſia, welche auch die älteſte und erſte Sprache
der Menſchen iſt, können wir nicht benennen, wohl
aber behaupten, daß die hebräiſche, arabiſche,
chaldäiſche und ſyriſche, und die ſamaritaniſche
Sprache, Mundarten derſelben ſind. Alle dieſe
Sprachen ſind, bis auf die arabiſche nach, ausgestorben,

ſorben, außer daß von den oben genannten Chaldäern noch ein ſchlechtes chaldäiſch oder ſyriſch geredet
wird.   Daß, und wo die arabiſche Sprache, entweder als eine Landesſprache geredet, oder als die gelehrte und gottesdienſtliche Sprache gebraucht wird?
habe ich oben (§. 6.) angeführet.   Die perſiſche
Sprache iſt nicht allein die Landesſprache in Perſien,
ſondern auch die Sprache des Hofes des großen Mo-
guls, und der vornehmen Leute in Hindiſtan, in welcher auch daſelbſt die Briefe, und nicht in der gemeinen Landesſprache, geſchrieben werden.   Sie iſt auch,
wie in Wiſens Noord en Oſt Tartarye gemeldet
wird, die Sprache der Muhammedaner in China.
Die nahe verwandte tatariſche und türkiſche
Sprache, und ein Miſchmaſch aus beyden, wird
von mehreren Völkern und in mehreren Ländern geſprochen.   Die neue mongoliſche und kalmükiſche
Sprache iſt auch die Landesſprache mehrerer Völker.   Die chineſiſche Sprache wird nicht allein
in China, ſondern auch in Kochinchina, Tongking,
und auf einigen Inſeln geredet, und die ſiamſche
Sprache koͤmmt mit derſelben in unterſchiedenen Stücken überein.   Die tamuliſche oder malabariſche
Sprache wird nicht nur auf den Küſten Coromandel
und Malabar, ſondern in einem Strich Landes, der
über 400 geographiſche Meilen beträgt, und weil
die malabariſchen Kaufleute auf eigenen Schiffen
weit und breit reiſen, faſt auf allen Seeküſten in Oſt-
indien geredet. Sie hat aber vielerley Mundarten, die
als beſondere Sprachen angeſehen und benannt werden.
Die malaiſche Sprache wird nicht nur von den
Malayen auf der Halbinſel Malaka, ſondern auch
auf

auf allen südlichen asiatischen Inseln, und auf einigen in
dem Südmeer belegenen Inseln, von den Gelehrten und
Kaufleuten, ja auf den erstgedachten Inseln fast wie eine
Landessprache geredet, hat aber auch unterschiedene
Mundarten. Die russische Sprache erstreckt sich
durch den ganzen nordlichen zum russischen Reich ge-
hörigen Theil von Asia. Die verdorbene portu-
gisische Sprache ist weit und breit im südlichen
Asia bekannt und gewöhnlich. Diese genannten
Sprachen sind heutiges Tages die Hauptsprachen in
Asien.

§. 8. Die Einwohner in Asia sind in Ansehung der Religion, theils Heiden, theils Juden,
theils Muhammedaner. Heiden sind alle diejenigen,
welche weder Juden, noch Muhammedaner, noch Christen sind. Unter denselben giebts zwar solche, z. E.
die Bramanen unter den Indianern, welche durchaus
nicht für Heiden angesehen seyn wollen, sondern behaupten, dieser Name komme nur denen zu, welche
keine Gottheiten verehrten, und ein ruchloses Leben
führten: wir schränken aber auf diese den Namen
Heiden nicht ein. Ueberhaupt sind die Heiden von
dreyerley Art:

1. Ein Theil verehret ein allerhöchstes Wesen ohne Bilder, durch Gebeth, und Opfer,
 wiewohl nicht auf einerley Art. Dahin gehören
 - 1) diejenigen Tscheremissen, Tschuwaschen,
   Woriaken, Wogulen, und catarischen
   Völker, in Nordasia, welche weder getauft noch
   Muhammedaner sind. Man kann
 - 2) die Behendin (das ist) Anhänger des
   wahren Glaubens, welche schimpfsweise
   Gauren

Gauren oder Gebren, (das ist, Ungläubige) genennet werden, und in Persien und Indien sich aufhalten, hieher rechnen: denn sie verabscheuen die Abgötterey, und versichern, daß sie sich gegen das Feuer und die Sonne bloß als gegen Bilder und Werkzeuge des höchsten und unbegreiflichen Gottes, ehrerbiethig beweisen.

3) Es können auch die Anhänger der ältesten Religion in China hier angeführet werden. Diese Religion befiehlt die Ehrerbiethung gegen das höchste Wesen Tien oder Tschang-Ti, (welche Namen aber auch von dem körperlichen Himmel gebraucht werden,) und die Verehrung gewisser demselben unterworfenen Geister, welche dem Erdboden vorstehen, und verdienter verstorbener Personen. Der berühmte Weltweise Cum-fu-zu oder Confuzius hat dieselbe erneuert, und verbessert; und im Jahr 1400 ist sie von einer Anzahl Gelehrten unter gewissen Veränderungen solchergestalt wieder hergestellet worden, daß sie in den Verdacht der Atheisterey gerathen. Nichts destoweniger bekennen sich der Kaiser nebst den Hofleuten, Staatspersonen und Gelehrten zu dieser Religion, welche Jukiao genennet wird, und von der die Religion Schinto oder Sinto in Japan und Corea, wenig unterschieden ist. Sie hat auch Anhänger in Kochin-china.

2. Ein Theil der Heiden nimmt zwar nur ein allerhöchstes Wesen an, füget aber demselben verschiedene Untergötter bey, und verehret dieselben

5 Th.   C   zusam-

zusammen unter sichtbaren Zeichen, die ent-
weder natürliche, oder durch Kunst verfertigte
Dinge sind, und für belebte Werkzeuge und
Wohnungen der Gottheit angesehen werden.
Dahin gehören

1) im nördlichen Asia die **Samojeden** und vermuthlich auch die **Tungusen**, **Jakuten**, u. a. m.

2) die neuern **Sabäer**, oder **Sabaiten** oder
Sabier oder **Chaldäer**, welche sich selbst
Mendai Jahia, das ist, **Schüler Jo-**
hannis nennen, und sonst auch **Sanct Jo-**
hannischristen genennet werden. Ihr Got-
tosdienst ist ein Mischmasch vom Christenthum,
und von dem alten sabischen Götzen- und Bil-
derdienst.

3) Diejenigen, welche dem Götzendienst der **Bra-**
maner anhangen, die außer einem höchsten
Wesen oder Wesen aller Wesen, noch drey
Hauptgötter haben, nämlich (1). **Isuren** oder
Ispuren, oder **Moiuser**, **Ruttiren** oder
Siven oder **Tschiwen**, bey den Kalmücken
oder Mongolen **Abida**, anderer seiner Namen
zu geschweigen. Man vermuthet, er sey der
Osiris der alten Aegyptier, und es stamme also
diese Religion aus Aegypten her. (2) **Wischt-**
nu, welcher auch die Namen **Ramen**, **Pe-**
rumâl, **Schäwri**, und a. m. hat, und bey
den Mongolen **Aijakâ** heißt. Diese Gottheit stammet vermuthlich aus Persien her.
(3) **Bruma** oder **Biruma**, oder **Bramha**,
bey den Mongolen **Aijuschâ**, welchem aber
kein öffentlicher Gottesdienst geleistet wird, sondern

dern, er wird nur in der Person der Bramaner
verehret, die von ihm abzustammen, und also
göttlichen Geschlechts zu seyn vorgeben, und
deren Sprache Kirendum oder Grändum
oder Grendam und Samscrudam genennet
wird. Hiernächst haben sie auch Feld- und
Schutzgötter; und eine unzählige Menge geringerer Götter. Von dem höchsten Wesen machen sie gar kein Bild; hingegen die andern Götter verehren sie in Bildern. Dieser Abgötterey
sind die Malabaren ergeben; sie erstreckt sich
auch, wiewohl unter gewissen Veränderungen,
weit in Indien hinein.

4) Die Anhänger einer unter vielen Völkern aus-
gebreiteten Abgötterey, die mehr als einerley Form
hat. Ihr Erfinder wird von den Kalmücken
Tschakamuni, von den Mongolen Schigin-
muni, auf tangutisch Schak-dscha-dom-ba
oder nur Dom-ba, in China, Japan, Corea,
Kochin-china, Laos, Tongking und in andern benachbarten Ländern, Tschekia oder Tschiaka,
oder Tschaka, wie auch Fo oder Foe, in Japan
auch Buds, in Siam Sommona-Codom
genennet, und auf der dießseitigen Halbinsel Indiens ist er ehedessen unter dem Namen Budda
oder Butta verehret worden, welcher Namen
noch bey den Siamern in dem Namen Puti-
Sat, das ist, Herr Puti, vorkömmt. Die Kalmücken erzählen, daß ein Sohn dieser Gottheit,
(deren unterschiedene Namen ich angeführet habe,)
den sie Aremdsur nennen, wegen seiner vielfäl-
tigen Wunder den Namen oder Titel Dalai-

Lama,

Lama, das ist, der große oder hohe oder
Oberpriester, bekommen habe. Noch jetzt
wird der im Lande Butan auf dem Berge Pu-
tala wohnende Dalai = Lama von einem großen Theile der Anhänger dieser Religion als das
Oberhaupt derselben, ja als ein Gott verehret,
und um deswillen für unsterblich gehalten, weil
man glaubet, daß bey seinem Tode seine Seele
aus einem Körper in einen andern gehe. Ein
anderes Haupt dieser Religion ist der Oberpriester
der Mongolen, welcher nach allen seinen Ehren-
titeln Dsip = Dsun = Domba = Kutuchtu =
Gegen, auch kürzer Gegen = Kutuchtu, oder
Kutuchta genennet wird. Ueberhaupt werden
alle Arten der Geistlichen dieser Religion bey
den Kalmücken und Mongolen Lamas, und die
Vornehmsten derselben Chubulgans (Wieder-
gebohrene) genennet: in China aber heißen die
Priester dieser Religion Choschang, in Laos,
Pegu und Siam Talapoinen, in Laos auch Se,
in Japan Tundes und Bonzen, welchen letztern
Namen die Jesuiten auch von den Priestern in
China gebrauchen.

5) Die Anhänger der Abgötterey Xinto oder
Sinto in Japan, deren Haupt Mikaddo heißt.
Sie bestehet in der Verehrung des höchsten We-
sens Amida, und unzähliger geringerer Gottheiten.

3 Ein Theil der Heiden verehret viele Götter, die einander gleich, und von einander unabhängig seyn
sollen, z. E. die Tao = ssee, oder Anhänger de[r]
Lao = kiun in China, u. a. m.

§. 9

§. 9. Die **Juden** in Aſia, haben ſich aus Paläſtina, ihrem Vaterlande, weit ausgebreitet, und ſind gegen Süden bis auf die Küſten Malabar und Córomandel, und gegen Oſten bis in China gekommen. Sie ſind größtentheils **Karáer** oder **Karaiten**, das iſt, ſie verwerfen alle durch mündliche Erzählung fortgepflanzte Satzungen, und unterſcheiden ſich dadurch von den **Rabbaniten** oder **Talmudiſten**. In China verehren ſie auch den Confuzius, und zu Golconda und weiter hin im moguiſchen Gebieth verheirathen ſie ſich wohl mit Indianerinnen.

§. 10. Die **Muhammedaner** haben ihren Namen und Lehrbegriff von dem Araber **Muhammed**, der ſich in den erſten Jahren des 7ten Jahrhunderts für einen Propheten und Gevollmächtigten Gottes, und ſeine Lehre für eine Offenbarung Gottes ausgegeben hat. Sie ſind durch ganz Aſia ausgebreitet, theilen ſich aber in 2 gegen einander ſehr feindſelige Hauptſecten, nämlich

1. in ſunniſche **Muhammedaner** oder **Sonniten**, welche die **Sonna** oder das Buch der Traditionen ihres Propheten als ein canoniſches Buch in Ehren, und den **Abubekr, Omar,** und **Othman** für wahre Nachfolger Muhammeds halten, und denenſelben den **Ali** nachſetzen. Sie meynen die rechtgläubigen Muhammedaner zu ſeyn, und wallfahrten nach Mecca zur Caaba, theilen ſich aber doch nach 4 ihren vornehmſten Gelehrten und Lehrern in 4 Partheyen, nämlich

1) in die Anhänger des **Abuttaniſa,** eines Auslegers des Koran, dazu vornehmlich die Türken und Tataren gehören.

C 3　　　　　2) In

2) in die Anhänger des Malec, welcher entweder Haushofmeister, oder Marschall oder Kammerherr Muhammeds gewesen ist. Er hat in Africa mehr Anhänger, als in Asia.

3) in die Anhänger von Al Schafei. Sie sind heutiges Tages fast nur in Arabien anzutreffen.

4) in die Anhänger des Ebn Hanbal, welche auch fast nur in Arabien angetroffen werden.

2. in die Adeliah, das ist, die Parthey der Gerechten, welchen Namen sich die Anhänger des Kaliphen Ali Ebn Abutaleb beylegen, aber von ihren Feinden, den Sonniten, mit dem Schimpfnamen der Schiiten, das ist, Sectirer oder Anhänger (nämlich des Ali) belegt werden, den sie ihnen aber zurück geben. Sie achten es für einen Grundartikel der muhammedanischen Religion, zu bestimmen, wer der eigentliche Imain oder Nachfolger des Muhammeds in der höchsten Macht in geist- und weltlichen Dingen sey? und erkennen allein den Ali und seine Nachkommen dafür. Weil sie von der Besuchung der Caaba zu Mecca ausgeschlossen sind, so besuchen sie verschiedene Gräber der Imams. Sie theilen sich in 5 Hauptpartheyen, und diese wieder in kleinere. Jene sind die Kassabianer, Ghoslaiter, Nosairianer, (Majaräer) Isakianer, und Zeidianer. Zu dieser 2ten Hauptsecte der Muhammedaner bekennen sich viele Perser und Indianer.

§. 11. Die Christen in Asia sind

I. Die eigentlichen morgenländischen Christen, zu welchen gehören:

1. die

die griechischen Christen, welche sich die rechtgläubigen morgenländischen Christen nennen, und sich von andern Christen darinnen überhaupt unterscheiden, daß sie die Aussprüche der
7 ersten allgemeinen Kirchenversammlungen annehmen, und die Gerichtbarkeit des römischen
Papstes nicht erkennen. Zu denselben gehören
1) diejenigen, welche unter den 4 Patriarchen zu Constantinopel, Alexandrien, Antiochien, Jerusalem stehen, unter denen der
zu Constantinopel der vornehmste ist, von welchem die übrigen abhangen, und der sich einen
Erzbischof von Constantinopel und allgemeinen
Patriarchen nennet.

Unter dem Patriarchen zu Alexandria in
Aegypten, welcher aber mehrentheils zu Cairo
wohnet, steht, außer einigen africanischen Länder, auch ein Theil von Arabien.

Unter dem griechischen Patriarchen zu Antiochien, der mehrentheils zu Demeschk oder Scham
im Lande Scham oder Syrien wohnet, stehen
die sogenannten Melchiten in Syrien, Mesopotamien und andern Ländern; welche von ihren
Feinden schimpfsweise Melchiten, das ist, Königliche, genennet werden; weil sie sich dem Befehl des Kaisers Marcian die Schlüsse der chal-
cedonischen Kirchenversammlung anzunehmen,
unterworfen haben. Sie halten die Messe in
arabischer Sprache.

Unter dem griechischen Patriarchen zu Jerusalem stehen, laut seines Titels, viele Länder,
aber wenig Christen.

C 4   2) Die

2) Die Russen, Cosaken und neuen Christen im nördlichen Theil von Asia, welche durch russische Priester getauft worden sind. Diejenigen, welche sich den Veränderungen in Kirchengebräuchen, die der ehemalige russische Patriarch Nicon vorgenommen hat, widersetzen, nennen sich selbst **Starowerzki**, das ist, Altgläubige, werden aber von der herrschenden Kirche **Roskolniki** oder **Roskolschtschiki**, das ist, Abtrünnige, genennt.

3) Die **Georgianer**, welche von den Rüssen **Grusiner** genennet werden, sich selbst aber **Melitenser** nennen. Ihre gottesdienstliche Verfassung ist jetzt sehr schlecht.

2. Die **Nestorianer**, welche von Nestorio, der im 5ten Jahrh. Bischof zu Constantinopel gewesen, benennet werden. Er lehrete, daß Christus nicht nur aus 2 Naturen, sondern auch aus 2 Personen bestehe, welche Personen und Naturen aber so genau mit einander vereiniget wären, daß sie nur einen Barsopa oder Anblick ausmachten. Er nennete also das Anblick, was bey uns Person heißt, und Personen, was bey uns Naturen heißt. Die Nestorianer haben sich in Asia weit ausgebreitet, und stehen unter 2 Patriarchen. Der vornehmste hat seinen Sitz zu Mosul oder Mussal, in der Provinz Diarbek, und heißt allezeit Elias. Der andere wohnet zu Ormia in Persien, und heißt allezeit Simeon. Zu den Nestorianern gehören auch die so genannten Thomaschristen auf der Küste Malabar, welche ihren Namen von Mar Thomas, einem

Arme

Armenier, haben. Ein Theil derselben hat sich mit der römischen Kirche vereiniget.

3. Die Monophysiten oder Jacobiten in Syrie. Den ersten Namen führen sie deswegen, weil | lehren, daß die göttliche und menschliche Natu. Christi nur eine Natur ausmachten, doch wären sie nicht mit einander vermischt, sondern die einzige Natur Christi sey zugleich eine zwiefache und zusammengesetzte. Den zweyten Namen bekommen sie, weil Jacob Barabäus oder Zanzalus im 6ten Jahrh. ihre gottesdienstliche Verfassung in Ordnung gebracht hat. Ihr Haupt ist der Patriarch zu Antiochien, dessen Hauptsitz aber ein Kloster unweit der Stadt Marda ist, und unter welchem der Maphrian (d. i. Catholicus, primas) von Mesopotamien, zu Tagrit steht, der aber jetzt im Kloster des heil. Matthäi unweit Mosul wohnet. Viele von ihnen haben sich mit der römischen Kirche vereiniget.

4. Die Armenier kommen zwar darinn mit den Monophysiten überein, daß sie nur eine Natur in Christo annehmen: sie sind aber übrigens von den Jacobiten in vielen Gebräuchen und Meynungen unterschieden, hingegen in verschiedenen Stücken mit den Griechen übereinstimmig. Sie stehen unter 4 Patriarchen. Der vornehmste, welcher ein Catholicus aller Armenier heißt, hat seinen Sitz in dem Kloster Etschmiadzin, welches ein paar Stunden von der Stadt Eriwan (auf armenisch Walarschabat) entlegen ist; der zweyte zu Sis, in der Provinz Carman; der dritte zu Gandsasar in der persischen

C 5 Pro,

Provinz Schirwan, und der vierte auf der Insel Aghthamar. Ihre Messe wird in der alten armenischen Sprache gehalten. Zu Jerusalem ist ein armenischer Titularpatriarch, und unter dem Titularpatriarchen zu Constantinopel stehen auch die benachbarten Kirchen in Klein-Asia. Sonst haben die Armenier Erzbischöfe und Bischöfe. Viele Armenier haben sich mit der römischen Kirche vereiniget, und stehen unter dem Erzbischof zu Nachdschewan, welcher allemal aus dem Dominicaner Orden ist.

5. Die Maroniten, welche sich in Syrien um den Berg Libanon, und auf Cypern aufhalten, haben von ihrem ersten Patriarchen Maron den Namen, und mit ihnen haben sich die Mardaiten vereiniget. Die meisten haben sich zwar zu der römischen Kirche geschlagen, aber doch ihre alten Gebräuche und Meynungen behalten. Sie stehen unter einem Patriarchen, der sich von Antiochien nennet, sonst aber allezeit den Namen Petrus führet, und auf dem Berge Libanon in dem Kloster Cannobine wohnet. Beym Gottesdienst gebrauchen sie die syrische Sprache.

II. Die römischkatholischen Christen, sind in der östlichen Hälfte von Asia zahlreich geworden, nachdem sich seit langen Jahren viele Missionarien dieser Kirche, daselbst ausgebreitet haben. Die Jesuiten haben sich am meisten bemühet, doch sind nach Indien auch Theatiner und Augustiner-Mönche, und nach Japan und China Dominicaner, Franciscaner, Kapuziner und andere gegangen. Auf der diesseitigen Halbinsel

Indiens

Indiens sind in allen Landschaften derselben Missionen der Jesuiten vorhanden, am zahlreich-sten aber sind die römisch-katholischen Christen im Königreich Madurei, und im Gebieth von C. Nach Siam, Tonakíng, Kochirchína, Ke und Tibet sind die Jesuiten auch gegangen. Japan sind die römisch-katholischen Christen ins-der vertilget worden, in China aber sind noch viele vorhanden. In Syrien, zu Astrachan und in andern Landen und Orten giebts auch katholische Gemeinen.

III. Die Holländer, Engländer, und Dänen haben sich gleichfalls mit gutem Erfolg bemühet, in den Gegenden des südlichen Asiens, wo sie ihre Colonien haben, die Lehre Jesu Christi auf eine würdige Weise bekannt zu machen, so, daß die Anzahl der reformirten und lutherischen Christen daselbst schon ansehnlich ist. Zu Astrachan ist auch eine lutherische Gemeine, der-gleichen es auch in Sibirien giebt. Der zer-streueten Lutheraner, Reformirten und Engländer nicht zu gedenken.

§. 12. Daß in der südlichen Hälfte von Asia kein Mangel an guten Handwerkern, Manufactu-ren und Fabriken sey, beweisen die daher kommen-den Manufactur- und Fabrik-Waaren, als Baum-wollenzeuge, insonderheit Cattun, Zitze, Netteltuch, und Schnupftücher, Decken, Tapeten, Kämelgarn, und Kämelotte, seidene und zum theil mit Gold und Silber durchwirkte Stoffen, Chagrin, Corduan, la-quirte Geräthschaften, porcellane Geschirre, u. a. m. Die Völker in Asia handeln zwar mit ihren natürlichen

Gütern

Güter und Waaren der Kunst unter einander, nach
Eupa, Africa und America aber werden sie fast alle
durch die Europäer gebracht. Unter den einheimischen Völkern reisen keine des Handels wegen so weit
und breit umher, als die Armenier und Bucharen,
mit welchen jene auch nach Europa und Africa gehen.
Nächst denselben thun die malabarischen und chinesischen Kaufleute die größten Reisen, und zwar zur
See, wiewohl die letztern doch nur nach den nächsten
Inseln und nach Siam schiffen.

§. 13. Die Gelehrsamkeit in Asia, ist in Vergleichung mit der jetzigen europäischen, gering und un-
erheblich. Sie besteht hauptsächlich in der Dichtkunst,
Moral, Arithmetik, Astronomie, oder vielmehr Astro-
logie, etwas Logik und Metaphysik, und Arzneykunst,
bey welcher letzteren man sich aber nur eine Kenntniß
und Anwendung heilsamer Kräuter gedenken muß.
Die Hauptsitze der Gelehrsamkeit und vornehmsten hohen Schulen in Asia, sind zu Bena-
res (oder Waranasi oder Kaschi) am Fluß Ganges in Hindistan, für die abgöttischen Indianer, und
zu Samarkand in der Bucharey für die Muhammedaner.

§. 14. Unsere älteste Geschichte der Erde, das ist,
ihrer Völker und Reiche, ist fast nur die Geschichte
von Asia, weil Gott diesen Haupttheil der Erde zum
Sitz der ersten Stammväter des menschlichen Geschlechts, Adam und Noah, erwählet hat. Er hat
aber beyde in eine Gegend von Asia gesetzt, die ungefähr die Mitte der 3 zusammenhangenden Haupttheile
der Erde ist, damit sich ihre Nachkommen desto leichter auf dem Erdboden ausbreiten könnten. Es haben
aber

aber die übrigen Haupttheile der Erde nicht nur ihre
ersten Einwohner, sondern auch ihre Thiere, ja auch
viele Gewächse, entweder mittelbar oder unmittelbar aus Asia bekommen. Eben daher ist auch die
Erkenntniß des wahren Gottes, nebst den ersten Kün-
sten und Wissenschaften in die andern Haupttheile der
Erde gekommen.

Nach der allgemeinen Ueberschwemmung, durch
welche die Erde im 1656sten Jahr der Welt verwüstet
worden, sind die ersten Reiche in Asia entstanden,
nämlich Babylonien, Assyrien, und China, doch
hat in Africa zu gleicher Zeit das ägyptische Reich
seinen Anfang genommen. Der Ursprung dieser Reiche fällt vermuthlich in den Anfang des 19ten Jahrhunderts. Das assyrische ward unter dem Könige
Ninus vorzüglich mächtig, und breitete seine Herrschaft nicht allein über das babylonische Reich,
sondern auch über einen noch größern Theil von Asia,
und über Aegypten aus. Es bestund in dieser Größe
unter seinen eigenen Monarchen bis auf den Anfang
des 32sten Jahrhunderts der Welt, da unter dem
Könige Sardanapal sich der medische Statthalter
Arbaces, und der babylonische Statthalter Belesis
gemeinschaftlich empörten, und jener die assyrische
Oberherrschaft über einen großen Theil von Asia, an
sich und Medien brachte. Allein, Arbacis Nachfolger blieben nicht lange bey derselben, sondern die Assyrer fielen zuerst, und nachmals auch die Baylonier
ab, und machten wieder besondere Reiche aus.
Nach einiger Zeit wurde zwar das neue babylonische Reich von dem neuen assyrischen Reich
verschlungen: es währete aber die Vereinigung beyder
Reiche

Reiche nicht lange; denn im Jahr 3359 befreyete Nabopolassar sein Vaterland Babylonien von der assyrischen Oberherrschaft, und erhob es von neuem zu einem unabhängigen Reich, welches schon unter ihm, noch mehr aber unter seinem Sohn Nebucadnezar, seine Gränzen erweiterte. Es wurde auch das assyrische Reich ums Jahr 3388 dem medischen einverleibet. Im 35sten Jahrhundert der Welt that sich das persische Reich unter seinem König Cyrus hervor, der nicht nur 3425 das vereinigte medische und assyrische Reich, sondern auch hernach das lydische und letzte babylonische Reich eroberte. Seine Nachfolger breiteten ihre Oberherrschaft auch über einen ansehnlichen Theil von Indien, ja auch über einen Theil von Africa und Europa aus. Diese Herrlichkeit der Perser währete bis ins 37ste Jahrhundert der Welt, da der macedonische König Alexander sich Persien, mit allen unter desselben Herrschaft stehenden Ländern, unterwürfig machte. Allein, diese erste Herrschaft der Europäer über einen ansehnlichen Theil des südlichen Asiens währete nicht lange; denn nach Alexanders im 1653sten Jahr der Welt erfolgtem Tode, ward sein großes Reich wieder zertrümmert. Unter den besonderen Reichen, die daraus entstunden, that sich das parthische, welches Arsaces 3734 stiftete, am meisten hervor, und wuchs zu einer ungemeinen Größe, insonderheit, nachdem es im 226sten Jahr nach Christi Geburt den Parthern von den Persern unter Artaxerxes Anführung war entrissen worden. Im 38sten Jahrhundert der Welt giengen die Celten, und nach ihnen die Scythen und Sarmatier aus Asia nach Europa, und bemächtigten sich daselbst vieler Länder.

Hin-

Hingegen machten sich die Römer vor und nach Jesu Geburt beträchtliche Stücke des süd-westlichen Asiens unterwürfig. Die im 3973sten Jahr der Welt in Asia erfolgte Geburt Jesu war der ganzen Welt nützlich, es hat sich auch die christliche Religion aus Asia nach und nach durch die ganze Welt ausgebreitet.

Die Wanderungen der Völker aus Asia nach Europa haben nach Jesu Geburt nicht aufgehöret, sondern es sind aus dem nordlichen Asia im 4ten Jahrhundert die Hunnen, im 5ten Jahrhundert die Bulgaren, im 6ten Jahrh. die Awaren (eigentlich die Geugener,) und im 8 und 9ten Jahrh. die Hungaren nach Europa gekommen, und haben daselbst große Eroberungen gemacht. Ein gleiches geschah im 8 und 9ten Jahrh. von den Arabern oder Saracenen, im 9ten Jahrh. von den Russen, im 13ten von den Tataren, und im 14ten Jahrh. von den Türken. Allein in der folgenden Zeit hat sichs umgekehrt; denn die Europäer sind nach Asia gegangen, und haben daselbst viele Länder erobert. Dieses ist vornehmlich von den Russen geschehen, welche vom 16ten Jahrhundert an nach und nach den nordlichen Theil von Asia, der ungefähr ⅓ von ganz Asia ausmacht, unter ihre Bothmäßigkeit gebracht haben. Die Portugiesen haben im 16ten Jahrhundert im südlichen Asia große Gewalt und Ansehen erlanget. Sie beherrschten die Küsten des arabischen und persischen Meerbusens, und die Küsten der Halbinsel diesseits und jenseits des Ganges bis an China, ja sie brachten auch Ceylon, die sundischen, moluckischen und andere Inseln unter ihre Gewalt. Allein, die Holländer haben ihnen ihre meisten Besitzungen abge-

abgenommen, und es ist ihnen sehr wenig davon übrig
geblieben. Es haben auch die Spanier die philippi-
nischen Inseln, und die Engländer, Franzosen
und Dänen unterschiedene Festungen und Oerter auf
den Küsten der Halbinsel diesseits des Ganges, in Besitz. Seit dem 16ten Jahrhundert, da sich die Europäer beschriebenermaßen in Asia niedergelassen, haben
sie auch die christliche Religion daselbst wieder auszu-
breiten gesucht, wie aus §. 11. erhellet.

Ich habe noch nicht alle große Regierungsver-
änderungen, welche die Völker in Asia erfahren haben,
beschrieben, sondern es sind noch einige nachzuhohlen.
Im 7ten Jahrhundert legte Muhammed in Arabien
den Grund zu dem großen arabischen oder sarace-
nischen Reich, welches sich unter den Khalifen nicht
nur über einen ansehnlichen Theil des südlichen Asiens,
sondern auch über einen Theil von Africa und Europa
erstrecket hat. Es hat sich in Asia erst im 13ten Jahrhundert geendiget, da die Ueberbleibsel desselben von
dem noch größern mongolischen Reich verschlungen
wurden. Der Stifter dieses letztern war Tschingis
Chan, ein Mongol, welcher im Anfang des 13ten
Jahrhunderts lebte, und seinen Sitz im nordlichen Asia
hatte. Unter demselben wurden die verwandten mächtigen Völker Mongolen und Tataren vereiniget,
welche ihre Herrschaft über den allergrößten Theil
von Asia ausgebreitet haben, und weit in Europa ein-
gedrungen sind. Er starb 1227. Er hatte 4 Söhne,
Tschutschi (Zuzzi) Zagatai, Ugadai, und Taulai.
Der letzte bekam kein Erbtheil. Tschutschi erhielt
noch bey Lebzeiten seines Vaters die Gegend an den
Strömen Wolga und Don, welche damals den
tatari-

tatarischen Namen Daschte Kipschak oder Kapschak, das ist, die Ebene Kipschak, führete. Sie begriff die Reiche Astrachan und Casan, die ganze kleine Tatarey, und einige andere benachbarte europäische Länder. Von diesem Tschutschi stammen noch die heutigen Chane der Crim ab. Zagatai, oder Jagatai, bekam die Länder, welche jetzt die große und kleine Bucharey genennet werden, und seine Nachkommen starben noch zu der Zeit aus, als Timur Beg sein Reich stiftete, zu welchem diese Länder kamen. Ugasdai ward von seinem Vater zum Regenten über die Mongolen und Tataren ernennet: allein, diese Völker und die ihnen unterwürfigen Länder, kamen nach Ugabai Sohns Chaluk Tode, an des oben angeführten Taulaui Söhne. Mangu oder Mengko, der älteste unter denselben, schickte seinen Bruder Hulagu mit einem Kriegsheere nach Iran oder Persien, welcher auch die an dasselbe gegen Westen gränzenden Länder eroberte, und alle diese Länder seinen Nachkommeen hinterließ. Mangu aber gieng nach China und machte daselbst Eroberungen. Ihm folgte sein Bruder Coblai Chan, welcher sich in China wohnhaft niederließ, und daselbst den neuen Regentenstamm, Nuen genannt, anfieng. Von der Zeit an, ward das Land der Mongolen als eine Provinz von China angesehen, und die chinesischen Chane vom mongolischen Stamme verordneten ihre getreuesten Anverwandten zu Statthaltern über dasselbe. Allein, die Mongolen wurden 1368 wieder aus China vertrieben, und sie sind endlich so, wie die zu ihnen gehörigen Kalkas, unter chinesische Oberherrschaft gerathen, ja die Chineser haben 1757 auch das Land der Oelöts oder sengorischen Kalmücken größten Theils

5 Th.   D   unter

unter ihre Bothmäßigkeit gebracht. Der Theil
Sibiriens, welchen Tschingischan und der von ihm ab-
stammende Kutschum Chan beherrschet hat, gehöret
nun zum russischen Reiche. Die Länder, welche Tschingischan und seine Nachkommen im südlichen Asia erobert hatten, geriethen im 14ten Jahrhundert unter das
Reich, welches Timur Beg oder der sogenannte Ta-
merlan (eigentlich Timur leng, der lahme Timur)
1370 zu stiften anfieng. Er hatte seinen Sitz zu Samarkand in der Bucharey, eroberte aber Asia vom Archipelago an bis zum Ganges und an die Gränze von
China, und vom persischen Meere an bis Sibirien, ja
er drang weit in Rußland hinein. Allein, sein Reich
wurde nach seinem Tode zerstückt, und seine Nachkommen in Chorasan wurden im Anfange des 16ten Jahrhunderts vertilget. Es ist aber noch eine Linie seiner
Nachkommenschaft übrig, welche in Hindistan unter
dem Namen der großen Mogoln regieret.

§. 15. Die Regierungs-Verfassung in den
Staaten und Ländern Asiens, ist entweder despotisch-
monarchisch oder republikanisch. Die letztere
findet sich nicht allein bey vielen kleinen Völkern, die
sich entweder nur durch Aeltesten regieren lassen, welche sie jährlich erwählen, oder durch Fürsten, denen
sie nicht weiter gehorchen, als es ihnen gefällt, sondern
auch in Reichen, die das Ansehen und den Namen mo-
narchischer Staaten haben, in denen aber die Macht
nicht sowohl in den Händen der Oberhäupter, als vielmehr der Fürsten oder Statthalter ist, welche die Provinzen regieren, und die Unterthanen wie Knechte
halten. Ein solcher Staat ist vornehmlich Hindistan.

§. 16. Weil ich den nordlichen Theil von Asia,
welcher

welcher zum ruſſiſchen Reiche gehöret, ſchon im erſten Theile der Erdbeſchreibung abgehandelt habe, ſo über- gehe ich ihn jetzt. Bey den morgenländiſchen Schrift- ſtellern findet man eine gemeine Abtheilung eines groſ- ſen Theils von Aſien in Jran und Turan. Die Gränze zwiſchen beyden Theilen machet der Fluß Amu oder Gihon, vor Alters Oxus genannt, welcher auf der Oſtſeite des caſpiſchen Sees ehedeſſen die nordliche Gränze des perſiſchen Reichs machte, und vor Alters in den caſpiſchen See fiel, jetzt aber in den See Aral geht. Der Name Jran bezeichnet alſo die länder des perſiſchen Reichs, und der Name Turan die län- der der Turkomannen und Uesbeken. Ich will die ge- nauere Beſchreibung Aſiens in Weſten oder mit denen dem türkiſchen Reiche gehörigen ländern anfangen, und aus dieſen gegen Süden und Oſten weiter fortrücken.

§. 17. Ich will aber vorher noch der allgemei- nen Charten von Aſia gedenken, welche mit Nutzen gebraucht werden können, ob ſie gleich insgeſammt ei- ner großen Verbeſſerung bedürftig ſind. Im gegen- wärtigen 18ten Jahrhunderte haben Wilhelm de l’Jsle und Hermann Moll zuerſt beträchtliche Ver- beſſerungen der allgemeinen Charte von Aſia an- gebracht, Joh. Matthias Haſe aber hat beyde über- troffen. Seine von ihm ſelbſt nicht vollendete Charte iſt vom M. Aug. Gottlieb Böhm völlig ausgear- beitet, und 1743 durch die homanniſche Werkſtätte her- ausgegeben worden. Wenige Jahre hernach hat Ro- bert die ſanſoniſche Charte von Aſia verbeſſert gelie- fert, welche aber von derjenigen übertroffen wird, die D’Anville auf 3 Bogen von 1751 bis 1753 heraus- gegeben hat, an welcher viel zu loben, und viel zu ver- beſſern iſt.

I. Länder des türkischen Reichs.

Man erblickt sie am besten, obgleich klein, auf Johann Michael Franzens Charte de imperio Turcico, welche die homannische Werkstäte zu Nürnberg, 1734 ans Licht gestellet hat.

Klein Asia.

§. 1.

Die Halbinsel, welche gegen Mitternacht vom schwarzen Meere, gegen Abend von dem Kanal, (vor Alters Bosporus Thracius) von dem See Marmora, von den Dardanellen (vor Alters Hellespont genannt,) und von dem weißen Meere (oder Archipelago) und gegen Mittag von dem mittelländischen Meere umgeben ist, gegen Morgen aber an den Euphrat gränzet, und ungefähr 12000 geographische Quadratmeilen groß ist, wurde vor Alters Asia Minor, Klein Asia, benennet. Die Griechen nenneten sie: ἀνατολική, nämlich χώρα, das östliche Land, weil sie ihnen, und besonders der Stadt Constantinopel, gegen Morgen lag, und nach Anleitung dieses Namens, oder auch des griechischen Worts ἀνατολή, Osten oder Morgen, ist sowohl der türkische Name, Anadoli, als der lateinische Name Natolia gemacht worden, welchen letztern' die europäischen Völker angenommen haben, und der einerley Bedeutung mit dem italiänischen Worte Levante hat, welches die Kaufleute und Schiffer von diesem Lande insonderheit gebrauchen.

§. 2. Von demselben hat der Professor Joh. Matth. Hase, mit unbeschreiblich großem und ge-

lehr-

lehrtem Fleiß, eine Landcharte verfertiget, welche 1743 nach seinem Tode von den homannischen Erben zu Nürnberg ans Licht gestellet worden. Daß sie aber einer großen Verbesserung benöthiget sey, lehret unter andern ihre Vergleichung mit derjenigen, jedoch auch noch mangelhaften Charte, welche sich im dritten Theile von Richard Pocoks Beschreibung des Morgenlandes befindet, deren sich Hase eben so wenig, als der von Otter herausgegebenen Beschreibung seiner Reise nach der Türkey und nach Persien, bedienen können, weil beyde erst nach seinem Tode ans Licht getreten sind. Ungeachtet diese beyden Charten alle vorhergehende weit übertreffen, so sind sie doch der wahren Gestalt des Landes noch nicht recht gemäß, und mit seiner jetzigen politischen Verfassung gar nicht übereinstimmig.

§. 3. Das feste Land von klein Asien hat sehr viele und hohe Berge, auch ansehnliche Gebirge, unter welchen letztern dasjenige, welches vor Alters Taurus genennet worden, beym chelidonischen Vorgebirge anfängt, und sich Anfangs gegen Norden, bald darauf aber gegen Osten weit in Asia hinein erstreckt, das vornehmste ist. Die höchsten Berge sind beständig mit Schnee bedeckt. Unter den Bergen sind auch feuerspeyende gewesen. Unter den Ebenen sind unterschiedene von ansehnlicher Größe. Der Winter ist ziemlich strenge, aber kurz. Im Sommer ist die Hitze groß, wird aber in einigen Gegenden durch die daselbst gewöhnlichen Winde vermindert, und aus andern Gegenden, wo Moräste und Hitze die Luft ungesund machen, begeben sich die Einwohner auf die benachbarten Berge, um daselbst einer frischen und gesunden

sunden

funden Luft zu genießen. Die Pest richtet zuweilen
große Verwüstungen an. Am meisten ist die Luft in
dem Striche des Landes, welcher am schwarzen Meere
liegt, gemäßigt. Viele Gegenden haben einen schlechten, und unfruchtbaren, andere aber einen besser
fruchtbareren Boden: es ist aber kaum die Hälfte der
Felder angebauet. Die guten angebaueten Gegenden, bringen Getreide im Ueberfluß hervor. Man
bauet auch Reiß, der insonderheit bey Angora vortrefflich ist, und bey Milleß wächst Tabak, der nebst
dem, welcher bey Latichea gebauet wird, der beste in
der Türkey ist. Der Safran dieses Landes ist von
sonderbarer Güte und Wirkung, und unterschiedene
Gegenden sind reich daran. Man hat eine Pflanze,
die eine blaue Blume hervorbringt, aus deren Körnern
eine blaue Farbe bereitet wird. Schöne Baumfrüchte, als Aepfel, Birnen, Mispeln, Feigen, Li-
monien, u. a. m. sind überflüßig vorhanden. Die
Olivenbäume wachsen in Menge, die Maulbeer-
bäume werden zum Behuf des Seidenbaues häufig
gepflanzt, und Baumwolle sammlet man reichlich.
Man bauet und hat mehr gemeinen und vorzüglichen
entweder weißen, oder gelben und rothen Wein, als
man im Lande verbraucht. Man hat Eichenbäume,
die große Eicheln tragen, welche zum Gerben brauchbar sind. Hingegen ist der Mangel an Brennholz
in einigen Gegenden so groß, daß die geringen Leute daselbst getrockneten Kühmist brennen. Die Schafwolle ist grob, dagegen hat man um Angora die berühmten Kämelziegen, meistentheils von weißer,
zum Theil auch von grauer, und zum geringsten Theil
von schwarzer Farbe, deren Haar vortrefflich ist. Es
ist

iſt krauslockicht, und bisweilen 1 Fuß lang, und kömmt
am feinſten von jungen Böcken, die 1. oder 2 Jahr alt
ſind. Das kurze und gemeine Ziegenhaar, welches
unter den langen wächſt, und von den Fellen abgenommen wird, wenn die Ziegen todt ſind, wird nach
Europa häufig ausgeführet, und zu Hüten gebraucht.
Der Seidenbau iſt ſtark. An Honig und Wachs
fehlet es nicht. Man hat Salpeter, Meerſalz und
Salz aus dem größten hieſigen Landſee. Am Fuße des
Berges, welcher in alten Zeiten Ida genennet wurde, ſind
Silber-Bley-Kupfer-Eiſen-und Alaun-Gru-
ben, die aber geringen Nutzen bringen. Es ſind viele heilſame entweder warme oder heiße Bäder, und
unter denſelben auch ſchweflichte Salzquellen vorhanden. Nicht weit von Izmid quillt ein Alaunwaſſer, welches wider den Stein und die rothe Ruhr gebraucht wird.
Die Erdbeben haben in klein Aſia von alten Zeiten her
öftere u. große Verwüſtungen angerichtet. Die vornehmſten Flüſſe des Landes ergießen ſich ins ſchwarze Meer,
als der Fluß Ava oder Ayala, von den Türken Sa-
kari oder Sakaria, vor Alters aber Sagaris oder
Sangarius, genannt, der Bartin, vor Alters Parthenius, der Kizil-Irmak, vor Alters Halys, und der,
welcher vor Alters Iris hieß. Ins mittelländiſche
Meer ergließen ſich die Flüſſe, Seihau, vor Alters
Sarus, welcher bey Kaiſerie oder Kaiſſariah auf dem
Berge Kormez entſteht, ſich mit dem Fluſſe Dſchei-
han, vor Alters Pyramus, vereiniget, und alsdann ins
Meer fällt. Ins weiße Meer fließt der Mäander
nebſt andern kleinern Flüſſen.

Unter den Inſeln, die zu klein Aſien gehören,
ſind fruchtbare und unfruchtbare. Jene haben Zu-

ſuhre

fuhre von Getreide nöthig. Auf einigen Inseln wächst guter Wein, darunter ein starker rother, und ein weißer Muscatwein ist. Sie bringen auch Baum= wolle hervor. Auf Scio sind Mastir=und Terpen= tin=Bäume, auch sehr harzichte Tannien und Fich= ten, die Theer und Pech geben. Der Seidenbau ist auf den Inseln beträchtlich. Auf Samos und Milo hat man eine gute weiße Erde, die zum Wa= schen gebraucht wird. Auf Lesbus sind heiße Bäder.

§. 4. Die Einwohner des Landes bestehen aus Türken, Turkomannen, zu welchen die Uruken gehören, Juden, Griechen, Armeniern, und Franken oder Europäern, welche letztern in den Handelsstädten des Handels wegen wohnen, und sich wie die Türken kleiden. Die Menge dieser Einwoh= ner ist nicht so groß, als sie nach Maaßgebung der Größe und Beschaffenheit des Landes seyn könnte, und überall sieht man dem Lande den großen Verfall, dar= ein es gerathen ist, an. Seine alten, berühmten und besten Städte und Schlösser, sind entweder ganz verfallen und verwüstet, oder doch größtentheils in geringem und schlechtem Zustande. Die Anzahl der Dörfer ist klein. Die Landstraßen sind wegen der Menge der Räuber, dazu insonderheit die Turkoman= nen gehören, so unsicher, daß die Reisenden zu ihrer Sicherheit in Gesellschaften oder Kiervans (man schreibt gemeiniglich, aber unrichtig, Caravanen,) reisen. Aus der Benennung der unterschiedenen hier wohnenden Nationen, erhellet auch der Unterschied ih= rer Religion. Von Gelehrsamkeit weis man hier zu Lande wenig, und dieses Wenige ist auch nur bey den Griechen zu finden, deren beste Schule in einem
Kloster

Kloſter auf der Inſel Patmos iſt, in welcher die alte
griechiſche Sprache, die Phyſik, Metaphyſik, und
Theologie, gelehret werden, und dahin junge Leute
aus unterſchiedenen Ländern kommen. Sonſt reiſen
auch unterſchiedene Griechen, inſonderheit Inſulaner,
aus Klein Aſia nach Padua in Italien, um daſelbſt
die Arzneygelehrſamkeit zu erlernen, unternehmen auch
gelehrte Reiſen durch andere europäiſche Länder, und
laſſen ſich zum Theil in denſelben wohnhaft nieder.

§. 5. Die hieſigen Manufacturen, beſtehen
vornehmlich in folgenden Arten. Die Baumwolle
wird zu Garn geſponnen, und dieſes auf unterſchiedene Weiſe verwebet. Es werden ſeidene Decken oder
Teppiche von unterſchiedener Art, verfertiget. Die
ſo genannten turkomanniſchen Teppiche ſind glatt,
und haben breite Streifen und Figuren. Man
macht halb ſeidene und halb leinene Zeuge zu Hemden,
vielerley, meiſtentheils aber geſtreifte, Saltine, zu Unterkleidern für die Türken, einen dünnen ſeidenen Zeug,
den man Brunlucke nennet, zu Unterkleidern für das
Frauenzimmer, Damaſte, und andere ſeidene Zeuge,
ſammetene Küſſen oder Polſter von mancherley Art
und Schönheit. Das feine Kamelhaar wird nicht
allein zu Garn geſponnen, ſondern auch verwebet.
Man verfertiget daraus theils einen zweydräthigen Zeug,
welcher den feinſten Sarſchen ähnlich, und entweder
glatt oder geſtreift iſt, theils einen feinen Kamelot, der
drey-bis vierdräthig iſt, und zuweilen gewäſſert wird,
(welche 2 Arten von Stoffen die Türken zu Sommer-
kleidern tragen,) theils dreyzehndräthige Kamelotte,
welche nach Europa geführet werden, und ihres gleichen an Vortrefflichkeit nicht haben, theils andere

D 5 Stof-

Stoffen und Plüsche. Sonst wird hier zu Lande gutes rothes Leder bereitet. Auf Lesbos bauet man sowohl große Schiffe als Boote aus Tannenholz, die sehr leicht sind, und doch 10 bis 12 Jahre dauren, weil das Holz voll Harz ist.

§. 6. Der Handel blühet noch ziemlich an den Seeküsten, und besteht in Ansehung der Ausfuhre darinn, daß entweder nach Constantinopel, oder nach andern europäischen Oertern und Ländern, Getreide, Tabak, Baumfrüchte, Baumöhl, Wein, Rosinen, Apothekerwaaren, große Eicheln zum Gärben, rohe Baumwolle, grobe Schafwolle, türkisch Garn, gemeines Ziegenhaar, gesponnenes Kämelhaar (denn ganz roh darf es nicht ausgeführet werden,) und daraus verfertigte Kämelotte und andere Stoffen, Seide, selbene türkische Decken oder Teppiche, sammetene Küssen oder Polster, Wachs, Häute von Büffelochsen, Corduan-Leder und Alaun, ausgeführet werden. Die vornehmste Handelsstadt ist Smyrna. Der Handel, den die Europäer nach und nach mit klein Asia treiben, heißt im engsten Sinne, der Handel nach und mit der Levante, (§. 1.) und die Handelsplätze auf der Küste werden gemeiniglich les Echelles du Levant genennet.

§. 7. Vor Alters war dieses Land in lauter kleine Königreiche und Landschaften vertheilet. In dem westlichen Theile waren die Landschaften und Reiche groß und klein Phrygien, Mysien, Aeolien, Jonien, Lydien, Carien und Doris, welche das nachmals von den Römern also benannte eigentliche Asia (Asia propria) ausmachten. Um das Gebirge Taurus und jenseits desselben, legen Lycien, Pisidien,

dien, Pamphylien, Lycaonien, Cappadocien,
und Cilicien. Gegen Norden waren Bithynien,
Galatien, Paphlagonien, und Pontus. Die
Landſchaften Aeolien, Jonien und Doris waren
von griechiſchen Völkern bewohnt. Alle dieſe Landſchaften und Reiche geriethen nach und nach unter die
Herrſchaft des perſiſchen Reichs, und mit dieſem,
unter die Herrſchaft des macedoniſchen Reichs.
Als das letztere nach Alexanders des Großen Tode
zerſtücket ward, kam klein Aſia größtentheils unter
die Gewalt der ſyriſchen Könige, und endlich unter
die Bothmäßigkeit der Römer. Dieſe verwandelten
es in eine Provinz, welche von Prätoren regieret wurde. Kaiſer Auguſt nahm die Veränderung vor, daß
er einen Theil deſſelben von einem Proconſul verwalten
ließ, daher er das Proconſular-Aſien genennet ward,
den übrigen Theil aber von einem Prätor, daher er
das prätorianiſche Aſien hieß. Zu und nach der
Zeit Kaiſers Conſtantins des Großen, theilte man
klein Aſia in das Proconſular-Aſien, und in die
aſiatiſche Diöces ab: jenem ſtund ein Proconſul,
dieſem ein Vicarius vor. Als das römiſche Reich in
das Abend- und Morgenländiſche abgetheilet ward,
wurde klein Aſien ein Theil des letztern, und blieb unter der Herrſchaft der morgenländiſchen, römiſ-
ſchen, oder der griechiſchen Kaiſer, bis ihnen der
öſtliche Theil deſſelben von den Arabern entriſſen
ward, denen ſie ihn aber wieder abnahmen. Allein,
in der zweyen Hälfte des 11ten Jahrhunderts nahmen
diejenigen Türken, welche von der dritten Linie der
ſelgjukiſchen Sultane regieret wurden, einen Ein-
fall in klein Aſia, oder das damals ſogenannte Land
Rum

Rum (das ist, Land der Römer) vor, und eroberten den größten Theil desselben, also, daß die griechischen Kaiser nur in dem westlichen Theile einen Strich übrig behielten. Jene nennete man die Seltzjuken von Rum, deren 15 Sultane in diesem Lande von 1074 bis 1300 regieret haben. Hierauf gerieth ganz klein Asia nach einander unter die Bothmäßigkeit des mongolischen Reichs, welches Tschingis Chan stiftete, des Reichs des Timur Beg, und des türkischen Reichs, unter welchem letztern es noch stehet.

§. 8. Die Türken haben das alte klein Asia in 7 Landschaften abgetheilet, welche heißen, Anadoli oder Natolien, Konia, Itschil, Adana, Meisaschen und Siwas, welche letztere im engsten Verstande das Land Rum genennet wird.

I. Anadoli.

Das Land, welches die Türken heutiges Tages Anadoli oder Natolien nennen, hat mit dem oben (§. 1.) beschriebenen Natolien oder klein Asia, gegen Mitternacht, Abend und Mittag, einerley Gränzen, gegen Morgen aber erstrecket es sich nur bis an das Land der Karamans und an die Landschaft Siwas. Es begreift die alten Landschaften Bithynien, Paphlagonien, Galatien, Phrygien, Mysien, Aeolien, Jonien, Lydien, Carien, Doris, Pysidien, Lycien, und Pamphylien. Der Statthalter desselben, welcher der Beglerbeg von Anadoli genennet wird, ist unter den Statthaltern in klein Asia der vornehmste, und hat seinen Sitz zu Klutahna. Das Land ist in 14 Sandschackschaften oder Districte abgetheilet, welche sind, Angora, Aisdin,

Un, Boli, Hamid, Karahiffar, Karaſi, Kaſtemu-
ni, Khudavendkiar, Kianguiri, Kiutahya, Men-
teſche, Sarukhan, Sultan Eugni, Tekiè. So
werden ſie von Ricaut und Otter angegeben, der
letztere aber beſchreibt auch den Diſtrict Kodja-Ili,
ohne zu melden, ob derſelbige einer von den vorherge-
nannten ſey? und welcher? Es ſind aber auch Oerter
vorhanden, die nicht zu den vorher angeführten Di-
ſtricten, ſondern der Valide Sultana, das iſt, des
türkiſchen Kaiſers Mutter gehören, welche die Einkünfte aus denſelben zieht, und ihnen beſondere Befehlshaber vorſetzt, z. E. Smyrna. Ob Kodja-Ili von
dieſer Art ſey, weiß ich nicht. Es ſind auch die
Gränzen der Sandſchackſchaften unbekannt, und ich
weiß nur von einigen die dazu gehörigen Gerichtsbarkeiten. Ich wage es alſo nicht, die Gränzen und Zugehörun-
gen der Diſtricte zu beſtimmen, ſondern laſſe es bloß bey
der Anführung der merkwürdigſten Oerter bewenden.
Ich will bey der Hauptſtadt anfangen.

1. **Kiutahya**, auf den Landcharten Cutaye, vor Alters
Cotyæum, die Hauptſtadt von ganz Anadoli, und dem Diſtrict Kiutahya, und der Sitz des Begierbegi von Anadoli.
Sie liegt am Fuße eines Berges, gegen Nordoſten derſelben
aber iſt eine ſchöne Ebene, durch welche der Fluß Purſak
fließt, der ſich unterhalb Eſki Scheher mit dem Fluſſe Sakaria, vereiniget. Außer vielen türkiſchen Moſcheen, ſind hier
auch 3 armeniſche Kirchen. Ueber derſelben liegt ein altes Schloß auf einem hohen Felſen. Sowohl nahe bey
der Stadt, als 3 Stunden von derſelben gegen Weſten in
der Ebene Kundgalu, ſind warme Bäder.

2. **Kuſalak**, ein Dorf am Fuße des hohen Berges Do-
malia, welcher mit ſehr hohen Tannenbäumen bewachſen iſt.

3. **Seguta**, vor Alters Synaus, eine kleine Stadt.

4. **Vezir-Khani**, das iſt, die Herberge des Vezirs,
vor

vor Alters Agrilium, ein Flecken, dessen Einwohner fast lauter Griechen sind.

5. Rhandek, ein Flecken, welcher der Hauptort der Gerichtsbarkeit Ak-Jazi, im District Kodja-Ili, ist.

6. Gueive, vor Alters Protomacre, nicht weit vom östlichen Ufer des Flusses Sakaria, im District Kodja-Ili.

7. Schile, Scieli, ein Kasteel am schwarzen Meere, im District Kodja-Ili.

8. Das Kasteel Anadoli kara dingi Hissar, liegt am Kanal gegen dem Rumili kara dingi Hissar über, nicht weit vom schwarzen Meere, und beyde Kasteele, welche von den Franken die neuen Kasteele gennnet werden, hat Amurath IV erbauen lassen. In der Gegend des ersten stund vor Alters der Tempel des Jupiter Urius.

9. Anadoli Eski Hissar, das ist, das asiatische alte Kasteel, welches gegen dem Rumili Eski Hissar, oder europäischen alten Kasteel über liegt. In dieser Gegend soll der Kanal am schmälsten seyn. Beyde Kasteele werden von den Franken schlechthin die alten Kasteele genennet. Das erste hat Bajazet I erbauen lassen, als er Constantinopel belagert. Es werden daselbst alle Schiffe durchsucht, die nach dem schwarzen Meere gehen.

10. Eskiudar, Escodar, Istodar, von den Europäern gemeiniglich Scutari, oder Scutaret genannt, vor Alters Chrysopolis, eine große Stadt am Kanal gegen Constantinopel über, im District Kodja-Ili. Ihre Lage ist sehr schön, und von dem Hügel, der gegen Nordosten über der Stadt liegt, hat man eine vortreffliche Aussicht. Unweit der Stadt, nach Kadhi-Kioi zu, ist ein Sarai oder Pallast des türkischen Kaisers, in welchem derselbe gemeiniglich einige Tage im Anfange des Sommers zubringt.

Gegen dieser Stadt über, liegt im Kanal eine kleine Insel oder ein Felsen, worauf ein Thurm steht, den die Türken Kiskula, das ist, den Jungfern-Thurm, die Franken aber Leanders-Thurm nennen: außer welchem noch ein kleinerer mit einer Laterne, welche des Nachts den Schiffen zum Wegweiser dienet, vorhanden ist.

M. Kadi-

11. **Radhi-Kioi Radikui,** (das ist, Dorf, eines Radhi oder Richters,) ein Ort an der Westseite des Vorgebirges, auf welchen vor Alters die Stadt Chalcedon gestanten hat, welchen Namen die Griechen von diesem Orte noch gebrauchen. Einer nennet ihn ein großes Dorf, ein anderer eine kleine Stadt. Der davon benannte griechische Erzbischof ist unter den 12 vornehmsten dem Range nach der sechste. Hier ist 451 die vierte allgemeine Kirchenversammlung gehalten worden.

12. **Kartal, oder Kortal,** ein Ort am Meere, den einer ein Dorf, ein anderer aber eine Stadt nennet.

13. **Pantik oder Pendik,** vor Alters Pantichio, ein Ort am Meere, den einer ein Dorf, ein anderer aber eine Stadt nennet.

14. **Gebse,** auch Gebise und Gegnebize genannt, ein Ort, welchen einer einen Flecken, ein anderer ein Dorf nennet, auf einer Anhöhe, nicht weit vom ismidschen Meerbusen. Entweder an der Stelle desselben, oder näher am Meere, hat vor Alters die Stadt Libyssa gestanden, in welcher, oder in deren Nachbarschaft, der berühmte Cartaginensische Feldherr Hannibal, sich selbst vergiftet hat, und begraben ist.

15. **Mabollom,** ein kleiner Hafen am ismidischen Meerbusen.

16. **Corfau,** ein geringer Ort, auf der Straße nach Scutari, bey welchem auf einem Hügel Trümmer von Mauern gefunden werden, die vermuthlich Ueberbleibsel der ehemaligen Stadt Astacus sind.

17. **Chaiefu,** ein Ort, woselbst Alaunwasser aus der Erde quillt, welches in großer Menge nach Constantinopel geschickt, und für ein heilsames Mittel wider den Stein, ja auch wider die rothe Ruhr, geachtet wird.

18. **Ismid, oder Ismid,** eigentlich Iznimid, oder Iznikmid, vor Alters Nicomedia, die Hauptstadt des Districts Kodja-Ili, und der Sitz des demselben vorgesetzten Pascha, ungeachtet einige Reisebeschreiber sie nur ein Dorf nennen. Sie liegt am Ende eines von ihr benannten Meerbusens, der vor Alters Sinus Astacenus und Olbianus hieß. Ihre Lage ist schön, denn sie ist am

Abhange

Abhange eines Berges oder zweener Hügel erbauet, von
welchen sie sich bis an den Strand des Meeres erstrecket,
und alle Häuser, insonderheit diejenigen, welche an den
Hügeln liegen, haben kleine mit Bäumen und Weinstöcken
bepflanzte Gärten oder Höfe, und die kleinen Hügel auf
den Seiten, sind auch mit Gärten und Weinbergen versehen. Hier endigen die aus Asia kommenden Kiervans
ihre Reisen, und von hier nach Constantinopel ist eine
starke Schiffahrt. Die Stadt handelt auch mit Schiffen, und verkauft viel Bauholz, welches aus den benachbarten Wäldern kömmt, und Salz. Sowohl die
Armenier als Griechen haben hier jede eine Kirche, und
einen Erzbischof. Auf dem armenischen Kirchhofe liegt
der berühmte Fürst Emericus Tököly von Kesmark, begraben, welcher hier 1705 gestorben ist. Der griechische Erzbischof ist unter denen 12 vornehmsten nach dem
Patriarchen, dem Range nach, der zweyte. Auf der
Spitze des höchsten Hügels, daran die Stadt liegt, sind
die vornehmsten Ueberbleibsel der alten Stadt Nicomedia zu sehen, welche zuerst Olbia geheißen, wo nicht Olbia in der Nähe von Nicomedia gelegen hat. Sie war
die Hauptstadt in Bithynien, groß und schön, es hielten
sich auch die römischen Kaiser bisweilen daselbst auf.

19. Karamusal und Debrendeh, zween Hafen am ismidischen Meerbusen.

20. Zu Curai, Jalowey und bey dem Hafen Armokui,
am Meerbusen von Montagna, sind heiße mineralische
Quellen.

21. Dschemblic, vor Alters Cius, nachmals Prusias,
eine Stadt am Meerbusen von Montagna, woselbst auf
600 griechische, und etwa 60 türkische Familien sind,
und der Erzbischof von Iznik einen Wohnsitz hat. Von
hier führet man Korn, weißen Wein, und allerhand
Früchte nach Constantinopel.

22. Sapandjè, Sabaniah, Chabangi, ein Flecken an
einem davon benannten fischreichen See, in einer überaus angenehmen Gegend, im District Kodsa-Ili. Hier
laufen alle Straßen, die nach Constantinopel führen, zusammen, und die Durchfahrt der Reisenden, giebt diesem
Orte die meiste Nahrung.   An-

Anmerkung. Im Jahr 1563 that der Pascha Sinan den nützlichen Vorschlag, daß man den Fluß Sakaria mit dem See bey Sapandiè durch einen Canal vereinigen, und durch einen andern Canal diesen See mit dem ismidischen Meerbusen verbinden solte, um die Fortbringung des Holzes, welches zu den kaiserl. Gakeren gebraucht wird, zu erleichtern. Er ist aber nicht vollzogen.

23. Ak=Hissar (das ist, das neue Schloß,) ein wohlbewohnter Flecken, im District Kodsa=Ili.

24. Iznik, vor Alters Antigonia, nachher Nicæa, eine Stadt, im District Kodsa=Ili, an der Ostseite eines fischreichen Sees, der vor Alters Ascanius hieß, und einen Abfluß in den Meerbusen von Montagna hat. Die Mauren der Stadt haben zwar einen großen Umfang: sie hat aber jetzt nicht über 300 Häuser, und eine sehr ungesunde Luft. Sie handelt mit Seide, und mit unächtem Porzellan, welches hier verfertiget wird. Im Jahre 325 ist hier die erste allgemeine Kirchenversammlung gehalten worden. Der von dieser Stadt benannte griechische Erzbischof, ist unter den 12 vornehmsten der fünfte. Er hält sich gemeiniglich zu Constantinopel auf, hat aber zu Dschemblic einen Wohnsitz.

25. Jeni= oder Negni=Schehet, (das ist, Neu=Stadt,) eine kleine Stadt gegen Biledgik über, welche ihren Namen davon hat, weil Sultan Osman Gazi sie im Anfang seiner Regierung erbauen lassen, und zu seinem Sitz erwählet hat, bevor Bursa seine Residenzstadt ward. In derselben wohnen mehrentheils Türken, und nur wenige Armenier.

26. Chioslec und Leftiè, Flecken

27. Bursa, Bursia, Brusa, Brüssa, Prusia, eine Stadt, von welcher alle diese Namen, insonderheit aber der erste und dritte, gebraucht werden. Vor Alters hieß sie Prusa. Sie liegt am Fuße des Berges Olympus, auf und an einem kleinen abgesonderten Berge, und hat gegen Norden eine große und angenehme Ebene. Sie ist mit Quellwasser reichlich versehen, insonderheit ist gegen Süden eine sehr starke Quelle, deren Wasser sich in einen mit Marmor ausgelegten Kanal ergießt, und hierauf in der Stadt also vertheilet wird, daß die meisten Häuser dadurch

1Th.   E   durch

durch versorget werden. Der kleine Fluß Nilufar, wel=
cher neben der Stadt fließt, kömmt von dem Berge
Pegni=Dag, welcher ein Arm des Berges Olympus ist.
Er hat seinen Namen von Orkhans Gemahlinn Nilufar,
welche über denselben eine Brücke erbauen lassen, und er=
gießt sich nach Otters Bericht in den See Ulubad, nach
Tourneforts Bericht aber bey Montagna in den dasigen
Meerbusen. Am höchsten liegt das alte bemauerte Kasteel,
welches einen großen Umfang, und aus welchem man ei=
ne sehr schöne Aussicht hat. In demselben ist außer den
Ueberbleibseln von einem alten, auch ein neuerer Pallast,
(Sarai), und in einer Moschee; welche vor Alters eine
griechische Kirche gewesen ist, liegt Sultan Orkhan, der
Eroberer dieses Orts, begraben. Die Stadt ist die größ=
te und schönste in klein Asia, und der Sitz eines Pascha.
In der eigentlichen Stadt wohnen nur Türken, und sie
hat eine Menge Moscheen und Mescheds. In den Vor=
städten wohnen Juden, Griechen und Armenier. Die
Juden haben 4 Synagogen. Die Griechen haben 3 Kir=
chen, und einen Metropolitan, der unter den 12 vornehm=
sten griechischen Erzbischöfen und Metropoliten dem Rang
nach der eilfte ist. Die Armenier haben auch einen Erz=
bischof, aber nur eine Kirche. In dieser Stadt werden
die schönsten türkischen seidenen Tapeten, Gold= und Sil=
ber=Stoffen, auch schöne sammetene Küssen oder Polster,
vielerley Arten, meistentheils aber gestreifte, Sattine,
welche die Türken zu Unterkleidern tragen, viele halbsei=
dene, und halb leinene Zeuge, welche vornehmlich zu Hem=
dern gebraucht werden, und ein dünner seidener Zeug,
Brunsuke genannt, den die Frauenspersonen zu Unter=
kleidern tragen, verfertiget; es wird auch viele rohe Sei=
de von hier aus nach Constantinopel und Smyrna geführ=
ret. Man führet auch den in der Gegend dieser Stadt wach=
senden Safran aus. Außerdem ist diese Stadt der Ver=
sammlungsört für die Klervans, welche von Aleppo
oder Smyrna nach Constantinopel gehen. Außerhalb
der Stadt, auf dem Wege nach den Bädern, sind die Grä=
ber unterschiedener Sultane zu sehen; welche wie Kapel=
len

ken erbauet, und mit Marmor und Jaspis ausgelegt sind. Die berühmten warmen Bäder, sind eine französische Meile weit von der Stadt gegen Nord-Nord-Westen entlegen, und werden von langer Zeit her stark besucht. Man nennet sie Jeni Capliza, die Neuen Bäder, im Gegensatz der Eski Capliza oder Alten Bäder, welche 2 französische Meilen weit von Bursa entfernet sind. Prusa, König von Bithynien, hat diese Stadt zuerst erbauet, und von ihm hat sie den Namen. Seifeddulat, ein Prinz aus dem arabischen Geschlecht Hamadan, eroberte sie im Jahre 947, die Griechen aber bemächtigten sich ihrer wieder und blieben im Besitz derselben, bis 1356 Sultan Orkhan, Sohn Osmans II, sie eroberte, und sie zur Haupt- und Residenzstadt seines Reichs machte, welches sie so lange gewesen ist, bis Constantinopel von den Türken erobert worden.

Anmerkung. Der oben genannte Berg, welcher vor Alters Olympus Mysiorum hieß, wird heutiges Tages von den Türken Anadoli Dag, auch Kieschische Dagui, das ist, der Mönchenberg, von einem darauf belegenen griechischen Kloster genennet. Er ist einer der höchsten Berge in Asia, hat viele Aehnlichkeit mit den Pyrenäen und Alpen, und auf seinem Gipfel liegt beständig Schnee.

28. Philadar, beym Wheler und Spon, oder Phisidar beym Tournefort, ein großer Flecken, eine halbe geographische Meile von Bursa, woselbst lauter Griechen wohnen, welche die Kopfsteuer doppelt bezahlen, um nicht mit den Türken vermischt zu wohnen.

29. Montagna, auch Montania, Montagniat, Mudania, eine Stadt, an einem von derselben benannten Meerbusen, woselbst der griechische Erzbischof von Bursa einen Pallast hat, und mehr Griechen und Juden, als Türken wohnen. Es ist dieser Ort der Hafen von Bursa, und treibt starken Handel mit Korn, Seide, den bursischen Manufacturen, Salpeter, gemeinen weißen Wein, und allerhand Früchten, die nach Constantinopel geführet werden, von dannen man für die Stadt Bursa und die umliegende Gegend allerhand Waaren zurück bringt. In dieser Gegend südostwärts hat vor Alters die Stadt

E 2 Myr-

Myrlea gestanden, welche König Philipp zerstört, König Prusa aber wieder aufgebauet, und nach seiner Gemahlinn Apamea genannt hat. Nach der Zeit hat sie Apamea Myrlea, und Apamea in Bithynien, geheißen.

30. Mebullitsch, eine Stadt am Flusse gleiches Namens, welcher der Rhyndacus der Alten ist, der die Gränze zwischen Bithynien und Mysien machte. Vier englische Meilen unterhalb derselben ist ihr Hafen, der auch vier englische Meilen von dem See Marmora entfernet ist. Es wohnen hier Griechen und Armenier. Von hier werden viele Seide, grobe Schafwolle, Korn und Früchte, größtentheils nach Constantinopel, zum Theil auch nach Smyrna ausgeführet.

31. Abellionte, oder Abullona, von den Griechen Apollonia genannt, eine hohe Insel und darauf stehende Stadt im gleichnamigen See, welcher vor Alters Apolloniatis geheißen hat, von den Türken aber, so wie der vorhin genannte Ort, Ulubad genennet wird. Insel und Stadt liegen auf der Nordseite und nahe am östlichen Ende des Sees, und zwar so nahe am Lande, daß man beständig zu Pferde, und im Sommer meistentheils trocken dahin kommen kann. Der See ist von Osten nach Westen etwa 12 englische Meilen lang, und an einigen Stellen 3 bis 4 breit, und begreift unterschiedene Inseln. Südwärts erstreckt er sich bis an den Fuß des Berges Olympus. Er trägt Boote, die durch den tiefen Fluß Lubat und Rhyndacus in den See Marmora und nach Constantinopel gehen, dahin von hier Essig und Seide geführet werden.

32. Mendjalitsche, ein von Otter also genannter Ort, welcher vom Lucas Minalaiche, von Tournefort Michalicie, von Pocock, Mihalasba geschrieben wird. Er ist von Ulubad nur eine französische Meile entfernet.

33. Ulubad, (welches der türkische Name ist,) von den Franken Lubat oder Lupat, von den Griechen Lopadion, und von einigen Reisebeschreibern Lopadi genannt, ein geringer Ort, von ungefähr 200 schlechten Häusern, der vordessen eine bemauerte Stadt gewesen ist. Er liegt am Flusse gleiches Namens, der 1 bis 2 französische Meilen ober-

oberhalb demselben aus dem See Abelſionte kömmt, und
nach einiger Reiſebeſchreiber Meynung vor Alters Rhyndacus geheißen hat. Pocock aber, welcher den See abgezeichnet hat, berichtet, daß der Fluß Lubat in den Fluß
Rhyndacus falle.

34. Dulakui, ein Flecken, in deſſen Gegend, nach Pococks Muthmaßung, die Stadt Miletopolis geſtanden hat.

35. Panormo, eine kleine Stadt am See Marmora,
mit einem Hafen für kleine Schiffe, aus welchem Korn,
Früchte und Wein nach Conſtantinopel geführet werden.

36. Artakui, vor Alters Artace, eine Stadt auf einer
Halbinſel, welche in alten Zeiten eine Inſel war, und
Cyzicus hieß, auf welcher auch eine gleichnamige Stadt
befindlich geweſen iſt, von der noch Trümmer vorhanden ſind. Von hier wird guter weißer Wein nach Conſtantinopel gebracht. Der von dieſer Stadt benannte
griechiſche Erzbiſchof, iſt unter den 12 vornehmſten, dem
Range nach der 7te, und hält ſich gemeiniglich zu Conſtantinopel auf.

An und zwiſchen den Flüſſen, welche vor Alters Aeſe-
pus und Granicus hießen, am Gebirge Ida entſpringen,
und ſich beyde in das Meer Marmora ergießen, liegen
heutiges Tages keine merkwürdige Oerter, es geben auch
keine Kiervans durch dieſe Gegend. Unterdeſſen iſt der
zweyte Fluß wegen der Schlacht berühmt, die Alexander an demſelben über die Perſer erfochten hat.

Den Anfang der Dardanellen, das iſt, der Meerenge
oder des Kanals, welcher in alten Zeiten der Helleſpont
genennet wurde, und jetzt von den Türken Bogaz, (d. i.
die Mündung und der Kanal,) genennet wird, rechnet
man von dem aſſatiſchen Wachtthurm, der keine ganze geographiſche Meile von Lepſek gegen Norden entfernet iſt.
Das Land iſt auf beyden Seiten, inſonderheit auf der
Weſtſeite, ſehr bergicht. Pocock ſchätzet die ganze Länge
der Meerenge auf 26 engliſche Meilen, und die größte
Breite nicht höher als 4 engliſche Meilen. An derſelben
liegen außer vielen geringen Oertern, die 6 erſten von
den folgenden.

E 3   37. Schar-

37. Schardak, ein guter Flecken, gegen Gallipoli über, dahin man von hier überfährt. Es werden von hier Melonen und andere Früchte in großer Menge nach Constantinopel gebracht.

38. Lepsek, von den Griechen Lampsaco genannt, vor Alters Lampsacus, eine kleine Stadt, die mit Weinbergen und Fruchtbäumen reichlich umgeben ist. Ihr Wein war vor Alters berühmt, aber ihre heidnischen Einwohner waren ihrer Ueppigkeit und Laster wegen sehr berüchtiget.

39. Borgas, ein sehr angenehmer Flecken.

40. Mussakui, ein Flecken am Flusse gleiches Namens. Hier hat vermuthlich vor Alters Arisba gelegen, wo Alexander sein Heer versammlet hat, nachdem es über den Hellespont gegangen war. Eine bis 2 geographische Meilen weiter die Meerenge hinab, ist die engste Gegend derselben, welche etwa drey Viertel einer geographischen Meile lang ist, und nach Herodoti und Plinii Schätzung nur 7 Stadia oder Feldweges breit ist. In derselben hat vermuthlich die ehemalige Stadt Abydus gelegen, in deren Gegend der persische König Xerxes eine berühmte Brücke über den Hellespont erbauet, und über dieselbe sein großes Kriegsheer nach Europa geführet hat, woselbst auch des macedonischen Königs Alexanders Kriegsheer an das feste Land von Asia getreten. Cornelius le Bruyn berichtet, die Türken nenneten das gleich anzuführende alte Dardanellen-Schloß noch heutiges Tages Abydus; Herbelot aber meldet, sie nenneten es Aidos oder Aidus, und dieser Name sey aus Abydus zusammen gezogen. Er bemerket auch, daß der umliegende District von den Türken Aidinschik, d. i. klein Aidin, genennet werde, hält auch dafür, es sey am wahrscheinlichsten, daß er diesen Namen vom Aidin Beg habe.

Ungefähr eine geographische Meile weiter gegen Süden steht

41. Das asiatische alte Dardanellen-Schloß, dem europäischen gegen über. An der Südseite desselben ergießt sich ein kleiner Fluß in die Meerenge, welcher vermuthlich der

der Rhodius der Alten ist. Das Schloß ist ein hohes
viereckichtes steinernes Gebäude, mit einer Mauer und
Thürmen umgeben, auch mit den nöthigen Kanonen versehen. Hier werden die von Constantinopel kommenden
Schiffe durchsucht. Bey demselben an der Nordseite, liegt
ein großer Flecken, oder eine Stadt von etwa 1200 Häusern, darinnen Türken, Griechen, Armenier und Juden
wohnen. Man verfertiget dieselbst baumwollen Zeug,
Seegeltuch, und unächtes Porzellain, führet auch Wachs,
Del, Wolle, Baumwolle, und Baumwollengarn aus.

Eine Stunde Weges von hier weiter gegen Süden,
ist ein Vorgebirge, welches die Türken Bornu, die Europäer aber Berbier nennen, und welches wahrscheinlich
für das Vorgebirge Dardanium gehalten wird, bey welchem vor Alters die Stadt Dardanus gelegen hat, nach
welcher man vermuthlich die vorhin genannten Dardanellen benannt hat.

42. Das asiatische neue Dardanellen-Schloß, liegt
an der Mündung der Meerenge, dem europäischen gegen
über. Beyde hat Muhamed IV im 1659sten Jahre erbauen lassen, und sie sind von den alten Dardanellen-
Schlössern ungefähr 4 Stunden entfernt. Sie bestehen
aus bloßem Mauerwerk. Das asiatische Schloß, welches
mit Kanonen wohl versehen ist, liegt auf einer Ebene,
an der Südseite der Mündung des Flusses, welcher vor
Alters Scamander oder Xanthus hieß, und vom Gebirge
Ida kömmt. Um das Schloß stehen Häuser her, und
neben demselben ist ein Städtchen.

Nicht weit davon gegen Süden, noch beym Eingange
in die Meerenge, ist ein Vorgebirge, welches vor Alters
von einer daselbst gelegenen Stadt Sigeum hieß, und wegen des darauf befindlichen Grabes des Achilles berühmt
war, jetzt aber von einem daselbst gelegenen Flecken Jeni Scheher, (das ist, Neustadt,) benennet wird. Der
Flecken heißt auch Jaurkui.

43. Gerade gegen der Insel Tenedo über findet man
die Trümmer einer Stadt, welche wahrscheinlicher für
das neue, als für das alte Troja oder Ilium gehalten

E 4	wird,

wird; denn das letztere hat weiter hinein ins Land, nach
dem Gebirge Ida zu, noch jenseits des Fleckens Bufek
gestanden; ja Pocock hält gar dafür, daß das neue Tro=
ja, welches zuerst vom König Alexander, und hernach
von den Römern wieder hergestellet worden, in der Ge=
gend des Begräbnißplatzes von Bufek gestanden habe,
welcher etwa drey Viertel Stunde von diesem Flecken
weiter gegen Osten entfernet ist, und meldet, Alt Troja
solle der Sage nach auf den Höhen oder Hügeln über
diesem Ort gelegen haben. In dieser Gegend vereiniget
sich der Simois mit dem Scamander. Noch weiter ge=
gen Osten am Fuße des fruchtbaren Gebirges Ida, ist der
Flecken Eskiupfee, wo es Silber, Bley, Kupfer, Eisen
und Alaun=Gruben giebt; diesen aber gegen Nordwesten
liegt die Stadt Enai.

43. Eskistambol, vor Alters Antigonia, nachmals
Alexandria, und hierauf Troas, auch Troas Alexandria,
eine Stadt auf einer Anhöhe, die sich mit hohen Klippen
am Meere gegen der Insel Tenedo über endiget. Ihrer
wird unter dem Namen Troas, Apostelg. 20, 6. und 2 Tim.
4, 13. gedacht. Ostwärts derselben ist ein Thal, in wel=
chem ein salziger Fluß Namens Ayebfu fließt, an dessen
Westseite heiße schweflichte Salzquellen sind.

44. Adramit, vor Alters Adramyttium, ein Flecken,
welcher ungefähr eine französische Meile von dem davon
benannten Meerbusen entfernet ist.

45. Alsmati, (so nennet ihn Pocock in seiner Charte)
vor Alters Atarnea oder Atarneus, ein Ort am Meere.
Des Mouceaux giebt in dieser Gegend ein großes Dorf,
Namens Comara, an, und meldet, daß daselbst viele Trüm=
mer gefunden würden. Er irret aber darinnen, daß er
meynet, hier habe die Stadt Antandrus gestanden: denn
diese hat zwischen Adramyttium und Assus gelegen.

46. Demir Capi, das ist, Eisern Thor, ist der türki=
sche Name eines engen Passes im Gebirge, den ehedessen
auch ein Schloß beschützet hat, welches aber längst ver=
fallen ist. Die Türken geben diesen Namen einem jeden
engen Passe in Gebirgen.

47. Be=

47. Belicasar, oder Belicaisser, eine Stadt, in deren Gegend der Fluß Aesopus entspringt.

48. Caruguli, ein Dorf am Fuße eines Berges. In dessen Gegenden man Straßen, die mit Marmor gepflastert sind, und ansehnliche Trümmer von ehemaligen Städten findet.

49. Quelembo beym Lucas, Baf kelambai beym Tournefort, Basculumbai beym Wheler, ein Flecken von einigen 100 Häusern in einer wohl angebaueten Ebene, woselbst stark mit Baumwolle gehandelt wird. In demselben und desselben Nachbarschaft giebt es viele Trümmer von einer ehemaligen Stadt.

50. Pergamo, vor Alters Pergamum, eine auf einer Ebene, am Fuße und zum Theil auch am Abhange zweyer hohen und steilen Berge, auf deren einem ein verfallenes Schloß steht. An ihrer mittäglichen Seite fließt ein Fluß, welcher in alten Zeiten Caicus hieß, und hier den Bach Selinus aufnimmt. Sie ist 6 bis 7 französische Meilen vom Meere entfernet, an welchem sie einen Hafen hat. Ihr östlicher Theil liegt wüste. Es wohnen hier fast lauter Türken, und nur wenige und armselige griechische Christen, die eine Kirche haben. Einige 100 Jahre vor Christi Geburt war diese Stadt der Siz der davon benannten Könige, unter welchen der berühmte Eumenes ist, der den damaligen hiesigen Büchersaal, welcher 200,000 auserlesene Bücher enthalten, am stärksten vermehret hat, zu dessen Behuf das Pergamen hier zuerst erfunden, und von dieser Stadt benennet worden ist. Die köstlichen Tapeten, auf lateinisch aulæa genannt, sind auch hieselbst zuerst verfertiget worden, und haben zuerst den Saal (aula) ihres Erfinders, des Königs Attalus, gezieret. Auch ist hier eine von den 7 Gemeinen gewesen, derer in der Offenbarung Johannis Kap. 2, gedacht wird.

51. Akhessar, oder Akhissar, oder Aksarai, das ist, weiß Schloß, von den Griechen verkürzet Aksar oder Axar, vor Alters Pelopia, nachmals Thyatira, eine Stadt in einer angenehmen Ebene, ungefähr in der Mitte zwischen Pergamo und Sardes. Den jetzigen Namen

C 5   der

der Stadt, hat zuerst ein im Anfange der Ebene auf einer
Höhe erbauet gewesenes aber verfallenes Schloß geführet. Als aber die Türken dasselbe verlassen, und sich auf
dem Platz der ehemaligen Stadt Thyatira angebauet,
haben sie diesem neuen Orte den Namen des Schlosses beygelegt. Von der Stadt Thyatira sind noch Ueberbleibsel
und besonders auch Inschriften vorhanden. Die jetzige
Stadt ist schlecht gebauet, und unrein: denn sie wird
fast bloß von Türken bewohnet, und die wenigen und
armen Christen, welche sich hier aufhalten, haben keine
Kirche. Der ersten christlichen Gemeine, welche hier gewesen ist, wird in der Offenbarung Johannis Kap. 2.
gedacht.

52. Fokea, Foggia, Foya, war vor Alters, unter dem
Namen Phokæa, eine der besten Städte in Klein Asia,
und am smyrnischen Meerbusen nicht weit von der Mündung des Flusses Hermus belegen: es ist aber die ehemalige Stadt, welche von den Griechen heutiges Tages Pa-
läa Foya, (Alt Foya) genennet wird, bis auf einige
Trümmer nach, eingegangen; unweit derselben aber ist
eine kleine bemauerte Stadt Neu-Foya belegen. Das
ehemalige griechische Bisthum ist mit dem Erzbisthume
Smyrna vereiniget.

53. Menamen, oder Menimen, vor Alters vermuthlich Temnos, ein Flecken auf der andern Seite des Flusses
Hermus, auf einer Höhe am smyrnischen Meerbusen,
treibt guten Handel mit seinen Manufacturen.

54. Manissa, vom Lucas Manachie genannt, vor
Alters Magnesia ad Sipylum, eine Stadt, welche der
Sitz eines Befehlshabers ist, der den Titel Mussellem
führet. Sie liegt am Fuße eines Berges, der vor Alters Sipylus hieß, und auf welchem man das ganze Jahr
über Schnee findet, eine halbe französische Meile von dem
Flusse, welcher ehedessen Hermus genannt wurde, und an
einer großen Ebene, auf welcher unterschiedene Schlachten gehalten worden, unter denen die erste, welche die
Römer in Asia erfochten haben, und darinnen Scipio
den Antiochus überwunden, die berühmteste ist. Ueber
der Stadt auf einem Hügel, liegt ein verfallenes Kasteel.

keel. Die Stadt ist groß und volkreich. Der größte Theil ihrer Einwohner besteht aus Türken, und die Juden sind zahlreicher als die Griechen und Armenier. Es haben hier einige türkische Sultane gewohnet. In der Gegend dieser Stadt wächst viel Safran.

55. Sart, oder Sards, vor Alters Sardes, ein geringes Dorf am Fuße des Berges Bozdag, (das ist, Freudenberg), vor Alters Tmolus, und an einem Flusse, welcher in alten Zeiten Pactolus hieß, und sich mit dem Hermus vermischet. Vor Alters war dieser Ort die Hauptstadt des Königreichs Lydien, und die Residenz des berühmten Königs Crösus. Sie ward durch ein Erdbeben verwüstet, Kaiser Tiber us aber ließ sie wieder aufbauen. Die alte hiesige christliche Gemeine kömmt in der Offenbarung Johannis Kap. 3. vor. Heutiges Tage wird dieser Ort von geringen Türken, die fast insgesammt Viehhirten sind, und von armseligen Griechen, die keine Kirche und keinen Priester haben, bewohnet. Von der alten Stadt sind noch ansehnliche Trümmer übrig.

56. Allah-Scheher, das ist, Gottes Stadt, vor Alters Philadelphia, welchen alten Namen die Griechen noch gebrauchen, eine Stadt am Fuße des Berges Bozdag, welcher in alten Zeiten Tmolus hieß. Aus derselben hat man in die darunter liegende Ebene gegen Mitternacht und Morgen eine angenehme Aussicht. Die Stadt hat einen ziemlichen großen Umfang, und wird außer den Türken auch von ein paar hundert griechischen Familien bewohnet, welche 4 Kirchen und einen Bischof haben. Vor Alters war diese Stadt die zweyte in Lydien. Unter den griechischen Kaisern war sie noch ganz beträchtlich, und den Türken widerstund sie unter allen Städten in klein Asia am längsten, und unterwarf sich ihnen nicht anders, als unter guten Bedingungen. Der ersten hiesigen christlichen Gemeine ist in der Offenbarung Johannis Kap. 3. gedacht worden.

57. Durgut, eine kleine Stadt, Casabas, ein großer Flecken, Cargos, von den Griechen noch jetzt Trigonium genannt, und Nif, ein Städtchen, welches theils auf, theils unter einem Berge liegt, sind Oerter zwischen Sart und Smyrna.

58.

58. Ismir, ist der türkische Name der Stadt Smyrna, welche am Ende eines Meerbusens, in welchen hier der kleine Fluß Meles fällt, und am Fuße des denselben auf 3 Seiten einschließenden Berges, liegt, auf dessen obersten Höhe ein altes verfallenes Kasteel mit einigen Kanonen steht. Am Hafen steht auch ein altes Kasteel, und bey der Mündung des Meerbusens am Ende einer Erd-spitze, zwo starke Stunden von der Stadt, ist noch eines. Die Stadt, nebst der dazu geschlagenen Landschaft, ge-höret der Valide Sultana, das ist, des Sultans Mutter, welche zur Hebung der Einkünfte einen Musselem hieher setzt, ein Khadi aber ist der oberste Befehlshaber. Sie ist groß, und fällt, wenn man sie von der Wasserseite ansieht, sehr gut ins Auge; allein, die Straßen sind enge, und die Gebäude sind mehrentheils gering. Le Brüyn meldet, daß man die Anzahl der Einwohner auf 40000 Seelen rechne; Tournefort schätzet sie nur auf 27200, Tavernier auf 90000, Pocock auf 100,000. Dem sey wie ihm wolle, so machen die Türken die größte An-zahl aus, und haben nach Smiths und Whelers Berichte 13, nach Tourneforts Bericht aber 19 Moscheen. Nach ihnen sind die Griechen die zahlreichsten, welche einen Metropoliten und 2 Kirchen haben. Auf diese folgen die Juden, welche unterschiedene Synagogen haben. Nach ihnen kommen die Armenier, welche zwar einen Erzbi-schof, aber nur eine Kirche haben. Die Franken oder die Europäer machen die kleineste Anzahl aus, und be-wohnen eine besondere Straße, welche am Hafen bele-gen ist. Die Katholiken haben hier Ordensleute und Klöster, nämlich Franciscaner, Kapuziner, und Jesuiten. Die Engländer und Holländer haben Kapellen und Pre-diger; und nunmehr ist auch eine evangelisch-lutherische Gemeine vorhanden, die ihren eigenen Prediger hat. Die Engländer, Franzosen, Holländer, Schweden und Venediger haben dieselbst ihre Consuls. Smyrna ist die vornehmste Handelsstadt in der so genannten Levante, man mag auf die Einfuhre oder Ausfuhre sehen. Die letz-tere bestehe in roher Seide, türkischen Teppichen oder
Decken,

Decken, gesponnenem Kämelgarn und Kämelotten, baumwollen Garn und baumwollenen Zeugen, Schafwolle,
Leder, Wachs, etwas Muscatenwein, Rosinen, und
allerhand Apothekerwaaren. Die ältesten Smyrner
wußten sich viel damit, daß Homer hieselbst nahe am
Ufer des Flusses Meles gebohren sey. Strabo beschreibt
die Stadt Smyrna, so wie sie zu seiner Zeit war,
als die schönste in Asia. Unter den römischen Kaisern,
besonders unter August, war sie in ihrem größten Flor,
und von den damaligen prächtigen öffentlichen Gebäuden, sind noch einige Ueberbleibsel vorhanden. Es ist
hier zeitig eine christliche Gemeine entstanden, deren in
der Offenbarung Johannis Kap. 2 gedacht wird. Im
Jahr Christi 177 ward die Stadt durch ein Erdbeben
verwüstet: allein, der römische Kaiser Markus Aurelius
ließ sie schöner wieder aufbauen, als sie gewesen war, sie
ist aber nachmals oft vom Erdbeben heimgesuchet worden. Durch Feuersbrünste ist sie auch oft sehr verwüstet worden. 1763 verzehrte das Feuer beynahe den ganzen Theil der Stadt, welchen die Europäer bewohnen,
nebst ungemein vielen Waaren. Seit 1428 ist die Stadt
in der Gewalt der Türken.

Gegen Südosten von Smyrna sind heiße Bäder. In
den benachbarten Flecken Bujaw, Segikui, Norlekui,
und Hadieklar haben die Europäer, welche zu Smyrna
wohnen, Landhäuser, und bey dem Flecken Bonavre ist
ein großer türkischer Begräbniß-Platz, auf welchem man
viele Steine von alten Gebäuden findet.

59. Durla, ein Ort an 2 Anhöhen, deren eine von
Griechen, und die andere von Türken bewohnet wird.
Er liegt über eine halbe geographische Meile von einem
von ihm benannten Meerbusen. Einer nennet ihn eine
Stadt, ein anderer nur ein Dorf.

60. Kelisman, vor Alters Clazomenæ, ein Flecken
an der Ostseite des vurlaischen Meerbusens, war vor
Alters eine von den 12 jonischen Städten, und ein berühmter Ort. Von hier ist nach der benachbarten Sanct
Johannis Insul in alten Zeiten ein Damm geführet
worden,

worden, von welchem noch Ueberbleibsel vorhanden sind.

Das Vorgebirge Karaburon entsteht von Bergen, unter welchen der Mimas der Alten ist, den die Dichter so oft anführen.

61. Erythrä, ein uralter Ort, am Meer, welcher seinen Namen bis jetzt behalten hat, und der Geburtsort der erythräischen Sibylle gewesen ist. Zwischen diesem Orte und Schuma, woselbst man nach der Insel Scio übersetzt, sind heiße Quellen am Meer.

62. Gesme, vor Alters Casistes, ein Hafen. Zwischen diesem Orte und Kelisman ist eine heiße Quelle.

63. Sevrihissar, eine Stadt, welche auf 3 Anhöhen angeleget ist, und in welcher wenige Christen wohnen.

64. Sedschidschiek, vor Alters Cheroidæ, ein Flecken, der vorhergehenden Stadt gegen Südwesten, an einem kleinen Meerbusen, welcher einen guten Hafen macht. In dem Flecken ist ein Kasteel.

65. Bodrun, vor Alters Teos, eine zerstörte Stadt an einem Meerbusen.

66. Tiria, vor Alters Metropolis, eine der größten und volkreichsten Städte in klein Asia, am Fuße eines Berges, und beym Anfange einer großen Ebene. Die meisten Einwohner sind Türken, der Christen und Juden aber sind wenige. Die hiesigen Manufacturen an Tapeten, u. s. w. sind mehrentheils in der großen Vorstadt. Der Fluß Kutschuk Minder, d. i. der kleine Minder oder Mäander, welchen die Türken auch Karasu, d. i. schwarz Wasser, nennen, und der vor Alters Cayster hieß, fließt ungefähr 2 französische Meilen gegen Norden von dieser Stadt.

67. AjaⸯSoluk, oder AjaⸯJuni, ein Kasteel und Dorf nicht weit vom Flusse klein Minder oder Cayster, der in dieser Gegend sich schlangenmäßig krümmet, und ins Meer ergießt. Es liegt ostwärts der alten Stadt Ephesus, und scheint wegen der vielen umher liegenden Moscheen eine ansehnliche muhammedanische Stadt gewesen zu seyn. Vermuthlich haben die Türken den ersten Namen aus den griechischen Worten Hagios Theologos,

welche

welche die neuen Griechen Agios Geologos ausſprechen,
und den zweyten auß Hagios oder Agios Joannes gemacht, weil die Griechen glauben, daß der heilige Apo-
ſtel und Evangeliſt Johannes, welchen ſie den Theolo-
gus nennen, hier begraben ſey. Heutiges Tages iſt in
dieſem Dorfe, ja eine geographiſche Meile um daſſelbige
her, kein einziger Chriſt, und alſo niemand mehr, welcher des Apoſtels Pauli Brief an die Epheſer verſteht,
welches eine merkwürdige Erfüllung der Drohung in der
Offenbarung Johannis Kap. 2. iſt. Von der Stadt
Epheſus, welche die Hauptſtadt von klein Aſia und ihres
Dianen-Tempels und anderer Merkwürdigkeit wegen berühmt war, ſind noch viele Trümmer vorhanden.

68. Kuhadaſi, von den Europäern Scala nuova genannt, vor Alters Neapolis, eine Stadt, oder wie man
ſagt, ein Kaſteel mit einer großen Vorſtadt, 3 franzöſiſche Meilen weſtſüdweſtwärts von Ajaſaluk oder Epheſus,
auf einer Anhöhe über dem Meerbuſen von Epheſus, mit
einem Hafen, den eine kleine Inſel, auf welcher ein
Thurm ſteht, vor dem Weſtwinde beſchützet. Um die
Stadt her ſind viele Weinberge. Die meiſten Einwohner ſind Türken. Die Griechen haben eine Kirche, bey
welcher der Erzbiſchof von Epheſus wohnet, der unter
den 12 vornehmſten griechiſchen Erzbiſchöfen und Metropoliten dem Range nach der dritte iſt, und ehemals 32
Biſchöfe unter ſich gehabt hat, jetzt aber keinen einzigen.
Die hieſigen Armenier haben keine Kirche, die Juden
aber haben eine Synagoge. Die Ausfuhr des Orts beſteht nur in rothen und weißen Wein, Roſinen und Getreide; es werden aber allerley Waaren, als Reis, Kaffe,
Flachs, ägyptiſcher Hanf, grobes wollenes Tuch, Baumwolle, indianiſche Leinwand u. d. g. m. hieher gebracht,
um benachbarte Oerter und Länder damit zu verſehen.

69. Changlee, war vor Alters, unter dem Namen Pa-
nionium, eine Stadt, in welcher die joniſchen Städte
ihre Verſammlung in gemeinſchaftlichen Angelegenheiten
anſtelleten, iſt aber jetzt ein geringes Dorf am Fuße
eines Berges, welches von Griechen bewohnt wird.

70. Pa-

70. Palatschia, ein Ort von einigen wenigen Schäfer-hütten, bey der Mündung des Mäanders, welcher sei-nen Namen von den dasigen Steinhaufen ehemaliger Pal-läste hat, die Ueberbleibsel der ehemaligen Stadt Mile-tus sind, in welcher Thales gebohren ist.

71. Guzelhissar, (d. i. das schöne Schloß) vor Alters Magnesia ad Mæandrum, eine Stadt an dem wegen sei-ner vielen Krümmungen berühmten Flusse Mäander, welchen die Türken entweder Minder schlechthin, oder Bojuk Minder, den großen Minder, nennen. Sie liegt am Fuße eines mit Schnee bedeckten Berges, welcher vor Alters Thorax hieß, und hat eine angenehme Aus-sicht auf die schöne Ebene am Flusse Mäander, und in die See. Die Stadt ist groß, ihre Straßen sind breiter und besser gepflastert, als man gemeiniglich in den tür-kischen Städten findet, unterschiedene Straßen sind mit Bäumen gepflanzet, und bey den Häusern sind Höfe und Gärten, die mit Cypressen- und Pomeranzen-Bäumen besetzt sind; daher es scheint, als ob die Stadt in einem Walde läge. Sie ist auch der Sitz eines Pascha, hat Türken, Griechen, Armenier, (die einen Bischof haben,) und Juden zu Einwohnern, und treibt mit roher und gesponnener Baumwolle, welche nach Smyrna und Eu-ropa geschicket wird, mit hier gewebter grober indiani-scher Leinwand von Wolle, und mit auswärtigen Waa-ren, die zum Gebrauch des Landes eingeführet werden, beträchtlichen Handel. Um aller dieser Ursachen willen, ist sie eine der vornehmsten Städte in klein Asia. Daß sie aber vor Alters viel ansehnlicher gewesen sey, als sie jetzt ist, zeigen die vielen innerhalb und außerhalb be-findlichen Trümmer von verfallenen Gebäuden.

72. Sultanhissar, ein Flecken, nahe bey welchem auf einer Anhöhe am Fuße eines Berges die Stadt Tralles gestanden hat, welche ein bischöflicher Sitz gewesen.

73. Nassalee, Naslee, vor Alters Nyla oder Nyssa, eine Stadt, welche aus 2 Theilen besteht, die eine halbe englische Meile von einander entfernet sind.

74. Mastaura und Jack-Kui, Flecken; jener liegt na-he bey Nassalee, dieser weiter gegen Osten.   75.

75. Caruca, ein Flecken, am Flusse Mäanber, woselbst heiße Quellen sind, aus denen ein Dampf aufsteigt. Dieser Ort und die Gegend umher, war vor Alters und ist noch beständig den Erdbeben ausgesetzet.

76. Ostraven, vor Alters Tripolis, am Mäanber, ein Flecken.

77. Milleß bey den Türcken, Melasso bey den Griechen, vor Alters Mylasa, eine kleine Stadt von schlechten Häusern, woselbst aber noch viele Ueberbleibsel der alten Stadt zu sehen sind, unter denen sich insonderheit der Tempel des Augustus und Roms hervorthut, welcher von vorzüglicher Baukunst ist. Sie liegt ungefähr 10 englische Meilen vom Meere, an welchem sie den Hafen Cassioch hat. Der Taback, welcher in der Gegend der Stadt wächst, gehöret zu den besten in der Türkey, und mit demselben, wie auch mit Baumwolle und Wachs, wird hier Handel getrieben.

78. Die Gegend Carpuslay, welche aus einer fruchtbaren Ebene besteht, und nicht weit von Melasso liegt, gehöret der Valide Sultana, und der ihr vorgesetzte Aga steht unter dem Befehlshaber zu Smyrna. In derselben sind 5 oder 6 Dörfer belegen. An der Südseite derselben sieht man die Trümmer der ehemaligen Stadt Alabanda.

79. Askemkalesi, (d. i. die Festung Askem,) vor Alters Jassus, ein wüster Ort am Meere, der in Pococks Charte Joran genennet wird, jenen Namen aber beym Wheler und Spon führet.

80. Mentesche, oder Mentese, vor Alters Myndus, ist jetzt ein geringer Ort am Meere.

81. Bodru, auch Budron, ein festes Kasteel auf einem Felsen am Meere, mit einem Hafen, an der Mündung des Meerbusens von Stanchio und gegen die Insel Stanchio über, war vor Alters unter dem Namen Halicarnassus eine berühmte Stadt, die mit dem Grabmaale prangete, welches die Königinn Artemisia ihrem Gemahle Mausolus zum Andenken hatte erbauen lassen. Sie war auch der Geburtsort der Geschichtschreiber Herodotus und Dionysius.

5 Th.   F   82. Die

82. Die geringen Oerter Strofia, vor Alters Cerau-
nus, Cavaliere, vor Alters Creffa, Marmora, vor Alters Physcus, Copi, vor Alters Caunus, Macari, vor
Alters Pifilis, liegen am Meerbusen Macari, oder Macri.

83. Paitschin und Arabihiffar, vor Alters vermuthlich Alinda, an der Südseite des Flusses Schina, verwüstete Städte, eine jede einige geographische Meilen von
Milleß.

84. Mulla, ein Flecken, woselbst ein Pascha seinen
Sitz hat.

85. Eskibiffar, (d. i. das alte Schloß) ein geringer
Flecken, an dem Orte, wo vor Alters die Stadt Stratо-
nice gestanden.

86. Karajeſu, vor Alters Trapezopolis, ein Flecken,
welchem die tiefen Flüsse, die aus den Bergen kommen,
und ihn umgeben, eine Festigkeit verschaffen.

87. Arpaſkaleſi, ein zerstörter Ort, gerade gegen
Naffalee über, auf einem Hügel, welcher in alten Zeiten
vermuthlich entweder der Ort Coscinia, oder Orthopia
gewesen ist.

Etwas weiter gegen Morgen, da wo ein Bach, welcher vermuthlich der Orſinius ist, in den Mäander fällt,
ist ein Hügel, welcher Jenischeber genannt wird, auf
welchem Trümmer von Stadtmauern, und viele unter-
irdische Gewölbe sind, die Pocock für Ueberbleibsel der
ehemaligen Stadt Antiochia am Mäander hält. Bey
diesem Orte wurde 1739 der aufrührische Soley Begi mit
4000 Anhängern niedergemetzelt.

88. Geyra, ein Flecken, welcher aus den Trümmern
der alten Stadt Aphrodisias erbauet ist.

89. Denizley, eine Stadt, an einem sandigen Hügel,
welche im ersten Vierthel des 18ten Jahrhunderts durch
ein Erdbeben verwüstet worden, wobey viel tausend
Menschen umgekommen, von den übrigen Einwohnern
aber einigermaßen wieder angebauet worden. Um dieselbe her wird viel Wein gebauet. Aus den Trauben
macht man theils Rosinen, theils eine Art von Syrup,
dessen man sich anstatt des Zuckers bedienet. Süd- und
Ostwärts der Stadt sind hohe mit Schnee bedeckte Ber-

ge, welche in der Nachbarschaft von Geyra anfangen, und sich gegen Norden und Osten erstrecken.

90. Eskihissar, (d. i. alt Schloß,) vor Alters Laodicæa, am Lycus, eine ganz verwüstete und unbewohnte Stadt, von welcher man Ueberbleibsel großer Gebäude auf einem Hügel findet, davon der Fluß Lycus etwa eine halbe engländische Meile entfernet ist, in welchen gegen Osten und Westen der ehemaligen Stadt, ein Bach fließt, jener ist vermuthlich der Asopus, dieser der Caprus. Der ersten hier gewesenen christlichen Gemeine ist in der Offenbarung Johannis Kap. 3. gedacht worden, die Stadt kömmt auch in dem Briefe Pauli an die Christen der nebgelegen gewesenen Stadt Colossä vor.

91. Pambukkalesi, (d. i. Baumwollen=Festung, wegen der dasigen weißen Felsen,) vor Alters Hierapolis, eine ehemalige Stadt, die völlig zerstöret und unbewohnet ist, gegen dem alten Laodicäa über, nordwärts dem Flusse Lycus, am Fuße eines Berges. Es sind hier warme sehr helle Quellen, welche wie das Pyrmonter Wasser schmecken, aber nicht so stark sind.

92. Chonos, oder Konus, vor Alters Colossæ oder Colassæ, ein Kasteel auf einem Felsen, mit einem darunter liegenden Flecken am Flusse Lycus, war vor Alters eine Stadt, einige geographische Meilen von Laodicäa. An ihre christlichen Einwohner hat der Apostel Paulus einen Brief geschrieben, heutiges Tages aber sind hier nur einige wenige und armselige griechische Christen, welche keine Kirche haben. Zwischen diesem Orte und dem folgenden sind heiße Quellen an Hügeln.

93. Dinglar, ein Flecken beym Ursprunge des Flusses Mäander, welcher von einem Hügel aus einem See, der auf dem Gipfel desselben ist, herabfallen soll.

94. Ischecleb, vor Alters Apamea Cibotus, eine Stadt am Fuße eines Berges bey dem Ursprunge eines Flusses, welcher der Marsyas seyn muß. (Er kömmt aus dem Fuße des Berges in 8 oder 9 Bächen, welche sich bald in einen Fluß vereinigen, der sich in den Mäander ergießt. Sein Wasser ist sehr klar. Hier soll, wie die Fabel erzählet, der Ort seyn, wo Apollo und Marsyas über

F 2   den

den Vorzug in der Tonkunst mit einander gestritten haben.

95. Sandacleh, eine Stadt an der nordöstlichen Ecke einer großen Ebene, in welcher nach Pococks Muthmaßung die ehemalige Stadt Synnada gelegen hat. Ungefähr eine geographische Meile von Sandacleh, sind heiße Quellen und Bäder.

96. Karabissar, oder mit einem Zusatze, Aphiom Karabissar, weil hier das Opium, welches die Türken Aphiom nennen, in großer Menge bereitet wird, vor Alters Prymnesium, wie Pocock aus einer Aufschrift ersehen hat, eine Stadt am Fuße eines sehr hohen Felsen, rund um welchen her sie gebauet ist, und auf dessen Gipfel ein Kasteel steht. Der Felsen besteht aus einem falschen braunen Granit, der stark ins Schwarze fällt, daher ist das Kasteel Karabissar, das schwarze Kasteel, von demselben aber die Stadt benannt worden. Diese ist ziemlich groß, die Hauptstadt der davon benannten Sandschakschaft, und der Sitz eines Pascha. Durch dieselbige gehen viele Kiervans, und sie treibt beträchtlichen Handel, weil das umliegende Land einen Ueberfluß an guten Producten hat. Man rechnet, daß sie sowohl von Smyrna, als Angora, 7 Tagereisen entfernet sey, nach Meilen aber rechnet man sie weiter von Smyrna, als Angora. Die Türken haben hier 10 Moscheen, und die Armenier 2 Kirchen und einen Metropoliten. Griechen und Juden wohnen hier nicht. In der Gegend dieser Stadt werden viele türkische Teppiche verfertiget

97. Bilezugan, oder Belawoden, oder Bulvadin, vor Alters Dioclia, eine große Stadt.

98. Seleuctier, ein Ort, den man für das alte Seleucia, oder Saglassus hält. Das umliegende Land hat an Aepfeln, Birnen und andern Früchten einen größern Ueberfluß, als irgend ein Land in der Türkey.

99. Herjan, ein Ort, woselbst vermuthlich vor Alters die Stadt Amorium gestanden hat.

100. Jeldursch, ein Flecken, von welchem der Ort Eski-Jeldursch nicht weit gegen Westen entfernet ist, woselbst man viele zerbrochene Marmorstücke findet.

101. Ale-

101. **Alekiam**, ein Flecken.

102. **Sevrihiſſar**, vermuthlich das alte Abroſtola, eine ſchlecht gebauete Stadt, am Fuße eines langen felſichten Hügels, und an der Nordſeite einer Ebene. Die hieſigen Armenier haben eine Kirche. Die Stadt wird von einem Muſelim regieret, welchen der Kizlar Agaſi (das Haupt der Verſchnittenen am Hofe des türkiſchen Kaiſers) hieher ſchicket, dem die Stadt und ihr Diſtrict gehöret.

Anmerkung. In dieſen Gegenden, nahe bey und an dem Fluſſe Sataria, haben die ehemaligen berühmten Städte Peſſinus, woſelbſt die Göttinn Angedeſtis oder Cybele, verehret wurde, und Gordium oder Juliopolis, woſelbſt Alexander der Große den berühmten Knoten zerhieb, gelegen, ſind aber ganz eingegangen. Unterdeſſen wird noch von der Stadt Peſſinus ein griechiſcher unter dem Patriarchen zu Conſtantinopel ſtehender Metropolit benannt, deſſen Sitz ich nicht gefunden habe.

103. **Khosrew Pascha**, vor Alters Tricomia, ein großer Flecken, nahe bey welchem ein Khan liegt.

104. **Seid-Gazi**, vor Alters Mideium oder Mideum, ein wohlbewohnter Flecken in einer Ebene, der ſeinen Namen von einer unter den Türken ehrwürdigen Perſon hat, welche neben demſelben auf einer Höhe begraben iſt, und bey deren Grabe die Türken ihr Gebeth verrichten. Es iſt daſelbſt ein großes türkiſches Kloſter.

105. **Angur**, ein Ort, woſelbſt man Trümmer von Gebäuden und Aufſchriften findet, die von der ehemaligen Stadt Ancyra Phrygiæ zu ſeyn ſcheinen.

106. **Eſki-Scheher**, (d. i. Altſtadt) vor Alters Dorylæum, eine große Stadt, die Hauptſtadt des Diſtricts Sultan Eugni, liegt am Fluſſe Purſak in einer großen Ebene, welche mit Wein- und andern Gärten erfüllet iſt, beſteht aus 2 Theilen, die eine franzöſiſche Meile weit von einander entfernet liegen. Sie hat viele Springbrunnen von warmem Waſſer, welches man kalt werden läßt, bevor man es trinkt und ſonſt gebrauchet. Es ſind auch hieſelbſt 5 warme Bäder, und 2 franzöſiſche Meilen von der Stadt findet man heiße Quellen, auf deren Oberfläche eine öhlichte Materie fließt.

107. **In Eugni**, eine Gerichtsbarkeit des Diſtricts Sultan Eugni, und ein Berg, in deſſen einer Seite Hölen zu Wohnungen eingerichtet ſind. F 3 108.

108. Bozavic und Biledgik, große Flecken und Gerichtsbarkeiten des Districts Sultan Eugni, gegen Jeni-Scheher über.

109. Beybazar, eine Stadt, die auf unterschiedenen Hügeln erbauet ist.

110. Aias, vor Alters Therma, eine Stadt, nahe bey welcher ein sehr heißes Bad ist, welches vornehmlich wider Geschwüre und Verhärtungen gebrauchet wird.

111. Angura, von den Türken Angora, Ankaria und Ankeriah, und von dem gemeinen Volke Enguri genannt, vor Alters Ancyra in Galatien, die Hauptstadt des Districts von Angora, und der Sitz eines Pascha, liegt an einem Hügel, auf dessen Spitze ein Kasteel steht, welches einer kleinen Stadt ähnlich ist, und sowohl von Christen als Türken bewohnet wird. Bey dem Kasteel fließt ein Bach, welcher westwärts der Stadt in einen Fluß, Namens Schibuk Su fällt, der nicht weit von dem armenischen Kloster fließt, und sich endlich, wie Pocock meldet, mit dem Flusse Sakaria vereiniget. Die hiesige Luft ist trocken. Die ganze Gegend dieser Stadt ist ohne Wald, daher ist das Brennholz sehr theuer, und die gemeinen Leute müssen gedörreten Kühmist brennen. Alle Häuser sind von ungebrannten Backsteinen erbauet, die Straßen sind schmal, und die Stadt ist unregelmäßig angeleget. Es giebt hier noch Ueberbleibsel alter Gebäude, ja auch noch ein ganzes altes Gebäude, welches man für einen Tempel des Augustus hält, und in dessen Hauptthore man an der inwendigen Seite auf 6 Säulen, von denen 3 auf jeder Seite des Thores stehen, die berühmte Aufschrift erblicket, die das zweyte Volumen war, welches Augustus in den Händen der vestalischen Jungfrauen ließ, damit es in zweyen Tafeln von Erz gehauen und vor dem Mausoleo in Rom aufgestellet werden sollte, und welches eine Erzählung seiner Thaten enthielte. Auf einer andern Säule stehen 50 bis 60 Zeilen, und in jeder Zeile sind etwa 60 Buchstaben. Pocock muthmaßet, daß das ganze Werk ungefähr aus 20 Säulen bestanden habe. Es ist auf einer Seite griechisch, und auf der andern Seite lateinisch. Die Stadt ist sehr volkreich, ja

Pocock

Pocock meldet, daß einige die Anzahl ihrer Einwohner auf 100000 rechneten, von denen neun Theile Türken, die übrigen aber Christen seyn sollen. Unter den letztern sind die Armenier die zahlreichsten, von welchen aber die meisten zu der römischkatholischen Kirche getreten sind, und 4 Kirchen haben, die übrigen aber haben nur 3 Kirchen, jedoch eine französische Meile von der Stadt, an einem Orte, der Waine genennet wird, ein Kloster, darinnen ihr Erzbischof von Angora nebst seinem Weihbischofe wohnet. Die Griechen zu Angora haben auch einen Metropoliten, der sich den Primas von Galatien nennet; er steht aber unter dem Patriarchen zu Constantinopel. Es halten sich hier auch Europäer des Handels wegen auf, welche in der heißen Jahreszeit sich nach Scha Hamam begeben. Um die Stadt her wächst guter rother Wein, und vortrefflicher Reiß: am vortheilhaftesten aber ist dieser Stadt das außerordentliche feine und schöne Haar, der ihr und ihrer umliegenden Gegend ganz eigenen Ziegenböcke, welches nicht anders, als entweder zu Kämeloten verarbeitet, oder wenigstens zu Garn gesponnen, ausgeführet werden darf, dessen Ausfuhre in europäische Länder aber sehr beträchtlich ist. Die kurzen und gemeinen Haare, welche unter den langen wachsen, werden ausgeführet und zu Hüten gebrauchet. In den obigen allgemeinen Begriff von klein Asia ist ein mehreres von der Kämelziege, ihrem Haare und desselben Verarbeitung gemeldet worden. Man berichtet, daß diese Ziegen einem Bezirke von 30 engländischen Meilen, wie Pocock schreibet, oder nur von 6 französischen Meilen wie Lucas meldet, also eigen wären, daß sie ausarteten, wenn sie weiter gebracht würden; nichts desto weniger hat man sie nach Schweden gebracht, und daselbst fortzupflanzen gesuchet.

112. Zwanzig bis 36 engländische Meilen gegen Norden von Angora sind die warmen Bäder Kisdjee-Hamam, und Scha-Hamam, und in der Nachbarschaft des letzteren kühl liegenden Orts, ist der Flecken Klesikui, (d. i. Kirchdorf) welches seinen Namen von einer zerstöreten Kirche hat.

113. Kian-

113. Kianguiri, der Hauptort des Districts dieses Namens, ist ein großer Flecken mit einem Kasteel, auf der Südseite des Berges Kius. Das Kasteel liegt auf einem steilen Felsen. Gegen Südwesten ist eine große Ebene. In derselben, zwey französische Meilen unterhalb Kianguiri, vereinigen sich die kleinen Flüsse Karasu (Schwarzwasser) und Adschisu (bitter Wasser) und einige Stundenweges weiter ergießen sie sich in den Fluß Kizil-Irmak.

Anmerkung. Der Berg Kius, welcher sich von Osten nach Westen erstrecket, theilet den District Kianguiri in 2 Theile; und gegen Norden hat er den Berg Elkas zur Gränze.

114. Tusia, oder Tocia, oder Tossia, eine Stadt im Districte Kianguiri, in einem großen Thale, an der Nordseite des Berges Kius, und beym Flusse Duris. Tavernier nennet sie eine große, Otter aber eine kleine Stadt. Es sind hieselbst Bäder. Hase hält diesen Ort für das alte Tavium, Pocock aber für Pompejopolis in Paphlagonien, dessen Lage Hase in seiner Charte weiter gegen Norden rücket.

115. Kodje-Hissar, ein großer Flecken im Districte Kianguiri, mit einem Kasteel. Es sind hier warme Bäder. Nahe bey diesem Orte fließt der Fluß Duris, welcher am Berge Kius bey Kari-Bazari entspringt, und sich bey Hadschi Hamzé mit dem Kizil-Irmak vereiniget.

116. Karadjalar, ein Flecken im Districte Kianguiri.

117. Tscherkiesche, ein Flecken in einer großen Ebene, im Districte Kianguiri. Er hat ein kleines Kasteel.

118. Sinob oder Sinop, vor Alters Sinope, eine Stadt am schwarzen Meere, im Districte Kastemuni. Sie liegt auf einer Landenge, welche eine Halbinsel mit dem festen Lande verbindet. Die Halbinsel aber, welche ungefähr 6 französische Meilen im Umkreise hat, endiget sich mit einem Vorgebirge. Die Stadt hat 2 Hafen, und ein verfallenes Kasteel. Sie wird nur von Türken bewohnet, die Griechen aber bewohnen eine große Vorstatt, und haben einen Metropoliten, der unter dem Patriarchen von Constantinopel steht. Ich habe bis 1765 zu St. Petersburg einen alten, erfahrenen und beliebten

Arzt

Arzt gekannt, welcher aus dieser Stadt gebürtig war, und von derselben Sinopeus hieß.

119. Stephanio, oder Stifan, ein Dorf am schwarzen Meere, woselbst vor Alters wahrscheinlicher Weise die Stadt Stephane gestanden hat.

120. Abono, Jneboli, vor Alters Abonitichos, Jonopolis, ein geringer Ort am schwarzen Meere, woselbst viele Taue für die Schiffe und Galeeren des Großsultans verfertiget werden.

121. Changreh, vor Alters Gangra und Gangræ, eine geringe Stadt.

122. Cherkes, nach Pococks Muthmaßung vor Alters Anedynata, eine Stadt, in welcher ein Pascha seinen Sitz hat. Sie liegt an einem kleinen gleichnamigen Flusse, der sich mit dem Flusse Geredesu vereiniget.

123. Bainder, nach Pococks Muthmaßung vor Alters Flaviopolis, ein großer Flecken, welcher allem Ansehen nach eben der Ort ist, den Boullaye de Gouz Banderlu und eine Stadt nennet.

124. Wiran=Scheher, (das ist, die zerstörete Stadt,) ein Ort, von welchem eine Gegend den Namen hat, welche der Valide Sultana, oder des Sultans Mutter zugehöret.

125. Geredè, von Boullaye de Gouz Guerrada genannt, ein Flecken, auf beyden Seiten des Flusses gleiches Namens, welcher vom Berge Ala kömmt, in einer Ebene, im Districte Boli. Es wird hier sehr gutes Corduanleder bereitet. In demselben ist ein Bad. In der Nähe dieses Ortes sind 2 kleine Landseen, welche Karagueul (der schwarze See) und Tuzlugueul (der salzige See) genannt werden; jener ist gegen Westen, dieser gegen Osten. Die angorischen Ziegen werden bis hieher nord= und westwärts getrieben, und das Haar wird hier aufgekaufet, und nach Angora geschicket, weil es hier keine Spinner giebt.

Der Fluß Geredesu, ist der Parthenius der Alten, und wird noch jetzt von den Griechen Bartin, von den Türken Dolap genennet. An der Mündung desselben, und also am schwarzen Meere, liegt

F 5   126. Ama=

126. Amaſtro, welches heutiges Tages ein ſchlechtes Dorf iſt, vor Alters aber eine Stadt unter dem Namen Amaſtris war. Es liegt auf der Landenge, welche eine Halbinſel mit dem feſten Lande verbindet, und hat 2 Hafen.

127. Eregri oder Penderaſchi, vor Alters Heraclea, eine kleine Stadt an einem Buſen des ſchwarzen Meeres, im Diſtricte Boli. Von der alten Stadt ſind noch Ueberbleibſel vorhanden. Den erſten Namen hat die Stadt von den Türken bekommen, nachdem dieſelbigen ſie den Genueſern abgenommen; den zweyten hat ſie unter der Regierung der griechiſchen Kaiſer bekommen.

128. Tilioz oder Tios, oder Neapolis, vor Alters Tion, ein geringer Ort am ſchwarzen Meere, woſelbſt Schiffe und Galeeren für den Großſultan gebauet werden.

129. Boli, die Hauptſtadt des davon benannten Diſtrictes, deſſen Berge an Höhe alle andere in Natolien übertreffen, und unter welchen Ala-Dag der höchſte iſt. Die Stadt liegt an einem kleinen Fluſſe, welcher von den Bergen Mudreni kömmt, und zwiſchen Gueul-Bazar und Hiſſar-Eugni ins ſchwarze Meer fällt. In der Stadt ſind warme Bäder, und bey derſelben iſt ein See, in welchem es 2 Quellen giebt, deren eine verſteinert, die andere aber den Stein auflöſet. Von der Stadt hängen 32 Dörfer ab. Pocock nennet dieſe Stadt Borla, und hält ſie für das alte Bithynium, nachher Claudianopolis, und endlich Antiniopolis genannt: allein, allem Anſehen nach iſt weder jenes noch dieſes richtig. Tavernier nennet dieſe Stadt Polis und Polis, Bouſlaye de Gouz ſchreibt ihren Namen Pogli, und meldet, daß ſie von den Europäern Ponto genennet würde.

Anmerkung. Herbelot meldet, daß die Türken den Theil von klein Aſia, welcher am ſchwarzen Meere liegt, Boli Vilaieti nennen, gleichwie die Alten einen Theil deſſelben Pontus, nach dem Meere genannt hätten, welches letztere aber nicht ausgemacht iſt.

130. Laſiah, ein Flecken.

II. Das Land der Karamans.

Das Wort Karaman bedeutet eine ſchwarze Familie. Es iſt aber das Volk der Karamans nicht

nicht schwärzer von Farbe, als die übrigen Einwohner
Klein-Asiens: daher hält Otter für wahrscheinlich, daß
es daher seinen Namen bekommen habe, weil es ursprünglich in schwarzen Gezelten gewohnet. Wenigstens hat er auf seiner Reise die Karamans hin und
wieder in schwarzen Gezelten gesehen, welche mit
schwarzen Fellen bedeckte Hütten sind, darinnen sie auch
des Winters wohnen. Das Land der Karamans begreift ungefähr die alten an und nach dem mittelländischen Meere zu belegenen Landschaften Cilicien, Cappadocien zum Theil, Lycaonien, Isaurien, Pamphylien, Lycien, Pisidien, und einen Theil von
Groß-Phrygien. Unter den Landseen, welche
dazu gehören, ist derjenige der merkwürdigste, und zugleich der größte in ganz Klein-Asia, welchen Strabo
Tatta nennet, der aber von unsern Schriftstellern
auf unterschiedene Weise benannt wird. Paul Lucas
nennet ihn an einem Orte Benischer, und an einem
andern Orte Beyschari, und beyde Namen hat Hase
in seine Landcharte von Klein-Asia gesetzet. Pocock
meldet, man nenne ihn Cadun Tuster, in der seiner Reisebeschreibung einverleibten Charte aber heißt
er Beiger, (Beidscher) welcher Name dem vorher
angeführten zweyten ähnlich ist, und in eben derselben
ist aus Cadun Tuster ein Ort gemacht worden. Lucas
berichtet, er habe 200 italiänische Meilen im Umfange,
und man fange ungeheure große Fische darinnen. Er
ist von Alters her wegen der Salzigkeit seines Wassers
berühmt, welche so groß ist, daß die hineingeworfenen
Körper gar bald mit einer Salzrinde überzogen werden, dergleichen Salzrinde sich auch auf der Oberfläche des Wassers ansetzt, herausgezogen, es durch die
Sonne

Sonne getrocknet und verhärtet wird. Es verschaffet
dieser See der ganzen umliegenden Gegend das nöthige Salz.

Was die einzelnen Theile dieses Landes der Karamans anbetrifft, so giebt Ricaut folgende Sandschakschaften an: Iconium, Nigkde, Kaisári, Jenis
schehri, Kirschehri, Ascheri, und Akserai.
Meine folgende Abtheilung wird verhoffentlich damit
übereinstimmen.

I. Der District Konia, welcher der Sulta-
ninn Mutter zuständig ist. Man hat anzumerken:

1. **Konia**, von andern Cogni und Cogne genannt,
vor Alters Iconium, die Hauptstadt dieses Districtes,
und der Sitz eines Pascha. Sie liegt in einer großen
Ebene, die reich an Gärten und Weingärten ist. Die
vielen Bäche, welche von denen der Stadt gegen Westen
belegenen Bergen kommen, begeben sich nach der Stadt,
nachdem sie die umliegenden Gärten und Felder gewässert haben, und machen hernach einen Landsee aus. Die
Stadt ist mit einer Mauer und einem Graben umgeben,
hat auch ein Kasteel, und ist groß und wohlbewohnt.
Sowohl die hiesigen Armenier, als Griechen, haben jede
eine Kirche; es ist auch noch bey der Stadt ein kleines
griechisches Kloster, Xyll genannt. Der hiesige griechische Metropolit steht unter dem Patriarchen von Constantinopel. Die umliegende Gegend bringt Baumwolle und vielerley Früchte hervor, zu welchen eine vortreffliche Art von Apricosen gehöret, die Kamereddinkaïsi genannt werden. Man bauet hier auch eine Pflanze, die
eine blaue Blume trägt, mit deren Körnern das hier zu-
bereitete Corduanleder blau gefärbet wird. Die Stadt
war ehedessen der Sitz der seldjukischen Sultane von Rum.

2. **Die** von Konia abhangenden Gerichtsbarkeiten,
welche sind:

1) Die Gerichtsbarkeit Ladikiö, die von dem Flecken
Ladikiö den Namen hat, welcher für die alte Stadt Laodicæa combusta gehalten wird. Des Mouceaup hat hier
eine

eine Inschrift, und auf derselben den Namen Laodicea gefunden. Die Karamans nennen ihn Ladik.

2) Die Gerichtsbarkeit Erekli. von Pocock Eraglia genannt. Sie hat von einem großen Marktflecken den Namen, dieser aber ist aus Heraclea entstanden. An diesem Orte giebt es noch allerley Alterthümer. Von Konia bis Erekli erstrecket sich eine große Ebene, die zu Zeiten unter Wasser steht.

Ob die auf derselben und zwischen den genannten beyden Dertern befindlichen Flecken Kara=Bignar, (d. i. schwarze Quelle,) woselbst es schöne Herbergen, und eine vom Sultan Soliman erbauete Moschee giebt, und welcher gerade gegen den Bergen Buz=Uglan und Bulgar über liegt, und Ismil, zu dieser oder einer andern Gerichtsbarkeit gehören? kann ich nicht mit Gewißheit melden.

3) Die Gerichtsbarkeit Eski=Il.

4) Die Gerichtsbarkeit Ak=Scheher, zu welcher gehören:

(1) Ak=Scheher, d. i. weiße Stadt, eine Stadt am mittäglichen Ende einer großen von Bergen eingeschlossenen Ebene. Hier sind viele griechische und lateinische Inschriften, und andere Alterthümer. Pocock hält diese Stadt für die alte Eumenia in Großphrygien, und berichtet, daß hier ein Pascha wohne.

(2) Ishaklu beym Pocock Seleuctier genannt, ein Flecken in einer Gegend, die an Baumfrüchten einen vorzüglichen Ueberfluß hat. Man hält diesen Ort entweder für Seleucia oder Saglassus.

(3) Bulvadin, beym Pocock Belawoden und Bilezugan genannt, ein großer Flecken.

(4) Ilguin, von andern Ulgun und Elghand genannt, vor Alters Tiberiopolis, ein Flecken, in dessen Gegend warme Bäder sind.

(5) Dogan=Hisar.

5) Die Gerichtsbarkeit Ala=Dag.

6) Die Gerichtsbarkeit Berlugand.

7) Die Gerichtsbarkeit Bel=Viran.

8) Die Gerichtsbarkeit Katan Serai.

9) Die Gerichtsbarkeit Torgud.

10) Die

10) Die Gerichtsbarkeit Gaserijad.

11) Die Gerichtsbarkeit Kariche.

12) Die Gerichtsbarkeit Berendi.

13) Die Gerichtsbarkeit Larenda, deren Hauptort Larenda, ein in einer fruchtbaren Ebene belegener Flecken, und altes Kastell ist.

II. Der District Kaïserie, in welchem

1. Kaïserie, vor Alters Cæsarea Cappadociæ, eine Stadt in einer schönen Ebene auf der mitternächtlichen Seite des Berges Erdgische oder Erdjasib, vor Alters Argæus genannt, den man sehr weit sehen kann, dessen Gipfel auch beständig mit Schnee bedecket ist, und dessen nach Kaïserie zugekehrte Seite nicht allein voller Dörfer, sondern auch voller in dem weichen Stein ausgehauener Grotten ist, die vor Alters entweder Todtengrüfte, oder Wohnungen der Einsiedler gewesen sind. Die alte Stadt Cæsarea hat vermuthlich recht am Fuße des Berges gestanden, wo noch viele alte Gebäude von Quadersteinen mit Inschriften stehen, die in persischer Sprache abgefasset seyn sollen: die neue Stadt aber ist etwa eine halbe Stunde von dem Berge entfernet. Man hat 2 Stunden nöthig, um sie zu umgeben. Ihre mit Thürmen versehenen Mauern sind von großen Quadersteinen, und inwendig wie Schwibbögen gemacht. Die Stadt hat ein Kastell, ist volkreich, und in 180 muhammebanische Kirchspiele getheilet, in deren jedem entweder eine Moschee, oder eine Kapelle ist. Die Griechen haben hieselbst eine Kirche, und einen Metropoliten, der unter denen 12 vornehmsten, die unter dem Patriarchen zu Constantinopel stehen, der erste ist. Die Armenier haben 3 Kirchen. In der Gegend dieser Stadt, am Berge Kormez, entsteht der Fluß Seïban, der nach Adana läuft.

2. Ingesu, vor Alters Campæ, eine große Stadt, deren verfallener Theil noch anzeiget, was sie ehedessen gewesen sey. Sie hat ein auf einem Hügel stehendes Kastell.

3. Urkup, oder Nurkup-Estant, ein Ort, den die erstaunlichgroße Menge aus Felsen ausgehauener Pyramiden, welche wie ein Amphitheater da stehen, merkwür-

dig

big machet. Sie sind von unterschiedener Höhe, und in denselben einige Zimmer über einander, haben auch jede eine Thüre zum Eingang, eine Treppe und Fenster. Auf einer jeden steht ein gewisses Bild. Dieser Pyramidalhäuser sollen über 200000 seyn. Außer Paul Lucas hat kein Reisender etwas davon gemeldet, er hat aber dasjenige, was er in seiner ersten Reisebeschreibung davon angeführet, in der zweyten bestätiget, und sich auf die von anderen Personen angestellete Untersuchung berufen.

4. Hadji Bektasche oder Bektasche, ein großes Dorf, welches ehedessen eine große Stadt gewesen ist, wie die noch vorhandenen weitläuftigen Ueberbleibsel derselben anzeigen. Es ist hier eine große und wohleingerichtete Herberge zur freyen Bewirthung der Reisenden, und hinter derselben steht eine Moschee, in welcher des Santon Begräbniß und ansehnliche Bibliothek zu finden.

5. Ourangi, ein großer Flecken.

III. Der District Kirscheher, hat seinen Namen von Kirscheher, (d. i. graue Stadt,) welche Lucas Quicher, und Pocock Kersaer nennet. Diese Stadt, welche nicht weit vom Flusse Uzil-Irmak liegt, hieß vor Alters Diocæsarea, und war ehedessen sehr ansehnlich, wie die allenthalben um dieselbige her befindlichen Trümmer anzeigen.

IV. Der District Nikdè, zu welchem gehören:

1. Nikdè, nach Pococks Charte vor Alters Dratæ, eine bemauerte Stadt mit einem dreyfachen Kasteel, vielen Moscheen und guten Gebäuden. Die hiesigen Griechen und Armenier haben Kirchen. Die Stadt ist mit angenehmen Gärten und Weingärten umgeben, hat aber ihren ehemaligen Wohlstand verloren.

2. Karahissar, (d. i. die schwarze Festung) nach Pococks Meynung vor Alters Tetrapyrgia, eine ehemals ansehnlich gewesene Stadt, wie die verfallenen Tempel und Pallaste beweisen. Außerhalb derselben steht auf einem steilen Felsen ein Kasteel.

3. Die übrigen Gerichtsbarkeiten sind, Schudja-Eddin, Endugui, Orkiub, Burtscham, Erdi, Dedelu, Kai, Develu und Menend. V. Der

V. **Der District Akserai,** wird von dem Orte dieses Namens benannt, der zwischen Nikde und Konia liegt, und entweder ein Flecken oder eine Stadt ist.

Ob die Stadt Bur oder Bore, 4 geographische Meilen von Nikde entlegen, zu diesem oder einem andern Districte gehöre? kann ich nicht mit Gewißheit melden. Auf Pococks Charte heißt sie Borne, und wird für Caesbia der alten Zeit gehalten; Hase aber hält diesen Ort für Archelais, welcher Ort am Flusse Halys, jetzt Kizil-Irmak genannt, gelegen hat, an welchen aber D'Anville in seiner Charte zu Otters Reisebeschreibung, den Ort Bur nicht setzet.

VI. **Der District Isbarteh,** zu welchem muthmaßlich folgende Oerter gehören:

1. Isbarteh oder Sparta, nach Pococks Meynung vor Alters Philomelium, eine offene und geringe Stadt, welche der Sitz eines Pascha ist. Sie liegt in einer schönen Ebene am Fuße des großen Gebirges, welches vor Alters Taurus hieß. Die hiesigen griechischen Christen haben 4 Kirchen.

2. Burdur oder Burderu, ein kleines Dorf, nahe bey welchem die weitläuftigen Trümmer einer vormaligen ansehnlichen Stadt zu finden sind, die vielleicht Antiochien in Pisidien gewesen ist.

3. Igridi, eine Stadt an einem großen Landsee gleiches Namens.

4. Jazli oder Jaseli, ein Dorf an einem Landsee.

5. Bondur, eine geringe Stadt, die aber ehedessen ansehnlicher gewesen. Von derselben wird ein Landsee benannt, dessen Wasser so bitter ist, daß keine Fische darinnen leben können. Sie liegt an einem Berge.

Ob folgende gegen Süden von Isbarteh nach dem Meere zu belegene Oerter zu diesem Districte gehören, oder einen besonderen District ausmachen? kann ich nicht mit Gewißheit melden.

1) Aglason, ein großes Dorf mit ungemein vielen Quellen. Es liegt am Fuße eines Berges, der sich in

unter=

unterſchiedene Arme vertheilet, auf welchen eine Menge
koſtbarer Trümmer von verfallenen Schlöſſern und
Städten ſind.

2) Schenet, iſt der Name, welcher den anſehnlichen
Trümmern einer auf dem Berge Iſtenaz oder Uſtanzaſi
belegen geweſenen großen Stadt, gegeben wird.

3) Antalia oder Satalia, eine ziemlich große und be-
feſtigte Stadt, an einem von derſelben benannten Meerbuſen des mittelländiſchen Meeres, in einer ſehr fruchtbaren Gegend, in welcher ſchöne Citronen = und Pomeranzenbäume wild wachſen, auch viel Storax wächſt,
woſelbſt aber die Hitze im Sommer ſo unerträglich iſt,
daß die meiſten Einwohner alsdann auf die benachbarten
Berge ziehen. Der hieſige Hafen kann nur kleine Fahrzeuge einnehmen. Die Stadt beſteht aus 3 von einander durch Mauern abgeſonderten Theilen.

Anmerkung.

Der Diſtrict Itſchil, welcher zu dem Gouvernement von Cypern gehöret, iſt ein Stück vom alten
Cilicien, und gränzet, nach Otters Bericht, gegen Weſten an Antalia, gegen Norden an das Land der Karamanen, und an das Land Adana, gegen Oſten an das Land
Aintab, gegen Süden an das Gouvernement Seleſkie
und das mittelländiſche Meer. Der Beg, welcher demſelben vorgeſetzet iſt, hat ſeinen Sitz zu Seleſkie. Die
merkwürdigſten Oerter, welche dazu gehören, ſind:

1) Alanieb, eine Stadt am Meerbuſen von Antalia.

2) Antioketa, vor Alters Antiochia ſuper Cargo, ein
geringer Ort am Meere.

3) Curcu, ein geringer Ort am Meere, in deſſen Gegend
vor Alters die Stadt Soli oder Solo, nachmals Pompejopolis genannt, geſtanden hat, deren Einwohner durch ihre
ungeſchickte Ausſprache und unrichtigen Ausdrücke das
Wort Soloecismus veranlaſſet haben ſollen, welches aber
andere von der Stadt Soli in Cypern herleiten.

4) Tarſus, eine arme Stadt, die von Türken, Griechen und Armeniern bewohnet wird. In der alten Stadt

5 Th.   G   iſt

ist der Apostel Paulus geboren, und sie war ein Sitz der
Wissenschaften. Die neue Stadt gehörete ehedessen nebst
ihrem Districte zu dem Gouvernement Adana, ist aber unter das cyprische Gouvernement geleget worden. Die Jacobiten haben hier Bischöfe, und die Nestorianer Erzbischöfe, gehabt. Der Fluß, daran sie steht, hieß vor Alters Cyd-
nus, wird aber von den Türken Kara-Su, das ist, schwarz
Wasser, genennet, weil er tief ist. Er wird auch Baradan
genennet.

5) Ayas, von den Reisebeschreibern auch Aiazzo, Aias-
so, Jasso, l'Aias und Lajassa genannt, eine Stadt an dem
davon benannten Meerbusen, der sich bis Alexandrette erstrecket, und vor Alters Sinus Issicus von der Stadt Issus
hieß, in deren Gegend Alexander den Darius in einer berühmten Schlacht überwand. Vermuthlich ist Ayas die alte Stadt Issus. Cotwyk berichtet, daß von hieraus Alexandrette mit Eßwaaren versehen werde. Professor Hase hat in
seiner Charte von klein Asia, die Stadt Aiazzo zwischen
Payas und Alexandrette gesetzt, welches ein Fehler ist.

6) Payas oder Bajas, vor Alters Bayæ, eine Stadt am
Meerbusen von Ayas, welche unterschiedene Gelehrte für
die alte Stadt Issus halten. Die noch vorhandenen Trümmer zeigen, daß dieser Ort in alten Zeiten viel ansehnlicher
gewesen sey. Es wachsen hier viel schöne Früchte, allein die
Luft ist ungesund, daher sich die Einwohner des Sommers
auf den benachbarten Berg begeben, welcher vor Alters
Amanus hieß, und in welchem in dieser Gegend ein Paß ist.

Von hier kömmt man in 4 Stunden nach Alexandrette.
Auf diesem Wege erblicket man zur linken Hand nach dem
Gebirge zu, an einigen Orten die Trümmer von verwüste-
ten Oertern, auch auf der Hälfte des Weges ein verwüstetes
Schloß am Meere. Noch vorher, und nur eine französi-
sche Meile von Payas, kömmt man unter einem Kasteel
weg, welches Des Mouceaux Markas, Lucas Marquez,
Otter aber Merkies nennet. Es liegt zur linken des Weges
auf einer Höhe, u. beherrschet den Weg. Unter demselben sind
Trümmer einer ehemaligen ziemlich großen Stadt zu sehen.

Anmerkung. In den mittlern Zeiten gehörte der District vom
alten Cilicien, darinnen die Oerter Tarsus, Ayas und Payas liegen, mit zu dem Königreiche klein Armenien, davon unten S. 153.
u. 154 ein mehreres.
                                                              Das

Das Gouvernement Seleftie.

Otter berichtet, daß Seleftie heutiges Tages ein besonderes Gouvernement ausmache, welches von einem Pascha regiret werde. Weil ich aber die eigentliche Beschaffenheit desselben nicht weis, setze ich es hier also, daß es in Verbindung mit dem Districte Ischil bleibt.

Die Stadt Seleftie, vor Alters Seleucia Trachea, oder Aspera, sonst auch Selestris, Saleph und Sapheth genannt, liegt an einem Flusse, der in alten Zeiten Calycadnus, nachmals aber, eben wie die Stadt, Saleph oder Sapheth hieß, und deswegen merkwürdig ist, weil Kaiser Friderich der erste 1190 in demselben vom Pferde gefallen, und hierauf in der Stadt Seleftie gestorben ist. Der Beg, welcher dem Districte Ischil vorgesetzet ist, hat hier seinen Sitz.

III. Das Gouvernement Adana.

Dieses kleine Gouvernement war schon klein, als es von dem Gouvernement Haleb abgesondert wurde, und aus den Districten Sis und Tarsus bestund; es ist aber noch viel kleiner geworden, nachdem Tarsus zu dem Gouvernement von Cypern geschlagen worden. In den mittleren Zeiten gehörete dieses Land mit zu dem Königreiche Klein-Armenien, davon unten S. 153. und 154 ein mehreres.

Adana, liegt an dem Strome Seihan, vor Alters Sarus genannt, der hier sehr breit, und über welchen eine schöne steinerne Brücke erbauet ist. Das ziemlich feste aber kleine Schloß steht auf einem Felsen. Die Stadt ist der Sitz eines Pascha. Die Luft ist hier im Winter gut, allein, im Sommer, vom Monate April an, ist die Hitze so groß, daß die Einwohner alsdenn die Stadt verlassen, und nach dem 2 Tagereisen davon entlegenen Gebirge Taurus ziehen, dessen dasige Strecke Ramadan uglu Pailaklori (d. i. Sommerwohnungen des Sohnes Ramadan,) genennet wird.

G 2 Misis

Misis oder Masisa oder Massissat, imgleichen Ma-
misia, auf arabisch Messissa, vor Alters u. noch von den
Syrern Mopsvestia, genannt, war ehemals eine beträchtliche Stadt, auch anfänglich die Hauptstadt des Königreichs
Klein-Armenien, ist aber jetzt nur ein Flecken, und liegt an
dem Flusse Dscheihan, vor Alters Piramus, mit welchem sich
der Fluß Seihan vereiniget, der vereinigte Strom aber fällt
zwischen Ajas und Tarsus ins Meer. Er wird von Turkomannen bewohnet. Innerhalb seiner Mauren liegt ein Kasteel auf einer Höhe. Der berühmte Bischof Theodor von
Mopsvest, ein Zeitverwandter und vertrauter Freund Johannis Chrysostomi, hat diesen Ort merkwürdig gemacht.
Als der Khalif Al Mansor die Stadt einnehmen und befestigen ließ, gab er ihr den Namen Mamuriah. Bey
derselben war ein jacobitisches Kloster, Namens Gavicath,
und auf der andern Seite des Flusses lag, wie Abulpheda
meldet, der Flecken Capharnab. Das umliegende Land ist
sehr fruchtbar.

Nahe dabey liegt ein Berg, Dgebel ul nur genannt,
welcher sich von diesem Flecken bis ans Meer erstrecket.
Zwo Stunden von Misis gegen Südosten endiget sich die
sich bis dahin erstreckende Ebene bey einem Passe, durch welchen man zu einer andern Ebene kömmt. Durch dieselbige
gelanget man zu einem Dorfe, welches Des Monceaux
Kortatlak, und Lucas Kurrekalla nennet, in Pococks Reisen aber Kartkula und Kurkala genennet wird, vermuthlich aber der Ort ist, den Ptolemäus Castabala, Curtius aber
Castabalum nennet. Eine und eine Viertelstunde weiter ist
im Gebirge ein holer Weg, und in desselben Mitte ein Tri-
umphbogen von grober Arbeit und ohne Inschrift, den die
Türken Karalikapi, das ist, das schwarze Thor, nennen,
weil er aus schwarzen Steinen erbauet ist.

Ich gehe von hier zurück nach Norden.

Sis, auch Sisia, war in mittlern Zeiten die Hauptstadt des Königreichs Klein-Armenien, welches auch davon
benannt wurde, und lag auf einem Berge, an dessen Fuße
ein kleiner Fluß fließt. Leo, König von Armenien, hat sie
erbauet, und 1307 ist hier eine Kirchenversammlung gehalten worden. Heutiges Tages ist sie in geringen Umständen,
aber

der doch noch der Sitz eines armenischen Patriarchen. Die Könige Livo (Leo) und Robin, welche am Ende des 12ten und im Anfange des 13ten Jahrhunderts gelebet haben, nennten sich von Gottes und des römischen Reichs Gnade, Könige von Armenien.

Ainzerbeb oder Ainzarba, wie auch Maverza, auf arabisch, von den Syrern aber bald Anezarba bald Jnoarbe, von den neuern Griechen Anabarza, vor Alters Anazarbus, und zu Plinii Zeit auch Cæsarea, genannt, war ehedessen eine Stadt, in welcher die Jacobiten und Nestorianer Bischöfe hatten, ist aber jetzt ein Flecken, und liegt am Flusse Dscheïhan.

IV. Das Land und Gouvernement Merasche.

Es gränzet an den Euphrat, die Provinz Siwas, das Land der Karamanen, das Land Adana und das Land Aintab. Wo ich nicht irre, so ist es einerley mit Dulgadir Jli, oder, dem Lande Dulgadir, welches auch Aladulat Jli oder das Land des Aladulat, von einem turkomannischen Prinzen und Kriegsbefehlshaber Osmans, dem es zu Theil geworden, heißt. Es begreift 4 Districte. Die merkwürdigsten Oerter sind:

1. Merasche oder Marascha, auch Marhas, sonst auch Germanicia genannt, die Hauptstadt, welche der Sitz eines Pascha ist, und am Gebirge Amanus liegt. In derselben ist das Merwanische Kastell, und die Vorstadt wird Harunia genannt. Sie ist ein bischöflicher Sitz der Jacobiten gewesen.

2. Malatia, vor Alters Melita oder Melitene, von den Syrern Militini genannt, eine große, sehr alte, und in der morgenländischen Geschichte hochberühmte Stadt, auf der Westseite des Euphrats, und an der Nordseite einer großen Ebene, welche von Bergen umgeben ist. Gegen Westen erblicket man am Abhange eines dieser Berge, eine große Menge Gärten, in denen die Einwohner des

Som-

Sommers wohnen. Diese Stadt ist der Sitz eines jacobitischen und eines nestorianischen Bisthums gewesen.

3. Claudia oder Areludia, ein Kasteel in der Nähe von Malatia.

Anmerkung. Vor Alters lagen um Malatia 7 bischöfliche Sitze der Jacobiten her, welche hießen Arca, Claudia, Gargar oder Carcar, Guba, Kalisura, Cacabin, und Semdis oder Semaha, sie und aber insgesamt verwüstet, so daß nur noch das eben genannte Kasteel vorhanden ist.

Zwischen Malatia und Mansur, von jeder Stadt gleich weit entfernet, hat das Kasteel Zabatra oder Zabar, auf einer mit Bergen und Wäldern umgebenen Ebene gestanden, welches schon zu Abulpheda Zeit so verwüstet war, daß man kaum noch einiges Mauerwerk von demselben erblickte.

V. Das Land und Gouvernement Siwas.

Es begreift die alte Provinz Pontus, und gränzet gegen Osten an einige Districte der Gouvernements von Arzerum und Diarbekir; gegen Süden an das Land Merasche und an das Land der Karamanen, gegen Westen auch an das Land der Karamanen und an Anadoli, gegen Norden an das schwarze Meer. Man nennet es auch das Land Rum, nämlich im allerengsten Verstande; denn sonst hat das Land Rum, welches die Sultane der Selschuken von Rum beherrschet haben, einen größern Umfang gehabt. Die Turkomannen sind in dieser Provinz sehr zahlreich: außer denselben aber wohnen Türken, Juden und Armenier in derselben. Der vornehmste Fluß dieses Landes, ist der Kizil-Irmak, vor Alters Halys, welcher gegen Osten von Siwas in der Gegend Kodsche-Hisar auf einer Ebene entsteht, und hierauf seinen Lauf von Osten gegen Westen nimmt. Er geht bey Siwas, Kir-Scheher und Osmandschik vorbey, nach Hadschi-Hamse, Zeitun, und Tschai-Mahal, fließt hierauf zwischen 2 Felsen durch, und bey Vasira ins

schwarze

schwarze Meer. Nach demselben ist derjenige Fluß der größte, welcher vor Alters Iris hieß. Er entsteht gegen Osten von Karahissar, geht bey Tocat und Amasia vorüber, an welchem letztern Orte er den Fluß Tscheukrek aufnimmt, nach Dschanik und Tschar-Schenbê, von welchem letztern Orte er zu Dschanik das Wasser von Tschar-Schenbê genannt wird, und hierauf ins schwarze Meer. Von Amasia bis in die Gegend von Tarabosan erstrecket sich ein sehr hohes und steiles Gebirge, dessen Wasser an der Seite von Dschanik, Amasia und Niksar, vortrefflich, und die dasige Luft rein ist. Insonderheit ist die Gegend Tschemen-Pailasi sehr schön, und dahin begeben sich die Turkomannen im Sommer zu wohnen. Alsdenn ist das Gebirge so bewohnet, als wenn es mit vielen Städten besetzet wäre. Das ganze Land wird durch einen Pascha regieret, und ist in 7 Districte abgetheilet, welche sind:

1. Der District Siwas, in welchem:

1) Siwas, vor Alters Sebaste oder Sebastopolis, die Hauptstadt dieses Landes, und der Sitz des Pascha. Sie liegt nicht weit vom Flusse Kizil-Irmak in einer Ebene, ist bemauert, von mittelmäßiger Größe, und hat ein kleines Kasteel. Die türkischen Geschichtschreiber melden, daß Alaeddin Eaïcobad, Sultan der Selschuken von Rum, diese Stadt erbauet habe: allein, sie ist viel älter; sie kann also von diesem Sultan nur wiederhergestellet u. verbessert seyn.

2) Artik-Abad, ist ein Flecken auf einer Ebene zwischen Siwas und Tocat. Sein Name zeiget an, daß er dem Beg Artik zugehöret habe.

3) Tocat, auch Tohac genannt, eine große und wohlbewohnte Stadt, in einer Tiefe, welche die röthen Berge, von denen sie umgeben ist, verursachen. Sie ist zwar offen, hat aber ein Kasteel zum Schutze, welches auf einem hohen und steilen Felsen liegt. Die Luft ist hier gut. In der Stadt sind viele Moscheen, Herbergen, Bäder, Gär-

G 4 · · ten

ten und Weinberge. Man verarbeitet hieselbst viel Kupfer und blaues Corduanleder, und treibt starken Handel mit indianischer Leinwand, die zu Baßra aufgekaufet, und nach Constantinopel und andern Orten von Tocat aus verschicket wird. Mit dem hier in Menge wachsenden Safran wird nach Indien starker Handel getrieben. Tavernier meldet, es wären hier 12 christliche Kirchen, 2 Mönchen- und 2 Nonnen-Klöster, und ein Erzbischof. Pocock berichtet aus anderer Erzählung, daß die Armenier 7 Kirchen und einen Erzbischof, die Griechen aber nur eine Kirche hätten, und daß hier viele Juden wohneten. Die Stadt wird stark von Kiervanen besucht, und diejenigen, welche aus Persien kommen, theilen sich hieselbst, und gehen entweder nach Constantinopel oder Smirna. Hase hält diese Stadt für Comana pontica, Pocock aber für Neocæsarea der Alten, von welcher Stadt ein griechischer Metropolit benennet wird.

4) Terhal, beym Tavernier Turcal, ein großer Flecken an der großen Landstraße, in einer Ebene. Von seinem auf einem Felsen liegenden Kasteel, wird er auch Anlaï-Kieschan genannt.

5) Jile, vor Alters Zela, ein angenehmer Flecken gegen Südwesten von Tocat.

2. Der District Amasia, in welchem

1) Amasia, eine Stadt, welche ihren alten Namen bis jetzt behalten hat, doch wird sie von den Alten mehrentheils Amasea genennet. Sie liegt auf beyden Seiten des Flusses, der vor Alters Iris hieß, in einem Thale zwischen hohen Bergen, von welchen sie solchergestalt eingeschlossen ist, daß sie nur einen Aus- und Eingang hat. Sie ist ziemlich groß, hat Mauern, und auf einem Hügel ein Kasteel, welches der Selschuk Kiei-Kubad hat wieder erbauen lassen. Sie ist oftmals der Sitz des ältesten Sohns des türkischen Kaisers gewesen, bis er zum Throne gelangete, und ist der Geburtsort des berühmten Erdbeschreibers Strabo. Es ist hier ein griechischer Metropolit. Man hat hier sehr viele Gärten, und vortreffliche Früchte, insonderheit sehr edle Weintrauben, aus welchen auch ein guter Wein gemachet wird. Außerhalb der Stadt ist ein langer durch Felsen gehauener Weg.

2) Mar

2) Marsivan oder Merzifan, ein Flecken, 1 Tagereise gegen Norden von Amasia, an der Westseite des
Berges Taschan.

3. **Der District Dschanik,** durch welchen der
Fluß, welcher vor Alters Iris hieß, nach dem schwar-
zen Meere fließt, und davon der vorher angeführte Berg
Dschebel-Dschanik genannt, den Namen hat.

4. **Der District Bozavik.**

5. **Der District Tschurum,** in welchem

1) Tschurum, der Hauptort desselben.

2) Osmandschik, ein Flecken, woselbst über den Fluß
Kizil-Irmak eine schöne steinerne Brücke erbauet ist. Er hat
ein Kastech, welches auf einem Berge mitten in der Stadt
liegt. Nach Pococks Meynung hat hier Androßia gelegen.

3) Die Flecken Hadschi-Kiepi (d. i. Dorf des Pil-
grims,) welcher ehedessen eine große Stadt gewesen ist,
und Gumische. Dieser liegt 3 Tagereisen von Osmandschik gegen Südosten, und jener südwestlich von Gumische.

4) Hadschi-Hamzè, ein Dorf, von welchem man nach
Tusia über den gefährlichen Berg Kiepril-beli kömmt.

5) Bogaz-Kala, ein Kasteel am schwarzen Meere,
bey Basira, woselbst der Fluß Kizil-Irmak sich ins schwarze Meer ergießt.

6. **Der District Divrigui,** welcher 2 Tagereisen gegen Osten von Siwas entlegen ist, und gegen Osten an den Berg Tschitschek, gegen Süden
aber an den Berg Hasen und den District von Malatia, gränzet. Man bemerke:

1) Divrigui, eine Stadt am Ende eines großen Thales, welches zwischen hohen und unfruchtbaren Bergen
liegt, auf deren einem ein Kasteel ist. Das Thal ist 2 Stunden lang, und mit Gärten angefüllet, es fließt auch ein Bach
durch sie, welcher sich nach dem Berge Hasen zu lenket, und
an der Nordseite von Egin mit einem andern Bache vermischet; der vereinigte Fluß aber ergießt sich in den Euphrat.

2) Kiesmè, ein Dorf von Christen bewohnet, wo-

G 5   selbst

selbst ergiebige Eisengruben sind. Gerade derselben gegen über, gegen-Nordwesten, findet man vortreffliche Magneten.

3) Arzendschan oder Erzendschan, eine Stadt am Euphrat, welche die Türken 1242 denen Mongolen abnahmen. Sie liegt zwischen Siwas und Arzerum.

4) Kiemakhe, ein großer Flecken am Euphrat. In diese Gegend kömmt im Frühjahre ein Heer kleiner Vögel, von der Größe der Sperlinge, welches die Luft verdunkelt, und sich hier niederläßt. Die Einwohner des Landes essen die Jungen, ehe sie fliegen können, und finden ihren Geschmack sehr angenehm. Einige halten dafür, daß die Salwim, welche die Israeliten in der Wüste gegessen haben, von dieser Art Vögel gewesen.

5) Derende, ein Flecken, 2 Tagereisen von Divrigui gegen Süden an der Gränze des Districts Malatia. Auf einem Felsen steht ein Kasteel, und nahe bey diesem Flecken ist ein hoher Felsen, der durch Kunst der Menschen in 2 Theile getheilet zu seyn scheint, um dem Bache Ak-Su den Durchgang zu eröffnen, der durch diese Oeffnung nach dem Flecken fließt.

7. Der District Arebkir, zu welchem gehören:

1) Areb-Kir, ein größer und wohlbewohnter Flecken, in einer schönen Gegend, die bloß aus Gärten, Weinbergen und Lustbäusern besteht. Er liegt zwischen den Provinzen Diarbekir und Siwas, der letzten Stadt in Nordosten, ungefähr 3 französische Meilen gegen Westen vom Euphrat, 2 Tagereisen gegen Osten von Divrigui, und eine Tagereise gegen Süden von Egin.

2) Die Gerichtsbarkeit Egin, welche von einem Flecken den Namen hat, der am Fuße eines Berges liegt, von welchem die Güter und Weinberge des Fleckens sich gegen Osten bis an den Euphrat erstrecken. Die Häuser sind wie ein Amphitheater am Abhange des Berges erbauet, von welchem ein Bach herab, und durch den Flecken nach dem Euphrat zu läuft.

3) Die Gerichtsbarkeit Schadi.

Anhang

Anhang
von
denen zu klein Asia gehörigen Inseln.

I. Die Inseln, welche im Meere Mar-mora liegen. Die Türken nennen dieses Meer die weiße See.

1. Papas Adassi, Papadonisia, Fürsten-Insel, Insula principis, eine Insel im Eingange des ismidischen Meer-busens, dahin man von Constantinopel in anderthalb bis 2 Stunden schiffen kann. Der erste Name ist der türkische, welcher aber aus dem zweyten oder griechischen gemacht ist, und beyde bedeuten die Priester- oder Mönchen-Insel. Dieser Name ist unterschiedenen bey einander liegenden Inseln gemein, ob er gleich eigentlich der größten von den-selben zukömmt, welche nahe beym festen Lande unweit Kartal liegt. Es sind diese Inseln an sich fruchtbar und angenehm, aber doch wenig angebauet. Ihre Einwohner sind Griechen, welche sich vornehmlich vom Fischfange er-nähren. Die Einwohner der Stadt Constantinopel fahren öfters zum Vergnügen dahin. Auf der größten Insel sind eine kleine Stadt und 2 Klöster. Auf der Insel Eibeli, von den Griechen Chalke genannt, ist auch ein Städtchen, und über demselben auf einem Hügel ein Kloster. Das Städtchen gehöret einem andern vom heil. Georg benann-ten Kloster, und dieses dem Metropoliten von Chalcedon.

2. Marmora oder Marmara, nach der Aussprache der Einwohner Mermere, eine Insel, von welcher der Pro-pontis der See Marmora genennet wird. Sie ist 3 geo-graphische Meilen lang, und fast eine Meile breit, hoch und felsicht, und hat schönen weißen Alabaster. Sie ist aller Wahrscheinlichkeit nach die neue Insel Proconnesus, oder Proconnesus der Alten, welche wegen ihres weißen Marmors berühmt war. Ihre meisten Einwohner sind Christen. Auf derselben sind an der See 6 kleine Oerter, unter welchen das Städtchen Marmora, der vornehmste ist, woselbst vortrefflicher Wein wächst. Von 6 Klöstern
sind

sind 2 verfallen, die übrigen aber werden nur von 2 oder 3 Kaloyers oder Mönchen bewohnet. Sie wird jährlich für 5 Beutel, das ist, für 2500 Rthlr. verpachtet.

3. Alonia, vermuthlich die alte Insel Proconnesus oder Proconnesus der Alten, hat einen fruchtbaren Boden, und bringt insonderheit einen starken weißen Wein hervor, der zu Constantinopel beliebt ist. Sie hat nordwestwärts einen vortrefflichen Hafen. Die Insel wird jährlich für 9 Beutel, das ist, für 4500 Rthlr. verpachtet, ob sie gleich viel kleiner ist, als Marmora. Die meisten Einwohner sind Christen. Die Stadt Alonia ist der Sitz eines Metropoliten, der unter dem Patriarchen zu Constantinopel steht. Er hat diese, die vorhergehende, und die 2 folgenden Inseln unter seiner Aufsicht. Man nennet ihn den alonischen Metropoliten, er heißt aber eigentlich der von Proconnesus. Noch sind 4 Flecken auf dieser Insel.

4. Ampedes, von den Griechen Aphsia genannt, eine kleine Insel südwärts von Marmora, auf welcher etwas Wein gebauet, und die jährlich für ungefähr 600 Thaler verpachtet wird. An der Westseite derselben ist ein kleiner Flecken, den Christen und Türken bewohnen, und an der Ostseite ist ein türkischer Flecken.

5. Kutalli, eine Insel, die noch kleiner als die vorhergehende ist, und nur einen einzigen kleinen Flecken enthält, der von Christen bewohnet wird. Ehedessen war sie voller Weingärten, jetzt aber legen sich die Einwohner mehr auf den Fischhandel. Sie wird jährlich für 4 bis 500 Thaler verpachtet.

II. Die Inseln im Archipelago, welcher von den Türken auch das weiße Meer genennet wird.

1. Bokhtscha Adassi, Tenedos, in den ältesten Zeiten Calydria und Leucophrys, eine Insel ungefähr anderthalb geographische Meilen vom festen Lande, dem alten Troja gegen über. Den Namen Tenedos hat sie von einem gewissen Prinzen Tenes oder Tennes, der von dem festen Lande Colonisten dahin gebracht hat. Nach Pococks Meynung ist sie über eine geographische Meile lang, aber keine Meile breit. Ihr Muscatellerwein ist der
schmack

schmackhafteste in der Levante, und macht nebst ihrem Branntewein, die vornehmste Ausfuhr der Insel aus. Bey den Alten kommen einige Redensarten und Sprüchwörter von dieser Insel vor. Ein Mensch, oder ein Advocat von Tenedos, zeigete einen strengen Richter an. Ein Flötenspieler von Tenedos, bedeutete einen falschen Zeugen, und die Art von Tenedos, zeigte einen geschwinden Entschluß an. Es ist nur eine Stadt auf der Insel, welche auf der nordöstlichen Ecke derselben steht, und von ungefähr 200 griechischen und 300 türkischen Familien bewohnet wird. Jene haben eine Kirche, 3 arme Klöster, und stehen unter dem Metropoliten von Mytilene. Das Kloster steht auf einem kleinen felsichten Vorgebirge, zwischen den 2 Hafen. Vermuthlich ist es ein Ueberbleibsel des großen Kornhauses, welches Justinian erbauen ließ, um darinnen das Getreide aufzuschütten, welches von Alexandrien nach Constantinopel gebracht wurde. Das Land um die Stadt ist felsicht und unbebauet.

2. Mytilene auch Mitylene, vom Tournefort Metelin genannt, vor Alters Lesbos oder Lesbus, noch älterer und mehrerer Namen derselben zu geschweigen, ist eine der ansehnlichsten Inseln im Archipelago, und vom festen Lande durch eine Meerenge abgesondert, die ungefähr 3 geographische Meilen breit ist. Strabo schätzet ihre Länge von Sigrim, heutiges Tages Sigri, dem nördlichen Vorgebirge, bis Malia, dem südlichen Vorgebirge, auf 560 Stadien, das ist, auf 14 geographische Meilen, und ihren Umfang auf 1500 Stadien oder 35 geographische Meilen. Sie ist sehr bergicht. Eine Kette meist felsichter und größtentheils aus Marmor bestehender Berge, geht fast durch die ganze Insel, und eine andere Kette durchschneidet sie gegen das westliche Ende zu. Ihr Boden ist zwar gut, aber so wenig angebauet, daß die Einwohner nicht einmal hinlängliches Getreide haben. Sie sind aber auch sehr faul, insonderheit die Griechen, und ernähren sich vornehmlich von dem Baumöle, welches nur eine geringe Arbeit zu einer gewissen Jahreszeit erfordert. Dieses Baumöl ist von
sehr

sehr guter Art, und wird nach Frankreich und unterschiedenen Oertern der Levante geführet. Die hiesigen Feigen sind die besten im Archipelago. Die Weine, welche hier wachsen, sind von Alters her berühmt, und haben noch nichts von ihrem Werthe verloren. An den Bergen wachsen Fichtenbäume, die gutes Pech geben, davon für die türkische Flotte eine große Menge geliefert wird. Es giebt hier viele warme und heiße Bäder, die entweder fast gar keinen Geschmack haben, oder schweselicht, oder salzicht sind. Die alten Lesbier waren allerley Arten der Ueppigkeit und Schwelgerey also ergeben, daß man, um einen recht ausschweifenden Menschen zu beschreiben, von ihm sagte, er lebe wie ein Lesbier. Die hiesigen Weiber sind heutiges Tages nicht keuscher, und die Männer nicht mäßiger, als vor Alters. Vom festen Lande kommen des Sommers oftmals Räuber in kleinen Böten hieher, welche den Einwohnern sehr beschwerlich fallen. Die Christen bezahlen von dem, was die Insel hervorbringt, den 5ten Theil, die Türken aber nur den 7ten. Man hat Tournefort berichtet, daß 120 Dörfer auf dieser Insel wären. Sie steht unter dem Capudan Pascha oder General-Gouverneur von den Inseln im weißen Meere. Die merkwürdigsten Oerter sind folgende:

1) Castro, vor Alters Mytilene, die Hauptstadt der Insel auf ihrer nördlichen Seite, mit 2 Hafen, von denen der südliche jetzt bloß von großen Schiffen besuchet wird. Von der alten viel größern Stadt, die sich weit gegen Westen erstrecket hat, finden sich noch viele Ueberbleibsel von grauem Marmor. Die jetzige Stadt liegt auf dem Striche Landes, welcher nach der Halbinsel geht, auf deren beyden Seiten sie am Strande, und auch gegen Süden den Hügel hinauf erbauet ist. Ihr altes und neues Kasteel stehen auf dem Gipfel der hohen felsichten Halbinsel, und stoßen dicht an einander, es hat aber doch ein jedes seinen eigenen Commandanten und seine eigene Besatzung. In dieselben darf kein Franke gehen, sondern sie werden bloß von Türken bewohnet. In der Stadt sind viele Griechen, die 4 Kirchen und einen Metropoliten haben, aber nur wenige Armenier. Es werden hier große Schiffe sowohl als Böte

von

von Tannenholz gekittet, welches vom festen Lande hieher geführet wird. Sie sind sehr leicht, dauren aber doch 10 bis 12 Jahre, weil das Holz voller Harz ist.

2) Manoneia, ein Flecken an einem Hügel bey einem Meerbusen, welcher einem großen Vorgebirge gegen Osten liegt.

3) Molivo, vor Alters Methymna, eine Stadt auf der Seite des Hügels an dem hohen Vorgebirge, welches die nordwestliche Ecke der Insel ausmachet, mit einem auf dem Gipfel des Hügels gelegenen Kasteel, welches von Türken bewohnet wird. Auf dem Vorgebirge selbst ist eine kleine Ebene, auf welcher sich einige wenige Spuren von der alten Stadt Methymna befinden, insonderheit der Grund der Stadtmauern, und die Ueberbleibsel eines großen Thurms. In der Stadt sind nur ein Paar hundert griechische Christen. Der von derselben benannte griechische Metropolit wohnet zu Caloni. Der Hafen der Stadt kann große Schiffe einnehmen, die hier oft mit Oel beladen werden. Er wird auch der Hafen von Petra, von

4) Petra, einem daran liegenden Flecken, genennet; dieser aber hat, wie es scheint, seinen Namen von einem in seiner Mitte liegenden Felsen, der auf allen Seiten, die Nordseite ausgenommen, unersteiglich, und dessen Gipfel mit einer Mauer eingefasset ist. Auf denselben bringen die Einwohner ihre besten Sachen, wenn sie einen Ueberfall von Räubern befürchten. In dem Flecken wohnen viele Christen, die auch eine Kirche haben.

Weiter gegen Süden nach Telonia zu, ist eine kleine Halbinsel, auf welcher viele Trümmer, insonderheit eine Mauer zu sehen, woselbst vielleicht die Stadt Antissa gestanden hat.

5) Telonia, ein türkischer Flecken.

6) Eresso, ein großer Flecken, dem Capo Sigri gegen Osten, der mehrentheils von Christen bewohnet wird.

Von hier geht man in eine Ebene an der See auf der Südseite der Insel; und trifft auf der südwestlichen Ecke dieser Ebene einen kleinen Hügel, auf demselben aber die Ueberbleibsel der alten Stadt Eressus an.

7) Caloni,

7) Caloni, eine kleine Stadt an einem davon benann-ten Meerbusen. Bey derselben ist ein Mönchen- und ein Nonnenkloster. Der Metropolit von Methymna, hat hier seinen Wohnsitz.

Vermuthlich hat die alte Stadt Pyrrha an dem ca-lonischen Meerbusen gelegen, denn ein großer Strich Landes auf der Ostseite desselben führet den Namen Pera.

Das Land, welches diesem Meerbusen gegen Osten nach dem Gebirge zu liegt, hat einen Ueberfluß an Korn, und wird Basilika genannt. In demselben liegen 5 oder 6 Flecken, die größtentheils von Türken bewoh-net werden. Es sind auch daselbst einige heiße Bäder, die auch zum Trinken gebrauchet werden, obgleich das Wasser salzicht ist; es führet aber stark ab.

8) Die Flecken Jera, deren 7 oder 8 sind, liegen an der Südseite eines sehr schönen Hafens, welchen die Schiffer Port Ollviere nennen. Er ist von Hügeln, die mit Buschwerke bewachsen sind, umgeben, sehr tief, und sieht wie ein großer See aus. In demselben kommen oft Schiffe an, die mit Oel beladen werden. Die Fle-cken haben den Namen Jera von der alten Stadt Hiera behalten.

9) Acasso, ein großer Flecken, an Hügeln südwärts der eben genannten Flecken und des Hafens. Er hat starke Einkünfte vom Olivenöle; denn es wachsen hier an den Bergen viele Olivenbäume.

3. Die Tockmackischen Inseln, deren 3 oder 4 sind, liegen nahe bey der Insel Mytilene, und haben ihren Namen vermuthlich von dem Flecken Tockmack auf Myti-lene, welcher ihnen der nächste, und nicht weit von Ca-loni entfernet ist. Sie sind sehr klein.

4. Die Inseln Musconisi oder Miosconisi, vor Alters Hecatonnesi, das ist, die Inseln des Apollo, wel-cher auch Hecatus genennet wurde, liegen in dem abra-mittischen Meerbusen. Einige setzen die Anzahl dersel-ben auf 20, andere aber auf 40. Ihr angeführter Name wird insonderheit einer derselben beygeleget, auf welcher eine von Griechen bewohnte Stadt steht, und welche nach Pococks Muthmaßung die vom Strabo ge-

nannte

nannte Insel Porbosolene oder Porosolene ist. Die andern Inseln sind unbewohnet.

5. Scio, von den Türken Saki Adassi, (d. i. die Mastix-Insel,) von den jetzigen Griechen Chio, vor Alters aber Chios, auch Aethalia, Macris, und noch auf andere Weise genannt, ist eine Insel, welche der Halbinsel des festen Landes, auf welcher die Oerter Erythrä, Schuma und Gesme sind, gegen über liegt, und da, wo sie dem festen Lande am nächsten ist, etwan nur 2 geographische Meilen davon entfernet liegt. Ihre Länge beträgt ungefähr 8, und ihre Breite 4 geographische Meilen. Sie besteht größtentheils aus felsichten Hügeln und Bergen, insonderheit ist der nordliche Theil ganz bergicht, und wird daher von den andern Theilen der Insel durch den Namen Epanemeria, d. i. das obere Viertel, unterschieden, er hat aber doch einige kleine und schöne Thäler. Das Gebirge erstrecket sich von Norden gegen Südwesten, und endiget sich gegen Mittag mit niedrigen Hügeln, auf welchen die meisten Mastix-Dörfer stehen. Die Berge bestehen mehrentheils aus einem bleyfarbigen Marmor, der weiße Streifen hat. Die Luft ist gesund. Erdbeben haben sich hier oft eingestellet. Auch der ebene Boden der Insel ist mager, und von Natur nur für Bäume bequem, er wird aber durch den großen Fleiß der Einwohner verbessert. Unterdessen haben sie Zufuhre von Getreide nöthig: Die Weide ist fürs Vieh so wenig zulänglich, daß man dasselbige auch mit den Blättern des Baumwollenbaums und der Weinstöcke füttert. Man hat allerhand Fruchtbäume angepflanzet. Der Maulbeerbaum wird um der Seidenwürmer willen gezogen. Die Baumwolle und den Flachs, welche hier wachsen, und den guten Wein, welchen die Insel hervorbringt, brauchen die Einwohner selbst. Der Terpentinbaum, aus dessen aufgeschnittener Rinde man den Terpentin laufen läßt, wächst wild. Der Mastixbaum aber ist entweder wild, oder er wird gezogen. Man fängt nach Thevenots und Tourneforts Bericht am 1sten August, nach Pococks Bericht aber, schon am 9ten Jun. an, die Rinde der Bäume aufzuschneiden. Sie fließen noch im

5 Th.　　　　　　　H　　　　　　　Septe.

September: allein, der letzte Gummi ist nicht so gut, als
der erste. Daß die gezogenen Bäume bessern Mastir ge=
ben, als die wilden, kömmt vermuthlich daher, weil man
jene keine Früchte tragen läßt, sondern ihnen die Blu=
men abnimmt. Die gezogenen sind eigentlich Stauden,
die bis 15 Schuhe hoch wachsen. Diejenigen, welche
weiblichen Geschlechtes sind, haben größere Blätter, sind
hellgrüner, und geben den besten Mastir. Der Mastir
darf sonst nirgends in des türkischen Kaisers Ländern, als
auf dieser Insel, gemacht werden. Die Dörfer, welche
ihn bauen, müssen jährlich eine gewisse Menge, die
5020 Ocken, jeden zu 400 Quentlein gerechnet, betra=
gen soll, dem türkischen Kaiser liefern. Wenn die Ein=
wohner derselben, die lauter Christen sind, mehr samm=
len, dürfen sie solches verkaufen. Er wird jetzt nur nach
Constantinopel und Smyrna ausgeführet. Pocock mel=
det, daß von dem feinsten und besten, welcher Fliscari
genannt werde, ein Ocke 2 Thaler, von dem schlechteren
aber einen bis anderthalb Thaler koste. Die Türken, inson=
derheit aber die Türkinnen, kauen ihn, nicht nur zum
Zeitvertreib, sondern auch, um die Zähne weiß zu ma=
chen, und den Othem zu verbessern. Man streicht ihn
auch auf Brodt, und er soll sehr gut schmecken. Der
weißeste und klärste ist der beste, er wird aber nach ei=
nem Jahre gelb, doch soll er nichts von seiner Kraft
verlieren. Die Einwohner der Mastir=Dörfer haben
vor den andern unterschiedene Freyheiten, nämlich sie
bezahlen nur die halbe Kopfsteuer, sie stehen nur unter
ihrem Aga, sie dürfen bey ihren Kirchen Glocken haben,
und dürfen, wie die Türken, weiße seidene Binden um ih=
re Turbane tragen.

Außer Füchsen und Hasen sind auf dieser Insel kei=
ne wilde Thiere. Der Mangel an Weide verursachet,
daß die Viehzucht gering, und alles Fleisch, ausgenom=
men das Ziegenfleisch, sehr theuer ist. Die Ziegen sind
auf den Bergen, die Schafe aber sehr selten.

Die Insel ist wohlbevölkert. Nach Pococks Be=
richt rechnet man die Einwohner auf 100000. Tour=
nefort aber rechnet allein so viele Griechen, und außer=
dem

dem 10000 Türken, und 3000 römisch=katholische.
Dazu kommen noch die Juden. Die römisch=katholi=
schen Einwohner sind lauter Genueser, und nennen sich
selbst Italiäner. Alle Vornehme unter denselben sprechen
italiänisch. Sie haben einen Bischof. Die Griechen
haben einen Metropoliten. Das Landvolk spricht das
Griechische reiner, als das Stadtvolk. Die Scioter
sind fleißig, schlau, und geschickt zu Geschäfften. Die
Männer sind wohlgebildet, und die Weiber schön. Die
Ausfuhre der Insel bestehet vornehmlich in Damasten und
andern seidenen Zeugen, die hier verfertiget werden, da=
zu aber die hier gebauete Seide nicht zureicht, daher
viele eingeführet wird. Hiernächst werden viele Citro=
nen und chinesische Pomeranzen ausgeführet. Die öf=
fentlichen Einkünfte kommen von den Zöllen und der
Kopfsteuer. Die Insel stehet unter dem Capudan Pa=
scha oder General=Gouverneur der Inseln des weißen
Meeres. Der Statthalter, welcher ehedessen ein Pascha
war, jetzt aber nur ein Mufellim ist, bezahlet jährlich et=
wa 300 Beutel, und hebet 400. Alle 7 oder 8 Monate
wird ein neuer Cadi oder Richter aus Constantinopel
hieher geschicket, dessen Gerichtsbarkeit sich bis nach
Gesme auf dem festen Lande, erstrecket. Die Insel ge=
hörete ehedessen, seit des griechischen Kaisers Cantacuzeni
Zeit, der Familie Justiniani zu Genova unter dem Titel
eines Fürstenthums, sie wurde aber 1565 von den Tür=
ken erobert.

Man hat zu bemerken:

1) Scio, die einzige Stadt auf der Insel, welche von
den Einwohnern nur ἡ χωρα, das ist, der Ort, oder viel=
mehr nach dem gemeinen Griechischen, die Stadt, genen=
net wird. Sie liegt an der Ostseite der Insel, um die Mit=
te eines seichten Meerbusens, ist ziemlich groß, und hat
zwar enge Gassen, auch ein beschwerliches Pflaster von
Kieselsteinen, aber viele schöne Häuser von Quaderstei=
nen, die entweder von den Genuesern, oder von den
Scioten nach genuesischer Art erbauet worden. Sie wer=
den entweder von denen hier gebliebenen genuesischen
Familien, die Justiniani und Grimaldi heißen, oder von

H 2   reichen

reichen Griechen bewohnet. Die Lateiner oder Römisch-
katholischen haben 5 Kirchen und einen Bischof. Die neue
Stadt liegt nach ihrem vornehmsten Theile an der Westseite des Hafens, und ist von der alten Stadt, welche
meistentheils von gemeinem Pöbel bewohnet wird, durch
Gärten abgesondert. Die Griechen haben in der Stadt
viele Kirchen, davon eine ein schönes Gebäude ist, und
einen Metropoliten. Das alte Kasteel ist am Meerbusen
von den Genuesern erbauet, und wird von Türken und Juden bewohnet. Das neue Kasteel bedeutet nicht viel.
Demselben gegen Mitternacht, steht Poliocastro, oder
die alte Burg. Es hat gerade und breite Straßen und
gute steinerne Häuser. In den hiesigen Hafen laufen
die Schiffe ein, welche nach Constantinopel segeln, und
von daher kommen, und nach Syrien und Aegypten zu
geben; er ist aber nicht einer der besten, und hat insonderheit einen engen und gefährlichen Eingang.

Die südwärts der Stadt liegende schöne Ebene, welche
Campo genennet wird, besteht aus lauter Gärten mit Lust-
häusern. Die Gärten sind mit Mauern umgeben, und
größtentheils kleine Wälder von Orangen- und Limonien-
bäumen. Die Häuser stehen so nahe an einander, daß sie
wie eine Vorstadt aussehen.

Die nordwärts der Stadt befindliche Ebene, welche Livadia heißt, enthält Gärten von Maulbeerbäumen für die
Seidenwürmer, in welchen Spaziergänge angeleget sind.

In diesen Gegenden halten sich die Einwohner der
Stadt des Sommers auf.

2) Die Dörfer der Insel, deren Anzahl von einem auf
60, und von einem andern auf 82 geschätzet wird. Sie
sind den Städten ähnlich, weil sie schmale Straßen haben,
die Häuser neben einander stehen, und sie durch Thore verschlossen werden. Viele, insonderheit die Mastir-Dörfer,
haben in ihrer Mitte ein Kasteel, allem Ansehen nach zum
Schutze wider die Räuber. Man theilet die Dörfer in 3
Klassen, nämlich erstlich in diejenigen, welche auf den Ebenen bey der Stadt stehen, zweytens in diejenigen, welche
in dem nördlichen bergichten Districte Epanemeria sind,
und drittens in die Mastir-Dörfer.

Einige

Einige der merkwürdigsten Oerter sind folgende:

(1) Die Schule des Homers, ist ein Platz am Ende der Ebene Livadia, unweit der See, auf der Oberfläche eines Felsen, welche zu einem runden Sitze ausgehauen ist, und woselbst man einige Figuren sieht. Hier soll der große Dichter Homerus gelehret und seine Gedichte verfertiget haben; es behaupten auch die Sciotten, daß er auf ihrer Insel geboren sey. Vielleicht haben sie zur Unterstützung dieser Meynung, diesen Ort aushauen lassen.

(2) Neamone, Niamoni, ein Ort, etwa 2 geographische Meilen westwärts der Stadt, mitten auf dem Gebirge und auf einem Hügel. Hier ist ein großes griechisches Mönchenkloster für 200 Personen, welches Kaiser Constantinus Onnonomilos gestiftet, oder die Kirche erbauet hat, welche für eine der schönsten auf dem Archipelago gehalten wird.

(3) Melano, ein Dorf am Vorgebirge gleiches Namens, welches vor Alters Melana hieß. Hier mag die Stadt dieses Namens gestanden haben, doch sind kleine Ueberbleibsel davon zu sehen.

(4) Volisso, ein Dorf, in dessen Districte, der viele kleine Hügel hat, guter Wein wächst, auch viele Seide zubereitet, und eine große Menge Feigen eingemacht wird. Es liegt dieser District dem Eliasberge gegen Westen, welcher vor Alters Pellinæus hieß, der höchste auf der Insel ist, und auf welchem eine dem heiligen Elias gewidmete Kirche steht. In dieser Gegend muß man vermuthlich den bey den alten Schriftstellern berühmten District Ariusa oder Arvisia suchen, dessen Wein so hoch gepriesen, und von dem Dichter Virgilio arvisischer Nectar genennet wird. Der Ort Volisso soll von dem berühmten Feldherrn Belisario oder Belisarso seinen Namen erhalten, derselbige auch das Kasteel erbauet haben, welches hier gestanden hat.

6. Ipsara, vor Alters Psyra, eine kleine Insel, die etwan anderthalb geographische Meilen lang, und halb so breit ist. Ihre nordöstliche Ecke ist von dem Vorgebirge Melano auf Scio, etwa 5 geographische Meilen entfernet. Sie ist an der Nord= und Ostseite hoch und

H 3   felsicht

felsicht. An der Südseite sind 2 Meerbusen. Außer einem geringen Städtchen, sollen 30 Kirchen auf derselben seyn. Es wohnen hier lauter Griechen, und keine Türken. Das vornehmste, das sie hervorbringt, ist sehr starker rother Wein, der nach Scio gebracht wird. Sie steht unter der Gerichtsbarkeit des Cadi zu Scio, gehöret aber übrigens dem Capudan Pascha oder Generalgouverneur der Inseln des weißen Meeres, dem sie jährlich 2 Beutel, das ist 1000 Rthlr. bezahlet.

7. Nikaria, vor Alters Ikaria oder Ikarus, die etwa 5 geographische Meilen westwärts von Samos liegt. Man hält dafür, daß sie ihren Namen von Dädali Sohn Ikaro habe, der nahe bey derselben ersoffen sey. Das benachbarte Meer ist davon das ikarische Meer genennet worden, und hat sich, wie Plinius berichtet, bis Mykone erstrecket. Die Insel ist schmal, und der Länge nach von einem Gebirge durchschnitten, welches mit Holze bewachsen ist, und der ganzen Insel ihre Quellen verschaffet. Die Einwohner, deren etwa 1060 Seelen seyn mögen, sind insgesammt Griechen, und arme Leute, die sich bloß vom Holzhandel ernähren. Auf der Insel sind 2 geringe Städtchen oder vielmehr Flecken, Namens Masseria, und Peramare, jedes etwa von 100 Häusern, und 6 ganz kleine Dörfer von 2 bis 7 Häusern.

8. Samos, eine Insel, welche auch vor Alters also hieß, ehe sie aber diesen Namen bekam, einige andere geführet hatte. Von den Türken wird sie Sussam-Adassi genennet. Sie liegt ungefähr 1000 Schritte vom festen Lande, und hat etwa 16 geographische Meilen im Umfange. In Tourneforts Reisebeschreibung findet man eine kleine Landcharte von dieser Insel. Sie ist ein bergichtes und sehr felsichtes Land: es bestehen aber alle Berge aus weißem Marmor, und sind mit Waldungen stark bewachsen. Es ist auch die Insel bey den Alten wegen ihrer Fruchtbarkeit berühmt, und bringt noch heutiges Tages allerley nützliche und schöne Früchte hervor, hat auch viel Wildpret, und die Einwohner stehen unter einer gelinden Regierung. Nichts destoweniger sind die Einwohner, welche insgesammt Griechen sind, und deren

Anzahl Tournefort auf 12000 schätzet, sehr arme Leute, vermuthlich aber deswegen, weil sie, wie Pocock meldet, den Lustbarkeiten und der Trunkenheit ergeben sind. In alten Zeiten war die Insel weit besser angebauet, und viel volkreicher. Zu den merkwürdigsten natürlichen Producten, gehören der vortreffliche Muscatwein, die weiße Erde, welche zum Waschen gebraucht, und daher Guma Saboni, d. i. Seifenerde genennet, auch von Weibern und Kindern, jedoch vermuthlich zum Schaden ihrer Gesundheit, gegessen wird, und die vortreffliche Seide. Das Wichtigste, was die Insel ausführet, ist Wein, rohe Seide, und Bauholz. Man schiffet zwar etwas Korn aus: allein, es ist wider die Gesetze, weil nachher gemeiniglich wieder etwas eingeführet werden muß. Die jährlichen Abgaben von den Ländereyen, welche die Moschee Tophana Jamesi zu Constantinopel bekömmt, betragen ungefähr 12000 Rthlr. Die Kopfsteuer mag etwa 10000 Rthlr. betragen. Es sind hier nur 2 türkische Befehlshaber, nämlich ein Aga oder Waywode zur Hebung der Einkünfte, welcher auch einen Unter-Aga hat, und ein Cadi oder Richter. Auf der Insel sind nur 18 Oerter. Die merkwürdigsten sind

1) Cora, oder besser Chora, die Hauptstadt der Insel, an der Seite eines felsichten Berges, 2 Stunden vom Meere, und in der Nähe der Trümmern der alten Stadt Samos, welche sich bis an den jetzigen Hafen Tigani erstrecket hat. Sie ist ein schlecht gebaueter Ort, und sieht einem Dorfe ähnlicher, als einer Stadt. Tournefort meldet, sie habe ungefähr 600 Häuser, Pocock aber schreibt, sie habe nur 250. Vermuthlich sind in der Zwischenzeit, da diese beyden Männer zu Cora gewesen, die meisten Häuser eingegangen, weil Tournefort meldet, daß die meisten verlassen und unbewohnt wären, seitdem das Land von dem venetianischen General Morosini verwüstet worden. Es sind hier aber doch auf 12 kleine griechische Kirchen, und ein Erzbischof, unter welchem auch die Insel Nikaria steht, der sich auch von Patmos benennt.

2) Metellinus, ein Dorf, welches ursprünglich von

H 4   Ein=

Einwohnern der Insel Mytilene erbauet worden, die man ums Jahr 1550 hieher versetzet hat, daher es seinen Namen bekommen. Nicht weit davon gegen Westen ist der höchste Berg der Insel, Karabunieh, d. i. der schwarze Berg, genannt.

3) Vati, eine geringe Stadt, nicht weit von einem Meerbusen, in welchem der beste Hafen, dieser Insel ist. Sie ernähret sich von der Fischerey, führet auch Wein aus.

4) Vurlotes und Albaniticori sind Dörfer, die ums Jahr 1550 angeleget worden, jenes von Leuten, die von der Insel Vurla im smyrnischen Meerbusen hieher gebracht worden, und dieses von Albanern. Daher rühren auch ihre Namen.

9. Patino und Palmosa, vor Alters Patmos oder Pathmos, eine kleine Insel, von welcher Tournefotts Reisebeschreibung eine Charte enthält. Nach der Angabe der heutigen Griechen, hat sie über 10, nach der Alten Rechnung aber nur 7 bis 8 geographische Meilen im Umfange. Auf der östlichen Seite hat sie einen tiefen Meerbusen, und auf der Westseite 2 kleinere, und diese Busen theilen den nördlichen und südlichen Theil der Insel also., daß beyde nur durch einen schmalen Strich Landes verbunden sind. Die Insel ist ein unfruchtbarer Felsen., ohne Hölzungen und sehr trocken, aber sehr gesund. Sie bringt nichts, als ein wenig Korn und Gerste hervor, welches Getreide aber für die Einwohner unzulänglich ist. Diese, deren Anzahl gering ist, sind insgesammt griechische Christen, und entweder Schiffer oder Schiffzimmerleute. Sie schiffen bis nach Venedig, und bringen baumwollene Strümpfe dahin, welche das einzige sind, was das Land ausführet. Hingegen muß das Meiste, was die Einwohner nöthig haben, von andern Orten hieher gebracht werden. Die Römer gebrauchten diese Insel zum Verbannungsorte, und der Apostel Johannes ist hieher verwiesen worden. Sonst ist die Insel wegen ihrer sehr guten Hafen beträchtlich. Sie erleget jährlich etwa 800 Rthlr. Kopfsteuer, und 200 Rthlr. andere Abgaben, die Geschenke ungerechnet, welche sie dem Capudan Pascha und seinen Officiers geben muß.
Die

nur 160 Personen, welche Kopfsteuer erlegten; denn diejenigen, welche zu dem Kloster gehören, gaben nichts,
und die meisten Einwohner waren von andern Orten
gebürtig. Das große Kloster sieht einem unregelmäßig gebaueten Kasteel ähnlich. Es hat 200 Mitglieder,
es wohnen aber nur 20 Priester und etwa 40 Kaloyers
oder Mönche daselbst. Zu dem Kloster gehören noch
einige Einsiedeleyen und die ganze Insel sowohl, als die
kleinen Inseln ostwärts derselben, gehören ihm zu. In
der Stadt ist ein Nonnenkloster, welches von diesem
Kloster abhängt. Man kann aus diesem Kloster die meisten Inseln des Archipelagi erblicken.

Wenn man aus der Stadt den Berg halb herunter
geht, trifft man ein kleineres Kloster an, welches Apo-
kalypse genennet wird. In demselben ist eine ehemalige
Grotte und nunmehrige Kirche, darinnen der Apostel Johannes, als er auf diese Insel verbannet worden, gelebet
und geschrieben haben soll. Das Kloster ist wie ein Semi-
narium des vorhingedachten großen Klosters anzusehen,
unter welchem es steht. Es wird durch einen Professor, der Didascalos genennet wird, und einen Lehrmei-
ster unter sich hat, regieret. Sie lehren die alte griechische Sprache, Physik, Philosophie, und Theologie.
Diese Schule wird für die beste im Oriente gehalten,
und die Schüler kommen aus unterschiedenen Ländern
dahin.

10. Stanchio, Stingo, Lango oder Isola Longa,
sind Namen einer und eben derselbigen Insel, welche in
alten Zeiten Cos genennet ward, auch noch andere
Namen hatte. Die Namen Stingo und Stanchio sind
aus den Worten ἐς τὴν κῶ entstanden. Sie hat ungefähr 17 geographische Meilen im Umfange, ist vor Alters ihres Weins wegen berühmt gewesen, und hat große Männer hervorgebracht. Am Hafen steht ein Kasteel, und hinter demselben ein Städtchen, welches eine
sehr angenehme Lage hat, und ganz mit Pomeranzen-
H 5 und

und Citronenbäumen umgeben ist. Es wird auch hieselbst guter Muskatwein gebauet. Die Stelle eines Hafens vertritt der Meerbusen, den die Insel und das feste
Land machen, darinnen aber die Schiffe nicht sicher genug liegen. Hasselquist meldet, daß der griechische Bischof dieser Insel jährlich 5000 Piaster gewisser Einkünfte habe. Die Insel hat eine Zeitlang den Genuesern und nachmals den Johanniterrittern, so lange sie
Rhodus besessen haben, zugehöret.

11. Rodos, auch Rhodis, vor Alters Rhodus und
Rhodes, noch 13 anderer älterer Namen nicht zu gedenken,
eine Insel, die nur 2 geographische Meilen vom festen
Lande des kleinen Asiens entfernet ist, einige 30 Meilen
aber im Umfange hat. Sie ist zwar bergicht, aber doch
fruchtbar, und hat daher einen großen Ueberfluß an
Lebensmitteln, doch wird der jetzige Wein nicht ausgeführet, wie der alte, wenigstens schreibt Pocock, daß
er schlecht sey. Aegypten wird größtentheils von hier aus
mit Brennholz versehen; es werden auch hieselbst die
meisten türkischen Kriegsschiffe von constantinopolitani-
schen Kaufleuten erbauet, welche dieselben so lange zum
Handel gebrauchen, bis eine Gelegenheit vorkömmt, sie
zum allgemeinen Nutzen anzuwenden. Alsdann müssen
sie dieselben wieder hergeben, und es werden ihm alle
Baukosten wieder ersetzet. Das Lignum Rhodium, welches auch Lignum cyprinum heißt, welches auf diesen
Inseln wächst, wird wegen seines Geruches auch das
Rosenholz genennet, und wächst wie der Ahorn oder
Maßbolderbaum. Diese Insel wurde den Griechen durch
die Türken, diesen aber 1309 von den Johanniterrittern
abgenommen, welche von dieser Zeit an die Rhodiser-
ritter genennet wurden. 1522 bemächtigte sich der türkische Kaiser Soliman der ganzen Insel, welche seitdem
dem osmanischen Reiche einverleibt gewesen ist. Sie
steht unter dem Capudan Pascha oder Generalgouverneur der Inseln des weißen Meers, und wird durch einen Pascha regieret: allein, diese Stelle wird so gering
geschätzet, daß man oft solche Personen in dieselbige gesetzet hat, denen eine schimpfliche Todesstrafe zugedacht

gewefen. Die Infel wird von griechifchen Chriften be=
wohnet, und außerhalb der Stadt findet man fehr wenig
Tüiken. Ihre Oerter find,

1) Rodos, auch Rhodis, vor Alters Rhodos und Rho=
des, die Hauptftadt der Infel, welche an der Seite eines
Berges und auf der Ebene fteht, und mit einer drey=
fachen Mauer umgeben ift. Sie ift mittelmäßig groß,
hat breite, gerade und wohlgepflafterte Straßen, und
Häufer nach italiänifcher Bauart, ift auch wohl be=
wohnet. Ihr vornehmfter Hafen ift ficher, bequem und
gut befeftiget. Der Galeerenhafen ift auch gut, und
kann viele Galeeren einnehmen, hat aber einen engen
Eingang. Hier liegen allezeit einige türkifche Krieges=
fchiffe. In der Stadt wohnen nur Türken und Juden,
die Chriften aber, welche ihre Läden darinnen haben, dür=
fen fich nur bey Tage dafelbft aufhalten, des Nachts
aber müffen fie in den Vorftädten feyn. Das Schloß in
der Stadt dienet zu einem Staatsgefängniffe. Die alte
Stadt Rhodus war wegen der Pracht ihrer Gebäude,
Vortrefflichkeit ihrer Gefetze, und als ein Sitz der Wif=
fenfchaften, den auch die Römer befuchten, infonderheit
aber auch wegen ihrer ungeheuren Bildfäule berühmt.
Diefe war der Sonne oder dem Apollo, als dem Schutz=
gotte der Infel, gewidmet, und aus Erz gemacht. Cha=
res von Lindus, ein Schüler Lyfippi, hatte fie angefan=
gen, und Laches völlig zum Stande gebracht. Ihre
Höhe wird von den alten Schriftftellern auf unterfchie=
dene Weife, nämlich von 70, 80 und 90 Ellen, ange=
geben. Sie ftund beym Eingange des Hafens auf 2 Fel=
fen, die 50 Schuhe von einander entfernet waren, und
zwifchen ihren Beinen giengen die Schiffe durch. Die
Finger waren größer als die meiften Bildfäulen, und
der Daum an jeder Hand hatte eine Klafter im Umfange.

life Moawiah ums Jahr Christi 651 die Stadt und Jn=
sel Rhodus eroberte, und das Erz der Bildsäule an einen
Juden verkaufte, der 900 Kameele damit belud. Rech=
net man die Last eines Kameels zu 800 Pfund, so hat das
Erz 720000 Pfunde betragen. Dieser Colossus hat
veranlasset, daß man den Rhodiern den Namen der Co=
losser beygeleget.

2) Lindo, vor Alters Lindus, ehedessen eine Stadt,
jetzt ein kleines Kasteel an der östlichen Küste der Insel,
bey welchem Griechen wohnen, die insgesammt Seeleute
sind. Die vormalige Stadt war in alten Zeiten wegen
eines der Minerva geweiheten Tempels berühmt, von
welchem diese Göttinn den Zunamen Lindia bekam.

12. Casiello Rosso, eine hohe und felsichte Insel, ganz
nahe beym festen Lande. Sie ist etwan eine halbe geogra=
phische Meile lang. Pocock muthmaßet, daß sie die Insel
Rhoge sey, deren Plinius gedenket. Auf ihrem höchsten
Gipfel liegt ein Kastel, und unter demselben ein Ort, den
einer ein Dorf, und ein anderer eine Stadt nennet, und
auf der Nordseite hat sie einen sichern Hafen. Sie wird
von Griechen bewohnet.

13. Cypern, Cyprus, ihrer älteren Namen zu geschwei=
gen, eine ansehnliche Insel, über deren Größe weder die
alten noch neuen Schriftsteller einig sind. Auf dem Chärt=
chen von derselben, welches Pococks Reisebeschreibung ent=
hält, ist sie in ihrer größten Ausdehnung 33 geographi=
sche Meilen lang, und 11, ja in einem Striche bis 16 Meilen
breit. Hiermit stimmet Thompson am besten überein,
der sie für 150 englische Meilen lang, und 70 breit aus=
giebt, nämlich in ihrer größten Ausdehnung. Ihr mit=
ternächtlicher Theil ist vom festen Lande etwa 12 Mei=
len entfernet. Wegen ihrer vielen Vorgebirge, die sich
wie Hörner in die See erstrecken, ward sie in alten Zei=
ten auch Cerastis genennet. Zwo Ketten von Bergen
gehen an derselben her; die eine nimmt beym östlichen
Vorgebirge ihren Anfang, und erstrecket sich gegen Westen
durch zwey Drittel der Insel; die andere fängt beym
Vorgebirge Pyla an, und erstrecket sich gegen die nordwest=
liche Ecke der Insel. Es ist wenigstens die Hälfte der

Insel

Insel bergicht. Die angeführten beyden Ketten von Bergen schließen eine große Ebene ein, die bey Famagusta anfängt, und sich gegen Westen 7 bis 8 geographische Meilen erstrecket. Die Winde, welche im Winter von den gegenüber liegenden hohen Gebirgen des festen Landes kommen, und der Schnee, mit welchem unterschiedene Berge der Insel den ganzen Winter durch bedecket sind, machen diese Insel, insonderheit ihre nordlichen Gegenden, so kalt, daß die Einwohner des Winters sich Feuer zur Erwärmung machen müssen, welches sonst nirgends in der Levante geschieht. Hingegen des Sommers ist die Hitze ungemein groß. Da nun auch viele Sümpfe und Moräste vorhanden sind, so ist die Insel sehr ungesund, insonderheit für Fremde, welche gar leicht vom hitzigen Fieber angefallen werden, davon sie entweder sterben, oder doch lange krank liegen. Das Wasser der Insel beruhet fast gänzlich auf dem Regen; denn dieser giebt ihren Flüssen oder vielmehr Bächen, das Wasser, dahingegen sie bey großer Hitze austrocknen, einen einzigen ausgenommen, der beständig Wasser hat. Das Wasser, welches aus Brunnen geschöpfet wird, hat fast durchgängig einen salzichten Geschmack, welchen der häufige Salpeter, der in der Erde ist, verursachet. Unter den Mineralien, sind besonders der Amianth oder Asbest, welcher in einem Berge in der Gegend von Solea häufig gefunden wird, der sogenannte baffische Diamant, welcher bey Baffa auf einem Berge angetroffen wird und sehr hart ist, unterschiedene Farbenerden, darunter eine sehr feine himmelblaue ist, und das Eisenerz, welches aber jetzt nicht aufgesuchet wird, die merkwürdigsten. Die Insel mag ihren Namen von den Cypressenbäumen erhalten haben oder nicht, so ist sie doch mit denselben überflüßig versehen, vornehmlich an dem östlichen Vorgebirge und in den nordlichen Gegenden. Aus den Fichtenbäumen wird Theer gemacht. Die Frucht des Johannesbaums, welcher auf griechisch Keraka genennet, und für den Heuschreckenbaum gehalten wird, wächst wie eine platte Bohne, übertrifft diejenige, welche in anderen Ländern wächst, und wird nach

Syrien

Syrien und Aegypten geführet. Die meisten Bäume
der Insel grünen beständig: am berühmtesten aber ist
ihr Baum, den die Einwohner Xylon Effendi (das Holz
des Herrn) die Naturkündiger aber Lignum Cyprinum
und Lignum Rhodium nennen, weil er auf beyden Inseln wächst, der auch seines Geruches wegen Rosenholz
genennet wird. Er ist der morgenländische Ahornbaum,
und giebt vortrefflichen weißen Terpentin. Aus einer
sehr kleinen balsamischen wohlriechenden Staube, welche
Ladany, von den Kräuterkennern aber Cistus Ledon oder
Cistus Ladanifera genennet wird, machet man das Lab-
danum oder Ladanum. Es wächst auch hieselbst Baumwolle, eine Wurzel, Namens Fuy, welche von den Roth-
färbern gebrauchet wird, und um Limesol der vortreffliche und berühmte cyprische Wein. Der rothe Wein,
welcher in andern Gegenden gemacht wird, ist nicht so
gut, und der gemeine Wein ist schlecht. Der Ziegenkäse,
welcher hier gemacht wird, ist in der Levante berühmt.
Die hiesigen Maulesel werden für die besten in der Levante gehalten, auch nach Syrien verkaufet. Man führet auch von hier vortreffliche Schweineschinken aus.
Cypern ist voll von Schlangen, doch ist nur eine kleine
Art derselben giftig. Diese Insel wird sowohl wegen
ihrer Lage, als weil allerley Lebensmittel auf derselben
wohlfeil sind, fast von allen Schiffen, welche durch die
Gegend derselben gehen, besuchet. Es machet auch der
Verkauf der Lebensmittel an die Schiffe, einen großen
Theil ihres Handels aus. Außerdem führet sie aus, etwas Korn, (welches aber verbothen ist,) Baumwolle,
welche, nach Hasselquists Bericht, die vornehmste Waare
der Insel, und die beste in der ganzen Levante ist, daher
sie insonderheit von den Franzosen und Venetianern gesuchet wird, Schafwolle, Färberröthe, mit welcher man
Baumwolle roth färbet, Alkermeskörner, Coloquinten-
samen, rohe Seide, die stark ist, und davon jährlich
auf 100000 Pfund ausgeschiffet werden, viel gelbes, rothes und schwarzes türkisches Leder, vielen feinen und
glatten Parchent von Baumwolle, und auch andere Lan-
desgüter und Waaren. Wäre die Insel stärker bevöl-
kert,

kert, und beſſer angebauet, ſo müßte ſie erſtaunlich viel
eintragen. Es iſt aber ein großer Theil derſelben, welcher an der See liegt, wegen der Corſaren, unbewohnet,
und auf der ganzen Inſel ſind nach Pocodks Bericht höch-
ſtens 80000 Seelen. Vor Alters war ſie weit ſtärker be-
völkert; denn unter der Regierung Kaiſers Trajans erſchlu-
gen die Juden in einem Aufſtande 250000 Einwohner: ſie
wurden aber auch bald hernach ſowohl von den übrig gebliebenen Einwohnern, als von den römiſchen Soldaten,
insgeſammt niedergehauen, und es ward der jüdiſchen
Nation bey Todesſtrafe verbothen, jemals wieder einen
Fuß auf dieſe Inſel zu ſetzen. Die Cyprier ſind die liſtig-
ſten Leute in der ganzen Levante, aber auch wenig zuverläßig. Zwey Drittel derſelben ſind Chriſten, und 12000
von ihnen, bezahlen Kopfſteuer. Die meiſten ſind Griechen, doch ſind bey Nicoſia einige maronitiſche Dörfer,
und in Nicoſia wohnet eine kleine Anzahl armer Armenier, die jedoch einen Erzbiſchof, und im Lande ein Kloſter haben. Die Griechen haben zu Nicoſia einen Metropoliten, zu Larnica, Gerines und Baſſa Biſchöfe,
allenthalben Kirchen, und an vielen Orten Klöſter, darunter aber nur ein Nonnenkloſter iſt. Die griechiſche
Sprache iſt hier verdorbener, als auf andern Inſeln; denn
die Einwohner haben von den Venedigern viele Wörter
angenommen. Die Muhammedaner verheurathen ſich
oft mit Chriſtinnen. Die Inſel ward den griechiſchen
Kaiſern von den Saracenen, dieſen aber im Jahre Chriſti 965 vom Kaiſer Baſilio II wieder weggenommen.
1191 wurde ſie von Richard I König von Enaland erobert,
der ſie dem Könige von Jeruſalem, Guido Beit von Lü-
ſignan, einräumete, deſſen Familie ſie bis 1423 behielt,
da ſie von einem ägyptiſchen Sultan erobert ward. Dieſer verſtättete der Inſel ihre eigenen Könige, die ihm und
ſeinen Nachfolgern Tribut bezahlen mußten. Einer dieſer Könige überließ die Inſel 1473 der Republik Venedig,
welche nach Aegypten den Tribut bezahlete, und die Inſel bis 1570 behielt, da Sultan Selim II ſie eroberte,
ſeit welcher Zeit ſie unter der Bothmäßigkeit des os-
maniſchen Reiches verblieben iſt. Die Inſel machet mit
dem

war, stund ihr nur ein Musellim vor. Sie soll jährlich
500 Beutel oder 250000 Thaler eintragen, jedoch 1743,
da sie dem Großwessir zugehörete, der die Statthalterschaft
alle Jahre verpachtete, brachte sie, nach Drummonds Be=
richt, jährlich 310000 Piaster ein. Sie ist in 16 Di=
stricte abgetheilet, die von 16 Oertern den Namen ha=
ben, und deren jeder einen Aga und Cadi hat. Die merk=
würdigsten Oerter sind folgende:

1) Nicosia, die Hauptstadt der Insel, in welcher der
Gouverneur seinen Sitz hat, und der Hauptort eines
Districts. Man hält dafür, daß sie an dem Orte der
alten Stadt Tremithus oder Trimethus stehe. Sie liegt
in einer Ebene, hat große Wälle, die mit Quaderstei=
nen eingefasset sind, aber keine Graben. Von den Mau=
ern der alten Stadt sieht man noch rund umher Merk=
maale. Sie hat noch einige alte ansehnliche Häuser,
welche ihre ehemalige alte Pracht bezeugen. Die vor=
malige griechische Kathedralkirche ist in eine Moschee ver=
wandelt worden. Die Griechen haben hier unterschie=
dene in neuern Zeiten erbaute Kirchen, und einen Me=
tropoliten, und die Armenier haben eine alte Kirche und
einen Erzbischof. Das hiesige Wasser ist das beste auf
Cypern, und wird vom Gebirge durch eine Wasserlei=
tung hieher geleitet. Es ist dieselbst eine Manufactur
von baumwollenen Zeugen, insonderheit von sehr feinem
Parchent; und werden hier auch grobe Sattine ver=
fertiget.

2) Famagusta, eine befestigte Stadt auf der östlichen
Seite der Insel, beym Meere, welche an den Landseiten
einen Graben hat, der in den Felsen gehauen ist. Bey
derselben fängt die große Ebene an, die sich gegen We=
sten mitten in die Insel hinein erstrecket. Innerhalb der
Mauern darf kein Christ wohnen. Es ist heutiges Tages
nicht die Hälfte des Raums, den die Stadtmauern um=
schließen, bewohnet, und nach Hasselquists Bericht, hat
man

man 1751 die Anzahl ihrer Einwohner nicht über 300 ge=
schätzet, welche mehrentheils Türken sind. Das gute
Wasser wird durch eine Wasserleitung in die Stadt gefüh=
ret. Den Hafen beschützet ein Kasteel. Der Handel,
welcher hieselbst getrieben wird, ist schlecht. Die Festungs=
werke verfallen, weil sie nicht verbessert werden. Die
Stadt ist der Hauptort eines Districts.

Nicht weit von hier gegen Süden liegt der Flecken Me=
rasch, in welchem die Christen wohnen, die sich nicht in
der Stadt aufhalten dürfen.

Gegen Norden der Stadt, und etwa eine Stundeweges
von derselben, fließt ein Fluß in die See, welcher ohne
Zweifel eben derselbige ist, der vor Alters Pedius hieß. Jen=
seits desselben sind die Ueberbleibsel der ehemaligen Stadt
Salamis zu sehen, welche Teucer erbauet hat, die Juden
aber zur Zeit Kaisers Trajans zerstöret haben, und die
nachmals Constantia, vermuthlich nach dem Kaiser Con=
stantius, genennet worden. Unter dem Kaiser Heraclius
ward sie abermals von den Saracenen zerstöret, und wie
es scheinet, nicht wieder aufgebauet. Bey dem ehemaligen
nun fast ganz verstopften Hafen derselben, hat eine neuere
Stadt gestanden, die etwa halb so groß gewesen, als das
alte Salamis, wie die Ueberbleibsel derselben anzeigen.
Man nennet diesen Platz Alt=Famagusta, und er ist von
der jetzigen Stadt ungefähr eine geographische Meile ent=
fernet.

3) Carpaß, ein Flecken, der Hauptort eines Districts,
auf der östlichen Spitze der Insel, welche hier kaum eine
geographische Meile breit ist. Gegen Norden ist Alt=Car=
paß, woselbst vor Alters die Stadt Carpasia gestanden hat.

4) Antiphonese, ein Kloster, welches des ligni cyprini
oder morgenländischen Ahornbaumes wegen berühmt ist,
davon es 1738, als Pocock hier war, hieselbst nur noch 7
Bäume, und sonst keine mehr auf der Insel, gab.

5) Agathon, ein sehr angenehmes Dorf auf der Nord=
seite der Insel, an der See, und beym Anfange einer schma=
len Ebene, die sich von hieraus längst der See gegen Westen
über 7 geographische Meilen, erstrecket. In der Gegend

5 Th.　　　　　　　　　J　　　　　　　　dieses

dieses Ortes giebt es eine große Menge Cypressen und Orangebäume, und Pocock hält dafür, daß nahe dabey die Stadt Macaria gelegen habe.

6) Cherkes, eine Stadt in einem Thale zwischen Hügeln, woselbst es viele Maulbeergärten für die Seidenwürmer giebt. Sie ist der Hauptort eines Districts.

7) Gerines, oder Sarignia, vor Alters Ceronia, oder Cyrenia, eine befestigte Stadt auf der Nordseite der Insel am Meere, mit einem verdorbenen Hafen, und einem Kasteel. Sie handelt am meisten mit Seleffie im Lande der Karamanen, ist der Hauptort eines Districts, und Sitz eines griechischen Bischofs.

8) Lapta oder Lapida, ein Dorf, in dessen Gegend in alten Zeiten die Stadt Lapathus, oder Lapithus, oder Lapethus, gestanden hat.

9) Morgho, eine kleine Stadt, woselbst vor Alters vermuthlich die Stadt Limenia gestanden hat. Es ist hier ein ansehnliches Kloster der heil. Mamma, und sie ist der Hauptort eines Districts.

10) Aligora, (d. i. der Seemarkt,) ein Ort an einem großen Meerbusen, in welchen sich hier ein Fluß ergießt. Vermutblich hat hier vor Alters die Stadt Soli oder Solö, und nicht etwas weiter nordwärts bey Lefca, gestanden. Sie hat ihren Namen zur Ehre Solons, des berühmten Gesetzgebers der Athenienser, bekommen. Einige Gelehrte behaupten, daß das Wort Solöcismus von dieser Stadt, und nicht von Soli in Cilicien, den Ursprung habe.

11) Lefca, eine kleine Stadt, bey welcher ein Kloster ist, darinnen der Bischof von Gerines gemeiniglich wohnet. Sie ist der Hauptort eines Districtes.

Gegen Süden ist das angenehme Thal Solea, welches wasserreiche Quellen und Bäche hat, und darinnen Gärten und Gebäude angeleget sind. In einem daselbst belegenen Kloster wohnet der Bischof von Gerines gemeiniglich. Es liegt dasselbe an Hügeln, in welchem reiche Eisenbergwerke sind, die aber heutiges Tages nicht gebauet werden. In diesen Gegenden findet man auch den cyprischen Asbest.

12) Pari=

12) Pariala, Cheque oder Madonna Cheque, oder Madonna di Chekka, ein Mönchenkloster, dahin die Griechen zu einem Bilde von der Jungfrau Maria und dem Herrn Jesu, starke Wallfahrten anstellen.

13) Agama, ein Hafen am Meerbusen des heiligen Nicolaus, woselbst vermuthlich die alte Stadt Arsinoe gestanden hat. Der Meerbusen hat seinen Namen von einer kleinen Insel, welche ehedessen Stiria geheißen hat.

14) Bole, ein Dorf, woselbst es Eisengruben, und heißes mineralisches Wasser giebt.

15) Baffa oder Neu Baffa, eine Stadt auf einer felsichten Anhöhe in einer schmalen Ebene an der See. Sie ist der Hauptort eines Districtes.

16) Alt-Baffa, vor Alters Nea Paphos, das ist Neu-Paphos, ein kleiner Ort, den wenige Christen bewohnen, mit einem Kasteel, darinnen eine türkische Besatzung liegt, und welches den Hafen beschützet. Dieser Ort ist dem vorhergehenden gegen Süden.

17) Cucleh oder Cuglia, ein Flecken auf einem Hügel, wo die Stadt Palä-Paphos, das ist, Alt-Paphos gestanden hat, davon auch Ueberbleibsel zu sehen sind.

18) Afdim oder Audimo, oder Airimo, ein türkischer Flecken, der Hauptort eines Districtes.

19) Chrusofu oder Chrisofe, der Hauptort eines Districtes.

20) Episcopi oder Bisschopia, ein Flecken, der Hauptort eines Districtes.

21) Colosse, ein Flecken, in dessen Gegend vermuthlich die Stadt Curium gestanden hat.

22) Limesol, ein Flecken an einem offenen Meerbusen, der Hauptort eines Districtes, hat von Maulbeeren und Weingärten einen Ueberfluß. In den letztern wächst der köstliche cyprische Wein, der allein bey diesem Orte gebauet wird. Es ist hier ein Kasteel.

Nicht weit davon gegen Osten ist Alt-Limesol wo der allgemeinen Meynung nach die Stadt Amathus gestanden hat.

Etwa 3 bis 4 geographische Meilen gegen Nordosten

von diesem Orte, und um die Mitte der Insel, ist der höchste Berg der Insel, welchen die Europäer Monte Croce, und die Griechen Oros Staveros nennen, der aber vor Alters Mons Olympus hieß. Seine jetzigen Namen hat er von einer kleinen Einsiedlerey und Kirche, welche auf seinem Gipfel steht, und dem heiligen Kreuze gewidmet ist, bekommen. Lust und Aussicht sind auf demselben sehr angenehm. Man muß ihn mit einem andern Berge Olympus im östlichen Theile der Insel, nicht verwechseln.

23) Larnica, von Cotwyk Arnica, von andern auch Larnacho genannt, ein Flecken, etwa ein Viertel einer geographischen Meile von der See, woselbst ein Hafen, bey demselben aber ein kleiner Ort, Namens Marine, ist. Zwischen Larnica und Marine hat die alte Stadt Citium gestanden, wie die noch vorhandenen Trümmer anzeigen, welche heutiges Tages, Chiti oder Chitty genennet werden. Larnica ist der Hauptort eines Districtes, und Sitz der europäischen Kaufleute und ihrer Consuls, ungeachtet er, wegen der Nachbarschaft der Salzteiche, der ungesundeste Ort auf der ganzen Insel, und schlecht gebauet ist.

Die eben erwähnten Salzteiche, sind gegen Südwesten von diesem Orte, in einem Thale, und haben nach Dandini Bericht auch 10 (italiänische) Meilen im Umfange. Sie werden des Winters von einem Bache, der von Monte croce kömmt, und vom Regenwasser angefüllet, und geben, weil das Erdreich voll Salpeter ist, wenn das Wasser im Sommer ausdünstet, das Salz. Dieses setzt sich in den Monaten May, Junius und Julius als ein Eis auf dem Wasser an, im August aber ist es steinhart, und wird mit eisernen Haken zerschlagen, und herausgezogen, hierauf aber in Säcke gethan, und durch Esel auf die hohen Gegenden des Thals getragen, woselbst es in Haufen aufgeschüttet wird. Gegen das Ende des Septembers ist kein Salz mehr im Wasser. Als die Insel noch unter der Christen Bothmäßigkeit war, säuberten dieselben den Grund der Salzteiche oftmals vom Sande, ließen das süße Wasser, wenn desselben zu viel war, aus, und brachten, wenn es am Wasser fehlete, Seewasser hinein. Das bisherige erzählet

zählet Cotwyk. Drummond berichtet, die Venetianer hätten bey diesem Salze jährlich wenigstens 100000 Piaster oder 12500 Pfund Sterling gewonnen, jetzt (1743) aber betrügen die Pachtgelder nicht über 200 Pfund Sterling.

24) Messaria, der Hauptort eines Districtes.

Das Gouvernement Tarabosan.

Es gränzet an das schwarze Meer, an die Gouvernemenst Siwas, Arzerum, Kars und Tschildir, und an Giürdschistan oder Georgien. Vor Alters wurde dieses Land der cappadocische Pontus genennet. Es ist nicht nur von hohen Bergen eingeschlossen, sondern auch größtentheils bergicht; doch sind die Berge nicht unfruchtbar, und der ebene Theil des Landes trägt allerley Getreide. Von 1204 bis 1462 ist es ein Theil des trapezuntischen Reichs gewesen. Der Stifter desselben war Alexius, aus dem alten und ansehnlichen Geschlechte der Comnenes, von welchen einige den kaiserlichen Thron zu Constantinopel besessen haben. Unter diesen war Andronicus der letzte, und der vorhingenannte Alexius war desselben Enkel, und im Jahre 1204, als Constantinopel von den Lateinern erobert wurde, Statthalter zu Trapezont. Er bemächtigte sich damals dieser Stadt und der benachbarten Länder: sein Bruder David aber nahm die Stadt Heraclea und ganz Paphlagonien in Besitz. Beyde beherrschten ihre Länder zwar nur als Despoten: es scheint aber doch, daß Alexius, welcher den Zunamen des Großen bekommen, sich schon von 1204 an einen Kaiser und Selbstherrscher genennet habe; wenigstens führet er diese Titel in einer griechischen Aufschrift, die Tournefort in einem Kloster zu Tarabosan gefunden, und es ist gewiß, daß Alexius von 1204 an von den Kaisern zu Constantinopel nicht

mehr

mehr abhängig gewesen ist. Seine Nachfolger sind
auch von anderen griechischen Landesfürsten für Kaiser
von Trapezunt erkannt worden. Der letzte von diesen
Kaisern ist David gewesen, welchen der türkische Kaiser
Muhammed der 2te im Jahre 1462 seines Kaiserthums
beraubte, und dasselbige, nachdem es 257 oder 258 Jahre
gedauert hatte, seinem Reiche einverleibte. Die trapezuntischen Kaiser waren von der griechischen Kirche, und
hatten ihren eigenen Patriarchen. Nachdem aber dieses
Reich unter türkische Bothmäßigkeit gekommen, ist endlich anstatt der Patriarchen ein unter dem Patriarchen zu
Constantinopel stehender Metropolit gekommen. Unter
dem Pascha von Tarabosan stehen keine Sandschaks.
Ich kann von diesem Gouvernement keine so genaue Beschreibung liefern, als ich wünschte, folgende Oerter aber
gehören vermuthlich dazu.

1. Tarabosan, eine Stadt, welche auch Trabisun, Tre-
bisond und Trapezunt, und von den Franzosen Trebison-
de genennet wird, in alten Zeiten aber Trapezus hieß. Sie
liegt am schwarzen Meere, und am Fuße eines Hügels. Sie
ist wie ein länglichtes Viereck angeleget, und daher rühret
vielleicht ihr griechischer Name Trapezus, d. i. ein Tisch,
eine Tafel. Ihre Mauern sind hoch, sie ist auch groß, aber
schlecht bewohnet. Man erblicket in ihrem Umfange mehr
Bäume und Gärten, als Häuser, und diese sind nur ganz niedrig. Ueber der Stadt liegt ein Kasteel auf einem Felsen,
in welchem auch die Graben ausgehauen sind. Der Hafen
der Stadt, Platana genannt, liegt derselben gegen Morgen,
es können aber jetzt nur kleine Schiffe in denselben einlaufen; es ist auch das, zum Schutze desselben, angelegte Boll-
werk verfallen. Der hiesige griechische Metropolit steht
unter dem Patriarchen zu Constantinopel.

2. Rise oder Irissa, vor Alters Rhizium, eine Stadt am
schwarzen Meere, mit einem Hafen.

3. Das Sanct Johannis-Kloster, welches ungefähr 40
griechische Einsiedler bewohnen, liegt 6 geographische Meilen

len gegen Südosten von Tarabosan in einer der schönsten Waldungen und Einöde.

4. Tripoli, vormals eine Stadt, jetzt ein Dorf, am schwarzen Meere.

5. Cerasonte, von den Griechen Kirisonebo genannt, vor Alters Cerasus, eine Stadt beym schwarzen Meere, am Fuße eines Hügels, zwischen 2 steilen Felsen, auf deren einem ein verfallenes Kasteel liegt, mit einem Hafen für kleine Schiffe. Aus dieser Stadt hat Lucullus die ersten Kirschen nach Italien gebracht, daher sie Cerasa genannt worden. Der hiesige griechische Metropolit steht unter dem Patriarchen von Constantinopel.

6. Hamischkana, eine Stadt am Abhange eines hohen und unfruchtbaren Berges, 2 Tagereisen von Tarabosan, woselbst die Griechen 600 Häuser und 7 Kirchen, die Türken aber 400 Häuser und 2 Moscheen haben. Die ersten bearbeiten die hiesigen Bergwerke, welche Gold, Silber, Kupfer und Bley geben. Der Jesuit Monier, beschreibt diese Stadt, in welcher er 1711 gewesen, in den Nouveaux Memoires des Missions.

Von Georgien überhaupt.

Georgien oder Giürdschistan, liegt auf und an den hohen, felsichten, und auf seinen höchsten Gipfeln beständig mit Schnee bedeckten, sonst aber mit Tannen bewachsenem Gebirge Caucasus, und gränzet gegen Osten an den District von Derbent, und an das Land Schirwan, beyde zu Persien gehörig, gegen Süden an das persische Gouvernernement Eriwan oder Rewan, und an die türkischen Gouvernements Arzerum, Kars, Tschildir und Tarabosan, gegen Westen an das schwarze Meer, gegen Norden an Awchasja und Ober-Cabarda. Es besteht aus den alten Landschaften Iberia und Colchis. Man weis nicht, wie es den Namen Georgien bekommen hat. Die iberischen Könige der neuern Zeit, leiten ihre Abstammung von

J 4 David,

David, dem Könige der Israeliten, also her, daß sie vorgeben, Joseph, der Pflegevater Jesu, habe einen Bruder, (richtiger einen Schwager) Namens Kleophas, gehabt, dessen 26ster Nachkomme, Namens Salomon, 7 Söhne gehabt habe, die als Sclaven nach Iberien gebracht, und zu Elecees verkaufet, auch daselbst getaufet worden wären. Es scheint mir, daß die Stadt Ecelees heißen soll, u. daß die Stadt dieses Namens, welche der Hauptort eines Districts von des alten Groß-Armeniens Provinz Hoch-Armenien gewesen, gemeynet sey. Dem sey wie ihm wolle, die iberische Königinn Rachiel soll diese Gefangenen gekaufet, und nach dem Tode ihres Gemals Artschil, mit welchem der Stamm der alten iberischen Könige ausgegangen; den ältesten der obgedachten 7 Brüder, welcher in der Taufe den Namen Bakas bekommen, geheurathet haben, nachdem er vorher schon ihr Liebling gewesen, und von den Iberiern zum Könige erwählet worden, welches nach iberischer Rechnung um das Jahr der Welt 6123, das ist, um das Jahr Christi 614, geschehen seyn soll. Dieser Bakar wird als der nächste Stammvater der neuern iberischen Könige angesehen. Unter seinen Nachkommen ist vornehmlich König Alexander zu bemerken, welcher die iberische Monarchie unter seine 3 Söhne in 3 Theile vertheilete. Der älteste, Namens Georg, bekam das Reich Imirette, nebst den Herrschaften Awchasia (die heutiges Tages nicht mehr dazu gehöret,) Odissi, (das eigentliche alte Colchis, jetzige Mingrelien,) Guria, Swanetia, (Swaneti,) Osetia, (Oseti) und die besten Gegenden nach Osten zu bis Atan. Der zweyte Sohn Alexander, erhielt das Reich Kachek, nebst dem Gebiethe von Scadiiz, Schirwan, Derbent, und denen noch weiter hinab belege-

belegenen Landschaften. (Es hat also ehedessen auch die alte Landschaft Albania zu dem iberischen Königreiche gehöret.) Der dritte Sohn Constantin erhielt das Reich Carduel, nebst Samcheti, Santabahotere (Samsgesatabago) und Somcheti, doch regierete der Vater in Carduel bis an seinen Tod, da Constantin erst zum Besitze desselben kam. Seit dieser Zeit, dauret die Vertheilung der iberischen Monarchie in 3 Haupttheile, fort. Ich will dieselben, um das folgende desto deutlicher zu machen, auch genauer beschreiben.

I. Imirette besteht wieder aus 3 Theilen, die insgesammt unter türkischem Schutze oder vielmehr unter türkischer Oberherrschaft stehen.

1. Imirette im eingeschränktern Verstande, welches ein Königreich ist.

2. Mengrelien, und

3. Guria oder Guriel, welcher Provinzen Statthalter sich von Imirette losgerissen haben, und besondere Fürsten geworden sind, die solche Fürstenthümer auf ihre Nachkommen gebracht.

II. Cargwel, nach der Aussprache der Europäer Carduel oder Kartuel, von den Russen Kartalinisen genannt, welches das östliche Georgien genennet wird, richtiger zu reden aber das eigentliche Georgien ist. Dieses Königreich besteht wieder aus 4 Theilen, davon der erste, dritte und vierte unter persischer Hoheit stehen.

1. Carduel im eingeschränktern Verstande.

2. Satabago, welcher Theil unter türkischer Bothmäßigkeit steht.

3. Lautai.

4. Sont-

4. Sonkwiti, welcher Theil, wie es scheint, mit dem vorhingenannten Dittricte Somcheti einerley ist.

III. Kacheti oder Gaketti, oder Caket, welches Königreich auch unter persischer Hoheit steht.

Die Linie der imirettischen Könige starb im 17ten Jahrhunderte mit dem geblendeten Bakar, K. Alexanders Sohn, aus.

Die Linie der Könige von Carduel, wird in der Nachricht, welche Artschil dem rußischen Senat überliefert hat, und im 7ten Bande der Müllerischen Sammlung rußischer Geschichte S. 140. f. abgedruckt ist, ganz anders beschrieben, als Chardin sie in seiner Reisebeschreibung abhandelt, den der franz. Consul zu Smirna Peyssonel im ersten Theile seines 1754 gedruckten Essai sur les troubles actuels de Perse & de Georgie hinwieder ausgeschrieben und in seinem Buche nichts neues, als die Geschichte des Prinzen Heraclii, geliefert hat. Witsen hat zwar in seiner Noord en Oost Tartarye viele und mancherley Nachrichten von Georgien und seinen Königen mitgetheilet, sie reichen aber nicht zu, um die erwähnten von einander abgehenden Nachrichten zu verbinden. Nach des Königs Artschil Bericht, hat des oben genannten Königes von Carduel Constantins Sohn David, einen Sohn Namens Luarsab, und dieser hinwieder 4 Söhne, Namens Simon, Bakar, Taimuras und Colchorus gehabt, die nach einander regieret haben. Nach des letztern Tode, hat der König von Persien den Prinzen Rüstan zum Könige von Carduel verordnet, den aber das Land, weiler ein Muhammedaner gewesen, nicht angenommen, sondern vielmehr des eben genannten Taimuras Sohn Wachtang (welcher auch Schach Navas, Chanavarzkhan und Miastkhan genennet

net

net wird,) zum Könige erwählet. Chardin und aus ihm
Peyſſonel fängt die Geſchichte der Könige von Carduel mit einem Namens Luarſab an, deſſen Söhne Simon und David oder Daudkhan nach einander regieret,
und zwar der jüngere eher, als der ältere, und die beyde
Muhammedaner geworden. Simon, welcher ums
Jahr 1585 geſtorben, habe 4 Söhne, davon aber nur
2 zur Regierung gekommen, und eine Tochter, Namens
Darejan, mit dem Zunamen Pheti, Taimuras Königs
von Kacheti Gemalinn, gehabt. Der älteſte Sohn
Luarſab habe zuerſt, und nach ihm Simon regieret, (welcher von den Perſern Bakrat Mirza genennet worden.)
Dem letzten ſey auf des perſiſchen Schach Seſi Verord-
nung ſein Sohn Rüſtan Khan in der Regierung gefolget, der auch Kacheti erobert habe, und 1640 geſtorben
ſey. Weil er keine Kinder gehabt, habe er mit des Königs von Perſien Bewilligung den Schach Navas, Vet-
tern des Königs Taimuras von Kacheti, und Prinzen
aus dem Hauſe Kacheti, zum Sohne und Nachfolger angenommen und erwählet. Und dieſer iſt, wie ſchon vorhin angemerket worden, einerley Perſon mit dem Prinzen Wachtang oder Chanvarzkhan, der oben des Königs
von Carduel Taimuras Sohn genennet ward. Beyde
Berichte ſind darinnen übereinſtimmig, daß er auch Kacheti in Beſitz genommen, und 3 merkwürdige Söhne
gehabt habe, Leon, (oder Levan) Artſchil, (oder Chana-
zarkhan) und Georg. Den mittlern, deſſen Bildniß
Witſen geliefert hat, machte ſein Vater zum Könige von
Imirette, als er dieſes Reich eroberte, und deſſelben König, den oben genannten gedeten Bakar, gefangen genommen hatte; er ward aber 1659 von den Türken verjaget. Hierauf wurde er nach Taimuras, des letzten Königs

nigs von Kacheti, Tode, erst Stattthalter, und als er
eben gedachten Königs Tochter Sistan Darejan geheurathet hatte, und ein Muhammedaner geworden war,
auch Fürst von Kacheti: allein, die Perser verjagten ihn,
und er nahm 1686 zum ersten, und 1699 zum zweytenmal
seine Zuflucht nach Rußland, woselbst er 1714 nach
seinem Sohne Alexander starb, nachdem er in seinem
Testamente den Zar Peter den ersten zum Erben seiner Lande eingesetzet hatte. Sein jüngerer Bruder Georg,
folgete dem Vater Wachtang in der Regierung zu Carduel, wurde aber 1709 von Mir Weis umgebracht. Der
älteste Bruder Leon oder Levan, welcher anfänglich nicht
regieren wollte, nachmals vom Prinzen Heraclio nach
Imirette vertrieben, hiernächst aber auf kurze Zeit
König von Carduel wurde, und endlich in Persien
starb, hat 3 merkwürdige Söhne gehabt. Khusref,
der älteste, ward nach seines Oheims des Fürsten Georg
Tode, vom Schach Hüssein befehliget, die Georgianer
und ihr Haupt Mir Weis zum Gehorsam zu bringen,
kam aber 1711 um. Sein Bruder Wachtang, der ein
Christ ward, wollte anfangs nicht Regent von Carduel
werden, sondern überließ diese Würde seinem jüngern
Bruder Jassi, der ein Muhammedaner ward: allein,
1719 nahm er diesen gefangen, und Besitz von Carduel.
Als der russische Kaiser, Peter der Große 1722 Persien
mit Krieg überzog, begab er sich in desselben Schutz, und
war ihm zur Eroberung der Provinz Gilan behülflich.
Allein, der damalige Fürst von Kacheti Constantin oder
Muhammed Kuli Khan, griff ihn, mit des jungen persischen Schachs Tachmasib Erlaubniß, 1723 an, und verjagte ihn. Die Türken halfen ihm zwar, verjagten ihn
aber auch wieder, und er gieng mit seiner Familie nach
Rußland. Als die Türken 1724 in Georgien einrückten,

unter-

unterwarf sich ihnen Muhammed Kuli Khan, räumete Carduel, dahin ein türkischer Pascha gesetzt wurde, und ließ sich mit Kacheti begnügen. Der russische Kaiser konnte dieses nicht hindern, nahm aber den Wachtang auf, und seine Gemalinn und Nachfolgerinn Cathrina, gab demselben eine Pension. Die Türken beherrschten hierauf ganz Georgien, und weil die Russen zu eben derselbigen Zeit die an der Westseite des caspischen Sees belegenen Provinzen von Persien besaßen, wurde 1727 zwischen beyden eine Gränzscheidung festgesetzt, worüber die Tractaten am 12ten December ausgewechselt wurden. Vermöge derselben hätten die Türken auch über unterschiedene an Carduel und Kacheti gegenOsten gränzende Landschaften, nämlich über 4 Districte von Nieder-Dagestan, und über einige Districte von Lesgistan, die Oberherrschaft haben sollen: allein, die darinnen wohnenden Völker wollten sich ihnen nicht unterwerfen.

In dem Kriege, den die russische Kaiserinn Anna mit den Türken führete, wäre zwar der Fürst Wachtang durch russische Hülfe gern wieder zum Besitze des Landes Carduel gelanget; es geschah ihm auch einiger Vorschub: allein, Tahmas Kuli Kan, nachmaliger Schach Nadir, kam ihm zuvor, indem er 1735 ganz Georgien eroberte, und die Russen ließen die von Persien eroberten Provinzen fahren. In dem 1736 zu Arzerum zwischen den Türken und Persern geschlossenen Frieden, begaben sich jene aller ihrer Eroberungen, und also kamen auch die Landschaften Carduel und Kacheti wieder unter persische Oberherrschaft.

Fürst Wachtang starb 1737 zu Astrachan, und sein ältester Sohn Bakar gieng 1750 mit Tode ab, desselben Söhne Leo und Alexander aber, und desselben Bruder

Georg

Georg leben noch jetzt (1765) in Rußland, und werden daselbst die grusinischen Zarewitsche genennet. Wachtangs Tochter heurathete den Fürsten Taimuras zu Kacheti.

Die Linie der Könige und Fürsten zu Kacheti ist noch daselbst vorhanden. Von den Kindern König Alexanders, der zwischen 1577 und 1585 gestorben ist, bemerke ich seine Tochter Darejan, welche Königs Alexanders von Imirette Gemalinn geworden, und seinen Sohn David, von den Persern Taimuras genannt, welcher der letzte König von Kacheti gewesen, die carduelische Prinzeßinn Darejan, genannt Pheri, zur Gemalinn, auch Carduel eine Zeitlang in Besitz gehabt hat. Er starb 1659 in Persien. Von seinen Kindern ist, außer der Tochter Sistan Darejan, welche K. Artschil von Imirette und Kacheti, zur Gemalinn hatte, insonderheit der Sohn Fürst Heraclius anzumerken, welcher eben derjenige ist, der beym Witsen Nicolaus heißt, und daselbst abgebildet ist. Er wurde von seinem Vater nach Rußland geschicket, um Hülfe wider die Perser zu suchen, woselbst er zur griechischen Kirche trat, hielt sich nachmals bey seinem Schwager dem Könige Artschil auf, den er aber aus Kacheti verdrängete, auch Carduel einnahm, welches er jedoch dem Prinzen Leon eintäumen mußte. Seine 3 Prinzen Imam Kuli Khan, Constantin genannt Muhammed Kuli Khan, und Taimurus, haben nach einander zu Kacheti regieret. Der letzte lebte noch 1753, war Fürst und Regent über Carduel und Kacheti, und unterstützte seinen Sohn, den Prinzen Heraclius, der sich in den großen Unruhen, die nach Schach Madirs Tode in Persien entstunden, sehr hervorgethan und berühmt gemacht hat.

Die

Die jetzigen Fürsten der zu Glürdschistan gehörigen Länder besitzen zwar ihre Fürstenthümer erblich, stehen aber unter der Oberherrschaft der Türken und Perser, von denen sie nur als Statthalter angesehen werden. Die Russen nennen die Fürsten von Carduel und Kacheti, cartalinische und grusinische Zaren, die imiretti= schen Länder und Fürsten aber nennen sie melitensische.

Die Sprache, welche in den imirettischen Ländern ge= redet wird, ist von der eigentlichen iberischen, die in Car= duel und Kacheti gesprochen wird, unterschieden, wie aus denen Wörtern beyder Sprachen erhellet, welche Wit= sen gesammlet und geliefert hat.

Die Einwohner aller 5 Fürstenthümer sind griechische Christen, und zwar von der sogenannten rechtgläubigen Parthey, gewesen: allein, sie sind nicht nur heutiges Tages sehr verwildert, sondern auch großentheils ent= weder aus Leichtsinn, oder durch Zwang, Muhamme= daner geworden. Ehemals stunden die griechischen Christen dieser Länder unter dem Patriarchen von Anti= ochien, jetzt erkennen sie den Patriarchen von Constanti= nopel, jedoch nur insofern, daß sie dem Priester, welchen er abschicket, Almosen geben. Uebrigens haben sie 2 eigene Patriarchen, deren jeder Katojaikos, das ist, Catholicus, genennet wird. Unter dem carduelischen stehen die Provinzen Carduel und Kacheti, unter dem odischen, die Provinzen Odische, Imirette und Guriel.

Ich beschreibe nun die unter türkischer sowohl Oberherrschaft als völliger Bothmäßigkeit ste= henden Landschaften, genauer; die unter persischer Ober= herrschaft stehenden Fürstenthümer aber, werde ich bey Persien beschreiben.

Das

Das giürdistanische Gouvernement.

I. Die unter völliger und alleiniger türkischer Bothmäßigkeit stehende Landschaft Satabago, welche ein Theil von Carduel oder dem eigentlichen Georgien ist. Sie besteht aus einer von Bergen eingeschlossenen Ebene, durch welche der Fluß Kür oder Gür, vor Alters Cyrus, fließt. Ich will hier desselben Ursprung mit Otters Worten beschreiben. Er saget, dieser Fluß komme aus den Bergen von Kalikan, fließe von Westen gegen Osten, und gehe bey Luri und Akhesika vorbey. Einige sagten, er entstehe aus einem Berge zwischen der Festung Gueule und Kars, in der Nähe der ersten. Man habe in den Felsen, wo er hervorkomme, die Gestalt eines Ochsenkopfes eingehauen, und das Wasser komme aus dem Maule (gueule) und den Nasenlöchern. Anfänglich fließe er schnell, und breite sich in der Ebene von Gueule aus, wo er eine Gegend antreffe, die verhindere, daß er nicht diese ganze Ebene überschwemme, welche von Bergen eingeschlossen ist, und einen See mache. Man behaupte auch, daß ihm in alten Zeiten dieser Weg durch die Felsen eröffnet worden sey, um gedachtes Uebel zu verhüten. Er gehe ferner nach Kara-Ejedehan, Erdjuke, der Festung Khartus, woselbst er das Wasser von Atheliklik aufnehme, und nach den Festungen Ezbur und Khabscherek, wo er das Wasser von Athiska aufnehme. Jenseits der Festung Azgur, nachdem er durch die Enge von Bebre gegangen, breite er sich wie ein See aus. Hierauf gehe er nach Tiflis, u. s. w.

Auf die Landschaft Satabago wieder zu kommen, so gehören die hiesigen Berge zu dem Gebirge Caucasus, sind ziemlich fruchtbar, und wohl bewohnet. Die Einwohner

wohner bauen sehr guten Wein, u. Honig, haben auch gute Viehzucht. An merkwürdigen Oertern finde ich folgende.

1. Akalzike oder Akelska, eine auf dem Gebirge Caucasus zwischen vielen Hügeln belegene, und mit einer zwiefachen Mauer umgebene Festung, unweit welcher der Fluß Kür fließt. Neben derselben ist ein großes Kasteel, darinnen einige 100 Häuser, in welchen Türken, Armenier, Georgier, Griechen und Juden wohnen. Der Pascha, welcher dem türkischen Antheile an Georgien vorgesetzt ist, hat hier in der Festung seinen Sitz, welche die Türken am Ende des 16ten Jahrhunderts erobert haben.

2. Usker, eine kleine Stadt mit einem Schlosse, am Flusse Kür. Das Schloß steht auf einem Felsen, um dessen Fuße die bemauerte Stadt gebauet ist.

3. Oltisi, Atakweri und Artasi, Städte.

II. Die unter türkischer Oberherrschaft stehenden Fürstenthümer.

1. Das Fürstenthum Imirette, auch Imeretti und Emeretti, sonst auch Bassaschiuk, oder Paschakuk und Paschalik, genannt. Es gehöret mit zu dem alten Iberien, und war ehedessen ein Königreich, dessen Zugehör ich oben beschrieben habe. Es liegt zwischen Satabago, Carduel, Ober-Cabarda, Mingrelien und Guriel. Chardin schätzt seine Länge auf 120, und seine Breite auf 60, vermuthlich französische Meilen, deren 20 so viel, als 15 geographische Meilen ausmachen. Es ist ein bergichtes und waldichtes Land, und ob es gleich angenehme Thäler, auch gute Wiesen und kleine Ebenen hat, so bedeutet doch sein Ackerbau wenig und das Land ist arm, ob es gleich ziemlich gute Viehzucht und Eisenbergwerke hat. Die Lesgi oder Lazii sollen dieses Land vor Alters bewohnet haben, durch die Cardueli aber daraus vertrieben worden seyn. Die ehemaligen Könige dieses Landes, prah-

leten mit einem schwülstigen Titel. Imirette konnte ehedessen wohl 20000 Mann aufbringen, welche meistentheils in Fußvolk bestunden: es ist aber jetzt sehr von Einwohnern entblößt. Chardin berichtet, daß der König oder Fürst von Imirette dem türkischen Kaiser jährlich 80 Knaben und Mägdchen von 10 bis 20 Jahren anstatt des Tributs liefern müsse, die an den Pascha zu Akalzike geschicket würden. Der Fluß Rione, von den Türken Fachs, ehedessen Phasis genannt, läuft durch dieses Land. Von denen dazu gehörigen Oertern finde ich folgende:

1) Cotatis, eine offene Stadt von ein Paar 100 Häusern am Flusse Fachs. Nahe dabey und rings um dieselbe her, liegen die Residenz des Landesfürsten und die Häuser seiner vornehmsten Hofbedienten, auf der andern Seite des Stroms aber, der Stadt gegen über, ist eine Festung, deren Festigkeit aber bloß in einer hohen und dicken Mauer, einigen Thürmen und einem Außenwerke besteht. Sie hat eine türkische Besatzung.

2) Schicaris, eine sogenannte Stadt, die aber in der That nur ein Dorf von etwa 50 Häusern ist. Ums Jahr 1672 ist bey diesem Orte zwischen den Imirettern und Mingreliern eine große Schlacht vorgefallen.

3) Scander oder Eskender, vom Landvolke Scanda genannt, eine sogenannte Festung, die nur aus 2 viereckichten Thürmen besteht. Der macedonische König Alexander soll sie zuerst angeleget haben.

4) Sesano, ein Dorf, in einem tiefen, großen, breiten, fruchtbaren und sehr angenehmen Thale, welches sich bis an Mingrelien erstrecket, und die schönste Gegend in Imirette ist. Die umherliegenden Berge sind angebauet, mit Weinstöcken bepflanzet, und mit Dörfern besetzt.

5) Colbore, ein Dorf von ein Paar hundert Häusern, die aber sehr weit von einander liegen.

6) Ratschia oder Regia, und Georgia, Festungen auf dem Gebirge Caucasus an beyden Seiten des Flusses Fachs. Es ist mir wahrscheinlich, daß die beyden ersten Namen nur einerley Orte zukommen, aber gewiß weiß ich es nicht.

7) Savasso-Pelli, Tschari und Kekugite, Städte, nach imirettischer Art.

2. Das

2. Das Fürstenthum Mingrelien, von
den Einwohnern ſelbſt Odiſche genannt, vor Alters
Colchis, liegt am ſchwarzen Meere, und iſt von den
Landſchaften Awchasja, Imirette und Guriel umgeben.
Chardin, der es ganz durchgereiſet hat, ſchätzet deſſelben
Länge auf 110, und die Breite auf 60 franzöſiſche Meilen. Vor Alters ſollen es die Lesgi oder Lazii bewohnet
haben, und von den Carduelis daraus vertrieben worden
ſeyn. Der Fluß Coddors, vor Alters Corax, ſcheidet es
von Awchaeja, der Fluß Rione oder Fachs von Imirette
und Guriel. Es hatte vor Alters gegen die Awchaszi eine
Mauer mit Thürmen zum Schutze, welche 60 (franzöſiſche) Meilen lang war, ſie iſt aber vorlängſt verfallen.
Das Gebirge Caucaſus, von welchem es gegen Nordoſten
umgeben iſt, verſchafft ihm viele Quellen u. Flüſſe, welche
ſich insgeſammt in das ſchwarze Meer ergießen. In der
Mündung des Fluſſes Fachs, ſind unterſchiedene kleine
Inſeln. Auf der größten legten die Türken 1578 eine Feſtung an, die nachmals zerſtöret iſt. Mingrelien iſt ein ſehr
unebenes bergichtes Land, welches vom ſchwarzen
Meere an immer höher wird, mit dicken Wäldern bedecket, hat einen ſehr feuchten, weichen und wenig fruchtbaren Boden, und gar zu viel Regen, alſo auch eine un-
geſunde Luft. Der Boden trägt wenig Roggen und
Gerſte, aber Reiß und Hirſe, vornehmlich eine hirſen-
artige Frucht, welche Gom genennet wird, und ſo klein
wie der Coriander iſt, welche bey den Mingreliern und
den benachbarten Völkern die Stelle des Brotes vertritt. Die hieſigen Melonen ſind groß, aber wenig ſüß.
Der Wein, welcher hier wächſt, iſt ſehr ſtark und von gutem Geſchmack. Pferde, Rindvieh, Schweine, und
allerley Wildprét hat man in Menge. An wilden Thie-

K 2   ren

ren sind Tiger, Leoparden, braune und weiße Bäre und
Wölfe vorhanden, Insonderheit aber sind die gefräßigen
Tschakals, hier Turra genannt, sehr zahlreich. In den
Mündungen der Flüsse Fachs und Engür, fängt man
vom April bis in die Mitte des Augusts dreyerley Arten
von Stören, aus deren Rogen man Caviar macht. Bi-
ber sind auch vorhanden. Von Gold- und Silberberg-
werken und von Goldkörnern unter dem Sande der Flüsse, weis man heutiges Tages nichts, und es fehlet also an
Gelegenheit, die berühmte Fabel vom goldenen Fließe,
welches die Argonauten aus hiesigem Lande abgeholet
haben sollen, zu erneuern; auch einen neuen Ritterorden
vom goldenen Fließe zu stiften. Unterdessen ist doch vor
Alters in diesen Gegenden Gold in Bergwerken und
Flüssen gefunden worden. Es giebt unter den Mingreliern sehr viele wohlgestaltete Personen, insonderheit
von weiblichem Geschlechte: allein, sie werden als eine
sehr übel gesittete, unartige und schmutzige Nation beschrieben. Die Bauern sind Leibeigene der Edelleute,
welche mit ihnen nach Belieben schalten und walten.
Insonderheit ist hier zu Lande sehr gemein, Menschen
beyderley Geschlechts an Auswärtige zu verkaufen. Dadurch aber, und durch die vielen Kriege ist das Land von
Einwohnern gar sehr entblößet worden. Ehedessen konnte es wohl 40000 Mann zum Kriege aufbringen,
jetzt sollen, nach Chardins Anschlag, kaum 20000 Menschen im Lande seyn, und höchstens 4000 wehrhafte Leute aufgebracht werden können, die mehrentheils in
Reuterey bestehen. Die Mingrelier sind der sogenannten rechtgläubigen griechischen Kirche zugethan, haben
aber wenig Erkenntniß von der christlichen Lehre. Die
6 Bischöfe des Landes stehen unter dem Kotajaikos oder
Catho-

Catholico von Odische, den auch die Griechen in den benachbarten Landen für das Haupt der Kirchen erkennen. Die Messen werden, nach Lamberti und Zampi Bericht, in alter georgischer, nach Chardins Bericht, aber in griechischer Sprache gehalten, und doch meldet der letzte, daß das Missale in georgischer Sprache geschrieben sey. Es verstehen aber wenige Priester die alte georgische Sprache, und der gemeine Mann gar nicht. Sie ist von der gemeinen Landessprache sehr unterschieden. Die Bibel ist nur in der alten georgischen oder iberischen Sprache vorhanden, welche wenige verstehen. Die Theatiner, welche 1627 hieher gekommen sind, und sich noch hieselbst aufhalten, haben nicht viele Mingrelier zu Mitgliedern der römisch = katholischen Kirche machen können. Das meiste, was sie thun, ist, daß sie Kinder taufen.

Ich habe oben schon angeführet, daß dieses Land ehedessen eine Provinz des Königreichs Imirette gewesen sey, die durch einen Statthalter regieret worden, daß sie sich aber davon losgerissen, und seitdem von eigenen erblichen Fürsten unter türkischer Beschützung und Oberherrschaft regieret worden. Diese führen den Zunamen oder Titel Dadian, (welcher das Haupt der Gerechtigkeit bedeuten soll,) daher Mingrellien auch wohl das Land Dadian genennet wird. Der jährliche Tribut, den der Fürst der osmannischen Pforte entrichtet, besteht, nach Chardins Bericht, in 60000 Klaftern hier verfertigter Leinwand. Eben derselbige versichert, daß Mingrelien weder Städte noch Flecken, auch nur 2 am schwarzen Meere belegene Dörfer, sonst aber lauter einzelne zerstreuet stehende Häuser und 9 oder 10 Schlösser habe. Ich bemerke

1) Ruchi oder Ruchs, das vornehmste Schloß und der Wohnsitz des Fürsten, auf einem Berge, nicht weit vom

Flusse

Flusse Engûr. Seine ganze Festigkeit beruhet auf einer dünnen Mauer, nahe dabey aber ist in einem dicken Gehölze ein starker Thurm, in welchem die kostbarsten Dinge des Fürsten verwahret werden.

2) Savatopoli soll ein Ort am schwarzen Meere, an der Gränze von Awchasja seyn, woselbst vor Alters die Stadt Dioscurias gestanden, die ein großer Handelsort gewesen, dahin aus weit entlegenen Ländern Kaufleute gekommen, daher auch daselbst ungemein viele Sprachen geredet werden. Auf der Charte von Mingrelien, im 7ten Theile des Recueil de voyages au Nord, steht dieser Ort nicht.

3) Ingaur, eine Gegend am schwarzen Meere, woselbst alle nach Mingrelien kommende Kauffartheyschiffe vor Anker geben. Diese Gegend ist mit dicker Waldung bedecket, man hat aber einen Platz, der etwa 100 Schritte vom Ufer entfernet, 250 Schritte lang und 50 breit ist, eben machen lassen, welcher der große Markt von Mingrelien genennet wird. Es ist daselbst eine Straße, auf deren beyden Seiten Hütten von Zweigen geflochten stehen, dahin die Kaufleute ihre Waaren bringen.

4) Anargbia, ein Dorf am Flusse Engûr, der vor Alters Astelphus hieß, 2 Meilen vom Meere, welches wohl 100, aber sehr weit von einander erbauete Häuser hat, und die vornehmste Gegend der Landschaft ist. Hier sind allezeit Türken, welche Sclaven einkaufen, und in kleinen Barken wegführen. Ehedessen soll hier eine große Stadt, Namens Heraclea, gestanden haben.

5) Sipias, ein Ort, 15 geographische Meilen von Anargbia, welcher aus 2 kleinen Kirchen, davon eine mingrelisch ist, und die andere den Theatinern gehöret, und einigen hölzernen Häusern bestehet.

3. Das Fürstenthum Guriel oder Guria,

ist eine kleine Landschaft am schwarzen Meere, von Mingrelien, Imirette, und Satabago umgeben. Es ist dem Fürstenthum Mingrelien in Ansehung der natürlichen Beschaffenheit und der Einwohner, ganz ähn-

lich

lich. Ehedeſſen konnte es wohl 12000 Mann aufbringen, heutiges Tages aber nicht. Das arme Land
hat ſeinen eigenen, unter türkiſcher Beſchützung und
Oberherrſchaft ſtehenden erblichen Fürſten, ſeitdem es
ſich von Imirette, dazu es vor Alters gehöret, losge-
riſſen hat. Chardin berichtet, daß der Fürſt den türkiſchen Kaiſer anſtatt des Tributs, jährlich 46 Kinder,
Knaben und Mägdchen von 10 bis 20 Jahren, liefern
müſſe. An Oertern, die dazu gehören, ſind folgende
zu bemerken.

1) Gonia, auch Guni und Kume genannt, ein großes
von ſtarken Sandſteinen erbauetes Schloß am ſchwarzen
Meere, welches aber weder Graben noch Außenwerke hat,
ſondern nur in 4 Mauern beſtebt, und mit einer kleinen
türkiſchen Beſatzung von Janitſcharen verſehen iſt. Die
Einwohner ſind faſt lauter Lazi, das iſt, Schiffer oder
Seeleute, muhammedaniſcher Religion. Es iſt hier ein
Zollhaus. Nicht weit davon liegt ein kleines Dorf.

2) Copolette, ein Hafen am ſchwarzen Meere.

3) Auzurgetti, der Hauptort des Landes.

4) Sebaſtopoli, ein Ort, welcher in der Charte von
Mingrelien, die ſich im 7ten Theile des Recueil de voyages
au Nord befindet, an den Fluß Rione oder Fachs bey einem Orte Puti geſetzet iſt. Ob hier Sebaſtopolis des Plinii
geſtanden habe? iſt zu unterſuchen.

Von Armenien.

Armenien, deſſen Name in Aſia gemeiniglich
Irminia ausgeſprochen wird, und welches die Syrer und Perſer Armenikh nennen, ſoll ſeinen Namen
von einem gewiſſen Aram, der um Abrahams Zeit
gelebet habe, und ein Sohn Harams geweſen ſey,
haben. Die Armenier ſelbſt nennen ihr Vaterland
lieber Haikia, von Haik, den ſie für ihren erſten König halten, ſich ſelbſt Haikanen, und ihre Sprache

K 4 die

die haikanische Sprache. Abulfeda meldet, daß
Armenien von einem in 3, von einem andern aber in
4 Theile abgetheilet werde. Es giebt aber eine bey
den Griechen und Lateinern, ja selbst bey den Armeniern, gewöhnlichere Abtheilung, in ein Groß- und
Klein-Armenien.

Groß-Armenien bestund zu des armenischen
Geschichtschreibers Mosis Choronensis Zeit, (das ist
im 5ten Jahrhunderte) wie desselben Epitome Geo-
graphiæ lehret, aus 15 Provinzen, welche sind Hoch-
Armenien, das vierte Armenien, Alznia, Turuberania, Moca, Corzäa, das persische Armenien, Vaspuracania, Synia, Arsacha, Phä-
tacarania, Utia, Gugaria, Taja, Araratia.
Die meisten dieser Provinzen gehören heutiges Tages
zum persischen Reiche. Zum türkischen Reiche gehören folgende.

1. Hoch-Armenien, welches auch das dritte
Armenien und die carinische Provinz heißt,
welche sich vom Gebirge Caucasus an, bis zum Euphrat erstrecket, und unter allen Provinzen am höchsten liegt, daher sie auch gegen alle 4 Welttheile Flüsse ausläßt. Sie hat warme Bäder und Salzquellen,
und bestund aus 9 Districten, welche sind der dara-
nalische, aryzische, menzurische, ecelesische,
mauanalische, derzanische, sperische, satgo-
mische und carinische District.

2. Die Provinz Taja, welche neben der vorhergehenden gegen Osten liegt, Feigen, Granatäpfel,
Mandeln, und andere Früchte trägt. Sie gehöret
vermuthlich nur dem kleinern Theile nach zum türkischen, und dem größern Theile nach zum persischen
Reiche.

Reiche. Ihre 7 Districte waren, der colbische, berdaphorische, partizaphorische, zacastische, ochalische, azordische und caphorische District.

3. Die turuberanische Provinz, von 16 Districten, welche waren, der choetische, aspacunische, taronische, asimunische, mardalische, dasnavorische, rovarazataphische, dalarhische, harkhische (welchem der König Haik den Namen gegeben, und darinnen gewohnet haben soll,) das raznunische, beznunische, (davon ein ausgerottetes Volk den Namen geführet hat,) erevarische, aliovitische, apahunische, recorische und chorchorunische District.

4. Das vierte Armenien, welches zwischen der vorhergehenden und der nächstfolgenden Provinz, Hoch-Armenien und dem Euphrat liegt, und aus 9 Districten bestund. Diese waren der chorzenische, dastianische oder hastenische, balnatunische, balaovtische, zophische, sadachische, hauzichische, gorechische, und degicische District.

5. Die aznische Provinz, welche am Flusse Tiger, dem Gebirge Taurus und dem vierten Armenien, liegt. Ihre 9 Districte waren, der arznische, nephercertische, chelische, cethecische, taticische, aznovazorische, cherbetische, gezechische, salnozorische und sasunische District.

Die zum persischen Reiche gehörigen Provinzen von Armenien, werden in der Beschreibung desselben vorkommen, und eben daselbst werde ich ausführlicher von Armenien handeln.

Klein-Armenien ist das Stück von Kleinasia, oder genauer, von Cappadocia und Cilicia, welches

längst

längst der Westseite von Groß-Armenien, und also auch
auf der Westseite des Euphrats liegt. Es macht
die Provinzen aus, welche das erste und zweyte
Armenien genennet werden Moses Choronensis erzählet, daß der erste armenische König Haik einen
Feldzug in die ihm gegen Abend gelegenen Länder (oder
nach Cappadocia) vorgenommen habe, und bis an
den Ort, welcher jetzt (nämlich im 5ten Jahrhunderte)
Cäsarea heiße, gekommen sey, daselbst er einen seiner
Anverwandten, Namens Mischak, zum Befehlshaber
hinterlassen, auch den Einwohnern dasiger Gegend be-
fohlen habe, die haikanische Sprache zu erlernen.
Daher werde diese Gegend von den Griechen das erste Armenien genennet. Mischak habe eine Stadt
erbauet und nach seinem Namen genennet, deren Namen aber die Einwohner dieser Gegend nicht recht aussprechen können, und daher Maschak genennet hätten. (Ptolemäus schreibt ihren Namen Masaca, und
Strabo Mazaca.) Diese sey eben diejenige Stadt,
welche nachmals den Namen Cäsarea bekommen habe.
Eben derselbige habe noch andere wüste Gegenden anbauen lassen, welche von den Griechen das zweyte,
dritte und vierte Armenien genennet wurden.
Schultens in seinem Indice geographico in vitam
Saladini, führet aus dem Abulfeda an, daß Cilicia
und ein Theil von Cappadocia die Länder der Armenier genennet würden. Sie machten in der mittlern Zeit ein besonderes Königreich aus, dessen Hauptstadt anfänglich Massissat oder Masisa, nachmals aber
Sis war, und welches auf arabisch Belad Lion, das
ist, das Land Lions, Königs von Armenien, auch Belad Beni Lion, das Land der Nachkommen Lions,
auch wohl Belad Sis, das Land Sis, genennet wurde.

Das Gouvernement Tschildir oder Tscheldir.

Es ist ungefähr in der Gegend von Groß-Armenien, welche ehedessen die Provinzen Hoch-Armenien und Taja ausmachten, und hat seinen Namen dem Anscheine nach von einem Berge, welcher sich nach dem Gebirge Caucasus erstrecket, und zu dem moschischen Gebirge der Alten gehöret. Ricaut nennet die dazu gehörigen Sandschackschaften oder Districte: allein, an einem Orte giebt er 9, und an einem andern 15 an; man findet auch nicht nur auf der Landcharte nichts davon, sondern sie sind auch vermuthlich fehlerhaft geschrieben. Ich führe also ihre Namen an, ohne für die Richtigkeit derselben zu stehen. Sie heißen Olti, Hartus, Ardnüg, Erdehamburek, Hagrek, Pusenhaf oder Pusenbal, Machgik, (Madschik) Penbek, Pertekrek, dazu Ricaut an einem andern Orte noch setzet, noch eine Namens Penbek, ferner Tarchir, Luri, Usucha, Ahankiulk, Achtala und Asih oder Asin. Mehr kann ich von diesem Gouvernement und denen dazu gehörigen Oertern, nicht melden.

Das Gouvernement Kars.

Es ist auch ein Theil von Groß-Armenien, und liegt vermuthlich auch in dem Umfange der vorhingenannten alten Provinzen Hoch-Armenien und Taja, insonderheit der letztern. Es gränzet an die unter persischer Bothmäßigkeit stehende Landschaft Eriwan, und an die Gouvernements Tschildir und Arzerum. In demselben haben einige Gelehrte das Land Eden gesuchet, in welchem das Paradies gewesen. Ricaut schreibt,

schreibt, es habe 6 Districte oder Sandschakschaften, welche er nennet Erdehankiutschuk, Giugevan, Zaruschan, Ghegran, Gughizman und Pasin. Der Pascha, welcher demselben vorgesetzet ist, steht unter dem Begjlerbegji von Arzerum. Es gehören dazu

1. Kars, von griechischen Schriftstellern Karise genannt, die Hauptstadt, welche an einer Anhöhe, über derselben aber auf einem steilen Felsen ein Kasteel liegt. In dem hiesigen tiefen Thale fließt ein Fluß, der sich nicht weit von hier mit dem Flusse Arpagi, dieser aber endlich mit dem Flusse Aras oder Eres, vereiniget. Sie ist ziemlich groß, aber nicht volkreich. Es ist hier ein armenischer Bischof. Timur Beg belagerte diese Stadt eine lange Zeit, und als er sie durch Accord eingenommen hatte, verwüstete er sie. Als die Türken sich ihrer bemächtiget hatten, befestigten sie dieselbige durch Mauern und Graben im Jahre 1580. In den Jahren 1735 und 1744 fielen in dieser Gegend zwischen den Türken und Persern Schlachten vor.

Das Land nahe um Kars ist fruchtbar und angenehm. Wenn man sich aber etwas weiter von der Stadt nach Arzerum zu entfernet, kömmt man 4 Tagereisen lang über lauter mit Waldung besetzte Berge, und trifft auf dieser Reise nur ein einziges Dorf an.

2. Anikagae, das ist, Stadt Ani, eine große verfallene Stadt, in einem Moraste, durch welchen man nur auf 2 Dämmen dahin kommen können, die noch vorhanden sind. Neben derselben fließt ein schneller Fluß, der aus dem mingrellischen Gebirge kömmt, und sich mit dem Flusse von Kars vereiniget. In Mosis Choronensis armenischen Historie kömmt dieser Ort oft unter dem Namen des Kasteels Ani vor, woselbst wegen seiner Festigkeit der königlich-armenische Schatz verwahret worden.

Das Gouvernement Arzerum.

Auch dieses Gouvernement ist ein Stück von Groß-Armenien, und nimmt den südlichen Theil von Hoch-Armenien oder der carinischen Provinz ein, gehöret aber

aber auch, wie es scheint, zu dem vierten Armenien
und zu der turuberanischen Provinz. Es gränzet an
die Gouvernements Kars, Tschildir, Tarabosan, Siwas, Diarbekir und Wan, und an das persische Gebieth. In demselben entsteht der Fluß Forat, oder
Frat, Phrat, welchen die Griechen Euphrat genennet haben, und der von den Arabern auch Nahar
al Kiufa, d. i. der Fluß von Kiufa, und von den
Türken Morad Sui, das ist, Wasser des Verlan-
gens, genennet wird. Abulseda meldet, er entstehe gegen Nordosten von Arzerum, unter dem 64ten
Grade der Länge, und 42½ Grad der Breite. Tournefort berichtet, er habe 2 Quellen, deren eine,
eine Tagereise, die andere aber 1½ oder 2 Tagereisen von Arzerum entfernet wären: beyde aber
vereinigten sich 3 Tagereisen von Arzerum bey einem
Orte, Namens Mommacotum. Diese beyden Quellen,
deren jede den Namen Forat oder Phrat führe,
schlössen eine Ebene ein, und machten dieselbige zu einer Halbinsel, und auf derselben stehe Arzerum. Tavernier schreibt, aus dem Berge Mingol, (dessen
Lage ich hernach anzeigen werde,) entsprünge eine
Menge Quellen, die auf einer Seite den Fluß Euphrat, und auf der andern Seite den Fluß Kars verursachten. Otter beschreibt den Ursprung des Euphrats aus des Ibrahim Effendi türkischen Erdbeschreibung, folgendermaßen. Er entsteht aus 2 vereinigten Flüssen, nämlich aus dem Murad und eigentlichen Euphrat. Dieser entspringt im Thale
Schugni zwischen den Bergen von Kalikala, geht
nach Terdschan, Arzendschan, Kiemakhe, Kuru
Tschai, Ekin und Nischewan, woselbst er sich mit dem

Flusse

Fluße Murad vereiniget. Dieser hat 2 Quellen, eine im Berge Ala, welche nach Tscharmur fließt, die andere zu Bingegueul-Yailaki, die den Arm ausmachet, welchen man das Wasser von Melazgerd nennet. Beyde Quellen oder Arme vereinigen sich bey der Brücke von Dschubamin-Schah, und der Murad, nachdem er im Thale Musche den Fluß Karasu (Schwarzwasser) aufgenommen hat, geht nach Gendsche, Tschaktschur und Palu, und vereiniget sich hierauf bey Rischewan mit dem Euphrat. Dieser läuft fort nach Haikim-Khani, Schemisat, Kalal-Rum, Biraidgik oder Bire, Racca, u. s. w.

Die 10 Sandschakschaften oder Districte, in welche dieses Gouvernement abgetheilet ist, werden von Ricaut zu fehlerhaft genennet, als daß ich sie anführen könnte. Der Pascha, welcher dasselbige regieret, hat den Titel eines Begjlerbegji. Zu Tourneforts Zeit schätzte man die Anzahl der Menschen in demselben auf 50000 Türken, 60000 Armenier, und 10000 Griechen, die jährlichen Einkünfte des Begjlerbegji auf 150000 Rthlr. und des türkischen Kaisers Einkünfte, auf 300000 Rthlr.

1. Arzerum oder Arzerrum, arabisch Arzan oder Arzen, syrisch Arzun, die Hauptstadt, welche die Europäer gemeiniglich Erzerum oder Erzeron nennen, deren Name aber aus Arzan al Rum, das ist, Stadt der Römer oder Griechen, deren Gränzort sie war, entstanden ist. Sie hat auch Kalikala geheißen, und man hält sie für Theodosiopolis oder Carina der alten Zeit. Die umliegende Gegend hat davon den Namen Arzanene geführet. Sie liegt in einer schönen und fruchtbaren Ebene, am Fuße einer Reihe von Bergen, welche Tournefort noch mitten im Monate Junius mit Schnee bedecket antraf. Der Winter ist hier strenge, und desto beschwerlicher, je seltener und theurer hier das Holz ist, indem man das Fichtenholz 2 bis 3 Tage-

Tagereisen weit herholen muß, sonst aber in der ganzen
Gegend weder Baum noch Busch findet. Daher wird
gemeiniglich getrockneter Kuhmist gebrannt, welcher die
Häuser mit Gestanke erfüllet. An gutem Quellwasser hat
man Ueberfluß. Die Stadt ist mit gedoppelten Mauern
und mit Thürmen umgeben, der Graben aber ist verfallen.
Der Begierbegst wohnet in einem alten Kastel, der Ja-
nitscharen-Aga aber in einer Schanze. Die Häuser der
Stadt sind schlecht. Die Christen wohnen in der Vorstadt,
welche die ganze Stadt umgiebt. Tournefort berichtet,
daß man die Anzahl der Menschen zu Arzerum auf 18000
Türken, (darunter allein auf 12000 Janitscharen wären,)
6000 Armenier und 400 Griechen schätze. Die Armenier
haben einen Erzbischof und 2 Kirchen, und stehen unter
dem Patriarchen zu Eriwan. Die Griechen haben zwar
einen Bischof, aber nur eine schlechte Kirche, und sind fast
insgesammt Kupferschmiede, die das Kupfer verarbeiten,
welches aus einer Gegend, die 3 bis 4 Tagereisen von hier
entfernet ist, hergebracht wird. Die Gefäße, welche sie
daraus verfertigen, werden weit und breit verschicket, und
machen nebst dem Pelzwerke, welches als eine Art von
Marderfellen beschrieben wird, die vornehmsten Waaren
aus, mit welchen hieselbst Handel getrieben wird. Es ist
aber auch hier die Niederlage der indianischen Waaren,
insonderheit alsdann, wenn die Araber um Haleb und
Bagdad streifen. Sie bestehen vornehmlich in persischer
Seide, Baumwolle, Spezereyen und gemalter Leinwand,
und werden von hier nach Armenien geführet. Unter den
Spezereyen sind auch Färberröthe aus Persien, Rhabar-
bar aus der Bucharey, und Wurmsamen aus Hindistan.
Diese Stadt soll die letzte gewesen seyn, welche die Araber
in diesen Gegenden den Griechen entrissen haben. 1241
wurde sie von den Mongolen erobert, und heutiges Tages
machet sie eine Gränzfestung des türkischen Reiches gegen
Persien aus. 1735 wurde hieselbst zwischen beyden Reichen
ein Friede geschlossen.

In den Gegenden derselben sind Silberbergwerke.

2. Elija, ein Dorf, etwa 2 Meilen von Arzerum, woselbst ein warmes Bad ist.

3. Hassan

3. Haſſan Kala, (d. i. Haſſans Kaſteel;) eine Feſtung auf einem ſehr hohen und ſteilen Felſen, unter welcher eine bemauerte Stadt gleiches Namens liegt.

4. Choban Kiupri, ein Dorf, bey einer ſteinernen Brücke, welche über die hier zuſammenſtoßenden Flüſſe, Kars und Binge gueul, welche ſich mit dem Aras vereinigen, führet.

Tavernier ſchreibt, 2 (franzöſiſche) Meilen von dieſer Brücke ſehe man zur rechten Hand gegen Mittag einen großen Berg, den die Landeseinwohner Mingol nenneten. Ich habe ſeiner ſchon oben gedacht: ich weis aber nicht, ob man die erſten Worte ſo verſtehen ſolle, daß der Berg 2 Meilen von der Brücke entfernet ſey, oder daß man ihn zur rechten Hand habe, wenn man 2 Meilen von der Brücke auf dem Wege nach Cumaſus von der Brücke ſich entfernet hat? Es kömmt aber faſt auf eins hinaus.

5. Cumaſus, ein Dorf an der Straße, die nach Eriwan führet.

6. Halicarcara, ein großes Dorf an eben dieſer Landſtraße, von lauter Chriſten bewohnet, die Häuſer aber ſind alle unter der Erde, wie Killer angeleget. Dieſes Dorfs erwähnet Tavernier: aus Boullaye le Gouz Reiſen aber erhellet, daß es zwiſchen Haſſan Kala und der perſiſchen Gränze noch mehrere ſolche Dörfer gebe, deren Häuſer in der Erde angeleget ſind, und keine andere Fenſter, als die Löcher, durch welche der Rauch hinaus zieht, haben. Dieſer Reiſebeſchreiber ſaget, ſie wären von georgianiſchen Chriſten bewohnet.

7. Kagisgan, ein Kaſteel auf einem Berge, iſt in dieſer Gegend der letzte Platz der Türken gegen die perſiſche Gränze. Die Gränze zwiſchen den beyden Staaten machet der Fluß Kars.

8. Melazgerd, ein Städtchen 2 bis 3 Tagereiſen von Arzerum, und anderthalb Tagereiſe von Bidlis. Von demſelben hat ein Arm des Fluſſes Murad ſeinen Namen. Ricaut giebt es als den Hauptort eines Diſtricts im Gouvernement Arzerum an.

9. Baibut, auch Bayburt und Bayburz genannt, eine
kleine

kleine Stadt auf einem steilen Felsen, welche vermuthlich zu diesem Gouvernement gehöret. Sie liegt nach der Seite des Gouvernements von Tarabosan, und ist, wie es scheint, eben derselbige Ort, welcher in der Historie von Armenien das Kasteel Basberda genennet wird.

10. Warzuban, ein Dorf, welches ehedessen eine Stadt gewesen seyn muß, wie die Ueberbleibsel ansehnlicher Gebäude zeigen, die der Jesuit Monier in den Nouveaux Memoires des Missions beschrieben hat.

11. Spire, Spera, eine noch vorhandene alte Stadt, von welcher der sperische District der alten carinischen Provinz den Namen hat.

Das Gouvernement Wan.

Es gehöret zu Groß-Armenien, und liegt in der Gegend der alten Provinzen Alznia und Turuberania. Seine Gränzen sind gegen Osten die persische Landschaft Adserbeisjan, gegen Süden Kiurdistan und der persische District Sultania, gegen Westen das Gouvernement Diarbekir, gegen Norden die Gouvernements Tschildir und Kars. Zu demselben gehöret der See Wan, welcher in Mosis Choronensis armenischer Historie den Namen Lacus Beznunius führet, der auch von der daran liegenden Stadt Arschis benennet wird. Seine Länge wird auf 100000, und seine Breite auf 60000 Schritte gerechnet; man schätzet auch seinen Umfang auf 30 geographische Meilen. Er ist also einer der größten Landseen in Asia, und hat salzichtes Wasser. Von den Inseln in demselben, sind vornehmlich 2 zu bemerken, eine heißt Adaketons, auf welcher die 2 armenischen Klöster Surpange und Surpskara stehen; die andere heißt Limadasi, und auf derselben ist ein Kloster Namens Limquiliasi, dessen Mönche ein sehr hartes Leben führen. In den See

5 Th.   L   ergießt

ergießt sich ein starker Fluß, Namens Bendmahi,
etwa eine Meile von Wan, in welchem ein starker Fisch-
fang ist. In dieser Gegend muß der beznunische
District der alten turuberanischen Provinz gewesen
seyn, von welchem ein ausgerottetes Volk den Namen
gehabt. Ricaut giebt an einem Orte 14, am andern aber
nur 9 Sandschackschaften oder Districte dieses Gouvernements an. Es gehören folgende Oerter dazu.

1. Wan oder Van, vor Alters Semiramiocerta, das ist,
Semiramis-Stadt, genannt, die Hauptstadt von diesem
Gouvernement, und der Sitz des Pascha. Sie liegt am
See Wan unter einem Berge, auf welchem ein Kastel
steht, ist groß und volkreich, und wird größtentheils von
Armeniern bewohnet. Ihre erste Erbauung wird der
Königinn Semiramis zugeschrieben. Weil sie an der
Gränze von Persien liegt, ist sie oft, bald von den Per-
sern, bald von den Türken erobert worden. Soliman
nahm sie 1548 ein.

2. Arschis, eine Stadt am See Wan.

3. Chalat, Khalath, Achlat, Akhlath, eine in der Geschichte berühmte Stadt, die oft erobert worden. Entweder liegt sie auch am See Wan, oder an einem andern See, in welchem ein gewisser Fisch, der sonst nirgends zu finden seyn soll, in großer Menge gefangen,
eingesalzen und weit und breit ausgeführet wird. Die
Kälte ist hier im Winter so stark, daß sie zum Sprüch-
worte geworden. Die Stadt liegt 7 Parasangen von
Melazgerd.

4. Anazeta, auf syrisch Anazit oder Hanazit, eine
Stadt in der Gegend des Berges Taurus, gehöret auch
vielleicht hieher, weil sie in Armenien liegt.

5. Taduan, ein Dorf, nicht weit vom See Wan, bey
welchem ein sicherer Hafen ist, den von allen Seiten
hohe Felsen vor dem Winde beschützen, der aber einen
sehr schmalen Eingang hat. Er kann 20 bis 30 große
Schiffe fassen. Wenn der Wind gut ist, kann man von
hier bis nach der Stadt Wan in 24 Stunden kommen,

dahin

dahin man von Taduan zu Lande 8 Tage lang zu Pferde
reisen muß. Wenn man aus Persien kömmt, kann man
auch von Wan nach Taduan zu Schiffe gehen.

Im Umfange von diesem Gouvernement liegt Bidlis
oder Betlis, ein Ort, welcher von einem ein Flecken,
von einem andern aber eine Stadt genennet wird. Dieser wegen seiner Lage zwischen engen Pässen sehr feste
Ort, liegt in einem Thale, zwischen 2 Bergen, die nur
einen Stückschuß weit von einander stehen. Die Häuser stehen auf beyden Seiten eines durch das Thal
laufenden Flusses, in welchen sich einige von den Bergen kommende Bäche ergießen, und der zuweilen austritt und den Ort unter Wasser setzet, selbst aber sich
mit dem Tigerstrome vermischet. Mitten in diesem Orte,
auf einem hohen und steilen Hügel, ist ein festes Schloß,
auf welchem ein Beg wohnet, den Tavernier als einen
unabhängigen kurdischen Fürsten beschreibt, dessen Freund-
schaft der türkische und persische Monarch suchen und unterhalten müßten, weil er denen, die von Haleb nach Tauris, und von Tauris nach Haleb reisen, den Paß ver-
sperren könne. Er kann die engen Pässe, welche zu seinem Gebiethe führen, besetzen, (in denen sich einer gegen
10 wehren kann,) und doch noch 20 bis 25000 Reuter,
und noch eine gute Anzahl Fußvolk, welches aus Hirten
besteht, ins Feld stellen.

In eben diesem Gouvernement, in der Nachbarschaft
von Khavi, wohnen die Sekmannen. Scheref Khan
berichtet, daß sie vor Alters Unterthanen eines Herrn
von Syrien, Namens Osa, gewesen, von dannen aber
ausgegangen wären, und sich in Dienste eines persischen
Königes begeben hätten, der ihnen die Gegend Sekman-
abad, im Districte Khavi, eingeräumet habe: es hätten sich
aber noch andere Stämme zu ihnen geschlagen, und ihre
Anzahl beträchtlich vermehret, und hierauf wären sie unter dem Namen Denbelis bekannt gewesen. Sie waren
ursprünglich Yezidis, das ist, Anhänger des Scheik Hadi,
die aber in der That weder Muhammedaner, noch Christen, noch Juden, noch Heiden sind. Die meisten Sek-

mannen

manen aber sind Moslemim geworden. Anderer Bericht
zu Folge, sind sie ein Zweig des Stammes Yahia, der sich
hieher zu wohnen begeben hat.　Man giebt ihren Herren
den Titel Ysa Beglu, und einige derselben haben Khavi
besessen.　Das Thal Kutur, Jbka und der District von
Owatschik, der von Naktschiwan abhängt, haben ihnen zugehöret.　Andere haben die Hälfte von Jbka, den District
Suleïman=Seraï, und das Thal Ala=kis, unter Naktschi=
wan und Schurur gehörig, besessen, welche Gegenden die Kö=
nige von Persien ihnen eingeräumet, nachdem sie von den
türkischen Kriegesheeren waren verwüstet worden. Die os=
mannischen Kaiser haben ihnen nachmals diese Besitzungen
bestätiget, und den District Tschaldiran hinzugethan. Als
Sultan Murad IV Eriwan 1635 einnahm, bathen ihn 500
Familien, vom Stamme der Dendelis, um Ländereyen,
während der Zeit da er am Flusse Eres sein Lager hatte,
und nach Tauris gehen wollte.　Er schickte sie nach dem
Districte von Arzendschan, woselbst er ihnen die verlassenen
Dörfer und wüsten Ländereyen einräumete.

Das Gouvernement Schehrezur.

Es macht einen Theil vom alten Assyrien, und
dem jetzigen Kiurdistan, aus, und liegt zwischen Aber-
baisjan, dem persischen Jrak, und den Landschaften
Bagdad, Mosul, Amadia und Hakiari.　Den größten Theil desselben bewohnen Kiurden oder Curden,
(eigentlich Acrad, als welches die vielfache Zahl von
Kiurd ist,) welches Volk einige von den alten Chaldäern, andere von den alten Persern, andere von den
Arabern ableiten.　Es giebt eine Meynung, nach welcher sie ihren Namen von dem Gordiäischen Gebirge
haben, und eine andere, nach welcher derselbige von
dem arabischen Zeitworte Carada, er hat vertrieben, abgeleitet wird, um Flüchtlinge anzuzeigen, die
aus Persien sich nach diesem rauhen Gebirge begeben

haben

haben sollen. P. della Valle schreibt, Kiurdistan,
das ist, das Land der Kiurden, scheide das türkische und persische Reich, sey von Osten gen Westen
10 bis 12 Tagereisen breit, von Süden gen Norden
aber erstrecke es sich fast vom persischen Meere an bis
gegen das schwarze Meer. Otter schreibt, die Kiurden wohneten von Hurmuz bis Malatia und Merasche, und ihr Land gränze gegen Norden an Iran, gegen Süden an das Land Mosul und Irak Arabe. Es
ist ganz bergicht, und daher von Natur fest. Der
höchste Berg des Landes Kiurdistan ist der Kiarè,
welcher beständig mit Schnee bedecket ist, und davon
der Berg Tschudi ein Theil ist. Dieser letzte ist etwa
2 Stunden gegen Osten von Dschezirai Ibn Ümer
entfernet. Er wird auch Tschud und Tschuda genennet. Seiner Beschaffenheit nach, ist er ganz steinicht, voller Salpeter, ohne alle Bäume und Sträuche, und nur mit Polen und einigen andern aromatischen Kräutern bewachsen. Die tiefen Oerter seiner
mitternächtlichen Seite, sind beständig mit Schnee
angefüllet. Auf seinem Gipfel, den man zu Mosul
sehen kann, und auf welchem nach der hier zu Lande
herrschenden Meynung, sich das Schiff Noäh niedergelassen haben soll, ist eine Moschee erbauet worden,
und am Fuße des Berges liegt ein Dorf, genannt
Karye Tsemanin, das ist, das Dorf der acht,
(nicht achtzig, wie Herbelot und Otter schreiben,) welches der Ort seyn soll, woselbst sich Noah mit seiner
Familie, nach seinem Ausgange aus dem Schiffe, zuerst aufgehalten. In einigen Gegenden dieses Berges
findet man eine Art großer Fliegen, welche sich
wie die Ameisen in der Erde verkriechen, und daselbst

vor-

vortrefflichen Honig niederlegen. Das Wachs, welches aus dem Honigseime kömmt, hat einen Geruch
von Bernstein. Auf den benachbarten Bergen sammlet man Manna. Dasjenige, welches im Frühjahre
gesammlet wird, wenn man die Eichenbäume schüttelt,
ist trocken, und wird Kiezengiui genennet, und hält
sich ohne Zubereitung: dasjenige aber, welches man
im Herbste sammlet, ist flüßig, läßt sich mit Wasser
vermischen, und wird so lange gekocht, bis es dicke
wird. Die Kiurden nennen das letzte Dschezck. Auf
dem Berge Tschudi hat ehedessen ein Dorf, Namens
Kardy, gestanden, welches mich erinnert, wieder auf
die Kiurden zu kommen. Ihre Sprache ist weder
arabisch, noch persisch, noch türkisch, kömmt aber der
platten persischen Sprache näher, als irgend einer andern. Gleichwie aber die Kiurden in unterschiedene
Stämme abgetheilet sind, die eine unterschiedene Lebensart führen, also sind sie auch in der Sprache unterschieden. Sie gehen theils türkisch, theils persisch
gekleidet, überhaupt aber sehr schlecht. Der Religion
nach sind sie entweder Moslemim oder Yezidis, von
welchen letztern ich kurz vorher bey den Sekmannen
geredet habe. Sie sind lebhafte und muthige Leute,
legen sich aber stark auf das Rauben. Ein Theil derselben wohnet in Gezelten, die sie von den Haaren ihrer schwarzen Ziegen machen, und zieht mit seinem
Viehe von einem Orte zum andern, die meisten aber
wohnen in den Städten und Flecken. Ihre Fürsten
sind erbliche Herren, und entweder ganz unabhängig,
oder stehen entweder unter türkischem oder persischem
Schutze, oder sind gar türkische oder persische Vasal-
len. Diese letztern sind die schwächsten, und bedingen
sich

sich von ihren Lehnsherren ihre Herrschaften nur auf
lebenslang aus. Kiürdistan, insofern es unter kiurdischen Fürsten steht, ist in 18 Districte vertheilet.

Die Kiurden, welche den größten Theil vom Gouvernement Schehrezur einnehmen, sind kiuranische,
und ihr Hauptort ist Pelenkian, ein großer Flecken
im Districte Kizirsche, welcher ein wegen seiner Lage
auf einem hohen Berge sehr festes Schloß hat. Kiziltsche ist ein anderes Kasteel, auf der Seite von
Persien. Diese kiuranischen Kiurden kommen von
den erdilanischen her, welche sich ehedessen nach und
nach der Herrschaft der Türken entzogen, und unter
persische Bothmäßigkeit begaben. Daher bemächtigten sich die Türken ihres Landes, und schlugen es zu
dem Gouvernement Schehrezur. Von dieser Zeit an,
haben sie den Flecken Hasenzabad, in der Nachbarschaft von der persischen Stadt Hemedan, zu ihrem
Hauptorte erwählet. Die schranischen Kiurden
bewohnen das Land Harir, welches ein District in
diesem Gouvernement ist, der unterschiedene durch Kasteele beschützte Gegenden in sich fasset. Dieses ganze
Land ist eben, und liegt zwischen 2 Bergen, ein dritter
aber, Namens Semaklu, verschließt den Zugang. Der
Flecken Harir liegt am Fuße eines dieser Berge. Es
führet dahin ein sehr rauher Weg, welcher Tschar-di-
var, d. i. die vier Mauern, genennet wird, weil er auf
sehr breiten Mauern angeleget ist, welche die Thäler
durchschneiden, die man beym Uebergange über den
Berg antrifft. In desselben Nachbarschaft ist das
Kasteel Belban, an einem See, dessen Wasser sich
in den Fluß Altun Kieupri ergießt.

Otter meldet, daß das Gouvernement Schehrezur

L 4 in

in 32 Districte abgetheilet sey, Ricaut aber giebt nur 20, oder vielmehr 21 an, die er aber so fehlerhaft nennet, daß ich sie nicht anführe. Vielleicht sind unter der von Otter angeführten Anzahl, die kiurdischen Districte, welche dieses Gouvernement einschließt, mit begriffen. Der Pascha von Schehrezur hat die Würde von 3 Roßschweifen, nichts destoweniger betrachtet man den hieher gesetzten Pascha als einen ins Elend verwiesenen.

1. Amadia, eine Stadt und Kasteel auf einem sehr hohen Felsen, den zu ersteigen fast eine Stunde Zeit nöthig ist. Etwa auf dem halben Wege dahin, entspringen einige Quellen, aus welchen die Einwohner das Wasser in Schläuchen hinauf in die Stadt holen. Hieher werden aus dem größten Theile von Kiurdistan die gesammleten Galäpfel und Taback zum Verkauf gebracht, und von hieraus weiter verführet. Der Herr dieses Ortes und seines großen Districtes, welcher fast ganz bergicht ist, und darinnen der Fluß Zab, welcher in den Tiger fließt, entstehet, ist ein kiurdischer Beg. Otter schreibt, dieser District stehe heutiges Tages unter dem Gouvernement von Bagdad.

Anmerkung. Von hier bis Dschezirat Beni Omar sind 2 Tagereisen. Das dazwischen liegende Land hat keine Dörfer, sondern lauter einzelne, von einander etwa einen Büchsenschuß entfernte, Häuser. Die Berge tragen Galäpfel, und das ebene Land trägt Taback, der in großer Menge gebauet und ausgeführet wird.

2. Giaurkieui, vom Rauwolf Carcuschey genannt, ein großer Flecken, bloß von Armeniern bewohnet, eine kleine Tagereise von Mosul.

3. Arbel oder Erbil, nach der verdorbenen Aussprache Irbil, von Rauwolf Harpel, und von Lucas gar Arville genannt, vor Alters Arbela, eine Stadt in einer Ebene, zwischen den Flüssen, welche der große und kleine Zab heißen, mit einem auf einem hohen Hügel belegenen Kasteel. Die Stadt ist unterschiedene Jahrhunderte lang der Sitz eines nestorianischen Metropoliten gewesen. Sonst ist dieser Ort und desselben Gegend wegen des Sieges berühmt, den Alexander daselbst über den Darius erhalten hat.

hat. Ehedeſſen hatte dieſe Stadt ihre beſonderen Prinzen.
Ihre Gegend hat den Namen Arbelitis geführet.

Zwiſchen dem großen und kleinen Fluſſe Zab, welche
Gegend von den Syrern Zabá, von den Arabern Zuabia
genennet worden, wohnen die padgilaniſchen Kiurden
in Gezelten, und bauen das Land. Ihr Getreide verwah-
ren ſie in Gruben in der Erde. Die Felder, welche ſie anbauen, ſind am Fuße des Berges Karadſche.

4. Altun-Kieupri, das iſt, goldene Brücke, ein Flecken
am Fluſſe gleiches Namens, über welchem eine ſteinerne
Brücke erbauet iſt, deren Benennung von dem Zolle herrühret, welcher bey derſelben erleget werden muß.

5. Kierkiuk, von Hanway Kerkud, von Rauwolf Car-
cuck genannt, iſt heutiges Tages die Hauptſtadt von dieſem
Gouvernement, und der Sitz des demſelben vorgeſetzten
Paſcha. Sie iſt mittelmäßig groß, hat Mauern, und ein
Kaſteel auf einer ſteilen Höhe, an deren Fuß ein Bach fließt,
welcher Khaſſe-Su, das iſt, vortrefflich Waſſer, genennet
wird. Die Stadt liegt in einer Ebene, die viele Hügel hat.
1733 erfochten die Türken in der Nachbarſchaft derſelben
einen Sieg über die Perſer.

6. Schirkzul, eine kleine Stadt auf einer Höhe, nicht
weit vom größern Fluſſe Zab, über welchem in dieſer Gegend eine lange Brücke von Quaderſteinen erbauet iſt.

7. Schehrezur, von den Syrern Sciaharzul und
Sciaharzur, von den Türken Schehrezul, oder nach einer
andern Schreibart Sjahrezul genannt, eine Stadt, an
einem Felſen, in welchem die Häuſer als Löcher ausgehau-
en ſind. In der Gegend derſelben entſteht der Fluß Diala,
welcher, nachdem er durch einige andere Flüſſe verſtärket
worden, ſich zwiſchen Bagdad und Takikira mit dem Tiger vermiſchet. Sie war ehedeſſen die Hauptſtadt der
Kiurden.

Nahe bey dieſer Stadt iſt ein Ort, welcher das Grab
Alexanders des Großen genennet wird. Das Kaſteel
Gulamber iſt darunter in einer großen Ebene.

8. Kiurkiur-Baba, ein Hügel, ungefähr 2 Stunden
von Kierkiuk, welcher deswegen merkwürdig iſt, weil man

berich-

berichtet, daß, wenn man auf dem Gipfel desselben nur ein
wenig tief grabe, sich eine Flamme zeige, die sich an der
Luft entzünde, aber gleich wieder verschwinde, wenn die
Grube wieder zugeworfen worden. Nicht weit davon,
gegen Abend, sind 3 Naphtaquellen, die einen Bach verursachen. Wenn man in dieselben ein wenig brennende Baumwolle oder Leinwand wirft; so entsteht ein schreckliches Geräusch, und gleich darauf eine hochsteigende Flamme: es
bleibt auch die Quelle so lange mit Dampf bedecket, bis die
Materie ganz verzehret ist; alsdann höret das Feuer auf.

9. Dakuk, auch Lascium, und vom Rauwolf, wie es
scheint, Tauk genannt, ehemals eine bischöfliche Stadt,
jetzt ein Flecken, 8 Stunden von dem vorhergehenden Orte gegen Bagdad zu, an einem Flusse gleiches Namens,
woselbst es auch Naphtaquellen giebt. Dieser Ort gehöret
mit zu einem Districte, welcher ehedessen auf syrisch Garme
und Beth-Garme, und auf arabisch Bagerma hieß.
Zwischen diesem Orte und Arbel, wird eines festen Platzes,
Namens Kirchyni, Erwähnung gethan.

10. Tuz-Khurma, ein großer Flecken, 6 Stunden von
dem vorhergehenden, welcher seinen Namen von Salz und
Datteln hat, weil daselbst viele Datteln wachsen, und
man aus einem bittern Wasser ein Salz macht. Dieses
Wasser kömmt unter einem Gewölbe hervor, und läuft in
Graben, woselbst man es 2 bis 3 Tage stehen läßt, damit
es sein Wasser niederlege. Es enthält auch viel Naphta,
welches man von der Oberfläche sammlet, wenn es einige
Zeit in Gefäßen gestanden hat. Der kleine Fluß, welcher
bey diesem Flecken fließt, heißt das Wasser von Tasche
Kiupri, das ist, der steinernen Brücke.

Das Gouvernement Bagdad.

Es ist von der Wüste Nedschef, von dem Gouvernement Basra, von Khuzistan und Kiurdistan, von
den Landschaften Mosul und Urfa, und von der syrischen Wüste umgeben, und begreift den größern Theil
von Irak arabe oder Erak Arabi, das ist, von

dem

dem arabischen Jrak oder Erak, welches auch Erak
Babeli, das ist, das babylonische Erak, oder
auch schlechthin und ohne Zusatz Jrak, genennet wird,
und die alten Landschaften Chaldäa und Babylonien, auch noch ein Stück von Assyrien begreift,
denen die Araber den Namen Jrak oder Erak gegeben, diesen aber, wie Herbelot meynet, von dem
hebräischen Namen der Stadt Erek, im Lande der
Ceschdim oder Chaldäer, entlehnet haben. Jrak Arabe
gränzet gegen Westen an das Land Dschezira, und an
das wüste Arabien, gegen Süden an das wüste Arabien, den persischen Meerbusen und Khuzistan, gegen
Osten an das Land Dschebel bis Halewan, gegen Norden an das Land Dschezira. Seine Länge beträgt
von Tekrit bis Abadan 90, und die größte Breite von
Halwan bis Kadisie in der Wüste, 60 geographische
Meilen, wie Otter rechnet. Auf der von der homannischen Officin ans Licht gestelleten Charte vom türkischen Reiche, beträgt jene Länge 120 geographische Meilen, die Breite aber kömmt überein. In diesem Lande sind zwar viele wüste Districte, aber auch sehr
fruchtbare, so, daß es für eines der besten Länder des
türkischen Reichs gehalten wird. Allenthalben, wo
es nicht an Wasser fehlet, bringt die Erde Getreide,
Früchte und Baumwolle hervor. Es giebt hier schöne Pferde, Kameele, Büffelochsen und Büffelkühe,
(welche letzteren in Gegenden, wo gute Weide ist, so
viel Milch, als die besten Marschkühe an der Nordsee,
geben,) gemeine Ochsen und Schafe in großer Menge.
In einigen Gegenden der Wüste, trifft man bey den
Flüssen Löwen und wilde Schweine an, in anderen,
Gemsen, Gazellen und Hasen, und auf der Seite der
Kurdi-

kiurdistanischen Gebirge, Hirsche, Tieger, Parther, Bären, Wölfe, Füchse und Tschakals: An Geflügel
hat man Straußen, Gänse, wilde Enten, Kraniche,
Rebhüner, Haselhüner, Wachteln, Wasserhüner, und
andere Arten von Wassergeflügel, die man zwar nicht
essen kann, aber wegen ihrer Gestalt und Federn merkwürdig sind. Die Flüsse sind fischreich. Die Haupt-
flüsse, welche das Land seiner Länge nach durchströ-
men, sind der Euphrat und Tiger. Der Euphrat,
von dessen Ursprunge ich schon beym Gouvernement
Arzerum gehandelt habe, kömmt aus Dschezira in dieses Land, nimmt in demselben unterschiedene Kanäle
auf, als, denjenigen, welchen Sultan Soliman hat
zu Kierbela ausgraben lassen, den von Akerkuf, den
Kanal Nehri-Schahi, und die von Rumahie und Semavat, läßt auch andere Kanäle oder Arme wieder
aus, die sich in den Tigerstrom ergießen, nämlich
1) den Kanal Jsa, der sich in der Gegend von
Dehma, gegen Kiufa über, oder, wie andere berichten,
bey Enbar, unterhalb der Brücke von Dehma, absondert, gegen Bagdad zu fließt, und nachdem er zu
Muhawel unterschiedene kleinere Kanäle gemacht hat,
gegen Abend von Bagdad sich mit dem Tigerstrome
vermischet: 2) den Kanal von Sarsar, der sich
von dem Euphrat viel niedriger, als der vorhergehende,
absondert, zwischen Bagdad und Kiufa läuft, nach Sarsar fließt, und endlich zwischen Bagdad und Medain sich mit dem Tiger vereiniget: 3) Nehrül Melik, oder der Kanal des Königs, welcher unter Sarsar aus dem Euphrat kömmt, und weit unter Medain
in den Tiger tritt: 4) der Kanal von Kievsi, welcher unter Melik sich vom Euphrat absondert, und
weiter

weiter abwärts mit dem Tiger vermischet. Etwa
5 geographische Meilen unter diesem letztern, theilet sich
der Euphrat in 2 Arme, einer fließt nach Süden,
geht nach Kiusa, und verliert sich in den Morästen;
der andere, welcher viel stärker ist, geht bey Kasr
Ibni-Hubeire vorbey, nimmt den Namen Fluß Sura an, fließt gegen Süden, und bey der alten Babel
vorbey, theilet sich in unterschiedene kleine Arme, und
vereiniget sich nahe bey dem Lande Dschevasir, mit dem
Tigerstrome.

Der Fluß Tiger oder Tigris, (dessen Name einen
Pfeil und Wurfspies bedeutet, und seinen geschwinden
Lauf anzeiget,) welchen die Araber Didschele oder
Didschelat, und nach der Stadt Bagdad, Nahar
al Saloon, das ist, Fluß des Friedens, die Syrer
Diglito, und die Hebräer Chiddekel nennen, und
welcher viel größer als der Euphrat ist, kömmt zunächst aus dem Gouvernement Schehrezur. Er läßt
einige Kanäle oder Arme aus, nämlich 1) den großen Katul, welcher bey dem Schlosse Mutevekkil
oder Kasrul Djaferi anfängt, unter dem Dorfe Suli
den Namen Nehrevan annimmt, und unterhalb
Dscherdscheraya sich wieder mit dem Tiger auf desselben Ostseite vereiniget. Es giebt noch 3 andere Arme,
Namens Katul, die eine halbe geographische Meile
unter Surmen-Rei sich vom Tiger absondern. 2) Den
Arm Dudscheil, der über Bagdad und unter Surmen-Rei vom Tiger ausgeht. Er bewässert einen
großen Strich Landes, und von demselben gehen auf
der Ost- und Westseite viele andere Arme aus, unter
denen diejenigen, welche Merre und Deïr genennet
werden, die merkwürdigsten sind. 3) Den Arm Tsib-
Lis

ki-Schirin, etwa 5 geographische Meilen unter dem vorhergehenden. Er ist heutiges Tages vertrocknet. Der Tigerstrom nimmt auch Flüsse auf, vornehmlich den Fluß Diala, durch den er merklich verstärket wird: allein, im Sommer nimmt sein Wasser sehr ab, sowohl wegen der trockenen und heißen Witterung, als wegen der vielen daraus abgeleiteten und vorhin beschriebenen Arme, die zur Bewässerung der Ländereyen dienen. Alsdenn ist die Schiffahrt auf diesem Strome schwer. Ueberhaupt ist von der Schiffahrt auf diesem Strome zu bemerken, daß sie, wegen der vielen Krümmungen, Inseln und steinichten Sandbänke, beschwerlich sey, und den Strom abwärts auf viereckichten Flößen geschehe, die aus dicken viereckichten hölzernen Stangen mit Stricken zusammen gebunden, unter welchen aber, anstatt des Bodens, viele Schläuche von Bockshäuten auch mit Stricken angebunden sind, die Morgens und Abends durch Stücke von Schilfrohr aufgeblasen, auch von oben oft angefeuchtet werden und dazu dienen, daß die Flöße an seichten Orten desto leichter durchkommen. Solcher Schläuche sind, nach Unterschied der Größe der Flöße und ihrer Ladung, 150 bis 300, die Flöße aber sind gedoppelt, indem über der untersten eine andere 2 bis 3 Schuhe hoch erhöhet ist, auf welche die Güter geleget werden, um sie vor der Nässe zu bewahren, die Personen aber setzen sich auf ihre Päckereyen. Eine solche Flöße wird ein Kielek genennet. Drey oder vier Leute regieren dieselbige. Weil man aber mit diesen Fahrzeugen nicht wider den Strom schiffen kann, so ist man gewohnt, nach vollbrachter Reise den Wind aus den Schläuchen zu lassen, und sie hierauf von einander zu lösen, und entweder

zu

zu anderweitigen Gebrauch zu verkaufen, oder auf Laſt-
thieren zurückzuführen.

Der Euphrat und Tiger treten, wiewohl nicht alle
Jahre, im Winter ſo ſtark aus, daß ihr Waſſer in der Gegend von Bagdad zuſammenſließt. Im Auguſtmonat
treten ſie allezeit aus, und überſchwemmen das nächſt umliegende Land. Ihre erſte rechte Vereinigung geſchieht
bey dem Lande Dſchevoſir, und der vereinigte Strom,
welcher Schat ül Areb, das iſt, der Fluß der Araber, genennet wird, theilet ſich bald darauf in viele Arme,
die unterſchiedene Inſeln machen, welche die Inſeln
des Fluſſes der Araber heißen. Dieſe Arme
werden durch die Flüſſe Khurrem-abad, welcher
vom Berge Elvend kömmt, und gegen Dſchemaſe
über einfließt, und Tüſter, der aus Khuziſtan kömmt,
und bey Elvas einfließt, verſtärket, vereinigen ſich
wieder bey Korna, und der ganze Strom geht hierauf nach Basra, von dannen aber in den perſiſchen
Meerbuſen.

Vom Euphrat und Tiger iſt noch anzumerken,
daß, wenn die Araber, ſowohl Weiber als Männer,
über dieſelben ſchwimmen wollen, ſie gemeiniglich einen
aufgeblaſenen Schlauch unter die Bruſt oder Achſeln
nehmen, ohne doch ſich dieſelben anzubinden.

An dieſen Strömen und ihren Armen ziehen Araber, als die alten Einwohner dieſes Landes, umher,
welche in Zelten leben, und ſich von der Viehzucht ernähren, und in benachbarten Gegenden, wo Getreide
wächſt, Brodt eintauſchen. Sie geben niemand
Schatzung. Ein jedes Lager, oder ein jeder Stamm,
hat einen Scheikh zum Oberhaupte, welcher ſie, nach
der Meynung der Alten, regieret. Ihre Kleidung beſteht

steht gemeiniglich in einem Mantel nach ihrer Art, darunter die meisten ein Hemd tragen. Die Frauen sind mit großen violetfarbichten Hembern bekleidet, über welche sie, wenn es kalt ist, ein grobes Ueberkleid ohne Ermeln, Aba genannt, anziehen. Sie färben sich an den Armen und andern bloßen Theilen des Leibes, mit einer violet- oder dunkelbraunen Farbe, welche sie Usciam nennen, und tragen goldene und silberne Ringe, die im Durchschnitte 3 Finger breit sind, in der Nase. Die Zelte dieser Araber sind mit dickem Tuche von schwarzen Ziegenhaaren bedecket. Diejenigen, welche P. della Valle unterhalb Bagdad besehen hat, waren nicht rund, und mit einer langen Stange unterstützet, sondern nach der Länge auf der Erde eben so aufgespannet, wie die Zelte auf den Galeeren. Thevenot sah, unterhalb Mosul der Araber Sommerwohnungen von Stangen 2 Klaftern ins Gevierte gemacht, und mit Laubwerk bedecket. Des Winters wohnen sie in gedachten Zelten, von schwarzen Ziegenhaaren. Ein jeder Stamm lebet von dem andern abgesondert. In Ansehung der Religion, sind sie sunnische Muhammedaner. Es sind unterschiedene Dörfer in Irak Arabé, deren Einwohner Nabathi genennet, und von den Arabern für unwissende und dumme Leute gehalten werden. Sie legen sich bloß auf den Ackerbau. Sie sollen ursprünglich Kiurden seyn; wiewohl es auch Schriftsteller giebt, welche den Ursprung der Kiurden von den Nabathi herleiten-wollen.

Der Pascha von Bagdad ist einer von denenjenigen, welche ihre Besoldung vom türkischen Kaiser bekommen. Ricaut meldet, daß er 22 Sandschackschaften unter sich habe, welche er nennet, aber allem Ansehen

sehen nach so fehlerhaft, daß ich die Namen nicht hieher setzen mag, weil ich sie nicht alle verbessern kann.
Von denen dazu gehörigen Oertern kenne ich folgende.

1. Bagdad, vom gemeinen Manne auch Bagdet, von
einigen alten Reisebeschreibern Baldach oder Baldac, und
von andern Arig Babylon genannt, die Hauptstadt von
diesem Gouvernement und ganzen Lande Jrak Arabe, liegt
an der Ostseite des Tigerstroms, längst welchem sie sich
ungefähr eine halbe geographische Meile erstrecket, und
überhaupt länger, als breit ist. Tavernier und Thevenet
melden, man könne sie, sowohl zu Wasser als Lande, in 2
Stunden umgeben, und Otter schätzet den Umfang ihrer
Mauern auf 12300 ordentliche Ellenbogen. Sie hat
Mauern von Backsteinen, an einigen Orten Wälle, auch
163 große Thürme, wie Bollwerke, die mit Kanonen versehen sind, auch breite und tiefe Graben, welche trocken sind,
aber aus dem Strome mit Wasser angefüllet werden können, wenn man will. Ihre vier Hauptthore heißen, das
Thor von Jmam Azem, Alkapi, Karanlikkapi, und das
Brückenthor, welches letztere an der Seite des Stromes
ist, und zu der Schiffbrücke führet, die über den breiten,
tiefen und schnellen Strom angeleget ist. Das Schloß
oder Kasteel ist in der Stadt, hat einen guten Graben, erstrecket sich vom Strome bis an das Thor von Jmam-
Azem, und hat Janitscharen zur Besatzung. Das Haus,
welches der Pascha bewohnet, liegt am Strome, und hat
2 schöne Gärten. Unter dem Pascha stehen gemeiniglich
12000 Mann. Die Stadt ist nicht schön. Ihre Häuser
sind entweder von gebrannten oder von ungebrannten
Backsteinen. Die öffentlichen sowohl gottesdienstlichen
als anderen Gebäude, sind zahlreich. P. Della Valle
meldet, die Stadt habe in ihrem Umfange viel ungebautes
Land, und viele unbewohnte Plätze. Tavernier und Thevenot schreiben, sie sey, in Ansehung ihrer Größe, nicht
volkreich, sondern habe, wie der erste hinzusetzet, seit dem
sie von den Türken beherrschet worden, niemals über 15000
Einwohner gehabt. Hingegen Otter beschreibt sie als
volkreich. Die hiesigen Muhammedaner sind theils Mes-
lemim, theils Anhänger des Ali, welche letztere schimpf-

5 Th.   M   weise.

weise Rafedhi, oder Rafazi, d. i. Ketzer, genennet werden.
Die hier wohnenden Christen sind theils nestorianische Syrer, welche, wie Tavernier versichert, eine eigene Kirche
haben, theils Armenier, theils jacobitische Syrer. Die
hiesige römischkatholische Mission hat viele dieser Christen
zur römischen Kirche gebracht, und zu diesem Ende sind hier
ein Bischof, Capuciner- und Carmeliter-Mönche. Juden
sind auch in dieser Stadt. Sie treibt, wegen ihrer Gemeinschaft mit Basra, starken Handel. Der umliegende
Boden bringt gute Datteln, Citronen. Pomeranzen, Reiß,
Getreide und andere Früchte, aber nicht in großer Menge.
Daher läßt man noch Datteln von Basra kommen, Getreide von Haßkle, Aepfel, Rosinen und Citronen von Wasit, vortreffliche Granatäpfel von Schebreban, und Zuckerrohr und Reiß aus dem Districte Bataïb oder der Moraß
genannt. Die Hitze ist hier des Sommers sehr groß. Thevenot meldet, man brenne hier mehr Naphtaöl als Licht,
und man brauche hier Tauben zu Volken. Abu Giafar
Almansor, zweyter Khalif vom Geschlechte der Abassiden,
ist der Stifter und Erbauer dieser Stadt, zu welcher er im
762sten Jahre Christi den Grund geleget, und sie Dar al
Salam, d. i. Wohnung des Friedens, oder Medinat al
Salam, d. i. Stadt des Friedens, genennet hat, daher
sie bey den Syrern Medinat Salama, und bey den Griechen Eirenopolis heißt. Den Namen Bagdad hat sie
von dem Felde bekommen, auf welchem sie erbauet worden. Sie war bis 1258 der Sitz der abassischen Khalifen,
2 oder 3 ausgenommen, und die Hauptstadt des saraceni-
schen Reichs. In gedachtem Jahre ward sie von den
Tataren oder Mongolen, unter Anführung ihres Königes Holagk, erobert und verwüstet, welcher hierauf auch
Mosul und ganz Mesopotamien einnahm. Die Tataren
machten zu Bagdad erstaunlich große Beute, denn diese
Stadt war damals eine der reichsten und mächtigsten.
Sie blieb unter der Herrschaft der Tataren, bis 1392,
da Timur Beg sie zum erstenmal einnahm. Er eroberte
sie 1400 zum zweytenmal, gab sie aber zurück. Der
folgenden Eroberungen nicht zu gedenken, so wurde sie
1470 von dem turkomannischen Prinzen Hassan, mit dem
Zunamen

Zunamen Uzun, erobert, deſſen Nachfolger ſie bis 1508 beſaßen, da Schach Iſmael, mit dem Zunamen Soﬁ, König von Perſien, ſie eroberte. Nachmals war ſie ein Zankapfel zwiſchen den Perſern und Türken, bis Amurat III ſie 1638 einnahm, ſeit welcher Zeit ſie unter des osmanniſchen Reichs Bothmäßigkeit geblieben iſt. 1733 und 1743 wurde ſie von den Perſern vergebens belagert.

Sie hat an beyden Seiten des Tigers weitläuftige Vorſtädte. In der an der Weſtſeite deſſelben belegenen Vorſtadt, welche Karkh, Al Corch und Mahuza heißt, haben einige Khaliſen gewohnet.

Die türkiſche Sprache, welche zu Bagdad und in dieſer Gegend geredet wird, iſt von der, welche zu Conſtantinopel geſprochen wird, merklich unterſchieden.

2. Imam Muſſ, ein berühmtes Dorf, welches ein Wallfahrtsort iſt, der ſeinen Namen von dem hier begrabenen Muſa, einem der 12 Imams, hat. Es werden von entfernten Orten Wallfahrten dahin angeſtellet, und die Weiber zu Bagdad gehen alle Freytage dahin, weil dieſes Dorf nur eine Stunde davon liegt.

Imam-Azem, auch ein Dorf, dahin gewallfahrtet wird, liegt nicht weit vom vorhergehenden.

3. Rengiöſche, ein Dorf am Tigerſtrom, zwiſchen welchem und Bagdad es viele Dörfer und Gärten giebt. An dieſem Orte tragen die Gärten gute Feigen, Granatäpfel, auch lange und ſehr dicke Weintrauben.

4. Schehreban, eine Stadt, oder nach eines andern Benennung, ein großer Flecken auf der Oſtſeite des Fluſſes Diala.

5. Haruni oder Haronia, ein Ort, welchen der Khalif Harun erbauet hat. Einer nennet ihn eine Stadt, ein anderer ein Dorf.

6. Kizil Rubat oder Rabat, ein Flecken am Fluſſe Diala, der Hauptort eines Diſtrictes, zu welchem Bedraï, Rieſchab, und andere Flecken gehören. Es hat hier ein Beg der Kiurden ſeinen Sitz. Bey dieſem Orte nimmt der Fluß Diala die kleinern Flüſſe Derne, Dertenk und Tuz-Khurma, auf. Wenn man aus dieſem Diſtricte kömmt, trifft man zwiſchen dem türkiſchen und

perſi-

perſiſchen Gebiethe eine Gegend an, die ehedeſſen fruchtbar und von Türken bewohnet geweſen, von den Perſern
aber gänzlich verwüſtet worden; nach dem Grundſatze,
daß eine Wüſte beſſer, als eine Feſtung, vor feindlichem
Anfalle beſchütze.

7. Khanikin, ein großer Flecken, an dem Fluſſe, der
von Halwan kömmt.

8. Halwan, oder Hulwan, ſpriſch Hulun, ſonſt auch
auf ſpriſch Chalach und Halach, eine Stadt an einem
davon benannten Fluſſe. Sie iſt die letzte Stadt in Irak
Arbe nach Perſien zu, und man fängt daſelbſt an, die hohen beſtändig mit Schnee bedeckten Berge zu beſteigen,
welche das türkiſche und perſiſche Gebieth in dieſer Gegend ſcheiden. Die Khalifen von Bagdad pflegten ſich
hier in der heißeſten Sommerzeit aufzuhalten.

9. Kasri Schirin, eine Feſtung am Fluſſe Halwan,
4 geographiſche Meilen von der vorhergehenden Stadt.
Sie hat 1000 Schritte im Umfange. Die daſige Luft
iſt ungeſund, und der berüchtigte Wind Semum, welchen die Türken Sam Yeli nennen, bläſt hier bisweilen.

Nicht weit von hier, iſt ein hohes Gebirge, von den
Griechen Jagros genannt, welches das türkiſche und perſiſche Gebieth ſcheidet, und auf welchem die Perſer unterſchiedene feſte Plätze zur Beſchützung der Gränze angeleget haben, von welchen Derrenk am nächſten bey
Kasri-Schirin iſt.

10. Samara, eine türkiſche Moſchee, nicht weit vom
Tiger, dahin gewallfahrtet wird. In dieſer Gegend hat
ehedeſſen eine Stadt gleiches Namens geſtanden, von
welcher noch viele Ueberbleibſel zu ſehen ſind, und welche
Motaſſem VIII, Khalif vom abaſſiſchen Geſchlechte, erbauen laſſen, und zum Wohnſitz erwählet hat. Sie hat
auch Sürmenrei oder Sermenrai (richtiger Sermenraa
oder Serramenraa) und Asker geheißen, und nach dem
letztern Namen, den ſie von dem Lager der türkiſchen
Soldaten bekommen, ſind die Imams, vom Geſchlechte
des Ali, Asperi genennet worden. Die Anhänger des
Ali glauben, daß der 12te und letzte Imam, Muhammed

med, mit dem Zunamen Mahadi, am Ende der Zeit hieselbst wieder zum Vorschein kommen werde.

11. Gegen Tikrit über, an der Ostseite des Tigers,
sieht man die Trümmer einer Stadt, welche Eski Bagdad, das ist, alt Bagdad, genennet werden.

Nachfolgende Oerter liegen von Bagdad gegen Südost, zwischen dem Tiger und Persien.

12. Mendeli, ein großer Flecken mit einer Schanze
an der Gränze von Persien, und an einem kleinen Flusse,
der aus Persien kömmt, dessen Wasser aber nicht hinlänglich ist, die hiesigen Ländereyen und Gärten zu bewässern,
welche noch fruchtbarer seyn würden, als sie schon sind,
wenn hier mehr Wasser wäre. Es giebt hier viel Datteln und andere Früchte.

Zwischen diesem Orte, und dem folgenden, giebt es
einen Naphta-Bach, dessen Quelle auf einem benachbarten Berge ist.

13. Bladerus, ein großer Flecken, dahin man durch
einen Kanal aus dem Flusse Diala Wasser kommen läßt,
um den Boden fruchtbar zu machen.

14. Selman oder Soliman Pak, eine Moschee und
Andachtsort der Muhammedaner, nahe beym Tiger. Der
Name bedeutet so viel, als Selman oder Soliman der
reine.

15. Madaïn oder Medaïn, ein Dorf, ehemals aber
eine Stadt, die nahe bey dem vorhergehenden Orte, eine
Tagereise von Bagdad, auf beyden Seiten des Tigers
gestanden, und einen großen Umfang gehabt hat, wie die
noch vorhandenen Ueberbleibsel anzeigen. Der angeführte arabische Name, welcher richtiger Modaïn heißt,
und aus dem syrischen Namen gemacht worden ist, bedeutet Städte oder zwey Städte, ist er aber dieser Stadt
um deswillen beygeleget worden, weil sie auf beyden
Seiten des Stroms gelegen hat? oder haben die Araber
mit diesem Namen 2 gegen einander über gelegen gewesene Städte, nämlich Ctesiphon und Seleucia belegt? Beyde Meynungen haben Wahrscheinlichkeit und Vertheidiger.
Der zweyten sind, außer Assemann und andern, die Reise-

beschrei-

beschreiber P. della Valle und Otter zugethan, und beyde
halten dafür, daß auf der Ostseite des Stroms Ctesiphon, auf der Westseite aber Seleucia gestanden habe.
Abulfeda meldet, daß der Stadt Tisbon (ist Ctesiphon)
gegen über, auf der Westseite des Stroms, eine Stadt,
Namens Sabat, und neben derselben eine andere, Namens Nebri-Schir, gestanden habe. Eine von diesen beyden müßte also Seleucia, in ältern Zeiten Coche,
gewesen seyn. Rauwolf irret, wenn er die Stadt Bagdad für Ctesiphon, und ihre Vorstadt auf der Westseite
des Stroms für Seleucia hält. Herbelot ist nicht der
Meynung, daß Madaïn die Stadt Ctesiphon sey, sondern schreibt, die persischen Geschichtschreiber meldeten,
Schabur oder Sapor habe die Stadt Madaïn unter
eben diesem Namen angeleget, und Khosru oder Khosroes habe sie ansehnlich vergrößert, insonderheit aber mit
einem ansehnlichen Pallaste gezieret, der sehr berühmt gewesen, und auf arabisch Thak-Kesra, auf persisch aber
Thak-Khosru, das ist, das Gewölbe des Khosroes, genennet worden. Vermuthlich ist der noch jetzt fast eine
Meile vom Strome stehende Ueberrest eines großen Gebäudes, welches, wie P. della Valle, der es besehen und
beschrieben hat, berichtet, Alban Kesra, genennet wird,
ein Ueberrest dieses Pallastes. Eben dieser Reisebeschreiber übersetzet diesen Namen durch Cäsars Pallast: allein,
man kann ihn eben sowohl durch Khosroes Pallast über-
setzen. Otter, der dieses Gebäude auch besehen hat, sagt,
es sey ein Ueberrest von dem Pallaste der alten persischen
Könige, genannt Tahtkisra, das ist, der Thron des
Kaisers. Eben derselbige erzählet, Tahmuris habe den
Grund zu Madaïn geleget, und Dschemschid habe die
Stadt vollendet. Sonst ist noch anzumerken, daß diese
Gegend noch zu Assyrien gehöret habe.

Nahe bey Madaïn war Rumië, eine Stadt, welche Khosroes, genannt Anuschirwan, nach der Eroberung von Antiochien, u. dieser Stadt ganz ähnlich, erbauen lassen, auch die
von dannen weggeführten Einwohner hieher versetzet hat.

Zwischen Bagdad und Wasit hat man die alte Stadt
Nahavan zu suchen, 3 geographische Meilen gegen Osten

vom Tiger. Von derselben hat ein District den Namen,
dazu auch die kleine Stadt Affaf gehöret.

Die ehemaligen Städte Wasit, (das ist, die mittlere,
weil sie in der Mitte zwischen Bagdad, Kiufa und Basra
gelegen,) an der Ostseite des Tigers, oder, wie Abulfeda
berichtet, auf beyden Seiten desselben, welche auf der
Gränze der Gebiethe von Bagdad und Basra, im Gebiethe der Stadt Casar, lag, und bey welcher das Dorf
Scheemegan, in welchem unterschiedene berühmte Leute
geboren sind, gelegen war, Dscherofcheraya, Dschebel,
Numanie oder Nomania und Hum-ülfilh, welche 4
Städte zwischen Bagdad und Wasit gelegen haben, sind
nicht mehr vorhanden. Unter Wasit ist ein Ort, Namens
Hilla, mit dem Zunamen Beni Kabile.

16. Am-rat oder Amara ein Dorf mit einer Schanze,
welches von Arabern bewohnet wird.   Unter demselben
theilet sich der Tiger in 2 Arme; der, welcher zur Rechten
fließt, vereiniget sich mit dem Eupbrat, eher als derjenige, welcher zur Linken fließt: denn dieser vereiniget
sich mit dem Eupbrat erst bey Korna, und machet mit
demselben eine große Insel, welche die Araber Dschezaïr
(d. i. die Inseln,) nennen, die reich an Getreide, Weide
und Vieh ist, und von den Arabern, welche Beni Lame
genennet werden, bewohnet wird.

17. Dschamide, der Hauptort des Districtes, welcher
der Morast (Bataïh) von Wasit und Basra genennet,
und von den Armen des Tigers gemacht wird, und unterschiedene Flecken und Dörfer begreift.   Die Einwohner sind Chaldäer oder Sabier.

18. Asra Jbni Harun, d. i. das Grab Esra; ein
Ort, für welchen die Muhammedaner große Ehrerbiethung haben.   Die Juden haben daselbst eine Kapelle
von Backsteinen, die mit einer Mauer umgeben ist, erbauen lassen, und stellen jährlich eine Wallfahrt dahin
an.   Das Grab ist mitten in der Kapelle, und mit einem eisernen Gitter umgeben, an welchem eine vergol-
dete Inschrift in hebräischer Sprache zu lesen.

19 Korna, beym Tavernier Corno, eine sogenannte
Stadt, nebst einer Schanze und einem Zollhause, beym

M 4   Zusam-

Zusammenflusse des Euphrats und Tigers, gegen Rab-
maniè über. Die Fluth erstrecket sich aus dem persischen
Meerbusen bis hieher, ja noch etwas höher hinauf.

20. Gegen Korna über, an der Ostseite des Tigers, ist
das Land Dschewasir, welches den Türken gehöret, die
Perser aber haben daselbst eine kleine Festung mit 200
Mann Besatzung, welche alle Jahre abgelöset werden.

21. Dschessan, ein anderer District auf eben dieser
Seite, an der persischen Gränze, zwischen Dschevasir
und Dertenk. Es ist daselbst eine Festung, zwischen den
Festungen Bedraï und Mugul-Khani. Der Fluß Afitab
fließt bey Dschessan und Bedraï vorüber.

An und um den Euphrat, diesen Strom
abwärts, liegen folgende Oerter.

22. Hit, von den Syrern Haïta, vom Rauwolf Joe
genannt, eine Stadt jenseits des Euphrats, auf einem
hohen Ufer, mit einem Kasteel. Sie ist theils wegen
des Grabes eines muhammedanischen Heiligen, Namens
Abdalla, Sohn des Mobarek, theils wegen der in ihrer
Nachbarschaft befindlichen sehr reichen Harzquellen, bekannt.

23. Anbar, auch Pheroz-Sapor, und von den Rab-
binen Peruz Sciabbur genannt, eine Stadt am Euphrat,
welche Abul Abbas Saffah, erster Khalif vom abassischen Geschlechte, im Jahre Christi 751 von neuem erbauet, und daselbst so lange gewohnet hat, bis er eine
andere benachbarte Stadt, Namens Haschemiab, zu seinem Wohnsitze erwählet, welche Herbelot an einem Orte
für einerley mit Anbar hält, an einem andern aber davon unterscheidet, wie Assemann wohl angemerket hat.
Es ist hier ein nestorianisches Bisthum gewesen.

Anmerkung. In der Gegend von Anbar hat die Stadt Ctesi-
sapor, von den Syrern auch Beth Vazich, auf arabisch aber
Ba-Vazich oder Ba-Vazig genannt, gelegen. Es ist aber noch
eine andere Stadt gleiches Namens zwischen Tekrit und Erbil
vorhanden gewesen. Ob von beyden noch etwas übrig sey? weis
ich nicht.

24. Feludsche, von Rauwolf Felugo genannt, ein gros-
ses Dorf, auf der Ostseite des Euphrats, welches berühmt

rühmt ist; weil daselbst die Fahrzeuge anlanden, die von
Biraidschik herabkommen. Hier sondert sich vom Euphrat ein Arm ab, der sich zwischen Imam Musa und
Knschelar-Kalasi mit dem Tiger vereiniget. Es ist hier
vor Alters eine steinerne Brücke über den Euphrat gewesen, deren Ueberbleibsel Rauwolf beschreibt, nach dessen Meynung hier die Stadt Babel gestanden hat.

Nicht weit von Feludsche muß das große Dorf Ruswania liegen, dessen P. della Valle und Thevenot Erwähnung
thun. Jener meldet, es sey nach seinem Besitzer auch Muh-
mudie und von andern Gedida, d. i. neu, genennet worden.
Nach seiner Erzählung liegt es nicht am Euphrat, sondern von demselben gegen Osten wohl eine Tagereise entfernet. Hingegen Thevenot beschreibt es als einen Ort
am Euphrat, wo zu seiner Zeit die von Biraidschik her-
abgekommenen Barken angelandet, und die Waaren auf
Kameele geladen worden, um nach Bagdad gebracht zu
werden.

Rauwolf hat auf dem Wege von Feludsche nach Bagdad eine Stadt, welche er Trart nennet, und viele Steinhaufen von Gebäuden, angetroffen.

25. Akerkuf, ein Hügel, gegen Osten vom Euphrat,
welcher deswegen berühmt ist, weil die alten Landesfürsten daselbst begraben sind. Dieses berichtet Otter. Tavernier meldet, dieser Hügel, dessen Namen er Agarcuf
schreibt, sey zwischen den Flüssen Euphrat und Tiger
und von jedem gleich weit entfernet. Es sey daselbst
ein verfallenes steinernes Gebäude, welches für ein Ueberbleibsel des babylonischen Thurms gehalten werde. Tei-
xeira nennet diesen Hügel Karkuf.

26. Kiuci, ein Dorf, in der Nähe des vorbergenann-
ten Hügels. Man behauptet in dieser Gegend, hier sey
Abraham geboren.

27. Sarsar, eine Stadt. Zwey geographische Meilen über
derselben, an einem Arme des Euphrats, hat die Stadt Nehrül Melik oder Nahar Melek gelegen. Sie hatte ihren
Namen von gedachtem Arme des Euphrats, welcher von
den griechischen Geschichtschreibern Basilikos Potamos
genennet wird. Alle diese Namen bedeuten des Königs Kanal oder Fluß. M 5 28. Me-

28. Meschehed Hussain oder Hüsein, oder der Ort des Märtyrers Hüssain, heißt der Ort auf der Ebene von Kierbela, woselbst Hüssain, Sohn des Ali, begraben worden, nachdem er auf eben dieser Ebene überwunden und gestorben war. Die Muhammedaner wallfahrten dahin.

29. Kasr Ibni Hubeire, oder nach einer andern Schreibart, Kasr Ben Hobeirah, (das ist, Pallast des Enkels Hubeire,) eine Stadt, 2 Meilen vom Euphrat, aus welchem sie das Wasser durch kleine Kanäle bekömmt.

30. Kierbela oder Kerbela, ein Dorf, der vorhergehenden Stadt gerade gegen über, nach der Seite der von diesem Orte benannten Ebene oder Wüste.

31. Babel, von den Morgenländern Babeli, von den Lateinern Babil, und von den Griechen Babylon genannt, eine vor Alters sehr große, ansehnliche und hochberühmte Stadt am Euphrat, ist dergestalt eingegangen, daß man ihre Lage heutiges Tages nur muthmaßlich bestimmen kann. Nach einiger Meynung hat sie unweit der Stadt Hella, derselben gegen Norden, gestanden. Man findet daselbst mitten in einer wüsten Ebene, nicht weit vom Euphrat, einen viereckichten hohen Steinhaufen, der, nach P della Valle Abmessung, ungefähr 1134 seiner Schritte im Umfange hat, und theils aus sehr großen in der Sonne gedörreten Steinen, theils aus ordentlichen Backsteinen, besteht. Man nennet diesen Haufen, der von einem eingefallenen Thurme zu seyn scheint, Eski Nimrod, das ist, alt Nimrod, in der Meynung, daß er der Ueberrest vom Thurme zu Babel sey.

32. Hilla oder Hella, vor Alters Dschamiein, eine Stadt nicht weit von dem vorhergehenden Steinhaufen, in einem ebenen Lande, auf beyden Seiten des Euphrats, über welchem eine Schiffbrücke erbauet ist, die beyde Theile der Stadt verbindet; doch liegt die eigentliche Stadt auf der Westseite des Stroms. Es scheint, daß sie aus den Trümmern der Stadt Babel erbauet sey. Sadaka, der Sohn Debis, hat sie im Jahre 1101 vergrößert, und mit einer Mauer umgeben, die aber jetzt verfallen ist. Sie wird durch ein kleines Kastell beschützet, ist ziemlich groß, und die Häuser sind von guten al-

ten

ten Backsteinen erbauet, aber nur ein Stockwerk hoch.
Die Menge der Frucht-insonderheit Palmbäume, ist in
den hiesigen Gärten so groß, daß es von ferne scheint,
als ob die Stadt in einem Walde liege. Man verfertiget hier wollene Gürtel, seidene Schleyer, schöne Pferde-
zäume, und schöne Fayance, die aber etwas schwer ist.
Zwischen Basra und Wasit, auch zwischen Basra und
Ehwaz, und bey Mosul, giebts noch 3 Oerter Namens
Hilla.

Das Land, welches von hieraus den Strom hinab,
auf beyden Seiten desselben liegt, ist gut, hat auch viele
Dörfer.

33. Nebi Ejub, d. i. der Prophet Hiob, eine Kapelle,
an der Westseite des Euphrats, die man für den Begräbnißort Hiobs ausgiebt.

34. Sil-Kiesel, ein Dorf, etwa 3 geographische Meilen von
Kiufa, woselbst das Grab des Propheten Ezechiel seyn soll,
dahin die Juden eben sowohl, als die Muhammedaner, wallfahrten. Der Fluß, daran es liegt, und welcher sich in
den Euphrat ergießt, soll, nach der Araber Meynung, der
Fluß Cebar, nach ihrer Aussprache Chebar oder Cha-
bor seyn, daran Ezechiel seine Gesichte gesehen hat.

35. Sermelaba, ein Ort, in der Nachbarschaft des
vorhergehenden, woselbst auch Gebäude zu sehen sind,
welche die Könige von der Familie des Scheikb Saff
mit großen Unkosten erbauen lassen. Man verwahret
daselbst die Opfer der Pilgrime, welche von beträchtli-
chem Werthe sind. Mansor Divaniki vollendete einen
Flecken, den Ali hieselbst angefangen hatte, und verband
denselben mit Kiufa durch eine Mauer.

36. Meschehed Ali, ein großer und bemauerter Flecken, dahin zu Ali Grabe gewallfahrtet wird. Schach
Tahmasib hat diesem Imam ein prächtiges viereckichtes
Grabmaal erbauen lassen. Dieser Flecken liegt in einem
ebenen Lande, welches zum Districte Nedschef gehöret.

Ungefähr eine Meile davon, oder 2 Tagereisen von
Hilla, gegen Westen, hat die berühmte Stadt Kiufa
oder Cufa, von den Syrern Acula genannt, am westlichen Ufer eines Arms des Euphrats gestanden, woselbst

Al 4

Auſer dem Hauſe deſſelben
richts mehr davon nörig.
". Ben dieſer ehemaligen
e Schule geweſen, haben
'n ihren Namen, welche
en ſind. Der Moraſt
ch das Waſſer des Eu-
rn bewohnet, die gros-
indiſche Schriften be-
n ſich vor Alters bis

ernof, der prächt'
öniges Roman
r dem Anfan
ſem Lande
man der
iroh, o

als geringem Wer[...] [...]st sicher hingesetzet, und verwahret werden k[...] [...]e verschlossen zu seyn.

39. Elmenain [...]rendelid, Kanäle an der Ostseite des Euphr[...] [...]tern steht das Dorf Dauo il
Laikie.

40. Zweite[...] [...] Festung am Euphrat, etwas
über dem Flu[...]

41. Divan[...] [...]r Flecken auf der Ostseite des
Euphrats, [...] [...]Gegend ist eine der fruchtbarsten
in Arabien.

42. Ler[...] [...]rt in den Morästen, woselbst vor
Alters ein[...] [...]Schlacht vorgefallen ist, darinnen
viele Ju[...] [...]men sind. Gleich darneben ist ein
Dorf, d[...] [...]lische Araber wohnen.

43. [...] [...]solchen kommt man in die Mo-
[...] [...] wohnenden Leute
[...] [...]es Euphrats, wenn

[...] [...]n auf der Ostseite des
[...] [...]hoch, und wird von den
[...] [...], bewohnet, die theils in
[...] [...]en leben.

[...] [...] auf der Ostseite des Euphrats,
[...] Die Türken haben dieselbige
[...] [...]r im Zaume zu halten; weil sie
[...] [...]nnen unterhalten, ist sie von den
[...] [...]dernen Orten eingerissen.

[...] [...]d della Valle Argia genennt, ein
[...] [...]wohnter Flecken am Euphrat.
[...] [...]en Nordwesten, und über eine gro-
[...] [...]n, hat P della Valle 1625 auf einem
[...] [...]füsse, einige eingefallene Häuser ge-
[...] [...]ebackenen und sehr großen Steinen
[...] [...]dem Harze, als man hier in der Wüste
[...] [...]d salpetrichten Felde auftrifft, zusam-
[...] [...]daher dieser Berg von den Arabern
[...] [...] mit Pech angefüllet, genennet wird.
[...] [...]sowohl, als auf andern schönen schwar-
[...] [...]er uralte und **unbekannte Buchstaben**
oder

Ali ermordet worden ist. Außer dem Hause desselben und einem alten Tempel, ist nichts mehr davon übrig. Die Gegend ist sehr fruchtbar. Von dieser ehemaligen Stadt, in welcher eine berühmte Schule gewesen, haben die ältesten arabischen Buchstaben ihren Namen, welche von den neuern sehr unterschieden sind. Der Morast (Bataih) von Kiufa, wird durch das Wasser des Euphrats verursachet, und von Arabern bewohnet, die grosse Räuber sind. Einige morgenländische Schriften berichten, daß der persische Meerbusen sich vor Alters bis Kiufa erstrecket habe.

In dieser Gegend hat auch Khavernak, der prächtige und berühmte Pallast des großen Königes Noman oder Numan gestanden, dessen Familie vor dem Anfange der muhammedanischen Religion in diesem Lande regieret hat. Diese Fürsten, unter welchen Noman der rote war, hatten ihren Wohnsitz zu Hire oder Hirah, auf syrisch Hirta, welche ansehnliche Stadt etwa eine Meile von Kiufa gelegen hat, und im Jahre Christi 638 zerstöret worden ist. Der ganze District um Kiufa mit allen darinnen belegenen Flecken und Dörfern, führet den Namen Suad.

37. Kadisie oder Cadessia, eine kleine Stadt in der Wüste, etwa 12 geographische Meilen von Kiufa, auf dem Wege nach Mecca, welche wegen einer Schlacht berühmt ist, die daselbst im 636sten Jahre Christi zwischen den Arabern und Persern vorgefallen ist, und in welcher die ersten einen wichtigen Sieg erfochten haben. Man muß sie mit einem Orte gleiches Namens, in der Nachbarschaft von Samir, nicht verwechseln. Auf den Landcharten ist sie unrichtig viel weiter gegen Norden gesetzet worden; denn sie liegt unter den 31 Gr. und 10, oder wie ein anderer will. 40 Min. der Breite.

Wir gehen nach dem Euphrat zurück.

38. Mekam ül Kidre, das ist, die Gegend, wo sich der Prophet Elias aufgehalten hat, eine kleine Kapelle auf der Westseite des Euphrats, welche bey den Arabern ein so heiliger Ort ist, daß eben sowohl Sachen von großem

als

als geringem Werthe daselbst sicher hingesetzet, und verwahret werden können, ohne verschlossen zu seyn.

39. Elmenaïne und Elgerendelie, Kanäle an der Ostseite des Euphrats. Am letztern steht das Dorf Daub ül
Laikie.

40. Juverta, eine kleine Festung am Euphrat, etwas
über dem Flusse Rumahie.

41. Divanie, ein großer Flecken auf der Ostseite des
Euphrats. Die hiesige Gegend ist eine der fruchtbarsten
in Arabien.

42. Lembum, ein Ort in den Morästen, woselbst vor
Alters eine merkwürdige Schlacht vorgefallen ist, darinnen
viele Imams umgekommen sind. Gleich darneben ist ein
Dorf, darinnen khasalische Araber wohnen.

43. Durch das Land Haschetie kömmt man in die Moräste der Müdanen, welche die daselbst wohnenden Leute
Haur nennen, und durch das Wasser des Euphrats, wenn
es austritt, gemacht werden.

44. Semavat, ein großer Flecken auf der Ostseite des
Euphrats. Die hiesige Gegend ist hoch, und wird von den
Arabern Beni Kielb genannt, bewohnet, die theils in
Dörfern, theils unter Zelten leben.

45. Gtern, eine Schanze auf der Ostseite des Euphrats,
neben einem großen Kanal. Die Türken haben dieselbige
angeleget, um die Araber im Zaume zu halten; weil sie
aber keine Besatzung darinnen unterhalten, ist sie von den
Müdanen an unterschiedenen Orten eingerissen.

46. Ardsche, vom P. della Valle Argia genannt, ein
großer von Arabern bewohnter Flecken am Euphrat.

Diesem Orte gegen Nordwesten, und über eine geographische Meile davon, hat P. della Valle 1625 auf einem
kleinen Berge in der Wüste, einige eingefallene Häuser gesehen, die von guten gebackenen und sehr großen Steinen
erbauet, und mit solchem Harze, als man hier in der Wüste
auf dem salzichten und salpetrichten Felde antrifft, zusam-
mengefüget gewesen, daher dieser Berg von den Arabern
Mnqueier, das ist, mit Pech angefüllet, genennet wird.
Auf diesen Steinen sowohl, als auf anderm schönen schwarzen Marmor, sah er uralte und unbekannte Buchstaben
oder

oder Zeichen. Tavernier hat ungefähr in dieser Gegend, auf beyden Seiten des Weges, große Mauern von zerstörten Häusern angetroffen.

Das Gouvernement Basra.

Es ist ein Theil von Irak Arabe, und gränzet gegen Norden und Westen an das Gouvernement Bagdad, gegen Süden an das Land Lahsa, gegen Osten an den persischen Meerbusen und an Persien. Es liegt auf beyden Seiten des Flusses Schat ül Areb, und an dem untersten Theile des Euphrats. Die Fluth erstrecket sich in jenem Strome bis Korna, ja man kann sie bis Üm-ül-Dschemel verspüren. Das Land ist aber so niedrig, daß die Ströme und Kanäle mit Deichen oder Dämmen haben eingefasset werden müssen, um ihre Ueberschwemmung zu verhüten. Diese Deiche werden aber doch bisweilen von der Gewalt des Wassers zerrissen, da alsdenn die große Ebene weit und breit unter Wasser steht: es haben auch wohl die Araber die Deiche am Euphrat durchstochen, um sie durch die dadurch entstandene Ueberschwemmung vor dem Angriffe der Türken zu schützen. Das Land bringt allerley Getreide, Reiß, Hülsenfrüchte und eßbare Kräuter hervor. An Früchten hat es Weintrauben, Feigen, Apricosen, Pfirsiche, und insonderheit eine unglaublich große Menge Datteln. Die Dattelnbäume sind nirgends häufiger, als hier, und bringen den Arabern mannichfaltigen Nutzen: denn der Stamm, wenn er der Länge nach in 2 Theile getheilet ist, dienet zu Balken, welche das platte Dach der Häuser unterstützen; man schneidet auch Bretter zum Schiffbaue daraus, und braucht ihn zu Brennholz. Man macht auch aus dem Holze dieses Baums Thüren, Bettstellen,

Stüh-

Stühle und andere Geräthschaften. Die Blätter dienen zu Säcken und Körben. Der Kern der Datteln
ist zwar steinhart und ohne Mandel, man zerstößt ihn
aber und macht einen Teig daraus, mit welchem man
die Kameele füttert, wenn man in den Wüsten reiset.
Die Datteln sind das vornehmste Nahrungsmittel der
Araber, welche auch getrocknete Alsen dazu essen. Diese Datteln wachsen hier so häufig, daß man davon
ganze Schiffladungen voll nach Bagdad, dem persischen Meerbusen, und andern Gegenden schicket.
Baumwolle wächst auch in diesem Lande. Die hiesigen Hämmel sind vortrefflich, und man sieht auf
ihre Abstammung eben so sorgfältig, als auf das Ge-
schlechtregister der Pferde. Tavernier berichtet, daß
die Heuschrecken jährlich 4 bis 5 mal heerweise über diese Gegend ziehen. Otter erkläret die Luft zu Basra
für sehr rein: allein, es wüthen doch daselbst zuweilen böse
Fieber, welche vermuthlich von den faulen Dünsten
entstehen, welche der Wind aus der Wüste hintreibt,
wenn dieselbige überschwemmt gewesen ist. Zur Zeit
der größten Hitze wehet gemeiniglich der Nordwind,
welcher die Nächte abkühlet; kömmt aber der Wind
von Süden, und hält ein paarmal 24 Stunden an,
so entkräftet er die Menschen fast ganz und gar. Auch
der berüchtigte Wind Samum wehet hier zuweilen,
und hat, wie Thevenot erzählet, 1665 im Monate
Julio zu Basra 4000 Menschen getödtet. Wenn der
Wind über den höchsten Sand der Wüste wehet, bringt
er vom Morgen bis auf den Abend einen höchst beschwerlichen Staub, der die Luft verdunkelt, und die
Augen beschädigt. Die Luft wird alsdann nur erst
des Abends klar und schön. Des Sommers sieht
man

man keine Wolken, es fällt auch kein Regen, und des
Winters regnet es wenig: es fällt auch kein Schnee,
gefriert es aber Eis von der Dicke eines Thalers, so
heißt das ein sehr strenger Winter. Von Insecten
wird man zu Basra nicht wenig geplaget.

Unterschiedene Gelehrte von Ansehen, haben die Gegend Eden, in welcher das Paradies gewesen, zwischen Korna und Basra, aufbeyden Seiten des Stroms
Schat ül Areb, gesetzet, und um die 4 Flüsse oder Arme, in welche sich, laut Mosis Beschreibung, der
Strom, welcher das Paradies bewässerte, daselbst getheilet hat, herauszubringen, erinnern sie, daß der
Schat ül Areb aus den Flüssen Euphrat und Tiger,
(welcher letztere der Chibbekel ist,) oberwärts Eden
entstanden sey, unter Basra aber sich in 2 Arme theile, davon der, welcher zur Rechten oder auf der arabischen Seite fließt, für den Pison, und der, welcher
zur linken, oder auf der persischen Seite fließt, für
den Gihon zu halten sey. Es ist wahr, daß der Schat
ül Areb in der Gegend, wo er den Kanal Haffar, der
ihn mit dem Flusse Tister verbindet, aufnimmt, nach
der arabischen Seite zu, einen Arm ausläßt, welcher
sehr breit und über 8 Klaftern ist, und die kleine Insel Chader macht, welche also zwischen dem Hauptstrome, und diesem Arme desselben liegt: allein, alles
dieses passet doch nicht zu der Beschreibung, welche
Moses von den Flüssen Pison und Gihon, und überhaupt von Eden giebt.

Aus dem Schat ül Areb gehen einige Kanäle
oder Arme aus. Der Makil ist einer der großen
Kanäle von Basra. Er geht etwa 2 geographische
Meilen unter dem beym Gouvernement Bagdad an-
geführ-

geführten Kanal Tsibtl-Schirin, aus, und anfänglich
gegen Westen, krümmet sich aber hernach wie ein
Bogen gegen Süden, bis er unweit Basra ankömmt,
wo er sich in der Gegend Mina (das ist, Thor,) mit
dem Kanal von Übile vereiniget. Dieser, welcher
bey dem Dorfe Übile aus dem Schat ül Areb kömmt,
wendet sich erst nach Westen, und alsdenn nach Norden, bis er sich in der Gegend von Basra mit dem
Kanal Makil vereiniget, in welchen er zur Zeit der
Fluth das Wasser schüttet, so wie er aus demselben zur
Zeit der Ebbe Wasser zurück bekömmt. Beyde Kanäle machen einen halben Bogen, von welchem der
Schat ül Areb als die Senne angesehen werden kann,
und das Land, welches sie einschließen, heißt die große
Insel. Die Aerme Rehudi, Ebul-Khasib, und
Emir sind großentheils durch Sand verstopfet, und
der Arm von Kurdui hat gar kein Wasser mehr.

Die Araber, welche in diesem Gouvernement und
desselben Gegend sich aufhalten, sind die Kiaben,
Khülden, Müntefiken, die von Dschezair, die
Beni-Malik, Müdanen und Beni-Lame. Unter denselben sind die Müdanen die schlimmsten und
sehr räuberisch, die Kiaben aber die tapfersten.

Der Name Suad wird eben sowohl von den Flecken und Dörfern eines Districtes in der Gegend von
Basra, als vorhin angeführtermaßen von einem Districte um Kiufa, gebrauchet.

Die Türken haben die Stadt Basra und ihren District von den Arabern erobert. Erst von 1666 an
ist sie zu einem Paschalik, das ist, zu einem Gouvernement, dem ein Pascha vorgesetzet wird, gemacht worden. Eines solchen Pascha Einkünfte sollen jährlich

5 Th.   N   auf

auf 800000 Piaster steigen, wie man Thevenot versichert
hat. Otter schätzet sie ungefähr auf 500000 Thaler.
Dieser Unterschied aber kann daher entstehen, daß ein Pascha mehr Geld zu erwerben suchet und weis, als der andere. Unterschiedene Paschen haben es gar leicht dahin
gebracht, daß der Hof zu Constantinopel ihre Söhne zu
ihren Nachfolgern verordnet hat, also, daß diese Würde
bey einer Familie eine geraume Zeit wie erblich verblieben.
An merkwürdigen Oertern sind folgende vorhanden.

1. Basra, auch Bosra und Bassora, unrichtig aber
Balsora und Balsara, griechisch Bosīra, und von
den Syrern auch Perath Maisan, das ist, Mesene am
Euphrat, genannt, die Hauptstadt in diesem Gouvernement, liegt in einer zu der Wüste gehörigen Ebene,
etwa eine halbe Meile vom westlichen Ufer des Schat
ül Areb, mit dem sie durch einen breiten und schiffbaren
Kanal verbunden ist, aus welchem wieder viele andere,
zur Bequemlichkeit der Stadt, und zur Bewässerung der
Gärten und Ländereyen, abgeleitet sind. Ihren Abstand
vom persischen Meerbusen schätzet Tavernier auf 15,
Thevenot aber auf 18 französische Meilen. Die Stadt
ist mit leimernen Mauern umgeben, welche einen großen
Umfang haben, der aber auch viele Gärten und Ländereyen enthält. Die Luft ist rein. Die Häuser sind schlecht,
und nur von Backsteinen, die an der Sonne getrocknet
sind, erbauet. Unter den hiesigen Marktplätzen ist derjenige, welcher Merbad genennet wird, um deswillen
berühmt, weil sich die Araber ehemals auf demselben
von allen umliegenden Gegenden nicht nur zum Handel,
sondern auch zur öffentlichen Bekanntmachung ihrer
Werke der Beredtsamkeit und Dichtkunst, versammle-
ten. Es gab hier vor Alters vorzügliche arabische Gelehrte, welche mit denen Gelehrten zu Kiufa fleißig über Religionssachen disputirten. Die großen
Unruhen, welche in neuern Zeiten in Persien gewesen
sind, haben den Handel zu Bagdad in Aufnahme gebracht.
Um desselben willen kommen Araber, Türken, Perser,

Arme-

Armenier, Griechen, Juden und Indianer hieher, und
die Holländer, Franzosen und Engländer haben hieselbst
ihre Consuls, und ihre Schiffe kommen aus Indien,
mit Waaren beladen hieher. Aus Bengalen kommen
sie, vom Märzmonate an, bis zum Ende des Junius, und
von Surat in den letzten Monaten des Jahres. Von
Bengalen bringen sie allerley weiße Leinwande, seidene
Stoffen, halb seidene und halb baumwollene Zeuge, bro-
dirte Mousselines, Zucker, eingemachten und trockenen
Ingwer, unächten Safran, Sandel-und ander Holz;
Benzoin, Lack, Reiß, europäisches Zinn, Bley und Eisen. Von der Küste Coromandel bringen sie grobe blaue
und weiße Leinwand, davon die Araber Kleider und Hemden machen. Von der Küste Malabar Cardamomen,
Pfeffer, u. s. w. Von Surat allerley schöne Gold-und
Silberstoffen, Turbane, wollene Gürtel, blaue Leinwande, Indigo, und Stahl, welchen die Peiser zu Sä-
beln kaufen. Die Holländer bringen vornehmlich Specereyen hieher, und Caffe von Java. Die von Surat
herkommenden Schiffe, welche muhammedanischen Kaufleuten gehören, sind nicht so zahlreich, als die europäischen. Die Araber von Meskiet und Sahar, welche
mit ihren eigenen Schiffen hieher kommen, bringen aus
dem arabischen Meerbusen Caffe von Mokha, Negern
männlichen und weiblichen Geschlechtes von Sevahil.
Die arabischen Stämme der Hulen und Beni Utbe, und
die Einwohner von Bahrein, bringen Perlen hieher, welche zu Katif und an anderen Orten im persischen Meerbusen gefischet, und größtentheils nach Surat geführet
werden. Diese Waaren werden für baar Geld verkaufet.
Das Land um Baßra liefert wenige erhebliche Waaren
zur Rückfuhre nach Indien. Die gewöhnlichsten sind,
als Kupfer aus Persien, Getreide, (wenn die Statthalter die Ausfuhre desselben erlauben,) Datteln, Wein,
Rosenwasser, trockene persische Früchte, und Runias,
das ist, eine gewisse Wurzel zum Rothfärben. So war
der hiesige Handel ums Jahr 1739 beschaffen. Die
Briefe, welche aus Indien zu Lande nach den Niederlanden geschicket werden, gehen über Baßra.

Es wohnen zu Basra weit mehr Araber, als Türken, daher auch die arabische Sprache mehr als die türkische geredet wird. Außer diesen Muhammedanern, welche theils Sonniten, theils Anhänger des Ali sind, giebts hier auch jacobitische und nestorianische Syrer, auch einige römischkatholische Ordensleute. Von den neuern Sabaern, welche sich hieselbst Mendai Jahia, das ist, Schüler Johannis nennen, und sonst mit dem Namen der Johannischristen beleget werden, giebts hier unterschiedene, noch mehrere aber in der umliegenden Gegend. Sie reden arabisch; unter einander aber ein grobes chaldäisch, welches sie mit alten, bey ihnen allein gebräuchlichen, Buchstaben schreiben.

Die Stadt Basra ist zuerst von Omar, zweyten Khalifen, im Jahre Christi 636 angeleget worden.

Etwa 2 Meilen von Basra, nach der Wüsten zu, und in derselben, sind Ueberbleibsel einer großen Stadt zu finden, welche man von der alten Stadt Toredon zu seyn glaubet, welche die Hauptstadt des Landes Mesene war.

2. Menavi, ein Dorf, eine halbe Stunde von Basra, am Schat ül Areb, woselbst sich die Europäer zuweilen im Sommer Landhäuser miethen, um eine Zeitlang darinnen zu wohnen. Man findet hier Sabäer. Ehedessen konnten die aus Indien kommenden Schiffe im Strom hieher hinauf kommen.

3. Abila, Übile, Obolla, ein Dorf, welches ehedessen eine kleine Stadt war. Es liegt am Schat ül Areb, da, wo der davon benannte Kanal anfängt, der sich bis Basra erstrecket, woselbst er sich mit dem Kanale von Matil vereiniget. Längst dem Kanal von Übile sind lauter Gärten, ja die von diesen beyden Kanälen und dem Schat ül Areb eingeschlossene Insel, besteht aus lauter fruchtbarem Lande und Gärten. Daher ist auch diese Gegend eines von den 4 Paradiesen, welche die Araber in Asia angeben.

4. Haffar, ein Ort am Schat ül Areb, 5 bis 6 Stundenweges unter Basra, bis dahin die indianischen Schiffe heuti=

heutiges Tages nur kommen können, nachdem sich etwas höher hinauf eine Sandbank angesetzt hat.

5. Mukhetar, ein Flecken am Schat ül Areb, eine Tagereise von Baßra, in der Nähe des folgenden Ortes.

6. Abadan, eine Stadt, da, wo sich der Schat ül Areb in den persischen Meerbusen ergießt, an der Nordwestseite seiner Mündung, anderthalb Tagereisen gegen Südost von Baßra.

7. Feini, eine Schanze gerade gegen Abadan über, und nahe dabey, auf einer Insel in der Mündung des Stroms.

8. Sede, eine andere Schanze in der Mündung des Stroms, gegen dem großen Flecken Mekam-ali über, zwischen welchem und dem Flecken Xabmanie, in der Nachbarschaft von Baßra, ein wüster Strich Landes ist.

9. Die Schanze von Xabban, ist auf der Gränze der persischen Landschaft Khuzistan, auch an der Mündung des Schat ül Areb.

Das Land oder die Insel, welche zwischen dem Hauptstrome des Schat ül Areb, dem Kanal Haffar, dem Flusse Tüster und dem persischen Meerbusen liegt, wird Eheban oder Gaban genennet.

Die untersten Gegenden des Euphrats gehören zu diesem Gouvernement. Wenn man von Korna in den Euphrat und diesen Fluß aufwärts schiffet, so trifft man den Kanal Nebranteri an, durch welchen aus dem Euphrat Wasser ins Land hinein geführet wird. In der Gegend desselben und noch höher am Euphrat hinauf, in einer fruchtbaren und angenehmen Gegend, halten sich des Sommers die müntefikschen Araber auf, deren Scheikh sich von Durchreisenden einen Zoll erlegen läßt.

10. Mansurie, ist ein großer Flecken, gerade gegen welchem über ein Arm des Tigers sich mit dem Euphrat vereiniget. Wenn diese Ströme hoch anlaufen, überschwemmen sie einen großen Strich Landes.

11. Üm-ül-abbas, ein großer Flecken am Euphrat, auf der Westseite desselben.

12. Kiuri-Müammer, ein Dorf auf der Westseite des Euphrats, woselbst sich das Gouvernement Baßra endiget.

Von

Von dem Dorfe Sura, welches, wie es scheint, zum Gouvernement Baßra gehöret, wird der Euphrat, an welchem es liegt, schon von Kaßr Jbni Hubeire an, der Fluß von Sura genennet. Es war vor Alters eine Stadt.

Mesopotamia, Al Dschezira.

Mesopotamia hat diesen griechischen Namen von seiner Lage zwischen den Flüssen Euphrat und Tiger bekommen. Eben dieser Ursache wegen ist es von den Arabern Al oder El Dschezira, die Insel oder die Halbinsel, genennet worden, womit der halb arabische und halb syrische Name Dschezirat Beit Naharain, übereinkömmt. In der hebräischen Sprache heißt es eben sowohl, als Syrien, Aram, aber auch mit Zusätzen, Aram Naharaim, das ist, Syrien der Flüsse, oder zwischen den Flüssen, und Paddan Aram. Die Araber haben dieses Land in 4 Diár, das ist, Landschaften oder Quartiere abgetheilet, und die 3 ersten von den Stämmen der Araber, welche sich daselbst niedergelassen, benennet. Sie heißen Diár-Bekir, Diár-Modhar (Mudar) sonst auch Diár-Rakat genannt, Diár-Rabiah oder Rabya, (Rebia,) und Diár-al Dschezira. Das letzte führet also den Namen Al Dschezira im eingeschränktern Verstande, es wird aber auch von seiner Hauptstadt, Diár Mussal oder Mosul, genennet. Die Syrer nennen Mesopotamien und Syrien den Occident, so wie hingegen Assyrien und Chaldäa den Orient.

Dschezira hat in seinem nordlichen Theile das Gebirge Taurus, dadurch es, der gemeinen Vorstellung nach, von Groß-Armenien getrennet wird, und welches sich vom Euphrat nach Urfa und Diarbekr gegen Osten, von hier bis in die Gegend von Kizilken nach

Süd-

Südwesten, alsdenn bis Nisibin gegen Norden, und
von dannen wieder gegen Südwesten bis 2 Tagereisen
von Mosul, erstrecket. Das Gebirge bey Sinds
schar erstrecket sich von Nordosten gegen Südwesten.
Das Gebirge Taurus bekömmt auch in diesen Gegenden von den Anwohnern unterschiedene Namen, als,
Torad Coros, d. i. der Berg Cyri, Tura Zahoio,
d. i. der dürre Berg, lateinisch Mons Sajus. Ungefähr in der untern Gegend des Flusses Khabur, der
sich in den Euphrat bey Karkisia ergießt, hören die
Berge auf, und jenseits dieses Flusses fängt eine Ebene an, die bis an das Gebirge Hamre reichet. Diese
Ebene ist eben so unfruchtbar, und mit eben solchen
Kräutern bewachsen, als das wüste Arabien. Man
findet darinnen keine Bäume außer Süßholz, welches
häufig wächst, und wenn es in das Wasser gethan
wird, dasselbige gesunder und zur Beförderung einer
starken Ausdünstung geschickt macht. Man findet auch
in der Ebene weder Lebensmittel, noch gutes Wasser; denn
das wenige Wasser, welches man darinnen antrifft, ist entweder ganz bitter oder stinkend, und weder zum Trinken
noch zum Kochen brauchbar. Wer daher nicht an oder
auf den Strömen Euphrat und Tiger reiset, muß viel Un-
gemach und Plage ausstehen, der Gefahr von Räubern
nicht zu gedenken. Das schon genannte Gebirge Hamre, fängt jenseits des Euphrats in der Gegend von
Dschemase an, läßt den Euphrat durch, erstrecket sich
längst der Wüste von Dschezira bis an den Tiger bey
Aschik und Maschuk gegen Eski Bagdad über, läßt
den Tiger durch, und geht durch die bagdadische Wüste nach Kizil-Rubat, woselbst es den Fluß Diala
durchläßt, geht ferner durch die Gegend von Wasit

N 4, und

und Zazike, oder längs der Gränze von Persien, wo
es Hamrin genennet wird, bis an den persischen Meerbusen. Es ist eine Kette von niedrigen unfruchtbaren
Bergen, die mit röthlicher Erde bedecket sind. In
einigen Gegenden desselben, als auf der Seite von
Mosul und Schehrezur, findet man ein schwarzes Mi-
neral, (vermuthlich ein Erdharz,) welches wie Wachs-
licht brennt, und von den Einwohnern dieser Gegenden, mineralische Mumie genennet wird. Der Euphrat, dessen Ursprung ich im Gouvernement Arzerum beschrieben habe, tritt aus diesem und dem Gouvernement Siwas, in Dschezira, und nimmt hier unter Raca den Fluß Belikhe, der von Harran kömmt,
und bey Karkisia den Fluß Khabur, dieser aber vorher den Fluß Hermas auf. Der Tiger, oder wie
die Araber ihn nennen, der Didschele, welcher gegen Norden von Diarbekir bey einem alten verfallenen
Kasteel mit großem Geräusch aus einer Höle entspringt,
wird schon auf dem Wege nach Diarbekir durch unterschiedene Bäche verstärket. Ich übergehe hier die
kleinern Flüsse, welche er auf der Ostseite aufnimmt,
und führe nur an, daß ein Arm des vorhin genannten
Flusses Hermas, Namens Tsertsar, durch die Wüste
Sindschar fließe, und sich bey Tekrit mit dem Tiger
vereinige.

Der Euphrat hat beständig trübes Wasser. Er
fließt in der Gegend von Bir sehr langsam, ist auch
bis dahin, wo er sich mit dem Tiger vereiniget, für
kleine Fahrzeuge, für größere aber nur bis Feludsche
oder Ruswania schiffbar, weil weiter abwärts einige
Klippen die Fahrt verhindern, die von den kleinen
Schiffen vermieden werden. Er theilet sich auch oft
in

in Arme ab, welche kleine Inseln einschließen. In der Gegend von Ana fließt er schnell.

Der Tiger ist bey Mosul tief und schnell: allein, er fängt bald an, sich ungemein oft zu krümmen, macht viele Inseln, und hat nicht wenig steinichte Sandbänke. Ungefähr 1½ Tagereisen unterhalb Mosul, bey einem Orte Asiguir genannt, wird die Schiffahrt durch etwas gehemmet, welches Tavernier einen 200 Schuhe breiten Damm von großen Steinen nennet, der in den Strom einen Wasserfall bey 20 Klaftern tief mache, Thevenot aber nennet es Ueberbleibsel von dem Grunde einer Brücke, über welche das Wasser mit großem Geräusch wegfließe. Nicht nur die Personen steigen hier von den Kileks ab, sondern es werden auch die Waaren abgeladen, und unterhalb dieses Ortes beladet man erst die Kileks wieder. Etwa 2 Tagereisen über Bagdad, oder in der Gegend des Landes Didschel, hören die Sandbänke auf, und der Strom wird sehr breit, fließt aber so langsam, daß man seinen Fluß kaum wahrnehmen kann.

Der berüchtigte Wind, welchen die Araber Samum oder Semum, die Türken Samyeli und Regne, die Perser Baadi Sammur, und die Hindistaner Oinsghiar nennen, will ich so beschreiben, wie er, nach dem Berichte der Reisebeschreiber, in Dschezira und Irak Arabe empfunden wird. Denn Boullaye le Gouz, Thevenot und Otter berichten, daß er zwischen Mosul und Bagdad, in der Gegend von Kasri Schirin, welcher Ort im Gouvernement Bagdad unweit der persischen Gränze liegt, und zu Basra wehe: es führet aber keiner von ihnen an, ob er aus Osten, oder Süden, oder wo er sonst herkomme? Man verspüret

N 5

spüret ihn in den heißen Sommermonaten Junius,
Julius und August. Thevenot, welcher versichert,
daß er sich zu Mosul aufs genaueste nach der Beschaffenheit dieses Windes erkundiget, und die glaubwür-
digsten Personen darum befragt habe, die alle mit
einander übereingestimmet, berichtet, daß dieser Wind
zwischen Mosul und Bagad nur auf dem Lande, aber
nicht allenthalben, sondern (wie er dafür hält,) nur in
der Gegend des Tigerstroms wehe, von denen aber,
die auf dem Strome schiffen, nicht empfunden werde.
Alles dieses bestätigte im Augustmonat seine eigene Erfahrung: denn im Anfange desselben gieng ein Kiervan
von Mosul zu Lande durch Kürdistan nach Bagdad
ab, und am 2ten Tage nach ihrer Abreise erfuhr man
schon zu Mosul, daß unterschiedene von denselben durch
den Samum getödtet worden. Thevenot hingegen,
welcher am 8ten August die Wasserreise antrat, ver-
spürete auf dem Strome nichts davon: als aber am
13ten einige seiner Reisegefährten bey Eski Bagdad
vom Fahrzeuge ans Land stiegen, hatten sie kaum einen Schritt auf demselben gethan, als sie den Samum wie eine feurige Luft verspürten, daher sie sogleich
wieder nach dem Fahrzeuge eileten. Er berichtet auch,
daß dieser Wind 1665 im Julio zu Basra innerhalb
20 Tagen 4000 Menschen getödtet habe. Man hat
ihm einstimmig erzählet, daß derjenige, welcher diesen
Wind an sich ziehe, gleich todt zur Erde falle; doch
hätten einige noch so viel Zeit, zu sagen, daß sie inwendig brenneten. Boullaye le Gouz aber meldet,
daß die Personen, welche diesen Wind an sich zögen,
mit offenem Munde lägen, und halbrasend stürben.
Thevenot berichtet ferner aus dem Munde solcher Zeugen,

gen, die dergleichen erstickte Menschen selbst gesehen,
und mit ihren Händen betastet, daß sie so schwarz wie
Dinte würden, und wenn man sie angreife, so gehe
das Fleisch von den Knochen ab, und man behalte es
in der Hand. Es soll in dem Winde ein Feuer wie
ein Haar dünne seyn, und diejenigen sollen eigentlich
sterben, welche dieses Feuer in sich ziehen, andere
aber nicht. Thevenot muthmaßet ganz gründlich, daß
dieses fliegende Feuer von entzündeten Schwefeldünsten
entstehe, und Otter schreibt ausdrücklich, der Wind
sey zuweilen mit Schwefeldünsten vermischet. An
Schwefel ist in diesen Gegenden kein Mangel; denn
wenige Stunden unterhalb Mosul fangen in Dschezira
nicht weit vom Tiger Schwefelberge an, die sich unterschiedene Meilen weit erstrecken, davon man den
Geruch auf dem Tigerstrome stark verspüret, die auch
in dieser Gegend warme Bäder verursachen. Es giebt
dergleichen Schwefelberge auch in Kiürdistan. Merkwürdig ist, daß Thevenot selbst in der Nacht, welche
die erste nach seiner Abreise von Mosul war, auf dem
Tigerstrome einen sehr heißen Wind (der aber doch bisweilen kalt war,) verspüret habe, der ihn auf die sorg-
lichen Gedanken gebracht, daß er der Samum seyn
möchte, weil er von der Seite des obgedachten ersten
Schwefelberges hergekommen. Dieser Wind ist also,
wie ich aus der Lage schließe, ein Nordwestwind gewesen, und um eben diese Gegend sind allem Ansehen
nach auf dem Lande in Kiürdistan die oben angeführten von Mosul abgereiseten Leute durch den Samum
getödtet worden, der ihnen auch vielleicht die Schwe-
feldünste von den Schwefelbergen zugeführet hat.
Wenn Otter anmerket, daß der Samum zuweilen bey

Kasri

Kasri Schirin wehe, so setzet er hinzu, er wehe vornehmlich in der Wüste, komme wie ein Wirbelwind, und daure nicht lange. Wenn die Araber ihn von weitem verspüreten, fielen sie sogleich auf den Bauch zur Erde, steckten das Gesicht in den Sand, und deckten sich wohl zu. Es ist merkwürdig, daß, wie Otter berichtet, der Samum die haarichten Thiere nicht tödte, sondern ihnen nur Zittern und starken Schweiß verursachet. Bey Persien und Arabien wird ein Mehreres von diesem tödtenden Winde vorkommen.

In den Wüsten des Landes Dschezira ziehen und streifen Araber, Kurden und Turkomannen umher, und geben gelegentlich Räuber ab. Die Araber, welche sich an den Strömen Euphrat und Tiger aufhalten, bauen Hirse, backen Brodt daraus, und essen kein anderes Brodt aus Korn gebacken. Die Oerter des Landes sind volkreich, desto seltener aber trifft man außer denselben Menschen an.

Die Syrer in Mesopotamien, sprechen die armenische Mundart, welche unter den 3 Hauptmundarten der sorischen Sprache, die zierlichste ist: doch ist die Mundart der Syrer, die auf den Dörfern in der Gegend von Urfa wohnen, eine der unreinsten und schlechtesten, und eben diejenige, welche auf den assyrischen Gebirgen von denen daselbst wohnenden Syrern geredet wird.

Das Gouvernement Diarbekir

liegt auf beyden Seiten des Tigers, und gränzet gegen Osten an das Gouvernement Wan, gegen Norden an das Gouvernement Arzerum, gegen Westen an das Gouvernement Siwas, und gegen Süden an
die

die Gouvernements Raca und Mosu. In diesem Gouvernement, und zwar, wie ich vermuthe, in der Gegend von Hasni Kleisa, ist ein merkwürdiger District, welcher auf syrisch Tur Abdin, das ist, der Berg Abdin, auch schlechthin Tur oder Tor, das ist, der Berg, sonst auch der Berg der Therapeuten, und Hairam, genennet wird, und viele Flecken, Dörfer, Mönchen- und Nonnenklöster enthält, die mit jacobitischen Syrern angefüllet sind, welche syrisch oder chaldäisch reden, und unter den Kiurden wohnen. Vor Alters stund ihnen nur ein einziger Bischof vor, welcher der Tur-abdinische genennet wurde, nachmals wurden an mehreren Orten, als zu Salach, Beth-Manaëm, Modiad, Haa, und im Kloster des heil. Malcht, (welche Oerter insgesammt in diesem Districte liegen,) Bischöfe verordnet, ja der salachische Bischof Saba ward gar 1364 zum Patriarchen dieses Districtes, dem rechtmäßigen jacobitischen Patriarchen Ignatio VI zuwider, erwählet, und von dem Sultan zu Hasni Kieïsa bestätiget. Diese Spaltung unter den Jacobiten, dauerte bis 1494 fort, und bis dahin hatten die turabdinischen Patriarchen ihren Sitz in dem Flecken Salach, im Kloster des heil. Jacobs.

Das Gouvernement Diarbekir ist in 19 Sandschackschaften, und 5 andere Districte, welche, wie Ricaut schreibt, auf türkisch Zukinnet, das ist, freye Gebiethe, genennet werden, abgetheilet. Von den 19 Sandschackschaften gehören 11 dem türkischen Kaiser, 8 aber kiurdischen Begs, welche sich von dem türkischen Kaiser weder ein- noch absetzen lassen, sondern die Regierung ihrer Districte bey ihren Familien erblich erhalten. Von den kiurdischen Stämmen dieser

Gegend

Gegend sind mir 2 bekannt, welche Millis und Gergeris heißen. Ricaut giebt zwar die Namen der obgedachten Sandschackschäften an: allein, ich bemerke, daß sie größtentheils unrichtig sind, daher ich sie auch nicht hieher setze. Aus Otters Reisebeschreibung können nur einige Namen verbessert werden. Von merkwürdigen Oertern finde ich folgende.

1. Diarbekir, oder Diarbekr, oder verkürzt, Diarbek, eine Stadt an der Westseite des Tigers, welche ehedessen die Festung Amid oder Amed oder Amida hieß, und von den Türken Kara Amid oder Karaemir, das ist, schwarz Amid, genennet wird. Den ersten Namen hat sie von dem Araber Bekir, der hier seinen Diar oder seine Wohnung aufgeschlagen. Sie hat einen großen Umfang, und ungemein hohe Mauern von grauen Steinen. Tavernier und Lucas schreiben, sie habe eine gedoppelte Mauer. Das Kasteel liegt am nördlichen Ende auf einem kleinen Berge, welcher die Ebene jenseits des Flusses beherrschet. In demselben hat der Statthalter einen Pallast. Auf dieser Seite sind längs dem Flusse Gärten, in welchen die Einwohner sich während der schönsten Jahreszeit zum Vergnügen aufhalten. Die Stadt ist volkreich, und die Christen sind zahlreich. Die meisten von den letztern sind Armenier, die übrigen aber theils nestorianische, theils jacobitische Syrer. Der hiesige nestorianische Metropolit Joseph unterwarf sich 1681 dem römischen Pabste, und erhielt von demselben für sich und seine Nachfolger die Würde eines Patriarchen. Die Jacobiten haben hier einen Metropoliten. Man bereitet hier schönen rothen Saffian. Ueber den Tiger schiffet man in Fahrzeugen, eine Viertelstunde unterhalb der Stadt aber ist eine steinerne Brücke über den Fluß erbauet. Selim, der erste Sultan der oßmannischen Türken, hat die Stadt 1515 erobert. Nach einiger Meynung hat hier vor Alters die Stadt Tigrano certa gestanden, welche andere am Tiger weiter hinauf setzen.

Der Stadt gegen Süden, zwischen derselben und dem District Siverik, liegt ein Berg, Karadsche Dag genannt.

Von

Von demselben kömmt ein Fluß gleiches Namens, der sich unterhalb der vorhin genannten Brücke, in den Tiger ergießt. Von eben diesem Berge kömmt noch ein Wasser, Namens Gheuktsche Su, in 2 Armen, die sich nicht weit von ihrer Quelle vereinigen, und einen beträchtlichen Fluß ausmachen, der sich, nachdem er unter einer steinernen Brücke durchgegangen, etwas unterhalb des eben genannten Flusses, auch in den Tiger ergießt.

Der von dieser Stadt benannte District Amid ist der vornehmste unter allen Districten, welche zu diesem Gouvernement gehören, und besteht gegen Westen, aus einer großen offenen Ebene. Man spricht in demselben arabisch, chaldäisch, türkisch, persisch, kurdisch und armenisch.

2. Mefarikin, Meiafarikin, Maiiapharekin, Miafarekin, von den Syrern Maipherchin, Maiphercat und Maipheracta genannt, nach einiger Meynung vor Alters Martyropolis, die eigentliche Hauptstadt dieser Landschaft, welche einige in Armenien, andere zwischen Armenien und Mesopotamien, und noch andere in Mesopotamien setzen, liegt an der Mittagsseite eines Berges, und ist mit einer steinernen Mauer umgeben. Ihre Gärten wässert ein Fluß, der nicht weit von der Stadt gegen Südwesten aus einer Quelle, Namens Ain-bauz kömmt. Von hier reiset man nach Mosul über Mardin in 8, über Hasni Kieifa aber in 6 Tagen.

Nicht weit von hier sind die Städte Hattach, auf syrisch Hatacha, und Hizan, die ganz von Bergen umgeben, und bey welcher der District Maadan war, gewesen, von denen ich nicht weis, ob sie noch vorhanden sind?

3. Seert oder Eseerd, auf syrisch Seered und Mobadra genannt, eine Stadt im Diar Rabiah, nicht weit vom Tigerflusse, anderthalb Tagereisen von Mefarikin. Es ist hier ein nestorianischer Metropolit.

4. Hasni Kieifa oder Hesn-Kipha, von den Syrern Hesen-Kepha, das ist, das Schloß Kepha, auch schlechthin Hesna genannt, eine große Stadt am Tiger. Gegen Norden hat sie am Flusse ein Kasteel auf einem Berge, und mit demselben, vermittelst einer über den Tiger erbaueten Brücke, Gemeinschaft.

5. Kar-

5. Kardu oder Jabde, sonst auch Dschezirai Jbni oder Jbn Umer, oder Dschezirat Beni oder Ben Omar, d. i. die Insel der Kinder oder des Sohnes Omars, auch oft schlechthin Dschezire, und auf syrisch Gozarta oder Gazarta, (Insul) auch mit einem Zusatze Gozarta Karda, und Gozarta Zabedka, wie auch Beth-Zabde, aus welchen Namen die Araber Bz-Kerda und Ba-Zebda gemacht haben, vom Ammiano Bezabde genannt, eine kleine Stadt auf einer Insel im Tigerflusse, im Diár Rabiah. Ein hier Geborener wird Dschezeri genennet, welches Wort also nicht überhaupt einen in Dschezire oder Mesopotamien Geborenen anzeiget; denn, wer in einer andern Stadt von Mesopotamien geboren ist, wird auch von derselben genannt, z. E. Al Diarbekri, Al Mussali, u. s. w.

6. Sadir, ein Flecken und Kasteel am Tiger, 2 Tagereisen von Diarbekir, auf der Ostseite eines Berges, Namens Sultan Pallaki, von welchem ein Bach kömmt, der mitten durch den Flecken, und alsdenn in den Tiger fließt. In dieser Gegend findet man keine andere, als Pflaumenbäume.

7. Saura, ein Städtchen zwischen Diarbekir und Mardin, welches wegen eines jacobitischen Bisthums bekannt ist.

8. Mardin, Maridin, Merdin, auch Marde, ein berühmtes Kasteel im Diár Rabiah, ungefähr um die Mitte der Seite eines hohen Berges, welches seiner Lage und in dem Felsen ausgehauener Werke wegen, ein sehr fester Platz ist, zu welchem ein sich sehr krümmender Weg führet. Man hat zwar Quellwasser daselbst, trinkt aber gemeiniglich Cisternenwasser. Unter demselben liegt eine große Vorstadt, in welcher ein Erzbischof wohnet, der unter dem Patriarchen zu Antiochien von der syrischen Nation, stehet. Herbelot irret, wenn er schreibt, dieser Ort liege am Tiger. Timur Beg hat das Schloß nach einer langen Belagerung nicht einnehmen können. Die hiesigen Pflaumen sind berühmt. Zu dem von diesem Orte benannten Districte gehöret die Stadt Nisibin.

Unweit der Stadt ist das Kloster des heiligen Ananias, welches das zapharanische Kloster genennet wird, und der Sitz des monophysitischen oder jacobitischen Patriarchen von Antiochien ist.

Unter

Unter dem mardinischen Berge hat ein Städtchen, Na=
mens Daneisir, gelegen, und nicht weit von Mardin if
das Städtchen Capharttyta zu suchen.

9. Nasibin oder Nesibin, auf alten Münzen Nesibis
sonst Nisibis, von den neuen Syrern auch Zanbo oder
Zoba, oder Sobar, vom Rauwolf unrichtig Zibin, vor Al=
ters Achar oder Achad, und Antiochia Mygdoniæ genannt,
eine kleine und dorfmäßige Stadt, welche aber doch der
Hauptort vom Dlár Rablah ist, und ehedessen weit ansehn=
licher war. Derselben gegen Norden ist ein hoher Berg,
ehedessen Masius genannt, von welchem der Fluß gleiches
Namens oder Hermas herabkömmt, der bey der Stadt weg=
läuft, und über welchen eine Brücke erbauet ist. Ehe er
nach der Stadt kömmt, theilet er sich in unterschiedene Ka=
näle, welche die mit Baumwolle, Reiß und andern Gewäch=
sen versehenen Felder wässern. Es wohnen in dieser Stadt
viele armenische und nestorianische, aber wenige jacobiti=
sche Christen. Ehedessen war sie der Sitz eines jacobitischen
Bischofs und nestorianischen Metropoliten.

Anmerkung. Zwischen dieser Stadt und Mosul, welches ein
Weg von 4 bis 5 Tagereisen, ist eine Wüste, darinn man vom
Dorfe Bandschi an, weder Stadt noch Dorf, und also auch kei=
ne Lebensmittel, auch selten und wenig gutes Wasser antrifft,
und den getrockneten Koth von Thieren brennet. In derselben
ziehen Araber, Kurden und Nezibio umher, die keine Gele=
genheit zu rauben verabsäumen, und sonst niemanden als ihren
Scheikhen gehorsamen.

10. Dara, ein Ort nicht weit von Nesibin, der im
Jahr Christi 506 zu einer Stadt gemachet worden, und
vor Alters ein fester Gränzplatz gegen Persien, auch der
Sitz eines jacobitischen Bisthums war.

11. Kotsche=Hisar, ein Flecken in einer Ebene, mit
einem Kasteel auf einer Höhe, von welcher ein Bach her=
abkömmt, der sich mit dem vorhin genannten Flusse Her=
mas vermischet. Dieser Ort, der nur 4 Stunden von

tet,) oder zum Unterschiede von andern Oertern dieses Namens, Tela Mauzalat, sonst vor Alters Antipolis, Anthemusia, Anthemusiada, und Constantina genannt, eine Stadt gegen Westen von Nesibin.

14. Severik oder Siverik, eine Stadt an einem kleinen Flusse, der sich in den Euphrat ergieße, ungefähr in der Mitte zwischen Urfa und Diarbekir. Von derselben hat ein District den Namen. Gegen Morgen ist der Weg, welcher nach Diarbekir führet, einige Meilen lang in einem Felsen ausgehauen. Vielleicht ist diese Stadt der Ort Sibabarch, dessen Lage Asseman nicht ausfündig machen können.

Gegen Norden und Nordwesten von Diarbekir, liegen folgende Oerter.

15. Schilbe, ein Dorf von Armeniern bewohnt, 1 Stunde von Diarbekir.

16. Argana, ein Flecken auf einem Berge, an dessen Fuße der See Gueultschik ist. Er ist der Hauptort eines Fürstenthums, welches mit Weinbergen angefüllet ist, die sehr guten Wein geben, der nach Diarbekir und andern Orten geführet, und auch von den Türken häufig getrunken wird.

17. Khartobirt, Khurtbürt, Chartbart, Haretbaret, Kharputt, gemeiniglich Kharput sonst auch Hisniziad oder Hisn-Zyad oder Zaid genannt, ein Flecken und Kasteel auf einem Berge, am Flusse Schemisat, der sich mit dem Euphrat vereiniget, 2 Tagereisen von Malatia. Man übersieht hier eine große Ebene, welche an die Districte Perrek und Tschemische-gezik, gränzet. Von diesem Flecken hängt der District Ulubad ab.

Anmerkungen.

1) In der obersten Gegend des Tigers, welche muthmaßlich zu der alten asiatischen Provinz von Groß-Armenien (S. 153) gehöret hat, da, wo der Fluß noch sehr klein, und von hohen Bergen eingeschränkt ist, giebt es ein Gold- und Silberbergwerk. welches von Griechen bearbeitet wird, aber 1743, als Otter dasselbige besahe, nicht sehr ergiebig war. Einige Tagereisen weiter, und am Euphrat, zu Kiebban, ist ein anderes Bergwerk, aber in noch schlechterem Zustande. Von hier kann man über den Euphrat in 5 Stunden nach Urbekir im Gouvernement Siwas kommen. Daß sich das Gouvernement Diarbekir bis Kiebban am

Euphrat

Euphrat erstrecke, ersehe ich daraus, weil Otter meldet, daß der Flecken Arbetir zwischen den Provinzen Diarbekir und Siwas liege.

2. Palu, vom Lucas Palude genannt, Stadt und Schloß auf einem steilen Berge am Flusse Murad, der sich unweit dieser Stadt bey Rischewan mit dem Euphrat vereiniget. Dieser Ort ist seiner Lage wegen ungemein fest, und wird von einem unabhängigen Fürsten regieret. In der Stadt wohnen mehr armenische Christen, als Türken. Zu dem Schlosse führet nur ein einziger und enger Weg, und oben auf dem Felsen, auf welchem es steht, ist so viel fruchtbares Erdreich, als nöthig ist, um einer nöthigen Besatzung ihren Unterhalt zu verschaffen. Ich setze diesen Ort hieher, weil ich keine andere Stelle für ihn weiß.

Das Gouvernement Urfa oder Raca.

Es begreift den vorhin (S. 198) genannten Dis ár Modhar (Mudar) oder Raca, auch ein Stück vom Diár Rabiah, (Rebia) und gränzet gegen Norden an das Gouvernement Diarbekir, gegen Westen an den Euphrat, gegen Süden an die Wüste Sindschar, gegen Osten an das Gouvernement Mosul. - Es giebt hier große Wüsteneyen, in welchen man auf 4 bis 5 Tagereisen weder Stadt noch Dorf antrifft, und in welchen räuberische Kurden, die sich weder vor den Paschen, noch selbst vor dem türkischen Kaiser fürchten, Araber von gleicher Art, und auch Turkomannen, mit ihrem Vieh umherziehen. Das Gouvernement besteht aus 7 Sandschakschaften, wie Ricaut meldet, welcher aber die Namen derselben fast insgesammt unrichtig schreibt. Der nordlichste Theil desselben, in welchem die ersten gleich anzuführenden Derter liegen, ist vermuthlich ein Stück der alten alznischen Provinz von Groß-Armenien. (S. 153.) An merkwürdigen Dertern finde ich folgende:

1. Schemisat, ein Flecken, an einem davon benannten Flusse, welcher sich mit dem Euphrat vereiniget, nicht weit von Kharpurt, und im Lande Modhar oder Mudar, wie Otter meldet. Diesen Ort nennet Abulpheda Semsat, und schreibt, daß er in Mesopotamia liege. Man muß diesen Ort Samosata mit der berühmtern Stadt

Sche-

Schemisat oder Samosata in Syrien, an der Westseite des Euphrats, nicht verwechseln. Ich vermuthe, daß der Flecken Schemisat oder Samosata, davon ich jetzt rede, der Ort Arsamosata oder Armosata sey, den Polybius zwischen den Euphrat und Tiger, Ptolemäus und Tacitus in Armenien setzen. Vielleicht hat Polybius das Stück von Groß-Armenien, welches zwischen den Flüssen Euphrat und Tiger, obgleich dem Gebirge Taurus gegen Norden liegt, eben dieser seiner Lage wegen mit zu Mesopotamien gerechnet, dazu es auch nach der Bedeutung des Wortes gehöret.

2. Manstr, eine zerstörte Stadt, die ein festes Schloß gehabt hat, und ein bischöflicher Sitz gewesen ist, und Caisum oder Chisum, Cessunium, auch eine ehemalige Stadt, zwischen welchen der Fluß Sendscha fließt, liegen zwar auf der Westseite des Euphrats, unweit dem syrischen Samosata, werden aber doch zum Diâr Mohhar, und also zu Mesopotamien, gerechnet.

3. Urfa oder Orpha, vor Alters Edessa und Antiochia, und von ihrem berühmten Brunnen Callirroe genannt, welchen letzten Namen allem Ansehen nach die Syrer in Orrhoa und Arach, und die Araber in Errohe oder Raha, Roha und Ruha, verwandelt haben, wiewohl die Araber den Namen Orpha auch gebrauchen. Unterschiedene halten diese Stadt auch für Ur der Chaldäer, welches in der Bibel vorkömmt. Sie ist die Hauptstadt in diesem Gouvernement, und der Sitz des Pascha, groß, mit Mauern und Graben, und mit einem Kastell versehen, welches letzte der Stadt südwärts auf einem kleinen Berge liegt, mit welchem sich eine ganze Reihe felsichter Hügel anfängt, in denen viele Gräber ausgehauen sind. Man hat von diesem Kastell eine schöne Aussicht über die Stadt, auf das Wasser, welches hier hervorquillt, und ein Paar große Teiche macht, in die Gärten, und auf die schöne Ebene gegen Norden. Die armenischen Christen sind hieselbst zahlreich, und haben sowohl innerhalb als außerhalb der Stadt eine Kirche. Es wird hier guter Saffian, insonderheit gelber, bereitet, und es ist durch diese Stadt eine starke Durchfahrt. Der armenische

König

König Abgarus hat diese Stadt wiederhergestellet, und zu seinem Sitze erwählet, die römischen Statthalter haben bieselbst die Kasse für die aus Armenien und Assyrien gehobenen Gelder angelegt, und der römische Kaiser Caracalla ist hier gestorben. Die Stadt ist von Alters her ein bischöflicher Sitz gewesen, und noch heutiges Tages ist hier ein monophysitischer oder jacobitischer Bischof. Vor Alters war auch bieselbst eine berühmte persische Schule, aus der einige Häupter der Nestorianer gekommen sind.

Zwischen dieser Stadt und dem folgenden Orte hat ehedessen eine Stadt, Namens Pogonbul, gestanden, deren Steinhaufen Thevehot gesehen hat.

4. Tscharmelik, ein geringes Dorf, welches ein großer Flecken gewesen, in dessen Nachbarschaft auf einem Hügel ein Kasteel gestanden hat.

5. Charran, Harran, Haran, Carrae, eine verfallene Stadt, auf einem rothen Boden, welche 1 Mos. 11 und 15 vorkömmt, ein Hauptsitz der Sabäer gewesen, und dieserwegen von den Syrern Medinath Hamphe, von den Griechen Hellenopolis, das ist, Heidenstadt genennet worden, auch deswegen berühmt ist, weil der römische Feldherr Crassus mit seinem Kriegesheere bey derselben von den Parthern gänzlich geschlagen worden. Das ehemalige Bisthum der monophysitischen Syrer, ist mit einigen anderen verbunden worden.

6. Rees ül Aïn, oder Rasolaina und Ras-Aïn, welche die arabischen Namen sind, von den Syrern Resaina, Reszäna, Resina, Rhesina und Rhisinia genannt, war ehedessen eine große Stadt im Diär Rablah, die ihren Namen, welcher das Haupt der Quelle bedeutet, daher hat, weil hier der Fluß Khabur oder Chaboras aus vielen Quellen entsteht, die 2 Bäche, diese aber durch ihre Vereinigung den Fluß machen, der sich bey Karkisia in den Euphrat ergießt. Otter schreibt, die Quelle des Flusses Khabur sey zu Kierk, und er laufe längs einem Berge, der sich von Rees ül Aïn bis an den Euphrat erstrecke, und auf welchem 2 Kasteele Namens Khabur wären. In dieser ehemaligen Stadt ist ein Bisthum gewesen,

D 3

wesen, es hat auch in der Gegend derselben der römische Kaiser Gordian die Perser geschlagen.

Es halten sich in dieser Gegend die Araber, Beni-Rische, genannt Mewali, des Sommers auf, des Winters aber in der Gegend von Selmie.

7. Araban, ein Städtchen am Flusse Khabur, an welchem auch weiter hinab das Städtchen Machisin liegt.

8. Serudsche, auf syrisch Sarug, und vorher Batnan, Batnae, war eine große Stadt, von Harran, Ursa und Bir gleich weit entfernet, im Lande Diár Mobhar, die wegen ihres Ueberflusses an Wasser, ihrer schönen Gärten, vortrefflichen Baumfrüchte, und unvergleichlichen Weintrauben berühmt, auch ein bischöflicher Sitz war. Abulpheda berichtet, daß sie zu seiner Zeit (also entweder am Ende des 13ten oder im Anfange des 14ten Jahrhunderts,) zerstöret worden sey.

Am Euphrat sind folgende Oerter:

9. Neschin, ein merkwürdiges Kasteel an der Ostseite des Euphrats, auf einem hohen Berge, unter welchem an der Brücke, welche über den Strom nach Manbege führet, und davon benannt wird, eine Vorstadt liegt.

10. Raca oder Racca, Rakka, mit dem Zunamen Beit, das ist, die weiße, nach einer verdorbenen Aussprache Aracta, vorher Kalonikos, Callinicum, Callinicopolis, und Leontopolis, genannt, eine zerstörte Stadt an der Ostseite des Euphrats, welcher unter derselben den Fluß Belikhe, Balichus, aufnimmt. Sie war vor Alters die Hauptstadt vom Diár Mobhar, in welcher Al Battani im Jahre Christi 912 seine astronomischen Beobachtungen angestellet, und der Khalif Harun Raschid ein Schloß erbauet, und dasselbige Rasr al Salam genennet hat. Sie hatte eine Vorstadt, Namens Rafika. Gegen ihr über auf der Westseite des Flusses war eine Stadt, Namens Racca Wasit, und unterhalb der Stadt war ein großer Flecken, Schwarz Racca genannt. Es ist hier ein monophysitisches Bisthum gewesen. Jetzt ist die alte Stadt ein Steinhaufen, es ist aber oberhalb derselben eine neue aber schlechte Stadt vorhanden, und

zwischen

zwischen derselben und der alten Stadt ein Kasteel, wie
aus Rauwolf erhellet.

11. Deir, eine kleine Stadt auf einer Höhe an der
Westseite des Euphrats.

12. Karkisia, in der heiligen Schrift Carcemisch, bey
den Syrern Kar'kasin und Karkesion, bey den Griechen
Circesium, Circessus, Circeium und Cercusium, eine Stadt
beym Einflusse des Khabur oder Chaboras in den Euphrat, an der Ostseite dieses Stromes.

13. Rahaba, ein Dorf an der Ostseite des Euphrats,
ehemals aber eine Stadt, von welcher noch Ueberbleibsel vorhanden sind, und welche ein bischöflicher Sitz gewesen ist. Jenseits des Euphrats oder an der Westseite
desselben, aber wohl eine Stundeweges davon, ist ein
neuer Ort gleiches Namens mit einem Kasteel, angeleget
worden, der sein Wasser aus einem aus dem Euphrat
abgeleiteten Flusse, Namens Saïd, vermittelst eines Kanals
bekömmt, und woselbst die aus Irak und Syrien kommenden Kierwanen stille liegen.

14. Dschemase, ein Ort und District am Euphrat.

15. Sura, von den Juden Sora und Soria genannt,
eine Stadt am Euphrat, woselbst eine berühmte Juden-
schule gewesen ist. Die Lage dieses Ortes läßt sich nicht
ganz gewiß bestimmen.

16. Ana oder Anna, eine Stadt, auf beyden Seiten
des Euphrats, über welchen man mit Böten fährt. Der
Theil oder die Stadt auf der Ostseite, unter türkische
Bothmäßigkeit gehörig, ist nicht so groß, als der Theil
oder die Stadt auf der Westseite des Stromes, zum wüsten Arabien gehörig. In dem Euphrat sind unterschiedene kleine Inseln, auf deren einer ein Kasteel angeleget worden. Die Gegend ober- und unterhalb der Stadt
ist fruchtbar, und bringet Dattelbäume in Menge, auch
Oliven - Citronen - Pomeranzen - und Granatbäume,
Baumwolle, Getreide und Hirse (arabisch Dora, daraus
Brodt gebacken wird,) hervor.

17. Hadith oder Hadice, zum Unterschied von dem
Orte gleiches Namens am Tiger, Hadicet ül Nur genannt, eine große Stadt auf beyden Seiten des Euphrats.

Der gröfsere Theil derselben liegt in Mesopotamien. Rauwolf rechnet sie zum wüsten Arabien.

18. Jubba, Juppe, eine Stadt, welche aus 2 von
einander abgesonderten Theilen besteht, ein Theil liegt
auf einer Insel im Euphrat an einer Höhe, auf deren
Gipfel ein Kasteel steht, und der andere auf der Ostseite
des Euphrats. Datteln, Mandeln, Felgen und andere
Fruchtbäume, wachsen hier in Menge.

Anmerkung. Nach Herbelots Beschreibung im Artikel Gezirah,
höret Mesopotamia oder Dschezira erst unter Anbar auf, und diese Stadt ist noch mit dazu zu rechnen. Weil er aber in eben diesem Artikel darinnen irret, daß er schreibt, Mesopotamien höre da-
auf, wo der Euphrat die beyden Flüsse Zab aufnehme, (denn diese Flüsse vereinigen sich nicht mit dem Euphrat, sondern mit dem
Tiger,) auch Anbar, in dem besonders davon handelnden Artikel,
zu Irak Arabe rechnet, dazu es auch andere arabische Schriftsteller (s. eine Stelle in Assemans bibl. orient. T. 3. P. 2. p. 867.)
zählen: so habe ichs auch dazu gezählet.

Das Gouvernement Mosul.

Es wird, wie oben (S. 198) schon angemerket
worden, Al Dschezira, im eingeschränktern Verstande, oder Diàr al Dschezira, und von seiner Hauptstadt Diàr Mosul genennet. Es gränzet an die
Gouvernements Diarbekir, Raca, Wan, Schehrezur und Bagdad. Ricaut schreibt, es gehöreten 5
Santschakschaften dazu, er rechnet aber Tikrit hieher,
welches doch zu Irak Arabe gehöret. Nachfolgende
Oerter sind die merkwürdigsten:

1. Mosul, (welches die gemeine Benennung ist,) von
den Arabern Mausel, oder richtiger Mausil, sonst auch
Mussal, Mussol, Mosal und Mozal genannt, die Haupt-
stadt von diesem Gouvernement, liegt am westlichen
Ufer des Tigers, in einer Ebene. Sie ist mit Mauern
und Graben umgeben, hat auch am Flusse ein Schloß
oder Kasteel, und manche ganz feine steinerne Gebäude.
Ueber die Tiger, welche hier tief und schnell ist, ist eine
Schiffbrücke angeleget, welche aber des Winters, da der
Strom aus seinen Ufern tritt, abgenommen wird. Im
Früh-

Frühjahre ist hier die Luft gut, im Sommer aber ist die Hitze groß, im Herbste herrschen die Fieber, und im Winter ist die Kälte beschwerlich. Man redet hier 4 Sprachen, arabisch, türkisch, persisch und kurdisch. Die Muhammedaner ehren hier das Grabmaal eines Georgs, (Dscherdschis) den sie für einen Propheten halten. Der Patriarch der nestorianischen Syrer hat hier seinen Sitz. Es sind hier auch armenische, griechische und maronitische Christen. Mit der weißen und schwarzen Baumwollen-Leinwand, welche hier verfertiget wird, treibt man starken Handel. Indianische Waaren werden von Baßra, und europäische von Haleb hieher gebracht. Mosul ward 1260 von den Mongolen erobert, und sehr verwüstet, 1393 aber von Timur Beg eingenommen, und so verwüstet, daß sie seit dieser Zeit nicht wieder zu ihrem alten Ansehen gekommen ist.

Unweit Mosul, am Tiger, hat vor Alters eine Stadt, Namens Athur oder Attur und Assur, gestanden, deren Name auch wohl der Stadt Mosul und ganzen umliegenden Gegend Aturia, oder Atyria, oder Assyria, beygeleget worden. Diese Gegend war das eigentliche Assyrien. Gleichwie Assur von den Chaldäern und Syrern Athur genennet wird, also heißen die Assyrer auch Atyrier, daher auch die Griechen und Lateiner anstatt Assyria die Namen Atyria und Aturia gebrauchen.

Das Kloster des heiligen Matthäus, auf dem Berge Elpheph bey Mosul, ehedessen das Kloster Chuchta genannt, ist merkwürdig, weil es ehedem der Sitz des monophysitischen Metropoliten von Ninive gewesen, welcher nach dem Maphrian den Rang hatte; nachmals aber hat der Maphrian seinen Sitz daselbst genommen. Dieser Maphrian der monophysitischen oder jacobitischen Syrer, ist der nächste nach dem Patriarchen, und mehr als ein Metropolit, daher man ihn am besten mit einem Primas vergleichen kann. Er hat unter dem Patriarchen, die Aufsicht über die monophysitischen Gemeinen in Chaldäa, Assyria, und einen Theil von Mesopotamia.

Gerade gegen Mosul über, auf der Ostseite des Tigerstroms ist eine Naphtaquelle, und noch weiter gegen

O 5   Osten

Osten ist eine andere Quelle, welche Reés ûl Maura genennet wird, aus der man einen Leimen bekömmt, mit welchem man blau färben kann. Gegen Süden, nach Bagdad zu, quillt viel Harz aus der Erde, aus welchem Pech gemacht wird. Eine Tagereise von Mosul, auf eben derselben Seite, ist in der Wüste am Tiger eine warme Quelle, aus welcher eine Art Mastix von gutem Geruch und Geschmacke kömmt.

Gemeiniglich hält man dafür, daß gerade gegen dem jetzigen Mosul über, auf der Ostseite des Tigers, Ninive, die Hauptstadt von Assyrien, gestanden habe, woselbst man aber gar keine Ueberbleibsel derselben findet. Allein, obgleich auch Abulfeda dieser Meynung ist, so ist sie doch nicht gewiß, wie aus dem Artikel von Eski-Mosul erhellet.

2. Balad oder Beled, eine Stadt am Tigerstrome, nach Abulfeda Bestimmung ungefähr 6 Parasangen über Mosul, ist ehedessen der Sitz eines nestorianischen Bisthums gewesen. Gegen derselben über ist das Kloster des heil. Sergii auf dem Cura Jaboio, lat. Mons Sajus, der ein Theil des Gebirges Taurus ist.

3. Eski-Mosul, das ist, alt Mosul, ein Steinhaufen auf der Westseite des Tigers, 7 bis 8 französische Meilen höher hinauf, als die jetzige Stadt Mosul. Dem Ansehen nach, hat die alte Stadt Mosul, von deren Zerstörung ich im vorhergehenden Artikel geredet habe, hier gestanden. Die Landeseinwohner dieser Gegend behaupten, daß hier Ninive, die Hauptstadt von Assyrien, gestanden habe, und Plinius in seiner Naturhistorie B. 6. Kap. 13 setzet Ninive an der Abendseite des Tigers. Ein anderer, und wie es scheint älterer Name dieser vom Könige Ninus vergrößerten und benannten Stadt, war Telana. Nahe bey diesem Orte ist eine Kapelle, auf deren Stelle der Prophet Jonas gewohnet haben soll, welche die Landeseinwohner andächtig besuchen.

4. Beth-Ebino oder Beth-Chionia, und Beth-Raman, ehedessen Beth-Razich, sind Städte in den Gegenden von Mosul.

5. Sindschar, syrisch Sigar, griechisch und lateinisch

Singara, eine Stadt, 3 Tagereisen von Mosul gegen Westen, der Stadt Nesibin aber gegen Süden, in der Wüste des Landes Rabiah, am Fuße eines sehr fruchtbaren
Berges, der ihr gegen Norden liegt, und bey dem Flusse Hermas. Sie ist wohl gebauet, hat ein Kasteel, viele
Gärten und viel Wasser. Unterschiedene Gelehrte halten nicht unwahrscheinlich dafür, daß die Ebene von
Sinear, 1 Mos. 10, in dieser Gegend zu suchen sey, und
sich bis Babylon erstrecket habe. Hinter dem benachbarten Berge Tschatalgedük ist ein See, Namens Khaton-
nie, und in diesem eine bewohnte Insel. Diese Gegend
bewohnen die räuberischen Jezidis.

Aus dem vorhin genannten Flusse Hermas geht ein
Arm Namens Tsertsar aus, der sich durch die von
Sindschar benannte Wüste, bey der zerstörten sehr alten
Stadt Hadre vorbey, und bis Tekrit erstrecket, woselbst
er sich mit dem Tiger vereiniget.

6. Gulmarg, eine Stadt in der Gegend von
Sindschar.

7. Hadice, oder Hadith, auf syrisch Hadeth und Ha-
dath, eine Stadt an der Ostseite des Tigers, 2 Tagereisen unter Mosul. Unterhalb derselben vereiniget sich
der größere Fluß Zab, welcher wegen seines schnellen
Laufs Medschenun, das ist, der wüthende, genannt wird,
mit dem Tigerstrome. In dieser Stadt war ehedessen ein
Bisthum.

8. Senn, sprich Sena, eine Stadt am Tigerstrome,
da, wo er den Fluß Altun Su oder den kleinern Zab
aufnimmt.

9. Tekrit, in der gemeinen Außsprache Tikrit, von
den Syrern Tagrit genannt, ist die letzte Stadt in Mesopotamien, auf der Gränze von Irak Arabe, dazu sie
auch von einigen, wiewohl mit Unrechte, gerechnet wird.
Sie liegt auf einem hohen Felsen an der Westseite des Ti-
gerstromes, welcher hier den Fluß Tsertsar aufnimmt, hingegen auch an der Südostseite der Stadt den Kanal Ischakl
ausläßt. Sie ist an der Landseite mit tiefen Graben, welche
mit Steinen gefüttert sind, versehen, und soll vor Alters der festeste Ort in dieser Gegend gewesen seyn. Ibe-

venot, der aber nicht darinnen gewesen, sondern nur vorbeygeschiffet, schreibt, dieser Ort könne jetzt kaum für ein tüchtiges Dorf angesehen werden. Schapur, Sohn des Ardeschir Babek, hat hier eine Festung anlegen lassen, die aber nicht mehr vorhanden ist. Ehedessen hatte hier der Maphrion der Jacobiten seinen Sitz, der nun unweit Mosul wohnet. Nahe bey der Stadt ist eine Naphtaquelle.

Im Districte dieser Stadt war die Gegend, welche die Araber Haffassan nennen, davon die Assassinen oder Assissinen oder Assassininen den Namen haben, die theils Muhammedaner, theils jacobitische Christen waren.

Anmerkung. In dieser untersten Gegend von Mesopotamien, am Flusse Euphrat, muß auch die Stadt Nuhadra, auch Bethnuhadra, auf arabisch Benihudra, von den neuern Juden Nahardeha, vor Alters Naarda und Nearda, genannt, gelegen haben, oder vielleicht noch liegen, in welcher die Juden vor Alters eine berühmte Schule gehabt haben. Die Lage der Stadt Euphemia oder Phamia weiß ich nicht anzugeben, sie gehöret aber zu Mesopotamien.

Von Syrien überhaupt.

Der Name Syrien ist vermuthlich durch eine Abkürzung aus dem Namen Assyrien entstanden, daher es auch rühret, daß viele alte Schriftsteller die Namen Syrien und Assyrien, Syrer und Assyrer, als gleichgültige gebrauchen, und mit einander verwechseln. Einige morgenländische Völker nennen dieses Land Soristan, das ist, das Land Syrien. Sein erster und rechter Name ist Aram, den es in der Bibel führet und von Sems jüngstem Sohne bekommen hat. Die Araber nennen es Scham, oder mit dem Artikel Al Scham, oder noch deutlicher Schamali Alard, das ist, die linke oder der zur linken Hand liegende Theil der Erde, weil es ihnen zur Linken liegt, dahingegen sie Jemen oder Jaman mit diesem Namen beleget haben, weil es ihnen zur Rechten liegt.

Die

Die alten Schriftsteller belegen mit dem Namen Syrien bald einen größern, bald einen kleinern Strich Landes. Eigentlich kömmt er nur demjenigen zu, welcher von den Gebirgen Amanus und Taurus, vom Flusse Euphrat, von dem wüsten Arabien, Palästina, Phönicien und dem mittelländischen Meere eingeschlossen wird. Die Araber rechnen auch Palästina und Phönicien zu Scham, und Abulseda theilet es in 5 Theile ab, welche er Sjund oder Schund nennet, und welche sind Kennasserin oder Kinncsrin, Hims, Damas, Arden (das Land am Jordan,) und Falasthin oder Palästina. Die Türken haben es unter 3 Gouvernements vertheilet, welche von den Hauptstädten Haleb, Tarablus oder Tripoli und Damas benennet werden. Bevor ich dieselben abhandle, will ich noch ein Paar Anmerkungen machen. Die Syrer nennen Mesopotamien und Syrien den Occident, Assyrien und Chaldäa aber den Orient, und also auch sich und die Mesopotamier die Abendländer, die Assyrer und Chaldäer aber die Morgenländer. Auch die Mundart der syrischen Sprache, welche in Syrien geredet wird, ist nicht so rein und gut, als diejenige, welche in Mesopotamien gesprochen wird, doch ist sie besser, als die dritte Haupt-Mundart der syrischen Sprache, welche auf den assyrischen Gebirgen gewöhnlich ist. Die gemeinste Sprache in Syrien, ist heutiges Tages die arabische, doch wird in den Städten, insonderheit von den Türken, auch die türkische Sprache geredet.

Das Gouvernement Haleb.

Zu diesem Gouvernement gehöret der Schund Kennasserin oder Kinncsrin, dessen vorhin Erwäh-

nung

nung geschehen ist; und die alten Landschaften Com=
magene oder Euphratesie, Cyrrhestica, Seleu=
cis oder Antiochene, Chalcidene und Chalyboni=
tis, muß man auch hieselbst suchen. Das Gouverne=
ment bestund ehedessen aus 7 Sandschakschaften oder
Districten, welche hießen, Adana, Balis, Biraid=
schik, Haleb, Azir, Kilis und Maarra. Allein,
Adana, welches zu dem alten Cilicien gehöret, ist zu
einem besondern Gouvernement erhoben, und als ein
solches oben bey Klein Asia beschrieben worden. Nach
Otters Bericht sollen noch ein Paar Districte zu be=
sondern Gouvernements gemachet worden seyn, er nen=
net sie aber nicht, doch meynet er vermuthlich Kilis
und Bir, davon hernach ein mehreres vorkommen
wird. Ricaut meldet, daß außer den oben angeführ=
ten, noch 2 Districte in diesem Gouvernement lägen,
welche er Matir und Turkman nennet, denen aber
kein Sandschak, sondern ein Agalik, vorstehe. Ich
kann von diesen Umständen die zu wünschende Gewiß=
heit nicht verschaffen. Arvieur berichtet, daß man die
jährlichen Einkünfte des Pascha von Haleb auf 80000
Piaster schätze, davon er 30 bis 35000 auf die Unter=
haltung seiner Truppen verwenden müsse, deren 5 bis
600 Mann wären. Er habe aber Gelegenheit genug,
durch Geldauflagen, Geschenke und andere Mittel
jährlich über 200000 Piaster zusammen zu bringen.
Unter seinem Gouvernement stünden 1200 Dörfer, da=
von aber 300 zerstöret und verlassen wären, aus den
übrigen ziehe er große Einkünfte. Es gäbe noch an=
dere Dörfer, welche dem türkischen Monarchen unmit=
telbar zugehörten, und von demselben an privat Agas
verpachtet würden.

Bevor

Bevor ich die zu diesem Gouvernement gehörigen Oerter beschreibe, will ich erst von desselben natürlichen Beschaffenheit handeln.

Es hat, so wie ganz Syrien, längs der Seeküste
eine Reihe hoher Berge, welche mit Pflanzen, Stauden und Bäumen bedecket sind. Von denselben kommen viele Bäche und Flüsse, welche die hinter diesen
Bergen liegenden Ebenen bewässern. Diese werden
gegen Osten von dürren felsichten Hügeln eingeschlossen, hinter welchen andere große Ebenen folgen, die
zwar kein anderes, als das im Winter fallende Regenwasser haben, aber doch sehr fruchtbar sind. Nach
dieser Abwechselung zwischen felsichten Hügeln und
Ebenen, folget eine beständige Ebene, welche das wüste Arabien genennet wird, und sich bis Basra erstrecket. Unter allen Flüssen in diesem Gouvernement,
ja in Syrien, ist der Orontes, von den Arabern
Orond und Asi genannt, der einzige, welcher in das
mittelländische Meer fließt, die übrigen verlieren sich,
oder vertrocknen in den dürren Ebenen. Die Luft ist
gesund, und insonderheit zu Haleb so rein und leer von
allen Dünsten, daß die Einwohner vom Ende des
Maymonats, bis in die Mitte des Septembers, ohne
Schaden auf den platten Dächern ihrer Häuser unter
freyem Himmel schlafen: aber auch zu Haleb und in
derselben umliegenden Gegenden so dünne, daß die
Schwindsüchtigen nicht lange darinnen leben können.
Von der Küste des mittelländischen Meeres wird fast
alle 10 Jahre die Pest hieher gebracht, welche im Winter ganz mäßig, im Frühjahre stärker, und am hef-
tigsten im Junio wüthet, in der größten Hitze des Ju-
li aber nachläßt, und im August ganz aufhöret. Der
eigent-

eigentliche strenge Winter währet nur 40 Tage, nämlich vom 12ten Dec. bis 20sten Jänner, während welcher Zeit die Luft sehr durchbringend ist, doch friert
es selten starkes Eis, und der Schnee bleibt selten länger als einen Tag liegen, und diese Zeit über blühen
Narcissen. Im Hornung werden die Felder völlig
grün, und die Bäume fangen schon am Ende desselben an zu blühen. Allein, der Frühling währet nur eine kurze Zeit; denn ehe der May sich endiget, sind
die Felder schon vertrocknet und verbrannt, und es
bleiben nur einige wenige starke Pflanzen, welche der
großen Hitze widerstehen können, übrig. Von dieser
Zeit an regnet es nicht, ja es zeigt kaum bisweilen sich eine
Wolke: wenigstens ist es etwas sehr seltenes, [wenn
sich in den Sommermonaten Wolken zeigen, und noch
mehr, wenn es regnet; welches sich unter andern 1664,
als Thevenot in den Monaten May und Junius zu
Haleb war, daselbst zugetragen. Um die Mitte des
Septembers aber pfleget ein kleiner Regen die Luft zu
erfrischen, welche alsdenn 20 bis 30 Tage lang ganz
gemäßigt und doch heiter ist; wenn aber der zweyte Regen kömmt, wird das Wetter ganz veränderlich, und
der Winter nähert sich nach und nach. Diese Nachricht ertheilet Russel von den Herbstregen: hingegen
Korte berichtet, daß, als während seines Aufenthalts
zu Haleb am 19ten Sept. der erste Herbstregen gefallen, jedermann solches für sehr frühzeitig erkläret habe,
weil er sonst gemeiniglich erst um die Mitte des Octobers, oder wohl erst am Ende desselben falle. Wenn
nicht im Sommer ein kühler Westwind wehete, würde
diese Gegend kaum wohnbar seyn. Zuweilen bläst
im Sommer 4 bis 5 Tage lang ein Ostwind, der zwar
nicht

nicht der berüchtigte Samum, aber doch so heiß ist,
als ob er aus einem Ofen käme. Alsdenn werden sogar in den Häusern die Metalle so heiß, als ob sie
eine lange Zeit an der Sonne gelegen hätten, wiewohl
das Wasser zu dieser Zeit kühler ist, als wenn der
Westwind bläst. Das beste Verwahrungsmittel gegen denselben ist, wenn man alle Fenster und Thüren
zumacht. Er mattet ungemein ab. Man bauet nicht
viel Hafer. Gerste und Weizen werden am Ende des
Aprils und im May eingeerndtet, und das Getreide
wird in Höhlen unter der Erde verwahret. Taback
wird stark gebauet. Die Baumwolle wird erst im
October gesammlet. Außer dem Olivenöle hat man
auch ein Oel aus dem Samen des Ricinus, welches
von dem gemeinen Volke in Lampen gebrannt wird,
und ein anderes aus dem Samen des Sesamum,
dessen sich die Juden insonderheit bedienen. Der hiesige weiße Wein ist wohlschmeckend, aber sehr schwach,
und hält sich kaum über ein Jahr; der rothe ist schwer,
und macht schläfrig. Die besten Weintrauben sind
in dem Dorfe Kaissy, etwa 8 geographische Meilen
von Haleb. Der verdickte Weinrebensaft wird stark
gebraucht. Obstbäume von mannichfaltiger und schöner Art, Pistacienbäume, und Gartengewächse, sind
häufig. An Brennholz ist hin und wieder Mangel,
und an solchen Orten wird der getrocknete Mist von
Kameelen und andern Thieren, gebrannt; wiewohl
auch an andern Orten, wo das Holz so selten nicht ist,
das Brodt, (welches in dünnen Kuchen besteht,) bloß
der Gewohnheit wegen bey Mist gebacken wird, der
unter den kupfernen Platten, auf welche die Kuchen
geleget werden, angezündet wird. Etwa 5 Stunden

5 Th.   P   von

von Haleb findet man eine Art Walkererde, welche in den Bädern anstatt der Seife gebrauchet wird. Ungefähr 5 geographische Meilen von Haleb ein großes mit felsichten Hügeln umgebenes Thal, welches im Winter dadurch, daß man einen durchfließenden Bach aufhält, ganz unter Wasser gesetzet wird, nach dessen Ausdünstung eine Salzrinde zurück bleibt, die an einigen Orten einen halben Zoll dick ist. Es ist aber dieses Salz nicht so scharf, als das Meersalz. Vermuthlich ist der Boden dieses Thals sehr salpetricht. Rindvieh ist nur in mäßiger Zahl vorhanden, und wird fast bloß von den Europäern gegessen. Die Büffelkühe werden in Syrien, und auch in diesem Gouvernement, der Milch wegen gehalten. Man brauchet nach alter Weise die Ochsen zum Dreschen des Korns, und läßt sie so viel davon fressen, als sie wollen. Die meisten Schafe sind von der Art dererjenigen, welche außerordentliche große Schwänze haben. Ein solcher Schwanz macht fast ein Drittel der Schwere des ganzen Schafs aus, und wiegt bey größern und gemästeten Schafen bisweilen bis 50 Pfund. Man muß dieses von dem Fette verstehen, welches den Schafen anfänglich als ein Klumpen, 8 bis 10 Pfund schwer, oben am Schwanze wächst, wenn es aber größer wird, mit dem Hintertheile zusammenwächst, und als ein Dach über dem Hintern steht, wie Korte es beschreibt. Es giebt hier Ziegen, deren Ohren zum Theil, nach Rauwolfs Bericht, eine Elle, nach Russels Erzählung aber einen Schuh lang sind, und eine dieser Länge gemäße Breite haben. Gazellen sind von zweyerley Art vorhanden, eine Art hält sich auf den Bergen, und die andere in den Ebenen auf. Man hat vier Arten

von

von Kameelen, den turkomannischen, welcher größer und stärker ist, auch mehr trägt, als die übrigen,
nämlich auf 800 Pfund, aber die Hitze nicht gut aushalten kann; den arabischen, der kleiner als jener ist,
höchstens 500 Pfund fortbringt, aber Hitze und Durst
besser, und den letztern im Nothfall wohl 15 Tage
lang verträgt, und mit Disteln und andern in der
Wüste wachsenden Pflanzen vorlieb nimmt; den Dromedar, der noch schneller als der arabische Kameel geht,
und in einem Tage einen eben so großen Weg zurückleget,
als die andern in 3 Tagen, und denjenigen, welcher
2 Höcker auf dem Rücken hat. Entweder der Tschakal oder die Hyäna ist es, davon Russel meldet, daß
er nur beym größten Hunger die Menschen anfalle,
aber desto begieriger nach Schafen und begrabenen
Leichnamen sey. Die Heuschrecken suchen Syrien oft
heim, und richten große Verwüstung an, werden aber
auch, wie Russel versichert, theils frisch, theils eingesalzen, als eine angenehme Speise gegessen. Außer
Türken, Juden und Christen, (nämlich Griechen, Armeniern, Syrern, von denen aber wenige syrisch verstehen, Maroniten und Franken,) giebt es in diesem
Gouvernement, auch Araber, Kurden, Turkomannen,
Ruschowanen und Tschinganen. Fast alle Araber,
und auch auf einigen Dörfern die Frauen, tragen einen entweder goldenen oder silbernen Ring, bisweilen
von 1½ Zoll im Durchschnitte, in der Nase. Die
Araber sind von 2 Stämmen, nämlich Benikalab,
welche sich in der Nachbarschaft von Imk aufhalten,
und ihren eigenen Begs nicht gehorchen, und Alpesar,
welche die Gegenden von Zurba und von Kasteel
Kiehla bewohnen. Nordwärts von Haleb giebts keine

Ara-

Araber, sondern die Kurden besitzen das Land, und haben ein großes Stück vom Gebirge Taurus inne. Sie reden zwar ihre eigene Sprache, aber auch die türkische, und sind entweder Sumulis oder Jesidis. Die Turkomannen leben entweder in Dörfern und treiben Ackerbau und Viehzucht, oder unter Zelten, und legen sich auf Räuberey. Sie reden die türkische Sprache. Die Ruschowanen ziehen nur im Winter mit ihrem Vieh im nordlichen Theile von Syrien und in dem alten Cappadocien umher. Die Tschinganen oder Zigäuner sind im nordlichen Syrien häufig, und werden für Muhammedaner gehalten. Sie wohnen entweder in Zelten oder in Höhlen unter der Erde. Sie verfertigen, so wie die Turkomannen, grobe Teppiche oder Decken. Die Abgaben, welche diese beyden Nationen entrichten, gehören unmittelbar dem türkischen Kaiser. Sie stehen nicht unter dem Emir des wüsten Arabiens, sondern unter Haleb. Die gemeine Landessprache ist die jetzt gewöhnliche arabische.

Es folgen die merkwürdigsten Oerter in diesem Gouvernement.

i. Haleb oder Halab, von einigen europäischen Nationen nach der Italiäner Weise Aleppo genannt, vor Alters nach der gemeinesten und wahrscheinlichsten Meynung Berœa oder Berrhœa, die Hauptstadt von diesem Gouvernement, und eine der größten, vornehmsten und besten Städte im ganzen türkischen Reiche. Sie liegt an einem kleinen Flusse, welcher Kowaic oder Kawik genennet, nicht unwahrscheinlich für den Belus der Alten gehalten wird, und der die daran liegenden vielen Gärten wässert. Sie steht theils auf der Ebene, theils an und auf einigen Hügeln, deren höchster die Gestalt eines Zuckerhuths hat, fast mitten in der Stadt liegt, und entweder ganz von Menschenhänden gemacht worden, wie

P. della

P. della Balle meynet, oder wenigstens mit großen Steinen eingefasset und bekleidet ist, also, daß er einem Felsen ähnlich sieht, wie le Bruyn schreibt. Auf eben diesem Hügel steht ein Kasteel, welches die ganze Stadt beherrschet, und darinnen der Pascha von Haleb seinen Sitz hat. Die eigentliche Stadt, ist mit sehr verfallenen Mauern und Thürmen von Quadersteinen, umgeben, außerhalb denselben aber sind noch 12 Vorstädte, in welchen die meisten Christen wohnen. Wenn Ludwig von Barthema schreibt, die Stadt sey von lauter Muhammedanern bewohnet, so redet er vermuthlich von der eigentlichen Stadt, und nicht von den Vorstädten. Wer gut zu Fuße ist, kann die eigentliche Stadt in einer Stunde, die Stadt und ihre Vorstädte aber in 3 Stunden umgehen. Unter der Stadt geht ein Kanal oder eine Wasserleitung weg, deren gutes Wasser in die öffentlichen und besondern Brunnen vertheilet wird. Sie kömmt vom Dorfe Hailam fast 2 geographische Meilen weit hieher, und wässert auch die Gärten, welche nicht an dem oben angeführten Flusse liegen. Die schönsten Gebäude der Stadt sind die Moscheen, nach diesen die Khane oder Wohnungen der fremden Kaufleute, und Basare oder Kaufhäuser, darinnen die Buden der Kaufleute sind. Die Häuser in der Stadt, und die meisten in den Vorstädten, sind von Quadersteinen erbauet, und bestehen gemeiniglich aus einem Untergebäude, und einem darüber erbaueten Stockwerke. Die flachen Dächer sind entweder mit Steinen gepflastert, oder mit einer Kütte, darunter kleine Steine gemischet sind, überzogen, und mit einer kleinen Mauer, die etwa 3 Schuhe hoch ist, anstatt des Geländers umgeben, darinnen gemeiniglich Oeffnungen gelassen werden, damit man von einem Hause auf das andere gehen könne. Auf diesen Dächern schläft man des Sommers um der kühlen Luft willen. Weil aber die Häuser ihre Fenster nach den Höfen zu haben, also, daß man auf den Straßen nichts, als die steinernen Mauern der Häuser erblicket: so sehen die Straßen traurig aus. Die Stadt ist in 22, und die Vorstädte sind in 50 Gegenden abgetheilet, davon jede ihren Vor-

steher

steher hat, der Imam genennet wird, und für alle Einwohner seines Districtes steht. Arvieux liefert die Namen dieser 72 Gegenden, und die Anzahl derer in einer
jeden befindlichen öffentlichen Gebäude und Häuser, deren
Summa 14137 ist. Texeira hat also einen viel zu großen
Anschlag gemachet, wenn er die Häuser auf 26000 geschätzet. Die Straßen sind enge, aber wohl gepflastert
und rein. Die Anzahl der Einwohner, wird von den
Reisenden nur nach Muthmaßungen, und also sehr unterschieden geschätzet. Tavernier schreibt, es würden
25000 Christenseelen gezählet: da nun nach aller anderer Reisenden Erzählung, die Christen nur eine kleine
Zahl in Ansehung der Muhammedaner, das ist, der
Türken und Araber, ausmachen, so müßte die Summe
aller Einwohner sehr hoch steigen. Allein, es muß im
Texte beym Tavernier ein Schreibfehler seyn, und die
von ihm genannte Summe von allen Seelen der Einwohner zu Haleb verstanden werden, wie das, was er von der
Anzahl der Christen einzelner Partheyen meldet, uns lehret. Arvieux, der hier einige Jahre französischer Consul gewesen, schätzet die Anzahl aller Einwohner auf 280 bis
290000. Russel, der hieselbst von 1741 bis 1753 Arzt
bey der engländischen Factorey gewesen, schätzet sie nur
auf 235000. Korte meynet, die Stadt möchte ungefähr so volkreich seyn, als Hamburg. Nach Tavernier
Anschlag sind hier etwan 15 bis 16000 griechische, 12000
armenische, 10000 jacobitische, und 1200 maronitische
Christen, zusammen ungefähr 39000. Arvieux und
Russel rechnen 30 bis 35000, und Monconys rechnet gar
nur 12 bis 15000 Christen, welches zu wenig. Hingegen weiß ich nicht, was ich von des P. Anton Nacchi
Versicherung in den Nouveaux Mémoires des Millions
T. 4. urtheilen soll, nach welcher die römisch-katholischen Missionarien, zu Haleb 50000 Christen an Maroniten, Armeniern und Griechen, zu besorgen haben sollen. Die rechtgläubigen griechischen Christen haben einen Patriarchen, und eine Kirche, die Armenier einen
Bischof und 2 Kirchen, die Jacobiten und Maroniten
jede einen Bischof und eine Kirche. Es sind hier auch
einige

einige nestorianische Familien. Die Römischkatholischen
haben 3 Kirchen, welche von Capucinern, Baarfüßern
und Jesuiten bedienet werden: es ist auch hieselbst ein
griechischer Patriarch, der sich dem römischen Stuhle
unterworfen hat, welches auch die meisten hiesigen Griechen gethan. Der Juden sind, nach Arvieux Meynung,
nur 2000, nach Russels Anschlag aber 5000. Vielleicht
haben sie sich seit des erstern Zeit vermehret. Die hier
lebenden Europäer, sind vornehmlich Franzosen und
Engländer; jene sind die zahlreichsten. Beyde Nationen,
wie auch die holländische und die Venetianer, haben hier
des Handels wegen einen Consul. Nirgends sind die
Türken so leutselig und höflich gegen die Europäer, als
hier. Die gemeine Sprache, ist die jetzt gewöhnliche
arabische, die vornehmen Türken aber reden auch türkisch. Die meisten Armenier können armenisch sprechen,
wenige Syrer aber verstehen syrisch, und die Griechen
weder alt noch neu griechisch. Haleb hat den Handel,
den ehedessen Antakia getrieben, an sich gezogen, ungeachtet es dazu bey weitem keine so bequeme Lage hat, als
dieser letzte Ort. Am meisten blühete hier der Handel,
bevor die Schiffahrt um das südliche Ende von Africa
gewöhnlich ward. Unterdessen wird hier doch noch großer Handel mit Asia, Africa und Europa getrieben. Von
den persischen Waaren ist hier die größte Niederlage, insonderheit von Seide. Von Basra kömmt jährlich einmal eine große Kierwane mit indianischen Waaren, welche gemeiniglich einen Monat auf der Reise zubringt.
Nach Hasselquists ums Jahr 1751 aufgesetzten Bericht,
setzen die Engländer zu Haleb jährlich 8 bis 900 Ballen
Tücher, und die Franzosen eben so viel ab; die engländischen geben nach Persien, die französischen werden von
den Türken getragen. Die große gottesdienstliche türkische Kierwane, welche jährlich nach Mecca geht, nimmt
von hier ihren Weg nach Damaschk, woselbst sie durch
eine andere verstärket wird. Ehedessen war gewöhnlich,
daß man Tauben, die hier Junge hatten, nach Alexandrette, am mittelländischen Meere, welcher 15 geographische Meilen von hier entfernet ist, brachte, und von
dannen

dannen mit einem unter ihre Flügel gebundenen kleinen beschriebenen Stückchen Papier nach Haleb in ihren Taubenschlag zurückfliegen ließ, wenn man dahin eiligst berichten wollte, daß zu Alexandrette ein Schiff angekommen sey. Man tauchte die Füße der Taube in Eßig ein, um sie frisch zu erhalten, und zu verhindern, daß sie sich nicht zum Baden niedersetzen möchte. Eine solche Taube vollendete ihre Reise in 4 bis 5, wenigstens innerhalb 6 Stunden. Allein, diese Taubenpost ist abgeschaffet worden. Es werden hier viele baumwollene und seidene Stoffen, und nirgends in den türkischen Landen so gute Zelte, als hier, verfertiget. Die Pistaciennüsse, welche hieselbst wachsen, sind besser als die wilden, weil sie in den Gärten gebauet werden. Man führet sie in großer Menge aus.

Nahe bey Haleb stehen 2 ansehnliche Derwischklöster, Namens Mula Ramee und Scheikh Abubekr; jenes hat 20 bis 25, dieses bis 40 Derwische oder muhammedanische Mönche, und das letztere steht auf einem Hügel, von welchem man die ganze Stadt übersehen kann.

Das sogenannte Uebel von Haleb, welches den Ausländern, die sich hier aufhalten, widerfährt, und welches le Bruyn eine Art der Krätze, Russel aber eine Art Blattern nennet, ist eine häßliche eiternde Blatter, welche ein ganzes Jahr dauert.

Der Boden um Haleb ist felsicht, und nur dünne mit Erde bedecket. Gegen Osten ist der Berg Busaga, gegen Westen der Berg Babege ganz nahe.

2. Khan Tuman, ungefähr dritthalb geographische Meilen von Haleb, ist ein Kasteel mit einer kleinen Besatzung, zum Widerstande gegen die Streifereyen der Araber, die sonst diese Gegend, aus welcher Haleb sein meistes Getreide bekömmt, verwüsten würden.

3. Kennasserin oder Ringesrin, Alt-Haleb, vor Alters Chalcis, viertehalb geographische Meilen von Haleb gegen Süden, nicht weit vom Flusse Kowaik, und nahe bey dem Berge Sem-Aan oder Schabalon Nabo, war ehedessen eine Stadt, ist aber jetzt ein Steinhaufen. Zwischen diesem Orte und Haleb ist eine Reihe von Bergen,

Der

Der Fluß Kowaik oder Kawik ergießt und verliert sich von Kennasserin gegen Südosten in dem See Sülhe. In Hasens Charte von Klein-Asia, wird er in das oben in der allgemeinen Nachricht von der natürlichen Beschaffenheit des Gouvernements Haleb erwähnte Salzthal, geleitet, als wenn er sich in demselben verlöre: allein, dieses ist unrichtig, doch scheint es, daß der See Sülhe und das Salzthal nicht weit von einander entfernet sind.

Nicht weit von Kennasserin hat die Stadt Seleucia Beli oder Seleucobelus gestanden.

4. Reab, ein großer Flecken am nördlichen Fuße einer Reihe Berge, die sich von hier bis Hama erstrecket. In dieser Gegend werden sehr viele Olivenbäume gezogen, und aus dem Oele wird Seife verfertiget, und nach Persien verschicket. Diesem Orte gegen Süden, trifft man an unterschiedenen Orten die zum Theil ansehnlichen Trümmer unterschiedener Städte und Flecken an, als, zu Rupf, Fribay, und insonderheit zu Ruiah, (welchen Ort die Franken alt Reab nennen,) wo noch ganze Paläste und Kirchen stehen.

5. Sermin, Sarmin, ein Städtchen oder Flecken.

6. Maarra, oder von einem gewissen Noman, Maaret ül Numan, vor Alters Arra, auch vielleicht Maronias des Ptolemäi, eine kleine und sehr schlechte Stadt, welche Cotwyk nur ein Dorf nennet, die aber der Hauptort eines Districtes ist, dessen Aga nicht von dem Pascha zu Haleb abhängt. Dieser Ort war ehedessen volkreich. Die umliegende Gegend hat einen Ueberfluß an Getreide und Früchten.

Anmerkung. Dieser Stadt gegen Osten, weiter in die ganz unfruchtbare Wüste hinein, darinnen Araber umherziehen, findet man die ansehnlichen Trümmer einer großen Stadt, welche die Araber Sirta oder Seria nennen, und sagen, daß sie von Christen bewohnet gewesen sey. Sie hieß vor Alters Seriane. D. della Valle traf hier noch marmorne Säulen, und ganze steinerne Gebäude an.

7. Schogel, eine Stadt am Flusse Orontes, über welche hier eine steinerne Brücke führet.

P 5

8. **Kiftin**, ein großes Dorf, von welchem eine große und fruchtbare Ebene benennet wird.

9. **Daina** oder **Dana**, ein großes Dorf auf einer Höhe in einer großen Ebene, an der Landstraße, die von Haleb nach Antakia führet, eine Tagereise vom ersten Orte. Hier muß vor Alters eine ansehnliche Stadt, vielleicht Imma des Ptolemäi, gestanden haben, welches die noch vorhandenen Alterthümer, insonderheit die vielen Grabhöhlen in den Felsen, bezeugen. An einigen lieset man noch christliche Inschriften in griechischer Sprache. Zwischen diesem Orte und dem folgenden, trifft man die Trümmer von anderen zerstörten Oertern an.

10. **Tisin**, ein Dorf auf einer Höhe über einer großen Ebene, durch welche der Orontes fließt. Hier wächst das beste Olivenöl des ganzen Landes. Es sind hier viele Trümmer von Gebäuden zu sehen.

11. **Dschisrül-hadid**, (das ist, eiserne Brücke,) heißt die Brücke von 9 Bogen, welche über den Fluß Orontes erbauet ist, da wo er durch das Gebirge Likiam fließt, und dasselbige zertheilet. Die Brücke hat 2 Thürme, und die Thore zu denselben sind mit Eisenblech beschlagen. Das Gebirge Likiam gränzet an das Gebirge Libanon, und erstrecket sich auch nach der Seite von Merasche. Man kann Merasche, Aïn-Zerbe, Harunia und Ladikia, davon erblicken. Von Dschisrül-hadid bis Hims, wird es Dschebel ül Nehre, das ist, das Gebirge des Flusses genannt. Es ist wohl bewohnet, und hat einen Ueberfluß an Früchten. Hase setzt in seiner Charte von Kleinasia diese Brücke zu weit aufwärts, oder gegen Süden, und die Stadt Schogel derselben gegen Norden, da doch Schogel unterschiedene Meilen von dieser Brücke aufwärts am Orontes, und die Brücke nur ein Paar Meilen von Antakia ist.

Wenn man über die Brücke, und also über den Orontes gekommen ist, und nach Antakia geht, kömmt man etwa anderthalbe Stunden von dieser Stadt bey den Trümmern der ehemaligen Stadt Antigonia vorbey, welche der syrische König Antigonus erbauete, dessen Ueber-

Ueberwinder Seleucus aber wieder zerstörete, und von ihren Materialien die Stadt Antiochia aufführete.

12. Antakia, (welches der arabische Name ist,) oder Antiochia, eine Stadt am Flusse Orontes und am Fuße eines Berges, auf dessen Gipfel ein verfallenes Kasteel steht, übrigens aber um die Mitte einer großen und fruchtbaren Ebene, von der ich hernach ein Mehreres melten will. Die alte Stadt hat sowohl auf und an den eben genannten Berge, als auf und an einem andern neben dem vorigen liegenden niedrigern Berge, und auf der am Fuße derselben liegenden Ebene gestanden, und also einen weit größern Umfang gehabt, als die jetzige Stadt, wie die noch vorhandenen Mauern bezeugen. Sie hat aus 4 nach einander erbaueten Städten oder Theilen bestanden, daher sie Tetrapolis genennet worden, auch jenseits des Orontes eine Vorstadt gehabt. Die erste Stadt hat der syrische König Seleucus Nicator erbauet, und entweder nach seinem Vater oder nach seinem Sohne, Antiochus, benannt. Zur Zeit Kaisers Justinians nennete man die Stadt Theopolis, beym Strabo und Plinius aber hat sie den Zunamen Epidaphnes, weil unweit derselben der Wald Daphne, und in demselben ein dem Apollo und der Diana geweiheter Tempel war, dahin sich die Antiochier zur Lust begaben, aber so wollüstig und ausschweifend aufführeten, daß das Sprüchwort Daphnicis moribus vivere, entstund. Die Mauern der alten Stadt sind großentheils durch die vielen und starken Erdbeben, welche sich hier von Zeit zu Zeit geäußert haben, umgestürzet. Durch eben diese Erdbeben sowohl, als durch Belägerungen und Eroberungen, ist auch die alte Stadt verwüstet worden, zu deren Ueberbleibseln vornehmlich die Wasserleitungen gehören. Die jetzige Stadt ist klein, und schlecht gebauet, die Häuser sind niedrig, und die meistentheils flachen Dächer nur mit leichten Balken und dünnen Dielen bedecket. Der hiesige Befehlshaber ist ein Waywode, der unter dem Pascha von Haleb steht, aber von Constantinopel aus ernennet wird. Vor Alters war Antiochia eine der vornehmsten Städte im Orient, die Hauptstadt

von

von Syrien, die Residenz der syrischen Könige, und nach
denselben, der römischen Statthalter, welche den morgenländischen Provinzen des römischen Reichs, oder der
Diöces des Orients, dazu 15 Provinzen gehöreten, vor-
stunden. Hier ist der Name der Christen (eigentlich Chri-
stianer) zuerst aufgekommen, Ap. Gesch. XI, 26 und in
der folgenden Zeit ist hier eine große Anzahl christlicher
Kirchen, und der Sitz eines griechischen Patriarchen gewesen; es haben auch die abendländischen Christen die
Stadt 1097 erobert, und einen christlichen Prinzen hieher gesetzet, dessen Nachkommen nicht allein Fürsten
von Antiochien, sondern auch Könige von (klein) Armeni-
en gewesen sind, und der Handel hat hier geblühet. Allein, der ägyptische Sultan hat die schönen Kirchen entweder 1267 oder 1270 zerstöret, der griechische patriar-
chalische Sitz ist nach Damaschk verleget worden, das
christliche Fürstenthum hat aufgehöret, der Handel hat
sich nach Haleb gewendet, und es sind hier eine geraume
me Zeit gar keine Christen gewesen, jetzt aber nur wenige griechische, und noch wenigere armenische Christen
vorhanden, welche sich der beyden noch übrigen Kirchen
zum Gottesdienste bedienen, deren eine, oder die Johan-
niskirche, im Felsen ausgehauen, und eine Art von Grotte ist. Der monophysitische oder jacobitische Patriarch
von Antiochien, wohnet unweit Mardin, und der maronitische Patriarch von Antiochien wohnet zu Cannobine
auf dem Libanon.

13. Kepse, Süweida, Spadik, sind die Namen, welche
die Reisebeschreiber einem Orte beylegen, an dessen Stelle vor Alters die Stadt Seleucia Pierla, gestanden hat.
Er ist ein armenischer Flecken, nicht weit von dem mittelländischen Meere, und wegen seiner Lage und durch
Kunst ein fester Ort, hat auch bey dem Hafen eine wohl-
befestigte Vorstadt, in welcher man der Bequemlichkeit
wegen die Märkte hält.

Etwa 2 geographische Meilen von hier gegen Süden,
ist die Mündung des Flusses Orontes, welcher von den
Arabern Orond, imgleichen Asi, genennet wird, und in
seiner untersten Gegend tief, aber nicht breit ist. Aus
dem

dem Meere kommen nur Böte, mit Salz von Tripoli und ägyptischen Reiß, beladen, in diese Mündung; der Fluß aber ist jetzt für größere Schiffe bis Antakia nicht schiffbar. In der ganzen fruchtbaren und durch Schlachten in den Kreuzzügen berühmt gewordenen Ebene, durch welche der Orontes von Antakia aus, fließt, wird arabisch, auf denen an beyden Seiten liegenden Bergen aber türkisch geredet, und die armenischen Christen sprechen armenisch. Diese ganze Gegend ist stark mit Maulbeerbäumen für die Seidenwürmer bepflanzet; denn es wird hier viele Seide gebauet. Man bauet auch viel Taback, welcher zu dem besten in Syrien gehöret.

Jenseits oder auf der Südseite des Orontes, ist der Dschebel Okrab, d. i. der kahle Berg, vor Alters Mons Casius genannt, welcher zwar hoch, aber nicht so hoch ist, als ihn Plinius beschreibt.

Gegen Norden von Kepse, ist ein kleiner feuerspeyender Berg, welcher beständig Rauch, zuweilen auch Flammen, ausstößt. Von den Leuten, welche in diesen Gegenden wohnen, schreibt Pocock, sie würden für Anbether des Teufels gehalten.

14. Jonelat und Alschapbah, armenische Flecken, gegen Norden von Kepse.

Diesen Oertern gegen Westen und Nordosten nach dem Meere zu, liegen die Berge, welche vor Alters Pieria und Rhossus hießen; der letzte, auf welchem eine Stadt gleiches Namens gestanden, wird jetzt Dschebel Torose, und von den Schiffern Capo Hog, genennet, und ist das südliche Ende des Landes, welches den Meerbusen von Ajasso und Scanderona macht. An diesen Berg stößt die große Ebene Arsus, deren Länge Pocock auf 10, und ihre Breite auf 3 englische Meilen schätzet.

15. Eskienderun oder Eskanderunah, von den Europäern Scanderona und Alexandrette, von den Syrern Klein=Alexandria genannt, nicht weit von dem Platze, wo vor Alters Alexandria ad Issicum sinum, gestanden hat, ist jetzt ein geringer Ort am Meerbusen von Ajas, mit einem mittelmäßigen Hafen. Weil er auf einem morastigen Boden liegt, und die See, wenn sie unge-

stüm ist, die niedrigen Gegenden desselben mit Wasser
anfüllet, so ist hier die Luft im Sommer sehr ungesund,
daher sich alsdenn die hier wohnenden Europäer auf dem
benachbarten Gebirge zu Bailan aufhalten. Es ist auch
das umliegende Land unfruchtbar, ungebauet, und unbewohnet, und man hat hier keine andere Eßwaaren, als
Fische, die übrigen aber werden von Ayas in Cilicien,
hieher gebracht. Nichtsdestoweniger ist dieser Ort des
Handels wegen beträchtlich, und es haben die handelnden europäischen Nationen hieselbst ihre Unterconsuls
oder Factors. Die über die See ankommenden Waaren,
werden auf Kameele geladen, und so nach Haleb geführ-
ret. Cellarius rechnet diesen Ort noch zu Cilicien; weil
aber der Befehlshaber desselben zu Haleb wohnet, und
hier seinen Lieutenant hat, so schließe ich daraus, daß
er unter das Gouvernement Haleb gehöre.

16. Bailan, ein Ort an einem davon benannten hohen Berge, (welcher zu dem Gebirge Amanus gehöret,
und von den Italiänern Monte negre, d. i. der schwarze
Berg, genennet wird,) über einem Thale. Er besteht in
einer großen steinernen Herberge, in welcher die Reisenden 3 Tage lang frey gehalten werden, und vielen kleinen Häusern. Ehedessen hielten sich hier die in dieser
Stadt Haleb wohnhaften Europäer, während eines Theils
des Sommers, in gemietheten Häusern auf: jetzt besuchen
diesen Ort die zu Eskienderun oder Alexandrette wohnhaften Europäer zur heißen und ungesunden Sommers-
zeit, um der hiesigen kühlen und gesunden Luft zu genießen. Der Berg ist hier mit Weinstöcken, Oliven und
andern Fruchtbäumen bepflanzet, und die Aussicht von
demselben ist angenehm.

Wenn man von hier den Berg abwärts nach Antakia und Haleb geht, kömmt man durch einen langen in
den Felsen gehauenen Weg, zu Ueberbleibseln dicker Mauern, die von einem Thore zu seyn scheinen. Diese Gegend ist eine von den Passen, die nach Cilicien führen und
wird von den alten Schriftstellern die Thore oder die
Thore Syriens, und die Thore von Cilicien, genennet.

Heutiges

Heutiges Tages gehen die Kierwanen von hier gerade zu
nach Haleb, und nicht mehr über Antakia.

17. Pagras, Bagras, Begras, ein großer Flecken
mit einem Kastel auf einem Berge, genannt Dschebel
ül beïni Musa. Sultana Soliman hat diesen Ort 1551
in einer Gegend, welche Begras Beli genennet wurde,
zuerst als ein Dorf anlegen lassen, und dasselbige von
allen Auflagen befreyet, woraus in kurzer Zeit ein Flecken geworden.

Auf eben diesem Berge, gegen Norden von Begraf,
liegen die Oerter Seflan, Derbesaf, und das Kastel
Awasim. Die Hiacinthen dieser Gegend sind berühmt,
und auch gelbe darunter.

18. Der antiochische See, welcher auch der weiße
See, von der Farbe seines Wassers, genennet wird, erstrecket sich von Südsüdost nach Nordnordwest, und ist
nach Pococks Rechnung etwa drittehalb geographische
Meilen lang, und halb so breit. Otter schreibt, er habe
ungefähr eine Tagereise im Umfange. Die großen Aale,
welche man in demselben fischet, werden eingesalzen, und
weit und breit verführet. Er nimmt die Flüsse Ifrin,
Esüed oder Sawad, (nach welchem er auch wohl benennet wird.) Bagra, und noch einige kleinere auf, läßt aber
auch wieder einen Fluß aus, der einige kleinere empfängt,
und sich mit dem Drontes oberhalb Antakia vereiniget.
Ueber alle diese Flüsse sind steinerne Brücken erbauet:
insonderheit aber sind die Brücken Keser Abead (so schreibt
Pocock ihren Namen,) über den Fluß Esüed oder Sawad,
und Morad Pascha über den Fluß Ifrin, zu bemerken,
weil die gerade Landstraße zwischen Alexandrette und
Haleb darüber geht, die aber doch heutiges Tages, wegen der Streifereyen der Kiurden, nicht viel gegangen
wird.

19. Harim, von anderen Heirim genannt, ein Flecken mit einem Kasteel. Die hiesigen Granatäpfel sind
sehr gut und ohne Kerne. Zwischen diesem Orte und
dem folgenden, findet man auf beyden Seiten des Weges
viel Trümmer von verwüsteten Oertern.

20. Etarib, ein Dorf in einem mit Olivenbäumen
bepflanz-

sepflanzten Thale. Die hiesigen Trauben sind beliebt. Diesem Orte gegen Norden, sind die hohen Berge Scheïkh Baraket, die von einem türkischen Heiligen den Namen haben, welcher in einer auf denselben erbaueten Moschee begraben liegt.

21. Maarra, mit dem Zunamen Mesryn oder Mesryn, ein Flecken, oder nur ein Dorf, in einem Thale, 5 Stunden von Haleb. Der Zuname unterscheidet diesen Ort von der oben angeführten Stadt gleiches Namens.

22. Das Kloster des heiligen Simeons des Styliten, 6 Stunden von Haleb, ist zwar zerstöret, die Ueberbleibsel desselben aber zeugen von seiner ehemaligen Größe und Pracht. Es war im 6ten und 7ten Jahrhunderte sehr berühmt, und hatte seinen Namen von dem syrischen Hirten Simeon, der ein Mönch ward, und nachdem er unterschiedene einsiedlerische Versuche gemachet, ums Jahr 423 auf Seulen zu wohnen anfieng, (daher er ein Stylit genennet worden,) die 6, 12, 22, 36, und endlich 40 Ellen hoch, und 2 breit gewesen, auf welchen er wöchentlich einmal aß, und unter großem Zulaufe des Volkes, welches ihn für einen Heiligen hielt, bis nach dem Jahre 460 lebte, da ihm die Füße verfauleten, und er starb. Er hat in Syrien und Palästina bis ins 12te Jahrhundert viele Nachahmer gefunden, und ist also der Anführer der thörichten Styliten geworden.

23. Arsace, beym Pocock, ist dem Ansehen nach eben derselbige Ort, welchen Otter den Flecken Azaz nennet.

24. Kilis, von andern Khillis und Kilisa genannt, eine kleine wohlbewohnte Stadt, in welcher auf einem Jahrmarkte viele Baumwolle verkaufet wird. 1734 war hier ein Pascha, welchen die osmannische Pforte hieher setzte, um die Kurden im Zaume zu halten, sie brachten ihn aber um.

Einige geographische Meilen von hier gegen Norden und Nordwesten, sind in den Bergen 3 oder 4 Pässe, welche durch Kasteele beschützet werden.

25. Kotus, oder Kuris, vor Alters Cyrrhus und Cyrus genannt, ein verfallenes Städtchen, von welchem die alte Landschaft Cyrrhestica den Namen hat, dessen

Haupt=

Hauptstadt es war. Es ist hier ein bischöflicher Sitz gewesen.

26. Geschur, ein Flecken am Fuße eines Hügels, in einer Ebene, durch welche ein Fluß fließt. - Die Ebene und der Fluß haben gleichen Namen.

Ungefähr zwischen diesem Orte und Aintab entspringt der Fluß Kowaik oder Kawik, daran Haleb liegt.

27. Aintab, vom Rauwolf Andeb genannt, vor Alters Antiochia ad Taurum; in der Landschaft Commagene, eine Stadt an der Landstraße, die nach Arzerum führet, in einem Thale zwischen 2 Bergen, durch welche der Fluß Geschur läuft. Die Häuser sind von unten hinauf an den Hügeln erbauet, und haben platte Dächer, daher kann man bequem auf dieselben und auf die bedeckten Straßen, welche zwischen denselben sind, und durch Löcher Licht bekommen, hinab steigen. Auf einem runden Hügel steht ein altes Kasteel, welches einen tiefen in den Felsen gehauenen Graben hat. Otter berichtet, daß hier Aepfel, die drittehalb Pfund schwer sind, und vortreffliche Apricosen wüchsen. Aus Rauwolfs Reisebeschreibung ist zu ersehen, daß hier noch andere schöne Baumfrüchte und Wein, wachsen. Die hiesigen Christen sind insgesamt von der armenischen Kirche, und reden türkisch.

Nicht weit von dieser Stadt hat das nun zerstörte Kasteel Deluk, oder Doluche, vor Alters Doliche, Dulichium, Dulichia, gestanden.

Anmerkung. Alle Christen, die gegen Norden von Haleb wohnen, sind Armenier. Fast in allen Dörfern und Flecken zwischen Haleb und Aintab wird türkisch, aber kein arabisch gesprochen.

28. Perchi, Petre, bey den Syrern Parin oder Pharin, eine ehemalige Stadt.

29. Schemisat oder Sümeisat, vor Alters Samosatum, oder auch in der vielfachen Zahl Samosata, war ehedessen eine Stadt am westlichen Ufer des Euphrats, die Hauptstadt von Commagene, und eine Zeitlang eine königliche Residenz, wie auch der Sitz eines Bischofs, heutiges Tages aber ist es ein ganz geringer Ort. Nahe dabey waren ehedessen einige berühmte jacobitische Klöster, als

5 Th.   Q   Herba,

Herbaz, Mar-Ab-Hai am Euphrat, darinnen der jacobitische Bischof von Samosatum eine Zeitlang seinen Wohnsitz gehabt hat, und Pheschin am Euphrat.

Neben Schemsfat am Euphrat hat auch das Kasteel Urim gestanden.

30. Kalaï Rum, oder Kalat al Rum, oder Errum, oder Rumkala, von den Syrern Hesna Rumoie genannt, welche Namen insgesamt das Schloß der Römer oder Griechen bedeuten, war ehedessen ein berühmtes und festes Kasteel, am westlichen Ufer des Euphrats, welches eine Zeitlang unter der Bothmäßigkeit der Armenier gestanden hat, und der Sitz ihres Patriarchen gewesen ist. Es liegt auf einem niedrigen Berge an der Nordseite einer ganzen Reihe von Bergen, und ist zwar großentheils verfallen, aber doch noch zum Theil wohnbar. Es werden bisweilen vornehme Türken hieher in die Gefangenschaft geschicket, auch ist hier noch eine Kirche von gothischer Bauart, die von den benachbarten Christen an gewissen Tagen häufig besuchet wird. Es scheint, daß der Fluß, welcher hieselbst in den Euphrat fällt, der Singus der Alten sey.

31. Zima, Zeugma, ein ehemaliges Städtchen am Euphrat, über welchen hier eine Brücke erbauet war, davon der Ort den Namen bekam. Es ist hier ein Bisthum gewesen.

32. Bir oder Biraidschik, eine kleine Stadt auf der Ostseite des Euphrats, und also in Mesopotamien: sie hat aber allezeit unter dem Gouvernement von Haleb gestanden. Otter berichtet zwar, daß sie 1734 einen besondern Gouverneur gehabt habe: an einem andern Orte aber rechnet er sie noch zum Gouvernement Haleb. Der Euphrat ist hier, wenn das Wasser klein ist, etwa 200 gemeine Schritte breit, wenn er aber angelaufen ist, viel breiter, und hier ist über denselben die gewöhnliche Ueberfahrt für diejenigen, welche von Haleb nach Urfa, Diarbekir und Persien, auch rückwärts reisen. Die Stadt liegt an einem Berge, und auf dem höchsten Orte desselben ist ein altes festes Kasteel, und in demselben eine Sammlung von alten Schilden und Waffen, deren

deren man sich vor Erfindung des Schießpulvers bedienet hat. Die Mauern der Stadt und des Kasteels sind stark verfallen. Schultens im indice geogr. in vitam Salad. meynet, diese Stadt sey das im vorhergehenden Artikel angeführte Zeugma.

33. Jerabis, vor Alters Gerrha, eine verwüstete Stadt auf der Westseite des Euphrats, welche nach Pococks Muthmaßung den Namen von dem Dienste des syrischen Götzen Jarchbol oder Jerabolus gehabt hat. Sie liegt schon in der syrischen Wüste, in welcher Araber umherziehen.

34. Chisium, Cessunium, eine ehemalige bischöfliche Stadt, liegt, wie es scheint, in dieser Gegend. Vielleicht ist sie der von Pocock genannte Ort Sumata. Nahe dabey hat die bischöfliche Stadt Roaban gestanden.

35. Bambych oder Bambuch, vor Alters Hieropolis und Bambyce, von den Syrern Mabog oder Mabug, (nicht Magog, wie Plinius schreibt,) von den Arabern Manbe und Manbeg oder Manbig (Manbisch) genannt, eine verfallene Stadt auf einer Anhöhe, 3 bis 4 Stunden vom Euphrat und dem an demselben belegenen Kasteel Tedschem oder Tedschim, unter welchem eine Brücke über den Euphrat erbauet ist, welche die manbegische Brücke genennet wird, weil sie nach Manbeg führet. Pocock irret in Ansehung des syrischen Namens dieser Stadt, weiß auch ihren arabischen Namen nicht, beschreibt aber ihre Trümmer umständlich, und besser, als Drummond. In derselben war vor Alters ein sehr berühmter Tempel, darinnen die syrische Göttinn Atargatis verehret wurde, welche die Phönicier, insonderheit die Sidonier, Astaroth oder Astarte, und die Römer Cybele nenneten. Sie hieß eigentlich Tarata oder Targata, woraus der Name Atargatis, und vermuthlich auch der griechische Name Derceto, entstanden ist. Nach und nach ward hier ein Pantheon angeleget. Es ist hier ein Bißthum der jacobitischen Syrer gewesen. Jetzt ist hier nur ein Dorf, und der Ort liegt auch schon in der syrischen Wüste.

36. Carseno, eine ehemalige bischöfliche Stadt bey Mabug. D 2 37.

37. Saruch, vor Alters Sura, ein Ort am westlichen Ufer des Euphrats, etwa eine Tagereise unterhalb Jerabis, und 3 Tagereisen von Haleb, in der syrischen Wüste.

38. Balis, ein Städtchen am westlichen Ufer des Euphrats, und in der syrischen Wüste. Es trieb ehedessen starken Handel, und hatte reiche Kaufleute. Wo ich nicht irre, so ist es eben derselbige Ort, welchen Rauwolf den Flecken und das Schloß Cala nennet.

39. Bab, ein großer Flecken unter einem Berge, etwa 5 geographische Meilen gegen Westen von Saruch. Es wohnen hier zwar nur wenige Juden, allein zu gewissen Jahreszeiten ist in der alten hiesigen Synagoge eine große Versammlung von Juden. Drummond lobet die Aussicht, welche man von dem Gipfel eines darneben liegenden Hügels hat.

40. Tedif, ein angenehmer Flecken, etwa 3 geographische Meilen ostwärts von Haleb. Die hiesige jüdische Synagoge hat ehedessen in großem Ansehen gestanden, wird auch noch von den Juden stark besuchet. Das Land ist in dieser Gegend, auf Anleitung eines französischen Kaufmannes, sehr artig mit Maulbeerbäumen bepflanzet.

Etwa 6 Stunden von hier, gegen Süden, ist das Salzthal, dessen in der allgemeinen Nachricht vom Gouvernement Haleb, Erwähnung geschehen ist.

Das Gouvernement Tarablus.

Es gränzet gegen Abend an das mittelländische Meer, gegen Mitternacht an das Gouvernement Haleb, gegen Morgen an die syrische Wüste, gegen Mittag an das Gouvernement Damaschk. In Ansehung seiner natürlichen Beschaffenheit ist vornehmlich das Gebirge Libanon und der Fluß Orontes zu beschreiben.

Das Gebirge Libanon oder Lebanon, lat. Libanus, hat seinen Namen von der Weiße seiner Gipfel,

pfel, auf welchen zum Theil das ganze Jahr hindurch Schnee liegt. Man muß den Libanon und Antiliba= non. von einander unterscheiden, ob gleich die hebräische Bibel keinen Unterschied unter ihnen macht, den aber die griechische Uebersetzung derselben, beobachtet. Ptole= mäus und Strabo schreiben, der Libanon und Anti= libanon erstreckten sich von Westen gen Osten, oder fiengen nicht weit vom mittelländischen Meere an, und erstreckten sich bis an die arabischen Gebirge über Damascus. Ptolemäus setzet hinzu, beyde Gebirge dehneten sich zugleich von Norden gen Süden aus; und Strabo füget hinzu, der Libanon fange um Tri= polis, und der Antilibanon um Sidon an, mitten zwischen beyden aber, welche parallel mit einander lie= fen, sey eine hole Ebene, (Côle Syria, das hole Syrien, genannt,) die sich vom Meere ins Land hin= ein erstrecke, und bey dem Meere 200 Stadien breit sey, ihre Länge aber betrage ungefähr noch einmal so viel. Nach Plinii Beschreibung, nimmt der Libanon hin= ter Sidon (d. i. gegen Norden von Sidon,) seinen An= fang, und erstrecket sich 1500 Stadien bis Simyra, (also von Süden gen Norden,) worauf, nach dazwi= schen liegenden flachen Feldern, der Berg Bargylus anfängt. Diesem (Libanon) gleich, jenseits des da= zwischen liegenden Thales, dehnet sich ein anderer Berg gegen über aus, darunter Plinius vermuthlich den Antilibanon versteht, der nach seiner Beschreibung dem Libanon gegen Süden liegt; denn er schreibt, daß hinter demselben das Land der 10 Städte, die Vierfürstenthümer und Palästina belegen wären. Strabo und Plinius kommen mit einander überein, wenn man den ersten so versteht, daß der Antilibanon

Q 3 gegen

gegen Süden von Sidon sey, daß aber das Gebirge,
welches zwischen Sidon und Tripolis, oder wie Plinius mit einem nicht großen Unterschiede schreibt, zwischen Sidon und Elmyra, liegt, der Libanon sey.
Hieraus folget, daß der Antilibanon eben sowohl,
als der Libanon, am mittelländischen Meere liege.
So wie ich diese alten Erdbeschreiber verstehe, eben so
versteht sie auch (welches ich, nachdem ich meine Untersuchung vollendet, mit Vergnügen bemerke,) de la
Roque, welcher zugleich berichtet, daß, wenn man auf
dem mittelländischen Meere schiffe, oder längs dem
Strande desselben reise, man fast keine Absonderung des
Libanons und Antilibanons bemerke, sondern beyde
Gebirge hätten das Ansehen eines einzigen, welches
sich in der Gegend von Tarablús anfange, und jenseits Sur endige, folglich von Norden gen Süden
erstrecke. So gewiß aber auch die Streckung dieser
Gebirge von der Seeseite ist, so ungewiß ist sie hingegen nach der Landseite. Vermöge der oben angeführten alten Erdbeschreiber, erstrecken sich beyde von
Westen gen Osten bis an die arabischen Berge über
Damascus. Wenn man dieses von der Breite dieser
Gebirge verstehe, so ist kein Widerspruch vorhanden:
allein, man versteht es gemeiniglich von der Länge, und
da widerspricht es Maundrels Zeichnung von diesen Gebirgen welche Reland in die Hände bekommen, und
in sein em Palästina mitgetheilet hat. Diese bildet
den Libanon also ab, als ob er sich seiner Länge nach
von S den gen Norden, und der Antilibanon demselben fast parallel eben so ausdehne, zwischen beyden
aber ein breites und gegen Norden sich immer etwas
mehr erwe terndes, auch ein wenig gegen Osten wen-

dendes

dendes Thal sey. Man kann sich aber, meiner Meynung nach), auf diese Zeichnung nicht verlassen; denn
sie ist unvollkommen, und Maundrels eigener Reisebeschreibung nicht recht gemäß: dieserwegen hat sie
auch), wie es mir scheint, Maundrel seiner Reisebeschreibung nicht selbst einverleibet. Auf Pococks Charte von Plästina und Syrien, sind diese Gebirge
merklich anders, aber nicht deutlich und zuverläßig genug, abgebildet. Weder diese, noch andere Reisebeschreiber, haben den Libanon und Antilibanon
ganz durchreiset; keiner hat die höchsten Gipfel derselben bestiegen, um von denselben die Streckung der
Berge zu untersuchen und wahrzunehmen: es hat auch
keiner alle dazu gehörigen Berge nach ihrer Lage und
Ausdehnung genau abgezeichnet, die dazwischen befindlichen Thäler und Ebenen abgemessen, und ihre
Streckung sorgfältig bestimmet. Selbst de la Roque
und Pocock, welche diese Gebirge mit vorzüglicher Aufmerksamkeit und Gelehrsamkeit bereiset und besehen,
haben nur zu errathen gesuchet, und also auch nur
muthmaßlich angegeben, ob dieser oder jener von den
kleinern Bergen und Hügeln, zum Libanon oder
zum Antilibanon gehöre? Wir wissen unterdessen,
aus ihren und anderer Reisebeschreiber Berichten, daß
diese Gebirge in die Länge und Breite von großen und
kleinen Thälern und Ebenen durchschnitten sind. Die
größte Ebene, welche die Araber Al Bkaa, die Europäer aber Bka, Beka, Bucca, Bocca, nennen, erstrecket sich von Norden gen Süden, oder richtiger von Nordosten gen Südwesten. Sie ist entweder
eben dieselbige hole Ebene, welche Strabo in den oben
angeführten Worten beschreibt, und deren Länge er

Q. 4   unge-

ungefähr auf 400 Stadien, oder 10 geographische Meilen schätzet, oder sie hängt doch mit derselbigen zusammen.
Die Stadt Balbek liegt darinnen, von welcher man
nach Damaschk ostsüdostwärts, und meistentheils zwischen hohen Hügeln durchgeht; denn es sind zwischen
beyden Oertern drey hintereinander liegende, und durch
schmale Thäler getrennete Reihen von Bergen, durch
und über welche man der Breite nach in etwa 16 Stunden kömmt. Pocock ist geneigt, die dritte Reihe von
Bergen, welche am meisten gegen Osten, und zunächst
bey Damaschk liegt, schon für die arabischen Berge
zu halten, an welche, wie Strabo schreibt, der Anti-
tilibanon gränzet: hingegen Eusebius schreibt in seinem Namenbuche, daß die Berge in der Gegend von
Damaschk, der Antilibanon wären.

Die ansehnliche Höhe dieser Gebirge, erhellet
nicht nur daraus, daß man sie in der See, um die
Gegend der Insel Cypern und von derselben schon erblicken kann, wie Rauwolf und de la Roque anmerken, sondern auch daraus, weil sie, überhaupt genommen, einen großen Theil des Jahres, mit Schnee
bedecket sind, und weil auf ihren höchsten Gipfeln beständig gefrorener Schnee gefunden wird. Zwar erzählet de la Roque, daß, als er den Libanon in den
letzten Tagen des Octobermonats 1689 besehen, er nirgends Schnee angetroffen, und, ohne Frost zu empfinden, des Nachts unter den Cedern geschlafen habe; ja,
daß ihm die Maroniten berichtet, der Schnee falle gemeiniglich im December, und schmelze vom Aprilmonate bis in den Julius: allein, er berichtet doch auch,
daß es tiefe Oerter auf dem Libanon gebe, dahin die
Sonnenstrahlen nicht kämen, und die beständig mit

Schnee

Schnee angefüllet wären, den man des Sommers hinab in die syrischen Städte zum Verkaufe bringe. Dieses und ein Mehreres berichten auch andere Reisende. Rauwolf, der den Libanon, wie es scheint, im Augustmonate bestiegen hat, (denn er reisete wenige Tage nach seiner Zurückkunft von demselben, am 7ten Sept. von Tripoli ab,) sahe über den Cedern eine ganz mit Schnee bedeckte Höhe, und es fror ihn; er meldet auch, daß man auf diesem Gebirge den ganzen Sommer durch Schnee finde, welcher hinabgebracht, verkauft, und in den Hundestagen ins Getränke, zur Abkühlung desselben, geworfen werde. Radzivil, der im Junius das Gebirge bestiegen hat, versichert, der Schnee zerschmelze niemals völlig auf demselben. Cotwyk erzählet, daß auf dem Libanon immer, und selbst in den Hundestagen, gefrorener Schnee liege. Von der Gröben schreibt, er sey im Winter und Sommer an vielen Orten mit Schnee bedecket. Monconys fand am 25sten Dec. oben auf dem Libanon Schnee, von welchem er glaubte, daß er vom vorigen Jahre sey. Roger schreibt, der Gipfel des Libanons sey beständig mit Schnee bedecket. Arvieux, der 1660 im Junius auf diesem Gebirge war, legte, als er zu den Cedern kam, seinen Pelz an, weil, wie er saget, das allezeit mit Schnee bedeckte Gebirge die Luft so kalt macht, daß er Ungemächlichkeit davon empfänd; und kurz vorher hatte er angemerket, daß die hohen Gipfel der Berge, welche die Ebene, darauf die Cedern stehen, umgeben, allezeit mit Schnee bedecket wären. Daß le Brun im Jänner auf dem Libanon Schnee gefunden hat, ist nicht zu verwundern: aber er sagt auch, daß die hohen Gipfel desselben beständig mit Schnee

bedecket

bedecket wären. Es ist aber auch seine Anmerkung
erheblich, daß im Jänner der Schnee, welcher des
Morgens eishart war, um Mittag durch die Sonnenstrahlen so erweichet wurde, daß er bisweilen bis
auf die Hälfte seines Körpers darinnen versank, und
daß in eben diesem Monate, der durch die Sonnenhitze zerschmolzene Schnee in den Gegenden von Cannobin die schönsten Wasserfälle verursachte. Als Pocock am 13 Jun. den allerhöchsten Gipfel des Libanons
hinanstieg, gieng er über hart gefrorenen Schnee.
Als Korte sich am 18ten August vergeblich bemühete,
den höchsten Gipfel des Gebirges zu besteigen, kam
er an einen Ort, wo noch Schnee lag, welchen er
schon aus dem Carmeliterkloster gesehen hatte: er
merket auch an, daß die Quellen, welche dem starken
Flusse Kadischa sein Wasser verschaffen, den ganzen Sommer über, da es nicht regnet, durch den
Schnee, welcher hin und her auf den höchsten Gipfeln
liege, unterhalten würden. Als der Jesuit, Petit Queux,
am 16ten October die Cedern besahe, bemerkete er,
daß die hohen Berge, welche dieselben umgaben, mit
Schnee bedecket waren. (Nouveaux Memoires des
Missions T. 4. p. 259.) Mich dünket, diese Zeugnisse
reichen zu, um uns zu überzeugen, daß beständig Schnee
auf dem Libanon sey. Wenn also ein Reisender, z.E.
Herr Stephan Schulze, das Gegentheil versichert, so
beweist solches nur, daß er nicht an die Oerter gekommen sey, wo der Schnee liegt.

Der Schnee, welcher auf diese Gebirge sehr stark
herabfällt, also, daß die Cedern zuweilen darinnen
vergraben stehen würden, wenn der Wind ihn nicht
zerstreuete, verursachet, daß sie sehr wasserreich sind;

denn

denn alle diejenigen, welche dieselben besehen haben,
berichten, daß die Anzahl der Quellen groß sey, es
auch unterschiedene angenehme Wasserfälle auf denselben gebe, deren vorhin schon Erwähnung geschehen ist.
Es entstehen auch einige Flüsse auf denselben, von denen
sich der Nahar Kibir, oder der große Fluß, vor Alters,
nach einiger Meynung, Eleutherus, welcher Syrien von
Phönicien schied, Nahar Accar, der Nahar Arca,
und Alma al Barid, das kalte Wasser, gegen Norden
von Tarablüs, ins mittelländische Meer ergießen. Der
Nahar Kadischa, das ist, der heilige Fluß, fließt,
nachdem er durch unterschiedene Bäche, insonderheit
den Ras Aiu, (Haupt der Quelle,) verstärket worden,
unter Tarablüs in das Meer. Der Nahar Ebrahim, oder Fluß Abrahams, vor Alters Adonis, vermischet sich, etwa 2 französische Meilen von Tschebail,
mit dem Meere. Er macht die Gränze des Gouvernements von Tarablüs auf dieser Seite aus. Der
Nahar Kalb oder Kelb, das ist, Hundfluß, vor
Alters Lycus, theilet das Land Keeroan in 2 Theile,
und seine Mündung ist nicht weit von dem Anfange
des Weges, den die Römer durch einen Felsen gehau-
en haben. Er stürzet sich mit großer Schnelligkeit
in die See, weil er von 2 Bergen eingeschränket ist,
und dieserwegen auch eine große Tiefe hat. Der Nahar Bairuth wird von der Stadt dieses Namens
benennet. Der Nahar Damer, aus welchem die
Franzosen eine riviere d'Amour gemachet haben, ist der
alte Jamyras. Der Fluß, den die um Saida wohnenden Landleute Awle nennen, wird von den Franken Fümiere genennet. Der Fluß Kasemiesch
nimmt den Fluß Litani oder Letane auf, welcher das
Thal

Thal Bka seiner Länge nach durchläuft, und ergießt sich eine franz. Meile, gegen Norden von Sur, so wie alle vorhergehende Flüsse, in das mittelländische Meer.

In alten Zeiten waren diese Gebirge der vielen und ansehnlichen Cedern wegen berühmt, mit denen sie bewachsen waren: allein, diese Waldungen sind solchergestalt verwüstet worden, insonderheit durch die Saracenen, daß nur wenige uralte und dicke Cedern übrig geblieben sind. Diese stehen auf einer Ebene, die 2 Stundenweges von dem Carmeliterkloster liegt, und von den höchsten Spitzen des Libanons umgeben ist. Man findet auf der nordöstlichen Ecke derselben einen kleinen Wald, der aus einer kleinen Anzahl alter und sehr großer Cedern, die nahe bey einander stehen, vielen jüngern Cedern, und wenigen Fichten besteht. 1550 zählte Bellonius 28 uralte und große Cedern, 1556 Fischtner 25, 1575 Rauwolf 24, außer 2 anderen, deren Aeste von Alters fast ganz abgefallen waren, 1579 Jacobi 23 grüne, und 3 vertrocknete, 1583 Radzivil 24, 1590 Villamont auch 24, 1598 Harant auch 24, 1599 Dandini nur 23, 1609 Litgow 24, 1632 Roger 22, 1647 Monconys 25 bis 30, (so hoch schätzte er die Anzahl ohne genaue Zählung,) 1650 Boullaye le Gouz 22, Thevenot im Jahre 1658, Luzzy und Quaresmius jeder 23, 1660 Arvieur 23, 1680 von der Gröben an die 18, 1682 le Brunn 35 oder 36, 1688 de la Roque 20, 1696 Maundrel 16 alte und sehr große, 1721 der Jesuit Petit Queur nur ein Dutzend von außerordentlicher Größe, 1738 Korte 18 überaus alte und dicke, 1739 Pocock 15, und eine, die vom Winde umgeworfen war, und 1755 Stephan Schulze 20. Aus diesem Verzeichnisse erhellet, daß die Anzahl der

alten

often und vorzüglich großen Cedern klein ist: daß
aber die Reisebeschreiber in Ansehung derselben nicht
übereinstimmen, rühret daher, daß einer genauer und
also richtiger gezählet hat, als der andere, daß einer
zu den großen Bäumen mehr oder weniger als der
andere gerechnet, und daß einige der größten Bäume
in spätern Jahren nicht mehr vorhanden gewesen, die
in den vorhergehenden annoch gestanden haben, und
mitgezählet worden. Die ältesten und dickesten Cedern unterscheiden sich von den jüngern vornehmlich
darinnen, daß diese letzten gerade in die Höhe gewachsen sind, ihre Aeste aber von dem Stamme horizontal
ausgehen, jedoch etwas herabhängen, und in diesen
beyden Stücken sowohl, als überhaupt in ihrer ganzen
Gestalt, unsern europäischen Tannen und Fichten ganz
ähnlich sehen: hingegen die uralten Cedern einen kurzen, aber sehr dicken Stamm haben, der sich bald unten in 3, 4 bis 5 große Aeste zertheilet, die gerade in
die Höhe gewachsen, und auch sehr dicke, einige derselben auch etwa 10 Fuß zusammen gewachsen sind. Die
Höhe der dicken Stämme von der Erde bis an die
Aeste, beträgt, nach der verschiedenen Bestimmung der
Reisebeschreiber, und vermuthlich auch nach dem Unterschied der Bäume, 6 bis 7, 15 bis 18, 10 bis 20,
und 24 Fuß. Das Maaß der Dicke dieser größten
Bäume wird von den Reisebeschreibern ziemlich übereinstimmig angegeben. Roger versichert, daß eine
Ceder 8½ Klafter, (49½ Fuß) die übrigen aber 5 oder
6 Klaftern im Umkreise hätten. Arvieux schreibt, 6
Menschen könnten eine Ceder nicht umklaftern, welchen
Umfang er auf 36 Fuß berechnet. Maundrel hat eine
der größten gemessen, und gefunden, daß sie 36 Fuß.

und

und 6 Zoll im Umkreise gehabt. Petit Queux maaß die größte, und fand, daß sie 6 Klaftern, (d. i. 36 Fuß,) im Umfange hatte. Korte umklafterte mit seinen aus-gestreckten Armen zwey, eine hatte 7 Klaftern und 4 gute Spannen, die andere 7 Klaftern weniger 3 Spannen, im Umkreise. Die größten unter den übri-gen waren 2 bis 3 Klaftern dick. Pocock maaß eine der rundesten, die aber nicht den größten Stamm hat-te, und befand ihren Umfang von 24 Fuß; er maaß auch eine dreyeckichte, deren Stamm aus 3 zusammen-gewachsenen Stämmen bestund, und befand jede Seite 12 Fuß breit, es hatten also 3 Seiten 36 Fuß im Um-fange. In de la Roque Reisebeschreibung ist gewiß ein Druckfehler, wenn sie meldet, die größte Ceder ha-be um die Mitte ihres Stammes sieben Fuß weniger 2 Zoll, und der Fehler steckt entweder in der Zahl sieben, an deren statt sieben und dreyßig stehen sollte, oder in dem Worte Fuß, (pieds) an dessen statt das Wort Klafter (brasses) gesetzet werden sollte. Von den ganzen Bäumen schreibt Rauwolf, sie wä-ren so hoch), als unsere Tannen immer seyn mögen. Da die jungen Cedern sehr hohe gerade Stämme ha-ben, so halte ich dafür, daß die noch vorhandenen ur-alten Cedern, deren Stämme so kurz sind, nicht zu den besten und schönsten, sondern vielmehr zu denen in ihrer Jugend im Wuchse schlecht gerathenen Cedern gehören, die eben deswegen nicht so, wie die bessern, umgehauen und zum Bauwesen und zu Masten gebrau-chet worden, sondern stehen geblieben sind, daher ihr kurzer Stamm innerhalb ein Paar tausend Jahren so ungeheuer dicke geworden. Der Stamm der dicke-sten Cedern, welche Pocock gemessen hat, bestund aus

3 zusam-

3 zusammengewachsenen Stämmen, daher er dreyeckicht war.   So unförmlich aber auch diese Bäume
sind, so sind sie doch in den neuern Jahrhunderten als
Heiligthümer angesehen und verschonet worden.   Rauwolf versichert, er sey da, wo die alten und großen
Cedern stehn, herumgegangen, und habe sich nach jungen Cedern, die erst heranwüchsen, umgesehen, aber
keine finden können.   Es sind aber nach der Zeit welche vorhanden gewesen; denn Arvieux, der 85 Jahre
nach Rauwolf auf dem Libanon war, le Bruun, de
la Roque, Maundrel, Petit Queur, Korte, Pocock
und Schulze haben viele junge und zum Theil noch
sehr kleine Cedern neben den alten gesehen, und Schulze schätzt die Höhe unterschiedener der jungen auf 80
Fuß.   Petit Queur versichert, daß außer der oben-
dachten Ebene, auf welcher die bisher beschriebenen Cedern stehen, noch auf einem andern Berge nahe bey
Cannobin welche stünden, und ein Carmelitermönch
hat Korten erzählet, daß außer der Ebene, noch an
2 andern Orten auf dem Libanon einige Cedern stünden, die aber weder so alt, noch so dick, als die
oben genannten wären.   Es hat sie aber kein Reisebeschreiber gesehen.

Die Cedern sind den Lerchen-Tannen-und Fichtenbäumen so ähnlich, daß sie von vielen zu einer dieser Arten von Bäumen gerechnet werden; sie machen
aber doch eine besondere Art aus, welches vernehmlich
ihre Zapfen (coni) beweisen.   Aus den jungen Bäumen fließt in großer Sonnenhitze von selbst, und also
ohne Einschnitt, ein klares, durchsichtiges und ins
Weiße fallendes Harz, das sich verhärtet, und auf
lateinisch Cedria genennet wird.   Es ist besser, als
das

dasjenige, welches durch Einschnitte in die Rinde der alten und jungen Bäume, erlanget wird.

Da, wo die Cedern wachsen, stehen auch, aber nur wenige, Eichen und Cypressen, die aber hier nicht recht fortkommen. Sonst wachsen am Libanon auch Kiefern mit sehr langen Nadeln, und die rechten Ahornbäume, welche groß, hoch und dick sind, und sich mit ihren Aesten weit ausbreiten.

Es wächst auf dem Libanon an unterschiedenen Orten Getreide, auch Baumöl, rother und weißer Wein von guter Art, insonderheit aber ist der goldfarbichte weiße Wein vortrefflich. Baumwolle, Seide, Honig und Wachs hat man häufig. Man sammlet viel und sehr gutes Manna, welches, nach Cotwyks Zeugniß, das calabrische übertrifft. Eben derselbige versichert auch, daß der Libanon noch jetzt Weihrauch hervorbringe.

Auf diesen Gebirgen giebt es sehr fette Hämmel, an wilden Thieren aber wilde Schweine, Bären und Tiger, vornehmlich aber eine große Menge Adler.

Zum Beschlusse merke ich noch an, daß, wenn des Winters der Wind aus Osten, und also über das mit Schnee bedeckte Gebirge Libanon kömmt, er auf der ganzen Küste, von Tarablus bis Saida, eine sehr scharfe Kälte verursachet: hingegen die an der See und mitten im Lande belegenen Derter, nord- und südwärts von diesem Gebirge, haben eine gelindere Luft und Witterung.

Der Fluß, welchen die Alten Orontes, und die Araber auch noch Orond, sonst aber auch den Fluß von Hama, und El Asi, das ist, den widerspänstigen, weil er das Land nicht anders, als durch Schöpf-

räder

räder und Mühlen wässert, und den verkehrten, weil er von Süden gen Norden fließt, nennen: hat allem Ansehen nach zuerst Axius geheißen, und es scheint, daß der jetzige arabische Name Asi aus oder nach diesem ältesten Namen gemacht worden sey. Er soll nach de la Roque Beschreibung, welcher seine Quelle in Gesellschaft eines verständigen Maroniten aufgesuchet hat, etwa 4 französische Meilen vom Libanon zwischen Osten und Süden, ungefähr eine halbe Meile von einem Dorfe, Namens Dschinnische, und 12 französische Meilen von Hems, entspringen. Abulfeda nennet zu seiner Zeit das Dorf, bey welchem er entsteht, Ras oder Rees, und sagt, es sey ungefähr eine Tagereise gegen Norden von Balbek. Er sey anfänglich ein kleiner Bach, der aber zu Kaïm úl Hermel, zwischen Dschusia und Rees, in einem Thale, durch eine starke Quelle, die aus der sogenannten Mönchshöle hervorkomme, vergrößert werde. Dieses, und was Abulfeda ferner von seinem Laufe schreibt, wiederholet Otter. Der Fluß nimmt seinen Lauf von Süden nach Norden, und ergießt sich in den durch Kunst gemachten See Kades, aus welchem er nach Hims, Resten, Hama und Schizer geht, alsdenn den See von Esamia machet, aus diesem nach Derkiusche, und auf der Ostseite des Berges Likiam, bis Dschisrúlhadid (die eiserne Brücke) fließt, wo dieser Berg getheilet ist. Hierauf wendet er sich gen Südwesten, geht bey Antakia vorbey, und bey Süweidia ins mittelländische Meer. Er nimmt unterschiedene kleinere Flüsse auf, als, bey Esamia den Jarmuc, vor Alters Marsyas, ferner den Kiebir, Esued, u. a. m. Ueber demselben sind unterschiedene steinerne Brücken erbauet.

5 Th.   R   Ein

Ein Theil vom Gouvernement Tarablüs, nämlich der zwischen dem mittelländischen Meere und dem
Libanon belegene Strich Landes, gehöret zu dem alten
Phönicia, oder besser, Phönice; welches, wie ich schon
angemerket habe, durch den Fluß Nahar Kibir, vor
Alters Eleutherus, von Syrien geschieden wird. Es
hat seinen Namen nicht von dem griechischen Worte
Phönix, welches einen fruchttragenden Palmbaum
bedeutet, und also von der Menge der Palmbäume;
denn wenn dieser nützliche Baum in Phönice vor Alters gut fortgekommen wäre, so würden die Einwohner des Landes ihn bis auf den heutigen Tag fortgepflanzet und erhalten haben, wie in Aegypten, und in
der Barbarey. Isaac Newtons Mehnung, welche
außer anderen, auch Shaw, Geßner und Michaelis
bestätiget haben, und darinnen besteht, daß der hebräische Name Edom, der griechische Erythra, und
der syrische Phönice, einerley Bedeutung haben, ist
allen andern vorzuziehen. Es sind nämlich viele Edomiter oder Erythräer von dem arabischen Meerbusen
weg, und nach der Küste des mittelländischen Meeres
gegangen, und haben ihren bisherigen Namen auf
syrisch durch Phönicier ausgedrücket, worauf die ganze
Küste von ihnen Phönice genennet worden.

Das Gouvernement Tarablüs ist in 4 Sand-
schafschaften oder Districten vertheilet, welche von den
Oertern Dschebile, Hama, Hims und Salemya,
benennet werden. An merkwürdigen Oertern gehören
folgende dazu:

1. Tarablüs oder Athrabolos, Tharabolos al Scharf,
(d. i. im Orient,) Tharabolos al Scham, (d. i. in Syrien,) sind die arabischen Namen und Zunamen der ehemaligen Stadt Tripolis, welche die Europäer gemeiniglich

llich Tripolis in Syrien, nennen. Ihr Name zeiget eine
dreyfache Stadt an, und dieses war sie auch; denn die
Einwohner der Städte Tyrus, Sidon und Arad legten
hier auf einem niedrigen Vorgebirge, 3 Städte an, deren jede einen Feldweges von der andern entfernet war,
die aber, wie es scheint, nach und nach zu einer einzigen
Stadt zusammen wuchsen. Die Saracenen nahmen sie
den Christen weg; und unter ihrer Herrschaft war sie
nicht allein groß, sondern auch mit muhammedanischen
Gelehrten angefüllet. 1108 und 1109 wurde sie nach
einer 7jährigen Belägerung, in welcher die meisten Einwohner umkamen, von den Franken erobert, und ein
Graf dahin gesetzet, dazu 1187, nach Abgang der Grafen
aus dem Hause Thoullouse, Boemund IV, des Fürsten Boe-
munds III von Antiochien Sohn, gelangete. Diese Graf-
schaft stund unter dem Könige von Jerusalem. 1289 nahm
der ägyptische Sultan Kelaun, mit dem Zunamen Malek
al Manzur Saifeddin die Stadt ein, plünderte und zerstörete sie; und ließ nahe dabey eine neue Stadt aufbau-
en, welche noch jetzt am Flusse Kadischa, in einem Thale
liegt, und ungefähr eine halbe Stunderweges vom mittelländischen Meere entfernet ist, in welches sich der Fluß
Kadischa ergießt; nachdem er von Osten, oder dem Gebirge Libanon her, nach der Stadt, durch ein sehr angenehmes schmales Thal, gekommen. Ueber denselben
geht eine Wasserleitung, welche die Stelle einer Brücke
vertritt, 130 Schritte lang ist, und die Straßen und
Häuser zu Tarablus mit Wasser versieht. Auf der südöstlichen Ecke der Stadt, und zwar auf einem Hügel, ist ein großes Kasteel. Die Stadt ist mittelmäßig groß, und der Sitz
des Pascha, welcher dieses Gouvernement regieret, und dessen Amt es auch ist, dem Kiervan, welcher von Mecca zu-
rückkömmt, bis auf die Hälfte des Weges mit Proviant entgegen zu geben. Die Einwohner sind Türken, Araber,
Christen und Juden; und die gemeine Sprache ist die
arabische. Außer einer Moschee in dem Kasteel, sind
noch 5 oder 6 in der Stadt. Die Griechen sind hier
zahlreich, und haben einen Bischof. Die Maroniten bewohnen außerhalb der Stadt ein Dorf, und haben auch

R 2 · eine

eine Kirche. Im 13ten Jahrhunderte war hier auch ein jacobitischer Bischof; jetzt aber stehen die wenigen Jacobiten unter dem Bischofe von Phönice, welcher meistentheils zu Damaschk wohnet. An römisch-katholischen Ordensleuten sind hier nur Capuciner. Der hiesige Handel ist beträchtlich, und betrifft vornehmlich die Ausfuhre roher Seide und Baumwolle, und daraus verfertigter Stoffen, die zum Theil von Haleb und Damaschk hieher gebracht werden; es werden auch Rosinen von Balbeck, Seife, und aus einem verbrannten Kraute erlangete Asche zu Glas und Seife, ausgeführet. Einige europäische Nationen haben hier Consuls. Die Stadt ist mit Gärten, welche mit weißen Maulbeer-Pomeranzen-und andern schönen Fruchtbäumen in großer Menge bepflanzet sind, umgeben. Es wächst auch bey derselben sehr gutes Baumöl, und sehr guter Wein. Die Schiffe können nicht bis an die Stadt kommen, sondern bleiben zwischen dem Strande und 2 kleinen Inseln, vor Anker liegen. Am Seestrande stehen kleine Thürme, mit Wächtern besetzt, und 6 große viereckichte mit Geschütz versehene Thürme beschützen den Hafen, an welchem und dem Seestrande viele Wohn-und Vorrathshäuser stehen. Etwa eine Vierthelmeile von der Stadt auf der Ostseite, steht an der abhängigen Seite eines Berges, an dessen Fuße der Fluß vorbey geht, ein großes und schönes türkisches Kloster für Derwische. 1759 wurde die Stadt durch ein starkes Erdbeben beschädiget.

Gegen Süden von Tarablus sind an der Seeküste folgende Oerter.

2. Auf einer Reihe Hügel, die sich längs und auf der Ostseite einer schmalen an der Seeküste belegenen Ebene erstrecket, stehen unterschiedene griechische Klöster, insonderheit Mar Jacob und Bellmont oder Belmonde.

3. Calamon oder Calmont, vor Alters Calamos, ein kleines aber angenehmes Dorf an der See.

4. Enty, ein kleiner Ort an der See, in dessen Gegend vermuthlich vor Alters Trieris gestanden hat.

Gegen

Gegen Norden von Tarablus sind folgende Oerter anzumerken.

5. Die Lage der ehemaligen Stadt Orthosia, ist streitig. Nach dem Ptolemäus folgen von Tripoli gegen Norden, Orthosia, alsdenn Simyra, hernach der Fluß Eleutherus. Mit demselben stimmet Plinius überein, als welcher auch zunächst von Tripoli nordwärts, die Stadt Orthosia, und alsdenn den Fluß Eleutherus setzet. Hingegen Strabo setzet nach Tripoli den Fluß Eleutherus, und alsdenn Orthosia, den Fluß nordwärts. Nach den beyden ersten, gehöret Orthosia noch zu Phœnice, und wenn man ihnen folget, so ist de la Roque und Pococks Muthmaßung wahrscheinlich, daß der jetzige Nahar Kibir oder der große Fluß, welcher sehr tief ist, der Eleutherus der Alten sey, welcher Phœnice von Syria schied. Nach dem Strabo liegt Orthosia außerhalb Phœnice, und der Eleutherus kann das sogenannte kalte Wasser, 2 bis 3 französische Meilen gegen Norden von Tarablus seyn, welches Shaw dadurch wahrscheinlich zu machen sucht, daß an dem nordlichen Ufer dieses Baches, welcher im Sommer vom geschmolzenen Schnee stark aufschwillt, die Trümmer einer ansehnlichen Stadt lägen, deren umliegende Gegend dem Pascha von Tarablus jährlich einen Tribut von 50 Thalern unter dem Namen Ortosia, zahle. Dem ungeachtet halte ich diese zweyte Meynung nicht für so wahrscheinlich, als die erste. Vielleicht hat Orthosia auf der Nordseite des Flusses Arka gelegen.

6. Arka, eine verwüstete Stadt, deren Trümmer noch vorhanden sind. Sie lag dem nordlichen Ende des Gebirges Libanon gegen über, in einer angenehmen Gegend am Flusse gleiches Namens. Von derselben sind die Arki 1 Mos. 10, 17. 1 Chron. 1, 15. benamt.

7. Von der alten Stadt Simyra oder Taximyra, davon die Zemari 1 Mos. 10, 18. 1 Chron. 1, 16 den Namen haben, sind, wie Maundrel und Shaw berichten, noch ansehnliche Steinhaufen unter dem Namen Sumrab vorhanden, inner= und außerhalb welchen es vortreffliche Pflanzgärten von Maulbeer= und anderen Fruchtbäumen giebt.

R   Bey

Bey derselben endiget sich die Ebene, welche sich gegen Norden längs der See etwa 5 geographische Meilen lang erstrecket, und wie Shaw schreibt, von den Arabern Zenne, von den Franken aber, wie Pocock meldet, Junia genennet wird. Maundrel saget, den letzten Namen legten ihm die Landes-Einwohner bey, und er bedeute die Ebene.

8. Accar, eine Stadt auf dem Gebirge Bargylus am Flusse gleiches Namens. Ihre Aprikosen, Pfirsiche und andere Baumfrüchte, sind berühmt.

9. Von der alten Stadt Marathus, meynet Pocock in der vorhin (nach Num. 10) genannten Ebene, Trümmer angetroffen zu haben.

10. Tortosa, vor Alters Antaradus, auch eine Zeitlang Constantia, nicht aber Orthosia, wie einige meynen, eine Stadt an der See, unweit welcher gegen Norden der Ort, vor Alters Cararus genannt, ist, wo die Schiffe von der Insel Aradus anlanden.

11. Die Insel und Stadt Aradus, in der heil. Schrift Arpad und Arstad genannt, soll nach Maundrels und Pococks Bericht jetzt Ruad, nach Shaws Bericht aber Rouwod oder heißen. Diese kleine felsichte Insel liegt nur 20 Stadia vom festen Lande, gegen Tortosa über, von der Stadt aber, die auf derselbigen gewesen, sind nur 2 Häuser und 2 Kasteele übrig, wie Pocock meldet. Shaw redet nur von einem Kasteel.

Anmerkung. Gegen Osten von Tortosa und gegen Norden von Arka, ist eine Ebene, deren Länge auf 12, die Breite aber auf 6 französische Meilen geschätzt wird, von welcher die vorhin genannte Ebene Jeune vermuthlich ein Theil ist, und welche auf ihrer Ostseite eine Reihe niedriger Berge hat, die bey Arka anfangen. Auf denselben wohnte vor Alters das sehr berüchtigte Volk der Arsaciden, oder die Assassiner, oder Assassiner, oder Assassiniten. Den ersten Namen leiteten sie von dem Stifter des parthischen Reichs Arsace her, der zweyte aber muß nicht aus der französischen Sprache hergeleitet werden, (in welcher er Meuchelmörder bedeutet; denn es könnte das französische Wort Assassin eher von diesem Volke abgeleitet werden,) sondern es ist Assemanns Meynung wahrscheinlich, daß er von dem Districte Assassa oder Hassassinitis, welcher zum Gebiete von Tagrit oder Tekrit in Mesopotamien gehöret, entstanden sey. Man muß aber dieses muhammedanische Volk mit denen jacobitischen Christen sen gleiches Namens, welche auch von diesem Distrikte benennet werden, nicht verwechseln. Im 7ten Jahrhunderte begab sich ein Theil desselben (denn auf den Gebirgen der persischen Landschaft Irak, und Assassiner, welche auch Ismaeliun oder Ismaeliter geheißen, und auch Mblhedun, d. i. Gottlose, genennet werden, vorhanden gewesen, welche des Tschingis chan Enkel Holagu ausgerottet hat,) in diese Gegend von Syrien, woselbst es 10 Kasteele auf steilen Felsen, und bey ober unter denselben Vorstädte erbauete. Ihr Oberhaupt hieß der Scheikh oder Herr oder Fürst des Gebirges. Sie thaten den Tempelherren den Antrag, daß sie sich taufen lassen wollten, wenn sie ihnen den jährlichen Tribut, den sie ihnen bis dahin entrichten müssen, erlassen wollten: allein, die Tempelherren wollten diese Bedingung nicht eingehen, daher die Assassiner nachmals zu ihrer Vertreibung aus Palästina nicht wenig beytrugen. Man höret heutiges Tages den Namen Assassiner nicht mehr: es wäre denn, daß Drummonds Erzählung ihre Richtigkeit hätte, nach welcher auf dem Gebirge in der Nachbarschaft der Stadt Haleb, Assassiner wohnen sollen. Hingegen wohnen in der oben beschriebenen Gegend, heutiges Tages Kesbiner und Nassaräer, nämlich jene auf den Bergen, im Districte Keebie, diese aber in der darunter liegenden Ebene. Der letzten gedenken Maundrel und Pocock, die meisten Nachrichten von ihnen aber kommen im sechsten Bande der Nouveaux Memoires des Missions de la Compagnie de Jesus, vor, in welchen sie als Leute beschrieben werden, deren Religion ein Mischmasch von der muhammedanischen und christlichen Religion sey, und berichtet wird, daß die Bemühungen der Jesuiten, einige von ihnen zur römisch-katholischen Kirche zu bringen, vergeblich gewesen sey. Maundrel sagt, sie hätten keine gewisse Religion, sondern richteten sich nach der Religion eines jeden, mit dem sie umgiengen. Pocock schreibt, sie würden von den Türken sehr verachtet. Assemann bemerkt, daß sie den Drusen als ein wildes, und gegen dieselben feindselig gesinnetes Volk, sehr verhaßt wären. Der in den Memoires genannte kleine District Cadmus, muß in der Nachbarschaft der vorhin beschriebenen Gegend liegen, und seine Einwohner, die Ismaeliter, welche als ein sehr wüstes und wildes Volk beschrieben werden, sind, wie es mir wahrscheinlich ist, die vorhin genannten Assassiner, welche, laut meiner obigen Anmerkung, auch Ismaeliter heißen. Nachdem ich dieses schon geschrieben, erblicke ich in Schultens indice geogr. in vitam Saladini, im Artikel Masiata, eine Bestätigung desselben; denn er schreibt, daß diese Ismaeliter die berüchtigten Assassiner wären, auch Batiniten hießen. Er führet ferner aus dem Abulpheda an, daß sie den Berg Assichyn bewohneten, und auf demselben die festen Kasteele Masiat, welches das vornehmste, Chehf und Chawab, besäßen.

12. Merkab, von Korte nicht richtig Marab genannt, ein Kasteel auf einem Berge, auf welchem viele Maro-

niten

niten wohnen. Es ist von starkem Mauerwerk, und ehedessen von den Franken erbauet. Boullaye le Gouz nennet es Franskkalaci.

13. Baneas, vor Alters Balanea, eine verwüstete Stadt
auf einer Anhöhe, an deren Fuße ein kleiner Meerbusen,
und ein Kasteel ist, woselbst Zoll von denen daselbst ein-
kommenden Waaren gehoben wird.

14. Boldo, vor Alters Paltus, eine ganz verwüstete
Stadt.

15. Dschebile oder Dschibla und Dschabla, von le
Bruyn Jebelin, vom Korte Gibola genannt, vor Alters
Gabala, eine kleine und geringe Stadt zwischen Balanea
und Ladikia, mit einem Hafen, und unterschiedenen Grab-
hölen, die in dem felsichten Ufer an der See ausgehau-
en sind. Sie kömmt in der Bibel Ezech. 27, 9, 1 Kön.
5, 18 vor. Nordwärts derselben, ist eine Moschee, in
welcher man das Grabmaal eines Sultans, Namens
Ibrahim Jbn Abham, zeiget.

Von hier kömmt man über einen Fluß, welcher auch,
wie ein anderer oben genannter, der vom Libanon kömmt,
Nahar Kibir, der große Fluß heißt, nach.

16. Ladikia, vor Alters Laodicea ad mare, einer Stadt
in einer Ebene, an der See, mit einem Hafen, bey dessen Einfahrt an der Nordseite, ein Kasteel auf einer Insel ist. Der Hafen ist aber von der jetzigen Stadt, die
an der östlichen Seite der alten Stadt liegt, ziemlich
weit entfernet. Der Handel, welcher hier getrieben wird,
besteht, in Ansehung der Ausfuhre, in Baumwolle und
Seide; in Ansehung der Einfuhre aber, in Tabak, Reiß und
Caffee. Es wohnen hier viele Griechen, die einen Bischof haben, und etwa 30 Familien Cyprioten, die eine
besondere Gegend der Stadt einnehmen. Die Römisch-
katholischen haben ein Kloster, darinnen nur ein Mönch
wohnet. Die Stadt ist oft durch Erdbeben verwüstet
worden. Der syrische König Seleucus hat sie zuerst angeleget. Die Hügel, welche der Stadt gegen Morgen
liegen, sind mit Weinbergen wohl besetzet. Man hat in
dieser Gegend Schafe mit 4 Hörnern, davon 2 aufwärts,
und 2 abwärts gehen.

Weiter

Weiter gegen Norden hat die Stadt Heraclea, und noch weiter nordwärts, an der Mündung des Flusses Orontis, die Stadt Posidium oder Posidonium gestanden, von welcher letzten die noch vorhandenen Ueberbleibsel Bossedr genennet werden, und auf einem erhabenen Boden an einem kleinen Vorgebirge liegt.

17. Bedama, ein Flecken, eine halbe Tagereise vom Flusse Orontes. Maundrel schreibt, er gehöre zum Gouvernement Haleb. Von demselben hat ein Thal den Namen.

18. Esamia oder Famiah, vor Alters Apamea, ein Ort, von welchem ein See, den der Fluß Orontes macht, den Namen hat. Dieser See bestehet aus Morästen, die mit Schilfe angefüllet sind. Von den beyden größten ist einer gegen Süden, und einer gegen Norden, und beyde haben durch einen Kanal Gemeinschaft mit einander. Der gegen Süden, ist der eigentliche See Esamia, eine halbe französische Meile breit, und 5 bis 6 Fuß tief. Der gegen Norden, gehöret zum Districte Zisni-Berzie, und wird der See der Christen genannt, weil die Anwohner auf der Nordseite desselben, welche darinnen fischen Christen sind. Sie fangen viele Aale. Die verwüstete Stadt Apamea, hat der syrische König Seleucus erbauet, und seine 500 Elephanten daselbst unterhalten lassen; daher man auf einer Münze, die hier gepräget worden, das Bild eines Elephanten findet. Ptolemäus nennet ihren umliegenden District Apamene.

19. Schibun, ein Ort, der, nebst dem dazu gehörigen Lande, unter einem Aga stehet, der keinem Pascha unterworfen ist.

20. Schizer oder Schaizar, ein Ort am Flusse Orontes, woselbst vielleicht Larissa gelegen hat.

21. Hamah oder Hannath, nach der gemeinen Landesaussprache Aman, vom Rauwolf unrichtig Damandt, vor Alters auch Epiphanea genannt, eine uralte in der heiligen Schrift vorkommende Stadt, auf beyden Seiten des Flusses Orontes, in einem schmalen Thale. Der Haupttheil der Stadt liegt an der Südseite des Flusses, auf desselben Nordseite aber ist eine Vorstadt. Das auf

R 5   einem

einem Hügel liegende Kastell ist verfallen. Man hält
die hiesige Luft für ungesund. Einige Theile der Stadt
liegen höher, als der Fluß, daher in demselben viele Räder mit Eimern angebracht sind, durch welche das Wasser zu unterschiedenen Wasserleitungen hinauf gezogen
wird. Die Stadt steht nicht unter dem Pascha, sondern
unter einem besondern Beg. 1157 wurde sie durch ein
Erdbeben verwüstet. Sie ist jetzt in einem blühenden
Zustande, weil sie die einzige Stadt ist, dahin die Araber der östlichen Wüste um Tadmor, kommen, und dasjenige, was sie nöthig haben, einkaufen türfen. Die
Scheikhen von Hamah, stehen in großem Ansehen, weil
sie vom Muhammed abstammen. Sie werden Emirs
genennet. Aus dem Geschlechte derselben war vermuthlich der arabische Geschicht- und Erdbeschreiber Abulfeda,
welcher von 1342 bis 1345 Fürst von Hamah war, und
den Titel Sultan führete. In dieser Gegend und nach
Heleb zu giebts, nach Rauwolffs, Cotwyks und P. della
Valle Bericht, viele wilde Esel, (onagros.)

22 Salemya oder Salamya, auch Salamias und
Salaminias genannt, eine kleine Stadt an der Wüste,
2 Tagereisen von Hama, in einer mit Wasser, Baumfrüchten und anderen nützlichen Dingen reichlich versehen Gegend.

23. Resten, vom Cotwyk Rustem und Rostel, vom
de la Roque Rustan genannt, vor Alters Arethusa, eine
ganz wüste liegende Stadt am Flusse Orontes, über
welchen hier eine steinerne Brücke von 10 Bogen erbauet ist.

24. Hims oder Hema, vor Alters Emesa oder Emissa,
eine Stadt auf einer Ebene, die ihr Wasser durch einen
Kanal aus dem Flusse Orontes bekommt. Die gegen-
wärtige Stadt nimmt nur etwa ein Viertheil von dem
Raume ein, den die Mauern umschließen, nämlich den
nordwestlichen Theil. Gegen Mittag liegt auf einem
hohen runden Berge ein großes Kastell, welches aber
verfallen ist. Es wird hier stark mit Seide gehandelt.
Vor Alters wurde hier die Sonne unter dem Namen
Elah gabalah verehret, und der davon benannte römische

Kaiser

Kaiſer Heliogabalus, war aus dieſer Stadt gebürtig. Kaiſer Aurelianus überwand in der Gegend derſelben die Königinn Zenobia, nach einem langen und hartnäckigen Gefechte. 1098 wurde die Stadt von den Franken, eingenommen, aber 1157 durch ein ſchreckliches Erdbeben verwüſtet. 1187 wurde ſie vom Sultan Saladin erobert, 1258 von den Tataren geplündert, hierauf gerieth ſie in die Hände der Mamlüken, und endlich der Türken. Der hieſige Befehlshaber, welcher den Titel eines Aga hat, ſteht nicht unter dem Paſcha von Tarablus.

25. Eine Tagereiſe gegen Abend von Hims, iſt der See Kades, welcher auch der See von Hims genennet wird, und 3 Tagereiſen von Norden gen Süden lang iſt. Es macht denſelben der Fluß Orontes, welcher auf der Nordſeite durch einen ſteinernen Damm aufgehalten wird, der ſich von Oſten gen Weſten erſtrecket, 1287 Ellenbogen lang, und 18½ breit iſt.

26. Die ehemalige Stadt Laodicea cabioſa oder ad Libanum, davon die umliegende Gegend Laodicene hieß, hat vermuthlich am Fuße des Libanons gelegen.

27. Kas oder Kees, ein Dorf, bey welchem, wie Abulfeda berichtet, der Orontes entſteht. Vermuthlich liegt das Dorf Oſchiraniſche, welches, nach de la Roque Bericht, der Quelle dieſes Fluſſes am nächſten iſt, auch in dieſer Gegend.

28. Haſſeiah, ein ſehr kleiner und geringer Ort, am Ende einer Ebene, die ſich nach Thadmor oder Palmyra erſtrecket. Der hieſige Aga iſt auch Befehlshaber des 8 Stunden von hier gen Süden auf einem Hügel belegenen Dorfes oder Fleckens Cara oder Caraw, und ſteht nicht unter dem Paſcha.

Endlich muß ich noch den Theil vom **Gebirge Libanon** beſchreiben, welcher zum Gouvernement von Tarablus, gehöret. Die natürliche Beſchaffenheit deſſelben habe ich oben ſchon abgehandelt, beſchreibe alſo hier nur ſeine Diſtricte.

1. Der

· 1. Der District Dschiobbet Bsciarrai, ist der Anfang
des Gebirges Libanon, fängt gegen Osten von Tarablus
an, hat einen ansehnlichen Umfang, und ist ein gutes,
wohlbewässertes und angebauetes, auch mit vielen Dörfern angefülletes Land, hat aber keine anderen Einwohner als Maroniten. Von Tarablus bis an den Fluß
des Libanons hat man fast 3 Stunden zu reiten, alsdenn
kann man den Libanon hinan reiten, und hat 4 bis 5
Stunden lang einen steilen, nachmals aber noch 3 bis
4 Stunden lang einen weniger steilen Weg, und kömmt
erst nach 10 bis 11 Stunden nach Marserkis zu dem römisch-katholischen Carmeliterkloster, welches am Abhange eines hohen und steilen Berges, unter einem Felsen erbauet, und im Sommer ein höchstanmuthiger ein-
samer Ort ist. Die Mönche wohnen hier 6 Monate des
Jahres, die übrigen aber, oder den Winter, bringen sie
zu Tarablus zu. Wenn man von demselben nach der
kleinen Ebene gehen will, auf welcher die Cedern stehen,
hat man noch einen Weg von 2 Stunden zurückzulegen,
und in der ersten Stunde immer bergan zu steigen,
welches aber in der zweyten selten nöthig ist. Unterhalb
dieses hohen Gipfels, ist die starke Quelle des Flusses
Kadischa, welcher nach Tarablus fließt, und von welcher man bis zu dem vorhingenannten Carmeliterkloster
eine gute Stunde zu gehen hat, der Fluß aber läuft unter diesem Kloster im tiefen Thale weg, und wird durch
das Wasser vieler Quellen verstärket. Sein ganzer Lauf
beträgt nach der geraden Linie, nur einen Weg von etwa
12 Stunden, nach seinen Krümmungen aber wohl noch
einmal so viel. Der nächste Ort bey dem vorhin genannten Carmeliterkloster, ist das Dorf Eden; welches, in
Ansehung der Lage und Aussicht, des Wassers und des
schönen Landbaues, für einen der angenehmsten Oerter
auf dem Erdboden gehalten wird. Daß aber hier das
Paradies gewesen sey, wird kein verständiger Mensch
glauben. Zu Eden ist ein maronitischer Bischof.

Wenn man nicht den vorher beschriebenen Weg, sondern den Weg durch das schattichte und sehr schöne Thal
nimmt, in welchem der Fluß Kadischa hinabläuft, erblicket

blicket man auf den Seiten desselben an den felsichten Bergen viele Grotten, Einsiedlereyen, Kapellen und Klöster, auch Ahorn- Fichten- Cypressen- und Eichenbäume, und geht 2 oder 3 mal über den Fluß Kadische. Wenn man aber zum letztenmale über denselben gegangen ist, hat man einen engen, krummen und steilen Weg hinauf nach

Cannobin zu steigen, dahin nur dieser einzige Weg führet, daher es ein desto sicherer Aufenthalt ist. Dieses berühmte Kloster liegt unter einem Felsen, ja es besteht hauptsächlich aus unterschiedenen in demselben ausgehauenen Grotten, dergleichen auch die Kirche ist. Unter demselben läuft der Fluß Kadischa in einem engen Thale weg. Cannobin heißt und ist ein Kloster; denn dieser Name ist aus dem Worte Cœnobium entstanden. Es ist der Sitz des Patriarchen der Maroniten. Die Aussicht aus demselben ist eben so angenehm, als sonderbar. Der Boden ist in der Gegend desselben wohl angebauet, insonderheit aber mit Weinstöcken bepflanzet.

Bsciarrai, nach de la Roque, und Becharaye, nach Arvieur Schreibart, ein Flecken, von welchem dieser Distrikt seinen Namen hat, war ehedessen eine Stadt, befestiget, und der Sitz eines maronitischen Fürsten, dem dieses Land zugehörete, dessen Familie aber gestorben ist. Es wohnet hier ein Bischof der Maroniten, und der Befehlshaber dieses Ortes, welcher unter dem Pascha von Tarablus steht, ist allemal ein Maronit.

. Shadec, ein Flecken, war ehemals eine Stadt, deren Einwohner eine siebenjährige Belagerung der Saracenen aushielten.

Ban, auf arabisch Medinat el ras, das ist, Hauptstadt, ein Flecken, von welchem man die Meynung hat, daß er an dem Orte stehe, wo die allererste Stadt auf dem Erdboden gewesen sey.

2. Der District Draib, Danni und Accar, sind auch im nördlichen Theile des Libanons. Zwischen den beyden letzten fließt der Fluß Bered oder Barid, das ist, der Kalte, dessen oben schon Erwähnung geschehen ist, so wie auch des Flusses Accar. Sie enthalten nichts
merk-

merkwürdiges. Das Land ist sandicht und steinicht, aber doch von vielen Maroniten bewohnet.

3. Dschiobber-el Mneitra, liegt dem vorhergehenden Districte gegen Mittag, und hat den Namen von der verwüsteten Stadt Mneitra, welche der Hauptort dieses Districtes gewesen ist.

Akûra, eine Stadt, ungefähr 7 französische Meilen von den Cedern, soll sehr alt seyn, und ist der Sitz eines maronitischen Bischofs.

4. Der District Patron erstrecket sich vom Fuße des Libanons bis an das mittelländische Meer, ist wohl angebauet, und wird, nebst dem folgenden Districte, von einem Maroniten, unter dem Pascha von Tarablus, regieret. Es hat seinen Namen von

Patron oder Bathrun, vor Alters Botrus oder Botrys, welches eine verwüstete Stadt an der See ist. Derselben gegen Norden ist

Das Vorgebürge, welches vor Alters Θεοῦ πρόσωπον (das Angesicht Gottes) hieß, von den Reisebeschreibern auf unterschiedene Weise benennet wird, wiewohl ein jeder schreibt, daß er den jetzt gewöhnlichen Namen desselben angebe. De la Roque nennet es Cap Pouge und Capo Pagro. Der erste Name sollte Capouge heißen, denn so wird es nicht allein in dem Chärtchen, welches dem 5ten Bände der Nouveaux memoires des Missions de la Compagnie de Jesus dans le Levant, einverleibet ist, geschrieben, sondern es berichtet auch Arbieu, daß es auf arabisch Guége al Shiar, d. i. das Angesicht von Steinen heiße, weil es auf der See so aussehe. Shaw sagt, es werde Capo Grigo genennet. Es steigt senkrecht in die Höhe, wie eine Mauer, oben aber ist es flach.

5. Der District Dschebail, welcher auch am Fuße des Libanons und am mittelländischen Meere liegt, und von einer Stadt benannt wird, deren Namen Pocock Esbele schreibt, aber auch meldet, daß er von den Franken Dschibele genennet würde. De la Roque nennet sie Dschibel und Dschebail, und den letzten Namen hat sie auch in den vorhin angeführten Memoires. Vor Alters hieß sie Byblus. Sie soll die erste, also auch die älteste

älteste Stadt in Phönice seyn, und Cronus soll sie er=
bauet haben. Sie war wegen der Verehrung des Ado=
nis berühmt. Heutiges Tages sind ihre Mauern, Thür=
me, Häuser und andere Gebäude verfallen, und die we=
nigen Einwohner sind Bauern. Sie steht am Meere,
auf einer ziemlich fruchtbaren Erdzunge; ihr Hafen ist
größtentheils verschlemmt, sie hat aber noch ein Kasteel
mit 20 Mann Besatzung. Weder der heutige Name der
Stadt, noch die griechische Uebersetzung der Stelle Eze=
chiel 27, 9. macht es wahrscheinlich, daß Byblus der da=
selbst im hebräischen Texte vorkommende Ort Gebal sey,
als welcher wahrscheinlicher die oben Num. 18. beschrie=
bene Stadt ist.

Paläbyblos, alt Byblus, hat vermuthlich am Flusse
Nahar Ebrahim, vor Alters Adonis, gelegen, welcher
die Gränze vom Gouvernement Tarablus ist.

Die Maroniten, deren schon oft Erwähnung ge=
schehen ist, sind diejenige Parthey der syrischen Christen,
welche einen Einsiedler, Namens Maron, der im Anfange
des 5ten Jahrhunderts gelebet, und sich sehr beliebt und
berühmt gemacht habe, als ihren Lehrer angiebt. Seine
Schüler und Anhänger haben in Syrien viele Klöster,
insonderheit aber eines bey der Stadt Esamia, ehedessen
Apamea, am Flusse Orontes, angeleget, welches von
dem heiligen Maron benennet worden. Sie sind unter
dem Namen der Maroniten von andern unter den syri=
schen Christen entstandenen Secten, unterschieden wor=
den. Als ums Jahr 584 der Syrer Jacob, das Haupt
der von ihm benannten Jacobiten wurde, widersetzte sich
ihm ein Mönch aus dem Kloster des heiligen Marone,
Namens Johann, welcher Patriarch von Antiochia wur=
de, und den man, wegen seines Eifers für die rechtgläu=
bige Lehre, den andern Maron nennete. Von den Ja=
cobiten wurde er aus Spott ein Maroniner genennet,
ja sie nenneten auch alle syrische Christen, welche es mit
den Mönchen des Klosters des heil. Marons hielten,
Maroniner, oder Maroniten, welches, wie die heuti=
gen Maroniten sagen, der Name der Katholischen oder

Recht

Rechtgläubigen war. Ungefähr um eben diese Zeit wurden sie von ihren Feinden auch Mardaiten, das ist, Rebellen, nämlich wider den Kaiser, durch folgende Veranlassung genennet. Als der Khalif Moawiah, nachdem er sich schon Meister von Damaschk gemachet, auch den Libanon und Phönice angriff, erwähleten sich die Maroniten ein Haupt unter dem Titul eines Fürsten, unter dessen Anführung sie ins Land Damaschk einfielen, und dasselbige schrecklich verwüsteten. Diese eigenmächtige Unternehmung ward zu Constantinopel ungnädig aufgenommen, und der Kaiser ließ ihren Fürsten hinterlistig umbringen. Sie erwähleten sich aber einen andern, nach dessen, und seines Nachfolgers Tode, sie 2 Feldherren erwähleten, unter deren Anführung sie die Araber oder Saracenen angriffen und schlugen, die sich aber verstärketen, und die Stadt Hhadet auf dem Libanon, nach einer 7jährigen Belagerung, einnahmen und verwüsteten. Die Maroniten suchten zwar Hülfe zu Constantinopel, als sie ihnen aber nicht wiederfuhr, erwähleten sie sich von neuem einen Fürsten, der zu Bsciarrai seinen Sitz nehmen, und sich verpflichten mußte, niemals weder Saracenen noch Ketzer aufzunehmen, wo er nicht in den Bann gethan werden wollte. Nichtsdestoweniger verstattete desselben Sohn und Nachfolger einigen jacobitischen und griechischen Familien, (welche letzte von den sogenannten Melchiten waren,) sich auf dem Libanon niederzulassen. Darüber wurde er von dem Patriarchen in den Bann gethan, und viele Maroniten kündigten ihm den Gehorsam auf. Dieses verursachte eine Spaltung unter ihnen, von welcher die Saracenen Nutzen ziehen wollten. Allein, die Maroniten brachten ein Heer zusammen, griffen die Saracenen zwischen Patron und Dschibel an, und erfochten einen vollkommenen Sieg über dieselben. Der mit dem Bann belegte Fürst, um davon loszukommen, verjagte den Rest der Saracenen, welcher noch auf dem Libanon war, und die Jacobiten und Melchiten. Allein, mit dem Hofe zu Constantinopel wurden die Maroniten nicht so bald wieder ausgesöhnet, sondern Mardaiten oder Rebellen genannt,

ja

ja die Saracenen, welche dazumal mit dem griechischen
Kaiser in Friede lebten, und demselben zinsbar waren,
hingegen von den Maroniten beunruhiget wurden, brach=
ten es dahin, daß der Kaiser Justinian ein Kriegsheer
nach dem Libanon schickte, und von demselben 12000 so=
genannte Mardaiten vertrieb, denen er aber doch nach=
her erlaubte, sich an den Gränzen von Cilicien und Ar=
menien niederzulassen. Von diesen stammen die noch in
solchen Gegenden, insonderheit zu Haleb und Baias, be=
findlichen Maroniten ab. Hierauf hörete der Name der
Mardaiten nach und nach auf, und der alte Name der
Maroniten blieb allein übrig.

Es brachte aber der jacobitische Erzbischof Thomas,
zur Zeit der Kreuzzüge die Meynung der Monotheleten,
welche er angenommen hatte, unter die Maroniten, als
er auf den Libanon kam, und lenkte selbst den Patriar=
chen der Maroniten zu derselben, welcher darüber abge=
setzet wurde. Unterdessen wurde doch der Lehrsatz von
einem einzigen Willen in Jesu Christo, nicht von allen,
sondern nur von einem Theile der Maroniten angenom=
men. So erzählen die neuern Maroniten, insonderheit
Faust Nairon, die Geschichte ihrer Nation, mit welcher
aber andere nicht übereinstimmen, insonderheit aber die=
ses behaupten, daß Johannes Maro ein Monothelet ge=
wesen sey. Es sind noch andere Zänkereyen und Spal=
tungen unter den Maroniten entstanden: allein, ich über=
gehe dieselben, weil sie von meinem Zwecke zu weit ent=
fernet sind, und merke nur noch an, daß sich die Maro=
niten 1445 völlig dem römischen Papste unterworfen ha=
ben, und daß 1584 zu Rom ein Collegium gestiftet wor=
den, in welchem junge Maroniten unterrichtet, und zu
geistlichen Aemtern erzogen werden.

Das gottesdienstliche Haupt der Maroniten ist der
schon oft genannte Patriarch, welcher seinen Sitz zu
Cannobin hat, sich einen Patriarchen von Antiochien
nennet, und von dem Tage seiner Erwählung an, zu
seinem Taufnamen noch den Namen Peter füget, den
alle maronitische Patriarchen führen. Er wird, nach
Dandini Bericht, der einer solchen Wahl beygewohnet,

5 Th.   S   von

von dem Volke durch die meisten Stimmen erwählet. Der Patriarch, die Erzbischöfe und Bischöfe, sind aus dem Mönchenstande. Die Mönche leben von ihrer Hände Arbeit. Die Priester, Diaconi und Unter=Diaconi, welche keine Mönche sind, leben im Ehestande. Die Maroniten werden vor allen andern morgenländischen Christen als ehrliche und aufrichtige Leute gerühmet. Sie haben auch ein weltliches Oberhaupt; nämlich einen erblichen Fürsten, welcher den Titel eines Emirs führet, und mit Zuziehung der Vornehmsten aus der Nation, dieselbigen regieret, jedoch dem türkischen Pascha unterworfen ist. Sein Sitz ist im Lande Kesroan. Die arabische Sprache ist heutiges Tages auch die gemeine Sprache der Maroniten, sie schreiben aber dieselbige mit syrischen Buchstaben. Unterdessen wird doch auch noch die syrische, oder chaldäische Sprache von vielen Männern und Weibern in dem oben beschriebenen Districte, Dschiobbet Bsciarrai genannt, zu Bsciarrai, Hesron, Ban und andern Orten, gesprochen, wie de la Roque versichert. Die meisten Maroniten verstehen aber die syrische Sprache nicht mehr, und also auch die Messe nicht, welche in dieser Sprache gehalten wird; ja selbst unter den Priestern sind sehr wenige, welche etwas von der Messe verstehen.

Sonst wohnen auf dem bisher beschriebenen Theile des Libanons, auch amadäische Araber, welche auch Turkomannen genennet werden, und Muhammedaner von Ali Secte sind. Arvieux schreibt von ihnen, sie würden von den Muhammedanern für Sonderlinge gehalten, und deswegen Metualin oder Metaovile, genannt; Dapper nennet sie Wannigers, und Korte schreibt, man nenne sie Samojeden. Alle diese Namen sind mir unverständlich.

Das Gouvernement Damaschk.

Es ist von einem großen Umfange, indem, ausser dem südlichen Theile von Syrien, auch ganz Palästina

läſtina dazu gehöret. Ricaut ſchreibt, es gehöreten
10 Sandſchafſchaften dazu, er giebt aber die Namen
derſelben unrichtig an, und die Oerter, welche zu einem
jeden dieſer Diſtricte gehbren, kann ich auch nicht genau anzeigen. Ich will die Beſchreibung dieſes Gouvernements ſo gut einrichten, als ich kann.

Damaſchk, nach der gemeinen Ausſprache Demeſchk
oder Dimeſchk, ſonſt auch Damas und Scham, imgleichen Scham el Demeſchy (d. i. das bluttrinkende Scham,
weil Cain auf einem benachbarten Berge ſeinen Bruder
Abel erſchlagen haben ſoll,) und Scham Scherif, d. i.
das edle Scham, in der hebräiſchen Bibel Dammeſek,
Dummeſek und Darmeſek, von den Griechen Damaſcos,
von den Lateinern Damaſcus genannt, die Hauptſtadt von
dieſem Gouvernement, und der Sitz des demſelben vorgeſetzten Paſchä. Der Fluß Barady, vor Alters Chry-
ſorrhoas, in der heil. Schrift vermuthlich Abana genannt,
welcher von dem Antilibanon kömmt, und einen andern
auch in dieſem Gebirge entſtehenden Fluß, den Pocock
Fege nennet, aufnimmt, vertheilet ſich, ſo bald er in die
Ebene tritt, in 3 Arme, von denen der vornehmſte, nachdem er die berühmte Ebene (Gota oder Guta) welche
für das ſchönſte unter den 4 Paradieſen in Aſien gehalten wird, durchfloſſen, ſich nach der Stadt begiebt, und
in derſelben in viele Kanäle vertheilet, welche die Stadt
mit Waſſer reichlich verſehen: (wiewohl Pocock berichtet,
daß man nicht dieſes Flußwaſſer, ſondern Brunnenwaſ-
ſer trinke:) die beyden anderen aber umgeben die genannte ſchöne Ebene zur Rechten und Linken, und bewäſſern
durch unzählige Kanäle, die darinnen befindlichen angenehmen Baumgärten, deren rother Boden nichts ſo gut,
als Fruchtbäume trägt. Endlich vereinigen ſich faſt alle
dieſe Kanäle wieder zu einem einzigen Strome, der einige geographiſche Meilen von der Stadt gegen Oſten,
einen See macht, in welchem er ſich verliert, und deſſen umliegender Boden ganz moraſtig iſt. Der See iſt
10 bis 12 franzöſiſche Meilen lang, und 5 bis 6 breit,

S 2 und

und sehr fischreich. Die Stadt an sich selbst, ist ziemlich
groß, und ihre Vorstädte sind noch größer. Ihre Gassen sind eng, und die Häuser, welche von ungebrannten
Ziegelsteinen erbauet sind, haben von außen, insonderheit von den Gassen, gar keine Schönheit, inwendig
aber sind viele vortrefflich ausgezieret. Das alte Kasteel sieht inwendig einer kleinen Stadt gleich. Von
den vielen Moscheen (deren Anzahl in den Memoires des
Millions auf 200 geschätzet wird,) sind einige ehedessen
christliche Kirchen gewesen. Die vornehmste unter
denselben, welche ehedessen die Kathedralkirche, und
Johanni dem Täufer gewidmet war, ist von einer sehr
guten Bauart. Die Muhammedaner und die Christen
haben jede außerhalb der Stadt ein Hospital für Aussätzige, welche darinnen verpfleget werden; denn Pocock
berichtet, daß es in einigen Dörfern nicht weit von Da-
mascht unterschiedene Aussätzige gebe, und Thevenot versichert, daß er hier so, wie zu Urfa, viele Aussätzige gesehen habe. Pocock beschreibt die Einwohner dieser Stadt
überhaupt, als Leute, welche den Vergnügungen und
der Faulheit sehr ergeben sind, insonderheit aber sind,
nach seinem Bericht, die hiesigen Türken und Christen
vorzüglich lasterhaft. Hingegen saget er auch, daß man
das hiesige Frauenzimmer für das schönste in der Welt
halte. In der großen Vorstadt, welche südwärts der
Stadt liegt, wohnen vornehmlich Turkomannen. Es
haben auch außerhalb der Stadt eine kleine Anzahl Samariter ihre Wohnungen und Synagoge. Pocock berichtet, man rechne die Zahl der Christen in dieser Stadt
auf 20000, davon die meisten Griechen, der Maroniten aber ungefähr 1000, der jacobitischen Syrer auf 200,
und der Armenier etwa 30 Familien wären. Unter den
Griechen sind nach Pococks Anschlag, 8000, welche sich
mit der römisch-katholischen Kirche vereiniget haben.
Die übrigen Griechen erkennen den hier wohnenden rechtgläubigen griechischen Patriarchen von Antiochien, für
ihr Oberhaupt, unter welchem, nach Pococks Bericht,
noch 42 Erzbischöfe und Bischöfe stehen sollen. Mit dem
hiesigen Bißthume der jacobitischen Syrer, sind auch

die ehemaligen Bisthümer zu Baalbek, Cara, Sabad,
Nabach, Tarablüs, Hems und Esamia vereiniget worden, in jetzigem Jahrhunderte aber iſt es an Biſchöfe,
die der römiſch-katholiſchen Kirche zugethan ſind, gekommen. Von römiſch-katholiſchen Ordensleuten halten ſich hier Jeſuiten, Franciscaner und Capuciner auf.
Es wachſen hier ſchöne Früchte, insonderheit Apricoſen,
davon man 5 bis 6 Arten hat, und davon ſehr viele getrocknet und candirt, ausgeführet werden. Der Wein
dieſer Gegend iſt gut und ſtark, und der meiſte ſieht wie
Burgundier aus. Die Klingen, welche hier geſchmiedet
werden, ſind berühmt. Man ſaget, daß ſie von alten
Eiſen verfertiget würden. Es werden hier auch baumwollene und unterſchiedene Arten ſeidene Zeuge gemachet,
und der Damaſt hat von dieſer Stadt, in welcher er
zuerſt gemacht worden iſt, ſeinen Namen bekommen. Mit
dem meccaiſchen Kierwan, kommen jährlich perſianiſche
und indianiſche Waaren hieher, und die Waaren, welche
die Europäer hieher ſchicken, kommen aus Saida, Bairut und Tarablüs. Der Paſcha von Damaſchk begleit-
tet den Kierwan, welcher jährlich von hier nach Mecca
geht, bis dahin man 40 Tagereiſen rechnet.

Damaſchk iſt eine uralte Stadt; denn ſie war ſchon zu
Abrahams Zeit vorhanden. König David eroberte dieſelbige, als er den König von Zoba überwunden hatte: allein,
unter ſeines Sohnes Salomons Regierung, bemächtigte
ſich Rezon der Stadt, und machte ſie zum Hauptſitze
des Königreichs, deſſen Stifter er war, welches aber
der aſſyriſche König Tiglath Pileſer bezwang. In den
folgenden Zeiten gehörte die Stadt zu dem ſyriſchen
Königreiche der Seleuciden, während deſſen ſie die Reſidenz Königs Antiochi Cyziceni ward. Sie gerieth zugleich mit Syrien unter die Herrſchaft der Römer. Im
Jahre 635 bemächtigten ſich die Araber oder Saracenen
der Stadt. Der Khalif Moäwiah machte ſie zum Sitze des Khalifats, welches ſie ſo lange blieb, bis die abas-
ſidiſchen Khalifen die Reſidenz von hier nach Anbar ver-
legten. Nachmals war ſie den ägyptiſchen Sultanen
unterthan, während welcher Zeit ſie von Timur Beg

zerſtö-

zerstöret ward, und endlich nahm sie der türkische Kaiser Selim 1517 ein, seit welcher Zeit sie unter türkischer Bothmäßigkeit geblieben ist. 1759 litte die Stadt viel von einem starken Erdbeben, darinnen auch viele Menschen umkamen. Die dazu gehörige Landschaft hieß vor Alters Damascene.

Gegen Süden von Damaschk, an der Landstraße, die nach Jerusalem führet, sind keine merkwürdigen Derter. Die erste Tagereise endiget sich beym Khan Zaza oder Sassa, und die zweyte auf der Ostseite des Jordans bey der steinernen Brücke, welche unterhalb dem See Samachonitis über diesen Fluß erbauet ist, und die Jacobsbrücke genennet wird. Auf dieser zweyten Tagereise, kömmt man von obgedachtem Khan an, zuerst durch eine ganz mit Steinen bedeckte Ebene, nachmals aber durch Wälder.

Gegen Norden von Damaschk, auf und an den Seiten der Straße nach Hems und Haleb, trifft man nachfolgende Derter an.

Jobar, ein Dorf, wo lauter Juden wohnen und eine Synagoge haben. Dieser Ort ist vielleicht der Ort Choba, dessen 1 Mos. 14, 15. Erwähnung geschieht.

Duma, ein Flecken.

Seidenaja, (d. i. klein Seida oder Sidon) von den Reisebeschreibern Sidonaja, Saidnaia, Saiednaja, Sardinaia und Sardanella genannt, ein Flecken, den Griechen bewohnen, die sich mit der römischen Kirche vereiniget haben. Er liegt auf einem felsichten Hügel, auf dessen Spitze ein Nonnenkloster steht, in dessen Kirche ein berühmtes Marienbild verehret wird. Es wächst hier starker und vortrefflicher rother Wein.

Sadra, ein Dorf in einer großen Ebene, bey welchem guter Weinwachs ist.

Coteife oder Kreipbe, ein angenehmes Dorf mit einem Khan, nach Pocoks Bericht der letzte Ort, welcher auf dieser Seite unter dem Pascha von Damaschk steht. Demselben gegen Osten ist ein See, dessen Wasser im Sommer ausdünstet, und Salz hinterläßt, welches aber ungesund ist.

Malwa

Maluca, ein Flecken an der Seite eines steilen Hügels über einem Thale, der von griechischen Christen bewohnet ist, und 2 Kirchen hat. Gegen über, auf der Seite eines andern Hügels, ist das griechische Kloster der heiligen Thecla, welches eine große Grotte ist, darinnen eine kleine Kapelle steht.

Gegen Westen und Nordwesten von Damaschk, nach dem Gebirge Antilibanon zu, sind folgende Oerter merkwürdig.

Salahaia, Salaia, Salabi, Sabalbie, Salbeia und Salbie, sind unterschiedene Schreibarten des Namens eines großen Dorfes, eine Vierthelmeile nordwestwärts von Damaschk, auf der abhängigen Seite eines Hügels, davon man die ganze schöne Ebene übersehen kann. Um dasselbige her liegen sehr viele Lusthäuser und Gärten mit schönen Wasserwerken. Der Weg von hier nach Damaschk, ist nach Art der Alten mit Quadersteinen gepflastert, an beyden Seiten desselben geht ein Kanal, und an den Gartenmauern ein Fußsteig her. Man nennet diesen Ort auch alt Damaschk.

Die Stadt Abila, von welcher die Landschaft Abilene den Namen gehabt, hat vermuthlich am Flusse Barady, und in der Nachbarschaft des Berges gestanden, auf dessen Gipfel eine verwüstete Kirche zu sehen ist, welche Nebi Abel, das ist, Prophet Abel, genennet wird, und in welcher Pocock einen Stein eingemauert gefunden, auf welchem er den Namen des Tetrarchen Lysanias von Abilene gelesen. Die Landeseinwohner haben von dem Namen Abila Gelegenheit genommen, zu erdichten, daß Kain an dem Orte, wo die ebengenannte Kirche steht, seinen Bruder Abel begraben habe, so wie sie erdichten, daß Adam auf der oben beschriebenen schönen Ebene, westwärts von Damaschk, von Gott aus der dasigen rothen Erde erschaffen sey.

Sege, ein angenehmes Dorf, nahe bey dem Ursprunge des Flusses Sege, welcher vermuthlich der in der heiligen Schrift vorkommende Pharphar ist, und am Fuße eines Berges, aus einer Höhle, die auf 20 Fuß breit ist,

S 4

hervorkömmt. Er hat sehr klares Wasser. Nahe bey seinem Ursprunge steht ein uralter Tempel. Der Ort Fege ist wegen seiner Gärten sehr angenehm, daher viele Einwohner aus Damaschk sich dieselbst des Sommers aufhalten.

Jebdani, ein Dorf, um die Mitte des Weges zwischen Damaschk und Baalbek, welches vermuthlich die ehemalige offene Stadt Jabdan ist, deren Abulpheda Erwähnung thut.

Baalbek, auf syrisch Baalbach, auch Beth-Semes oder Medinat-Semsa, das ist, Sonnenstadt, von den Griechen Heliopolis genannt, eine Stadt auf einem Berge in der großen Ebene Bkaa, die zwischen dem Libanon und Antilibanon ist, und zu dem holen Syrien gerechnet wird. Die Stadt ist mit einer Mauer von Quadersteinen umgeben, darunter viele alte Baustücke sind. Sie hat, nach de la Roque Anschlag, 6 bis 7000 Einwohner, die meistentheils Muhammedaner sind; doch wohnen hier auch griechische und maronitische Christen, und wenige Juden, welche eine Synagoge haben. Die Griechen haben hier einen Bischof, der von dieser Stadt benannte maronitische Bischof wohnet aber nicht hier. Der Scheikh, welcher hier Befehlshaber ist, steht unter dem Pascha von Damaschk. Die neuern Gebäude der Stadt sind nicht erheblich, aber die hiesigen Alterthümer sind desto wichtiger. Das vornehmste unter denselben, ist ein herrlicher Tempel, welches ganz auserlesene Stück der schönsten Baukunst, unter allen noch vorhandenen Alterthümern seines gleichen nicht hat. Er ist von feinen weißen Steinen erbauet. Allein, dieses prächtige Gebäude verfällt je länger je mehr. Das auch verfallene Kasteel besteht größtentheils aus denen Gebäuden, die zu einem nicht vollendeten andern prächtigen Tempel gehöret haben. Die Mauern haben aus Steinen von einer ungeheuren Größe bestanden. Man findet hier unter andern noch 3, fast 20 Fuß über der Erde hervorragende Steine, von denen keiner unter 60 Fuß, der größte aber 62 Fuß 9 Zoll groß ist. Der wieder untergegangene griechische Name dieser Stadt, Heliopolis, ist ohne Zweifel eine

Ueber-

Ueberſetzung des ſyriſchen Namens Beth-Semes geweſen, der Name Baalbek aber iſt, wie es ſcheint, aus den
Wörtern Baal, (Herr, ein Name der Sonne) und Bkaa,
welches, wie ich ſchon angezeiget habe, das Thal, darinnen die Stadt ſteht, bezeichnet, zuſammengeſetzet worden. Daß die Sonne hieſelbſt verehret worden ſey, erhellet aus dem Namen der Stadt, daß aber zur Zeit der
Römer auch Jupiter hier verehret, ja demſelben zu Ehren
der oben beſchriebene prächtige Tempel erbauet worden
ſey, beweiſt de la Roque durch Münzen Kaiſers Phi-
lipps, auf welchen der Tempel mit der Umſchrift: I. O. M. H.
das iſt, Jovi optimo maximo Heliopolitano, und COL
I. HEL. das iſt, Colonia Julia Heliopolis, angetroffen
wird. Auch die Venus iſt nicht nur in der benachbart
geweſen Stadt Aphaa, ſondern auch zu Baalbek ſelbſt,
aufs unſtätigſte verehret worden. Kaiſer Conſtantin
ſuchte zwar die Einwohner zum Chriſtenthume zu bringen, ließ auch hieſelbſt eine Kirche bauen, und mit einem
Biſchofe verſehen: ſie blieben aber dem größten und vornehmſten Theile nach bey ihrer Abgötterey, und wurden
nachmals grauſame Verfolger der wenigen hieſigen Chriſten. Allein, vom 7ten Jahrhunderte an, ſind hier jaco-
bitiſche Biſchöfe geweſen, unter welchen auch die Jacobiten in den Städten Sadad, Kara und Nabach geſtanden haben. 1759 wurde die Stadt durch ein Erdbeben
ſehr beſchädiget. Südoſtwärts der Stadt entſpringt ein
Waſſer, welches durch die Stadt läuft, und hernach in
die Gärten und Felder geht. Es iſt auch der außerhalb
der Stadt befindliche Steinbruch zu bemerken, in welchem man einen noch nicht losgehauenen Stein ſieht, der
68 Fuß lang, 17 Fuß 8 Zoll breit, und 13 Fuß 6 Zoll
dick iſt.

Al Bkaa, oder die Ebene, darinnen Baalbek liegt, erſtrecket ſich von Norden gen Süden, und wird von dem
in der Beſchreibung des Libanons ſchon erwähnten Fluſſe Letane durchfloſſen. De la Roque beſchreibt dieſelbige als ſehr angenehm, und ſaget, ſie bringe inſonderheit
die vortrefflichen Roſinen hervor, welche von Damaſchk
benennet, und weit und breit ausgeführet werden. Poc-

will ihren rothen Boden nicht rühmen, sondern saget, er sey unfruchtbar, werde auch wenig angebauet; denn das Getreide, welches darinnen wachse, gerathe so schlecht, daß es die Unkosten nicht bezahle. Beyde Nachrichten können wohl mit einander bestehen.

Von den Gebirgen **Libanon** und **Antilibanon** gehören zu dem Gouvernement von Damaschk folgende Districte:

1. Der District **Kesroan**, welchen die Europäer Castravan, die Araber aber nach de la Roque Schreibart Balad Kharijah, das ist, den äußersten Libanon nennen, weil ein Theil davon sich nach dem mitteländischen Meere zu erstrecket. Der Nahar Khelb oder Hundefluß, theilet diese schöne Gegend in 2 Theile, nämlich in den nördlichen und südlichen; jene wird Kesroan Gazir genennet, und hat lauter Maroniten zu Einwohnern, diese heißt Kesroan Bekfaia, und ist theils von Maroniten, theils von den Griechen, die Melchiten genennet werden, bewohnet, und diese Einwohner sind Leute von sehr guter Art. Es ist dieser District mit Quellen und Bächen, Maulbeerbäumen zum Behufe des Seidenbaues, Weinbergen, die vortrefflichen Wein bringen, Oelbäumen von ungemeiner Größe, Wiesen, und Weiden, Getreide und schönen Früchten, zahmen Vieh und Wildpret, aufs reichlichste versehen, er hat auch eine größere Anzahl von Flecken und Dörfern, als die anderen Districte des Libanons, und die meisten Oerter haben auf Höhen eine angenehme Lage und Aussicht, insonderheit diejenigen, welche nach der See zu belegen sind. Die merkwürdigsten Oerter sind:

1) **Refond**, ein Kloster, woselbst der maronitische Bischof von Patron gemeiniglich wohnet.

2) **Augusta, Aosta**, ein Ort an einem Hügel, 3 französische Meilen vom Meere, woselbst der Fürst der Maroniten seinen Sitz hat, und auch der Patriarch eine Wohnung hat. Jener ist Befehlshaber des Landes, stehet aber unter dem Emir der Drusen.

3. **Antura**, (d. i. Quelle des Felsens) ein kleines Dorf, welches

welches von Dſchebail und Bairut gleich weit, nämlich
von jeder Stadt 5 franzöſiſche Meilen entfernet iſt, und
in der ſchönſten Gegend des Diſtrictes Kesroan liegt.
Hier haben die Jeſuiten einen überaus angenehmen Sitz,
den ihnen 1656 Abunoſel, ein vornehmer maronitiſcher
Herr, eingeräumet hat. Etwa 400 Schritte davon kömmt
eine überaus klare Quelle aus einem felſichten Berge,
und fließt durch dieſes Dorf.

2. Das Land der Druſen, welches ſich in ſeiner Ausdehnung von Norden gen Süden, von Bairut bis Sur,
von Weſten gen Oſten aber von dem mittelländiſchen
Meere bis gen Damaſchk zu, erſtrecket, ein Stück vom
Libanon und faſt den ganzen Antilibanon begreift.

Die Druſen, Durzi oder Truſcen, ſind ein Volk,
deſſen Urſprung nicht ganz gewiß bekannt iſt. Sie waren ſchon vorhanden, ehe die abendländiſchen Chriſten
die Kreuzzüge vornahmen; es haben ſich aber von denen
Franzoſen, welche Gottfried von Bouillon nach Aſia geführet hat, viele mit ihnen vereiniget. Pocock berichtet,
ſie ſagten, daß ſie von den Engländern abſtammeten.
Allein, ſie wiſſen ihre Herkunft ſelbſt nicht. Sie geben
ſich zuweilen für Chriſten, noch mehr aber, und wenn
ſie mit Türken umgehen, für Muhammedaner aus: allein, ſie ſind keines von beyden, ſondern Heiden; man
hat aber von ihrem Gottesdienſte keine zuverläßige Nachricht. Sie reden die arabiſche Sprache. Man kann
ſie an der Geſtalt ihres Kopfes kennen, welchen ſie den
Kindern von der Geburt an zuſammen drücken, alſo,
daß er länger wird, als ſonſt gewöhnlich iſt. Weil ſie
in ihren Bergen bleiben, von der erſten Kindheit an zu
den ſchwerſten Arbeiten gewöhnet werden, und ſehr mäßig leben, ſo haben ſie eine ſtarke Natur, und werden
alt. Man rühmet ſie nicht allein als tapfere, ſondern auch
als ehrliche Leute: als Feinde aber ſind ſie grauſam und
daher fürchterlich. Die Türken ſind zwar ihre Oberherren,
aber ſie verabſcheuen dieſelben. Sie haben einen oberſten Fürſten oder Emir, dem ſie Abgaben entrichten, und
der hinwieder dem türkiſchen Kaiſer eine Summe für
ſein ganzes Land erleget. Er iſt allezeit aus dem Hauſe
Maon,

Maon. Aus demselben war auch ihr berühmter Emir Fakhreddin oder Fekheddin, welcher sein Geschlecht aus dem Hause Lothringen herleitete, und sich im 17ten Jahrhunderte 5 Jahre lang in Italien, insonderheit zu Florenz aufhielt, durch seine kriegerische Unruhe den Türken viel zu schaffen machte, aber sich endlich nach Constantinopel locken ließ, woselbst er 1633 oder 1635 enthauptet wurde. Ein jeder District des Landes der Drusen, hat seinen besondern Befehlshaber, die aber alle unter dem großen Emir der Nation stehen. Sonst theilen sich die drusischen Prinzen in die von der weißen und rothen Farbe ab, die beständig in Feindschaft gegen einander leben. Zu jenen gehöret die oben angeführte Familie Maon. Die Districte der Drusen sind:

1) Der District Sciuf oder Schuf, über Saida, welcher seiner feinen Seide wegen berühmt ist. In demselben hat der große Emir der Drusen seinen Wohnsitz zu Dair al Gamar oder Deir el Camar.

2) Die Districte Dschiord, Matn, und Sciehhar el Garb.

3. Der District Wadettein, gränzet an das Land der Drusen, und steht unmittelbar unter dem Pascha von Damaschk. Er ist schon der Anfang der Landschaft, welche vor Alters Trachon oder Trachonitis hieß, weil sie ein raubes, bergichtes und felsichtes Land ist, daher sie auch heutiges Tages von den Arabern Sgif genennet wird. Dazu gehöret der Dschebel Scheikh, vor Alters Panius, in der Bibel Chermon oder Hermon, welcher wegen seiner Höhe beständig mit Schnee bedecket ist, daher er auch der Schneeberg genennet wird, auf dessen Gipfel aber vor Alters ein Tempel gestanden hat, der aller Wahrscheinlichkeit nach, dem Götzen Pan gewidmet gewesen, weil derselbige der Schutzgott der Stadt Paneas war, wie einige in derselben geprägte Schaumünzen bezeugen. Der Berg machte die mitternächtliche Gränze des Landes der Israeliten aus. Die Stelle Ps. 133, 3. in welcher gesaget wird, daß der Thau des Berges Hermon auf den Berg Zion falle, erkläret Pocock also, daß der Nordwind die Wolken, welche auf dem

Her-

Hermon liegen, nach dem Berge Zion, darauf Jerusalem steht, führe, und daselbst einen starken Thau verursache. Am Fuße dieses Berges lag die Stadt Paneas, oder Panias, in welcher der jüdische König Herodes I, dem römischen Kaiser August zu Ehren, einen prächtigen Tempel erbauete, sein Sohn Fürst Philipp aber erweiterte und verbesserte dieselbige, und nennete sie zur Ehre Kaisers Tiberii, Cäsarea, und um sie von der Stadt gleiches Namens am mittelländischen Meere zu unterscheiden, mit einem von seinem Namen hergenommenen Zusatze, Cäsarea Philippi. An diesem Orte kömmt der Fluß Jordan, von den Arabern al Arden oder Eluredunno, und Scharya oder Scheriah genannt, aus der Erde hervor, der aber seinen eigentlichen Ursprung aus dem 4 Stundenweges nordostwärts von hier befindlichen See Phiala hat, welches Fürst Philipp dadurch entdeckte, daß er in diesen kleinen See Stroh werfen ließ, welches bey Paneas wieder zum Vorschein kam. Der Ort, wo Cäsarea Philippi gestanden hat, wird heutiges Tages nach seinem ältesten Namen, Paneas, genennet, oder wie man ihn fehlerhaft ausdrücket, Belinas, oder Belina, und ist, wie es scheint, ein Flecken.

4. Die Districte Mardschiam und Churan, welche auch zu der ehemaligen Landschaft Trachonitis gehören, und Drusen zu Befehlshabern haben, die unter dem großen Emir der Drusen stehen. Mit diesen Districten endiget sich der Antilibanon.

Am mittelländischen Meere sind folgende merkwürdige Oerter.

Ich habe oben angemerket, daß der sogenannte Abrahams Fluß, vor Alters Adonis genannt, die Gränze vom Gouvernement Tarablus sey. Ueber denselben führet eine große steinerne Brücke. Zwischen derselben und dem Nahar Rhelb oder Hundsfluß, vor Alters Lycus, sind keine merkwürdigen Oerter. An der Mündung des letztern hat ehedessen das Bild eines großen Hundes gestanden, welches in dem Felsen eines ziemlich weit in der See hineingehenden Vorgebirges ausgehauen war, wel=

ches

ches aber die Türken abgehauen haben sollen. Der Fluß
ist schnell und sehr tief. Die steinerne Brücke, welche
über denselben führet, hat der oben erwähnte Emir Fak=
breddin erbauen lassen. Gleich auf der Südseite dersel=
ben, geht der Weg an, der ehemals Via Antoniniana
hieß; weil Marcus Aurellus Antoninus ihn durch einen
Felsen hauen lassen, wie eine noch in diesem Felsen vor=
handene römische Inschrift besaget. Er ist ungefähr
6 Fuß breit, und ein Vierthel einer französischen Meile
lang, wie de la Roque meynet, und am Strande der
See. Man kömmt ferner, vermittelst einer steinernen
Brücke von 6 oder 7 Bogen, welche auch der Emir
Fakbreddin, wenigstens zum Theil, erbauen lassen, über
den Fluß Bairut, vor Alters Magoras, und nach dem
Orte, wo der heilige Georg den Drachen getödtet haben
soll, welcher Dit Cappadocia genennet wird, hierauf
aber nach

Bairut oder Beirut, vor Alters Berytus, und Colonia
Felix Julia, einer Stadt auf einer Höhe an der See, in
einer fruchtbaren und angenehmen Gegend, deren
Schönheit vornehmlich die Gärten verursachen, welche
zwischen der Stadt und dem weit in die See hinein
sich erstreckenden Vorgebirge, und an demselben liegen,
mit lebendigen Hecken, Frucht= und andern Bäumen um=
geben sind. Avieux meldet, die Stadt sey zweymal
größer, als Saida, und in viel besserem Stande, alle
Häuser wären von gebauenen Steinen, gewölbet, und
mit flachen Dächern versehen, sie habe auch schöne Mo=
scheen und viele Einwohner, aber enge Straßen. Korte
nennet sie eine feste Stadt. Die Einwohner sind mei=
stens griechische Christen, welche einen Erzbischof haben,
der bey der Kirche des heil. Georgs steht, und Maroni=
ter, die mit den Römisch=katholischen zugleich eine Kirche
haben, die übrigen aber Muhammmedaner und Juden.
Alle ernähren sich von Manufacturen und Handel, inson=
derheit mit Seide, welche gelb und weißlich, und viel
stärker ist, als diejenige, welche von Tarablus kömmt.
Emir Fakbreddin, welcher diese Stadt besaß, verbesserte
dieselbige ansehnlich; er bauete sich auch einen Pallast,
der

der aber jetzt in einem ſchlechten Zuſtande iſt: hingegen
den Hafen ließ er zuwerfen; daher jetzt nur ſehr kleine
Fahrzeuge einlaufen können. Die Rhede aber iſt gut,
und hat einen guten Ankergrund. An der rechten Seite
des Hafens ſteht ein alter Thurm, mit einem Dutzend
Mann zur Beſatzung, und einem Paar eiſernen Kanonen.
Die Stadt ſteht unter dem Paſcha von Said. Zur Zeit
der Römer war hier eine berühmte Schule der Rechts-
gelehrſamkeit, in welcher das bürgerliche Recht in griechiſcher Sprache gelehret wurde. Man weiß nicht gewiß, wer ſie geſtiftet hat; ſie hat aber lange vor dem
Kaiſer Diocletian geblühet. Im Jahre Chriſti 349
wurde die Stadt durch ein Erdbeben ſehr verwüſtet.
1109 ward ſie von den Franken, 1187 aber wieder von
dem Khalifen Saladin erobert, und obgleich die Franken ſie 10 Jahre hernach wieder einnahmen, ſo konnten
ſie doch den Beſitz derſelben nicht beſtändig behaupten.

Schoniffet, iſt der Name dreyer Dörfer, welche den
druſiſchen Prinzen von der weißen Fahne zugehören, die
aber ſelbige von dem Befehlshaber zu Bairut pachten
müſſen.

Der Fluß Damer, vor Alters Tamyras, aus welchem
die Franzoſen eine Riviere d'amour gemacht haben, ſcheidet die Gebiethe von Bairut und Saida. Er hat jetzt
nicht weit von ſeiner Mündung keine Brücke, ſondern es
iſt daſelbſt ein einziger Ort, wo man durchwaten kann,
wenn der Fluß nicht vom Regenwaſſer ſtark angelaufen
iſt. Zwo franzöſiſche Meilen von der See, im Gebirge, hat er eine Brücke.

Man geht noch über einen tiefen und breiten Fluß,
den die Landeseinwohner Awle, die Franzoſen aber Fa-
miere nennen, und welcher aus dem Antilibanon kömmt.
Er hat eine ſteinerne Brücke.

Saida oder Seida, vor Alters Sidon, eine uralte
Stadt am mittelländiſchen Meere, auf der Nordweſt-
ſeite eines Hügels, auf einem fruchtbaren und angenehmen Boden. Sie iſt heutiges Tages ſehr klein, vor
Alters aber war ſie groß und anſehnlich, wie die noch
vorhandenen Steinhaufen von den ehemaligen Gebäuden
anzei-

anzeigen, die sich eine gute halbe französische Meile weit,
bis an das Dorf Esbham, (d. i. Vorstadt) erstrecken, welches die Türken gemeiniglich Seidon, d. i. klein Saida,
nennen. Die Mauern sind größtentheils verfallen. Die
Stadt hat jetzt keinen Hafen mehr, sondern die Schiffe
liegen hinter einem Felsen vor Anker, wo sie zwar vor
dem Südwestwinde, der hier sehr heftig und gefährlich
ist, aber nicht vor dem gefährlichen Nordwinde, sicher
sind. Der Felsen raget an 3 französische Toisen über dem
Wasser hervor, und erstrecket sich auf 100 geometrische
Schritte in die Länge. Den ehemaligen vortrefflichen
Hafen hat Emir Fakhreddin mit Steinen und Erde
ausfüllen lassen, um vor dem Ueberfalle der türkischen
Galeeren sicher zu seyn, so daß jetzt nur Fischer mit ihren Böten in denselben einlaufen können: jedoch ist die
Einfahrt noch weit und tief genug, und unweit desselben
liegt ein altes Kasteel, mit einer kleinen Anzahl Kanonen. Die Stadt wird von Türken, sogenannten Mohren, Maroniten, Griechen und Juden bewohnet. Die
Griechen haben in derselben eine Kirche, bey welcher
ein Bischof steht, die Maroniten aber besuchen entweder
die Kirchen in den benachbarten Dörfern, oder die Kapellen der Franzosen. Diese treiben hieselbst den Handel
allein, und bewohnen den großen Khan, haben auch
hieselbst einen Consul. Sie führen nicht nur Seide,
Baumwolle und Getreide, welche in dieser Gegend im
Ueberflusse gebauet werden, und hiesige Galläpfel aus
und nach Marseille, sondern zu Saida ist auch die Niederlage der Waaren, welche auf der ganzen Küste zu
Rama, Acre, Bairut und Tarablus gesammlet werden.
Die Seide, welche bey Saida gebauet wird, ist unter
allen die gröbeste und schlechteste, hingegen die gespon-
nene Baumwolle ist weißer, feiner und auch theurer, als
diejenige, welche an andern Orten auf dieser Küste gesponnen wird. An guten Früchten hat dieser Ort auch
einen Ueberfluß, insonderheit sind die hiesigen Feigen
vortrefflich, und der hier wachsende weiße Wein ist stark
und wohlschmeckend zugleich. Der hiesige Pascha, welcher über das Land bis Acre, und über das ehemalige
Galiläa

Galiläa zu befehlen hat, steht unter dem Pascha von Da=
maschk. Diese Stadt war die älteste in Phönice, und ih=
rer wird schon 1 Mos. 49, 3. gedacht. Die sidonische
Arbeit oder Erfindung war sehr berühmt; insonderheit
war auch das hiesige Glas sehr beliebt. Die Stadt hatte,
bis zur Eroberung der Stadt Tyrus von dem macedoni=
schen Könige Alexander, ihre eigenen Könige, deren einer
eine Gesandtschaft an den jüdischen König Zedekia abschick=
te. Jer. 27, 3=11. Ich übergehe ihre übrige Geschichte,
und merke nur noch an, daß der drusische Emir Fakhred=
din diese Stadt, so wie alle übrige, vom Berge Carmel
an bis Tarablus, besessen habe. Er erwählte Saida zu
seinem Hauptsitze, und befestigte die Stadt. Er hatte
aber an dem Pascha von Damaschk einen geschwornen
Feind, der seinen Untergang suchte. Die Türken be=
lagerten und eroberten Saida. Seines Bruders Sohn,
Emir Mélhem, bekam nachmals die Domainen von Acre,
Saida und Bairut, von dem Befehlshaber zu Saphet
in Pacht, dessen Söhne zu Saida ihren Wohnsitz auf=
schlugen, aber von dannen verjaget wurden. Hierauf
ward 166= ein Befehlshaber über Saida und Saphet,
unter dem Titel eines Pascha, nach Saida gesetzt. 1759
ward die Stadt durch ein Erdbeben sehr verwüstet. Von
hier nach Damaschk sind 2½ Tagereisen, und der Weg
ist bequem und sicher.

Sarfend, von den Reisebeschreibern auch Sarphan
und Serphant genennt, vor Alters Sarepta, ist jetzt
nur ein großes Dorf auf einem Hügel, welches eine schö=
ne Aussicht hat, und dessen Gärten mit Oliven= und Frucht=
bäumen angefüllet sind.

Der Fluß Kasemiesch, hat seine Mündung 7 franzö=
sische Meilen von Saida, und eine Meile von Sur. Er
kömmt vom Antilibanon, und wird durch den Fluß Le=
tane oder Letani verstärket. Nau und Arvieur sagen,
sein Name bedeute eine Theilung (von dem arabischen
Zeitworte Casama, er hat getheilet,) und der erste mey=
net, er theile die Gebiethe der Städte Saida und Sur,
der letzte aber schreibt, er scheide die Gebiethe von Sai=
da und Saphet. De la Roque widerspricht dem ersten,

und giebt die angeführte Bedeutung des Namens nicht
zu. Andere nennen den Fluß Casmie, Cassimie, und
Casimir. Es ist eben sowohl eine Fabel, daß Kaiser
Friderich I in diesem Flusse umgekommen, als daß er
der Eleutherus der Alten sey. Ueber diesen tiefen und
schnellen Fluß geht, nach Pococks Zeugniß, eine Brücke von 2 Bogen, die zu Arvieux und Maundrels Zeiten
nicht vorhanden war.

Sur, in der hebräischen Bibel Zor, in den griechischen
und lateinischen Schriftstellern Tyrus, und in den letzten
auch Sara oder Sarra, vor Alters eine hochberühmte
Stadt, ist jetzt ein Steinhaufen, auf einer Halbinsel,
woselbst in den verfallenen Häusern eine sehr kleine Anzahl Menschen wohnet, die sich vornehmlich vom Fischfange ernähren, und in einem sehr schlechten Kastell sind
einige Janitscharen zur Besatzung. Einige christliche
Familien, welche hier wohnen, haben einen Theil der
S. Thomaskirche zu ihrem Gottesdienste wiederhergestellet. Der noch vorhandene Hafen ist besser, als der
zu Saida und Acre, und die französischen Handlungs-
schiffe suchen gemeiniglich im Winter ihre Sicherheit in
demselben. Die Stadt ist jünger als Sidon gewesen.
Man muß Alt-Tyrus, die Stadt auf der Insel, und
die Stadt auf der Halbinsel, wohl von einander unterscheiden. Einige halten für wahrscheinlich, daß die
Stadt auf der Insel die älteste sey, daß aber die Einwohner derselben, als sie ihnen zu enge geworden, die
Stadt auf dem festen Lande angeleget hätten, dahin sich
alle Pracht und Macht gezogen; als aber diese von Nebucadnezar belagert und erobert worden, hätten sie sich
wieder in die Inselstadt begeben. Hingegen andere halten die Stadt auf dem festen Lande für die älteste. Dem
sey wie ihm wolle; diese letztere, welche Palätyros, das
ist, Alt-Tyrus genennet worden, stund nicht weit von
dem Orte, welcher jetzt Ras al Aïn, (Haupt der Quellen) sonst auch auf eine fabelhafte Weise, der Brunnen
Salomons, genennet wird. Es sind daselbst 3 ausge-
mauerte Brunnen, von welchen der vornehmste die Gestalt eines Achteckes, im Durchschnitte ungefähr 4 Toisen,

und

und eine ungemeine Tiefe hat. Er ist beständig bis oben
an voll Wasser, welches aus einer Oeffnung, die einen Fuß
ins Gevierte hat, abläuft, und so stark ist, daß es einige Mühlen treibt, und hierahf in die See läuft. Ehedessen ist es nach der Stadt geleitet worden. Alt Tyrus
wurde von dem babylonischen Könige Nebucadnezar, nach
einer langen Belagerung endlich mit stürmender Hand
eingenommen, und gänzlich zerstöret. Während solcher
Belagerung, zogen die Einwohner mit allen ihren Gütern
nach und nach auf die Insel, also daß Nebucadnezar eine
leere Stadt eroberte. Die Stadt auf der Insel hatte
zwar einen sehr kleinen Umfang, aber desto höhere Häuser, und war mit einer 150 Fuß hohen Mauer von großen Werkstücken umgeben. König Alexander belägerte
sie 7 Monate lang, und ließ während dieser Zeit, mit
unbeschreiblicher Mühe, einen Damm vom festen Lande
bis an die Insel anlegen. Als er die Stadt endlich mit
stürmender Hand eingenommen hätte, ließ er sie bis auf
den Grund verbrennen, und die Einwohner, welche nicht
durch die Sidonier in Schiffen gerettet worden waren,
entweder umbringen, oder zu Sclaven verkaufen. An
den Damm trieb die See nach und nach von beyden
Seiten so viel Sand, daß eine ordentliche Erdzunge
daraus entstund, welche die Insel mit dem festen Lande
so stark vereinigte, daß sie zu einer Halbinsel ward. Es
ist zwar jetzt keine Spur mehr davon zu sehen, daß diese
Halbinsel j mals eine Insel gewesen, unterdessen meynet
doch Pocock, quer durch die Halbinsel einen hohlen Boden bemerket zu haben. Auf dieser Halbinsel wurde
wieder eine Stadt erbauet, die in gute Aufnahme kam.
Der Christen, welche schon zur Zeit der Apostel hier gewesen sind, ist Apost. Gesch. 21, 4 5. gedacht worden. In
den folgenden Jahrhunderten, wurde sie der Sitz eines
Bischofs, ja eines Erzbischofs. Im Jahre Christi 636
wurde sie von den Saracenen erobert, 1112 von Balduin, König von Jerusalem, 5 Monate vergeblich belagert,
12 Jahre hernach aber von den Christen erobert, und
also vertheilet, daß der König von Jerusalem zwey Drittel, die Republik Venedig aber ein Drittel derselben be-

T 2   saß.

saß. Es ward auch wieder ein Erzbisthum in derselben
angeleget. 1187 konnte Saladin diese Stadt nicht ero=
bern: allein, 1289 gelung es dem Sultan von Aegypten,
sie einzunehmen, worauf sie zerstöret ward. Sie ist
zwar unter türkischer Herrschaft einigermaßen wieder=
hergestellet worden, und der drusische Emir Fakhreddin,
welcher sie einige Jahre lang besaß, hat sich hier einen weit=
läuftigen Pallast erbauet: allein, sie ist doch endlich in
den völligen Verfall gerathen, darinnen sie jetzt liegt.
Von der ältesten Stadt Tyrus, ist noch etwas anzu=
merken. Sie hat den Namen Zor, welcher einen Felsen
bedeutet, vermuthlich deswegen bekommen, weil, wie
Arvieur bezeuget, die See rund um die Stadt voller
Steinklippen ist, die mit ihren Spitzen bis an die Oberfläche
des Wassers hervorragen. Ihr Purpur war berühmt, und
noch jetzt ist die Purpurmuschel auf dieser Seeküste häufig
zu finden, wie Shaw versichert. Sie hatte ihre eigenen
Könige, davon der älteste, welcher bekannt ist, zur Zeit
Davids lebte. Als Nebucadnezar Alt=Tyrus zerstöret
hatte, unterwarfen sich ihm die Einwohner der Insel,
denen er anfänglich einen ihm unterworfenen König, nach
desselben Tode aber Suffeten, oder Richter vorsetzte, auf
welche wieder Könige folgeten.

Kana, ein Ort, den Pococks Wegweiser ihm genannt
haben, bevor er von Süden nach den oben ange=
führten Brunnen Ras al Ain gekommen ist. Man hat
ihm gesaget, er liege an den Hügeln.

Palästina.

Ich will diesen Theil vom Gouvernement
Damaschk ausführlicher, als den vorhergehenden, be=
schreiben, weil solches zur Erläuterung der Bibel die=
nen kann.

Je weniger Landcharten von denen bisher be=
schriebenen Ländern des türkischen Reichs in Asia vor=
handen sind, desto mehrere sind von Palästina heraus=
gegeben

gegeben worden, deren Beſchreibung aber eine beſondere und weitläuftige Abhandlung erfodert. Ich führe nur das Wichtigſte und Nothwendigſte an. Chriſti-
an Adrichomius, hat im ſechzehenten Jahrhunderte
die Bahn gebrochen, und ſeine Charten von Paläſtina, ſind nachmals von anderen bald mit wenigen, bald
mit vielen Veränderungen nachgeſtochen worden.
Nic. Sanſon und Ph. de la Rüe haben zur Verbeſſerung derſelben gearbeitet; allein, Hadrian Reland hat alle ſeine Vorgänger weit übertroffen, indem
er eine ganz neue Zeichnung verfertiget hat, in welche
er keine andere Oerter aufgenommen, als deren Lage
er aus alten Schriftſtellern, z. E. Joſepho, Euſebio,
(welche aber auch Fehler begehen,) u. a. m. beſtimmen
können. Daher übertrifft ſie alle vorhergehenden
Charten ſehr weit an Richtigkeit und Gewißheit. Es
iſt aber dieſe ſchätzbare Arbeit nicht ſowohl eine Landcharte von Paläſtina, als vielmehr nur ein Beytrag
zu einer gewiſſeren und beſſeren Charte von dieſem
Lande. Ich will dasjenige, was Haſe daran ausſetzt,
nicht anführen, ſondern nur anmerken, daß ſie wenige
Oerter, keine Grade der Länge, und keine Gränzlinien
habe, auch das Ufer des mittelländiſchen Meeres ohne
Gewißheit, (die man auch nicht hat,) und das todte
Meer nicht nach ſeiner rechten Geſtalt, abbilde. Joh.
Matthias Haſe hat in ſeinen Charten, auf welchen
er das davidiſche und ſalomoniſche Reich vorſtellet, die
mathematiſche Vollkommenheit der Abbildung Palä-
ſtinä höher getrieben: es nimmt aber dieſes Land auf
ſolchen Charten nur einen ganz kleinen Raum ein.
Joh. Chriſtoph Harenbergs Paläſtina, inſonderheit die 1750 von den homanniſchen Erben veranſtal-

tete

tete neue Auflage, ist mit großem Fleiße verfertiget
worden, aber auch mit vielen besonderen Meynungen
angefüllet. Gottlieb Immanuel Steinfeld, hat
in seiner kleinen Charte von Palästina, welche er für
den 9ten Theil der deutschen Uebersetzung der allgemeinen Welthistorie verfertiget, die Charte des de la Rüe
zum Grunde geleget, und sich vornehmlich bemühet,
dieselbige den Büchern Josephi gemäß einzurichten,
und mit Oertern anzufüllen, womit sie auch vollgesto-
pfet ist. Endlich hat Willem Albert Bachiene,
Prediger zu Maastricht, und Mitglied der holländi-
schen Gesellschaft der Wissenschaften zu Haarlem, in
seinen Charten von Palästina, die relandische zum
Grunde geleget, aber mit mehr Oertern und Flüssen
angefüllet, auch Verbesserungen derselben vorgenommen: und gleichwie Reland zur Erläuterung seiner
Charte sein vortreffliches Werk, Palæstina genannt,
geschrieben, also hat Bachiene eine sogenannte heilige
Geographie in 2 Theilen, die in 6 Stücke oder Bände
abgetheilet sind, herausgegeben, welche zur Erläuterung seiner Charten dienet, so wie diese, jene erläutert.
Von seinen Landcharten von Palästina, deren 10 Stück
versprochen worden, habe ich nur sieben. Die erste
stellet die natürliche Beschaffenheit des Landes, in Ansehung seiner Seen, Flüsse, Bäche, Berge, Thäler,
Ebenen und Wüsteneyen vor; die zweyte, den Zustand des Landes unter seinen ersten Besitzern; die
dritte, die Vertheilung desselben unter die 12 Stämme;
die vierte, das Königreich Israels, nebst desselben
Eroberungen unter den Königen Saul, David und
Salomo: die fünfte, die beyden Reiche Juda und
Israel: Die 8te den nordlichen, und die 9te den südlichen

lichen Theil von ganz Paläſtina, ſo wie das Land zur
Zeit des Herrn Jeſu abgetheilet war. Alle dieſe
Charten ſind von O. Lindemann zu Almelo 1757, 1758
und 1763 geſtochen. Sie haben augenſcheinliche Vor-
züge vor andern: aber, wie es auch nicht anders ſeyn
kann, ihre Mängel und Fehler. Die unrichtige, aus
Relands Charte angenommene, Geſtalt des todten
Meeres, iſt mir zuerſt in die Augen gefallen.

Der Haupttheil des Landes, welcher zwiſchen
dem mittelländiſchen Meere und Jordan liegt, hatte
nach einer von Joh. Dav. Michaelis vorgetragenen
ſehr wahrſcheinlichen Meynung, in den erſten Jahrhunderten nach der allgemeinen Ueberſchwemmung der
Erde, nur Hirten, die mit ihrem Vieh umherzogen,
oder Sceniten, zu Einwohnern. Unter dieſen ließen
ſich die Kanaaniter oder Phönicier, welche vom
arabiſchen Meerbuſen dahin kamen, nieder, trieben
die alten Einwohner immer mehr in die Enge, und
machten ſich zu Herren des Landes; welches nach ihrem
Stammvater Kanaan genennet wurde. Dieſer
Name aber kam nur dem zwiſchen dem mittelländiſchen Meere und Jordan belegenen Lande zu; hingegen
das Land auf der Oſtſeite des Jordans, hieß dazumal
Gilead. 4 Moſ. 33, 51. 34, 11. 12. Joſ. 22, 9. 13.
Nachdem die Iſraeliten das Land auf beyden Seiten
des Jordans erobert hatten, bekam es von ihnen den
Namen des Landes Iſraels; es wurde auch vorzüglich das Land des Herrn, das gelobte oder
verheißene Land, und das heilige Land, genennet. Dieſe Namen kommen in der Bibel vor. Bey
anderen Schriftſtellern heißt es das Land der Hebräer, inſonderheit aber Paläſtina. Dieſer letzte

Name

Name ist aus Philistenc entstanden, und eigentlich
der Küste des mittelländischen Meeres beygeleget worden, wo Gaza, Asdod und noch einige Städte gelegen, die von den Philistern, welche aus Aegypten
und zwar aus der Gegend um Pelusium gekommen,
bewohnet worden. Endlich aber ist dieser Name von
dem ganzen Lande, zwischen dem mittelländischen Meere und Jordan, ja auch von dem auf der Ostseite des
Jordans belegenen Lande der Juden, nicht allein von
jüdischen, sondern auch von griechischen und römischen
Schriftstellern gebrauchet, und der gewöhnlichste Name geworden. Auch die Muhammedaner gebrauchen
ihn, indem sie ihn Falasthin oder Falesthin schreiben. Einige alte Schriftsteller bräuchen auch den
Namen Syria Palæstina.

Es gränzet gegen Westen an das mittelländische Meer, (welches auch das große Meer, das
syrische Meer, das äußerste Meer, das West-
meer, das Meer der Philister u. s. w. genennet
wird,) gegen Norden an Phönice im eingeschränktern
Verstande, und Syrien, gegen Osten an das wüste,
und gegen Süden an das peträische Arabien. Zu der
Zeit, als es von den Israeliten bewohnet war, lag es
ungefähr in der Mitte der damals bekannten Erde und
Völker. Die Länge des Landes zwischen dem mittelländischen Meere und Jordan, betrug ungefähr 53,
und die Breite 10, 15, bis 20 Stundenweges, (deren
20 auf einen Grad gehen,) die Länge des auf der Ostseite liegenden Theils aber machte etwa 40, und die
Breite 10 Stundenweges aus. Die Könige David
und Salomo herrscheten über ein viel größeres Land,

ja die Iſraeliten weideten ſchon vor David ihr Vieh in
dem wüſten Arabien bis an den Euphrat.

Paläſtina iſt größtentheils bergicht, jedoch ſo, daß
von dem Haupttheile deſſelben, welcher zwiſchen dem mittelländiſchen Meere und Jordan liegt, die Mitte aus ab-
wechſelnden Bergen, Hügeln und Thälern beſteht, ausgenommen daß die breite und fruchtbare Ebene Mardſche Ebn Aamer, d. i. Weide des Sohns Aamer genannt, welche vor Alters die Ebene Jisreel oder Esdrelon hieß, und ſich von dem Jordan quer durch das
Land bis an den Berg Karmel erſtrecket, die Reihe der
Berge unterbricht. Hingegen hat dieſer ganze bergichte Strich Landes, welcher ſich von Süden gen Norden
erſtrecket, auf der Weſt- und Oſtſeite eine anſehnliche
Ebene. Auf der Weſtſeite längſt dem mittelländiſchen
Meere, erſtrecket ſich eine Ebene von den ſüdlichen
Gränzen des Landes an, bis zum Berge Karmel, welche über 40 Stundenweges lang, und von unterſchiedener Breite iſt. Noch größer iſt die Ebene auf der
Oſtſeite, auf beyden Seiten des Jordans und des todten Meeres, vom galiläiſchen See an, bis zum pe-
träiſchen Arabien, welche ungefähr 50 Stundenweges
lang, und 5 breit iſt. Ihr vornehmſter Theil, welcher
zwiſchen dem galiläiſchen und todten Meere liegt, wird
von den Arabern Al Gaur genennet, iſt gegen Oſten
und Weſten von Bergen eingeſchloſſen, und meiſtens
ſandig, und wird daher im Sommer durch die große
Hitze verbrannt. Man konnte daſelbſt im Monate
Auguſt auch des Nachts die Hitze kaum ausſtehen.

Die höchſten Berge des Landes ſind, der
Oelberg bey Jeruſalem, der Berg Quarantania,
welcher für den höchſten in Judäa gehalten wird, der

T 5 Berg,

Berg, auf welchem Silo gestanden hat, der nach Cot-
wyhks Bericht der höchste in ganz Paläſtina ſeyn ſoll,
und der Berg Thabor. Paläſtina gränzet zwar gegen Norden an den Antilibanon, und den dazu gehörigen Dſchebel Scheikh, in der Bibel Hermon,
bey anderen Schriftſtellern Panius genannt; ich habe
aber davon ſchon oben gehandelt. Es muß aber
dieſer Hermon, weil er b.ſtändig mit Schnee bedecket iſt, höher, als alle Berge in Paläſtina, ſeyn.

Weil Paläſtina bergicht iſt, und am mittelländiſchen Meere liegt, ſo iſt es auch den Erdbeben
unterworfen, dergleichen ſich hier von Alters her ſehr
oft geäußert haben. Dererjenigen Erdbeben nicht zu
gedenken, welche in der heiligen Schrift erzählet werden, ſo berichtet Joſephus, daß im 7ten Jahre der
Regierung Königs Herodis ein heftiges Erdbeben großen Schaden angerichtet habe. In neuern Zeiten hat
es auch nicht daran gefehlet: Inſonderheit aber haben,
wie die öffentlichen Nachrichten gemeldet, 1759 und
1762 entſetzliche Erdbeben dieſes Land aufs heftigſte
erſchüttert, und unterſchiedene Oerter verwüſtet.

Luft und Witterung ſind gemäßiget und ge-
ſund, wenn man die große Ebene um den Jordan
ausnimmt, welche, wie ich ſchon angeführet habe, des
Sommers durch die Sonne unerträglich erhitzt wird.
Shaw berichtet, daß zu Jeruſalem der Schnee gemeiniglich im Februario falle, und andere Reißbeſchrei-
ber erzählen, daß des Winters auch in den ebenen
Gegenden des Landes etwas, wiewohl nicht viel Schnee,
falle. Des Sommers hat man eine heitere Luft, und
ſelten Regen. Vermuthlich regnets nur mit Weſt-
Nordweſt-und Südweſt-Winde, denn dieſe Winde

kommen aus dem mittelländiſchen Meere, hingegen
die übrigen Winde kommen über Land, und der Süd=
und Südoſtwind inſonderheit iſt ſehr heiß, weil er aus
der trockenen, und im Sommer ſehr heißen arabi=
ſchen Wüſte kömmt; daher es inſonderheit in den Mo=
naten Junius, Julius und Auguſtus brennend heiß
ſeyn muß. Die ordentliche Regenzeit geht entweder
am Ende des Octobers, oder im Anfange des Novem=
bers, da die Saatzeit iſt, an, und heißt der Frühre=
gen, der letzte oder Spatregen aber erfolget im April,
auch noch wohl im Anfange des Maymonats, und
alſo um die Zeit der Erndte, wie ich aus Kortens und
Shaws Reiſebeſchreibungen angemerket habe. Die
Erndte fängt mit der Gerſte, und zwar ordentlicher
Weiſe im April an. Fürer von Haimendorf, fand
das Getreide (vermuthlich die Gerſte) am Ende des
Jänners, oder nach neuem Styl, im Anfange des Hor=
nungs 1566 in den Gegenden von Gaza in demſelben
Zuſtande, darinnen es in ſeinem Vaterlande im May
und Junio zu ſeyn pfleget. Rauwolf ſchreibt, die
Erndte fange gleich im Eingange des Aprils an, und
währe bis in den May. Als Schweigger 1581 am
$\frac{13}{13}$ May nach Bethlehem kam, war daſelbſt, und zu
Bethania, die Erndte ſchon vorbey. Hingegen als
Shaw 1722 in Paläſtina war, fieng in der ſüdlichen
Gegend des Landes die Gerſte erſt in der Mitte des
Aprilmonats an, gelb zu werden. Bey Jericho war
ſie am Ende des Maymonats eben ſo weit heraus, als
in den Ebenen bey Acre 14 Tage hernach. Allein, der
Weizen hatte an beyden Orten noch wenig Aehren ge=
wonnen, und bey Bethlehem und Jeruſalem war der
Halm nicht über einen Fuß hoch. Cotwyk meldet,
daß

daß das Getreide bey Jericho 2 Wochen eher reif
werde, als bey Jerusalem. Schweigger fand 1551
am $\frac{18}{29}$ May bey dem galiläischen See das Getreide
ganz reif, und die Erndte nahe. Hasselquist meldet,
die Weizenerndte sey in Galiläa im Maymonats.
Schmidt fand am 23sten May zwischen Acre und Nazareth ein Feld mit Weizen bewachsen. Aus diesen
Berichten erhellet, daß wegen Verschiedenheit der
Wärme und Kälte der Luft, oder der Witterung, das
Getreide in Palästina weder alle Jahre, noch in allen
Gegenden zu einerley Zeit reif und geerndtet werde.

Der einzige große Fluß des Landes, ist der
Jordan, von den Hebräern Jarden, von den Arabern al Arden oder El Urdunno, auch Scharya oder Scheriah genannt, dessen Ursprung ich
oben bey dem zum Antilibanon gehörigen Districte
Wadettein, beschrieben habe. Er fließt von Norden
gen Süden, nach gerader Linie gerechnet, 34 bis 35
Stundenweges. Nachdem er sich bey Paneas gebildet hat, läuft er durch ein Thal, wird durch einige
Bäche verstärket, und macht ungefähr 3 Stundenweges von seiner Quelle, einen kleinen morastigen
See, welcher vor Alters das Wasser oder der See
Merom, und Samochonitis hieß, heutiges Tages aber, nach de la Roque Bericht, der Morast des
Jordans, nach Cotwyks Erzählung aber, das Wasser Maron, genennet wird. Abulfeda und Nau
nennen ihn Bulet Paneas, d. i. den See von Paneas.
Cotwyk meldet, ohne Zweifel aus dem Josepho, daß
er, wenn er ganz voll Wasser sey, in der Länge 60,
und in der Breite 30 Stabia ausmache: als er ihn aber
am 20sten October a. St. sahe, war er ganz rund,

und

und ſein Waſſer betrug kaum 500 Schritte im Umfange. Cotwyk erkundigte ſich beym Dolimetſcher
nach der Urſache, und erhielt zur Antwort, es trage
ſich dieſes faſt jährlich, inſonderheit um dieſe Zeit zu,
denn der See wächſe am Ende des Winters, oder im
Anfange des Frühlings von dem geſchmolzenen Schnee
des Libanons (Antilibanons) ſtark an, im Sommer
und Herbſte aber nehme er ab, und trockene zuweilen
faſt aus. De la Roque ſtimmet damit überein, denn
er ſchreibt, der See habe, wenn der Schnee auf dem
Gebirge ſchmelze, ungefähr 2 (franzöſiſche) Mellen
im Umfange, zur Zeit der großen Sonnenhitze aber
ſey er bisweilen trocken, welches aber ohne Zweifel
von keiner völligen Trockenheit zu verſtehen iſt, denn
der Jordan fließt beſtändig, wenn er gleich des Sommers in ſeiner oberſten Gegend wenig Waſſer hat.
Beyde Schriftſteller melden auch, daß dieſer See oder
Moraſt mit dickem Buſchwerke und Rohr umgeben
ſey, und de la Roque ſetzet hinzu, daß ſich um denſelben viele Tiger, Bären und auch Löwen aufhielten,
welche von den benachbarten Bergen herabkämen.
Das trübe und kothige Waſſer des Sees oder Mora-
ſtes, verdirbt das Waſſer des Jordans: weil aber
dieſer, nachdem er aus dem See wieder herausgekommen, und dem galiläiſchen See zueilet, größtentheils
über ein felſichtes Bette zwiſchen Hügeln läuft; ſo ſetzet ſich der Koth, und ſein Waſſer wird klärer. Etwa
1000 Schritte unter mehrgedachtem See, iſt eine
ſteinerne Brücke über denſelben erbauet, welche aus
3 Bogen beſteht, 60 Schritte lang, und 16 Schritte
breit iſt, und Dſchisr Jacub (Jacobs Brücke) genennet wird. Cotwyk fand hier, ungeachtet der Sa-
mochos

mochonitet See so klein war, den Fluß zwar nicht
tief, also, daß man durchwaten konnte, aber doch 20
Schritte breit, und sehr schnell fließend. Beyde Ufer
sind mit Bäumen und starkem Rohr, davon die Araber Lanzen machen, bewachsen. Der Jordan läuft
weiter, bis er den See erreichet, welcher in der Bibel das Meer Kinnereth oder Kinneroth, der
See Gennesar oder Gennesaret, das galiläische
Meer, und das Meer von Tiberias, genennet
wird, und den letzteren Namen noch heutiges Tags
führet. Er wird, eigentlich zu reden, von dem Jordan gemachet, ist auf der Ostseite von Bergen eingeschlossen, gegen Norden und Süden hat er ebenes Land,
gegen Westen aber ist er theils von Ebenen, theils
von Bergen umgeben, wie Pocock berichtet. Seine
Länge wird auf 3 geographische Meilen, und seine
Breite, da wo sie am größesten ist, auf eine Meile
gerechnet. Er nimmt sowohl auf der West- als Ostseite ein Paar kleine Flüsse auf. Er hat gutes süßes
Wasser, es ist aber, wie Hasselquist versichert, nicht
sonderlich klar. Daß er noch heutiges Tages fischreich
sey, wird vom Thevenot, von der Gröben, von Neiß-
schütz, le Brun und Pocock ausdrücklich bezeuget.
Der letzte hat sich nebst seinen Reisegefährten zu Tiberias damit belustiget, daß sie mit dem Hamen gefischet,
und Schweigger, P. della Valle und Hasselquist melden, daß sie Fische aus diesem See gegessen hätten.
Der letzte hält auch für merkwürdig, daß er in diesem
See eben solche Fische gefunden habe, wie im Nil.
Man versichert, daß oft stürmische Witterung auf demselben sey. Das südliche Ende des Sees ist schmal,
und verliert sich endlich im Jordan, welcher eigentlich

ſich auf der Südweſtſeite wieder herauskömmt. Myller
ſchreibt, er ſey daſelbſt auf 40 Schritte breit, und
habe im Sommer nicht über 7 Schuhe Waſſer. Es
ſey auch daſelbſt, 9 italiäniſche Meilen von Tiberias
gegen Süden, eine ſteinerne Brücke von 3 Bögen
über den Jordan geweſen, nun aber (er war 1726 zu
Tiberias) vorſetzlich ganz verwüſtet worden, um die
Araber am Uebergange über den Fluß zu hindern. Von
dieſer Brücke hörete noch Pocock, man beſchrieb ſie
ihm aber ſo, als ob ſie weiter hinab, ungefähr in der
Gegend von Elbenſan wäre. Wenn der Jordan aus
dem See von Tiberias kömmt, fließt er zuerſt ungefähr ein Feldweges lang gegen Süden, hierauf aber
wendet er ſich gegen Weſten, und alsdenn wieder gegen Süden, er krümmet ſich aber biß zu ſeinem Einfluſſe ins todte Meer, oftmals. Sein Lauf durch die
große Ebene, welche auf arabiſch Al Gaur genennet wird, beträgt 24 bis 25 Stundenweges. Auf ſeiner Oſtſeite nimmt er folgende Flüſſe auf. Der
erſte wird auf arabiſch Jarmoch oder Jarmuch,
auf griechiſch aber ιερομαξ genennet, und fließt bey
Gadara vorbey. Der zwente Fluß iſt der Jabbok
oder Jabok, deſſen Urſprung und Lauf in den Landcharten auf eine ſehr verſchiedene Weiſe vorgeſtellet
wird. Harenberg läßt ihn von Norden herkommen,
und erſt gen Süden, nachmals aber gen Weſten laufen, und in den Jordan fallen. Er läßt ihn auch
den Jarmoch aufnehmen, und dieſen von Südoſten
her, keinesweges aber bey Gadara vorbeyfließen. In
den älteren Charten des de la Rüe, läuft er gerade
von Oſten gen Weſten bis in den Jordan. Bachiene
läßt ihn erſt von Süden gen Norden, und hernach
von

von Osten gen Westen bis in den Jordan, laufen. Pocock hält ihn für denjenigen Fluß, welchen man ihm Scheriaht Mussa, d. i. den Jordan Mosis, genannt, und erzählet hat, daß er 3 Tagereisen weit vom Jordan im Lande Tauran entspringe, wenn sein Wasser anlaufe, eben so breit sey, als der Jordan, und 4 Stunden unter dem See von Tiberias sich mit dem Jordan vereinige. Er glaubet auch, daß er einerley mit dem vorhin genannten Jarmoch sey. Es wird auch eines Flusses Namens Jaëzer gedacht, von welchem Relaub muthmaßet, daß er vielleicht einerley mit dem Jabbok sey. Hingegen erwähnet Nau eines kleinen Flusses Namens Scheriaht Mandur, der das Land, welches vor Alters dem Stamm Gad zugehöret habe, und jetzt von den Arabern Beni Remané bewohnet werde, fast um die Mitte zertheile, und 3 französische Meilen von seiner Quelle in den Jordan falle. Nau hält für wahrscheinlich, daß diese seine Quelle der auf einigen Charten sogenannte See Jaëzer oder Jazer sey, an dessen Statt man aber viele kleine warme Quellen setzen müsse, deren eine so heiß sey, daß man die Hand nicht hineinstecken könne. Bachiene nimmt einen See Jaëzer an, und läßt den Fluß Arnon daraus entstehen. Welche Verschiedenheit der Meynungen und Muthmaßungen! Auf der Westseite nimmt der Jordan folgende kleine Flüsse auf. Der erste von oben an zu rechnen, ist ein kleiner Fluß, den Nau Elbise nennet, und schreibt, daß er bey dem Kasteel Elbeysan vorbeyfließe. Nachher folget der Bach Krith, und endlich in der untersten Gegend des Jordans fließen noch ein Paar Bäche in denselben, welche aus dem ihm gegen Westen belege-

nen

nen Gebirge kommen, von den Reiſebeſchreibern aber
dunkel und widerſprechend beſchrieben werden.

Korte ſchreibt, der Jordan flieſſe zwiſchen dem
See von Tiberias und dem todten Meere, ſehr langſam und ſacht: allein, er iſt nicht am Jordan geweſen,
ſondern er hat ihn nur aus der Gegend von Tiberias
von ferne geſehen. Es kann aber wohl ſeyn, daß der
Jordan im Anfange, da er aus dem See von Tiberias kömmt, langſam flieſſt: es hat ihn auch Roger
800 Schritte gegen Süden von dieſem See, im Sommer nur 6 bis 7 Fuß tief befunden, womit Myllers
oben angeführte Nachricht übereinkömmt. Alle Reiſebeſchreiber, die ihn am Ende des März- und im Anfange des Aprilmonates in der Gegend von Jericho,
wo er ſich krümmet, geſehen haben, berichten, daß er
ſehr ſchnell laufe, und ſein Waſſer ſehr trübe ſey, davon einige die Urſache darinnen ſuchen, weil ſein Bette
aus einer fetten leimichten Erde beſtehe. Man kann
dieſe Urſache nicht ausſchließen, ſie iſt aber auch nicht
die einzige. Seine gewöhnliche Breite in dieſer ſeiner
unterſten Gegend, einige Stunden vom todten Meere,
ſchätzen Radzivil, Maundrel, Nau, P. Ignatius von
Rheinfelden, und Shaw, auf 30 Ellen oder 60 Fuß,
Myller auf 60 Schritte, Thompſon aber auf 75 Fuß.
Er iſt daſelbſt ſehr tief, und man kann gar nicht durchwaten. Solche Tiefe beträgt, wie Shaw verſichert,
ſelbſt am weſtlichen Ufer, 3 Ellen, aber nur da, wo
das Waſſer hoch iſt; denn an andern Orten, etwas
weiter hinauf, wo das Waſſer am Ufer niedriger iſt,
baden ſich die Pilgrimme, (ſo kalt es auch im April,
da ſie gemeiniglich dahin kommen, immer iſt,) doch
müſſen ſie ſich an den Sträuchen und Zweigen der

5 Th. U Bäume,

Bäume, mit welchen das Ufer bewachsen ist, festhalten, um nicht von dem Strome fortgerissen zu werden: wiewohl alle Jahre viele Pilgrimme ersaufen, wie Troilo berichtet. Im Sommer, zur Zeit der großen Hitze, ist sein Wasser viel niedriger, als im April und May, zur Zeit der Erndte, da er aber nicht aus seinen Ufern tritt. Uebrigens versichern einige Reisebeschreiber, daß er sehr fischreich sey, es nimmt sich aber, sagt Arvieux, niemand die Mühe, darinnen zu fischen. Zuletzt will ich noch anmerken, daß der Jordan von seinem Ursprunge an, bis zum See bey Tiberias, der kleine, von diesem See an aber und bis zum todten Meere, der große Jordan genennet werde.

Er ergießt und verliert sich also endlich in den großen See, welcher in der Bibel der See der Ebene, der Salzsee, die Ostsee, das todte Meer, und Lacus Asphaltites, von den Türken Ula degnizi, d. i. das todte Meer, von den Arabern aber Bahar Loth oder Luth, das ist, der See Loths, die See Zogar und das Meer der Wüste, genennet wird. Er ist an dem Orte, wo in der ältesten Zeit das sehr schöne und fruchtbare Thal Siddim war, darinnen die 5 Städte, Sodom, Gomorra, Adama, Zeboim und Bela oder Zoar lagen, und welches, (wie Aegypten 1 Mos. 13, 10.) von unzähligen Kanälen und Gräben durchschnitten war, in denen sich das vertheilte Wässer des Jordans auf eine ähnliche Weise verlor, wie der Rhein sich in Holland in Kanälen, und zugleich seine Bewegung verliert, jedoch mit dem Unterschiede, daß das Wasser im Thale Siddim, wegen der dasigen heftigen Sonnenhitze im Sommer, stärker ausdünstete, vermuthlich auch vieles in die Erde hinab-

hinabſank, unter welcher, nach des Hofrath Michaelis
Meynung, ein See war. Der Boden des Thals war
voll von Aſphalt (Judenpech, Erdpech) deſſen Gruben 1 Moſ. 34, 10. angeführet werden. Gott entzün-
dete durch häufige Blitze dieſe Gruben eben ſowohl, als
alle verbrennliche Materien, welche in dieſem Thale
waren, die Städte verſunken, und anſtatt des ſchönen
Thals, welches, wie Korte wahrſcheinlich zu machen
geſuchet, und D. Luther auch geglaubet hat, das Paradies geweſen, entſtund der noch vorhandene See.
Ob von den verſunkenen Städten noch Ueberbleibſel
in dem See ſind? darüber wird geſtritten. Daß noch
Ueberbleibſel von Gebäuden in demſelben vorhanden
ſind, kann durch unverwerfliche Zeugniſſe beſtätiget
werden: ob ſie aber von Sodom ſind, wie man vorgiebt und glaubet? iſt eine andere Frage. Es haben
dem Maundrel der Pater Gardian und der Procurator des lateiniſchen Kloſters zu Jeruſalem, erzählet,
daß ſie Pfeiler und andere Ueberbleibſel von Gebäuden geſehen hätten, die nicht weit vom Ufer entfernet,
und zu einer Zeit, da das Waſſer des Sees niedrig
war, ſichtbar geweſen. Arvieux hat auch ſolche, oder
vermuthlich die eben genannten Ueberbleibſel, geſehen,
als er 1660 im Aprilmonate an dieſem See war. Er
bath die Araber, welche ihn begleiteten, daß ſie ein wenig in den See hinein reiten, und die Tiefe deſſelben
mit ihren Lanzen erforſchen möchten. Sie thaten ſolches, und Arvieux nebſt ſeinen Gefährten folgeten ihnen,
das Waſſer gieng ihren Eſeln nur bis an den Gurt,
und ſie ritten bis an einen großen Haufen von Trümmern, die damals ungefähr 3 Fuß hoch über der Oberfläche des Waſſers hervorrageten. Sie hatten über

200 Schritte im Umfange, und Arvieux betrat die‐
selben. Sie bestunden aus Steinen, die wie Bims‐
stein verbrannt, leicht waren, und zerrieben werden
konnten. Er bemerkte etwas, das ihm wie eine Reihe
von Säulen zu seyn schien, die senkrecht versunken
waren. Er konnte sein Messer in eine dieser Säulen
leicht hineinstoßen, und ein Stück davon abbrechen,
welches er mit sich nahm. Es war auswendig weiß,
inwendig aber schwarz, und mürber, als Kohlen. Er
fand daselbst auch Steine von schwarzer und schim‐
mernder Gestalt, welche stunken, wenn man sie an
einander rieb. Man berichtet, es sey ihm vorgekom‐
men, als ob er noch Ueberbleibsel von den alten Städ‐
ten gesehen habe, wenigstens sey in der Gegend, wo
auf den Landcharten Segor stehe, (auf der Nordseite
der Mündung des Kidrons,) nicht weit vom Ufer, eine
ganz kleine Insel, woselbst diejenigen, welche darauf
gewesen, viele gehauene Steine, und etwas, das ihren
Ueberbleibseln von Häusern ähnlich gesehen, gefunden
hätten. Diese sogenannte Insel, ist aller Vermuthung
nach eben dieselbige, auf welcher Arvieux gewesen ist.
Diese meynet auch Trollo, welcher erzählet, einen
Steinwurf weit vom Lande, sehe man im Wasser ein
Stück von einer Mauer, ungefähr 15 Klaftern lang,
welches ganz schwarz und verbrannt aussehe. Weil
es nicht sehr tief im Wasser, habe er sich unterstanden,
bis dahin zu reiten, und etliche Steine zum Gedächt‐
niß davon abzubrechen, welche am Feuer wie Kohlen
gebrannt, und einen häßlichen Dampf und Gestank
von sich gegeben, auch unangezündet übel gerochen
hätten. Endlich so gedenket dieses Stückes von Mau‐
erwerke

erwerfe auch Myller, und ſaget gleichfalls, daß es
15 Klaftern groß ſey. Er folget aber dem Troilo.

Die Geſtalt des Sees iſt auf einigen Landcharten, inſonderheit derjenigen, welche de la Rüe ge-
zeichnet hat, beſſer, als auf den neuern, abgebildet worden. Er erſtrecket ſich nicht von Norden gen Süden
gerade aus, läuft auch nicht an ſeinem ſüdlichen Ende
ſpitz zu, ſondern ob er ſich gleich von Norden gen Süden erſtrecket, ſo krümmet er ſich doch alſo, daß er
faſt einen halben Zirkel ausmachet, deſſen hole oder
innere Seite gegen Weſten gekehret iſt. So erblickte
ihn nicht nur G. C. von Neitzſchitz vom Oelberge,
ſondern ſo hat auch der Jeſuit Nau ſeine Geſtalt von
denen ihm gegen Weſten liegenden Bergen ſelbſt wahrgenommen, und Daniel, der Abt des Kloſters des heiligen Saba, welcher viele Jahre in dieſer Gegend geweſen, auch in Geſellſchaft von Arabern rund um den
See gereiſet war, verwarf die Geſtalt des Sees, welche ihm Nau auf einer Landcharte zeigete, und ſagte,
daß er an ſeinem ſüdlichen Ende eine viel größere
Mündung habe, auch gegen dieſes Ende gleichſam
zertheilet ſey, indem ſich quer durch denſelben ein erhabener Grund erſtrecke, über welchem das Waſſer
im Sommer ſo ſeicht ſey, daß es einem Fußgänger
nur bis an die Waden gehe, daher man den See daſelbſt durchwate; daß auch dieſer erhabene Strich des
Bodens, die Gränze eines andern kleinen runden und
ein wenig eyförmigen Sees ſey, den Ebenen und Salz-
berge umgäben. Dieſes ſeichten Striches oder erhabenen Bodens, welcher den See quer durchſchnei-
det, gedenket auch Egmond van der Nyenburg, und
ſaget, daß die Araber über denſelben mit ihren Pfer-

U 3 den

ben und Kameelen giengen; nur geht er darinnen von
der vorigen Erzählung, welche ich jedoch für die glaub-
würdigste halte, ab, daß er schreibt, er sey um die
Mitte des Sees, daher ihn auch Bachiene in seiner
Charte um diese Gegend bezeichnet.

Die Länge des Sees schätzet Josephus auf 580
Stadien, und die Breite (nämlich ohne Zweifel da,
wo sie am größten ist,) auf 150 Stadien. Plinius
macht ihn viel größer, hingegen Diodorus Siculus
schätzet ihn nur 500 Stadien lang, und 60 bre :. Die
neuern Reisebeschreiber gehen in der Bestimmung der
Größe eben so sehr von einander ab. Ich will aber nur einen einzigen anführen. Nach Pococks Bericht, wird
die Länge gemeiniglich auf 60, und die Breite auf 10
(römische) Meilen gerechnet, das ist, jene beträgt 480,
diese 80 Stadien. Weil 600 Stadien auf einen Grad
des Himmels oder 15 sogenannte deutsche Meilen gerechnet werden, so wird, nach Pococks Angabe, die
Länge des Sees gemeiniglich auf 12, und die größte
Breite auf 2 deutsche Meilen, geschätzet. Nach Diodori
Rechnung wäre er eine halbe deutsche Meile länger,
aber nur 1½ Meile breit. Josephus könnte mit Diodoro und den neuern Schriftstellern vereiniget werden,
wenn man annähme, daß jener die Länge nach der
Größe des krummen Strandes von einem Ende bis
zum andern, bestimme, diese aber die Länge nach der
geraden Linie schätzten. Einige deutsche Reisebeschreiber, schätzen die Länge des Sees auf 13, und die Breite
auf 4 sogenannte deutsche Meilen, als, von Troilo und
Myller. Der erste aber meynet solchergestalt das
Maaß Josephi zu bestimmen, und vielleicht schreibt ihm
der andere nach.

Außer

Außer dem Jordan, nimmt dieſer See noch andere Flüſſe auf, nämlich auf der Weſtſeite den Kidron
und noch ein Paar andere, auf der Südſeite den ziemlich ſtarken Fluß Saphia, welcher aus der arabiſchen
Wüſte kömmt, und ungefähr von Südoſten gen Norden läuft, wie Nau aus dem Munde des griechiſchen
Abtes aus dem Kloſter des heiligen Saba, meldet,
und auf der Oſtſeite einen um die Mitte, den man
Zared und Jared nennet, weiter gen Norden aber
den Arnon. Vermuthlich fallen von den umliegenden Bergen noch mehr Bäche hinein.

Von dem Waſſer dieſes Sees, erzählen von
Troilo, von der Gröben und Cotwyk, der letzte aber
aus anderer Leute Berichte, daß es ſehr trübe, dunkel
oder ſchwarz ſey: allein, dieſe zufällige Farbe oder Beſchaffenheit deſſelben, welche aus optiſchen Gründen
erkläret werden kann, iſt nicht die gewöhnliche, ſondern
ordentlicher Weiſe iſt das Waſſer ſehr klar, und durch-
ſichtig, wie Arvieux, Thevenot, Nau, Maundrel,
Thompſon, und Pocock bezeugen, welcher letzte hin-
zuſetzet, daß es die Farbe des Meerwaſſers habe, auch
anmerket, daß es, wenn man es in der See anſehe,
etwas ölichtes bey ſich zu führen ſcheine. Alle Reiſebeſchreiber verſichern einſtimmig, daß das Waſſer ungemein ſalzig ſey. Troilo ſaget inſonderheit, kein
Meerwaſſer ſey ſo ſalzig, als dieſes. Pocock meldet,
es ſey ſelbſt nahe bey dem Einfluſſe des Jordans ſehr
ſalzig, es verhalte ſich, nach glaubenswürdigem Berichte, ſeine Schwere zu friſchem Waſſer, wie 5 zu 4,
und als er es in den Mund genommen, habe es denſelben zuſammengezogen, als wenn es ſtarkes Alaunwaſſer wäre. Arvieux verſichert, es ſey ſo ſalzicht und
beißend, daß man es nicht auf die Lippen bringen könne,

ohne Schmerzen davon zu empfinden, und hernach
einen Geschwulst davon zu bekommen, es sey auch etwas bitter. Nau, Maundrel und Thompson beschreiben es, auch als sehr bitter und ekelhaft. Es scheint
aber, daß das Küchensalz, welches der See liefert,
keine Bitterkeit habe, wenigstens giebt ihm kein Reisebeschreiber diese Eigenschaft Schuld. Nach Pococks
Bericht machen die Araber an den Seiten des Sees
Graben, welche der See anfüllet, wenn er austritt,
das ausgedünstete Wasser aber läßt eine Salzrinde
zurück, die ungefähr einen Zoll dick ist. Es kann
dieses seine Richtigkeit haben, aber auch das wahr seyn,
was Arvieur, von der Gröben und Myller berichten,
nämlich, daß sich ohne Bemühung der Araber zwischen den umliegenden Steinklippen und überhaupt am
Ufer Salz finde, welches die Araber sammleten. Alle
Reisebeschreiber sagen, es sey das Salz sehr weiß, ja
Arvieur und Thevenot melden, es sey so klar und
durchsichtig wie Kristall. Die Menge des Salzes,
welche der See liefert, ist groß, und die Araber führen es durch ganz Palästina zum Verkaufe herum.
Eben diese große Salzigkeit und also auch große
Schwere des Wassers, ist die Ursache, daß ein
Mensch ohne Mühe darauf schwimmen kann: denn es
hebt ihn solchergestalt empor, daß er auf der Oberfläche stille liegen, hingegen, wenn er kunstmäßig
schwimmen will, mit den Füßen nicht recht schlagen
kann, indem sie immer also auf der Oberfläche bleiben,
daß man sie kaum unter Wasser bringen kann. Dieses alles hat Nau mit Augen gesehen, als einige von
seinen Reisegefährten sich in dem See badeten, und
Egmond van der Nyenburg und Pocock haben es
perfön-

perſönlich erfahren; der letzte hat auch, als er aus
dem Waſſer wieder herausgekommen, empfunden, daß
ſeine Haut mit einer dünnen Salzrinde überzogen ſey.
So gewiß alles dieſes iſt, ſo fabelhaft iſt hingegen
Johannis de Montevilla Erzählung, daß ein in dieſen
See geworfenes Eiſen, auf demſelben ſchwimme, hingegen eine hineingeworfene Feder zu Grunde ſinke: ob
er gleich dieſes eben ſowohl geſehen zu haben vorgiebt,
als er ſolches von andern abentheuerlichen Dingen, davon ſeine Reiſebeſchreibung voll iſt, verſichert. Von
dem Boden der See ſteigt das Aſphalt oder Erdpech in die Höhe, von welchem der See benannt wird.
Daniel, Abt des Kloſters des heil. Saba, hat dem
Jeſuiten Nau erzählet, daß es nicht allezeit vorhanden
ſey, zu gewiſſen Zeiten aber komme es von unten auf
die Oberfläche des Waſſers, und ſammle ſich auf
derſelben zuweilen zu Stücken, die ſo groß als ein
Schiff wären, und welche von dem Winde an das
Ufer getrieben würden, wo ſie ſich bisweilen in viele
Stücke zertheileten. Arvieux berichtet, daß, wenn das
Waſſer vom Winde ſtark beweget werde, es das Erdpech aus, und ans Ufer werfe. Dieſes ſey ſchwarz,
zerbrechlich, und gleiche dem ſchwarzen Peche. Es
ſey voll von Schwefel, entzünde ſich leicht, und gebe
einen ſtarken Geruch. Man glaube, es ſteige vom
Grunde der See auf. Shaw giebt eine noch genau-
ere Nachricht davon. Man hat ihm erzählet, es werde dieſes Aſphalt zu gewiſſen Zeiten in Geſtalt großer
halber Kugeln von dem Boden der See aufgehoben;
ſo bald ſie auf die Oberfläche kämen, und die Luft unmittelbar darauf wirkte, zerplatzten ſie mit großem Dampfe
und Getöſe, wie etwa der Pulvis Fulminans der Chy-

U 5　　　　　miſten.

misten. Dieses aber trage sich nur nahe an dem Ufer
zu. Das Pech sey mit Schwefel vermischet, der mit
dem gemeinen natürlichen Schwefel ganz übereinkom-
me, hingegen das Pech lasse sich zerreiben, sey schwerer, als Wasser, dunkel und glänzend wie Agat, und
stinke, wenn man es reibe oder aufs Feuer werfe.
Maundrels und Thompsons Beschreibungen desselben,
sind nicht so genau, als die obigen. Dieses Pech sammlen die Araber, liefern dem türkischen Befehlshaber
zu Jerusalem einen Theil davon, und verkaufen das
übrige, verpichen auch ihre Böte und Schiffe mit
demselben, welches aber nicht von Fahrzeugen, die
auf diesem See gebrauchet würden, zu verstehen ist;
denn Pocock und Hasselquist versichern, daß man auf
diesem See gar nicht schiffe. Vor Alters hat man
das Pech dieses Sees in Aegypten mit zur Einbalsa-
mirung der Leichen gebrauchet, und Arvieux schreibt,
es sey gewiß, daß es der Fäulniß und den Würmern
widerstehe. Hasselquist, welcher den Umstand berichtet, daß es im Herbste gesammlet werde, erzählet auch,
es werde zu Damaschk verkaufet, und zu den Wollen-
färbereyen gebrauchet, welches ich nicht verstehe. Pocock saget, man brauche es zu Wachstüchern, mische
es auch unter Arzneyen. Eben derselbige hält für
wahrscheinlich, daß dieses Pech bis auf den Boden
der See durch unterirdisches Feuer gestoßen werde,
nachmals aber, wenn starke Winde das Wasser in Bewegung brächten, zergehe. Es sind noch andere Merkmaale eines solchen unterirdischen Feuers vorhanden.
Strabo hat schon berichtet, daß Leute, die in den See
hinein (nämlich weit hinein) gegangen wären, bis an
den Nabel verbrannt worden wären, und Pocock hält
die

die gemeine Sage für wahr, daß, wer es wagen würde, über den See zu ſchwimmen, den Leib verbrennen
würde. Von den ſchwarzen Steinen, welche der See
auf ſein Ufer auswirſt, und die gleichfalls ein Erdpech,
oder wie Haſſelquiſt ſaget, aus dem Seepech entſtan-
dene Quarze ſind, wird nicht nur berichtet, daß ſie
von den Arabern wie Holz gebrennet würden, aber
einen großen Geſtank verurſachten, welches unter andern von der Gröben erzählet, und daß ſie durch den
Brand zwar ihr Gewicht, aber nicht ihre Größe verlören,
welches Maundrel und Thompſon verſichern: ſondern
der Jeſuit Neret ſaget auch, ſie wären ſo heiß, daß
man ſie nicht angreifen könne, ohne ſich zu verbrennen.
Iſt dieſes wahr, ſo muß es doch nur von gewiſſen Zeiten, und von denen friſch ausgeworfenen Steinen gel-
ten. Pocock muthmaßet, daß von ſolchen Steinen
ſich unter dem todten Meere eine Lage befinde, welche
das unterirdiſche Feuer auflöſe, da denn das Pech davon in die Höhe ſprudele. Endlich kann man auch
ſolchergeſtalt die großen Dampf- oder Rauchſäulen am
beſten erklären, welche nach Shaws Berichte zuweilen
aus den tiefen Gegenden der See aufſteigen, denn ſie
ſind wahrſcheinlicher Weiſe ſtarke Ausbrüche des un-
terirdiſchen Feuers. Dieſen aus dem See aufſteigen-
den Dampf, haben unterſchiedene in Zweifel gezogen
oder gar geleugnet, aber ohne tüchtigen Grund: denn
wenn ihn gleich einige Reiſende nicht geſehen haben,
ſo haben ihn doch andere geſehen. Man ſchreibt, gewiſſe Schriftſteller meldeten, dieſer See ſey beſtändig
mit dicken Dämpfen bedecket, er habe aber dergleichen
auf keiner von ſeinen beyden Reiſen nach Paläſtina
geſehen. Es iſt wahr, daß einige Reiſebeſchreiber,

z. E.

z. E. von Troilo, von der Gröben, und Myller, von einem dicken und garstigen Dampfe, oder Rauch, oder Nebel, welcher beständig aus dem See aufstei-ge, reden. Ob nun gleich das letzte unrichtig ist, so ist doch gewiß, daß ein solcher Dampf aus der See aufsteige, und diese Erzähler, wenigstens einige der-selben, haben ihn gesehen, (z. E. von Troilo sah ihn zu Bethlehem) sie hätten aber nicht schreiben sollen, daß er beständig vorhanden sey. Korte sah ihn auch, und zwar zu Jerusalem, als er am letzten April auf das Dach des römischkatholischen Klosters gieng; er merket auch an, daß er bey heiterm und klarem Wetter sehr hoch steige. Es halten auch diese Augenzeugen denselben mit Recht für schädlich, ich glaube auch wohl, daß er, wie Troilo meldet, in den nächstgelegenen Oer-tern zuweilen große Krankheiten verursache; ob er aber die Pest in den Morgenländern wirke, wie von der Gröben meynet, ist eine andere Frage. Aus dem Plinio erhellet, daß man auch zu desselben Zeit die Luft um diesen See für ungesund gehalten habe: und Pocock erzählet, daß sowohl die Araber, als die Mön-che zu Jerusalem, eben derselben Meynung wären; daher auch selbst jene die Schnupftücher vor den Mund hielten, und durch dieselben Othem holeten, wenn sie an dem See wären. Pocock selbst, empfand 2 Tage hernach, als er sich in dem See gebadet hatte, hefti-ge Magenschmerzen und Schwindel, welche man den Ausdünstungen des todten Meeres zuschrieb, wogegen er auch nicht streitet. Eben deswegen ist auch die Er-zählung einiger Reisebeschreiber, daß Vögel, welche über den See fliegen, von den schädlichen Dünsten desselben getödtet würden, nicht gänzlich zu verwerfen:

denn

denn wenn gleich Maundrel und Thompſon geſehen
haben, daß Vögel ohne Schaden über den See und
um denſelben geflogen ſind: ſo können doch andere geſehen haben, daß zu der Zeit, da ein ſtarker Dampf
von dem See aufgeſtiegen, Vögel, die darüber fliegen
wollen, in denſelben todt hinabgefallen ſind.

Die bisher beſchriebene Beſchaffenheit des Sees
zeiget uns auch die Urſachen, weswegen keine Fiſche
darinnen leben können, ſondern ſogleich ſterben, wenn
ſie aus dem Jordan dahin kommen. Cotwyk, von
der Gröben, Nau, Troilo und Myller verſichern ſolches: inſonderheit hat Troilo dergleichen todte Fiſche,
welche das Meer auf den Strand geworfen hatte, ſelbſt
von der Erde aufgehoben. Vermuthlich iſt der See
um deswillen das todte Meer genennet worden, weil
nichts lebendiges darinnen iſt. Unterdeſſen will ich
nicht verſchweigen, daß nicht allein Pocock, ſondern
auch Haſſelquiſt, für wahrſcheinlich halten, daß es doch
lebendige Fiſche in dem See gebe, weil, wie der letzte
ſaget, am Ufer deſſelben Schnecken und Muſcheln häufig zu finden wären, dergleichen auch Maundrel geſehen hat. Es muß alſo dieſes ferner unterſuchet werden.

Es iſt wahr, dieſer See bekömmt durch den
Jordan und andere Flüſſe viel Waſſer, und hat keinen
Abfluß: allein, wegen ſeines vorhin wahrſcheinlich gemachten hitzigen Bodens, und wegen der ſtarken Sonnenhitze, die hier des Sommers iſt, muß ſeine Aus-
dünſtung ungemein groß ſeyn. Er tritt aber auch wohl,
wenn der Zufluß vom Waſſer größer, als die Aus-
dünſtung, iſt, über ſein niedriges Ufer, davon Pocock
am 4ten April deutliche Spuren geſehen. Dazumal
aber war er ſchon wieder in ſeine Ufer zurückgetreten.

So

So merkwürdig diese Nachricht ist, so erheblich ist
auch Arvieur Bericht, daß, als er am 5ten April 1660
an diesen See gekommen, das Wasser desselben sehr
stark zurückgetreten sey: daher er auch, wie ich oben
beschrieben habe, die Trümmer von Gebäuden sahe,
welche Pocock nicht erblicket hat.

Zunächst um den See, wenigstens auf der Westseite desselben, welche alle unsere Reisebeschreiber allein,
ja nur einen kleinen Strich von derselben gesehen haben, wachsen gar keine Pflanzen; welches Cotwyk aus
fremder Personen Erzählung, Hasselquist aber aus
eigener Erfahrung berichtet. Der letzte versichert
auch, es sey gar kein Rohr um diesen See vorhanden:
doch die älteren Reisebeschreiber, Troilo und Myller,
versichern das Gegentheil; denn sie melden, daß auf
der Ostseite des Sees, buntes Rohr in großer Menge
wachse, welches häufig nach Constantinopel geschicket
würde. Die Türken machten insonderheit lange Ta-
baksröhren daraus, welche Myller in Candia und
Aegypten gesehen zu haben bezeuget. Das Daseyn
der sogenannten Sodomsäpfel ist von alten und neu-
en Schriftstellern behauptet, von andern aber bestrit-
ten worden. Ich halte es mit den ersten, und bin
überzeuget, daß sie eine gewisse Frucht von der Art,
als sie beschreiben, in der Gegend dieses Sees angetroffen haben, glaube aber, daß sie auf den Bäumen
unter anderen Früchten nur einzeln gefunden, und
daß an ihrer Beschaffenheit nichts wunderbares und
dieser Gegend allein eigenes sey. Man beschreibt sie
als eine Frucht, die von außen ein rothes und schönes
Ansehen habe, wenn man sie aber angreife oder zer-
drücke, in ein schwarzes Pulver zerfalle. Die Zeugnisse

niſſe der alten Schriftſteller von dieſer Frucht, ſind bekannt. Von neuern aber führe ich den von Trollo an, der
ſie in Händen gehabt zu haben, verſichert, und das Gewächs, worauf er dieſe Frucht geſehen, Apfelbäume nennet; den Nau, welcher das, was der Abt des Kloſters des
heil. Saba ſelbſt erfahren hat, erzählet, und aus dem
Neret ſeinen Bericht genommen hat. Pocock verwirft
die Zeugniſſe von dem Daſeyn derſelben nicht, glaubet
aber, daß die Zeugen Granatäpfel geſehen haben, die
eine zähe und harte Rinde gehabt, und wenn ſie einige Jahre an den Bäumen gehangen, inwendig ganz
vertrocknet und zu Staube geworden, auswendig aber
von ſchöner Farbe geblieben. Nau ſchreibt, die Bäume, auf welchen dieſe Frucht gefunden werde, wären
von der Größe der Feigenbäume, ihre Blätter aber
den Blättern der Nußbäume ähnlich. Ganz anders,
aber auch mit einem großen Unterſchiede, reden Hans
Jacob Ammann (deſſen Nachricht ich dem Paſtor Jeniſchen zu danken habe,) und Haſſelquiſt davon. Jener ſchreibt von dieſer berüchtigten Frucht, ſie wachſe
auf kleinen Bäumen oder Stauden, die viele Aeſte
hätten, und unſern weißen Heckendornen ähnlich wären.
Die Frucht beſtehe aus kleinen Aepfeln von ſchöner
Farbe, die aber weiße Kernen hätten, wie unzeitige
Aepfelkernen. (Vermuthlich waren ſie noch nicht reif,
als Ammann ſie ſahe.) Unter denſelben wären auch
etliche dürre und ſchwärzlicht geweſen, und hätten inwendig Aſche gehabt, als er ſie zerbrochen. Haſſelquiſt
hält die ſodomiſchen Aepfel nicht für die Frucht eines
Baumes oder auch einer Staude, ſondern nur einer
Pflanze, nämlich des Solani Melongenæ. Er habe ſie
bey Jericho in den Thälern, nicht weit vom Jordan
und

und vom todten Meere, häufig angetroffen. Zuweilen, aber nicht allezeit, wären sie inwendig voll Staub, nämlich, wenn sie von der Schlupfwespe (Tenthredo) gestochen worden, dadurch die ganze innere Substanz in Staub verwandelt werde, und nur die schöngefärbte Rinde ganz bleibe. Meynungen genug von dieser Frucht, aus welcher sich der Leser diejenige, welche er für die wahrscheinlichste hält, so lange aussuchen kann, bis neue Reisende uns völlige Gewißheit in dieser Sache verschaffen. Diese aber ist nur alsdenn zu erwarten, wenn diese Frucht heutiges Tages noch an diesem See wächst, und wenn Reisende das Ufer des Sees weiter bereisen können, als bisher, aus Furcht vor den Anfällen der Araber, möglich gewesen ist.

Der See ist auf seiner Ost- und Westseite von hohen und steilen Felsen umgeben, welche ganz unfruchtbar sind. Wenn man sich ihm von Jericho aus nähert, findet man den Boden der Ebene am Jordan allenthalben mit Salz bedecket, trifft auch das Kraut Kali, daraus die Araber Asche zu den Glas- und Seifenfabriken brennen, häufig an. An dem mitternächtlichen Ende des Sees, ist das Ufer sandig, eine Viertel-Elle unter dem weißen Sande aber ist eine kohlschwarze, zähe, stinkende und dem Pech ähnliche Materie, daher man einen Wegweiser haben muß, um diese Gegenden, wo man hineinsinken würde, zu vermeiden. Auf der Westseite, gegen den oben beschriebenen Trümmern über, ist nur Asche, in welcher die Pferde bis an die Knie gehen. So beschreibt Troilo diese Gegend, und Myller, der, wie man wahrnimmt, denselben vor Augen gehabt hat, auf eine übereinstimmige Weise: doch setzet er hinzu, die pechartige Materie sey etwas röthlich,

röthlich, werbe von den Arabern Lamar genennet,
und (ſey) zur Elnbalſamirung der Leichen gebrauchet
(worden.) Sie ſey anfänglich ganz weich und ölicht,
wenn ſie aber trocken und hart geworden, ſey ſie das
ſogenannte Judenpech. Arvieur kam auch über ein
verbranntes und an vielen Orten geborſtenes Erdreich,
welches zerſtoßenen Kohlen ähnlich war. Haſſelquiſt
meldet nur, daß der Boden, über welchen er geritten,
aus einem grauen ſandichten Leimen beſtanden, der ſo
locker geweſen, daß die Pferde oft bis an die Knie hin-
abgeſunken. Genauer hat er ihn nicht unterſuchet.

Ich beſchließe dieſe ausführliche Abhandlung von
dem todten Meere, mit einigen Anmerkungen von der
ſogenannten Salzſäule. Prof. Hermann von der
Hardt hat den beyfallswürdigen Gedanken gehabt, daß
Loths Eheſrau nicht in eine ſogenannte Salzſäule verwandelt, ſondern daß zu ihrem Angedenken eine Säule errichtet worden ſey. Paſt. Juſt. Heinr. Jeniſchen
hat denſelben beſtätiget, und Hofrath Michaelis verbeſſert. Loths Kinder oder Nachkommen haben zum
Gedächtniß ihrer umgekommenen Mutter oder Stamm-
mutter ein Denkmaal von Stücken Salz, etwa in Geſtalt der alten Grabhaufen, errichtet, welches von Zeit
zu Zeit unterhalten worden, und, wie es ſcheint, von
den Arabern noch unterhalten wird, indem ſie ſolches
allen Reiſenden verſichern, und ſich anerbiethen, ſie zu
demſelben zu führen. Ueber den Ort, wo dieſes Denkmaal iſt, ſind die Reiſebeſchreiber nicht einig; vielleicht iſt er auch mehr als einmal verändert worden.
Die merkwürdigſte Erzählung von demſelben iſt, wie
ich dafür halte, des Arvieur ſeine, welcher berichtet,
daß ſich ein Araber erbothen habe, ihn zu einer wun-

5Th. X der-

derbaren Salzsäule am todten See, zu führen, welche das Vieh des Tages belecke, und daducrh vermin-
dere, die aber des Nachts von neuem wachse, und von
welcher auf sie, (die Araber,) durch ihre Vorfahren
die Nachricht fortgepflanzet sey, daß diese Salzsäule ein
Mensch gewesen, den Gott wegen seines Unglaubens
verwandelt habe. Die Fabel hat dieses Denkmaal
bey den Arabern eben sowohl, als bey den Europäern,
auf mancherley Weise gebildet und verändert.

Die Berge des Landes sind nur von einer mittleren Höhe, uneben, und nicht von der besten Art,
fallen auch heutiges Tages, insonderheit um Jerusalem, und zwischen dieser Stadt und Sichem, als nack-
te Felsen schlecht in die Augen. Nichtsdestoweniger kann man noch deutlich genug wahrnehmen, daß
sie vor Alters angebauet, und die jetzt kahlen Felsen
mit Erde bedecket gewesen sind. Diejenigen, welche
kein Getreide hervorbrachten, gaben entweder gute
Weiden ab, oder dieneten zur Bienenzucht, oder waren mit Olivenbäumen und Weinstöcken bepflanzet,
und was einer Gegend des Landes an Fruchtbarkeit und
Producten abgieng, ersetzte die andere. Die Thäler
und unterschiedene Ebenen sind zum Theil ungemein
fruchtbar und angenehm, ob sie gleich heutiges Tages
wenig angebauet, und welches merkwürdig ist, nicht
so stark bewohnet sind, als die Hügel und Berge. Im
Ganzen genommen, übertrifft der Boden des Landes
an Güte den phönicischen und syrischen. Der Ruhm
seiner Fruchtbarkeit ist selbst durch alte und noch vorhandene Münzen verewiget, welche die Sinnbilder
derselben enthalten. Seinen Reichthum an Getreide
beweist eine Münze vom K. Agrippa, welche 3 große
Aehren

Aehren zeiget. Den Ueberfluß an Wein beſtätigen ein
Paar Münzen mit Trauben, deren eine man dem Fürꜗ
ſten Simon zuſchreibt, die andere aber vom Könige
Herodes iſt, und deren jede eine Traube enthält. Wie
häufig hieſelbſt die fruchttragenden Palmbäume oder die
Dattelnbäume geweſen ſind, beweiſen einige Münzen
von den Kaiſern Veſpaſian, Titus, Domitian, und Traꜗ
jan, auf welchen dieſe Bäume erſcheinen. Seitdem
aber dieſes Land zu wiederholten Malen verwüſtet,
von Einwohnern ſtark entblößet, unter türkiſche Bothꜗ
mäßigkeit gekommen iſt, und die Araber, welche darꜗ
innen umherziehen, daſſelbige nicht nur für die Einꜗ
heimiſchen und Fremden unſicher machen, ſondern auch
unter einander in Feindſchaft leben, hat der Anbau abꜗ
genommen, und das Land das jetzige wüſte Anſehen
bekommen, welches es inſonderheit an den Landſtraꜗ
ßen hat.

Unterdeſſen hat das Land doch noch beträchtliche
Producten, die nicht nur zur Nothdurft der Einwohꜗ
ner dienen, ſondern auch zum Theil ausgeführet werꜗ
den. Getreide und Hülſenfrüchte ſind von ſehr guter
Art, und von Jaffa wird Getreide nach Conſtantinoꜗ
pel ausgeſchiffet. Man bauet Tabak, inſonderheit
aber viele Baumwolle, die theils roh, theils geſponꜗ
nen über Saida ausgeht. Aus dem Kraute Kali,
wird viele Aſche zu den Glas- und Seifenfabriken geꜗ
brannt, die auch über Saida ausgeht. Man hat
ſehr gute Baumfrüchte, als Aepfel, Birnen, Pfirꜗ
ſiche, Apricoſen, Pflaumen, Miſpeln, Feigen, Ciꜗ
tronen, Pomeranzen, Datteln, u. a. m. Von einiꜗ
gen Fruchtbäumen muß ich beſondere Anmerkungen
machen. Der Olivenbaum iſt häufig vorhanden.

X 2 Zwiſchen

Zwischen Jaffa und Rama sind einige kleine Wälder von vortrefflichen Olivenbäumen, wie Rauwolf, Monconys, Pocock und Hasselquist bezeugen. Der letzte hat auch zwischen Tiberias und Kana, und Cotwyk in einem Thale am galiläischen See, wie auch zwischen dem alten Sebaste und Chilin, eine Menge derselben gesehen. Daß die Thäler und Berge auf dem Wege von Jerusalem nach Sichem, an unterschiedenen Orten mit vielen Olivenbäumen besetzet sind, ersieht man aus Cotwyk, Monconys, Maundrel und Thevenot. Um Bethlehem sind Thäler, die viele Olivenbäume haben, wie Rauwolf meldet. Shaw zeuget auch von denen noch vorhandenen Oelbäumen, welche er mit Recht für Ueberbleibsel von einer größern Zucht hält, und Hasselquist giebt den hiesigen Oliven den Ruhm, daß sie die besten gewesen, welche er in der Levante gegessen. Aus Olivenöl und Asche, wird viel Seife gemachet, und ausgeschiffet. Die Dattelnbäume sind hier heutiges Tages seltener, als vor Alters. Man findet zwar noch welche zu Jericho und Jerusalem, wie Shaw meldet, auf dem Oelberge und auf dem Wege von Jerusalem nach Jaffa, wie Rauwolf anmerket, gegen Norden von dem ehemaligen Sebaste, wie Thevenot berichtet, und an einigen Orten beym galiläischen See, wie Cotwyk erzählet, vermuthlich auch noch an andern Orten, ihre Anzahl ist aber nicht groß. Feigenbäume sind auf dem Oelberge, und im Thale bey demselben, bey dem Elisäbrunnen auf dem Wege von Jerusalem nach Jericho, bey Bethlehem, bey Jaffa, gegen Norden von Sebaste, am galiläischen See, und anderwärts zu finden, wie Rauwolf, Hasselquist, Thevenot und Cot

wyk

wyk bezeugen. Auch der Sycomorus iſt in dem ſüdlichen Theile des Landes, nach Cotwyks und Haſſel-
quiſts Zeugniß, häufig vorhanden. Haſſelquiſt leugnet, daß der Maulbeerbaum hieſelbſt wachſe, Rauwolf und Cotwyk aber haben den weißen, auf dem Wege von Jeruſalem nach Jaffa, und zu Sichem, häufig
geſehen. Weil die Muhammedaner den Wein aus
Religion nicht bauen, ſo iſt der Weinſtock während
ihrer Herrſchaft über Paláſtina, ſehr vernachläßiget
worden, und wird nur noch zu Jeruſalem und Hebron
gebauet, woſelbſt auch die Menge der Trauben und
Roſinen, welche verkaufet wird, ſehr groß iſt. Neißſchitz, verſichert gegen das Ende des Auguſts Trauben
geſehen zu haben, welche eine halbe Elle lang, die
Beeren aber 2 Glieder eines Fingers lang geweſen.
P. Ignatius von Rheinfelden erzählt, daß er 1656
im October Trauben geſehen habe, die eine Elle lang
geweſen. Shaw berichtet, daß aus den Weintrauben
ein Honig oder Syrop gemachet, und Dibſe genannt
werde, welchen er für den רבש der Bibel hält. Er
ſagt, daß von Hebron allein jährlich 300 Kameelladungen, das iſt, beynahe 2000 Centner davon nach
Aegypten geſchicket würden. In der Gegend des Berges Quarantania, wächſt der Baum Zacum, welcher
das ſogenannte Zachäusöl bringt. Haſſelquiſt beſchreibt ihn alſo: arbor magna ſpinoſa, ramis rectis,
teneriuſculis, foliis parvis, ovatis, canis. Maundrel ſchreibt, er trage eine kleine Nuß, deren Kern im
Mörſer zerſtoßen, hierauf in heißes Waſſer geſchüttet,
und ein Oel herausgezogen werde, welches ein gutes
Arzneymittel abgebe. Die Bäume, welche Maſtir
und Storax geben, hat Rauwolf zwiſchen Jaffa und

X 3

Rama

Rama gesehen. Das sogenannte Johannisbrodt wächst in Palästina so häufig, daß man es auch dem Viehe zu fressen giebt, wie Rauwolf bezeuget. Die Alraun (Mandragora) deren Frucht für die Dudaim der Bibel gehalten wird, wächst in dem nordlichen Theile des Landes, oder in dem alten Galiläa, sehr häufig, und Hasselquist fand, daß sie im Anfange des Maymonates schon reif war. Die so genannten Rosen von Jericho, suchet man bey Jericho, und überhaupt in Palästina, vergeblich: daher ich nicht weis, weswegen man diese Bluhme, die von der Rose sehr unterschieden ist, von Jericho benennet. Sie wächst in dem wüsten Arabien, und am arablischen Meerbusen.

Die Viehzucht ist beträchtlich, und Hasselquist saget, daß die Ochsen und Kühe in dem alten Galiläa einen großen Theil der Reichthümer des Landes ausmachten. Sie sind aber insgesammt von kleiner Art. Rauwolf berichtet, daß aus dem Gebirge jährlich eine überaus große Menge Schafe nach Jerusalem gebracht werde, die von den kräftigen Kräutern, welche sie gefressen, ein sehr wohlschmeckendes Fleisch hätten, und deren Schwanz sehr fett, über eine halbe Spanne dick, auf 1½ aber breit und lang wären. Es gäbe auch daselbst Ziegen, deren hangende Ohren fast einer Ellen lang wären. Pferde, Esel und Kameele sind auch vorhanden. Unter den wilden Thieren, sind die Tschakals vor andern merkwürdig, weil sie ohne Zweifel die sogenannten Füchse sind, von denen Simson einige 100 lebendig fangen ließ. Sie sind, wie ich sonst schon angemerket habe, in Asia überhaupt sehr häufig, besonders aber auch in Palästina, welches

Troilo

Trollo und Haſſelquiſt bezeugen, welcher letzte inſonderheit berichtet, daß ſie bey Jaffa, Gaza und in dem
alten Galiläa in Menge angetroffen würden, und den
Heerden der Araber großen Schaden zufügeten, daher
dieſe ihnen ſtark nachſtelleten, und ſie zuweilen in großer Anzahl tödteten und ins Meer würfen. Er nennet dieſes Thier, den kleinen morgenländiſchen Wolf,
rechnet es aber eigentlich zum Hundegeſchlechte. Trollo, der ihr klägliches Heulen des Nachts hörete, als
er von Rama nach der Ebene Esdrelon reiſete, ſchreibt,
die Türken, ſeine Gefährten, hätten ſie Vahu oder wilde
Hunde genennet. Sie ſähen am Leibe wie die Wölfe
aus, der Kopf wäre dem Dachskopfe ähnlich, an den
Füßen hätten ſie große und ſpitzige Klauen, und wären übrigens von der Größe eines großen engliſchen
Hundes. Haſſelquiſt führet noch eine andere Art von
wilden Hunden an, welche gemeiniglich Füchſe genennet würden, von denen er ſaget, daß ſie in Paläſtina auch häufig, jedoch nicht ſo zahlreich, als die Tſchakals, wären. Sie hielten ſich um Bethlehem häufig
in den Felſen auf, und richteten zuweilen unter den
Heerden Ziegen eine große Niederlage an. Bey dem
S. Johanniskloſter thäten ſie auch den Weinbergen
großen Schaden. Eben dieſer Haſſelquiſt behauptet auch, es gäbe ſo wenig in Paláſtina, als in Syri-
en, Löwen: ich habe aber oben aus de la Roque angeführet, daß ſich in dem Buſchwerke und Rohre, womit der See Samochonitis umgeben iſt, ſo wie viele
Tieger und Bären, alſo auch Löwen aufhielten, welche
von den benachbarten Bergen herabkämen. Die Gazellen oder Antelopen ſind in großer Anzahl vorhanden, und werden von den Arabern mit Falken gejaget.

F. 4 Die

Die Bienenzucht ist erheblich, es giebt auch viele wilde Bienenschwärme, welche den Honig in holen Bäumen und Felsenritzen zusammentragen. Da die Heere von Heuschrecken, welche aus dem wüsten und peträischen Arabien von Süden gen Norden ziehen, ihren Zug über und durch Palästina nehmen, so suchen sie dasselbige bald mehr, bald weniger heim, wie Hasselquist bezeuget.

Von dem Asphalt und Salz, welches das todte Meer liefert, habe ich oben schon gehandelt, und die warmen Bäder zu Tiberias und Calliroe, werde ich unten beschreiben.

Die Einwohner des Landes sind, Türken, Araber, Juden, Samariter, und Christen. Die Türken unterhalten unter denen Stämmen der Araber beständige Streitigkeiten und Feindseligkeiten, damit sie sich nicht vereinigen, und weil sie sehr zahlreich sind, sich gänzlich zu Herren des Landes machen mögen. Die Araber machen durch ihre Streifereyen und Räubereyen die Landstraßen sehr unsicher. Die Lateiner oder römischkatholischen Mönche, die Griechen und Armenier haben zu Jerusalem und an einigen andern Orten Klöster.

Gott hatte das Land Kanaan, das ist, das zwischen dem Jordan und mittelländischen Meere belegene Land, den 12 Söhnen Jacobs und ihren Nachkommen verheißen. Jene waren nach der Ordnung ihrer Geburt, Ruben, Simeon, Levi, Juda, Dan, Naphtali, Gad, Aser, Isaschar, Zebulon, Joseph und Benjamin. Ihre Nachkommen wurden die 12 Stämme oder Geschlechte Israels genennet. Bey der Vertheilung des Landes, bekam der Stamm Levi kein beson-

beſonderes Land, hingegen erhielten die Nachkommen der Söhne Joſephs, Ephraim und Manaſſe, beſondere Landesantheile. Es wurde aber der göttliche Befehl, wie Kanaan vertheilet werden ſolle, 4 Moſ. 26; 52·56. nicht befolget; denn eines Theils drungen die Stämme Ruben und Gad darauf, daß Moſes ihnen das außerhalb der Gränze Kanaans, nämlich auf der Oſtſeite des Jordans, gelegene Land Gilead einräumen mußte, daran er auch dem halben Stamme Manaſſe ein Antheil gab, alſo, daß an dem eigentlichen Kanaan nur 9½ Stämme Theil nahmen; und andern Theils gieng es, durch Schuld der Iſraeliten, mit der Eroberung und Vertheilung Kanaans, ſehr langſam und unordentlich zu. Als ſie aber vollendet war, wurden die Gränzen zwiſchen den 12 Stämmen feſtgeſetzet. Ueber das ganze Land herrſcheten die Könige Saul, David und Salomo, ja die beyden letzten waren auch Oberherren vieler benachbarten Königreiche und Länder. Dieſe Herrlichkeit gieng mit Salomo zu Grabe. Seinem Sohn und Nachfolger, Rehabeam, hiengen zwar die Stämme Juda und Benjamin getreulich an, hingegen die übrigen 10 Stämme riſſen ſich los, und machten ein beſonderes Königreich aus. Das iſraelitiſche Reich wurde von den Aſſyrern, das jüdiſche Reich aber von den Babyloniern bezwungen, und beyde führeten die meiſten und vornehmſten Einwohner als Gefangene aus dem Lande weg. König Cyrus, der Stifter des großen perſiſchen Reichs, erlaubte den gefangenen Juden, und wie es wahrſcheinlich iſt, auch vielen Iſraeliten, nach Paläſtina zurückzukehren, das Land aber blieb unter der Bothmäßigkeit der perſiſchen Monarchen. Die Juden inſonder-

X 5 heit

heit richteten ihre bürgerliche und gottesdienstliche Verfassung wieder ein, und wurden anfänglich von eigenen Fürsten, hernach aber von ihren Hohenpriestern
regieret. Nach dem Untergange des persischen Reichs,
waren sie den griechischen Königen von Aegypten und
Syrien, mit mancher Abwechselung, unterworfen. Als
aber der syrische König, Antiochus Epiphanes, ihren
Gottesdienst ausrotten wollte, reizte er sie dadurch zur
äußersten Vertheidigung desselben, welche durch den
gottesdienstlichen Eifer und Heldenmuth des priesterli-
chen Geschlechtes der Hasmonäer, auch ihre bürgerliche Freyheit nach sich zog. Insonderheit gelangeten
sie durch die Tapferkeit ihres Fürsten Johann Hyrcans, in einen freyen, unabhängigen und mächtigen
Zustand, traten auch mit dem Rath zu Rom in ein
Bündniß, ja Hyrcans Sohn und Nachfolger, Aristo-
bulus, nahm gar den Titel eines Königes an. Desselben Bruder, Alexander oder Jannäus, vergrößerte
seinen Staat durch neue Eroberungen. Allein, die
Streitigkeiten unter seinen Söhnen, Hyrcan und Ari-
stobulus, brachten das jüdische Reich unter die Oberherrschaft der Römer, durch welche die Regierung von
dem hasmonäischen Geschlechte auf Herodem kam,
der von einer neu-jüdischen Familie war. Zu dieser
Zeit war Palästina in Judäa, Samaria, Galiläa, und das jenseits des Jordans belegene
Land, oder Peräa, vertheilet, und der Heiland
der Welt wurde darinnen geboren, welches die größte Ehre des Landes ist. Im 70sten Jahre nach dessellen
Geburt, kam es, nach Eroberung und Zerstörung der
Stadt Jerusalem, ganz unter unmittelbare römische
Bothmäßigkeit. Sechs und sechzig Jahre hernach, wurde

wegen.

wegen eines von den Juden vorgenommenen Aufſtandes,
auf Kaiſers Aelii Hadriani Befehl, die Stadt vollkommen geſchleifet, an ihrem Orte eine neue Stadt. Namens
Aelia Capitolina erbauet, und den Juden bey Todesſtrafe
verbothen, ſich derſelben und ihrer Gegend zu nähern.
Ueberhaupt wurden in dem damaligen heftigen Kriege,
in Paläſtina 50 feſte Schlöſſer und haltbare Plätze,
und 985 andere Oerter zerſtöret. Die Reiſe, welche
Helena, Mutter Conſtantins, erſten chriſtlichen römiſchen Kaiſers, im Jahre 326 nach Paläſtina vorgenommen, hat Gelegenheit gegeben, daß in den folgenden Zeiten ein Paar hundert chriſtliche Kirchen und
Klöſter ihr als der Erbauerinn zugeſchrieben worden.
Vom 5ten Jahrhunderte an, wurde Paläſtina in das
erſte, zweyte und dritte abgetheilet; das erſte nahm
ungefähr den mittleren, das zweyte den nordlichen,
Palæſtina tertia oder ſalutaris aber, den ſüdlichſten Theil
ein: zu dem letzten gehörete auch ein Theil vom peträi-
ſchen Arabien; denn es erſtreckete ſich bis an den arabiſchen
Meerbuſen. Im Jahre 637 eroberten die Saracenen
unter ihrem Khaliſen, Omar dem erſten, Jeruſalem
und ganz Paläſtina. Im 11ten Jahrhunderte nahmen
die ſogenannten Kreuzzüge den Anfang, welche die
Europäer zur Eroberung Paläſtina anſtelleten, und
daran vornehmlich die Deutſchen, Franzoſen, Engländer, Niederländer, und Italiäner, Antheil nahmen.
Der erſte wurde auf päpſtliche Vermahnung 1095 zu
Clermont auf einer Kirchenverſammlung beſchloſſen,
und im folgenden Jahre angeſtellet. Die Chriſten eroberten 1099 Jeruſalem, und richteten unter den Muhammedanern eine große Niederlage an. Hierauf ward
ihr oberſter Befehlshaber, Gottfried von Bouillon,

Herzog

Herzog von Nieder-Lothringen, zum Könige von Jerusalem ernannt. Dieses Königreich währete bis 1187,
da unter dem letzten Könige, Guido von Lusignan,
der ägyptische Sultan Salahaddin Jerusalem eroberte. Die europäischen Christen unternahmen zwar neue
Kreuzzüge nach Palästina, zur Wiedereroberung des
Landes, (wie sie denn überhaupt von 1096 bis 1254
fünf Kreuzzüge angestellet haben;) sie waren aber
fruchtlos. Endlich ist Palästina 1517 von den Türken
erobert worden, welche noch im Besitze desselben sind,
denen Christen und Juden aber die Wallfahrten dahin
verstatten.

Vermöge der Nachricht des Jesuiten Nau, besteht Palästina heutiges Tages aus folgenden Districten.

1. **Der District El Kods**, gränzet gegen Norden an den Jordan, gegen Mittag an den District
El Khalil, gegen Abend endiget er sich mit Ouadi
Ali, das ist, dem Thale Ali, und gegen Mitternacht
gränzet er an den District Naplus. Er begreift nur
eine Stadt, nämlich Jerusalem, und ungefähr 200 Dörfer, davon aber die Hälfte verwüstet und verlassen ist.

Jerusalem, von den Syrern Ureslem, von den Arabern Ureslim, Beit al Mokaddas oder Makdas, (der
Ort des Heiligthums, hebräisch מקדש בית) El Kods
oder El Kuds, (das Heiligthum,) El Scherif, (die edle)
oder Kods Scherif, (die heilige und edle) Kods Mobarek, (die heilige und gesegnete,) und Ilia, (lat. Aelia) auch
wohl Schalam, nach dem ältesten in der Bibel vorkom-
menden Namen Salem, genannt; die Hauptstadt des Landes, im hohen Gebirge, auf einem felsichten Berge, welcher in der Bibel Zion genennet wird, der aber wieder
4 Hügel hat, die vor Alters Zion, Morijah, Akra, und
Bezetha genennet worden. Der Berg ist von Norden
gen

gen Süden etwas abhängig, daher das Waſſer, welches
ſich auf demſelben in der Regenzeit ſammlet, gegen Süden beym Miſthore hinabfließt, woſelbſt es auch ſeine
Lücke in den Berg gemachet hat. Hier ſind wahrſcheinlicher Weiſe die Gärten der jüdiſchen Könige geweſen,
und haben aus Terraſſen beſtanden, deren immer eine
höher, als die andere, gelegen, und die von dem Waſſer
ſehr gut gewäſſert werden können. Die Stadt ſteht mitten auf dem beſten Platze der alten, von Tito und Aelio
Hadriano zerſtöreten Stadt, nimmt aber nicht den ganzen Umfang derſelben ein, ſondern es iſt gegen Süden
und Norden ein Theil des Raums, den die alte Stadt
erfüllete, außerhalb der Mauern der jetzigen Stadt ge-
laſſen worden, nämlich gegen Süden der Hügel Zion,
gegen Norden aber ein viel größerer Theil, und darunter auch ein Theil des Hügels Bezetha. Hingegen auf
der Oſt- und Weſtſeite ſteht die jetzige Mauer auf der
Stelle der alten, weil das Thal, welches den Berg
auf dieſen beyden Seiten, ſo wie auch auf der Südſeite
umgiebt, ſolches erfordert. Auf der Nordſeite wird der
Berg nach und nach abhängiger, und hier iſt die alte
Stadt auch immer bey Belagerungen angegriffen worden. Man kann um die jetzige Stadt ſehr bequem in
einer Stunde gehen. Die gemeine Meynung der Schriftſteller, daß das jetzige Jeruſalem nicht auf der Stelle
des alten ſtehe, wäre richtig, wenn ſie nur darauf gien-
ge, daß das erſte nicht den ganzen Platz des zweyten ein-
nehme: allein, ſie geht auf eine ſolche Veränderung des
Platzes, durch welche der vor Alters unſtreitig außerhalb
der Stadt geweſene Ort Golgatha, faſt mitten in die
Stadt gekommen ſeyn ſoll; denn daſelbſt zeiget man jetzt den
ſogenannten Calvarien-Berg. Allein, Korte hat dieſen
Irrthum oder vielmehr Betrug, deutlich aufgedecket.
Die jetzige Stadt hat ſchlechte Mauern, welche, laut der
daran befindlichen Inſchriften, 1534 erbauet ſind, auf der
Nordſeite einen ſchlechten Graben, auf der Weſtſeite
ein verfallenes elendes Kaſteel, welches der Davidsthurm
genennet wird, und von den Piſanern erbauet ſeyn ſoll,
enge, unebene, nur zum Theil gepflaſterte und unreine

Straßen,

Straßen, geringe, entweder steinerne oder leimerne Häuser, viele wüste Plätze, wenig Einwohner, kein anderes als Cisternenwasser, welches in der Regenzeit für das ganze Jahr gesammlet wird, und fast gar keinen Handel, daher sie arm ist. Die meisten Einwohner sind Türken, Araber und Juden, von Christen aber giebt es hier Franken, Griechen, Armenier, Maroniten, Georgianer, Copten, Abyssinier, und jacobitische Syrer. Das Merkwürdigste in dieser Stadt ist die Kirche des heiligen Grabes, zu welcher die Wallfahrten der römischkatholischen und der morgenländischen Christen geschehen. Die einzige Thüre derselben, wird allezeit von 2 Janitscharen bewachet. Alle Festtage wird sie ohnentgeldlich geöffnet, da denn jedermann hineingehen kann; außer diesen Zeiten aber muß für ihre Eröffnung etwas bezahlet werden. Ueberhaupt ist diese Kirche von den Türken an die Christen verpachtet. Die Lateiner, (römischkatholischen) Griechen, Armenier und Copten, müssen für ihre Antheile an derselben, einen starken Tribut entrichten. Die jacobitischen Syrer und die Georgianer, haben wegen dieses schweren Tributs ihre Antheile fahren gelassen. Jede Partey hat auch Mönche in derselben wohnen, die darinnen verschlossen sind, und denen die Lebensmittel durch eine Oeffnung, welche in der Kirchthüre ist, hineingereichet werden, und durch 2 kleinere Oeffnungen in eben dieser Thüre, kann man mit ihnen sprechen. Derer Lateiner sind die meisten; denn in ihrem Kloster, welches keinen andern Zugang, als aus der Kirche hat, wohnen ungefähr 20 Mönche, die anderen angeführten christlichen Parteyen aber haben nur wenige. Das erdichtete heilige Grab, ist mitten unter der Kuppel oder dem rundgewölbeten Thurme der Kirche, und über dasselbige ist eine Kapelle erbauet. Die Lateiner sind im Besitze desselben, und lesen also allein Messe darinnen; jedoch dürfen alle Christen ihre besondere Andacht darinnen verrichten: es zünden auch die morgenländischen Christen, nämlich die Griechen, Armenier und Copten, in derselben am Osterabende das sogenannte heilige Feuer an, von welchem man sich einbildet, daß es vom Himmel komme.

In

In eben diesem heiligen Grabe ertheilet auch der Pater
Guardian des lateinischen Klosters des heil. Erlösers,
den Ritterorden des heiligen Grabes. Die Griechen be=
sitzen das Chor der Kirche, woselbst man etwas lächerli=
ches, nämlich den Mittelpunct des Erdbodens, zeiget: sie
haben auch den Ort, wo das Kreuz des Herrn Jesu ge=
standen haben soll, an welchem ein Altar errichtet ist,
darauf sonst niemand, als sie, Messe lesen darf. Der so
genannte Calvarienberg, auf welchem er steht, und auf
welchen eine Treppe von 21 Stufen führet, ist ein holer
Felsen, der, wie es scheint, auf Pfeilern ruhet, und ohne
Zweifel durch Kunst gemachet worden ist. In der Kirche
sind auch die Grabmäler der zween ersten christlichen Kö=
nige von Jerusalem, Gottfrieds und Balduins. Die La=
teiner haben einen großen Schatz von Kostbarkeiten in
der Kirche, den sie aber nicht zeigen, und der durch die
Feuchtigkeit des Ortes verdorben wird. Das lateinische
Kloster, zum heil. Erlöser genannt, welches zwischen dem
Damaschk= und Bethlehemsthore liegt, ist ein großes, in
3 Höfe abgetheiltes Gebäude, von dessen Terrassen man
den größten Theil der Stadt übersehen kann. Es ist mit
Franciscanermönchen von unterschiedenen Nationen bese=
tzet: Der Guardian ist allezeit ein Italiäner, sein Vica=
rius ist allezeit ein Franzos, und der Procurator (welcher
die ganze Oeconomie des Klosters und des heiligen Gra=
bes, besorget, und durch dessen Hände, wie Hasselquist
meynet, jährlich gewiß eine Million Livres geht,) ist al=
lezeit ein Spanier; weil Spanien die meisten Almosen
hieher liefert. Die Mönche sind von unterschiedenen
Nationen. Der Guardian ist päpstlicher Commissarius
im ganzen Oriente, und verwaltet desselben Macht in
geist= und weltlichen Dingen. Er wird hochwürdigster
genennet, und genießt, wenn er den Gottesdienst ver=
siehet, wie die infulirten Aebte, alle Ehre eines Bischofs.
Alle 3 Jahre wird er abgelöset. Bey seinem Einzuge in
die Stadt, muß er dem Sandschak 6000 Piaster baar
erlegen, auch außerdem noch ansehnliche Geschenke geben.
Die europäischen Pilgrimme, von welcher Kirche sie auch
seyn mögen, werden in diesem Kloster wohl verpfleget,

dafür

dafür sie bey ihrem Abschiede ein Geschenk geben. Es ist für dieselben in dem Kloster ein besonderes Gebäude. Es halten sich aber auch zu Jerusalem allezeit viele morgenländische Christen auf, die sich mit der römischen Kirche vereiniget haben, als Maroniten, Copten, Griechen, und Armenier, und diese werden in einen besonders für sie gemietheten Hause umsonst unterhalten. Die Apotheke des Klosters wird von Hasselquist, in Ansehung der Simplicien und Präparaten, für die kostbarste in der ganzen Welt gehalten, und der ganze Vorrath auf 100000 Plaster geschätzet. In derselben wird der berühmte Balsam von Jerusalem aus allen Arten von Balsamen und diesen in Weingeist aufgelöseten Gewürzen verfertiget, welcher zwar zum innerlichen Gebrauche zu hitzig, für Wundschäden aber ein vortreffliches Heilungsmittel ist. Das armenische Kloster ist größer, als das lateinische; denn es hat über 1000 Zimmer für Pilgrimme, die Cellen der Mönche ungerechnet. Die dem heil. Jacob gewidniete Kirche in demselben, ist die schönste in der Stadt: denn sie ist mit reichen Tapeten, schönen Gemälden, und einer großen Anzahl silberner, zum Theil vergoldeter, Lampen gezieret; des sehr prächtigen und kostbaren Schmucks der Geistlichkeit, nicht zu gedenken. Die Griechen haben auf 20 Klöster; das beste ist dasjenige, welches an die Kirche des heiligen Grabes stößt, und darinnen der Patriarch seinen Sitz hat. Er benennet sich zwar von der heiligen Stadt Jerusalem und ganz Palästina, wie auch von Syrien, Arabien, Persia, u. s. w. hat aber in der That heutiges Tages keinen großen Kirchsprengel. Unter ihm stehen die Bischöfe zu Bethlehem und Nazareth. Die Armenier, Copten, jacobitischen Syrer, und anderen Christen, haben auch Klöster und Kirchen. Der hiesige armenische Patriarch führet zwar diesen Titel, ist aber nur ein Erzbischof. Der Metropolit der jacobitischen Syrer zu Diarbekir, führet auch von Jerusalem den Titel. Auf der Stelle des ehemaligen jüdischen Tempels auf dem Berge Moriah, steht jetzt die türkische Hauptmoschee, welche achteckicht ist, und nächst denen zu Mecca und Medina, für die heiligste gehal-

gehalten wird, weil ſie den Stein Jacobs enthalten ſoll,
zu welchem die Muhammedaner wallfahrten. Es ſind
noch mehrere Moſcheen in der Stadt. Die Juden haben
7 ſchlechte Synagogen. Sie ſind theils Karaiten, theils
Rabbaniten. Ihre Anzahl iſt groß, ſie zeigen ſich aber
wenig auf den Straßen. Der ſogenannte Pallaſt Pilati,
iſt das Wohnhaus des Sandſchaks, welcher zu Jeruſalem und in dem dazu gehörigen Diſtricte, Oberbefehls-
haber iſt. Der Hügel Zion, iſt heutiges Tages außerhalb der Mäuer, wie ich ſchon angemerket habe. Um ſüd-
öſtlichen Ende deſſelben, ſind die Begräbnißplätze der Chriſten. In eine auf dem Hügel über dem ſogenannten Grabe Davids erbaueten Moſchée, welche ehedeſſen eine
chriſtliche Kirche geweſen iſt, darf kein Chriſt gehen. Es
ſtehen einige ſchlechte Häuserchen auf dieſem Hügel, bey
welchem Ackerland iſt, darauf Weizen, Gerſte und Hafer
gebauet wird, wie Rauwolf, Rau und Korte bezeugen,
und Micha 3, 12. Jer. 26, 18. geweiſſaget worden.

Dieſe Stadt hieß zu Abrahams Zeit Salem, nachmals
Jebus, und endlich ward ſie Jeruſalem genannt. Titus
zerſtörete dieſelbige im 70ſten Jahre Chriſti, was aber
davon übrig geblieben, auch wieder hergeſtellet worden
war, ließ Kaiſer Aelius Hadrianus im 136ſten Jahre
vollkommen ſchleifen, und auf dem Platze, wo die Stadt
geſtanden hatte, eine ganz neue Stadt erbauen, aus
deren Mauern aber der Berg Zion ausgeſchloſſen war,
und als Land bepflüget und beſäet wurde, wie Euſebius
und Cyrillus von Jeruſalem, als Augenzeugen berichten.
Die neue Stadt wurde mit lauter römiſchen Bürgern
und Soldaten beſetzet, Aelia Capitolina genennet, und
den Juden bey Todesſtrafe verbothen, in dieſe Stadt zu
kommen, ja auch nur derſelben ſich bis an einen Ort,
von dannen ſie geſehen werden könnte, zu nähern. Sol-
chergeſtalt wurde der alte Name Jeruſalem auf eine lange Zeit ſo unbekannt, daß, als ein Märtyrer, welcher
zu Cäſarea in Paläſtina verhöret wurde, Jeruſalem als
ſeinen Geburtsort angab, niemand wußte, was für eine
Stadt er meyne. Der Name Aelia, war nicht nur noch
zu Chryſoſtomi Zeit, ſondern noch lange hernach, in

5 Th. V allen

allen öffentlichen Urkunden und Registern gewöhnlich, ist
auch den Arabern bekannt geworden, wie ich oben angeführet habe. Die Christen belegeten aber doch die neue
Stadt, mit dem Namen Jerusalem, insonderheit nach
Constantins des Großen Zeit. Kaiser Julianus erlaubte
den Juden, aus Haß gegen die Christen, die Wiedererbauung des Tempels, welche aber von Gott gehindert
wurde. Die nachfolgenden Kaiser erneuerten Hadriani
vorhin angeführtes Verbot. Im Jahre 615 nahm der
persische König Khosroes Parviz Jerusalem ein, 629
kam sie wieder unter Kaisers Heraclii Bothmäßigkeit, und
637 ward sie von den Arabern oder Saracenen erobert.
Diese wurden von den selschukischen Türken, und diese
hinwieder 1098 von den Aegyptiern daraus vertrieben.
Allein, in eben demselben Jahre eroberten die Europäer,
auf ihrem ersten Kreuzzuge, die Stadt, in welcher sie
eine ungemein große Beute machten, und ein schreckliches
Blutbad unter den Muhammedanern und Juden anrichteten. Abulfeda beschreibt die große Bestürzung und Betrübniß, in welche die Muhammedaner darüber gerathen.
Die Stadt ward hierauf der Wohnsitz christlicher Könige,
es nahm auch schon 1099 in dem hiesigen Hospitale zu
St. Johann, der Johanniterorden seinen ersten Anfang,
und 1118 entstund hier die Gesellschaft der Tempelherren.
1187 bemächtigte sich Salahaddin, Sultan von Aegypten
und Syrien, der Stadt, und das hiesige christliche Königreich nahm ein Ende. 1228 ward sie an Kaisern Friederich I abgetreten, 1239 aber vom Sultan Ismael erobert. Von dieser Zeit an, gerieth sie nach einander
den Sultanen von Damaschk, von Bagdad, und von
Aegypten, in die Hände, bis sie endlich 1517 von dem
türkischen Sultan Selim I erobert wurde. Seine Nachfolger nennen sich, wie Herbelot und Avieux anmerken,
nicht Herren, sondern Hami, das ist, Beschützer der
heiligen Stadt Jerusalem: allein, in dem kaiserlichen
Titel steht eigentlich so: Der heiligen Stadt Jerusalem
Diener und Herr.

Der Oelberg, welcher seinen Namen von den Olivenbäumen hat, mit denen er bewachsen war, und zum Theil
noch

noch bewachſen iſt, liegt eine Viertelſtunde von der Stadt
gegen Oſten, iſt der höchſte unter den Bergen, welche
Jeruſalem umgeben, und noch einmal ſo hoch, als der
Berg Zion, auf welchem die Stadt ſteht. Man kann
von demſelben nicht nur die ganze Stadt überſehen, ſondern auch gegen Norden die Berge Garizzim und Ebal,
und Galiläa, gegen Weſten die Gegend am mittelländiſchen Meere, und gegen Oſten den Jordan und das todte
Meer, und die jenſeits des Fluſſes und Sees liegenden
Berge und Gegenden erblicken, wie Rauwolf, Schweigger, Reitzſchitz, von der Gröben, Maundrel, Nau, Porock, Korte und Haſſelquiſt bezeugen. Er erſtrecket ſich
von Süden gen Norden, und hat 3 oder 4 Spitzen. Die
nördliche iſt die höchſte, und auf derſelben hat ehedeſſen ein Thurm oder Gebäude geſtanden, welches
von Galiläa benennet worden, vermuthlich, weil vor
Alters die Galiläer, welche nach Jeruſalem auf die hohen Feſte gekommen, dieſelbſt ihre Herberge gehabt, und
ihre Gezelte aufgeſchlagen haben. Dieſe wahrſcheinliche
Meynung wird von Cotwyk, Rauwolf, Troilo, Nau
und Pocock angeführet. Auf der Spitze, von welcher der
Herr Jeſus gen Himmel gefahren ſeyn ſoll, ſteht eine
kleine Kapelle von gothiſcher Bauart, welche jetzt zu einem türkiſchen Kloſter gehöret, die Chriſten aber haben
allezeit einen freyen Zutritt zu derſelben. Alle Reiſebeſchreiber, Korte allein ausgenommen, glauben die gemeine Sage, daß die Himmelfahrt des Herrn Jeſu,
an dieſem Orte geſchehen ſey; da doch aus Luc. 24. 50
gewiß iſt, daß ſie bey Bethania geſchehen. Von dem
Orte Bethphage, welcher am Oelberge auf der Oſtſeite
deſſelben, zwiſchen ſeinem Gipfel und Bethania gelegen
hat, ſind entweder gar keine, oder doch keine gewiſſe,
Merkmaale mehr vorhanden,

Bethania, ein ehemaliger Flecken, auf der Oſtſeite des
Oelberges und am Fuße deſſelben, 15 Stadia, oder
drey Viertthel Stundeweges von Jeruſalem, kann oben
vom Oelberge geſehen werden, iſt aber jetzt ein ſehr geringer Ort von einigen wenigen Häuſern, die von Arabern bewohnet werden.

Zwiſchen

Zwischen dem Oelberge und dem Berge, darauf Jerusalem steht, ist ein tiefes aber schmales Thal, vor Alters das Thal Josaphat genannt, durch welches der Bach Kidron fließt, der kein Wasser hat, als wenn es entweder stark oder lange regnet; da sich denn das von den umliegenden Bergen ablaufende Wasser in diesem Bache versammlet. Zur Zeit des jüdischen Tempels, wurde das Blut der Opferthiere und unreine Wasser aus dem Tempel, durch einen Kanal in denselben geleitet. ja überhaupt wurden die Unreinigkeiten des Tempels, und vermuthlich auch der Stadt, in denselben geworfen, und solchergestalt von dem Wasser fortgeführet. Sein Bette ist enge, aber tief. Bey dem Stephansthore, geht eine steinerne Brücke von einem Bogen darüber. Er läuft in das todte Meer.

Wenn man von Jerusalem nach Jericho reiset, geht man zum Stephansthore hinaus, über den Bach Kidron, bey Bethania vorüber, und kömmt in 5 Stunden nach

Der Wüste von Jericho oder von Quarantania, welche ganz wahrscheinlich für die Wüste gehalten wird, in welcher der Heiland der Welt versuchet worden ist. Maundrel, Rau, Arvieux und Thompson, mahlen diese bergichte, steinichte, rauhe und unfruchtbare Gegend, als die traurigste und fürchterlichste Wildniß ab. Der sehr beschwerliche und unangenehme Weg durch dieselbige, dauert 2 bis 3 Stunden lang, und ist wegen der räuberischen Araber, die sich an demselben aufhalten, gefährlich. Er ist zum Theile durch einen Berg gehauen, der an den spitzigen und hohen Berg

Quarantania stößt, welchem die Christen diesen Namen gegeben haben, weil sie gewiß geglaubet, der Herr Jesus habe auf demselben in einer natürlichen Grotte vierzig Tage gefastet. Es ist wahrscheinlich, daß er der Berg sey, auf dessen Gipfel der Teufel mit dem Herrn Jesu gegangen, um ihm von demselben die umliegenden Reiche zu zeigen. Es ist ein nackter Felsen. Troilo, Neitschitz und Thompson, beschreiben ihn als ausnehmend hoch; von der Größen und Pocock sagen, er sey der höchste in ganz Judäa; Arvieux, Rau und Shaw

Mel-

melden, man habe von demſelben eine ſehr weite Ausſicht, in die jenſeit des Jordans gelegenen Lande. Allein,
der Aufgang iſt ſo ſteil, gefährlich und fürchterlich, daß
wenig Reiſende es wagen, ihn zu beſteigen. Von der
Gröben, Arvieux, P. della Valle, Rau, Thevenot und
Haſſelquiſt haben ihn beſtiegen: doch haben ſich nur die
beyden erſten auf den höchſten Gipfel gewaget. Um die
Mitte des Berges, und auf ſeiner Spitze, iſt eine verfallene Kapelle erbauet, es ſind auch oben auf dem Berge
viele Grotten, darinnen vor Alters Einſiedler gewohnet
haben: heutiges Tages aber halten ſich oft Araber darinnen auf, um von neugierigen Pilgrimmen, welche den
Berg beſteigen, Geld zu erpreſſen, oder ſie ganz zu berauben. Am Fuße dieſes Berges, iſt der ſogenannte
Eliſabrunn, welcher vortreffliches Waſſer hat, und
mit unterſchiedenen guten Bäumen umgeben iſt. Er
fließt hinab in den Jordan, in welchen ſich noch eine
andere in dieſer Gegend entſtehende Quelle ergießt.

Jericho, eine ehemalige Stadt, 6 Stundenweges von
Jeruſalem, und 2 Stunden vom Jordan. Sie wurde
vor Alters die Palmenſtadt genannt, weil bey derſelben
viele fruchttragende Palmbäume oder Dattelnbäume
wuchſen, dergleichen hier noch ſind, und ihre Gegend
war fruchtbar und angenehm. Dieſe Stadt iſt ſo verwüſtet, daß man heutiges Tages an ihrem Orte nur wenige
und elende Hütten, die von Arabern bewohnet werden,
und einen viereckichten Thurm findet. Der Baum Zacum, deſſen Frucht das ſogenannte Zachäusöl giebt,
wächſt in dieſer Gegend häufig, hingegen die ſogenannten
Roſen von Jericho, ſind hier nicht zu finden.

Gegen Norden und Nordweſten von Jeruſalem liegen folgende Oerter:

Unweit Jeruſalem gegen Nordweſten, iſt das Thal
Crum, welches außer ſchönen Feldern, auch luſtige Gärten hat, die mit Oliven-Feigen-Apricoſen-und Mandel-
bäumen beſetzet ſind. Es iſt die angenehmſte Gegend um
Jeruſalem, und die Juden gehen am Sabbath häufig dahin, um ſich zu vergnügen.

Semi-

Samuele, wird nach Pococks Bericht von den Arabern das Dorf genannt, welches man für die ehemalige Stadt Rama hält. Es liegt 2 Stunden gegen Norden von Jerusalem auf einem Berge, den Rau für den höchsten in den Gegenden von Jerusalem, hält. Das von Arabern bewohnte Dorf ist klein, aber mit vielen Trümmern umgeben. In einer hiesigen Moschee, welche eine christliche Kirche gewesen, ist ein Grab, welches für des Propheten Samuels Grab ausgegeben wird. Die Stadt Rama kömmt Matth. 2, 18. im A. T. aber häufiger vor, wird auch in der zwiefachen Zahl Ramathajim genannt, vermuthlich weil sie aus einer obern und untern Stadt bestanden, imgleichen Ramathajim Zophim. Hier ist Samuel geboren und gestorben. Josephus nennet sie Ramatha und Ramathen, in der chaldäischen Sprache, die man zur Zeit des Herrn Jesu in Judäa redete, hieß sie Armatha, und daraus ist vermutlich der griechische Name Arimathäa entstanden, welcher im N. T. als der Name des Geburtsortes des Rathsherrn Josephs vorkömmt. Ganz oben auf dem Berge ist ein offenes Wasserbecken in dem Felsen, und an einem andern Orte eine Quelle in einer in den Felsen gehauenen Grotte, die sehr klares Wasser im Ueberflusse giebt.

Diesem Orte gegen Norden und Osten ist ein großes Thal oder Feld, in welches man von dem Berge eine angenehme Aussicht hat. Pocock hält dafür, daß es von Osten gen Westen wohl 10 englische (über 2 geographische) Meilen lang, und halb so breit sey. Die Reisebeschreiber melden, daß man es für das Thal Ajalon dessen in der Bibel Erwähnung geschieht, ausgebe, welches auch ganz wahrscheinlich ist. In demselben liegt das Dorf Gib oder Dschib auf einem Berge, und ist von Arabern bewohnet. Man hält es für die in der Bibel vorkommende Stadt Gibeon, es ist mir aber wegen der Lage wahrscheinlicher, daß es entweder Geba oder Gibea sey.

Bir oder El Bir, Elbire, ein kleines Dorf auf einem Hügel, von Arabern bewohnet, woselbst viele Trümmer einer ehemaligen Stadt sind. Der Ort heißt in der Bi-

bel

bel Beer, das ist, eine Quelle: es ist auch bieselbst, nach Cotwyks, Maundrels und Thompsons Bericht, am Fuße des Hügels eine sehr ergiebige Quelle vom besten Wasser, und neben derselben, sind 2 große Teiche mit Quadersteinen ausgemauert. Die auf der Spitze des Hügels stehende Kirche, ist größtentheils eingefallen. Sonst ist hier noch eine große steinerne Herberge, (Kierwanserai) mit Mauern umgeben. Sultan Salahaddin hat diesen Ort von den Franken erobert, und hierauf zerstöret.

Einige meynen, daß dieser Ort einerley mit Michmasch oder Machmas sey, dessen in der Bibel Erwähnung geschieht, welches aber nicht wahrscheinlich ist; denn dieser Ort hat nahe bey Rama, und etwa 3 Stunden von Jerusalem, gelegen.

Gegen Westen von Jerusalem.

Wadi Ali, d. i. das Thal Ali, 4 geographische Meilen gegen Westen von Jerusalem, endiget an dieser Seite den District dieser Stadt.

Latrun, ein Dorf auf einem ziemlich steilen Berge, soll vor Alters ein Städtchen gewesen seyn. Sein arabischer Name hat die Fabel veranlasset, daß einer von den Mördern, die mit Jesu gekreuziget worden, aus diesem Orte gebürtig gewesen sey.

Lesca, ein Dorf auf einem Berge, davon ein Theil den Namen hat.

Gegen Süden, Südwesten und Südosten von Jerusalem.

Von Jerusalem nach Bethlehem führen 2 Wege: derjenige, dessen man sich jetzt bedienet, ist der kürzeste; der alte drehet sich mehr nach Westen zu. Beyde vereinigen sich bey einem Brunnen. Nicht weit von demselben, und ungefähr auf der Hälfte des Weges, ist das sogenannte

Eliaskloster, welches griechische Mönche bewohnen. Es liegt am Fuße einer Anhöhe, von welcher man eine Aussicht nach Jerusalem und Bethlehem hat.

Das sogenannte Grab der Rahel, ist ein von 4 Pfeilern und eben so viel Bogen unterstütztes Gewölbe. Um

D 4   dassel-

daſſelbige her ſind unterſchiedene Gräber; denn die Türken laſſen ſich gern hieſelbſt begraben.

Bethlehem, ein 2 Stundenweges oder eine ſtarke ſogenannte deutſche Meile von Jeruſalem entlegenes, ziemlich großes und ziemlich volkreiches Dorf, auf einem felſichten Berge, welcher mit Thälern und Hügeln umgeben iſt, die zum Theile Getreide, Wein, Oel⸗Feigen⸗ und andere vorzügliche Bäume tragen, zum Theile auch unangebauet ſind, überhaupt aber den Augen eine angenehme Abwechſelung geben. Eines von den Thälern erſtrecket ſich abwärts nach Jericho und dem Jordan. Von der höchſten Gegend des Berges, darauf Bethlehem erbauet iſt, kann man die Gegend von Jericho, das todte Meer, und die arabiſchen Gebirge ſehen. Dieſer Ort, ein ehemaliges Städtchen, iſt als der Geburtsort des Heilandes der Welt berühmt, zu deſſen Zeit er nur ein Flecken genennet ward. Troilo ſchreibt, das jetzige Dorf habe ungefähr 100 ſteinerne Häuſerchen. Groben meynet, es wären nur halb ſo viel. Die Einwohner deſſelben, ſind Chriſten und Muhammedaner, und mögen, wie Korte meynet, ein Paar hundert Familien ausmachen. Beyde Arten derſelben, verfertigen Roſenkränze, Crucifixe, Abbildungen der Kirche zum heil. Grabe zu Jeruſalem, des heiligen Grabes, der Kirche zu Bethlehem, und der heiligen Grotte, die hier geweihet werden: und ob ſie gleich dieſe Sachen nur aus Holz mit dem Meſſer ſchneiden, ſo gerathen ſie doch ſo gut, als ob ſie von geſchickten Drechslern gemachet wären. Dieſe ſogenannten Heiligthümer, werden in Menge nach den römiſchkatholiſchen Ländern in Europa, inſonderheit nach Portugal und Spanien, geſchicket, und ſelbſt die Türken handeln mit denſelben. Rau berichtet, man habe ihm zu Bethlehem erzählet, daß davon jährlich für mehr als 3 bis 4000 Thaler verkaufet würden, und Haſſelquiſt erzählet, der Procurator des lateiniſchen Kloſters zu Jeruſalem habe ihm geſaget, im Kloſtermagazin wären gewiß für 15000 Piaſter ſolcher Heiligthümer vorräthig. Die Bethlehemiten werden von Rau, Pocock und Haſſelquiſt

selquist als sehr unruhige, streitsüchtige, und bösartige
Leute beschrieben, und zwar die sogenannten Christen,
eben sowohl als die Muhammedauer. Hasselquist schreibt,
dieser Ort sey ein Vermächtniß an Mecca, und stehe also
nicht unter dem Sandschak von Jerusalem, sondern unter dem Befehlshaber von Jaffa, welcher Ort ebenfalls
nach Mecca gehöre. Er ist der einzige, der dieses meldet, daher ich mehrere Gewißheit davon zu haben
wünschte.

Außerhalb des Dorfes, am östlichen Ende desselben,
ist die Kirche, welche über der Grotte, in welcher der Heiland der Welt geboren seyn soll, erbauet ist. Das Schiff
der Kirche hat 50 hohe und schöne marmorne Säulen,
deren jede aus einem Stücke ist. Das Chor ist durch
eine Mauer davon geschieden, und unter demselben ist
die Grotte, in welcher der Heiland geboren seyn soll.
Diese Kirche ist, wie Rau anmerket, vom Kaiser Justinian erbauet, die mosaische Arbeit aber, mit welcher sie
inwendig gezieret ist, hat der Künstler Ephrem 1278,
laut einer Inschrift, vollendet. Sie hat ehedessen den
Griechen gehöret, denen auch, wie Rau berichtet, die
Erlaubniß zu ihrer Verbesserung und solche Verbesserung
selbst, ums Jahr 1600 und einige 70, an 100000 Thaler gekostet hat, welche ein einziger reicher Metzger zu
Constantinopel geschenket: nichts destoweniger haben die
Römischkatholischen Mittel und Wege gefunden, zum
Besitze derselben, insonderheit des Chors und der Grotte
unter demselben, zu gelangen, wie man aus Pococks,
Kortens, Hasselquists und Egmond van der Nyenburg,
Reisebeschreibungen ersieht. Bey der Kirche steht ein
großes Kloster, welches mit einer starken Mauer umgeben, und in 3 Klöster abgetheilet ist, welche mit römisch-
katholischen Mönchen Franciscanerordens, mit griechischen und armenischen Mönchen besetzet sind. Von dem
Dache des Klosters hat man eine schöne Aussicht über
Berge und Thäler, nach dem Jordan und todten Meere,
kann auch das letzte hier besser, als vom Oelberge,
sehen, weil man hier demselben 2 Stunden näher ist.

Als Schweigger 1581 am 8ten May nach Bethlehem kam, war daselbst die Erndte schon vorbey.

Wenn man von Jerusalem aus, von dem Wege, der nach Bethlehem führet, zur rechten Hand abweicht, kömmt man zu dem Kloster des heil. Kreuzes, in der Landes-sprache Mussallabe genannt, welches ein mit hohen Mauern versehenes, festes und großes Gebäude ist, und wie die meisten Reisebeschreiber sagen, den Griechen, hingegen nach Cotwyks, Reißschitz und Nau Versicherung, den Georgianern gehöret. Die Gegend desselben ist mit Olivenbäumen bewachsen, auch fruchtbar an Getraide und Hülsenfrüchten. Ferner kömmt man zu dem tiefen und weiten Terpentinthal, und dem daselbst befindlichen Dorfe Coloni, alsdenn zu dem Dorfe Juba, welches irrig für Modin der Maccabäer gehalten wird, und hierauf zu

Dem Kloster des heiligen Johannis, welches 2 kleine Stundenweges von Bethlehem, auf einem niedrigen Hügel unter Bergen liegt, und mit Franciscanermönchen besetzet ist. Es ist ums Jahr 1673 von neuem erbauet, und hat eine schöne Kirche. Nau, welcher 1675 hieselbst war, hörete, daß die Baukosten desselben, schon damals 20000 Thaler betragen hätten. Auf dem Platze, wo sie steht, soll Johannes der Täufer geboren seyn. Das dabey gelegene Dorf, dessen arabischen Namen P. della Valle Ain ciareb, Nau aber Ain Karem schreibt, hat seinen Namen von der dabey befindlichen sehr wasserreichen Quelle, die sich in das Thal ergießt, und die dasigen Gärten wässert: und es ist wahrscheinlich, daß es der Ort Ajin oder Aenon der Bibel sey, in dessen Nachbarschaft die Städtchen Salim und Juda gewesen. Die sogenannte Wüste Johannis, darinnen das Kloster liegt, ist eine der angenehmsten Gegenden von Judäa. Alle Felder, welche dieselbige umgeben, sind noch heutiges Tages wohl angebauet, und tragen gutes Getraide, wie Nau bezeuget. Es giebt daselbst viele Weinberge. Die Grotte, darinnen Johannes der Täufer einsiedlerisch gewohnet haben soll, ist um die Mitte eines steilen Felsen, und wenn sie gleich Johannes nicht bewohnet hat, so verdiente

diente ſie doch eine Einſiedlerey zu ſeyn. Man hat auſ
derſelben eine ſchöne Ausſicht: denn unterwärts ſiebt man
in das tiefe Thal hinab, und gegen über ſind Berge,
auf deren einem, welchen man zur linken Hand ſiebt, ein
Dorf Namens Seba, und um die Mitte eben dieſes Berges ein anderes iſt, welches viel Waſſer hat. In der
Gegend der Grotte ſtehen unterſchiedene von denen in
dieſem Lande ſehr gemeinen Bäumen, welche von den
Landeseinwohnern Charnubi genennet werden, und das
ſogenannte Johannisbrodt tragen.

Man reiſet von hier eine Stundeweges gegen Süden
über fruchtbare und hohe Berge, und kömmt an den
Bach, welcher in der Bibel Sorek heißt. Er entſteht
und fließt in dem von ihm benannten Thale, welches auch
für das Thal Eſkol gehalten wird, aus welchem die große Weintraube geweſen, die von denen von Moſe aus-
geſchickten Kundſchaftern ins Lager gebracht worden.
So viel iſt gewiß, daß die Berge, welche man zur Linken hat, wenn man von Jeruſalem aus in dieſes Thal
kömmt, gut angebauet ſind, Getralde, Olivenbäume
und auch Weinſtöcke tragen. Arvieur und Nau melden,
daß man ihnen erzählet, daß hier zur Zeit der Weinleſe
Trauben von 10 bis 12 Pfunden zu finden wären, und
Reißſchiß verſichert, in dieſem Thale am 26 Auguſt Trauben geſehen und gegeſſen zu haben, die eine halbe Elle,
und die Beeren 2 Glieder eines Fingers lang, geweſen.

Auf der Südſeite des Baches Sorek, und nahe bey
einem Dorfe, iſt eine Quelle, welche für diejenige ausgegeben wird, in welcher Philippus den Kämmerer der
Königinn Candace getaufet haben ſoll. Bey derſelben
war ehedeſſen ein Kloſter mit einer Kirche. Sie iſt mit
gebauenen Steinen eingefaſſet, und ihr Waſſer läuft zuerſt in ein Becken, aus dieſem durch einen Kanal in ein
anderes Behältniß, und vermiſchet ſich endlich mit dem
Bache Sorek. Es iſt zwar nahe bey der Quelle keine
Landſtraße, wohl aber auf der andern Seite des Thals,
darinnen ſie iſt.

Das Dorf Beit Dſchiala, eine kleine halbe deutſche
Meile von Bethlehem, hat nur griechiſche Einwohner,
und

und wird von allen Reisebeschreibern angeführet. Das umliegende Land ist fruchtbar, und wird von den Griechen angebauet.

Der sogenannte versiegelte Brunn Salomons, (welchen Namen man aus Hohel. Sal. 3, 12. genommen hat,) ist eine in einer hohen Gegend befindliche wasserreiche Quelle, zu welcher man mit einem brennenden Lichte mühsam durch eine enge Oeffnung hinabsteigt, welche zu 2 gewölbten Kellern führet, in denen das beste Wasser aus einigen Oeffnungen in solcher Menge hervorbricht, daß es nicht nur 3 große und tiefe in dem Felsen ausgehauene viereckichte Teiche, deren einer über den andern liegt, anfüllet, sondern auch, vermittelst einer Wasserleitung von irdenen Röhren, Jerusalem, und durch eine andere Wasserleitung, auch Bethlehem, mit Wasser versieht; des übrigen, als überflüßig weglaufenden Wassers, nicht zu gedenken. Diesen Brunnen, die Teiche und Wasserleitung soll König Salomo angeleget, (Pred. Sal. 2, 4. 5. 6.) auch hieselbst einen Lustgarten gehabt haben, welcher vielleicht den Teichen gegen Nordwesten und Norden am Abhange eines Hügels, und in einem von hohen Hügeln eingeschlossenen kleinen Thale gewesen ist. Von jenem Hügel hat man eine schöne Aussicht nach den Teichen, Bethlehem, und in die ganze umherliegende Landschaft. Das genannte kleine Thal, dessen Pocock gedenket, ist vermutlich einerley mit demjenigen, von welchem Nau schreibt, daß es aus einem sehr guten Boden bestehe, und durch das Wasser einer Quelle gewässert werde, welche niedriger, als der unterste von denen vorhin beschriebenen 3 Teichen, sey. Nach Cotwyks Beschreibung ist es etwa 2 Stadia lang, und 500 (gemeine) Schritte breit, hat schwarzes fruchtbares Erdreich, ist mit allerley vorzüglichen Fruchtbäumen bewachsen, und überhaupt sehr angenehm. Troilo rühmet auch die dasigen Erd= und Baumfrüchte.

Ueber Berge und Thäler kömmt man von den Teichen innerhalb 2 Stunden zu dem Berge, auf welchem vor Alters Tekoa gestanden hat, woselbst man auch noch viele Trümmer sieht. Man erblicket von hier das todte

Meer

Meer in Südoſten, Bethlehem in Nordweſten, und den Berg, welchen die Mönche Bethulia nennen, in Weſten-nordweſten. Auf der Nordſeite des Berges, ſind fruchtbare Thäler und ſchöne Hügel, auf der Süd- und Oſtſeite aber große Felder. Die ſogenannte Wüſte von Tekoa ſoll auf der Oſtſeite geweſen ſeyn. Etwas unter dem Gipfel des Berges, gegen ſeine nordweſtliche Ecke, iſt eine Grotte mit einer Quelle, der es niemals an Waſſer fehlet.

Ungefähr 1½ franzöſiſche Meilen von dieſem Berge, und etwas mehr als eine Meile von Bethlehem, iſt ein anderer hoher, ſteiler, und abgeſonderter Berg, welchen man in der Landesſprache Ferdays oder Ferdaus, das iſt, das Paradies, nennet: die Franken aber nennen ihn Bethulia, auch den Berg der Franken. Auf demſelben findet man die Trümmer eines ehemaligen Kaſteels, welches die Johanniterritter 40 Jahre lang vertheidiget haben ſollen.

Etwa 2 franzöſiſche Meilen gegen Oſten von Bethlehem iſt ein hoher Berg, und auf demſelben ſind die Trümmer einer alten Burg, welche, wie Pocock ſaget, Creightun genennet wird, über einem Thale liegt, und eine in dem Felſen ausgehauene Ciſterne hat. Nahe dabey iſt eine Grotte, welche, nach Pococks Beſchreibung, ſehr groß iſt, einen ſehr ſchmalen Zugang, und 2 Eingänge hat. Er gieng durch den hinterſten hinein, und kam durch einen engen Gang, in eine geraume ganz trockene Höle, woſelbſt der Felſen auf großen natürlichen Pfeilern ruhet, von dannen aber kam er in einen ſehr engen Gang, deſſen Ende er nicht erreichen konnte. Er berichtet ferner, man erzähle, es ſey das Landvolk, an 30000 Mann ſtark, in dieſe Höle geflüchtet, um ſich vor einer böſen Luft zu verbergen, darunter, wie Pocock meynet, der heiße Wind zu verſtehen, der in dieſen Gegenden bisweilen ſehr gefährlich iſt. Man hält dieſe Grotte für die Höle, in welcher ſich David verborgen, und von Sauls Mantel einen Zipfel abgeſchnitten. Arvieux nennet die Grotte, welche man dafür anſieht, eine große und dunkele Höle, und le Bruyn ſaget bloß, ſie ſey ſehr dunkel. Rau beſchreibt ſie auch als niedrig und dunkel, und zugleich

Meer in Südosten, Bethlehem in Nordwesten, und den
Berg, welchen die Mönche Bethulia nennen, in Westen
nordwesten. Auf der Nordseite des Berges, sind fruchtbare
Thäler und schöne Hügel, auf der Süd= und Ost....
roße Felder. Die sogenannte Wüste von ....
auf der Ostseite gewesen seyn. Etwas unter dem G...
fel des Berges, gegen seine nordwestliche Ecke, ...
Grotte mit einer Quelle, der es niemals an Wasser....

Ungefähr 1½ französische Meilen von diesem Berg....
und etwas mehr als eine Meile von Bethlehem, ...
anderer hoher, steiler, und abgesonderter Berg, wel...
man in der Landessprache Ferdays oder Ferda... ....
ist, das Paradies, nennet: die Franken aber ....
Bethulia, auch den Berg der Franken. Auf dem...
ben findet man die Trümmer eines ehemaligen ....
welches die Johanniterritter 40 Jahre lang ....
get haben sollen.

Etwa 2 französische Meilen gegen Osten ....
ist ein hoher Berg, und auf demselben ....
mer einer alten Burg, welche, wie Pocock ....
tun genennet wird, über einem Thale ....
dem Felsen ausgehauene Cisterne hat. ....
eine Grotte, welche, nach Pococks Besch....
ist, einen sehr schmalen Zugang; und ....
Er gieng durch den hintersten hinein, ...
einen engen Gang, in eine geraume ....
woselbst der Felsen auf großen natür....
von dannen aber kam .... einen ....
sen Ende er nicht ....
man erzähle; es ....
stark, in diese ....
Luft zu verder....
heiße Wind ....
len sehr ge....
Höle, in ....
Mantel ....
Grotte, ...
kle H....
Kay....

gleich als klein; denn er berichtet, sie sey nur 52 Span=
nen oder Schuhe lang, und 24 breit, und könne nicht
30 Menschen fassen. Auf eben diesem Berge sey noch
eine andere Grotte, von gleicher Größe. Troilo stimmet
hiermit genau überein. Wenn man diese letztern Erzäh=
lungen mit der ersten vergleicht, findet man sie, in An=
sehung der Größe der Grotte, so von einander unterschie=
den, daß man glauben muß, Troilo und Rau haben
nur einen Theil der Grotte gesehen, welche Pocock be=
schreibt. Und doch sucht Rau den Zweifel unterschiede=
ner Personen, ob die von ihm beschriebene kleine Grotte
auch diejenige sey, in welcher sich David nach 1 Sam.
24, 1. verborgen? zu beantworten und zu heben.

Das Kloster des heiligen Saba, 3 französische Mei=
len von Bethlehem, und 4 bis 5 von Jerusalem, liegt
auf einem hohen, steilen und felsichten Berge, der viele
Grotten hat, und an dessen Fuße der Bach Kidron fließt,
nämlich wenn es regnet; denn sonst ist er trocken. Wenn
man einige hundert Schritte den Berg hinab geht, kömmt
man zu einer Quelle, welche in einer Höle ist. Aus dem
Kloster steigt man durch einen unterirdischen beschwerli=
chen Weg sehr hoch zu einem Thurme hinauf, in welchem
ein einsiedlerischer Mönch die Wache hält, um alle, die
sich dem Kloster nähern, zu beobachten, und dem Klo=
ster durch Anziehung einer Linie, welche an einer Glocke
befestiget ist, Nachricht davon zu geben. Den Muham=
medanern ist bey großer Geldstrafe verbothen, ins Kloster
zu gehen. Es ist mit griechischen Mönchen besetzt, deren,
wie Troilo meynet, nicht über 10 sind, und steht, nebst
seinem Abte, unter dem griechischen Patriarchen zu Jeru=
salem. Vor Alters hat nicht nur das Kloster eine große
Anzahl Mönche gehabt, sondern es haben auch in den
benachbarten Grotten über 10000 Einsiedler gelebet.

II. Der District El Khalil oder Hebron,

erstrecket sich gegen Norden bis an den versiegelten
Brunnen, und gränzet also an den District El Kods;
gegen Osten an das todte Meer, gegen Süden an
die

die Wüſte des Berges Einai, gegen Weſten an den
Diſtrict Gaza. Er begreift nur eine Stadt, und 15
oder 16 Dörfer. Wenn man von Bethlehem nach
Hebron geht, nimmt man seinen Weg über die oben
beſchriebenen Teiche Salomons, kömmt hierauf über
einen Berg und durch einen Wald, alsdenn durch ein
angebauetes Thal, nachmals aber in eine Ebene, zu
einem Dorfe, Namens Ain Halhul, und von dannen
bis Hebron findet man nichts als Weinberge und Gärten mit allerley Arten von Früchten.

Hebron, welches die arabiſchen Landeseinwohner El
Khalil nennen, weil Abraham, von ihnen Khalil Allah,
der Freund Gottes, genannt, daſelbſt begraben iſt, iſt
eine Stadt, 5 deutſche Meilen von Jeruſalem; die faſt
ſo groß als Jeruſalem ſeyn ſoll, aber ohne Wälle und
Mauern, und ſehr verfallen. Ein Theil derſelben ſteht
auf einem kleinen Berge, und der andere auf der dar unter liegenden Ebene. Die Einwohner ſind alle Muhammedaner, doch dulden ſie einige Juden unter ſich. In
der Mitte der großen und ſchönen Moſchee, die von ungeheuer großen Quaderſteinen erbauet, und eine chriſtliche Kirche geweſen iſt, zeiget man die erdichteten Gräber Abrahams und Sará, zu welchen die Muhammedaner eben ſowohl, als die Chriſten, Wallfahrten anſtel-
len. Es iſt auch bieſelbſt ein Kaſteel. Einige 100 Schritte von der Stadt gegen Weſten, iſt ein kleiner Berg,
auf welchem eine verfallene Moſchee ſteht, die von 40
Märtyrern, El Arbain Schehid genennet wird, und
unter welcher eine tiefe Höle iſt, aus der ein unterirdi-
ſcher Gang nach Hebron führen ſoll. Die Gegend der
Stadt iſt bergicht, wie um Jeruſalem, aber mehr mit
Hölzung bewachſen. Jenſeits derſelben gegen Oſten und
Süden, wohnen nur Araber, welche des Handels wegen
nach Hebron kommen, und dahin, außer andern Sachen,
auch eine kieſelichte Erde bringen, die ſie 7 oder 8 franzöſiſche Meilen von da ausgraben, welche in Hebron zu
Glasfabriken gebrauchet wird. Daß von Hebron jähr-

lich dreyhundert Kameelladungen voll, oder an 2000 Zentner Dibse, das ist, Syrop von Weintrauben gemachet, nach Aegypten verschicket werden, habe ich oben schon aus Shaws Reisebeschreibung angemerket. Es werden auch viele Weintrauben von hier nach Jerusalem geführet, und daselbst Wein daraus gemachet. Unterhalb der Stadt im Thale, ist ein großer Teich, in welchem sich das Regenwasser von den umliegenden Bergen sammlet, und dessen sich die Einwohner der Stadt, weil sie kein anderes haben, bedienen.

Das Thal oder die Ebene Mamre, nicht weit von Hebron, wird als fruchtbar und angenehm beschrieben; unter andern bringt es auch sehr gute Weintrauben hervor. Von der Kirche, welche in derselben, auf Kaiser Constantins Befehl, erbauet worden, ist noch Mauerwerk vorhanden; welches aus Quadersteinen besteht, die 3 Klaftern lang, eine Klafter breit und eben so dick sind, und, ohne durch Kalk verbunden zu seyn, ganz dichte auf einander liegen, wie Trollo berichtet. In dieser Ebene hat Abraham eine Zeitlang gewohnet, ist auch in derselben mit seiner Frau Sara begraben, 1 Mos. 25, 9. 10. und nicht in Hebron. Jacob ist auch daselbst beerdiget worden. 1 Mos. 50, 13.

III. Der District oder das Land Gazza, gränzet gegen Westen an das mittelländische Meer, bis an den Khan Junus oder Jonas, (in Thevenots Reisebeschreibung unrichtig Caunlones genannt,) welcher eine öffentliche Herberge auf der Landstraße nach Cairo, und nebst dem dabey befindlichen Kasteel, der letzte zu Aegypten gehörige Ort ist, 5 Stunden von Gazza: gegen Süden an die arabische Wüste, durch welche man nach dem Berge Sinai geht: gegen Osten an Vadi Esserar (d. i. das Thal der Geheimniss) und das Schloß oder Kasteel Dschebrin, und gegen Norden endiget es sich bey dem Kasteel Ras el Ain, welches bey der Quelle eines kleinen Flusses,

Namens

Namens Blaugé iſt, und mit der Stadt Ramla und ihrem Gebiethe. P. della Valle, Trollo und Mau melden, daß dieſer Diſtrict einen erblichen Emir zum Befehlshaber habe, welcher den Titel eines Paſcha führe. Es iſt faſt gar kein Berg darinnen, ſondern er beſteht aus großen und fruchtbaren Ebenen, und kleinen Hügeln, und begreift 2 Städte, und ungefähr 300 Dörfer.

Gazza oder Gazzát, von den Hebräern Azza, von den Griechen und Lateinern Gaza, auch Ione und Minoa genannt, eine Stadt ohne Mauern, jedoch mit einem Erdwalle umgeben. Ein Theil derſelben liegt auf einer Höhe, und beſteht aus einem ſchlechten Kaſteel, und aus den Quartieren der Chriſten und Juden. Die Chriſten ſind Griechen und Armenier, jede haben eine Kirche, und die erſten auch einen Biſchof. Der andere Theil der Stadt, liegt unter dem vorhergehenden, hat 3 oder 4 Moſcheen, und einen beſondern Namen, den Mau Haret el Segiayé, ſchreibt. Die ehemalige Pracht der Stadt, erkennet man noch an der Menge marmorner Trümmer. Sie hat kein anderes Waſſer, als was aus ſehr tiefen Brunnen geſchöpfet wird. Der Pallaſt des Paſcha iſt groß, und hoch von harten Steinen erbauet, hat auch einen ganz artigen Garten. Es iſt hier ein beſtändiger Durchzug von Kirwanen aus Syrien nach Aegypten, und aus Aegypten nach Syrien, und alſo auch guter Handel. Unter den Muhammedanern iſt die Stadt nicht nur als des Imams Echafel Geburtsort, ſondern auch als Muhammeds Aeltervaters Haſchem Begräbnißort, berühmt. Von dem letztern führet das Geſchlecht Muhammeds den Namen der Haſchemiten. Eine halbe franzöſiſche Meile nach Arvleur, nach Thevenot aber eine Meile von der Stadt gegen Oſten, iſt ein kleiner Berg, der für denjenigen gehalten wird, auf welchen Simſon die Stadtthore getragen hat. Mau, der ihn beſtiegen, hat die obere und untere Stadt davon überſehen. Eben derſelbige meldet, daß er von

5 Th. Z Aſcalan

Ascalan nach Gazza beständig auf Sand gegangen sey,
und daß er zwischen der Stadt und dem mittelländischen
Meere einen sandichten Weg gehabt habe.   Arvieux
schreibt auch, es wären einige sandichte Gegenden um
Gazza, auf welchen aber doch seines Gras für Schafe
und Ziegen wachse, versichert aber, daß die übrigen
Felder schön und lustig wären; und Troilo schreibt, das
umliegende Land trage allerhand Getraide, habe schöne
Weingärten, und Citronen, Pomeranzen, Datteln und
andere gute Früchte, wüchsen hier in Menge.

: Die Entfernung der Stadt von dem mittelländischen
Meere, wird auf sehr unterschiedene Weise angegeben.
Troilo bestimmet sie allem Ansehen nach zu klein, wenn
er sie kaum auf ein Achtel einer deutschen Meile schätzet,
und Thevenot zu groß, wenn er ungefähr von 2 französischen Meilen spricht.   Der Pascha von Gazza hat nahe
bey dem Meere einen Garten, dessen Entfernung von
der Stadt, Rau auf mehr als eine halbe, Arvieux aber
auf eine ganze französische Meile schätzet.

: Der Hafen am Meere ist von allen Seiten offen, und
ohne Schutz. Er hieß vor Alters Majuma, Kaiser
Constantin der Große aber nannte ihn Constantia, und
gab ihm die Freyheiten und Vorrechte einer besondern
Stadt, welche er aber unter K. Julian wieder verlor.

: Gazza ist eine uralte Stadt, deren schon 1 Mos. 10, 19.
Erwähnung geschiehet. Sie war die ansehnlichste und
berühmteste Stadt der Philister, welche hier einen Götzen, Namens Marnas, verehreten. Der macedonische
König Alexander zerstörete dieselbige, worauf sie eine
geraume Zeit wüste lag, zur Zeit der römischen Herrschaft aber wiederhergestellet wurde, wie sie denn unter
des syrischen Statthalters Gabinii Regierung schon wieder volkreich war. Balduin III, König zu Jerusalem,
fand sie in einem verwüsteten Zustande, und ließ die
obere Stadt wieder erbauen.

Der gerade Weg von Gazza nach Aegyd, geht durch
ein ebenes angebauetes blumreiches und mit Bäumen
reichlich versehenes Feld. Man kann aber auch über
Ascalan gehen.

Von

Von Gazza bis Ascalan reiset man längs der sandigen Küste des Meers in 6 Stunden.

Ascalan ist ein Dorf, bey den ansehnlichen und schönen Trümmern der ehemaligen Stadt Ascalon, welche am Meere auf einer Höhe gelegen, aber keinen Hafen gehabt hat. Die Ueberreste von ihren Mauern sind sehr dick. Das merkwürdigste hieselbst ist ein alter sehr großer und tiefer, jetzt aber schon halb verschütteter Brunnen, in welchem das Regenwasser zum Gebrauche der Stadt gesammlet worden. Man kann in denselben, vermittelst eines gewölbten Ganges, der 2 bis 3 Schritte breit ist, und rund umher geht, bis auf den Grund hinabreiten. Außer demselben ist noch ein anderer Brunnen vorhanden, aus welchem man Wasser schöpfet. Sie war eine berühmte Stadt der Philister, und der Geburtsort der assyrischen Königinn Semiramis. Es hat auch von derselben die Art Zwiebeln den Namen, welche auf lateinisch Ascalonia genannt wird, daraus die Franzosen ihr Echalote, die Engländer ihr Schalot, und die Deutschen ihre Schalotten gemachet haben. Die Stadt war auch vor Alters ihres Weins, ihrer starken Taubenzucht und ihrer Cypressen wegen, berühmt. Zur Zeit der Kreuzzüge ist sie wechselsweise von den Franken und Muhammedanern erobert, endlich aber von den letztern und von Erdbeben verwüstet worden.

Zwischen Ascalan und Azud ist ein Weg von 3 guten Stunden, zur rechten Hand desselben, etwa 3 Vierthel einer französischen Meile von Ascalan, ist ein großes und volkreiches Dorf, welches mit guten Fruchtbäumen und Gärten angefüllet ist, und darinnen wöchentlich ein großer Markt gehalten wird. Wo ich nicht irre, so ist es das Dorf, welches Arvieux Magdel, und Thevenot Megdel nennet.

Azud oder Esdud, vor Alters Aschdod, von den Griechen Azotos, von den Lateinern Azotus genannt, ein geringes Dorf, bey den Trümmern der ehemaligen Stadt, unter welchen aber keine erbebliche sind. Der Platz, wo das Kasteel gestanden hat, ist jetzt ein Feld, welches bearbeitet wird. Ganz nahe bey dem Dorfe ist ein großer Chan oder öffentliche Herberge für die Reisenden. Vor

Alters

Alters war dieser Ort eine Stadt der Philister, und hatte einen Tempel, in welchem der Götze Dagon verehret wurde. Herodotus erzählet, daß der ägyptische König Psammitichus, dieselbige 29 Jahre lang belagert habe.

Von hier nach Nebna, kömmt man durch die schönste Ebene. Nau meynet, daß an diesem Wege die ehemaligen Städte Ekron oder Accaron, und Bethschemesch, gestanden hätten.

Nebna, ein Dorf, auf einem Hügel, 3 französische Meilen von Ramla, welches man zur Zeit der Kreuzzüge Jbelin nennete, und damals ein fester Platz war, ist vor Alters eine Stadt der Philister, Namens Jabne, gewesen, und von den griechischen und lateinischen Schriftstellern Jamnia genennet worden. Es liegt an der Südseite eines Baches, der gleichen Namen und eine Brücke hat. Als Nau um Pfingsten darüber reisete, hatte es kein Wasser. Von diesem Orte wird ein Meerbusen benannt, den man auch noch den Casiro Perendo und Castro di Beroaldo nennet.

Etwa eine französische Meile von hier, an der Straße, die nach Ramla führet, und durch große und schöne Felder geht, ist ein großer Morast, und in der Mitte desselben ein Teich. Er ist ungefähr in der Gegend, wo einige Landcharten das Wasser Jercon hinsetzen. Ich will aber Jaffa eher, als Ramla beschreiben.

Jafa oder Jaffa vor Alters Japho und Joppe, eine ehemalige Stadt, ist jetzt kaum für einen Flecken zu achten. Der Ort steht auf einem Hügel, von welchem man auf der einen Seite die Aussicht in die See, auf der andern aber in ein großes und fruchtbares Feld hat. An dieser letzten Seite sieht man noch um den Hügel her Ueberbleibsel von den ehemaligen starken Mauern und Thürmen. Der Ort hat schlechte Häuserchen, die von Türken, Arabern, auch wenigen Griechen und Armeniern bewohnet werden, am Seestrande aber stehen unterschiedene steinerne Häuser und Magazine, und auf einer Klippe ein kleines Kastell, zur Beschützung der Rhede. 1750 hat ein heftiges Erdbeben, so wie andere Oerter in Palästina und Syrien, also auch diesen, sehr verwüstet.

Der

Der ganze Strand iſt felſicht. Der Hafen wurde ebe=
deſſen durch einen Damm beſchützet, der aber verfallen
iſt: daher müſſen die Schiffe auf der offenen Rhede lie=
gen. Es iſt auch das Waſſer zunächſt am Strande ſo
ſeicht, daß ſelbſt die etwas großen Boote nicht an den=
ſelben kommen können, ſondern die Reiſenden müſſen ſich
bis an die ſteinerne Brücke durchs Waſſer tragen laſſen.
Die Franken, Griechen und Armenier haben hier kleine
Häuſer, in welche die Mönche die Pilgrimme von ihren
Nationen aufnehmen. Die Waaren, welche von hier
ausgeſchiffet werden, habe ich ſchon bey Rama genannt;
es gehöret nur noch Getraide dazu. Zu den eingehenden,
gehöret der ägyptiſche Reiß. Nach Troilo, Arvieux,
Nau und Myller, ſteht dieſer Ort unter dem Paſcha von
Gazza, dem auch der Zoll gehöret, welcher hier gehoben
wird; Pocock aber ſaget, der Ort gehöre dem Kislar
Agaſi zu Conſtantinopel, und Haſſelquiſt, er ſey ein
Vermächtniß an Mecca. Es ſcheint, daß die beyden
letzten Reiſebeſchreiber, nur von dem Gelde zu verſte=
hen ſind, welches die Pilgrimme hieſelbſt bey ihrem Ein=
tritte in Paläſtina, für die Erlaubniß, die ſogenannten
heiligen Oerter zu beſehen, bezahlen müſſen, und wel=
ches vielleicht zum Theile nach Mecca kömmt, daran aber
auch vielleicht der Kislar Agaſi Theil hat: und daß hin=
gegen der Zoll von den ein=und ausgehenden Waaren,
dem Paſcha von Gazza gehöret, und der Ort überhaupt
unter deſſelben Gerichtsbarkeit ſteht. Er war vor Al=
ters eine feſte und blühende Handelsſtadt, iſt aber in den
Kreuzzügen verwüſtet worden. Zu der Fabel, daß Per=
ſeus in dieſer Gegend die Andromeda errettet habe, hat
nach einiger Meynung, die Geſchichte des Propheten
Jonä, der hier auf ſeiner Flucht zu Schiffe gegangen
iſt, Gelegenheit gegeben. Monconys verſichert, daß
es hier viele gute Quellen gebe, inſonderheit 2, die nur
einige Schritte vom Meere wären.

Die Wege, welche zu dieſem Orte führen, ſind zwar
breit und eben, aber wegen des vielen Sandes beſchwer=
lich. In den hieſigen Gärten wachſen vorzügliche Fei=
genbäume, und auch Sycomori. Die Tſchakals hal=

Z 3 ten

ten sich hier herum sehr häufig auf, wie Hasselquist berichtet.

Der Weg von hier nach Jerusalem, beträgt nach P. Lucas Angabe, 15 Stunden. Bis Ramla, sind 4 Stunden, wie Rauwolf, le Bruyn, Gröben, P. Lucas, Troilo, Nau, Thevenot, Myller und Korte berichten. Reland hat ihn also zu kurz angegeben. Zwischen beyden Oertern ist ein großes und schönes Feld, welches nach Hasselquists Bericht, aus einer losen rothartigen Sanderbe besteht. Es hat viele kleine Hügel, bringt mancherley Pflanzen, auch wildwachsende Tulipanen und Wassermelonen von 10 Pfunden und darüber, hervor; man trifft auch auf dem Wege einige kleine Wälder von vortrefflichen Olivenbäumen an: allein, das Feld ist nur zum Theile angebauet, hat auch Mangel an Wasser. Es gehöret zu der aus der heiligen Schrift bekannten Ebene Saron. Man trifft auf dem Wege nach Ramla, das große Dorf Jasur, und nahe bey demselben einen Wallfahrtsort der Muhammedaner an, woselbst frisches Wasser ist, und nach Cotwyks Bericht Zuckerrohr gebauet wird. Nicht weit davon ist ein Dorf, an dessen Orte die Stadt Garb oder Gerb gestanden haben soll, und etwa eine halbe Stunde von Ramla, ist das Dorf Serfend.

Ramla, eine Stadt, die von den Reisebeschreibern und Franken überhaupt, Rama genennet wird, aber diesen Namen nicht, sondern den angeführten arabischen hat, welcher anzeiget, daß sie an einem sandichten Orte erbauet sey, wie diese Gegend gewesen, ehe sie besser angebauet, und fruchtbar gemachet worden, jetzt aber ist die umliegende Ebene sehr fruchtbar und angenehm. Die Türken nennen die Stadt Remle. Sie liegt 5 starke deutsche Meilen oder über 10 Stunden zu reiten, von Jerusalem, an der Landstraße, die von Jaffa nach Jerusalem, und aus Aegypten nach Damaschk fähret. Sie ist ein zwar ziemlich großer und auch ziemlich volkreicher, aber ganz offener Ort. Die meisten Einwohner sind Türken und Araber, und haben 5 Hauptmoscheen, deren 2 ehedessen christliche Kirchen gewesen sind. Es giebt hier auch Juden, und eine kleine Anzahl Christen, nämlich

lich Franken, katholiſche Maroniten, Griechen und Ar=
menier. Die Franciſcanermönche haben hier ein geräu=
miges Hoſpitium, (welches ſie, wie Motraye anmerket,
Caſa di Sion nennen,) mit einer Kapelle, die Griechen
eine öffentliche Kirche. Die Waaren, welche von hier
nach Jaffa, und daſelbſt zu Schiffe gebracht werden,
ſind Seiſe, aus Olivenöl und Aſche gemacht, Aſche zu
Seif= und Glasfabriken, rohe und geſponnene Baum=
wolle, weiße und blaue Leinwand von Loddo, Senesblät=
ter von Mecca, Caffee, und etwas geſponnene Baum=
wolle aus Jeruſalem. Außerhalb der Stadt iſt ein gro=
ßer gewölbter Brunnen, deſſen Gewölbe 24 Bogen un=
terſtützen. In demſelben wird zur Regenzeit Waſſer ge=
ſammlet. Auf der andern Seite der Stadt, gegen die=
ſem Brunnen über, iſt ein anderes großes Waſſerbe=
hältniß, bey welchem ſich die Pilgrimme verſamnilen,
welche ſich mit dem nach Mecca gehenden Kierwan ver=
einigen. Daß dieſe Stadt der Ort Arimathia ſey, wo
Joſeph Rathsherr geweſen, iſt ganz ungegründet. Ramla
iſt keine alte, ſondern eine neue Stadt. Abulfeda berich=
tet aus dem Moſchtarechi, daß ſie von Solyman, Sohne
Abdolmelichs, angeleget worden ſey, der Lydda verwü=
ſtet habe. Zur Zeit der Kreuzzüge iſt ſie wechſelsweiſe
von den Franken und Saracenen erobert worden. Her=
belot ſchreibt, die Moslemim beſuchten nahe bey dieſem
Orte das Grab Locmans, welcher al Hakim, das iſt, der
Weiſe, genennet wird, und die Gräber von 70 Prophe=
ten, welche hier begraben ſeyn ſollten. Le Bruyn merket
an, daß einige Wochen vor ſeiner Ankunft zu Ramla,
welche am 9ten October geſchehen, einige Tage lang ein
ſehr heißer Südoſtwind gewehet habe, glaubet auch ganz
richtig, daß der Südoſtwind in gewiſſen Jahren die
ſchreckliche Menae Heuſchrecken in dieſe Gegend führe,
welche alles Grüne verzehren, auch hier Eyer niederlegen,
aus welchen in 15 oder 16 Tagen junge Heuſchrecken her=
vorkommen. Eben dieſer le Bruyn berichtet auch, daß
es um Ramla eine große Menge Tſchakals gebe, welche
mit abgerichteten Leoparden gejaget wurden.

Cubeiby, auch Amoas, vor Alters Ammaus, Emmaus

und

und Nicopolis, 3 französische Meilen gegen Osten von Ramla, ein Dorf auf einem Berge, war ehedessen eine Stadt, von welcher noch Steinhaufen vorhanden sind: es sind auch viele Steine nach Jerusalem gebracht worden. Den ersten Namen findet man bey P. della Valle, le Bruyn und Pocock, den zweyten bey Nau. Dieser Ort wird von den meisten mit dem Flecken Emmaus, der nur 60 Stadia von Jerusalem gelegen hat, verwechselt. Bey demselben ist ein in den Felsen ausgehauenes, oben aber ummauertes großes Wasserbehältniß.

Arsuf, oder Orsuf, oder Ursuf, eine verwüstete kleine Stadt, am mittelländischen Meere, 2 Stundenweges gegen Norden von Jafa, 4 von Ramla, und 6 von Kaïsarla, ist vielleicht einerley mit Apollonia.

Ali Ben Aalam, oder Ali Ebn Aeulaym, ein Dorf, an dessen Ort, nach Arvieux und Nau Meynung, die ehemalige Stadt Antipatris gestanden hat, davon nach des letztern Bericht, noch Trümmer vorhanden sind. Es ist ein Ort, dahin Muhammedaner wallfahrten.

Arvieux schreibt, daß er, als er von diesem Orte nach Ramla gereiset, unterwegens den Muyer al tamsab, oder den Krokodillensee gesehen habe. Sanutus saget auch, daß er gegen Osten von Kaïsaria sey. Man muß ihn mit dem Krokodillenfluß, dessen weiter unten Erwähnung geschehen wird, nicht verwechseln.

Eine halbe deutsche Meile von Ali Ben Aalam, ich weiß aber nicht, ob gegen Süden oder gegen Norden? (wiewohl ich das letzte vermuthe,) ist der oben erwähnte Nahar Elaugeab, an welchem 2 Wassermühlen sind, die in diesem Lande, wo es wenig fließend Wasser giebt, selten sind. Bey der Quelle desselben ist das Kasteel Ras el Ain, bis dahin das Gebieth von Gazza sich erstrecket.

IV. Loddo, vor Alters Lod, Lydda, Diospolis, ein geringes Dorf, eine französische Meile nordwärts von Ramla, ehedessen aber eine Stadt. Es ist hier eine dem heil. Georg gewidmete, aber verfallene Kirche, in deren östlichem Ende die Griechen Messe lesen, das westliche aber die Muhammedaner zu einer Moschee gemachet haben,

ken, weil der heil. Georg bey den Chriſten und Muhammedanern in gleicher Hochachtung ſteht. Die Muhammedaner haben eine fortgepflanzte Nachricht, daß der
Herr Jeſus, Mariá Sohn, hier den Antichriſt tödten
werde. Es wird alle Wochen ein großer Markt gehalten. Die Einkünfte von dieſem Orte und ſeinem
Diſtricte ſind theils zum Unterhalte des Hospitals zu Jeruſalem, theils zu den Unkoſten des Kierwans, der nach
Mecca geht, gewidmet. Ungefähr um die Mitte des
Weges zwiſchen Loddo und Ramla, iſt ein Brunn, mit
einem kleinen Gebäude zur Bequemlichkeit der Reiſenden.

Die Berge, an welche die Ebene gränzet, darauf
Loddo ſteht, haben Einwohner, welche ſich Avahed nennen, die ſich zu keinen Abgaben an die Türken verſtehen wollen, wie Man berichtet. Eben derſelbige ſaget,
ihr Name rühre von ihrem Hauptorte her, den er Abud
nennet.

V. Der Diſtrict oder das Land Nabo-
los, erſtrecket ſich von Süden gen Norden von El
Bir im Diſtrict El Kods, bis an das große Dorf
Arraba. Gegen Oſten gränzet er an den Jordan, und
gegen Weſten erſtrecket er ſich bis an das Dorf Kakun,
3 franzöſiſche Meilen vom mittelländiſchen Meere. Außer der Stadt, davon er benannt wird, begreift er etwa 100 Dörfer.

Wenn man von Bir gegen Norden reiſet, kömmt man
nach einer Stunde an eine felſichte und ſteile Anhöhe,
über welche der Weg ausgehauen iſt. Auf der Fortreiſe, läßt man die arabiſchen Dörfer Dſchib und Sel-
wid zur linken Hand liegen, kömmt durch unterſchiedene
große mit Olivenbäumen beſetzte Plätze, nachmals durch
ein enges Thal, welches zwiſchen 2 hohen Felſen iſt, läßt
zur rechten Hand den hohen Berg, auf welchem vor Alters Siloh, nachmals aber eine chriſtliche Kirche geſtanden haben ſoll, und den Cotwyk für den höchſten in
Paláſtina hält, liegen, und kömmt endlich über einen
ſteilen und rauhen Berg, nach einer Herberge, genannt

Z 5 Khan

Aban Leban, welche, nach Troilo Bestimmung, von Bir 3, und von Nabolos 2 deutsche Meilen entfernet ist, und an der Ostseite eines kleinen sehr angenehmen Thals liegt, auf dessen Westseite ein Dorf Namens Leban ist, welches vielleicht an dem Orte der ehemaligen Stadt Lebona, Richt 21, 19. steht. Man kömmt ferner über einen Berg, und alsdenn in ein fruchtbares und schönes Feld oder Thal, welches von Süden gen Norden 4 Stunden lang, von Osten gen Westen 2 Stunden breit, und mit fruchtbaren und angenehmen kleinen Bergen von allen Seiten umgeben ist. Am nordlichen Ende desselben, und beym Anfange des engen Thals, darinnen Nabolos liegt, ist

Der Jacobsbrunn, welcher wahrscheinlicher Weise noch eben derjenige ist, dessen Joh. 4, 5. Erwähnung geschieht. Er ist in einem Felsen ausgehauen, und mit einem steinernen Gewölbe überbauet: ehedessen aber stund über demselben eine Kirche, davon noch etwas Mauerwerk vorhanden ist. Cotwyk schreibt, er habe zu seiner Zeit kein Wasser gehabt, sondern sey ganz verschüttet gewesen: P. della Valle meldet auch, daß er zu seiner Zeit mit Steinen so angefüllet gewesen sey, daß man ihn kaum erkennen können, und Reißchitz stimmt mit beyden überein. Allein, die 3 Reisebeschreiber haben sich geirret; denn man ersieht aus Troilo, Thevenot, Arvieur, Maundrel und Thompson, daß der Brunn mit großen Steinen zugedecket gehalten werde, und daß man, wenn man ihn sehen wolle, zuerst diese Steine wegräumen, alsdenn aber durch eine enge Oeffnung hinabsteigen, und hierauf noch einen großen platten Stein, welcher die Mündung des Brunnens verschließt, aufheben lassen müsse. Alsdenn kann man in den Brunnen hineinsehen. Arvieur und Thevenot erzählen, daß der Brunnen oben enge, unten weit, und bis auf das Wasser, 12 bis 16 Ruthen tief sey. Maundrel berichtet, daß er ungefähr 9 Fuß im Durchmesser habe, 105 Fuß tief sey, und 5 Fuß hoch Wasser enthalte. Thompson wiederholet oder bestätiget dieses mit einem geringen Unterschiede, indem er die Tiefe

des

des Brunnens auf 108 Fuß, und des Waſſers in demſelben auf mehr als 2 Klaſtern, ſchätzet.

Nicht weit von dem Brunnen, wie Maundrel und
Thompſon ſchreiben, ſind noch Ueberbleibſel einer breiten
Mauer zu ſehen, welche ihrer Muthmaßung nach zeigen,
daß die vormalige Stadt Sichem ſich bis dahin erſtre-
cket habe. Nur 500 Schritte von dem Brunnen nach
Arvieux, nach Cotwyk aber etwa 1000 Schritte, nach
Thevenot ein halb Vierthel einer franzöſiſchen, und nach
Trollo ein halb Vierthel einer deutſchen Meile, nach
Maundrel eine kleine, nach Reißſchitz aber eine gute halbe
Stunde, und nach Thompſon eine engliſche Meile von
dem Brunnen, liegt

Nabolos, oder Nabolus, oder Napluſa, vor Alters
Neapolis oder Flavia Neapolis, und Mabartha, eine
Stadt, welche entweder an oder doch bey dem Orte ſteht,
wo die uralte Stadt Sichem oder Schechem, welche
zur Zeit des Herrn Jeſu Sichar hieß, gelegen hat, auch
noch heutiges Tages von den hieſigen Samaritern, Sichem genennet wird. Sie liegt 6 deutſche oder geographiſche Meilen von Jeruſalem, in einem engen Thale,
zwiſchen den Bergen Garizim und Ebal, am Fluſſe des
erſten, welcher ihr gegen Süden, hingegen der Ebal gegen Norden iſt, hat um ſich her einen fruchtbaren Boden, der gutes Getraide hervorbringt, iſt mit mancherley Gartengewächſen reichlich verſehen, und mit weißen
Maulbeer-Oliven-Feigen-Orangen-Citronen- und anderen
Fruchtbäumen in großer Menge umgeben. Das Thal,
darinnen ſie ſteht, erſtrecket ſich von Morgen gen Abend,
und iſt, nach Cotwyks Meynung, ungefähr 3000 Schritte
lang, und 500 bis 1000 breit. Die letzte Breite hat es
in der Gegend der Stadt, als woſelbſt die beyden Berge
ungefähr ſo weit von einander entfernet ſind. Es wird
durch einen kleinen Fluß, und unterſchiedene Bäche gewäſſert. Die Stadt iſt lang, aber ſchmal, und hat, wie
Cotwyk meynet, etwa 2000 Schritte im Umfange. Alle
ihre Häuſer ſind zwar von Steinen, aber niedrig, und
nur wenige mit einem Stockwerke überbauet, haben auch
überhaupt ein ſchlechtes und verfallenes Anſehen.

gutem Quellwasser ist die Stadt aufs reichlichste versehen. Sie ist auch wohlbewohnet, und ihre Einwohner
sind Araber, Türken, Samariter (welche einen kleinen
Tempel haben,) und jacobitische Christen. Einige 100
Schritte von der Stadt gegen Osten, kömmt eine Quelle
unter einem natürlichen Gewölbe hervor, deren Wasser
sich in einen Trog ergießt, welcher aus einem großen
Stücke weißen Marmors gehauen ist.

Der Berg Garizim, an dessen Fuße, und zum Theile
auch an welchem Nabolos steht, ist fruchtbar, mit Olivenbäumen und Weinstöcken besetzt, auch reich an Quellen, und fällt also schön ins Auge, wie Cotwyk, Arvieux und
Maundrel angemerket haben, von denen der letzte die natürliche Ursache darinnen suchet, weil dieser Berg gegen
Norden gekehret, und durch seinen eigenen Schatten vor
der Sonnenhitze gesichert sey. Hingegen der Ebal ist
rauh, dürre, unfruchtbar, und ein nackter Felsen,
weil er, wie Maundrel saget, gegen Süden sieht, und
durch die Sonnenhitze verbrannt wird. Er hat eine große Menge Hölen oder Grotten, insonderheit an der Seite,
die nach der Stadt zu gekehret ist, die von den Einwohnern zu Gräbern gebrauchet werden, dazu sie auch vermuthlich vor Alters gedienet haben.

Man reiset von hier 2 deutsche Meilen lang erst durch
ein enges Thal, welches sich von Osten gen Westen erstrecket, und durch welches ein Bach läuft, nachmals
aber über Hügel und Thäler, wendet sich hierauf von der
Landstraße zur rechten Hand, und steigt einen hohen Hügel hinan, der rund umher von einem fruchtbaren Thale,
und dieses von Bergen umgeben ist. Auf solchem an
Quellen reichen Hügel findet man

Sebastia, oder Schemrin, Schemrun, vor Alters
Schomron, Schamrajin, Samaria, Sebaste und Sebaste Syriæ, eine verwüstete Stadt, deren Steinhaufen ihre
ehemalige Pracht und Größe bezeugen. Es wohnen hier
noch in elenden Hütten Muhammedaner und arabisch-
redende griechische Christen, welche sich in den Ueberrest
der hiesigen Kirche getheilet haben. Unter derselben sollen

len die Gräber Johannis des Täufers und der Propheten Eliſä und Abdiä ſeyn.

Die folgende aus Bergen, Hügeln und Thälern beſte-
hende Gegend, iſt fruchtbar, aber unbewohnet und ungebauet. Der letzte zu dieſem Diſtricte gehörige Ort, iſt
Arrabz, ein großes arabiſches Dorf, welches Rau
nennet, und entweder das Dorf Arab, oder Caphar
Arab iſt, die beyde von Maundrel und Rau angeführet
werden.

VI. Der Diſtrict Areta, hat gegen Morgen einen kleinen Fluß, Namens El Biſe, der vom
Berge Daai oder Hermon entſteht, die Quelle Jisreel aufnimmt, und ſich mit dem Jordan vereiniget;
gegen Norden gränzet er an den Berg Thabor, gegen
Weſten an das mittelländiſche Meer, und gegen Süden an den Diſtrict Nabolos. Zu demſelben gehöret
die fruchtbare Ebene, welche heutiges Tages Marb-
ſche Ebn Aamer, d. i. die Weide des Sohns Aamer,
genennet wird, vor Alters aber die Ebene von Jisreel oder Esdrelon hieß. Es regieren in dieſem Diſtricte arabiſche Prinzen oder Emirs, aus dem Hauſe
Turabeya. Solcher Emirs waren 1664, als Arvieur ſich unter dieſen Arabern aufhielt, achtzehn. Ihre
Würde iſt in jeder Linie erblich, und die älteſte Linie
hat den Vorzug, daß der älteſte Prinz aus derſelben von
allen übrigen Emirs als das Haupt der ganzen Nation
angeſehen wird. Wir wollen ihn den Groß Emir nennen. Von dem türkiſchen Kaiſer hat er den Titel eines
Sandſchak Begi empfangen. Er hat allezeit ſeinen
Sitz in einem Lager auf dem Berge Karmel; die andern
Emirs von ſeiner Familie, haben ihre Läger um das
ſeinige her, in einer Entfernung von einer oder 2 Meilen.
Der Groß Emir zieht ſeine Einkünfte aus de-
fern ſeines Gebiethes, deren Einwohner, w-

ren (Araber) und Christen sind, ihm den Zehnten von
allem, was sie einernbten, geben, theils von den Abgaben, die ihm in den Häfen seines Districtes von den
ein- und ausgehenden Waaren entrichtet werden müssen. Sie mögen jährlich etwa 100000 Thaler betragen. Er entrichtet dem türkischen Kaiser nichts, als
bey gewissen Gelegenheiten Geschenke, welche gemeiniglich in schönen Pferden, oder großen Kameelen bestehen. Er ist aber verpflichtet, wenn der türkische
Kaiser oder desselben Statthalter zu Damaschk, es
verlanget, demselben beyzustehen, wenn Aufrührer zu
bezwingen sind. So schickte z. E. der Pascha von Damaschk 1664 einen Befehl an den Groß Emir, daß er
mit seinen Truppen die aufrührischen Mauren oder
Araber, welche die Dörfer des Districtes Nabolos bewohneten, und die gewöhnlichen Abgaben nicht bezahlen konnten und wollten, weil die Heuschrecken alles
verzehret hatten, zu Paaren treiben solle. Der Groß
Emir soll auch die Landstraßen frey und sicher halten,
und die Kierwanen der Kaufleute, und die Couriers
des Großherrn, begleiten lassen. Der Groß Emir
ruft, wenn es nöthig ist, die übrigen Emirs seines
Hauses, welche in ihren Lägern unumschränkte Herren
sind, zusammen, und wenn alle sich mit ihren Truppen versammlen, machen sie ein Heer von ungefähr
5000 Reutern aus. Der Groß Emir richtet unum-
schränkt in allen Streitigkeiten, die unter den Emirs
seiner Familie, und unter seinen Unterthanen entstehen.

Zu Beschreibung der merkwürdigsten Oerter, welche zu diesem Districte gehören, will ich bey der Gegend wieder anfangen, wo ich in der Beschreibung des
Districtes Nabolos stehen geblieben bin.

Ginin,

Ginin, oder, wie die Reiſebeſchreiber den Namen dieſes Ortes auch ſchreiben, Ginim, Gianin, Jenin, Lenin, Gilin, Chilin, und Gemni, ein Flecken am Fuße der Berge, welche vor Alters Gilboa hießen, von Arabern, wenigen Chriſten, und noch wenigern Türken bewohnet. Er liegt ungefähr 4 deutſche Meilen von Sebaſtia, und 2 Stunden vom Anfange der Ebene Esdrelon. Es iſt ein unmauerter Khan, für die Kierwanen. Das umliegende Land iſt ziemlich fruchtbar, und trägt viele Palmen= und Feigenbäume. Die Berge Gilboa ſind, wie Cotwyk meldet, an einigen Orten felſicht, dürre und unfruchtbar, an anderen aber graſicht, und geben gute Weiden ab.

El Beyſan, ein Kaſteel, welches auf den Trümmern einer Stadt erbauet iſt, die allem Anſehen nach das ehemalige Bethſchean, oder Bethſean, nachmals Scythopolis genannt, geweſen iſt. Es liegt entweder an oder nahe bey dem Fluſſe El Biſei. Von dem Kaſteel an bis zum Jordan erſtrecket ſich ein ſchönes Thal Namens Geyſban, welches ungefähr 2 franzöſiſche Meilen breit iſt, und in welchem Reiß, allerley Getraide, Tabak und ein Kraut, welches Nau Nilé nennet, und deſſen Samen eine blaue Farbe giebt, gebauet wird. In dieſem Thale überwintern die Araber dieſer Gegend.

Der Berg Daal wird von den Reiſebeſchreibern der Berg Hermon genennet, und iſt, wie es ſcheint, Pſ. 89, 13. gemeynet. Maundrel verſichert, daß in der Gegend deſſelben im Märzmonate ſein Zelt vom Thaue ſo naß geworden ſey, als ob es beregnet geweſen: er irret aber, wenn er durch dieſe Erfahrung Pſ. 133, 3. erklären und beſtätigen will; denn in dieſer Stelle iſt von dem oben S. 284 beſchriebenen Berge Hermon die Rede. Jener Berg liegt der Ebene Esdrelon gegen Oſten, und iſt viel niedriger, als der benachbarte Berg Thabor. Am Fuße deſſelben ſind 2 Dörfer, deren eins für

Endor, eine ehemalige Stadt, gehalten wird, und ein ſehr geringer und armſeliger Ort iſt, den Mauren oder Araber bewohnen, und der, wie Cotwyk ſaget, am Bache Kiſon liegt: und das andere iſt

Nain

Dabira, ein Dorf am südlichen Fuße des Berges Thabor, von Arabern bewohnet. Unterhalb dieses Dorfes ist in einer Grotte ein Brunn, und einige Schritte davon, eine verfallene Kirche.

Der Berg Thabor, von griechischen Schriftstellern auch Atabyrion und Itabyrien, von den Arabern aber heutiges Tages Dschebel Tur genannt, liegt in der Ebene Esdrelon, ganz abgesondert von allen andern Bergen. Man hat, wie Nau saget, über 3 Stunden nöthig, wenn man ihn zu Fuße umgehen will. Er hat eine sehr regelmäßige Gestalt, welche von Osten und Westen einem Zuckerhute gleichet, von Süden und Norden aber eyrund aussieht, welches er auch ist. Er ist so hoch, daß man eine Stunde gebrauchet, um seinen Gipfel zu erreichen. Auf der mitternächtlichen Seite kann man ihn nicht besteigen, wohl aber auf den 3 übrigen. Man reitet oder geht hinan. Die Wege aber, welche auf denselben führen, sind sehr steinicht und enge, und insonderheit von der Mitte an bis zum Gipfel ungemein beschwerlich, man mag hinan reiten oder gehen. Wenn man ihn hinan reitet, muß man an einigen steilen und steinichten Orten absteigen und zu Fuße gehen. Der Berg ist von unten bis oben mit Bäumen, insonderheit mit Eichen, bewachsen. Es hält sich viel rothes und schwarzes Wildpret, und wildes Geflügel, auf demselben auf. Sein Gipfel ist eine kleine aber fruchtbare mit Bäumen und Buschwerk umpflanzte angenehme Ebene, von eyrunder Gestalt, doch sind an einigen Orten Hölen und Erhöhungen, und die letzten finden sich vornehmlich auf der Süd= und Westseite. Auf einer derselben hat ehedessen ein großes Kloster gestanden, welches mit Mauern und Gräben umgeben gewesen ist, um einen Angriff widerstehen zu können, und 3 Kirchen gehabt hat. Von diesen Gebäuden ist noch Mauerwerk vorhanden, welches aus sehr großen Steinen bestehet, die mit unsäglicher Mühe auf diesen

Berg

Berg gebracht ſeyn müſſen, und 3 kleine unterirdiſche
Kapellen, welche eigentlich Grotten ſind: es iſt auch
bey dieſen Trümmern eine im Felſen ausgehauene tiefe
Ciſterne, die Waſſer hat. Auf der Nordſeite des Berges hat auch eine Kirche geſtanden, deren Ueberbleibſel
man ſieht. Sultan Salaheddin hat das Kloſter 1187
eingenommen, und alle Kirchen verwüſtet. 1214 erbaueten die Muhammedaner hieſelbſt ein Kaſteel. Auf dem
Berge wohnen einige armſelige Leute, welche auch etwas
Korn auf demſelben bauen, welches P. della Valle am
26 April geſehen hat. Die Ausſicht, welche man von
dem Gipfel in die rund umher belegene Ebene Esdrelon,
gegen Südoſten auf den nahgelegenen Berg Hermon,
und bis in das todte Meer, gegen Süden auf die Berge
Gilboa, gegen Oſten auf den galiläiſchen See, den
Jordan und die jenſeits deſſelben belegene Länder, gegen
Norden bis an den Antilibanon, gegen Weſten auf den
Berg Karmel und das mittelländiſche Meer hat, iſt ſehr
ſchön und angenehm. Die gemeine Meynung, daß dieſer Berg derjenige ſey, auf welchem der Herr Jeſus verkläret worden, iſt nicht nur ganz unerweislich, ſondern auch
erheblichem Zweifel unterworfen. Der Fluß Kiſon hat
dieſem Berge und dem nahgelegenen Hermon, ſeinen
Urſprung zu danken. Er vertheilet ſich bald in 2 Arme,
davon der kleinſte gegen Oſten und in den galiläiſchen See
läuft, der größte aber gegen Weſten durch die Ebene Esdrelon fließt, unterſchiedene Bäche aufnimmt, die von den
umliegenden Bergen kommen, und endlich nicht weit vom
Berge Karmel ſich ins mittelländiſche Meer ergießt.

Auf der Weſtſeite der Ebene Esdrelon, iſt

Legune, ein Dorf, an einem Bache, mit einem Khan
oder einer öffentlichen Herberge. Es war vor Alters
eine Stadt Namens Legio. Man hat hieſelbſt eine freye
Ausſicht in die Ebene Esdrelon.

Kaïſaria, Cæſarea Palæſtina oder Cæſarea Palæſtinæ,
vorher Stratonis Turris, eine ganz verfallene Stadt am
mittelländiſchen Meere, in der nichts wohnbar, als die
Gewölbe oder Keller unter einigen eingeſtürzten Häuſern,
darinnen arme Fiſcher wohnen, wie Arvieux berichtet.

5 Th.　　　　　　　　Aa　　　　　　　König

König Herodes I verwandte 12 Jahre auf ihre Erbauung und Auszierung, legte auch mit unsäglichen Beschwerden und Kosten einen bequemen Hafen an, weihete die Stadt mit großer Pracht ein, und nenenete sie dem Kaiser August zu Ehren, Cäsarea. Er verordnete auch, daß in derselben alle 5 Jahre Schauspiele mit größter Feyerlichkeit gehalten werden sollten. Wegen ihrer Schönheit, angenehmen Lage und guten Hafens, wurde sie von den römischen Landpflegern über Palästina, zum Sitze erwählet. Von dem ehemaligen festen Kasteel, sind auch noch Ueberbleibsel vorhanden. Es halten sich hier viele wilde Schweine auf, deren es auch viele in der benachbarten Ebene giebt, wie Pocock schreibt. Nau erzählet, daß nahe bey Kaïsaria ein Wald sey, in welchem sich viele wilde Thiere, unter andern auch Gazellen und wilde Esel aufhielten, und Moräste, welche von der darinnen befindlichen großen Menge Blutigel, Basset Abu Aulag genannt würden, in diesen Morästen aber gäbe es gute Wiesen und Weiden.

Zwischen Kaïsaria und Tartura, welche Oerter 4 französische Meilen von einander liegen, sind 2 kleine Flüsse, welche, nach Pococks Bericht, Zirka und Coradsche heißen: jener ist, seiner Meynung nach, der Kerseos Ptolemäi, dieser der Crocodilon Plinii; in welchem noch jetzt Krokodillen 5 bis 6 Fuß groß, sind, wie Pocock aus guten Zeugnissen versichert. Nau schreibt, der Fluß, darinnen Krokodillen wären, sey ungefähr 2 französische Meilen gegen Süden von Tartura, und werde Nahat el Tamasieb, das ist, der Krokodillenfluß, genennet. Man muß diesen Fluß mit dem oben angeführten Krokodillensee, nicht verwechseln.

Tartura, vor Alters Dor, Dora, Adora, eine ehemalige Stadt, ist jetzt ein kleiner Flecken am Meere, der gegen Süden einen Hafen hat. Auf der Nordseite des hiesigen Meerbusens, ist ein kleines Vorgebirge, auf welchem ein Kasteel gestanden hat. Der Groß-Emir hebt hier Zoll und andere Abgaben. Es wird hieselbst ein Markt gehalten, auf welchem die Araber ihre Beute, und die herumwohnenden Bauern, ihr Vieh und ihre Früchte

gegen

gegen ägyptiſchen Reiß und Leinwand vertauſchen. Die
umliegende Gegend iſt wenig fruchtbar, auch ohne Bäume.

Atlith, Caſtello Pellegrino, Caſtrum Peregrinorum,
Petra inciſa, 3 franzöſiſche Meilen von Tartura, ein verfallenes Kaſteel oder Schloß, und Städtchen, an einem
kleinen felſichten Vorgebirge, bey welchem auf der Weſtſeite ein kleiner Meerbuſen, der jetzt mit Sande angefüllet iſt. Es wohnen hier noch einige Bauern, welche das
umliegende Feld bauen. Ehedeſſen haben die Tempelherren dieſes Schloß eine Zeitlang inne gehabt, und die hier
ans Land geſtiegenen Pilgrimme, von hieraus begleitet.

Haifa, oder Chaipha, von den Franken Caifa genannt,
vor Alters Porphyreon, von den Purpurſchnecken, welche
es auf der hieſigen Küſte gegeben, nach Relands Muthmaßung Geba zur Zeit Joſephi, nach Pococks Muthmaßung ehedeſſen Calamon, ein offener Flecken unter dem
Berge Karmel, und an der Südſeite eben deſſelben Meerbuſens, daran Acre auf der nordweſtlichen Seite liegt.
Es iſt hier zwar kein Hafen, aber ein beſſerer Ankergrund, als bey Acre, daher hier die Schiffe liegen. Dieſer Ort war ehedeſſen eine Stadt, und hatte ein Kaſteel,
davon noch Ueberbleibſel vorhanden ſind, ſo wie auch von
2 Kirchen. Eine andere noch ſtehende Kirche, dienet
zu einem Magazine und zu einer Herberge. In dem umliegenden felſichten Boden ſind viele Begräbnißplätze
ausgehauen. Der Groß-Emir beſtellet hier einen Befehlshaber.

Der Fluß, welcher auch Caifa genennet wird, und
das Gebieth des Groß-Emirs von dem Gebiethe von Saphet ſcheidet, iſt der Kiſon oder Kiſchon, der aus der
Ebene Esdrelon kömmt, und 1½ franzöſiſche Meilen von
der Spitze des Berges Karmel, wo das Kloſter des heil.
Eliä iſt, und 3 Meilen von Acca, ſich in den Meerbuſen
ergießt. Man kann ihn bey ſeiner Mündung, wo er etwa
20 Schritte breit iſt, durchwaten, weil die Wellen beſtändig Sand dahin führen, welches ſeine Tiefe ſehr verrin-
gert. Des Sommers pfleget ſeine Mündung vom Sande alſo verſtopfet zu ſeyn, daß er ſich wie ein kleiner See

ausbreitet: wenn er aber vom Regenwasser anwächst,
so öffnet er sich einen neuen Kanal.

Der Berg Karmel, welcher, wie Nau schreibt, jetzt
Karmain genennet wird, ist eigentlich eine Reihe von
Bergen, die sich ungefähr 7 französische Meilen lang, von
Nordosten gen Südwesten erstrecket. So beschreibt ihn
Nau. Arvieur saget, diese Reihe von Bergen sey von
Osten gen Westen ungefähr 4, und von Norden gen Süden 8 französische Meilen lang, also, daß man ihren
ganzen Umfang auf 20 bis 22 Meilen schätzen könne.
Die Berge der nordlichen Seite, sind viel höher, als die
übrigen, welche eigentlich nur Hügel sind, deren aus-
wendige Seiten und Thäler ein fruchtbares Erdreich haben, welches aber wenig angebauet wird. Die Mauren
legen sich nur auf den Kornbau. Ehedessen waren hier
mehr Weinberge, als jetzt, da die Christen, welche in denen hier belegenen Dörfern wohnen, nur so viel bauen,
als sie an Wein und Rosinen nöthig haben. Sie legen
sich auch wenig auf den Bau der Fruchtbäume, aber
mehr auf den Gartenbau, und ziehen unter andern sehr
wohlschmeckende Melonen, von der Art, welche man Wassermelonen nennet. Die dürren Berge sind mit Eichen-
Oliven- und andern Bäumen bewachsen. Die Luft ist
auf allen diesen Bergen gemäßiget und gut, und im Sommer wehet fast beständig ein kühler Wind. Die Menge
des Hornviehes, der Schafe, Ziegen, Hasen, Kaninchen, Gazellen, (deren Fleisch sehr schmackhaft ist,) Rep-
hüner, u. s. w. ist groß. Das ganze Gebirge steht, wie
ich schon oben gesaget habe, unter dem Groß-Emir und
den übrigen Emirs aus dem Hause Turabey.

Eine von den Hauptspitzen des Gebirges, geht ziemlich
weit in die See hinein, und machet eins der ansehnlichsten und erhabensten Vorgebirge an der Küste von Palästina und Syrien. Wenn man diesen Theil des Gebirges von der Seite von Haifa besteigt, kömmt man vermittelst eines steilen und schmalen Fußsteiges, der an
unterschiedenen Orten in den Felsen eingehauen ist, innerhalb einer kleinen Stunde zu dem Kloster der Car-
melitermönche, welches am Abhange des Berges ist,

und

und aus einigen in denſelben ausgehauenen Grotten, welche zu einer Kapelle und Zellen dienen, beſteht: doch iſt
noch ein kleines Außengebäude von etlichen Zellen, und
ein kleiner Garten angeleget worden. Dieſe Wohnungen ſind zur Sicherheit wider die Araber, mit einer
Mauer umgeben, in welcher eine wohlverwahrete Thüre
iſt. Es wohnen in dieſem kleinen Kloſter gemeiniglich
nur 3 Perſonen, nämlich ein Pater, ein Frater und ein
Knecht derſelben. Ganz oben auf der Spitze dieſes Berges, welche ſeine weſtliche Ecke ausmachet, iſt ein ver-
wüſtetes großes Kloſter, welches zugleich ein feſtes Kaſteel abgegeben hat. Das erſte Kloſter aber, welches
auf dem Berge Karmel erbauet worden, hat in einem
engen Thale geſtanden, und iſt auch verwüſtet. Es iſt
bekannt, daß der Carmeliterorden oder der Orden un-
ſerer lieben Frauen von dem Berge Karmel, von dieſem Berge ſeinen Namen und Urſprung habe. Ebedeſ-
ſen wohneten viele Religioſen auf demſelben: es iſt auch
die Menge der Grotten auf demſelben ſehr groß, ſie haben enge Eingänge, und man kann ſich leicht darinnen
verbergen. Amos 9, 2.

Das öſtliche Ende des Gebirges Karmel, unter welchem der Kiſon fließt, wird von den Arabern Raaf al
Mocataa, das iſt, das Vorgebirge der Metzelung genannt, weil Elias daſelbſt die Baalspfaffen ſoll haben
hinrichten laſſen. Eine Viertheilmeile ſüdwärts davon,
ſteht auf einem Hügel das große Dorf Müzenat, darinnen viele Mauren und griechiſche Chriſten (welche eine
Kirche haben,) wohnen, welche das daſige gute Erdreich
anbauen. Als Arvieux 1660 in dieſem Dorfe war, hatte
es ungefähr 500 Einwohner.

VI. Das Land und der Diſtrict Saphet,

gränzet gegen Weſten an das mittelländiſche Meer,
gegen Süden an den Diſtrict Areta, gegen Oſten an
den Jordan, gegen Norden an die Diſtricte Wadettein und Saida. Ich habe ſchon oben S. 289 angezeiget, wenn, und bey welcher Gelegenheit dieſer Di-

ſtrict

strict mit dem Districte Saida unter einem Befehlshaber, der den Titel eines Pascha hat, verbunden
worden. Es ist auch vorhin schon angemerket worden,
daß der Fluß Kison in seiner untersten Gegend das
Gebieth des Groß-Emirs von dem Districte Saphet
scheide. Zu diesem Districte gehöret ganz Galiläa,
welches die Landeseinwohner Belád el Beschara,
das ist, das Land des Evangeliums, nennen. Man,
dem ich sonst in der Abtheilung von Paläſtina folge,
rechnet zwar einen Theil von Galiläa zu einem Districte, der, wie er saget, ehedessen von Kana benannt
worden sey, nun aber von Nazareth den Namen führe,
gegen Norden an den District Saphet, gegen Oſten
an den See von Tiberias, und gegen Weſten an die
Ebene von Acca gränze, den größten Theil des ehemaligen Stammes Sebulon, und ungefähr 20 bis
25 Dörfer begreife: allein, ich sehe mich diesesmal genöthiget, ihm nicht zu folgen. Die Ursachen sind
diese. Ich erkenne aus Arvieux und Pococks Reisebeschreibungen, daß die Oerter an der Weſtseite des
Sees von Tiberias, und selbſt der nicht weit von dem
Berge Thabor entlegene Ort Ain Ettujar, zu dem
District Saphet gehören, und aus Hasselquiſts Reisebeschreibung erhellet, daß das lateinische Kloſter zu
Nazaret dieses Dorf, nebſt 2 anderen nahgelegenen
Dörfern, von dem Pascha von Saida in Pacht habe.
Es bleibt also nichts für einen besonderen von Nazaret benannten Diſtrict übrig. Das alte Galiläa beſtehet aus abwechselnden Bergen und Thälern, und
hat mehrentheils einen guten Boden, iſt aber sehr wenig angebauet.

Ich gehe in die Gegend zurück, in welcher ich bey
Beschrei-

Beſchreibung des vorhergehenden Diſtrictes, ſtehen
geblieben bin.

Von Haifa und dem Berge Karmel führet der nächſte
Weg um den Meerbuſen, der unter dem Berge Karmel iſt,
und zwar zuerſt über den Fluß Kiſon, und hernach über
den kleinen Fluß Kerdane, vor Alters Belus genannt,
der bey ſeiner Mündung auch ſeicht iſt, alſo, daß man
durchwaten kann. Er entſpringt etwa 2 Stundenweges
von ſeiner Mündung gegen Südoſten aus einem See,
welchen Plinius Palus Cendevia nennet. Man ſaget, daß
aus dem Sande dieſes Fluſſes, das erſte Glas gemachet
worden ſey. Jenſeit der Mündung deſſelben, trifft man
gleich den Ort an, wo ehemals die Stadt

Acce, in der Bibel Acco, von den Griechen Ake, von
den römiſchen Schriftſtellern Ptolemais, auf Münzen Colonia Ptolemais, zur Zeit der Kreuzzüge Acre oder Acra,
Accaron, und von den Johanniter Ordensrittern, Sanct
Johann von Acra, genannt, geſtanden hat. Sie lag
in der davon benannten großen und fruchtbaren, aber un-
gebaueten Ebene, welche ſich gegen Norden nach den
Bergen, die ſich bis Saphet ausdehnen, und gegen Oſten
bis an die ſchönen und fruchtbaren galiläiſchen kleinen
Berge erſtrecket, etwa 6 Meilen lang, und 2 breit iſt,
und durch ein ſchmales Thal mit der Ebene von Saphet
zuſammenhängt. Sie ſtund an der Nordſeite des Buſens, welchen hier das mittelländiſche Meer macht, und
an deſſen Südſeite der Berg Karmel und Flecken Haifa
iſt, und hatte in demſelben einen Hafen, der aber größtentheils durch Sand verſtopfet iſt. Zur Zeit der Kreuzzüge, wurde die Stadt 1104 von den Franken, 1188 wieder von dem Sultan Saladin, 1191 abermals von den
Franken, worauf ſie der Sitz der Johanniterritter ward,
1290 von dem ägyptiſchen Sultan, Almalich Alaſchraph,
der ſie ſehr verwüſtete, und 1517 von den Türken eingenommen. Bis auf die neueſte Zeit, iſt ſie ein großer
und prächtiger Steinhaufen geweſen, aber doch noch in-
ſofern bewohnet worden, daß in einem Thurme am Hafen, ein Aga mit wenigen Janitſcharen zur Beſatzung

lag, der Pascha von Saida hieher einen Unterbefehlsha=
ber setzte, und daß eine kleine Anzahl Muhammedaner,
Griechen, Armenier und Maroniten, in elenden Häuser=
chen wohnete, den Handel aber einige französische Kauf=
leute, die sich in dem hiesigen Khan aufhielten, und ein
englischer Consul, versahen. Es war aber die Luft hie=
selbst im Sommer höchstschädlich; denn weil die Gewöl=
ber unter den verfallenen Gebäuden, zur Zeit des
Regens voll Wasser liefen; dieses aber des Sommers faul
wurde: so stiegen davon so viele faule und stinkende Dün=
ste auf, daß schädliche und gefährliche Fieber daraus ent=
stunden. 1751 bemächtigte sich dieses Ortes der arabische
Scheikh von Tiberias, und ließ um denselbigen her eine
4 Faden hohe Mauer aufführen, und mit 2 starken Tho=
ren versehen, auch außerhalb der Mauer in einem Win=
kel eine Bastion anlegen. Allein, 1759 wurde Acca durch
ein heftiges Erdbeben erschüttert, und noch mehr ver=
wüstet, und 1762 gieng es in einem andern Erdbeben
gänz unter, also, daß von den Gebäuden nichts übrig
blieb, auf der Stelle aber, wo der Ort gewesen ist,
sind schwefelichte und stinkende Moräste entstanden. Die=
ses haben die Zeitungen gemeldet.

Azzyb oder Azzayb, Osib, in der Bibel Achzib, nach=
mals Ecdippa, 3 Stunden gegen Norden von Acca, ein
Flecken am Meere auf einer Höhe.

Cap Blanc, Promontorium album, 3 deutsche Meilen
gegen Norden von Acca, ist ein ziemlich hohes Vorgebir=
ge, welches aus weißem Kalksteine besteht.

Man kömmt nachmals zu einem Orte, Namens Nawa=
kyr, welches die vielfache Zahl von Nakyra ist. Nach=
mals geht der Weg an der See hin über einen hohen
und steilen Felsen, in welchem er 6 bis 13 Fuß breit,
und fast eine halbe französische Meile lang ausgehauen
ist, welche Straße Eskander oder Alexander der Große
soll haben anlegen lassen. Eben demselben wird auch ein
in dieser Gegend befindliches zerstörtes Kasteel zugeschrie=
ben, welches nach seinem Namen auf eine seltsame Weise
Castrum Scandalium genennet worden.

Etwas weiter gegen Norden, ist der Ort Kana, und
der

der ſogenannte Brunn Salomons, davon ich oben
S. 292 und S. 290 gehandelt habe.

Nau iſt von der Mündung des Fluſſes Kaſemieſch,
(S. 289) und dem dabey befindlichen Khan, nach Saphet gereiſet, und hat auf dieſem Wege folgende Flecken
und Dörfer angetroffen, die ich nach ſeiner Schreibart
anführe:

Mabbregueb, 3 ſtarke franzöſiſche Meilen von der
Mündung des Kaſemieſch, Beithluth, Schabu, Ter-
yebnan, Tebnin, Cumin, Aialeb. Dieſe Oerter liegen
an einem Wege von 9 ſtarken franzöſiſchen Meilen.

Narun, ein großer Flecken, woſelbſt griechiſche Chriſten wohnen, und viele Trümmer von Gebäuden ſind.
Nau berichtet, er habe hier eine Säule mit einer In-
ſchrift angetroffen, die zwar aus griechiſchen Buchſtaben
beſtanden habe, aber in einer ihm unbekannten Sprache
abgefaſſet geweſen ſey; denn er habe nicht ein einziges
wirklich griechiſches Wort gefunden.

Ain el Zaitun, ein großes Dorf, deſſen Name anzeiget, daß man hier eine Quelle und Oelbäume finde. Es
ſtebt faſt am Fuße des Berges, darauf Saphet erbauet iſt.

Saphat, oder Saphet, der Hauptort dieſes Diſtrictes,
und heutiges Tages der vornehmſte in dem ehemaligen
Galiläa, liegt auf einem hohen Berge, auf deſſen höch-
ſtem Gipfel ein ehemals ſehr feſt geweſenes, nun aber
verfallenes, Kaſteel ſteht. Dieſer Ort wird zwar eine
Stadt genannt, iſt aber völlig dorfmäßig. Seine meiſten Einwohner ſind Juden, welche hier zwar 7 Synagogen, und eine Art von hoher Schule haben, aber
ſchwere Abgaben entrichten müſſen, und ein elendes Leben führen, dennoch aber dieſen Ort, aus abergläubiſcher
Hochachtung, lieben. Ihre hohe Schule iſt, wie es ſcheint,
im 12ten Jahrhunderte geſtiftet, und vom Ende des 13ten
Jahrhunderts an, haben ſich auf derſelben unterſchiedene
berühmte Lehrer nach ihrer Art, hervorgethan. Sie
haben auch dieſelbſt eine Buchdruckerey gehabt. Die
übrigen Einwohner ſind Mauren oder Araber. Ebedeſ-
ſen war hier der Sitz des Befehlshabers des Diſtrictes

Saphet,

Saphet, der nun zu Saida wohnet. Aus dem verfallenen Kasteel, hat man nach allen Seiten eine sehr weite Aussicht, und dieses ist das einzige schöne an diesem Orte; doch ist die Luft auch gesund. 1759 ist er durch ein Erdbeben sehr verwüstet worden. Einige meynen, er sey das Bethulia des Buches Judith, welches falsch ist. Vielleicht ist der Berg, auf welchem er steht, derjenige, auf welchem der Herr Jesus verkläret worden. Auf der Seite des Berges, welche derjenigen, daran Saphet steht, entgegengesetzet ist, steht ein großer Flecken, der sich fast bis an den Fuß des Kasteels erstrecket, aber nicht zu Saphet gehöret. Seinen Namen giebt Nau nicht an. Abulfeda meynet, Saphet liege über dem See von Tiberias, und andere setzen ihn ungefähr um die Mitte der Westseite desselben. Dieses ist unrichtig. Der Berg und der Ort auf demselben, liegt ungefähr dem südlichen Ende des Sees Samochonitis gegen über. Als Nau von dem Berge herab, und in das derselben gegen Osten befindliche tiefe Thal gegangen war, setzte er seinen Weg gegen Süden fort, bis er nach Telhum und Khan Elmeniey kam. Pocock schreibt, daß von den Ebenen, die an der Westseite des Sees Samochonitis sind, ein steiler Weg auf den Berg von Saphet hinauf gehe. Als er von Saphet abreisete, gieng er die Hügel gegen Nordosten hinunter, und kam in das Land gegen Westen des Sees Samochonitis. Thevenot meldet, man habe von Ain Ettujar eine Tagereise bis zum Khan Elmenieh, und wenn man von dannen nach der Jacobsbrücke, die unter dem See Samochonitis über den Jordan erbauet ist, reise, sehe man auf einem Berge die Stadt Saphet. Diese Zeugnisse sind hinlänglich, meine Bestimmung der Lage von Saphet, zu rechtfertigen.

Wenn man von Saphet an den See Samochonitis hinabgeht, trifft man zwischen demselben und der Jacobsbrücke, erst Ueberbleibsel von Mauerwerk auf einem Hügel an, in deren Gegend, wie es scheint, der Ort Charoscheth Haggoim. Richt. 4, 2. gestanden hat, und hernach eine mit einer Mauer eingefaßte mineralische Quelle, welche

welche nach Pocods Muthmaßung viel Eiſen und Kupfer
bey ſich führet.

Dſchiſr Jacub, die Jacobsbrücke, oder auch Dſchiſr
Benat Jacub, die Brücke der Kinder Jacobs, welche
ich eben genannt habe, iſt auch ſchon oben S. 278. und
300 angeführet und beſchrieben worden. Derſelben gegen Süden, iſt ein Hügel, auf welchem noch Mauerwerk von einem Kaſteel zu ſehen iſt. Pocock ſaget, dieſer
Ort werde Dſchiſr-aterah genannt.

Den Khan Joſephs, 2 Stunden von der Jacobsbrücke, iſt eine öffentliche Herberge, bey dem ſogenannten
Brunnen Joſephs, in welchen, einer höchſt unwahrſcheinli-
chen Sage nach, Joſeph von ſeinen Brüdern ſoll ſeyn hinabgelaſſen worden. Er hat gutes Waſſer, und iſt mit
einer runden Haube, die auf 4 kleinen Bogen ruhet, bedecket; es iſt auch nahe dabey eine kleine muhammedani-
ſche Moſchee. Man ſuchet aber den Ort Dothan, wo
die Grube war, in welche Joſeph von ſeinen Brüdern
hinabgelaſſen wurde, ganz irrig in dieſer Gegend, richtiger aber in der Gegend der Berge Gilboa.

Telhum, wie Nau ſchreibt, Telhoue, nach Pocods
Schreibart, am See von Tiberias, eine franzöſiſche Meile
gegen Abend von dem Orte, wo der Jordan in denſelben fließt, wird von den Arabern für den Platz der ehemaligen Stadt Capernaum ausgegeben. Man findet
daſelbſt allerley Ueberbleibſel von ſteinernen Gebäuden,
inſonderheit von einer Kirche. Pocock hält dieſen Ort
für die ehemalige Stadt Tarichäa. Weiter am See
hinab, gen Südweſten, kömmt man an ein Gewäſſer,
welches mit dem See zuſammenhängt, und, wie es ſcheint,
vor Alters ein Hafen geweſen iſt. Nahe bey demſelben
iſt der

Khan El Menieh, welcher ungefähr 4 Stunden von
dem vorhin genannten Khan Joſephs, entfernet, und
bey einem verwüſteten Orte iſt, von welchem noch Trümmer vorhanden ſind. Eine Vierthelmeile von dieſer Herberge, wenn man längs der See weiter gegen Süden
geht, kömmt man über einen Bach, der in den See
fließt, und deſſen Nau erwähnet. Er iſt, allem Anſehen

nach, eben derselbige, welcher, nach Pocods Bericht, aus dem sogenannten runden Brunnen abfließt, der mit einer 6 Fuß hohen Mauer umgeben ist, und ungefähr 100 Fuß im Durchmesser hat, und den Pocock für den Cesaina Josephi hält, an dessen Mündung er Capernaum setzet. Nachher kömmt man über einen andern Bach, oder über 2, die nahe bey einander sind, und auch in den See von Tiberias gehen. Bey dem letztern, und am Fuße eines Berges, sind Trümmer von einem Orte, den man für das alte Bethsaida hält. Unter den Trümmern sind auch die von einer Kirche, zu sehen. Es ist daselbst ein kleines Dörfchen. Wenn man von hier nach Tiberias geht, kömmt man durch einen Weg, der am Abhange eines ziemlich hohen Berges ist, und kann auf diesem Wege den ganzen See von Tiberias, seiner Länge und Breite nach, übersehen. Wenn man ungefähr eine Viertheilmeile von gedachtem Orte, den man Bethsaida nennet, entfernet ist, erblicket man unten am See, in dem schmalen Thale längs demselben, die Ueberbleibsel eines Kasteels, welches Magdol, auch, wie Rau meldet, Burge Flaascheq, das ist, der Thurm der Verliebten, genennet wird. Man muß diesen Ort nicht, wie gemeiniglich geschieht, mit dem in den Evangelisten genannten Orte Magdala verwechseln; denn dieser lag auf der Ostseite des Sees. Auf einigen Landcharten wird bey Magdol ein Bach gesetzet, der aber, wie Rau bezeuget, nicht vorhanden ist.

Taberya, ehedessen Tiberias, eine kleine Stadt, am Ende vom Al Gaur, oder der großen Ebene, durch welche der Jordan fließt, und am westlichen Ufer des von ihr benannten Sees, zwischen welchem und einem gegen Abend befindlichen ziemlich hohen und steilen Berge, sie liegt. Sie hat an 3 Seiten Mauern, an der Seeseite aber ist sie offen. Außerhalb derselben, gegen Norden, auf einem Hügel, ist ein Kasteel, welches der hiesige arabische Scheikh erst ums Jahr 1737 erbauen lassen. Dieser Ort ist zwar mit einer Mauer umgeben, ist aber inwendig völlig einem Dorfe ähnlich. Die wenigen Häuser stehen nicht neben einander, sondern zerstreuet. Es ist

hier

hier noch eine gewölbete und dem heil. Peter gewidmete
Kirche, in welcher die Franciscanermönche zu Nazaret,
alle Jahre am Peterstage Messe halten. Die Einwohner des Ortes sind Araber und Juden, jene sind die Herren des Ortes, und diese müssen Schatzung bezahlen.
Die alte Stadt Tiberias war viel größer, und erstreckete
sich viel weiter an den See hin, gegen Süden, wie die
noch vorhandenen großen Steinhaufen bezeugen. Herodes Antipas hatte sie an einem Orte, wo vorhin keine
Stadt gestanden, aber viele Gräber waren, erbauet,
theils mit Fremdlingen, theils mit Galiläern besetzet,
und dem Kaiser Tiberio zu Ehren, Tiberias genannt. Er
wohnete auch dieselbst in einem zu diesem Ende aufge-
führeten Pallast. Sie war damals, und noch eine Zeitlang hernach, die Hauptstadt von Galiläa, bis es Sepphoris ward. Eine geraume Zeit nach der Zerstörung
Jerusalems, wurde sie von den Juden zum Sitze ihres
Rosch Abboth oder Patriarchen, und ihrer Gelehrsamkeit, erwählet. Ihre hohe Schule erhielt durch ihre gelehrten Männer, insonderheit die Verfasser der Mischna,
einen berühmten Namen. Nicht weit von dem südlichen
Ende der alten Stadt, und 30 bis 40 Schritte von der
See, am Fuße eines Berges, aus welchem man schwarze, etwas brüchige, schwefelartige Quadersteine hauet,
ist ein warmes Bad. Der Ort, wo es ist, wird von
arabischen Schriftstellern Huseinia oder Huseibia, vom
Josepho Ammaus und Emmaus genannt. Diese letzten Namen haben einerley Bedeutung mit dem jetzigen
arabischen Namen Chamma oder Amma, welches Wort
ein heißes Bad anzeiget. Hasselquist schreibt, man könne zwar die Hand hineinstecken, ohne sie zu verbrennen,
man müsse sie aber gleich wieder zurückziehen. Das
Wasser ist also nicht siedend heiß. Es hat einen schwe-
felichten Geruch und bittern Geschmack. Der Bodensatz,
welcher sich da, wo das Wasser abgelaufen ist, angese-
tzet, ist schwarz, dicke wie Brey, und riecht stark nach
Schwefel. Korte saget, das Wasser dieser heißen Quelle
habe seinen Abfluß nach dem See.

Ich habe oben S. 303. schon angemerket, daß der
Jordan,

Jordan, wenn er aus dem See von Tiberias kömmt, sich anfänglich gegen Süden, hernach aber gegen Westen wende. In dem Raume, welchen er durch diese Krümmung einschließt, ist ein erhabener Boden, auf welchem man noch Merkmaale von Gebäuden findet. Hier hat vermuthlich der Ort gelegen, welcher Sennabris, Enabris und Gennabris genennet wird.

Wenn man von Tiberias auf der ordentlichen Landstraße, die von Jerusalem nach Damaschk führet, nach dem Berge Thabor zu reiset, so kömmt man zu dem Berge, welchen die Christen den Berg der Seligkeiten nennen, weil der Herr Jesus auf demselben die Matth. 5, 6 und 7 beschriebene Predigt gehalten haben soll. Er ist zwar nicht sonderlich hoch: weil er aber in einem flachen Lande liegt, wo kein höherer Berg die Aussicht hindert, so ist diese sehr schön; doch erstrecket sich die Aussicht vom Berge Thabor viel weiter. Wenn man ihn aus der Ebene gegen Süden ansieht, so fällt er als ein länglichter Berg in die Augen, der gegen Osten und Westen einen Hügel hat. Daher, und weil an seinem Fuße gegen Westen ein Dorf Namens Hutin liegt, rühret es vermuthlich, daß die Araber ihn, wie Pocock schreibt, Keren el Hutin, das ist, die Hörner von Hutin, nennen. Das Dorf Hutin hat angenehme Gärten von Citronen- und Orangenbäumen, und die Muhammedaner halten die dasige Moschee in Ehren, weil ein berühmter Scheikh in derselben begraben liegt.

Ungefähr 5 Stunden von Tiberias, und einige tausend Schritte vom Berge Thabor, ist ein Kasteel, welches

Ain Ettujar, d. i. Brunn der Kaufleute, genennet wird. P. della Valle schreibt seinen Namen Ain Ettogiar, Cotwyk Ain el tuchiar, Thevenot Ain Ettudgiar, le Bruyn Eynettesjaar, Arvieux aber auf die Weise, wie ich ihn zuerst geschrieben habe. Es ist dieses Kasteel zur Sicherheit der Kierwanen erbauet worden, und hat eine Besatzung von Janitscharen. Nicht weit davon ist ein Khan, darinnen die Reisenden einkehren, und bey demselben stehen 2 Thürme zu seiner Beschützung. Arvieux berichtet, daß der Ain Ettujar die Quelle des Flusses Kison sey.

Ich

Ich habe oben S. 297. geſchrieben, daß die Ebene Esdrelon, heutiges Tages Mardſche Ebn Aamer genannt, an oder in welcher der Berg Thabor liegt, ſich gegen Weſten bis an den Berg Karmel erſtrecke. Man kömmt aus derſelben in die fruchtbare und ſchöne Ebene oder das Feld von Sebulon, woſelbſt Korn und Baumwolle gebauet wird. Aus dieſer Ebene kömmt man, bey weiterer Fortreiſe gegen Weſten, in eine andere fruchtbare Ebene, welche das Land Saphet genennet wird, in der man auch Korn und Baumwolle bauet, dergleichen Haſſelquiſt und Pocock am 2ten und 8ten May darinnen antrafen, und aus dieſer Ebene gelanget man durch ein ſchmales Thal, oder durch eine Straße, die zwiſchen 2 mit Gebüſchen bewachſenen Bergen iſt, in die Ebene von Acca.

Zwey deutſche Meilen vom Berge Thabor gegen Nordweſten, 3 Stunden oder 2 franzöſiſche Meilen von Saſurt, und 8 Stunden von Acca, iſt

Nasra, Nasrat, Nosrat, Naſſuriah, Naſara, Naſaret, ein großes aber ſchlechtes Dorf am Abhange eines Berges; von welchem es ſich bis in ein kleines rundes Thal erſtrecket, welches auf allen Seiten mit Bergen umgeben iſt. Von der ehemaligen Stadt ſind noch Ueberbleibſel vorhanden. Die Franciſcanermönche haben hier ein großes, wohlgebauetes, und mit einer hohen und ſtarken Mauer umgebenes Kloſter, welches im erſten Vierthel des jetzigen 18ten Jahrhunderts von neuem erbauet worden, und eine ſchöne Kirche hat. Als Korte 1738 darinnen war, hatte es einige 20 Mönche. Haſſelquiſt, der 1751 hieſelbſt war, ſaget, es wohneten hier beſtändig 15 bis 22 Mönche. Das Kloſter liegt an einem Orte, der, wie Korte ſaget, hoch genug iſt, daß man ihn für denjenigen halten kann, von welchem die Nazarener den Herrn Jeſum hinabſtürzen wollen, auch ehemals ſteil genug geweſen ſeyn mag: nichts deſtoweniger giebt man ganz unwahrſcheinlich vor, und die Reiſenden glauben es auch, daß der Ort, wo man den Herrn Jeſum hinabſtürzen wollen, ein hoher Berg, und auf demſelben ein ſteiler Felſch ſey, der faſt eine

eine Stunde von dem Dorfe und Kloster entfernet ist.
An diesem Felsen hat auch ehedessen ein Kloster gestanden. Ob nun gleich dieses Vorgeben aller Wahrscheinlichkeit nach falsch ist, so hat man doch von der Höhe
solches Felsens eine ungemein angenehme Aussicht nach
der Ebene Esdrelon, und den Bergen Thabor, Hermon,
und Gilboa. Die Einwohner des Dorfes sind theils
Araber, theils römische und griechische Christen. Sie
machen nach Korte, etwa 150 Familien aus. Hasselquist saget, das Dorf könne 100 streitbare Männer stellen. Der letzte berichtet auch, daß das hiesige lateinische Kloster Nazaret, und noch 2 andere Dörfer, für 4000
Piaster von dem Pascha von Saida gepachtet, und dafür das Recht habe, dieselbigen mit Auflagen zu belegen, zu richten und zu regieren. Korte meldet dieses.
Eins von den 2 andern Dörfern, ist Jaffa, eine Stunde
von hier, wo man ein angelegtes Wäldchen von Granat-
und Feigenbäumen, und in einem Thale bey dem Dorfe
Alraun (Mandragora) in Menge findet.

Einige 100 Schritte gegen Mitternacht von Nazaret, ist eine überfließende Quelle, welche man Mariä
Brunnen nennet.

Safuri, von den Christen Sanct Anna genannt, vor
Alters Sepphoris und Diocæsarea, ein Dorf auf der
Westseite der Ebene Esdrelon, 3 Stunden von Nazaret,
von griechischen Christen und Mauren oder Arabern bewohnet, ehedessen aber eine Stadt, welche ein sehr fester Platz, und eine Zeitlang die Hauptstadt von Galiläa war. Ueber demselben, auf dem Gipfel eines hohen
Hügels, hat das feste Kasteel gestanden.

Kana, ein kleines Dorf, welches nach Nau 1¼ französische Meile, nach Korte 2¼ Stunden von Nazaret
entfernet ist. Der letzte saget, er sey dahin von Nazaret ostwärts gereiset. Pocock saget nordwärts. Von der
ehemaligen Stadt sind noch Ueberbleibsel vorhanden.
Sie stund am Abhange eines Hügels, und erstreckete sich
hinab ins Thal, welches gegen Mittag und Abend von
hohen Bergen umgeben ist, gegen Norden aber eine
schöne Ebene hat.

VII. Das

VII. Der nordliche Theil des Landes auf der Oſtſeite des Jordans, begreift die Landſchaften Belad
Scikipf, (das iſt, ſteinicht und rauhe Landſchaft,) vor
Alters Trachonitis, Belad Hauran oder Havran,
vor Alters auf hebräiſch Chavran, Ezech. 47, 16. 18.
auf griechiſch Auranitis oder Ituræa, und Belad
Haret, vor Alters Batanæa oder Baſan, wie Aſſeman lehret. Man meldet, dieſe Landſchaften würden
von Arabern, Namens Guayr, bewohnet.

Die Landſtraße von Damaſchk nach Jeruſalem geht
durch einen Strich der Landſchaft Scikipf, nämlich bis
an die Jacobsbrücke. Ich habe von dieſer Landſtraße,
um des Zuſammenhanges willen, ſchon oben, S. 278,
einige Nachricht gegeben, welche ich hier erweitern will.
Pocock ſaget, wie ich daſelbſt angeführet habe, daß man
von Damaſchk am Ende der erſten Tagereiſe, nach dem
Khan bey Saſſa, und am Ende der zweyten, in dem
Khan bey der Jacobsbrücke bleibe. Ich finde aber bey
dem P. della Valle, Cotwyk und Thevenot, daß diejenigen, welche von Jeruſalem nach Damaſchk reiſen, am
erſten Tage von der Jacobsbrücke bis Coneitra, am zweyten bis Saſſa, und am dritten in 7 Stunden bis Damaſchk
gehen. Von Damaſchk bis Saſſa kömmt man anfänglich durch ſchöne Felder, nachmals aber durch eine ſteinichte Gegend, und über einen Fluß. Das Dorf Saſſa,
deſſen Namen auch Saaſſa, Saaſa und Jaza geſchrieben
wird, liegt an einem Fluſſe, der ſich in viele Arme zertheilet, und ſeine Häuſer oder leimernen Hütten ſind
rund um den Khan erbauet. Dieſem Orte gegen Oſten,
am Fuße eines hohen Berges, ſind Ueberbleibſel von
einem Gebäude, welche das Grab Nimrods genennet
werden, und in dem nahe dabey liegenden Dorfe ſind
Ueberbleibſel eines prächtigen Gebäudes, welches das
Schloß Nimrods genennet wird. Nau und Pocock gedenken deſſelben. Der Weg nach Coneitra iſt ſteinicht, und alſo beſchwerlich. Auf demſelben liegt der
Khan Raimbe. Der Khan Coneitra ſieht einem Kaſteel

ähnlich, und bey demselben ist ein kleines Dorf. Man
reiset von hier erst durch dicke Wälder von Eichen und
anderen Bäumen, kann auf der Hälfte der Tagereise,
von einem hohen Hügel, die vorhinerwähnte große Ebe=
ne gegen Morgen sehen, trifft nachmals das auf einer
Höhe liegende Dorf Lemie an, und gelanget auf einem
steinichten Wege bis zu der Jacobsbrücke, die über den
Jordan erbauet ist. So viel von denen an der gedachten
Landstraße liegenden Oertern.

Es sind aber noch einige andere Oerter in der Land=
schaft Scikipf oder Trachonitis zu bemerken.

Nicht allein Eugesippus, Sanutus und Wilhelmus
Tyrius, sondern auch der alte Reisebeschreiber Brocardt,
erwähnen einer Gegend, Stadt und festen Höle, Namens
Sueta oder Suite. Brocardt schreibt, die Stadt dieses
Namens liege 4 Meilen (oder Stunden) von dem Ein=
flusse des Jordans in den See von Tiberias gegen Nor=
den, und in dieser Entfernung steht sie auch auf Adricho=
mii Charte von Palästina. Man zeiget daselbst ein Grab,
welches man für das Grab Hiobs ausgiebt. Unter die=
sem Orte, gegen Kedar zu, wie Sanutus saget, oder dem
vorhin genannten Dorfe Saffa gegen Süden und Osten,
wie einige Reisebeschreiber sagen, ist eine große und schöne
Ebene auf welcher die Araber von nahen und entfernten
Orten des Sommers zusammen kommen, und einen Jahr=
markt halten, daher diese Ebene Meidan, das ist, Markt=
platz, genennet wird. Sanutus, Brocardt und andere
erwähnen auch der Stadt Kedar. Reland meynet, es
sey die Stadt Gadara darunter zu verstehen, welches
aber unrichtig ist: denn Brocardt schreibt, die Stadt Ke=
dar liege 4 Meilen oder Stunden gegen Morgen von dem
Orte wo der Jordan in den See von Tiberias fließt, ge=
gen Osten am Fuße des Gebirges Sanir, auf einem Ber=
ge, welcher einem Kameele ähnlich sehe.

In der Landschaft Hauran geben die arabi=
schen Schriftsteller, wie insonderheit aus Schultens
indice geographico zu ersehen ist, folgende Oerter an.

Bosto,

Boszro, auch Boſor und Botsra, von den Griechen und Lateinern Boſtra genannt, die Hauptſtadt dieſer Land-ſchaft, 4 Tagereiſen von Damaſchk, und 24 römiſche Mei-len von Edraata. Reland hält ſie ganz wahrſcheinlich für Beeſtera, Joſ. 21, 17. Aſſeman nennet ſie die Haupt-ſtadt vom petraiſchen Arabien. Sie war in den älteſten Zeiten der Siz eines chriſtlichen Metropoliten, der unter dem Patriarchen von Antiochien ſtund. Man muß ſie mit einigen andern Orten gleiches Namens, nicht verwechſeln.

Edraata, eine Stadt, welche vermuthlich der Joſua 13, 31. vorkommende Ort Edrei iſt, und von den griechi-ſchen Schriftſtellern Adraa genennet wird.

Caucab oder Cochaba, Cocabe, eine ehemalige Stadt, von welcher die Araber, welche Cavachebiten genennet werden, den Namen haben. Man muß dieſen Ort, mit dem vormaligen berühmten Bergſchloſſe Caucheb, welches über Tiberias gelegen hat, nicht verwechſeln.

Jarum, eine Stadt. Eine Tagereiſe von derſelben liegt Sarchad, ein Städtchen mit einem alten ſehr hoch ge-legenen (vermuthlich aber jetzt verfallenen) Kaſteel. Abul-feda rechnet es zu Hauran, der arabiſche Verfaſſer des Namenbuches aber, den Schultens anführet, ſaget, es läge an der Gränze dieſer Landſchaft, und ſey der Haupt-ort eines großen Diſtricts.

Fick, ein Flecken auf dem Gebirge gegen Taberya über. Egmond van der Nyenburg, welcher dieſes Ortes Er-wähnung thut, den man zu Taberya ſieht, ſaget zugleich, er liege im Lande Hauran. Bohadin im Leben Saladins gedenket des Berges Phyk, und der arabiſche Lexicogra-phus, den Schultens anführet, ſaget, Phyk ſey eine Stadt zwiſchen Damaſchk und Taberya, und heiße auch Aphyk: Es ſey daſelbſt ein Berg, über welchen ein ſehr rauher Weg gehe, der nach Al Gaur führe. Dieſer Berg liege gegen Taberya über, und an dem davon benannten See. Der Flecken Fick oder Phyk iſt, aller Wahrſcheinlichkeit nach, der Flecken Apheck bey Hippos, deſſen Euſebius gedenket.

Ob von den Städten Gaulan oder Golan und Beth-ſaida oder Julias, am nördlichen Ende des Sees von

Tiberias, noch Ueberbleibsel vorhanden sind? weis ich
nicht. Von der ersten hat die Landschaft Gaulanitis den
Namen, welche sich wahrscheinlicher Weise von Peräa an
längs dem östlichen Ufer des Sees von Tiberias und des
Jordans bis an den Antilibanon erstrecket hat. Derselben gegen Osten lag die Landschaft Batanäa oder Ba-
san, heutiges Tages Belad Haret genannt.

VIII. Das Land, welches die Araber, Beni Kes
mane genannt, bewohnen, deren Fürst dem Pascha
von Damaschk Tribut erleget, wird fast um seine
Mitte durch einen kleinen Fluß, Namens Scheriah Mandur getheilet, der sich nach einem Laufe
von ungefähr 3 französischen Meilen, in den Jordan
ergießt. Man saget, es schiene, daß seine Quelle der
auf einigen Landcharten angegebene See Jaër oder
Jazer sey: es sey aber daselbst kein See, sondern eine
Menge heißer Quellen. Eine derselben sey so heiß,
daß man die Hand nicht hineinstecken könne, und werde Hummet el Scheikh, das ist, das Bad des
Scheikhs, genennet. Dieses Land ist ein Stück vom
alten Peräa, welches sich, nach Josephi Beschreibung, der Länge nach, von Pella bis Machärus, und
der Breite nach von Philadelphia bis an den Jordan erstrecket hat. Josephus nimmt also den Namen Peräa
in einer engern Bedeutung, als die Evangelisten: denn
die letztern verstehen darunter alles auf der Ostseite des
Jordans belegene Land. Die Hauptstadt von Peräa
war Gadara, welche warme Bäder hatte. Sie wurde
aber eben so, wie die Städte Pella, (dahin sich vermuthlich im Jahre Christi 66, die Christen von Jerusalem begaben, als diese Stadt, zur Zeit des römischen
Krieges, immer unruhiger ward,) und Hippos, ein
Theil von Decapolis oder von den Zehn Städten.

Ob

Ob von dieſen Oertern noch Ueberbleibſel vorhanden
ſind? weis ich nicht.

Eoſchlun auch Eglun, ein ehemaliges feſtes Kaſteel,
auf einem Berge, gegen El Beyſan über, mit einem dazu gehörigen Flecken oder Dorfe, Namens Baütba,
kömmt im Abulfeda vor.

IX. Das Land Salth, iſt um die unterſte
Gegend des Jordans, und am todten Meere, nämlich
auf der Oſtſeite. Es hat ſeinen Namen von dem großen Dorfe Salth, (einer ehemaligen Stadt) woſelbſt
viele griechiſche Chriſten wohnen, und ein Kaſteel iſt.
Die hier wachſenden Granatäpfel, ſind wenigſtens
ehedeſſen berühmt geweſen. Es wohnen in dieſem
Lande die Araber, welche ſich Beni Aubayd nennen.
Ihr Fürſt bezahlet dem Paſcha von Damaſchk Tribut.
Das bisherige berichtet Nau. Herbelot führet auch
den Ort Salth aus dem perſiſchen Erdbeſchreiber an.

Aus Bohadins Leben des Sultans Saladin, und aus
dem Abulfeda, erſieht man, daß die ehemalige Stadt
Hesbon, noch als ein Dorf, unter dem Namen Hasbon
oder Hosban, vorhanden ſey, wie Schultens in indice
geographico anführet.

Aſſelt, war zu des Sultan Saladin und Abulfeda Zeit,
eine wohlbewohnete Stadt gegen Jericho über, und hatte
ein Kaſteel, unter welchem viele Quellen entſtunden, deren Waſſer nach der Stadt lief. Die hieſigen Granatäpfel
waren beliebt. Der jetzige Zuſtand des Ortes iſt unbekannt.

Der hohe Berg Nebo, der ein Theil vom Gebirge Aba-
rim iſt, und deſſen höchſter Gipfel Pisga genennet wird,
liegt gegen Jericho über. Ich kann nicht ſagen, ob dieſe bibliſche Namen noch heutiges Tages bey den Arabern
eben ſo gewöhnlich ſind, als bey den Reiſebeſchreibern.

Eben ſo wenig iſt von der jetzigen Beſchaffenheit des
ehemaligen Bergſchloſſes Machärus, drittehalbe Stunden vom todten Meere, woſelbſt Johannes der Täufer gefangen geſeſſen hat, und von dem gegenwärtigen

Zu-

Zustande der warmen Bäder zu Callirve oder Callir-
höe, die ihren Abfluß ins todte Meer gehabt haben, bekannt.

Anmerkung. Das östliche Ufer des todten Meeres, beschreibe
ich hernach bey dem peträischen Arabien.

Anhang.

Nachdem ich Palästina aus einer beträchtlichen
Anzahl Reisebeschreibungen beschrieben, und solche Beschreibung auch gedruckt worden, habe ich noch über
30 andere Reisebeschreibungen, deren ich vorhin nicht
habhaft werden können, eigenthümlich bekommen, und
es der Mühe werth geachtet, sie durchzulesen. In
mehr als zwanzig derselben, habe ich noch etwas gefunden, welches meiner vorstehenden Beschreibung
anhangsweise beygefüget zu werden verdienet, weil es
theils zur Bestätigung, theils zur Ergänzung derselben gereichet. Ich will auch hier noch einige Anmerkungen zu meiner mühsamen Beschreibung des Gebirges Libanon hinzufügen.

S. 250. Z. 23. Es versichert auch Philippus a S. Trinitate, daß er noch im October Schnee auf dem Libanon
gesehen habe, und am Ende des Novembers sey er schon
mit neuem Schnee bedeckt gewesen: und Breuning, welcher am 28 October auf dem Libanon war, meldet, daß er
auf seinem höchsten Gipfel voller Schnee gewesen sey.

S. 252. Z. 17. 1566 Fürer von Haimendorf bey 25.

— Z. 19. setze Breuning, an statt Jacobi.

— Z. 21. 1615 der Baron Beauvau auch 23, um das
Jahr 1629 Philippus a S. Trinitate 21 und eine umgefallene, 1630 Stochove 22 und eine umgefallene.

S. 255. Z. 9. Denn Philippus a S. Trinitate, der 45,
und Arvieux ———

— Z. 23. Philippus a S. Trinitate bezeuget, daß die
Cedern von den Einwohnern des Libanons Irs genennet
werden, welches ihr alter in der Bibel vorkommender
Name

Name Cees ist. Auch Pastor Schulze, dessen Zeugniß
D. Trew in seiner historia cedrorum Libani anführet,
versichert dieses.

S. 256. Z. 14. welches (Manna) wie Nau berichtet,
von den Kindern gern gegessen wird, weil es etwas süß
ist, und nach Cotwyks — —

S. 298. Von der Witterung in Palästina, hat Stephan von Gumpenberg nebst seinen Reisegefährten, das
Folgende angemerket. Am 22 Oct. regnete es zu Jerusalem, und bis dahin hatten sie in diesem Monate noch keinen Regen gesehen. Bis gegen die Mitte des Novembers
war trübes und rauhes Wetter: in der zweyten Hälfte
dieses Monates waren einige heiße Tage. Im December
wechselten trübes, regenhaftes und heiteres, kaltes und
warmes Wetter mit einander ab. In der ersten Hälfte
des Jänners 1450 war auch wechselsweise trübe Witterung, Regen und Sonnenschein. Vom 15ten Jänner an,
war das Wetter schön und warm, die Mandel- und Pfir-
schenbäume blüheten, die Olivenbäume grüneten. Am
21sten Jänner traf er in Galiläa grüne und blühende
Wiesen, Bäume voller Blüte, und des folgenden Tages
am galiläischen See, Pomeranzenbäume, die entweder
voller Blüte, oder voller reifen Früchte waren, an.
Hiermit stimmet Benards Bericht sehr wohl überein;
welcher erzählet, daß er 1617 am 23 Jänner bey Ramla
die Bohnen und die Mandelbäume in voller Blüte gesehen, auch eben dieses am 19ten zu Acca beobachtet habe.
Als Jacob Wormser 1561 zu Jerusalem war, regnete es
schon am 9ten September; welches aber, vermöge der
sonst bekannten Wettergeschichte von Palästina, etwas
Außerordentliches gewesen ist.

S. 300. Z. 2. Fürst Radzivil saget, daß alle Früchte
und Gewächse bey Jericho 14 Tage eher reif würden, als
zu Jerusalem, und die Hitze sey an jenem Orte so groß,
daß denen, die von dannen nach Jerusalem zögen, die
Luft daselbst viel kälter zu seyn dünke: die Datteln würden zu Jerusalem nicht, wohl aber bey Jericho, vollkommen reif.

Auch Brocardt, von Breitenbach, und Fürer von

Haimendorf, nennen den See Samochonitis, das Wasser Maron: wenn aber Sandys schreibt, er heiße jetzt Hoale, so soll dieser vermeynte Name, vermuthlich das Wort Hulet, d. i. See, seyn. Von Breitenbach und Sandys bezeugen auch, daß er des Sommers meistens austrocknet, daß seine Ufer mit Bäumen, Sträuchen und Rohr bewachsen sind, und daß sich unter denselben Löwen, Leoparden, Bären und andere wilde Thiere verbergen.

S. 302. Z. 5. Aus dem Rohre, welches an den Ufern des Jordans, in desselben obern und untern Gegenden wächst, machen die Araber nicht allein Lanzen oder Spieße, sondern auch Pfeile, und die Türken gebrauchen es auch zum Schreiben; wie Sandys und Egmond van der Nyenburg bezeugen.

Myrike schreibt, der See von Tiberias nehme von der Abend- und Morgenseite viele Bäche auf. Daß er von allerley Arten schmackhafter Fische wimmele, berichten außer diesem Reisenden, auch Rudolph und Sandys. Myrike hat mit der Hand einen Karpfen gefangen. Egmond van der Nyenburg saget, der See sey voll von großen Fischen, die hier ungestöhrt lebeten; weil weder Boot noch Netz vorhanden sey, um sie zu fangen.

S. 303. Z. 1. Stochove, der ihn daselbst am Ende des Augustmonats sahe, giebt ihm in dasiger Gegend nur eine Breite von ungefähr 25 Schritten, und ein reines und helles Wasser. Die Schätzung der Breite geschieht von den Reisenden nur nach dem Augenmaaße, welches unterschieden ist.

S. 305. Z. 12. Es sind auch Felix Fabri und Jacob Wormsers Berichte nicht zu verschweigen: jener fand den untern Jordan am 20 Jul. tief, still und trübe; dieser, welcher am 7ten September bey demselben war, schreibt, daß er nicht breit sey, und langsam fließe, daß aber dem ungeachtet nicht gut darinnen zu baden sey. Alle übrige Reisebeschreiber — —

S. 306. Z. 4. Gute Schwimmer können wohl quer über den Jordan schwimmen, welches auch einige Reisende, als Egmond van der Nyenburg, am Tage nach dem Osterfeste, und einige von Felix Fabri Reisegefährten

ten am 20 Jul. gethan: aber nicht gegen den Strom. Auch der letztgenannte Reisebeschreiber meldet, daß zuweilen Pilgrimme darinnen ersaufen.

S. 309. Z. 2. Egmond van der Nyenburg, welcher am Tage nach dem Osterfeste bey diesem See war, erblickte nicht nur in demselben einen Steinhaufen, welcher so aussahe, als ob er von dem Wasser zusammen gespület worden sey, sondern auch noch einen von Wasser entblößten Platz, den man für die Ruinen von einer Stadt hielt, und fand am Ufer Stücke von großen Bäumen, welche der See ausgeworfen hatte, und alle sehr alt zu seyn schienen.

S. 311. Z. 20. Der eben genannte Reisebeschreiber meldet auch, daß das Wasser des todten Meeres klar sey, und wie das Meerwasser aussehe.

— Z. 26. In Ansehung der Salzigkeit desselben, meynet Stochove, daß, wenn man etwas davon in ein Faß, und zehnmal so viel süß Wasser dazu schütte, es dennoch ungeachtet noch so salzig seyn werde, als das Seewasser, dessen Salzigkeit aber sehr unterschieden ist.

S. 312. Fürst Radziwil schreibt, das Wasser des todten Meeres beiße die Zunge sehr stark, und habe einen bösen und pestilenzialischen Geruch. Er ist der einzige Reisebeschreiber, der das Salz, welches am Ufer des Sees gefunden wird, für gallenmäßig bitter ausgiebt.

Es ist nicht überflüßig, wenn ich hier genauer anzeige, wie Egmond van der Nyenburg das Wasser des todten Meeres befunden habe, als er sich in demselben gebadet. Er wurde von demselben dergestalt getragen, daß er sich weder tief hinablassen, noch den Kopf untertauchen konnte. Es würde ihn auf den Bauch geworfen haben, wenn er nicht alle seine Kräfte angespannet hätte, um sich aufrecht zu erhalten; da er denn in dem Wasser also gieng, als ob er Land unter seinen Füßen hätte, und es man

S. 314. Z. 8. Egmond von der Nyenburg, welcher dieses Pech nicht auf und bey dem See, sondern zu Jerusalem gesehen hat, berichtet, man habe ihm erzählet, daß es am häufigsten auf der Südseite des Sees gefunden werde.

S. 315. Auch Rudolph, Radzivil, Sandys und Egmond van der Nyenburg gedenken der schwarzen Steine, welche am Ufer des Sees gefunden werden. Der erste saget, sie sähen schön aus, wenn man sie aber anfasse, behielten die Hände einige Tage lang einen übeln Geschmack davon. Der zweyte berichtet, daß sie wie Holz brenneten, und der dritte vergleicht sie mit den Schmiedekolen, und bemerket, daß sie durch den Brand nicht kleiner, wohl aber heller und weißer würden. Der vierte nennet sie schwarze Kieselsteine, welche, wenn sie angezündet werden, zwar leichter, aber nicht kleiner werden, und ob sie gleich häßlich stinken, dennoch hier zu Lande als ein Rauchwerk gegen die Pest gebrauchet werden. Er gedenket noch einer Art schwarzer Steine, welche im Gebirge dicht bey dem See gefunden werden, dem Probiersteine ähnlich sind, und auf gleiche Weise gebrauchet werden können, wenn man sie aber anzündet, eben so stinken, als die bey dem todten Meere gefundenen Steine. Von diesen letztern Steinen berichtet er auch, daß zu Jerusalem die Kirche des heil. Grabes, und ein Theil des Johannisklosters in der Wüste, mit demselben gepflastert wären; welches aber ein gefährliches Pflaster ist.

S. 316. Dem Bruder Brocardt hat der Patriarch zu Jerusalem erzählet, daß der See allezeit einen Rauch und Nebel ausstoße. Auch Melchior von Seidlitz saget in seiner Reisebeschreibung, daß der See allezeit einen Dampf von sich gebe, um welches willen weder Menschen noch andere Creaturen nahe bey demselben wohnen könten. Er sahe auch dergleichen Dampf aus dem See aufsteigen, als er ihn von einem Berge in der Gegend von Bethlehem übersahe. Schwallart berichtet auch, daß aus dem See ein dicker Rauch aufsteige, welcher das Erz und auch das Silber schwarz mache. Felix Fabri in seiner Beschreibung der Reise, welche Werli von Zimber und desselben Gefährten nach Palästina angestellet,

schreibt

schreibt auch dem See einen übel riechenden Dampf zu,
wegen dessen die Reisenden am 11ten August sich nicht lange bey demselben aufgehalten hatten. und füget hinzu, daß
alles, was von solchem Dampfe berühret werde, verdorre.
Auch von Breitenbach und Stochove, geben die gänzli-
che Unfruchtbarkeit des Thales, darinnen der See ist, und
der umliegenden Berge, dem Dunste Schuld, welcher
aus dem See aufsteiget.

S. 317. Z. 3. Ja, ob gleich Egmond van der Nyenburg
den Versuch gemacht hat, ein paar Sperlinge, denen er
einige Federn ausgezogen, damit sie nur etwas fliegen
können, in die Höhe zu werfen, welche, nachdem sie über
dem See ein wenig geflattert, auf denselben gefallen,
und von dem Wasser lebendig ans Land gespület worden: so können — —

— Z. 22. Ich nehme die Zeugnisse von den Schnecken
und Muscheln für gewiß und zuverläßig an, weil diese
schwerer sind, als das sonst sehr salzige Wasser dieses
Sees: allein, Fische können nicht darinnen leben, wie Herr
Hofrath Michaelis in seiner Abhandlung de mari mortuo
gründlich geurtheilet hat.

— Z. 27. nach den Worten, die hier des Sommers
ist, setze hinzu, und von welcher Daniel Ecklin das Wasser des Sees, als er sich am 4ten Jul. 1553 darinnen bade-
te, heiß fand.

— Z. 30. nach den Worten, über sein niedriges Ufer,
setze, wie Brocarde bezeuget, davon auch Pocock —

S. 318. nach Z. 6. Egmond van der Nyenburg glaubet, der See sey bisher von Zeit zu Zeit größer geworden, werde auch vielleicht mit der Zeit die ganze Ebene
von Jericho überströmen. Er gründet aber seine Muthmaßung auf die Menge des Wassers, welche der Jordan
dem See täglich zuführet, ohne an die starke Ausdünstung desselben zu gedenken, welche seiner Vergrößerung
hinlänglich vorbeuget.

S. 321. nach Z. 11. Als Egmond van der Nyenburg von
Jericho nach diesem See ritte, fand er den Boden an unterschiedenen Orten so weich, daß die Pferde fast darinnen
stecken blieben. Ein Mehreres berichtet er auch nicht.

S. 322.

S. 322. nach Z. 9. Zur Naturgeschichte des todten Meeres, kann noch dieses gerechnet werden, daß, nach der alten Reisebeschreiber Rudolphs und von Breitenbachs Bericht, in demselben die Schlange, Thirus genannt, gefunden und gefangen wird, von welcher der Thiriak oder Theriak seinen Namen haben soll, weil er zum Theile aus derselben bereitet worden. Mit ihnen stimmet Suidas und der von Reland in seiner Palæstina S. 830. (614) angeführte Scholiast überein, welcher schreibt, der Theriak werde mehrentheils aus gewissen Schlangen bereitet, die um Jericho am meisten gefunden würden. Josephus saget auch, daß es um Jericho viele giftige Schlangen gebe.

S. 325. Auch zu Sapher wird Wein von den Juden gebauet. Die Trauben sind von sehr angenehmem Geschmacke, und der Wein ist roth. Dieses berichtet Egmond van der Nyenburg. Daß auf dem Berge Karmel auch etwas Weinbau sey, habe ich S. 372 angemerket.

S. 327. Auch Sandys und von Breitenbach erwähnen nicht nur der Löwen, sondern auch der Leoparden, am See Samochonitis. Felix Fabri erzählet, daß er und seine Reisegefährten in der Gegend Jericho an einem Abend wilde Esel angetroffen hatten, welche vom Gebirge gekommen waren, und setzet hinzu, es giengen des Nachts auch Löwen, Bären, Gemsen, Rehe und Hirsche aus dem Gebirge nach dem Jordan.

S. 339. Von dem Oelberge kann man gegen Süden Bethlehem und Hebron sehen, wie Ladoire bezeuget. Nach Pocock hat der Oelberg 4 Spitzen, alle andere Reisebeschreiber aber legen ihm nur 3 Spitzen bey. Daß er nicht nur mit Olivenbäumen, sondern Citronen=Limonen=Pomeranzen=Feigen=Datteln= und Terebinten=Bäumen, und mit den Charnubi, welche das sogenannte Johannisbrodt tragen, bewachsen, daß sein Boden auch für Getraide fruchtbar, und daß er dieser Ursachen wegen sehr angenehm sey, ersiehet man außer denen S. 324. angeführten Reisebeschreibern, auch aus Breunings, Ignatii von Rheinfelden, Myrike und Ladoire=Reisebeschreibungen. Der Meynung von der ehemaligen Herberge der
Gali

Galiläer auf dem Oelberge, treten auch Schwallart und Benard bey.

S. 340. Z. 15. Der Kidron läuft, wo ich nicht irre, durch das Thal, von welchem Felix Fabri saget, daß es sich von Jerusalem bis an das Kloster des heil. Saba, und von dannen nach dem todten Meere erstrecke, wild sey, und auf beyden Seiten hohe Felsen habe, die zum Theile voller Hölen sind.

S. 340. Die alten Reisebeschreiber Rudolph und Felix Fabri, belegen die Wüste von Quarantania oder Jericho, mit dem Namen Wüste Monstat, welcher, wie ich vermuthe, eben so viel bedeuten soll, als die Wüste Jericho, und von einer unrichtigen Erklärung des Namens Jericho herrühret.

S. 341. Auch Felix Fabri und seine Reisegefährten, haben die höchsten Gipfel des Berges Quarantania bestiegen. Sein Zeugniß, daß man von demselben den Libanon erblicken könne, will ich nicht bestreiten; daß er aber vorgiebt, auch den Berg in Armenien, auf welchen Noäh Schiff sich niedergelassen, von der Spitze des Berges Quarantania gesehen zu haben, ist einfältig. Egmond van der Nyenburg saget, das Franciscaner Mönchen-Kloster zu Jerusalem bezahle an die Araber jährlich 10 Piaster, damit sie diejenigen, welche den Berg Quarantania besteigen, nicht beunruhigen. Die Z. 18. erwähnte Quelle, ist ehedessen, wie es scheint, durch eine Wasserleitung, davon noch Ueberbleibsel vorhanden sind, nach Jericho geleitet worden. Der aus dem Elisäbrunnen abfließende Bach, treibt einige Mühlen, und wässert hernach das Land um Jericho.

Nicht weit von Jerusalem gegen Norden, sind die so genannten Gräber der Könige, deren Urheber und ehemaliger Gebrauch unbekannt ist. Sie bestehen aus großen und kleinen regelmäßigen Zimmern und Zellen für Särge, die insgesamt in einem sehr weißen Felsen aufs zierlichste ausgehauen sind, und in welchen man noch zerbrochene steinerne Särge antrifft. Sie sind nicht nur die schönsten und merkwürdigsten Gräber um Jerusalem, sondern auch jetzt das sehenswürdigste Kunststück in Palästina.   S. 342.

S. 342. Z. 3. von unten. Von Breitenbach nennet Bie unrichtig Barra; es ist aber aus seiner Reisebeschreibung zu ersehen, daß dieser Ort 1483 ein großer Marktflecken gewesen sey. Zu Brocardts Zeit, oder 1283, waren die Tempelherren im Besitze dieses Ortes, den er Bira nennet.

S. 344. Z. 19. Hingegen Ladoire, der 1719 zu Bethlehem war, schreibt, es wären daselbst nicht über 300 Häuser.

S. 346. Z. 9. Auch Sandys und Benard sagen, daß dieses Kloster des heil. Kreuzes georgianische Mönche habe: der letzte aber setzet hinzu, sie hielten die Messe in griechischer Sprache, (wie sie denn auch der griechischen Kirche zugethan sind,) und der erste meldet, es sey dieses Kloster der Sitz eines georgianischen Bischofes.

— Z. 26. Ladoire nennet das Dorf schlechthin Ain, und saget, es sey noch der alte Namen des Ortes. Die Grotte, darinnen Johannes als ein Einsiedler gewohnet haben soll, ist von dem Orte, wo er geboren seyn soll, ungefähr 3 Viertelstundeweges entfernet, wie auch Ladoire berichtet.

S. 347. nach Z. 26. In eben diesem Thale hat Ignatius von Rheinfelden im Octobermonate die S. 325 erwähnten goldgelben Trauben gesehen, welche eine Elle lang, und sehr angenehm von Geschmack waren.

S. 348. Der sogenannte versiegelte Brunn Salomons, ist ungefähr eine halbe Stundeweges von Bethlehem. Die Wasserleitung, welche einen Theil seines Wassers nach Jerusalem führet, wurde 1484, als Felix Fabri daselbst war, verbessert, und es arbeiteten über 800 Mann daran.

S. 352. nach Z. 23. Nicht weit von Hebron, an dem Wege, der nach Gazza führet, liegt das Kasteel zu S. Samuel, und ist nicht weit von demselben ein Ort, S. Abrahams Kasteel genannt, den von Breitenbach als ein Städtchen angiebt, der aber vermuthlich höchstens ein Flecken genannt zu werden verdienet. Am letztern Orte ist ein reiches Hospital, in welchem täglich an alle diejenigen, welche es begehren, Brodt, Oel und Gemüse ausgetheilet wird, wozu jährlich auf 24000 Dukaten nöthig sind, wie Felix Fabri erzählet. Eben derselbige
berich-

berichtet auch, daß das Kasteel zu S. Samuel, an diese
Hospital jährlich 2000 Ducaten zahle. So war es 1484.
— Z. 27. Aus Thevenots falschem Namen Cannio-
nes, hat Probst Harenberg gar ein Volk gemacht, und
auf seine Landcharte von Palästina gesetzt. Es könnte dieses harenbergische Volk, auch Cannanis heißen; denn
mit diesem falschen Namen wird der Khan Junus in
Helfrichs Reisebeschreibung beleget. Sandys nennet ihn
Haniones.

S. 353. Egmond van der Nyenburg berichtet, daß
zwar das Gouvernement über das Land Gazza, ehedessen
einem Geschlechte erblich zugehöret habe, jetzt aber der
türkische Kaiser demselben einen Pascha nach Willkühr
vorsetze. Die Ebene zwischen dem hohen Gebirge, auf
welchem Hebron liegt, und dem mittelländischen Meere,
ist ungemein fruchtbar und angenehm, voller blumen-
reichen Hügel, welche die fruchtbaren Thäler noch übertreffen, und mit schönen Oliven- und andern Bäumen
besetzt sind: gleichwohl ist sie meistens unbewohnt, ausgenommen, daß sie einige kleine und schlechte Dörfer hat,
welche Mauren (Araber) bewohnen, die nicht mehr Land
bauen, als sie zu ihrem Unterhalte nöthig haben. So
fand Sandys sie gegen das Ende des Märzmonates. Die
Stadt Gazza wird von unterschiedenen Reisebeschreibern,
als, Felix Fabri, von Breitenbach, Grafen Albrecht von
Löwenstein, Johann Tucher von Nürnberg, und Thevet,
Gazara oder Gazera genennet, und sie sagen, es sey der
jetzt gewöhnliche Namen derselben. Allein die Araber
nennen sie auf die Weise, wie ich angeführet habe. 1605
waren zu Gazza 15 samaritanische Familien; wie Beauvau berichtet.

S. 354. Z. 19. Helfrichs saget, Gazza sey ungefähr
eine halbe deutsche Meile vom Meere entfernet, und habe
auf der Seeseite lauter Sand und Wüsteney, hingegen
auf den 3 übrigen Seiten, lustige Gärten und Ackerbau.

Vor Z. 4. von unten. Ich will hier noch einige gegen
Osten, Süden und Südwesten von Gazza, liegende Oerter, nachholen.

Gegen Osten bis an das Gebirge, auf de-

Hebron, fast eine Tagereise lang, kömmt man vor unter‐
schiedenen Kasteelen, Dörfern und verfallenen Städten
über.

Gegen Süden, auf dem Wege nach den Bergen Horeb
und Sinai, kömmt man durch eine große sandige Ebene
nach dem kleinen Dorfe Lebbem, in dessen Gegend nur
kleine und dürre Kräuter wachsen, woselbst zwar auch eine
Cisterne ist, die aber am 10 Sept. kein Wasser hatte.
Von Breitenbach schreibt, dieses Dorf sey von Gazza eine
Meile entfernet: hingegen Felix Fabri, der mit ihm rei‐
sete, saget, es liege 8 Stunden von Gazza. In des erstern
Reisebeschreibung ist hier ein Fehler; denn eine kleine Ta‐
gereise von 8 Stunden machet mehr als eine (deutsche)
Meile aus. Sonst ist dieser Ort nicht weit von der Land‐
straße, die nach Aegypten führet, und zur rechten Hand
liegen bleibt, entfernet. Von Lebbem reitet man in 8
Stunden durch lauter sandige Wüste bis an einen Sand‐
hügel, in der Gegend, welche von den Arabern Cawarba
genannt wird, und, wie die vorhin genannte Reisebe‐
schreiber sagen, auf lateinisch Cades heißt. Ich vermu‐
the, daß sie Kadesch Barnea. 4 Mos 1, 2. 19. 43. meynen,
welche Gegend oder Wüste allerdings dieselbe gewesen ist,
und die südliche Gränze von Palästina gemacht hat.
Bey dem erwähnten Sandhügel, traf Felix Fabri 12
große Cisternen neben einander, bey denselben alte Mau‐
ern, und im Felde umher viele Stücke von Ziegeln und
irdenen Gefäßen an. Von Breitenbach schreibt, die ehe‐
malige Stadt Beerscheba heiße jetzt Gallin, und liege
4 Meilen von Gazza.

Gegen Südwesten von Gazza, auf der nicht weit vom
mittelländischen Meere weglaufenden Landstraße nach
Aegypten, und zwar bis an den Khan Junus oder Jonas,
bey welchem sich das Gebieth von Gazza endiget, und die
schon zu dem Gouvernement von Aegypten gehöret, findet
man keine Oerter, wohl aber 2 Stunden von Gazza eine
Brücke, unter welcher am 5ten April, als Thevenot die‐
sen Weg reisete, das Wasser bey den sehr breiten Wiesen
vorbeylief, und am diesseitigen Ende derselben einen
Brunnen mit gutem Wasser. Auf diesem Wege, der 6

Stun‐

Stunden beträgt, giebt es auch einige Cisternen und
Brunnen, die theils bitteres, theils etwas besseres
Wasser haben.

Ich habe S. 354 von dem Wege von Gazza nach
Atzud und Ramla, nur eine ganz allgemeine Nachricht
gegeben. Hier will ich ihn aus Fürers von Haimendorf
Reisebeschreibung, genauer beschreiben. Wenn man von
Gazza abgereiset ist, kömmt man durch einen schönen
Weg, der mit Mandeln und Oelbäumen auf beyden Seiten besetzet ist. Auf der rechten Seite des Weges, sieht
man einige Dörfer, und zur Linken bleibt ein von der
heiligen Barbara benanntes Dorf liegen. Man kömmt
zu dem Dorfe Mensel, welches ziemlich groß ist, sieht
nachmals zur linken Hand das kleine Dorf Amami, woselbst schöne Gärten von Mandeln- und andern Bäumen
sind, fruchtbare Felder, schöne Gründe, gegen das Meer
zu aber Sandhügel, und eben daselbst ein kleines Dorf,
Namens Pharani, woselbst die Stadt Aschdod gestanden
haben soll. Man nähert sich dem Meere, und erblicket
von ferne die Trümmer von Ascalon. Das Land ist eben
und fruchtbar, und trägt insonderheit gutes Korn.

S. 356. Z. 7 und 8. Der eben genannte Fürer von
Haimendorf erzählet weiter, daß man, nachdem man die
Trümmer von Ascalon auf der Seite liegen lassen, auf
der Fortreise zu beyden Seiten des Weges Dörfer, und
alsdenn die Trümmer der Stadt Achron, vor Alters
Accaron, sehe, bey welchen ein kleines Dorf sey, welches
an einer fruchtbaren und schönen Ebenen liege. Er ließ
ferner zur Rechten auf einem Hügel, den ziemlich großen,
aber größtentheils verfallenen Flecken Ibdime, liegen.
Dieser ist der Ort, den ich das Dorf Jebna oder Jebna,
genannt habe. Von Breitenbach schreibt, der Hafen
Jamnia sey von Jaffa 2 (deutsche) Meilen entfernet.
Er hält das Dorf Ibilin für die ehemalige Stadt Geth.
Von dieser, deren ich S. 358 gedacht habe, schreibt Fürer
von Haimendorf, sie liege gegen Osten auf einer Höhe,
auf deren andern Seite ein sehr tiefer im Felsen ausgehauener Brunnen sey, der gutes Wasser habe: es sey auch
bey diesem Orte ein Bach, über welchem eine steinerne

5 Th.　　　　C c　　　　　　Brücke

Brücke von 3 Schwibbogen führe; er sey aber am 3ten
Febr. meistens trocken gewesen. Man zeigete ihm nicht
weit vom Meere, auf der rechten Seite des Weges gegen
Osten, das ehemalige Bethschemesch. Er ließ auf der
linken Seite an einem Hügel einen Flecken liegen, der
Chube genennet ward, über welchem man ein Gebäude,
das einem Thurme ähnlich war, nebst einer kleinen Moschee, sonst aber an der linken Seite des Weges, noch
viel verfallenes Mauerwerk sah. Endlich kam er nach
Ramla.

S. 358. Z. 4. Ignatius von Rheinfelden stimmet mit
den hier befindlichen Angaben überein; denn er saget,
Jaffa sey von Ramla 2, und von Jerusalem 8 deutsche
Meilen entfernet.

S. 359. Z. 1. In der griechischen Kirche zu Ramla
wird, wie Fürer von Haimendorf meldet, alle Sonntage
in arabischer Sprache geprediget; denn die hiesigen Griechen verstehen, wie Egmond van der Nyenburg bezeuget,
keine andere Sprache, als die arabische.

S. 360. Z. 6. Auch Egmond van der Nyenburg hat den
Namen Cubeib.

— Z. 11. Aller Wahrscheinlichkeit nach ist der wüste
Ort Arsuf eben derselbige, den von Breitenbach das Dorf
Assur nennet; denn er schreibt, es liege 3 Meilen gegen
Süden von Kaisaria, und werde für das alte Antipatris
gehalten, welches auch die Meynung einiger Schrift-
steller ist.

— Z. 8. von unten. Sandys nennet dieses Kasteel
Augia, welcher Namen mit dem Namen des Flusses
überein kömmt. Er schreibt, es liege 8 (englische) Meilen von Ramla.

— Z. 5. von unten. Myrike schätzet die Entfernung
des Dorfes Loddo von Ramla, auf eine Stundeweges.
Die Franciscaner haben hier ein Kloster, und 1719, als
Ladoire hieselbst war, hielten sich hier einige französische
Kaufleute auf, welche Baumwolle und Seife aufkauften.

S. 361. Z. 11. von unten. Auf dieser steilen Anhöhe,
welche Fürer von Haimendorf einen hohen Berg nennet,
liegt, nach desselben Berichte, das Dorf Arura. Ich
ver-

vermuthe, daß dieses der Ort Aϗυϗη sey, dessen Josephus, und Aruir, dessen Hieronymus gedenket. Das Dorf Selwio, nennet Fürer von Haimendorf Solphit. Er sah auf der linken Seite des Weges, da dieses Dorf liegt, bey der Fortreise, auf einem Berge über andern Dörfern, ein Dorf liegen, dem man den Namen Ephraim gab. Dieses könnte gar wohl die ehemalige Stadt dieses Namens seyn.

— Z. 3. von unten. Auch Sandys hält den Berg Siloh, für den höchsten Berg des Landes.

S. 362. Z. 4. Das Dorf Lebah, nennet Brocardt Lemna, von Breitenbach Lepna, Fürer von Haimendorf Lebna. Die beyden ersten sagen, es sey ein schönes Dorf; der dritte aber nennet es einen großen Flecken: und als er am 1. März dahin kam, war daselbst Jahrmarkt und viel Volks.

S. 363. Z. 7. Allein, die ältern Reisebeschreiber, Brocardt, von Breitenbach und Fürer von Haimendorf, belehren uns anders. Der erste schreibt, daß zur linken Hand des Jacobsbrunnens, annoch (nämlich 1283) alte Mauern eines zerstörten großen Fleckens wären, von dessen ehemaligen Herrlichkeit der noch vorhandene Marmor, und ganze Säulen zeugeten. Diese Trümmer wären eine Meile von Neapolis. Er glaube, daß sie von dem Flecken Thebe (eigentlich Thebez) wären, dessen Richt. 9, 50. gedacht wird. Von Breitenbach saget, zur rechten Hand dieses Brunnens sey ein verwüsteter großer alter Flecken, welcher, wie es scheine, die alte Stadt Sichem sey; hingegen Nabolos, welches einige für Thebez hielten, sey 2 Armbrustschüsse davon entfernet. Fürer von Haimendorf schreibe, gleich bey dem Brunnen sey ein Dorf, welches er für das alte Sichem halte. Es liege, wenn man auf der linken Seite in das Thal gehe, gegen Nabolos über, dahin noch ein guter Weg sey.

Von Nabolos saget Myrike, es bestehe aus einer sehr langen Straße, in deren Mitte der Marktplatz sey. Wenn man von Jerusalem dahin reise, sey 200 Schritte davon gegen Osten, der Brunn Jacobs.

S. 364. Der Baron Beauvau berichtet, daß 1605 in

Orient etwa 250 samaritanische Familien gewesen, nämlich 15 zu Gazza, 4 zu Damaschk, 10 zu Groß Kairo, und die übrigen zu Nabolos oder Sichem.

S. 365. nach Z. 9. Nach dem Jordan zu liegen folgende Oerter. Ennon oder Ænon, ein Flecken, 4 (deutsche) Meilen von Nabolos gegen Süden, nach dem Jordan zu, in einer lustigen Gegend. Den ersten Namen hat Brocardt, den zweyten von Breitenbach; ich glaube aber, daß der Namen bey dem letzten, verschrieben oder verdruckt ist. Auf des de la Rüe Charte, de regno Judæorum, ist der Namen Aennon geschrieben.

Zephet, ein kleines Dorf, 4 (deutsche) Meilen gegen Osten von Ennon, 2 vom Jordan, woselbst der Bach Krith, (s. S. 304.) von einem Berge herab kömmt.

Doch, ein Kasteel, eine Meile von Zephet, am Abhange eines Berges. Aus demselben hat man eine weite Aussicht in das Land jenseits des Jordans, und kömmt hier auf die Ebene am Jordan, die nach Jericho führet. Es kann dieses Kasteel, dessen von Breitenbach unter diesem Namen Erwähnung thut, gar wohl die Burg seyn, deren 1 Maccab. 16, 15. gedacht wird. Brocardt hält es für die ehemalige Stadt Phasaelis, die K. Herodes erbauet hat, welches aber nicht wahrscheinlich ist; doch mögen beyde Oerter nahe bey einander gelegen haben.

Das Land Tafne oder Taphne wird von Brocardt und Breitenbach angeführet. Nach des letzten Beschreibung, liegt es 6 (deutsche) Meilen gegen Osten von Sebastia, gränzet an Al Gaur oder an die Ebene am Jordan, und hat hohe Berge, unter denen insonderheit einer sehr hervorraget.

Tersa, auf einem hohen Berge, 6 (deutsche) Meilen gegen Westen vom Lande Tafne, und 3 oder 4 Meilen gegen Osten von Sebastia, wird von Brocardt und Breitenbach eine Stadt genannt.

S. 367. Der Flecken Ginin, kömmt beym Brocardt unter dem Namen Ginum und Gelim, und bey Breitenbach unter dem Namen Gynin, vor. Der erste bestimmet seine Entfernung vom Jordan auf 7 Meilen. Stochove nennet diesen Ort Genin, und eine Stadt, meldet auch, daß sie mit starken Mauern umgeben sey. Bro-

Brocard beſtreitet das Vorgeben, daß auf die Berge Gilboa weder Thau noch Regen falle, und ſaget, daß er 1283 beydes auf denſelben gefunden habe. Rudolph leugnet die gemeine Sage auch, und widerleget ſie dadurch, weil ehedeſſen herrliche Klöſter der Ciſterzienſer und Benedictiner auf dieſen Bergen geſtanden. Man muß auch die Worte Davids, 2 Sam. 1, 21. nicht als eine Weiſſagung, ſondern als einen Wunſch anſehen. Die Berge haben ihren Namen von einer Quelle, (denn Gilboa bedeutet eine brudelnde Quelle,) welche an ihrem Fuße iſt, und in der Bibel der Brunn Jeſreel, vom Wilhelmo Tyrio aber Tubania genennet wird. Nahe bey demſelben auf einem Hügel, iſt ein kleiner und geringer Ort, der für die ehemalige Stadt Jeſreel gehalten wird, und den Wilhelmus Tyrius Klein Gerin, Brocardt Zaraein, von Breitenbach Sanachim, Fürer von Haimendorf aber Carethii nennet. Dieſe unterſchiedenen Namen weiß ich nicht zu vereinigen.

El Beyſan, vor Alters Bethſan, liegt 2 Stunden gegen Oſten von dem Brunnen Jeſreel, und eine halbe Meile vom Jordan, wie Breitenbach die Entfernung beſtimmet.

Die Berge Gilboa und Hermon, erſtrecken ſich von Oſten gen Weſten, liegen 2 kleine Meilen von einander, jener gegen Süden, dieſer gegen Norden, und beyde endigen ſich am Jordan. Dieſes berichten Brocardt und Breitenbach.

Aphek, eine verfallene Stadt, 1 Sam. 29, 1. In Brocardts Reiſebeſchreibung ſteht ihr Namen richtig, beym Breitenbach aber heißt ſie unrichtig Affeth. Beyde haben ihre Trümmer geſehen. Nur 3 Steinwürfe davon, wie Breitenbach ſchreibt, liegt das Kaſteel Saba, deſſen Namen Brocardt alſo ausdrücket; in jenes Reiſebeſchreibers Werk aber, vermuthlich durch einen Schreib- oder Druckfehler, Faba genennet wird. Beyde Reiſebeſchreiber ſagen, daß die Ebene Esdrelon, von dieſem Kaſteel benannt werde.

Subebe, iſt nach Breitenbach der jetzige Name der ehemaligen Stadt Megiddo. Brocardt hat den Namen Subimbre.

Cc 3

Türer von Haimendorf schreibt, daß man gleich, wenn man von Carethli, vor Alters Jesreel, in die Ebene komme, ein nicht lange vor 1566 von den Türken erbauetes Kasteel antreffe. Von demselben sey er ins Dorf Serehi, und von diesem an den Berg Hermon gekommen.

Zwischen den Bergen Hermon und Thabor, welche eine (deutsche) Meile von einander liegen, ist ein kleiner Berg, den die Reisebeschreiber Hermonim, auch den kleinen Hermon, nennen, und welcher verursachet, daß jene beyde Berge am Fuße nur ein Berg zu seyn scheinen. Er hindert, daß das Regenwasser, welches von beyden Bergen herab läuft, und den Fluß Kison ausmachet, nicht auf eine Seite fließt. Dieses ist die durch Breitenbach angegebene natürliche Ursache, weswegen der Kison halb nach dem mittelländischen Meere, und halb nach dem See von Tiberias läuft. Jener Arm nimmt viele andere Bäche auf, und ist dieserwegen der stärkste. Am Fuße des Hügels oder kleinen Berges Hermonim, liegt das Dorf Endur, welchen Namen, wie Egmond van der Nyenburg saget, die Araber gebrauchen. Der Hermon erstrecket sich 4 (deutsche) Meilen lang, bis dahin, wo der Jordan wieder aus dem See von Tiberias herauskömmt.

S. 368. Egmond van der Nyenburg beleget das geringe Dorf Daburi, mit dem Namen Debura oder Tabur, berichtet auch, daß am Fuße des Berges Thabor, in der Ebene Esdrelon, ein Fluß, Namens Serrar, fließe, der in der Ebene entstehe, und von Südosten nach Osten in den See von Tiberias laufe. Die Landleute haben ihm gesaget, daß dieser Fluß so tief sey, als ein Mann groß ist. Sollte dieses wohl der östliche Arm des Kison seyn?

S. 372 373. Die genaueste Beschreibung des Berges Karmel giebt der Karmelitermönch, Philippus a S. Trinitate, welcher auch versichert, daß er ihn mit allem Fleiße betrachtet habe. Ich will hier das Wichtigste aus seiner Beschreibung anführen. Der Berg Karmel liegt von Jerusalem ungefähr 15 französische Meilen, von dem Jordan und galiläischen Meere 7, von den Bergen

Thabor

Thabor und Hermon 4, von Nazareth 2, eben so viel von Acca und Cäsarea Paläftinä. Das Meer berühret fast den Fuß des Vorgebirges, zieht sich aber von demselben nach und nach ab, und erstrecket sich gegen Süden, also, daß zwischen dem Berge und dem Meere eine große Ebene ist, auf welcher Olivenbäume, Feldfrüchte und andere nützliche Sachen wachsen. Er besteht aus vielen Hügeln, die an einander hängen, und sich mitten in dem Thale, welches sie einschliessen, erheben. Der nord- und östliche Theil desselben, ist etwas höher, als der west- und südliche. Die Westseite des Berges, welche nach dem Meere sieht, ist etwa 5 französische Meilen lang, geht aber nicht allezeit gerade; denn die 2 Winkel stehen gegen einander über, und mitten krümmet sich diese Seite des Berges, wie ein Bogen. Der Umfang des Karmels beträgt etwa 13 französische Meilen. Er ist ganz grün, und auf seinem Gipfel mit Fichten und Eichen, unten aber mit Oliven und Lorbeerbäumen besetzt. Am Wasser hat er einen großen Ueberfluß, und zwischen den Dörfern Bustan und Dali, ist eine schöne Gegend von Hügeln und Thälern, durch welche viele Bäche und Quellen zu finden. In dieser mit Gebüschen angefülleten Gegend, sind 24 Höhlen also neben einander, daß sie eine Kirche zu seyn scheinen. In dem Winkel gegen Westen, welcher sich gegen Süden zieht, entspringt aus dem Berge eine große Menge Wassers, welches Mühlenräder treibt, und vor Zeiten nach Cäsarea Paläftinä geleitet worden ist. Am Fuße des Berges gegen Osten, unter Mocataa, ist ein großer Brunn, der sich in den Kison ergießt, welcher überhaupt sein meistes Wasser durch die von dem Karmel herabfließenden kleinen Bäche, und insonderheit aus einer großen am nordlichen Fuße entspringenden Quelle, bekömmt. In der Westseite des Berges, ungefähr eine (französische) Meile von dem Vorgebirge, ist der berühmte Eliasbrunn, der ums Jahr 1626 noch durch 2 Kanäle in das Thal floß, in ältern Zeiten aber durch viele Kanale abgeflossen ist. Sein süßes und kristallklares Wasser springt einen Arm dick heraus, und wird 6 Schritte von dem Felsen in einem

Becken

Becken aufgefangen, welches in eben demselben Felsen
ausgehauen ist. Auf dieser Seite des Berges, sind in
demselben mehr als tausend Hölen, in welchen vor Alters Karmeliter gewohnet haben. Am nächsten sind sie
an dem merkwürdigen Orte beysammen, welchen die
Einwohner Schif el Ruban, das ist, Höle der Ordensleute, nennen, und welcher ein großes Thal einschließt, auf dessen beyden Seiten sich Felsen erheben,
die ungefähr 400 Hölen enthalten. In den Felsen sind
Fenster und Bettstellen ausgehauen, und Brunnen voll
Wassers, welches allezeit tropfenweise herunter fällt.
Ehe man zu diesem Orte kömmt, ist auf der rechten
Hand, wenn man in dieses Thal geht, oben auf dem
Felsen, eine große Höle, welche durch einen ganzen
Hügel geht, und mit so vielen kleinen Hölen umgeben
ist, daß hundert Mönche darinnen wohnen könnten.
Der Westwinkel des Berges, welcher sich gegen Norden
zieht, wird das Vorgebirge des Berges Karmel ge-
nennet, und ist sehr hoch. Am Fuße desselben ist eine
Höle, in welcher Elias gewohnet haben soll, etwa 20
Schritte lang, und 10 hoch und breit. Die Landleute
nennen dieselbige auf arabisch El Rheder, weil sie den
Elias, Rheder Elias, das ist, den grünen oder grünen-
den Elias, nennen. Sie wird von Christen, Muhammedanern und Juden hochgehalten, und es wohnen einige muhammedanische Einsiedler in derselben. Auf
dem Gipfel des Vorgebirges, ist das verfallene Mauerwerk des Klosters, in welchem die Karmeliter ehedessen
wohneten, und bey demselben ist ein Dorf, Namens
Mar Elias, das ist, der heilige Elias. Man sieht
darinnen auch Stuben und Zellen von gehauenen Steinen. Das jetzt bewohnte Kloster der Karmelitermön-
che, von welchem ich unten auf der 372sten Seite gehandelt habe, ist eine Höle, zu unser lieben Frauen
Theresia genannt, die für 4 Ordensleute groß genug
ist. Bey ihrem Eingange, ist eine Mauer gezogen. Sie
enthält 4 kleine Zellen, mitten ein Oratorium, ein Re-
fectorium, eine Küche und einen Ofen; außen ist ein
kleiner Garten, ein Stall und ein Wasserbehältniß.
Oben auf dem Berge gegen die Ostseite, ungefähr um
die

die Mitte, iſt ein Ort, den die Araber El Korban, das
iſt, das Opfer, nennen, und die Juden ſehr hoch halten. Es ſtehen daſelbſt 12 Steine, an welchen man einige hebräiſche Buchſtaben findet.

Oben auf dem Berge, ſind folgende Dörfer.

1. Bey dem Anfange des Vorgebirges, iſt Mar Eliks.
2. Gegen Oſten:

1) Ausmia, ein großer Ort, an einem Berge, wo
viel Holz iſt.

2) Karak, nicht weit von dem Orte El Korban.

3. Gegen Süden, mitten in dem Walde, zwiſchen den
Hügeln und Thälern, Ain Zhud, das iſt, Waldbrunn,
und Ain Gazal, das iſt, Rehbrunn.

4. Mitten auf dem Berge, bey dem Walde oder ſogenannten Thiergarten des Karmels, iſt Buſtan, d. i.
Garten, zwiſchen 2 Hügeln und Thälern, mitten in einem Walde, Dubel gegen Oſten, Dali mitten unter be-
ſagten Hügeln, Thälern und Wäldern, Novabi, welches einen zerſtörten Tempel hat, eben daſelbſt. Oben
auf dem Berge liegt Curriteria, und auf eben demſelben Hügel, ſieht man die verfallene Stadt Damon,
dahin zu Kriegeszeiten viele Leute geflohen ſind.

Unten am Berge ſind auch viele Dörfer und Flecken. Von dem Vorgebirge an gegen Oſten, folgen ſie
alſo auf einander: Caſſor, Saadi, Haſſas, Beladſchek,
Jajur, Hawaſſi, Haſchumurie, Srelok, Karrubi,
Eliajur, Saade, Telamu, Manſura. Bey dem Brunnen Mocataa, iſt Montaar. Nahe bey dem Thale, da
Schif el Kuban iſt, liegt der Flecken Tyrus, in welchem der arabiſche Fürſt des Berges Karmel, einen
Pallaſt hat. Es iſt auch am Fuße des Berges die zer-
ſtörte Stadt Caſerſames. Alles dieſes berichtet der
oben genannte Karmelitermönch.

S. 378. Egmond van der Nyenburg schreibt, daß, obgleich der See von Tiberias, wenn man von der Höhe des Berges, darauf Saphet sieht, dahin sehe, weil seine Entfernung nur einige Steinwürfe davon entfernet zu seyn scheine: so habe man doch zuweilen 4 Stunden nöthig, um von Saphet dahin zu reiten.

Brocardt und Breitenbach schreiben, daß 2 (deutsche) Meilen von Saphet gegen Norden, und eben so weit von dem See Samochonitis, das Knochen Cabul oder Sabul sey, welches von den Arabern Zabul genennet werde. Breitenbach gedenket auch einer Stadt, Namens Gyrin, welche Jotapata Josephi sey, und eine Meile von Saphet liege.

S. 379. Der Khan Josephs, wird gemeiniglich Khan Kuperli genannt, wie Egmond van der Nyenburg versichert.

Vor Z. 21. Da, wo der Jordan sich in den See von Tiberias ergießt, ist eine Wasserleitung über den Jordan erbauet, welche zugleich zu einer Brücke dienet, wie Egmond van der Nyenburg bezeuget.

S. 380. Zwischen dem Orte, woselbst muthmaßlich die alte Stadt Bethsaida gestanden hat, und Taberya, ist längs dem See eine Ebene, durch welche unterschiedene Bäche fließen. In derselben wächst der Baum Zacum (s. S. 305) häufig; es wird auch daselbst viel Reiß gebauet. Die Haselhühner, welche man hier fängt, sind sehr wohlschmeckend. Alles dieses berichtet Egmond van der Nyenburg.

Die Einwohner zu Taberya haben eben diesen Reisenden versichert, daß daselbst und in dem nächsten Landstriche umher, kein Thau falle. So wenig wahrscheinlich wie auch dieses ist, so saget doch Egmond van der Nyenburg, daß er dazumal, als er daselbst gewesen, keinen Thau wahrgenommen habe.

S. 382. Egmond van der Nyenburg nennet den Berg nicht Hurin, sondern Harrin, und berichtet, daß auf demselben, nach der Erzählung der Muhammedaner, eine Stadt, Namens Eika, gestanden habe.

Das Kastel Ain Ternlar, ist vielleicht das große und feste Schloß am Fuße des Berges Thabor, welches, wie Rudolph schreibt, von den Christen erbauet worden, damit man den Berg sicher auf- und absteigen könne, und in welchem noch zu seiner Zeit (von 1336 bis 1350) viele Christen wohneten, die sich von Glansgarten nenneten, denen auch das Schloß zugehörte. Auch Egmond van der Nyenburg nennet gedachtes Kastel auf die geschriebene Weise.

S. 383. Nazaret liegt 3 Tagereisen von Jerusalem, wie Breitenbach und Johann Tucher von Nürnberg, melden.

S. 384. Kana, ist nach Breitenbachs Beschreibung, 4 deutsche Meilen gegen Mittag von Acca, und 2 Meilen gegen Mittag von Safuri, gelegen. Myrike berichtet, daß vorn in diesem Dorfe ein wasserreicher Brunn ganz in der Erde, rund um mit Steinen aufgemauert sey, zu welchem man hinabsteige; und von welchem ein Bächlein ab; und an dem Dorfe hinfließe, und zur Tränkung des Viehes diene. Sein Wasser ist sehr frisch und gut, und bey demselben steht eine türkische Moschee.   Arabia.

Arabia.

❀✳❀✳❀✳❀✳❀✳❀✳❀✳❀✳❀✳❀✳❀✳❀✳❀✳

§. 1.

Eine besondere, umständliche und richtige Landcharte von Arabien, gehöret zu den guten Dingen,
die bisher vergeblich gewünschet worden. Diejenigen, welche Sale seiner Uebersetzung des Korans
einverleibet hat; auch im 19ten Theile der deutschen Uebersetzung der allgemeinen Welthistorie zu finden ist,
erfüllet diesen Wunsch noch nicht. Man muß sich
aber jetzt mit derselben, und mit den Abbildungen von
Arabien behelfen, welche man auf der von Joh. Mich.
Franz in der homannischen Werkstäte zu Nürnberg
1737 ans Licht gestelleten Charte vom türkischen Reiche,
und auf dem ersten Blatte der Landcharte von Asia,
welche D' Anville 1751 zu Paris herausgegeben hat,
antrifft. Die letztere hat, wegen der dazu gebrauchten
Hülfsmittel, viele Vorzüge, sie ist aber von der Vollkommenheit noch weit entfernet.

§. 2. Dschesirat al Arab, die Halbinsel der
Araber, ist eigentlich das Land, welches vom Welt-
meere, dem arabischen und persischen Meerbusen eingeschlossen ist, und sich gegen Norden mit dem äußersten
östlichen Ende des arabischen, mit dem äußersten Ende des persischen Meerbusens, und mit einer zwischen
beyden in Gedanken gezogenen Linie, endiget. Hier haben die Araber zuerst, und also am längsten, gewohnet.
Allein, man hat zu der Halbinsel der Araber, auch die
großen Wüstenenen gegen Norden bis Balis am Euphrat, gerechnet, wie aus der Beschreibung ihrer
Gränzen erhellet, die Abulfeda machet. Ueberhaupt
saget er, die Halbinsel der Araber gränze gegen Norden

den an Paläſtina, Syrien und den Euphrat, gegen
Oſten auch an den Euphrat; Al Basrah und den perſiſchen Meerbuſen bis Omam, gegen Süden an einen
Theil des Weltmeeres, welcher von Arabien benennet
wird, gegen Weſten an den arabiſchen Meerbuſen.
Wenn man dieſe Gränze bereiſen wolle, und bey Ailah, am Ende des arabiſchen Meerbuſens, anfange: ſo
komme man von dannen; längs dieſem Meerbuſen,
nach Madhyan, Janbaah, Barwah, Dſchledda, wo
Al Jaman anfängt, Zabid und Aden, hernach gehe
man um die Wüſte Al Jaman, alſo, daß man das
Weltmeer zur rechten Hand behalte, und komme nach
Dhafar und Mahra. Nach ſolchergeſtalt umreiſeten
Land Al Jaman, wende man ſich gegen Norden, behalte das Meer und den perſiſchen Meerbuſen zur rechten Hand, und komme nach Oman, Awal, Al Kalif,
Kedamah und Al Basrah. Nachdem man das Meer
verlaſſen habe, behalte man zur rechten Hand den Euphrat, und gehe nach Al Saib, Kufa, Ana, Rahaba
und Balis. Alsdenn bleibe das Gouvernement Haleb
zur Rechten, und man gehe über Salemya oder Salamya längs dem Gouvernement Damaſchk, nach Al
Balkah, und von dannen nach Ailah, wo man die
Reiſe angetreten habe.

Wenn man dieſe Gränzen auf den Landcharten
anſieht, ſo erkennet man, daß das Land zwiſchen den
beyden Buſen, welche der arabiſche Meerbuſen gegen
ſein nordliches Ende machet, Aegypten und dem ſübli-
chen Ende von Paläſtina, nicht mit darinnen ſey, indem
die morgenländiſchen Erdbeſchreiber daſſelbige theils zu
Aegypten, theils zu Syrien rechnen. Nichts beſtowe-
niger ſehen wir es als einen Theil Arabiens im weit-

läuf-

läufigern Verstande, und zwar, mit den griechischen Erdbeschreibern, als einen Theil des peträischen Ara-biens an. Es erstrecken sich zwar die Wohnungen der Araber viel weiter, als die vorhin bestimmten Grän-zen; denn sie ziehen z. E. auch in den türkischen Gou-vernements Basra, Bágbád, Urfa, Diarbekir, Ha-leb, Tarábius und Damáschk, umher, sie haben sich auch in Africa ausgebreitet: man rechnet aber zu Ara-bien nur den vorhin beschriebenen Umfang von Län-dern, in welchem auch die Araber die völlige Oberherr-schaft haben.

Der Flächeninhalt dieses ganzen Bezirkes, beträgt ungefähr 55000 geographische Quadratmeilen.

§. 3. In der heiligen Schrift wird alles Land, wel-ches sich von Aegypten und dem arabischen Meerbusen, bis an den persischen Meerbusen und den Euphrat er-strecket, das ist, Arabien, davon ich jetzt handele, אֶרֶץ קֶדֶם das Morgenland, 1 Mos. 25, 6. und die Einwohner desselben werden בְּנֵי קֶדֶם, das ist, Mor-genländer, oder Leute, die gegen Morgen wohnen, Richt. 6, 3. Hiob. 1, 3. 1 Kön. 4, 30. Jes. 11, 14. Jer. 49, 28. genennet. Vermuthlich lerneten die Israeli-ten diese Namen in Aegypten, nachmals behielten sie dieselbigen bey, ohne genau auf das Land Kanaan zu sehen, denn jenes Land nur zum Theile gegen Morgen, zum Theile aber gegen Mittag lag. Diese Benennung ist die älteste. Die hebräischen Namen des Landes עֲרָב, עֶרֶב und עֲרָב, das ist, Arab und Ereb, sind jünger, und kommen erst 2 Chron. 9, 14. Jes. 21, 13. Jer. 25, 24. Ezech. 27, 21. 1 Kön. 10, 15. vor. Von den ersten beyden kommen die Namen Arabi und Arbi, ein Araber, her. Neh. 2, 19. 2 Chron.

17,

17, 11. 21, 16. An statt des hebräischen Wortes Arabim, die Araber, Neh. 4, 7. 2 Chron. 22, 1. 26, 7. sagen die Syrer Arbaje, und die Araber selbst nennen sich Arab, ihr Land aber Dscheßrat al Arab. Von dem Ursprunge des Namens des Landes, giebt es vielerley Meynungen. Er soll ein Abendland, ein ebenes Land oder eine Wüste, ein Land, welches von einem vermischten Volke bewohnet wird, ein Land, darinnen Handel getrieben wird, und ein angenehmes Land, bedeuten: es soll auch von einer Stadt, die in der Nachbarschaft von Mecca gelegen habe, von einem kleinen Striche Landes in der Provinz Tahama, und von Jaarab oder Arab, einem Sohne des Kahtan oder Joktan, und Enkel Hebers, den Namen haben. Es ist nicht der Mühe werth, alle diese Meynungen zu erläutern, ich will also nur von einigen etwas anführen. Daß der Jaarab, den die Araber angeben, ein Sohn Joktans sey, ist aus der heiligen Schrift nicht erweislich: man könnte eher sagen, daß er vom Jsmael abstamme. Daß ein District, Namens Arabah, (d. i. eine Ebene oder Wüste) in der Provinz Tahama, darinnen Joktans Nachkommen zuerst, auch nachmals Jsmael gewohnet, den Namen des großen Landes veranlasset habe, ist nicht unwahrscheinlich. Es könnte auch wohl seyn, daß der, wegen seines von den Gewürzen verursachten guten Geruchs, bey den alten griechischen Schriftstellern berühmte Theil Arabiens, Arab, das ist, der angenehme und liebliche genennet worden, und seinen Namen endlich dem ganzen großen Lande mitgetheilet habe. Die Türken und Perser nennen es Arabistan, das ist, das Land der Araber.

Ueber

Ueber den Ursprung des Namens Saracenen, eigentlich Scharakijuna, den sich ein Theil der Araber selbst beygeleget haben, und der auch sonst häufig von ihnen gebraucht worden, sind die Meynungen auch unterschieden. Die Herleitung desselben von Sara, der Ehefrau Abrahams, verdienet gar keine Achtung, weil die Araber dieselbige niemals für ihre Stammutter ausgegeben haben, sie auch von derselben Saräer heißen müßten. Von dem Worte Saraca, welches stehlen und rauben bedeutet, kann er auch nicht abgeleitet werden; denn die Araber würden sich nicht selbst Räuber genennet haben. Ihn von einem Orte oder auch von einem Lande, Namens Saraca, herzuleiten, oder auch zu behaupten, daß Arraceni und Saraceni einerley Volk gewesen seyn, jener Name aber von der Stadt Arra herkomme: ist lange so wahrscheinlich nicht, als daß der Name Scharakis juna oder Saracenen, eben so viel, als der im Anfange dieses Paragraphs angeführte Name בני קדם, das ist, Morgenländer, oder Leute, die gegen Morgen wohnen, bedeute. Der Gegensatz von diesem Namen, ist Magrebin, Abendländer, indem die Saracenen alle Länder, welche sie in Africa erobert, und selbst Spanien mit darunter begriffen, Magreb, das ist, Occident, genennet haben.

§. 4. Die ersten und also auch ältesten Araber, nach der allgemeinen Ueberschwemmung der Erde, stammeten theils von Joktan, (den die Araber gemeiniglich Kahtan nennen,) und dessen Kinder, 1 Mos. 10, 26. 30 genennet werden, theils vom Cusch, dessen Kinder eben daselbst v. 7 beschrieben sind, her; deswegen auch in allen Stellen der heil. Schrift, wo von Cuschiten ger=

geredet wird, gar füglich Araber verstanden werden
können. Diese Nachkommen Joktans und Cusch, haben Jaman, oder das glückliche Arabien, welches auch Indien genennet worden, bewohnet, und
die letzten sind in spätern Zeiten über den arabischen
Meerbusen, nach dem gegen über liegenden Aethiopien
gegangen. Alles dieses hat Bochart in seiner Geographia sacra mit vieler Gelehrsamkeit bewiesen. Die
von diesen Stammvätern herkommenden Araber, machen
die ursprünglichen aus. Diese sind nachmals durch
neue Ankömmlinge vermehret worden, nämlich durch
die Nachkommen der Kinder, welche dem Abraham
von der Hagar und Ketura geboren sind, der Kinder
Loths, und Esau oder Edoms, welche sich mit den alten Arabern durch Heirathen und Bündnisse vereiniget
haben. Ismael, Abrahams Sohn von der Hagar,
wurde der Stammvater der Ismaeliten, welche auch
Hagarener, und nach desselben Söhnen, Nabatäer, Kedarener, (oder Kedräer und Kedrani-
ten) Ituräer, Masaner, Näsemanen, und
Thämer genennet worden. Von Abrahams Söhnen, die er mit der Ketura erzeuget hat, kamen die
Madianiten, Zamarener, und Suiten, her.
Von Loths Söhnen, Moab und Ammon, stammeten
die Moabiten und Ammoniten, von Esau die
Edomiten oder Idumäer, und andere Völker unter besonderen Namen, ab, als die Themaniten
oder Thimanäer, die Nocheter, Zuracher, Sams-
mäer, Mizer, Suellener oder Sbellener, Aza-
räer, Hemuäten, Aesiten oder Ausiten, Munis-
chiaten, und Helinodenen; deren Namen aber
untergegangen sind. Am längsten haben die Namen

5 Th.   Dd   Idu-

Jdumäer, Nabatäer und Hagarener gewähret.
Dieses ist das Gewisse, was wir von dem Ursprunge
der Araber aus der Bibel wissen. Was die arabischen Geschichtschreiber von den ältesten Einwohnern
Arabiens, welche sie Bajediten, das ist, Verlorne
oder Untergegangene, nennen, und von den vornehmsten Stämmen derselben, Namens Ad, Thamud,
Tasem, Hodais und Gerham schreiben, ist theils
fabelhaft, theils in so fern es durch anderweitige Zeugnisse des Alterthums, vornehmlich in Ansehung der
Thamudener, bestätiget wird, zu meinem Zwecke zu
weitläuftig.   Sie leiten die jetzigen Araber von 2
Stammvätern her, nämlich vom Joktan, oder Kahtan, und vom Jsmael: jenes Abkömmlinge nennen
sie Arab, oder Arebah, d. i. die ursprünglichen und
einheimischen Araber, Arabes indigenas; diese Arab
al Motaarabeh oder Mostaarabeh, d. i. die ein-
gepfropften oder naturalisirten Araber, oder Arabes
advenas und adscititios. Sie verwechseln aber zum
Theile den oben schon genannten Joktan, welcher ein
Sohn Hebers war, mit einem andern gleiches Namens, den sie für einen Enkel Jsmaels ausgeben, und
dessen Urenkel Saba oder Abdschiams, (d. i. Diener der Sonne) fünf Söhne gehabt hat, nämlich Ha-
myar oder Homair, Cahlan, Amr, Asaar, und
Amela, welche die Stammväter der von ihm benannten
Stämme geworden sind, von denen die 3 ersten sich
wieder in besondere Stämme abgetheilet haben, deren
Namen ich hier nicht anführen kann. Ich will nur
anmerken, daß der Stamm der Hamyariten oder
Homeriten in Jaman bis 502 nach Christi Geburt
regieret habe, und daß die Könige aus demselben,
                                                    welche

welche ganz Jaman beherrschet haben, den Zu- oder
Ehrennamen Tabaa oder Tobba, oder Atthobo,
geführet haben. Vom Jsmael (unter dessen Nachkommen sie aber Abrahams Kinder von der Ketura,
und derselben Nachkommen mit begreifen,) leiten sie
in einer ganz unzuverläßigen Geschlechtsfolge, den Ad-
nan, von diesem aber führen sie auf eine zuverläßigere
Weise, so wie Mohammed selbst, also auch die meisten arabischen Stämme, ihren Ursprung her. Ich
merke noch an, daß Phaher, Adnans Nachkomm im
11ten Gliede, den Zunamen Koraisch gehabt habe,
und der Stammvater der Koraischiten geworden
sey. Ob von diesem Stamme noch etwas übrig sey?
ob die heutigen Araber noch einen Unterschied zwischen
Arab al Arebäh und Arab al Motaarabeh machen? und ob der Unterschied der Mundarten auch den
Unterschied der Abstammung der jetzigen Araber zeige?
weiß ich nicht.

§. 5. In Ansehung der Lebensart, sind die Araber
von viererley Art, nämlich Bedevi, Maedi, Had-
hesi, und Fellah.

Bedevi oder Badavi, von den griechischen Schriftstellern Scenitä, und Nomades, von den Syrern
Baaj Baro, oder Bar Broje, (woraus die Griechen und Lateiner das Wort Barbarus gemacht haben,)
das ist, Kinder der Wüste, von den Europäern
gemeiniglich Beduinen genannt, heißen die Araber,
welche beständig die Wüsten in Zelten und Hütten
bewohnen. Sie beschäfftigen sich mit nichts, als mit
Reiten, der Jagd, Besorgung ihres Viehes, und mit
Streifereyen gegen ihre Feinde, darunter sie alle diejenigen verstehen, welche nicht ihre Freunde sind, noch

sich in ihren Schuß begeben haben. Sie plündern
dieselben, wenn sie können, ohne sie jedoch zu tödten,
es wäre denn, daß sie sich hartnäckig wehreten, und
sie verwundeten: gegen diejenigen aber, welche sich in
ihren Schuß begeben haben, beweisen sie die vollkom-
menste Gastfreundschaft, Treue und Dienstwilligkeit.
Sie halten sich für das vornehmste Volk in der Welt,
und für die edelsten unter allen Arabern, und verachten
die übrigen Araber, welche in Städten wohnen, und
den Ackerbau treiben, als Ausgeartete. Sie brauchen
zwar Bogen und Pfeile, aber mehrentheils nur zur
Jagd, ihre Waffen aber sind Säbel, Dolche, und
vornehmlich Lanzen von Röhren, welche letztere sie für
das älteste und anständigste Gewehr halten, welches
sich allein für tapfere Leute schicke. Nichts desto weniger sind sie sehr furchtsame Leute, wenigstens wenn
sie mit solchen, insonderheit Europäern, zu thun haben,
welche Schießgewehr führen, deren wenige, große
Haufen Araber abhalten und verjagen können. Die
meisten reiten zu Pferde, und sind auch nur zu Pferde
herzhaft: es giebt aber auch so arme, die keine Pferde
haben, und zu Fuße mit ihren Lanzen gehen. Es
giebt auch solche, die kein anderes Gewehr, als die
Schleuder, gebrauchen. Sie haben entweder eine braune oder schwarzbraune Farbe; das vornehme Frauenzimmer aber, welches sich nie der Sonne bloß stellt,
hat eine eben so lebhafte Farbe, als die Französinnen
und Engländerinnen, wie Arvieur saget. Männer
und Weiber färben ihre Arme, Lippen und andere sicht-
bare Theile des Leibes mit Usciam, welches eine Ble-
leifarbe ist, die am besten von einer Fischgalle gemacht
wird, die durch die Haut dringt, welche auch mit

Na-

Nadeln durchstochen wird, damit die Farbe desto tiefer und dauerhafter eindringe. Das vornehme Frauenzimmer läßt sich kleine schwarze Flecken an den Seiten des Mundes, am Kinne und auf den Wangen machen, auch auf die Arme und Hände Figuren stechen. Die Nägel an ihren Fingern färben sie roth, den Rand der Augenlieder aber schwarz: sie ziehen auch eine Linie von gleicher Farbe nach dem Augenwinkel, damit die Augen größer und gespaltener aussehen; denn nach dem arabischen Urtheile, besteht die größte Schönheit eines Frauenzimmers in schwarzen, großen, wohlgespalteten und hervorragenden Augen, die den Augen der Gazellen oder Antelopen ähnlich sind. Die Männer machen aus Al Hanna und Al Catam eine Schminke, mit welcher sie dem Haupt- und Bart- Haar eine röthlich glänzende Farbe geben. Den letzten Gebrauch hat Mohammed eingeführet, der erste aber ist viel älter. Die Männer bescheeren ihren Kopf, außer daß sie auf dem Wirbel eine lange Locke wachsen lassen, die hinten hinab hängt: sie scheeren oder schneiden auch den Knebelbart ab, hingegen den rechten Bart lassen sie wachsen, und man hat sehr große Ehrerbiethung für denselben, indem er für eine heilige Zierde gehalten wird. Man küsset ihn, wenn man einander begrüßet. Die Kleidung der Männer, besteht aus einem langen Hemde, (welches bey den gemeinen Arabern mehrentheils blau von Farbe ist, und sehr weite Ermel hat, die man im Gehen fliegen läßt, welche bey vornehmen Personen bis auf die Erde reichen,) aus leinenen Unterhosen, und einem Unterrocke oder Kaftan ohne Ermel, der bis mitten auf die Lenden herabgeht, und mit einem ledernen Gürtel

um-

umgürtet ist; oder sie tragen über dem Hembe nur ein Ueberkleid, Aba genannt, welches vorn offen ist, und wie ein Mantel über die Schultern hängt, aber auch auf den Seiten Oeffnungen hat, die Arme durchzustecken. Viele geringe Badavi haben keine Abas, sondern wickeln sich ein großes Stück weiße Sarsche um den Leib und über die Schultern, und viele andere gehen nacket. Die Vornehmen tragen noch Ueberhosen von Tuch, die entweder roth oder violetfarbicht, und daran Strümpfe und leichte Stiefeln von gelbem Saffianleder befestiget sind. Ohne dieselben gehen sie mit bloßen Füßen in Pantoffeln, welche in den Zimmern ausgezogen werden. Die Armen schlagen nur Stücke von rohen Häuten um die Füße, welche sie oben zusammenschnüren. Der Turban der Vornehmen, ist ein Stück Nesseltuch um eine rothe sammetne Müße gewickelt und mit Baumwolle ausgenähet. Es hängt davon ein Zipfel herab. Das vornehme Frauenzimmer trägt Beinkleider und Hemden von Nesseltuch, welche letztere auch sehr lange Ermel haben, die bis zur Erde herab hängen, kurze Kamisöler, und Abas, wie die Männer, im Winter auch Kaftane, welche weit sind, und bis an die Erde gehen, einen Gürtel, Pantoffeln an den bloßen Füßen, und eine Müße, die fast wie ein Kelch gemacht ist. Wenn sie ausgehen, ziehen sie kleine Stiefeln von Saffianleder an, und hängen einen großen Schleyer von Nesseltuch über den Kopf, welcher sie bis über den Gürtel bedecket. Die geringen Frauen tragen über ihre Beinkleider nur ein blaues oder violetfarbiges langes Hemd, mit langen und weiten Ermeln, mit einem Gürtel, und wenn es kalt ist, das grobe Ueberkleid ohne Ermeln, Aba ge-

genannt. Der Schleyer, den sie auf dem Kopfe tragen, wird um den Hals und den Untertheil des Ge-
sichtes bis an den Mund gewickelt, die Jungfrauen
aber bedecken das ganze Gesicht, wenn sie ausgehen.
Außer den Gehängen in den Ohren, und Ringen an
den Fingern, haben die Frauenspersonen dicke Ringe
um die Arme und Füße über dem Knöchel, welche bey
den Vornehmen von Golde, bey anderen von Silber,
und bey den Geringen entweder von Elfenbein, oder
von Horn, oder von Metal sind. Sie stecken auch
Ringe an den großen Zehen ihrer Füße, und viele
tragen auch in der durchborten Scheidewand zwischen
den Nasenlöchern, einen großen Ring, der bey den
vornehmen von Gold oder Silber, auch wohl mit kleinen edlen Steinen eingefasset, bey den geringern Leuten aber nur von Metal ist, und über dem Munde hängt.
Des Sommers wohnen die Araber wohl in Hütten, die ungefähr 2 Klafter ins Gevierte von Stangen gemacht, und mit Laubwerk oder Sträuchen bedecket sind. Ihre gemeinsten und gewöhnlichsten Zelte
aber sind entweder rund, und in der Mitte mit einer
langen Stange unterstützet, oder nach der Länge auf
der Erde eben so, wie die Zelte auf den Galeeren, aus-
gespannet, insgesammt aber mit dicken aus schwarzem
Ziegenhaar gewebten Tuche, bedecket. Die Zelte
der Emirs sind von gleichem Stoffe, und von den andern nur durch ihre Größe und Höhe unterschieden.
Sie stehen allezeit im Mittelpuncte des Lagers, und
sind von den Zelten ihrer Unterthanen umgeben. Ein
solches Lager ist allezeit rund, wo nicht die Beschaffenheit des Bodens solches schlechterdings hindert, und
wird des Nachts durch viele Hunde bewachet. Die

Badavi

Babawi essen Milch, Käse, Honig, Fische und Fleisch, von Kamelen, Schafen, Ziegen, Rindvieh, Hühnern, täuschen sich auch ein oder erkaufen Korn, Reiß und Hülsenfrüchte. Sie essen auch Rahm, Butter und Honig mit einander vermischet. Ihr Getränk besteht in Wasser und Caffe. Diejenigen, welche Korn haben, mahlen es in ihren Hütten auf Handmühlen, welche schwere Arbeit die Weiber, (auch die vornehmsten) eben so, wie alle übrige häusliche Geschäffte, verrichten müssen. Das Brodt besteht in ganz dünnen Kuchen, welche ohne Sauerteig, aber auch nur einen Tag lang gut sind. Sie werden bey getrocknetem und angezündetem Kuhmiste entweder auf einem grossen steinernen Kruge, in welchem Feuer angeleget ist, unsern Oblaten ähnlich, oder unter der heißen Asche, einen Finger dick, gebacken. Im letztern Falle, leget man den Teich auf den durch Feuer erhitzten Boden, und ziehet hierauf Kohlen und Asche darauf, kehret ihn auch so oft um, bis er ausgebacken ist. Viele Araber haben in ihren Zelten steinerne, auch wohl kupferne Platen, unter welchen sie Feuer anlegen, und ihre Kuchen darauf backen, welches die reinlichste Art ist.

Maedi, das ist, landläufer, Schwärmer, werden die Araber genannt, welche das Mittel zwischen den Babawi und Hhadesi sind; denn sie halten sich mit ihrem Rindviehe bald in den Wüsten, bald in den Städten auf, und sind Viehhirten, die Milch verkaufen.

Tellah, d. i. Ackerleute, heißen die Araber, welche das Feld bauen, und Hhadesi sind die Araber, welche in Städten und Dörfern wohnen. Es ist auch gewöhnlich, daß diejenigen Araber, welche in Städten wohnen, Handwerker und Künste treiben, und das
land

land bauen, aus Verachtung Mauren genennet werden; denn die Bedevi halten nur sich und ihre Lebensart für ächt arabisch: von jener Lebensart aber glauben
sie, daß sie den Arabern unanständig sey. Es sind
aber die in den Städten wohnenden Araber nicht nur
weißer von Farbe, sondern auch, nach europäischer
Art zu denken, gesitteter, als die Bedevi.

§. 6. Die arabische Sprache, ist mit der hebräischen sehr nahe verwandt, oder noch besser es aus-
zudrücken, sie ist von der hebräischen nur so weit unterschieden, als zwey Dialecte oder Mundarten einer
Sprache; denn wahrscheinlicher Weise ist keine von
beyden die Hauptsprache, sondern beyde sind nur
Mundarten einer ungenannten Hauptsprache. Unter
den alten Mundarten der arabischen Sprache, wurde
die, welche von den Koraischiten geredet ward, derjenigen, welche die Hamyariten redeten, vorgezogen,
weil jene reiner und deutlicher war, als diese. In jener, deren Urheber Ismael seyn soll, ist auch der Koran geschrieben. Die Araber behaupten, daß der
größte Theil ihrer Sprache verloren gegangen sey; und
nichts desto weniger ist der übrig gebliebene Theil so
wortreich, daß man dafür hält, es komme ihr keine
darinnen gleich. Ein Paar Araber haben Wörterbü-
cher verfertiget, in denen 500 Namen des Löwen, 200
der Schlangen, 80 des Honigs, und 1000 des De-
gens oder Schwerdtes, gestanden. Es ist aber zu
vermuthen, daß sehr viele, wo nicht die meisten, me-
taphorisch gewesen sind. Die ältesten Buchstaben
der Araber, waren die Hamyaritischen, auf diese
folgten die Kufischen, auf diese diejenigen, welche
Moramer Ebn Morra erfand, und in denen anfäng-

lich

lich der Koran aufgeschrieben wurde; und auf diese
endlich die jetzt gewöhnliche schönere Schrift, welche
Ebn Moklah, etwa 300 Jahre nach Mohammed, erfunden haben soll, wiewohl einige sie andern Urhe-
bern zuschreiben. Es sind aber die letztern sowohl,
als die Moramerischen Buchstaben, aus den Kufischen
mit einiger Veränderung gemachet, und die Kufischen
können aus der altchaldäischen Schrift leicht hergeleitet werden. Mit den gegenwärtigen arabischen Buchstaben, kommen die jetzigen persischen, hindistanischen,
tatarischen, türkischen und malaischen überein. Die
jetzige arabische Sprache ist zwar von der alten merklich unterschieden, aber doch der Hauptsache nach einerley mit derselben. Sie wird aber selbst in Arabien
nach unterschiedenen Mundarten gesprochen, die noch
nicht recht bekannt sind.

§. 7. Die alten Araber giengen auf gleiche Weise,
wie andere Völker, mit der richtigen Erkenntniß von
Gott und dem ihm würdigen Dienste, welche sie von
ihren Stammvätern bekommen hatten, so schlecht um,
daß sie nach und nach in grobe Unwissenheit und Abgötterey geriethen; daher auch die arabischen Schriftsteller solche Zeit der Abgötterey, welche bis auf Mohammed daurete, die Zeit der Unwissenheit nennen.
Ihre Gottheiten waren Sonne, Mond und Sterne,
gewisse Helden, und einige ihrer Vorfahren; auch einige Engel und Dämonen. Die Lehre Jesu Christi,
hat sehr frühzeitig in Arabien Anhänger bekommen;
es sind auch hieselbst unterschiedene Bischöfe, und anfänglich zu Bosro, nachmals zu Petra, ist ein Metropolit gewesen. Vom dritten Jahrhunderte an,
nahmen die in andern Gegenden Asiens bedrängten und

verfolgten chriſtlichen Partheyen, ihre Zuflucht nach
Arabien, als einem Lande der Freyheit. Inſonderheit
haben ſich die Monophyſiten, und vornehmlich die Ne-
ſtorianer, hieſelbſt ausgebreitet. Die Juden ſind auch
in Arabien zahlreich geweſen; denn ſie ſind nicht nur
nach der Zerſtörung Jeruſalems in großer Menge hieher geflohen, ſondern ſie haben auch unter den Arabern, inſonderheit den Hamyariten, viele Glaubens-
genoſſen gemacht: ja der letzte König der Hamyariten,
Dhu Jnaovas, war ein Jude, und verfolgte die Chriſten, deswegen ihn der König von Aethiopien bekriegte, und vom Throne ſtieß, worauf er ſich ſelbſt in das
Meer ſtürzte. Dieſes geſchah 70 Jahre vor der Geburt Mohammeds, oder 502 Jahre nach Chriſti Geburt.

§. 8. Die grobe Abgötterey der heidniſchen Araber,
der Aberglauben der Chriſten und Juden in Arabien,
und die zum Theile abgöttiſchen Meynungen der erſten, der Unwillen über dieſen ſchlechten gottesdienſtli-
chen Zuſtand ſeiner Landsleute, und die Einbildung,
ein von Gott beſtimmter Reformator zu ſeyn: ſind wahrſcheinlicher Weiſe die Urſachen geweſen, welche den berühmten Mohammed, des Abdollah Sohn, und
Haſchems Urenkel, einen gebornen Meccaner aus
dem Stamme der Koralſchiten, (§. 4.) veranlaſſet haben, eine neue Religion, unter dem Namen der wie-
derhergeſtellten alten wahren Religion, einzuführen,
und inſonderheit den Lehrſatz einzuſchärfen, daß nur
ein einiger wahrer Gott ſey. Allein, zu ſeiner menſch-
lichen Schwachheit, welche er vom Anfange an bewies,
geſellete ſich vorſetzliche Liſt und Betrügerey, da ſeine
Unternehmungen einen glücklicheren Fortgang hatten,
als er ſich anfänglich vorſtellen können, und nachmals
auch

auch herrschsüchtiger Stolz, als das Glück der Waffen, zu deren Ergreifung er war genöthiget worden, und die damalige Schwäche des römischen sowohl abend- als morgenländischen Reichs, und der Verfall des persischen, ihm die schöne Aussicht zu einer großen weltlichen Gewalt eröffneten. Die Religion, welche er gestiftet, hat unstreitig viel Gutes, und ist dem abgöttischen Heidenthume weit vorzuziehen; sie hat aber auch viel Fehler- und tadelhaftes, woran, wie es scheint, theils seine Unwissenheit der ächten christlichen Lehre, theils die hartnäckige Anhänglichkeit der Araber an alten Meynungen, Gebräuchen und Gewohnheiten, nach welcher er sich in vielen Stücken richten und bequemen müssen und wollen, Schuld ist. Mehrere billige Urtheile vom Mohammed und seiner Religion, findet man in Relands Schrift de religione mohammedica, insonderheit im 2ten Capitel, in Bayle Dictionnaire historique T. 3 im Artikel Mahomet, insonderheit in den Anmerkungen K. L. M. O. in Sale 2ten Abtheilung seiner vorläufigen Abhandlung zum Koran, in Mosheims institutionibus historiæ ecclesiasticæ p. 261. 262. und in Semlers Vorrede zum 19ten Theile der deutschen Uebersetzung der allgemeinen Welthistorie, S. 10. 18. 22.

§. 9. Mohammed, der zwar ein ungelehrter, aber von Natur witziger, scharfsinniger, beredter und angenehmer Mann war, legte sich, als er herangewachsen war, auf den Handel, und wurde in seinem 25sten Jahre von Chadidschah, einer reichen Kaufmänninn zu Mecca, nach Damaskt mit Waaren geschicket. Er besorgete derselben Angelegenheiten für sie so vortheilhaft, daß sie ihm die Ehe antrug. Er verheirathete sich

sich mit ihr, ob sie gleich schon 40 Jahre alt war.
Solchergestalt wurde er auf einmal ein reicher Kauf-
mann. Im 40sten Jahre seines Alters, und im
608ten nach des Herrn Geburt, gab er vor, von Gott
durch den Engel Gabriel zu seinem Apostel verordnet
zu seyn, dafür ihn seine Ehefrau Chadibschah zuerst
annahm, welche ihren Vetter Waraka, einen Mann,
welcher die heiligen Bücher der Juden und Christen
gelesen, und Lehrer von beyden Partheyen gehöret hatte,
zu gleicher Meynung, daß Gott den Mohammed gesen-
det habe, beredete. Ueberhaupt bekam er in kurzer Zeit
9 Anhänger, unter welchen sein Vetter und Lehrling Ali,
der sich den ersten Gläubigen, und den Mohammed
seinen Wazir oder Wezir, (Lastträger, Beystand,
ersten Minister) und Khalifah (Statthalter, Nachfolger) nannte, und Abdollah, mit dem Zunamen Abu
Becr, ein Mann von großem Ansehen unter den Koraischiten, die merkwürdigsten waren. Im Jahre 612
machte er seine vorgegebene göttliche Sendung öffentlich bekannt, und predigte seine Lehre, der er den Namen Islam (d. i. den wahren Glauben) gab, daher
die Anhänger und Bekenner derselben Moslemim,
genennet wurden, woraus die Europäer den Namen
Muselman gemacht haben. Er bekam zwar neue
Anhänger: allein, die Koraischiten verfolgten die Moslemim, von denen die meisten nach Aethiopien flüchte-
ten. Im 12ten Jahre der Sendung Mohammeds,
welches die Moslemim das angenehme Jahr nennen,
kamen 12 Männer von Jatschreb, nachmals Medina
genannt, und schwuren ihm den Eid der Treue. Zu
diesen gesellten sich im folgenden Jahre noch mehr
Jatschreber, welche sich zu seiner Vertheidigung eid-
lich

lich verpflichteten. Dadurch wurden die abgöttischen
Koraischiten so stark wider ihn aufgebracht, daß sie
ihn umzubringen beschlossen. Mohammed, der seine
Anhänger schon hatte von Mecca nach Jatschreb ziehen
lassen, flüchtete selbst dahin, und hielt am 16ten des
ersten Rabi des Jahres 622, daselbst seinen feyerlichen
Einzug. Diese Begebenheit ist den Moslemim oder
Mohammedauern so merkwürdig geworden, daß sie im
18ten Jahre hernach, unter Omars Khalifat, von derselben ihren Tarikh oder ihre Zeitrechnung angefangen
haben, welche Gewohnheit sie noch beobachten. Weil
aber der erste Rabi schon der dritte Monat ihres Jahres,
der erste Monat aber Al Moharram ist, welcher am
16ten Julius unsers Kalenders anfängt: so hat der
Khalifah Omar die Berechnung der Hedschrah,
(nach der gemeinen Schreibart der Europäer Hegira,)
oder der Flucht Mohammeds, von diesem ersten Tage
des Monats Moharram, oder unserm 16ten Jul. angefangen, von welchem die Mohammedaner die Jahre
der Hedschrah seit dem zu zählen gewohnet sind.
Das erste, was Mohammed nach seiner Ankunft zu
Jatschreb oder Medina vornahm, war, daß er daselbst
einen Tempel und ein Wohnhaus für sich erbauete.

§. 10. Im zweyten Jahre der Hedschrah, veränder-
te Mohammed die Keblah, das ist, die Gegend,
nach welcher die Mohammedaner beym Gebethe ihr
Angesicht richten. Denn ob er gleich, als er nach
Medina gekommen war, vermuthlich den Juden zu
Gefallen, verordnet hatte, daß man beym Gebethe das
Angesicht nach der Gegend von Jerusalem richten solle:
so fand er doch jetzt, nach 17 oder 18 Monaten, für gut,
eine Veränderung darinnen vorzunehmen, und zu befehlen,

fehlen, daß man künftig sein Angesicht nach der Gegend der Caba zu Mecca, oder nach dem Morgen, richten solle, weil der Tempel zu Mecca bey den heidnischen Arabern in sehr großer Hochachtung stund. Mohammed war nunmehr im Stande, sich nicht nur zu vertheidigen, sondern auch die Koraischiten, seine Feinde, anzugreifen, über welche er auch, in der berühmten bey Badr oder Bedr gehaltenen Schlacht, den Sieg erfocht, indem seine Leute 70 tödteten, und eben so viel gefangen nahmen. Im 7ten Jahre der Hedschrah, oder im Jahre Christi 628, lud Mohammed durch Gesandte und Briefe, unterschiedene Monarchen und Fürsten ein, den Islam anzunehmen, nämlich den morgenländischen römischen Kaiser Heraklius, und den König von Persien, Khosru Parwiz, den König von Aethiopien, Aschama, den Statthalter von Aegypten, Mokawkas, und die arabischen Fürsten von Gassan, von Jamama, und von Bahrein. Diese Einladung war nicht ganz vergeblich; denn der arabische Fürst von Bahrein, so wie auch der arabische Fürst Badzan von Jemen, nahmen den Islam an. Da nun im 8ten Jahre der Hedschrah, auch einige vornehme Koraischiten sich zu dem Islam bekannten, und Mohammed im 8ten Jahre der Hedschrah, Mecca eroberte: so ward es ihm nachmals desto leichter, sich die ganze Halbinsel der Araber unterwürfig zu machen. So starb im 11ten Jahre der Hedschrah, oder im 632sten Jahre Christi, und ward zu Medina begraben, dahin seit dem zu seinem Grabe Wallfahrten angestellet worden.

§. 11. Nach Mohammeds Tode, ward desselben Schwiegervater, Abdallah, gemeiniglich Abu Becr genannt, zu seinem Statthalter oder Nachfolger in der

höchsten

dazu hatte, welches ihm auch viele Moslemim zuer-
kannten. Von der letztern Meynung sind bis auf diesen Tag die Perser, indem sie behaupten, Ali sey der
erste rechtmäßige Khalifah und Imam gewesen, und
diese höchste Würde gehöre von rechtswegen seinen
Nachkommen: sie werden aber deswegen von den Türken, welche den Abu Beer, Omar und Orschman für
die 3 ersten Khalifen und rechtmäßige Imams halten,
gehasset. Unter der Regierung des Abu Beer, eroberten die Araber Irak, Bostra und Damaschk. Eben
dieser Khalifah hat auch den Koran zusammengetra-
gen, welcher bey Mohammeds Tode nicht in der Ordnung und Gestalt war, darinnen er nun ist. Unter
dem zweyten Khalifah, Omar, eroberten die Araber,
im Jahre Christi 639 ganz Syrien und Palästina, und
640 den größten Theil von Persien, und ganz Aegypten.
Unter Orschman, dem dritten Khalifah, bezwangen
sie Persien völlig, eroberten auch die Inseln Cypern
und Rhodus, drungen auch in Isaurien und Nubien
ein. Im 655sten Jahre Christi, ward zwar der oben
genannte Ali zum Khalifah erwählet, es empörete sich
aber wider ihn eine zahlreiche Parthey, welche 656 den
Statthalter in Syrien, Moawijah, den Stammvater
der Omajjaden, zum Khalifah ernannte, der auch
endlich 661 zur alleinigen und völligen Herrschaft ge-
längete; ja das Khalifat, welches bisher durch die
Wahl ertheilet war, an seine Familie erblich brachte.
Seine Residenz war zu Damaschk, woselbst auch seine
Nach-

Nachfolger wohneten. Ihm folgete zwar 679 sein
Sohn Jazia, und diesem 683 sein Sohn Moawi-
jah der zweyte: allein, jener hatte mit den Gegen-
Khalifah Ol Hosain und Abdollah, dem Sohne
Zobair, zu thun, und dankete bald ab: worauf
Marwan, ein Ommajjade, in Syrien, Abdollah,
der Sohn Zobair, aber zu Mecca, zum Khalif erwählet ward, welchem letztern Aegypten beyfiel. Dem
Marwan folgete sein Sohn Abd ol Malek, der
die Gegenparthey bezwang, und diesem 705 sein Sohn
Ol Walid, welcher die Eroberungen der Araber in
klein Asia, Spanien, Sardinien und Asien erweiterte.
Sein Bruder Soleiman, welcher ihm 715 folgete,
setzte die Eroberungen in Asia fort. Im Jahre 749
kam Marwan der zweyte, der 14te und letzte Khalifah aus dem Hause Ommajjah, um das Khalifat,
zu dessen Besitz Abu'l Abbas Abdollah, mit dem
Zunamen Saffah, (der grausame,) ein Nachkomm
von Mohammeds Vatern Bruder, al Abbas, zu
Kufa gelangete. Sein Bruder und Nachfolger, Abu
Giafar al Mansur, legte die Stadt Bagdad an,
und als er ihren Bau im 146sten Jahre der Hedschrah
oder 763sten Jahre Christi, vollendete, machte er sie zur
Hauptstadt des Reiches, worauf sie der Sitz der Khalifen fast 500 Jahre, oder genauer, bis ins 656ste Jahr
der Hedschrah war. Er war auch ein starker Beför-
derer der Wissenschaften. In Asien nahm er unterschiedene Länder ein, hingegen verlohr er Spanien.
Der fünfte Khalifah, aus dem Hause der Abassiden,
Harun or Raschid, vertheilete 802 die Regierung
seiner weitläuftigen Lande unter seine Söhne, folgendermaßen. Den ältesten, Al Amin, machte er zum

5 Th.　　　　　Ee　　　　　Statt

Statthalter über Syrien, Paläſtina, Jraͤk, das dreyfache Arabien, Mesopotamien, Aſſyrien, Medien, Aegypten, und den Theil von Africa, der ſich von Aegypten
und Aethiopien, bis an die Meerenge von Gibraltar
erſtrecket; er ertheilete ihm auch die Wuͤrde eines Khalifah. Dem zweyten Sohne, Al Mamum, gab er
die Statthalterſchaft uͤber Perſien, Kerman, Jndien,
Khoraſan, Tabreſtan, Cableſtan, Zableſtan, und Ma-
war al nahr. Den dritten Sohn ſetzte er uͤber Armenien, Natolien, und die auf der Oſtſeite des ſchwarzen
Meeres, und zwiſchen demſelben und dem caſpiſchen
Meere belegenen Laͤnder. Hieraus erhellet der damalige weite Umfang der Herrſchaft der Araber. Dieſer
Khalifah iſt der letzte geweſen, welcher die Wallfahrt
nach Mecca perſoͤnlich verrichtet hat. Unter Al Mat-
mum, dem 7ten Khalifah aus den Abaſſiden, welcher 813 zur Regierung kam, erreichten die Wiſſenſchaf-
ten unter den Arabern den hoͤchſten Gipfel. Der Khalifah Giafar, mit dem Zunamen Al Motawakkel,
wurde 861, auf Befehl ſeines Sohnes, durch Tuͤrken
ermordet, deren ſich die Khalifen damals zur Leibwache
bedieneten, auch eine große Menge derſelben unter ihre
Kriegesvoͤlker aufnahmen. Sie bemaͤchtigten ſich nach
und nach der hoͤchſten Gewalt, und ſetzten Khalifen ein
und ab: ja, einige Statthalter von dieſer Nation, entzogen ſich ganz der Bothmaͤßigkeit der Khalifen. Ueberhaupt nahm die Macht der Khalifen immer mehr ab,
und ſie wurden faſt nur als gottesdienſtliche Oberhaͤu-
pter geachtet; hingegen die Provinzen des Reichs wurden von den Emirs oder Fuͤrſten ſolchergeſtalt beherr-
ſchet, daß den Khalifen in denſelben kaum ein Schatten von Anſehen uͤbrig blieb: und dieſes dauerte fort,

bis

bis die Tataren im 656sten Jahre der Hedschrah, oder im 1258sten Jahre Christi, Bagdad eroberten, und mit der Hinrichtung des Al Mostasem Billah, des 37sten und letzten Khallfah von den Nachkommen Al Abbas, dem Khalifat ein Ende machten. Die Zahl aller Khalifen oder Nachfolger Mohammeds, ist 57, welche innerhalb 626 Jahren regieret haben. Sie haben sich selbst keinen andern Titel, als Amir oder Emir al Mumenine, Fürst der Gläubigen, beygeleget, den Omar, der zweyte Khallfah, zuerst gebrauchet. Als die Macht der Khalifen abnahm, entzogen sich die Araber, eben so wie andere Völker, nach und nach ihrer Herrschaft, und gehorcheten ihren besondern Fürsten (Scherifs, Emirs,) auf eine, ihrer alten Verfassung, darinnen sie vor Mohammeds Zeit waren, ähnliche Art und Weise, und in diesem Zustande sind sie seitdem geblieben.

§. 12. Die griechischen Erdbeschreiber Eratosthenes, Strabo und Ptolemäus, haben die Abtheilung Arabiens ins peträische, wüste und glückliche, eingeführet, welche bey den Europäern so gewöhnlich geworden ist, daß ich nicht umhin kann, mich derselben gleichfalls zu bedienen, obgleich die morgenländischen Erdbeschreiber den Namen Arabien eigentlich nur von dem von uns so genannten glücklichen Arabien gebrauchen, welches sie in unterschiedene Landschaften abtheilen, hingegen das wüste Arabien, die Wüste von Syrien ꝛc. nennen, und das peträische Arabien theils zu Aegypten, theils zu Syrien rechnen. (§. 2.) Ptolemäus fängt seine Beschreibung Arabiens mit dem peträischen an: weil es aber willführlich ist, in welcher Ordnung man die einzelnen Theile dieses Landes abhandeln will, so fange ich mit dem wüsten Arabien an.

I Das wüste Arabien.

Das wüste Arabien, Arabia deserta, wird vom Strabo σκηνῖτις Αραβία, vom Ptolemäus ἔρημος Αραβία, von den Arabern Badiah, das ist, die Wüste, oder Barr Arab, das ist, die Wüste der Araber, und von den Persern Berri Arabistan, genannt. Es gränzet an das glückliche und peträische Arabien, an Syrien, an den Euphrat, der es von Dschesira scheidet, und an Jrak Arabe. Nach den angränzenden drey letztern ländern, wird es in die Wüste von Syrien, die Wüste von Dschesira, und die Wüste von Jrak, abgetheilet. Die Beschaffenheit der beyden ersten ist bekannter, als der letzten, und die meisten Nachrichten haben wir von der zweyten, weil die Kierwanen nach und von Bagdad und Basra, durch dieselbigen gehen, auch Reisende auf dem Euphrat an denselben hinab schiffen: doch sind von diesen Theilen auch nur gewisse Striche, welche die Kierwanen gemeiniglich nehmen, bekannt. Was ich von der natürlichen Beschaffenheit des wüsten Arabiens berichten werde, habe ich aus P. della Valle, Rauwolf, Tereira und Philippi a S. Trinitate Reisebeschreibungen geschöpfet.

Die Gegend am Euphrat ist die beste, denn sie kann gewässert werden, welches auch hin und wieder geschieht, entweder durch Schöpfräder, oder durch Ochsen, welche das Wasser in großen ledernen Eimern aus dem Strome in die Höhe ziehen, davon Rauwolf S. 197 einige Nachricht ertheilet. Es wachsen am Euphrat an unterschiedenen Orten viele Tamarisken, wilde Kirschen und Cypressenbäume, und eine Art Weiden, welche noch

jetzt

jetzt mit dem alten arabischen Namen Garb beleget,
auf persisch aber Jer genennet, und zu Schießpulver
gebrauchet werden: ja, an einigen Orten giebt es auch
Datteln - Citronen - Pomeranzen - Granat - Feigen - und
Olivenbäume, und wenigstens in der Gegend von Raca, ist das Geschlecht der Acaciæ, welches rundlichte
braunfarbichte Schoten bringt, und von den Arabe n
Schok und Schamuth genennet wird, und die
Dornstaube Algul, welche Manna giebt, zu finder.
Die letzte muß auch in andern Gegenden der Wüste
häufig seyn; denn Philippus a S. Trinitate berichtet,
es sey viel Manna in dieser Wüste zu finden, welches
die Araber sammleten, und nach Basra zum Verkaufe
brächten. Das Kraut Kali ist häufig vorhanden.
An einigen Orten giebt es auch Getralbe, indianische
Hirse, auf arabisch Dora genannt, daraus ein wohlschmeckendes Brodt gebacken wird, (welches die Araber lieber, als das von Korn und Gerste gebackene
Brodt, essen,) Gartengewächse und Baumwolle. Allein, diese fruchtbaren Gegenden sind selbst am Euphrat
nicht allenthalben, und je weiter vom Strome ins
Land hinein, je unfruchtbarer ist der Boden. Man
trifft zwar hin und wieder eine fruchtbare Gegend an,
insonderheit einen Boden, der zur Weide gut ist: ja P.
della Valle ist ungefähr 1½ Tagereise von Meschehed
Hú i in (s. oben S. 186) zu einem Dorfe gekommen,
dessen Einwohner ihm am 2ten Julius Weintrauben
gebracht haben, dergleichen er einige Tage vorher bey
einem arabischen Scheith gegessen hatte. Dieses aber
sind Seltenheiten. Der allergrößte Theil des Bodens
besteht entweder aus bloßem Sande, den der Wind bald
hier bald dort zu Hügeln häuset, darunter Reisende

ver-

verschüttet werden können, und ist also ganz dürre und
trocken, oder er ist salzicht ynd salpetricht, (also daß
der Salpeter die Erde als ein weißes glänzendes Mi-
neral bedecket,) oder steinicht, oder sumpfig. In den
ganz dürren Gegenden trägt er weder Gras noch Kraut,
in andern nur kleine dürre Gewächse, in andern ist er
mit grünen stachlichten Kräutern, welche die Kameele
fressen, bewachsen, und in einigen Gegenden mit Dor-
nen und Hecken angefüllet. Von diesen Stauden giebt
P. della Valle theils eine dornichte an, welche kleine
Blätter, wie ein Herz gestaltet, und eine runde rothe
Frucht von süßem und zugleich etwas säuerlichem Geschmacke trägt, theils eine andere niedrige, welche die
Wacholderstaude, oder das Gewächs, welches in Persien Ghiez heißt, zu seyn scheint. Die Coloquinten,
welche von den Landeseinwohnern noch jetzt mit dem
alten arabischen Namen Hhandel beleget wird, wächst
hier häufig. Rauwolf fand sie unterhalb Ana am
Euphrat im October in unzähliger Menge, und Texeira
sahe im September, ungefähr eine Tagereise von Basra, ein mit diesem Gewächse angefülletes Feld. Der
letzte berichtet auch, daß die Bedevi die Coloquinten in
Kameelmilch thun, um ein Arzeneymittel daran zu haben. In Ermangelung des Holzes brennet man trockenen Kameel- und Ochsenmist. Meistentheils ist diese
Wüste eben, in einigen Gegenden aber sind Felsen und
felsichte Berge, insonderheit erstreckt sich von Scheleby
bis fast gegen Raca über, längs dem Euphrat, ein Gebirge, welches sich bis an den Jordan, das todte Meer
und den arabischen Meerbusen ausdehnen soll, wie man
dem Rauwolf berichtet hat. Es ist ganz rauh und
nacket.

Die

Die Hitze hat P. della Valle in den Monaten Junius und Julius erträglich gefunden; denn obgleich die Sonne sehr heiß schien, so wehete doch beständig ein starker Wind, der die Luft abkühlete, aber auch oft einen beschwerlichen Staub erregete. Die Nächte waren allezeit sehr kalt, und man mußte sich warm zudecken, um sich nicht zu verkälten, weil man in freyer Luft unter dem schön gestirnten Himmel schlief. Texeira erzählet, daß drey Tagereisen weit von Ana gegen Nordwesten, in der Nacht vom 23sten auf den 24sten Jänner, das Wasser in den Schläuchen gefroren sey. Den berüchtigten Wind Samum, (s. oben S. 191) hat keiner von den Reisebeschreibern, die ich gelesen habe, in dieser Wüste erfahren; ich kann also auch nicht beschreiben, wie er in derselben empfunden werde. Daß er hier zu gewissen Zeiten wehe, ist um desto wahrscheinlicher, weil er oben beschriebener Maßen, in dem Theile des Gouvernements Basra, welcher auf der Westseite des Euphrats liegt, und zu dem wüsten Arabien gehöret, (S. 413) wehet, woselbst Texeira selbst am 7ten und 10ten September, zwischen Basra und Al Kaissar einen brennend heißen Wind, und eine so große Hitze empfand, daß er und seine Reisegefährten kaum Othem holen konnten, auch unterschiedene Kameele von Hitze und Durst sturben. Wasser, insonderheit gutes Wasser, ist in dieser Wüste wenig zu finden. Flüsse und Bäche trifft man sehr selten an, sie haben auch nur im Winter Wasser. Texeira gieng im Jännermonat zwischen Ana und Sutana über vier Flüsse, die aber trocken waren, bis auf einen nach, der noch ein wenig Wasser hatte. Ich kann nicht sagen, ob der Regen in dieser Wüste genau zu eben der Zeit und

eben

eben so lange erfolge, als in Syrien. In Texeira
Reisebeschreibung finde ich nur, daß es am 17ten und
18ten December auf dem Wege von Bagdad nach Ana,
und am 10ten Febr. zwischen Sukana und Haleb geregnet habe. Von den natürlichen Quellen und
ausgegrabenen Brunnen, haben die Araber viele
verstopfet und ausgefüllet, um das Land für Feinde
unzugänglicher zu machen. In den Brunnen, welche
keine Quellen haben, und in den gemachten Gräben,
sammlet sich Regenwasser, welches aber entweder bald
ausdunstet, oder doch bald verdirbt. Hin und wieder
sind Sümpfe oder Teiche, die stark mit Schilf und
Rohr bewachsen sind. Die Bäche, welche durch salzige, salpetrichte und schwefelichte Gegenden fließen,
und die Brunnen, welche an eben dergleichen Oertern
sind, sind bitter, schwefelicht und stinkend, und solcher
giebt es viele. An Thieren hat Texeira, außer den
zahmen, viele Hasen, Rehe, (eigentlich Gazellen,)
und wilde Esel in dieser Wüste angetroffen, auch von
Löwen, Wölfen und Hirschen gehöret. Philippus
a S. Trinitate gedenket auch der großen Haufen an
wilden Eseln und Gazellen, welche in dieser Wüste
laufen, wie auch der hiesigen Löwen und Tiger, eines
grimmigen Thieres, welches einer Katze ähnlich ist, und
von den Arabern des Löwen Wegweiser genennet wird,
und eines dem Wolfe ähnlichen Thieres, welches Dib
heißt, und ohne Zweifel der sonst schon angeführte
Tschakal ist. Die Wölfe und wilden Esel werden
von den Arabern gegessen. Texeira hat auch zwischen
Basra und Al Kaissar an der Landstraße eine Art Ratzen (rats) häufig gesehen, welche er also beschreibet.
Sie sind größer, als unsere gemeinen Ratzen, ihr Fell
ist

ist grauweiß, ihre Ohren und ihr Schwanz sind denen,
welche die gemeinen Ratzen haben, ähnlich, Kopf und
Augen aber haben sie wie die Kaninchen, und Beine
wie die kleinen Ratzen. Sie bewegen sich springend,
und machen Löcher in der Erde. Die Araber essen diese
Ratzen, und rühmen ihren Geschmack. Diese Beschreibung ist unvollkommen: ich zweifle aber gar nicht,
daß Texeira den Jarboa, oder die so genannte ägyptische Bergratte meyne, welche auf den Hinter-
füßen geht. s. Hallens Naturgeschichte der vierfüßigen
Thiere, S. 595, und Michaelis Fragen an eine Gesellschaft gelehrter Männer, S. 260 f. Daß sich
Strauße in einigen Gegenden der Wüste aufhalten,
ist daraus zu ersehen, weil Texeira und seine Gefährten
2 Tagereisen von Al Kaissar gegen Basra zu, Federn
von denselben gefunden haben. Schlangen und
Eidexen sind an unterschiedenen Orten häufig.

Aus dieser, obgleich unvollkommenen, Beschreibung der Wüste, erhellet, wie beschwehrlich die Reisen, welche durch dieselbige geschehen, seyn müssen.
Sie können schlechterdings nicht ohne gute Wegweiser
angestellet werden. Es giebt aber auch dergleichen,
welche, ungeachtet man in der Wüste keinen Weg sieht,
dennoch die nächsten und längsten Wege genau kennen,
auch die wenigen guten Brunnen und Bäche zu finden
wissen. Sie bedienen sich des Compasses eben so, wie
man denselben auf der See gebrauchet. Die Reisenden müssen alle während der Reise nöthige Lebensmittel, mit sich führen, und mit denselben, und zum Theile
auch mit Wasser, (denn man findet bisweilen in ein
Paar Tagen kein gutes Wasser,) wird fast der dritte
Theil der Kameele, welche bey den Kierwanen sind,

Ee 5   bela-

beladen. Man kann auch hieraus schließen, wie arm-
selig und kümmerlich die in dieser Wüste umherziehenden Araber oder Bedevi leben müssen. Sie schlagen
ihre Zelte da auf, wo sich etwas Laub, Gras und Kraut
für ihr Vieh, Kameele, Pferde, Schafe, Ziegen und
wenige Kühe, findet, und bleiben so lange, bis alles
aufgezehret ist, und der Mangel sie nöthiget, an einen
andern Ort zu ziehen. Sie selbst sind nicht nur größtentheils nacket und bloß, sondern auch, so hungerig,
daß sie die Reisenden um Brodt bitten, und wenn
welche auf dem Euphrat vorüberschiffen, nach den
Fahrzeugen derselben schwimmen, und sie um ein
Stück Brodt ersuchen. Sonst versäumen sie keine
Gelegenheit, die Reisenden zu berauben und zu plündern. Ein Mehreres von den Bedevi, kömmt oben
in der allgemeinen Nachricht von den Arabern vor.
Sie sind in Stämme, und diese wieder in Familien
abgetheilet; jede Familie hat ihren Scheikh, (Aeltesten,) und jeder Stamm einen Scheikh el Kebir
oder Groß-Scheikh, unter dessen Befehl die Scheikhen der Familien stehen. Ihre Fürsten führen den
Titel Amir oder Emir, den selbst die ehemaligen
Khaliffen nur gebrauchet haben, der aber nachmals
allen denenjenigen beygeleget worden, welche ihre Herkunft von Mohammeds Tochter, Fatimah, ableiten.
Ihr vornehmster oder Groß-Emir, welcher Oberherr
der ganzen Wüste ist, und von europäischen Reisenden
oft ein König genennet wird, (wiewohl er diesen Titel
nicht führet,) hat zwar in seiner Hauptstadt Ana, ein
Wohnhaus, er kömmt aber selten dahin, und hält sich
alsdenn auch nicht lange daselbst auf, sondern zieht fast
beständig in der Wüste umher, und zwar also, daß er
sich

sich des Sommers, um der großen Hitze etwas auszu-
weichen, in den mitternächtlichen, des Winters aber,
um der Kälte zu entgehen, in den mittäglichen Gegenden derselben, unter den Zelten aufhält. Seine aus
vielen Zelten bestehende Wohnung, welche sehr weitläuftig ist, steht allezeit in der Mitte des Lagers oder
der so genannten Stadt, und von derselben gehen unterschiedene Gassen aus, deren jede ihren besondern Namen hat, und in welchen die Zelte allezeit in einerley
Ordnung aufgeschlagen werden, so oft auch die Stadt
auf Kameele geladen und an einen andern Ort geführet
wird. Die durch die Wüste gehenden Kierwanen und
andere Reisende, müssen ihm Zoll erlegen; er zieht auch
Einkünfte aus den Städten, Flecken und Dörfern,
welche in der Wüste liegen. Dem P. della Valle hat
man berichtet, er leiste dem türkischen Monarchen in
gewissen Fällen einige Unterthänigkeit, und dem Texeira,
er erkenne die Oberherrschaft des türkischen Monarchen:
hingegen dem Rauwolf ist er als desselben Bundesge-
noß beschrieben, ihm auch gesaget worden, daß der
türkische Monarch dem Emir der arabischen Wüste
jährlich ansehnliche Geldsummen, nebst andern Geschen-
ken, zuschicke, und dieser jenem dagegen zu Kriegeszeiten
Hülfe leiste.

Es halten sich auch Turkomannen in dieser Wüste, wenigstens im nördlichen Theile derselben, und im
Winter, auf. Texeira beschreibt sie, als wohlgewach-
sene, starke, muntere und herzhafte Leute, die in zerstreuet stehenden Häusern oder vielmehr Hütten, wohnen, welche rund, und aus Stücken Holz (vermuthlich
aus Latten,) zusammengesetzet, inwendig mit Schilf
bekleidet, auch zum Theile tapeziret, auswendig aber

mit

mit Filz bedecket sind, und eyrunde Dächer haben. Sie haben zahlreiche Heerden an Kameelen, Maulesehn und Hämmeln, welche von den Weibern gehütet werden. Diese Weiber tragen kurze Röcke, Stiefeln, und auf dem Kopfe einen Putz von feiner Leinwand, der wie eine Pyramide spitz zuläuft. Eben dieser Reisebeschreiber berichtet, daß diese Turkomannen den Emir der arabischen Wüste nicht für ihren Fürsten erkenneten, weil sie zahlreich und mächtig genug wären, um sich unabhängig zu erhalten.

Die morgenländischen Schriftsteller begreifen das wüste Arabien in so weit es an Chaldäa oder Babylonien, Mesopotamien, Syrien und Palästina gränzet, sich auch bis an die am persischen Meerbusen belegenen Städte ausdehnet, auch einige Städte, welche andere zum peträischen Arabien zählen, unter den Provinzen Arak, Badia und Nabat, ich weiß aber die Gränzen derselben nicht genau anzugeben. Man kann auch folgende Abtheilung des wüsten Arabiens machen.

I **Die Wüste von Syrien**, erstrecket sich, wie Ibn Haucal bey dem Abulfeda angiebt, von Balis am Euphrat, (s. oben S. 244.) bis Ailah am arabischen Meerbusen. Man kann die oben S. 385, Num. VII benannten Landschaften dazu rechnen, und dieselben so ansehen, als ob sie an den Gränzen von Syrien, Palästina und vom peträischen Arabien lägen; man kann sie aber auch, wie ich oben gethan habe, zu Palästina im weitläuftigen Verstande, zählen, oder sie auch mit andern zu dem peträischen Arabien ziehen. Die Meynungen sind hierinnen sehr unterschieden. Sonst gehören zu der Wüste von Syrien nachfolgende Oerter:

1 Melhuah, Melluba, ein Flecken, 12 oder 13 Italiänische

känische Meilen von Haleb, welcher schon unter dem Emir, welcher Herr des wüsten Arabiens ist, siehet. Ich habe seine Entfernung von Haleb, nach P. della Valle Anzeige bestimmet. Pocock macht sie in seiner Charte von Palästina und Syrien, noch einmal so groß. Zu Texeira Zeit, hatte er etwa 100 Häuser, und dieser Reiseb. schreiber saget, er sey auf den Trümmern eines andern, erbauet.

2 Achla, Acle, ein Flecken von ungefähr 100 kleinen Häusern, am Fuße eines Felsen, in einer angenehmen Wiese am Strande des großen Salzsees, dessen ich oben (S. 226) gedacht habe, und von welchem Texeira meldet, daß die Sonnenhitze eine so harte Salzrinde bereite, über welche man sicher weggehen könne.

3 Huite, ein geringes Dörfchen, dahin gewallfahrtet wird.

4 Gazar Ibn Worden, ein Kasteel.

5 Andrene, vor Alters Androna, eine verwüstete Stadt, von der auch große Trümmer übrig sind.

6 Siria, Seria, Seriane, von welcher verwüsteten Stadt ich oben S. 233 schon gehandelt habe.

7 Esri, eine verwüstete Stadt auf einem Hügel.

8 Anture, ein Kasteel.

Alle obige Oerter, habe ich theils in P. della Valle und Texeira Reisebeschreibungen, theils in der Philosophical Transactions von 1695 gefunden.

9 Tadmor, Tarmor, von den Griechen und Römern Palmyra genannt, eine verwüstete Stadt, welche ungefähr 45 Stunden, oder 5 bis 6 Tagereisen von Haleb gegen Süd-Süd-Osten, 3 Tagereisen von Hms, eben so weit von Salamya, und 1 Tagereise vom Euphrat, entfernet ist. Sie ist von 3 Seiten mit langen Reihen von Bergen umgeben, gegen Mittag aber hat sie eine große Ebene, in welcher, etwa eine englische Meile von der Stadt, ein großes Salzthal ist, welches noch jetzt Salz liefert. Die hiesige Luft ist gut, aber der Boden ist sehr trocken, doch trägt er noch jetzt Palmbäume. Vor Alters, muß die Stadt einen großen Umfang gehabt haben, auch sehr prächtig gewesen seyn, wie der Raum, den ihre Trümmer einnehmen, und die Beschaffenheit derselben zeiget.

Die

Die Menge der schönsten marmornen Pfeiler, (welche vermutlich die benachbarten Berge geliefert haben,) ist groß, die Ueberreste von Tempeln, sind prächtig, und die von Marmor erbaueten Gräber, welche viereckige Thürmer von 4 bis 5 Stockwerken, sind sehr merkwürdig. Jedoch das allermerkwürdigste an diesem zerstörten Orte, sind die Aufschriften mit griechischen und palmyrenischen Buchstaben, davon hernach ein Mehreres. Von der ehemaligen Mauer, ist keine Spur mehr vorhanden, und der Ort ist nur noch in so fern bewohnet, daß in einem räumlichen Hofe, der vor Alters einen prächtigen heidnischen Tempel enthalten hat, sich eine Anzahl armseliger Familien in elenden Hütten aufhält. Etwa eine halbe Stunde von der Stadt gegen Mitternacht auf einem Berge, stehen Ueberreste von einem Kasteel von schlechter Bauart. Von dem Berge hat man eine weite Aussicht, und auf demselben ist ein sehr tiefer Brunn.

Der älteste Namen der Stadt, welcher 2 Chron. 8, 15. und 1 Kön. 9, 18. vorkömmt, hat sich bis jetzt bey den Arabern erhalten. Aus diesen Stellen ersieht man, daß König Salomo diese Stadt erbauet habe: ob er aber ihr erster Stifter, oder nur ihr Wiederhersteller gewesen sey? wissen wir eben so wenig, als die nächstfolgenden Schicksale dieser Stadt. Zu Plinii Zeit, war sie eine freye und unabhängige Republik: allein, zur Zeit des römischen Kaisers Trajan, war sie in einem wüsten Zustande, aus welchem sie durch seinen Nachfolger Hadrian wiederhergestellet, und Hadrianopel genennet wurde. K. Bassianus, genannt Caracalla, ertheilte ihr die Vorrechte einer römischen Colonie, juris italici, welche ihr nach anderer Meynung Kaiser Hadrian schon verliehen haben soll. Im dritten Jahrhundert nach Jesu Geburt, that sich dieselbst Odenathus hervor, welcher die Perser glücklich bekriegte, und hierauf 260 den Titel eines Königs von Palmyra annahm, welchen er auch seinem ältesten Sohne Herodes, und seiner Gemalinn Zenobia, den Titel einer Königinn beylegte. Diese vortrefflich begabte und hochberühmte Dame, welche die jüdische Religion angenommen hatte, regierte nach seinem Tode, während der Minderjährigkeit ihrer

Söhne,

Söhne, unter dem Titel einer Königinn der Morgenländer, über die meisten morgenländischen Provinzen der Römer, als über ihre eigene Länder. Sie ward vom Kaiser Aurelianus bekriegt, und 272 bey Hims überwunden, hierauf gefangen genommen, und die Stadt Palmyra erobert. Als diese sich bald hernach empörte, brachte der Kaiser sie wieder zum Gehorsame, und ließ alle Einwohner, ohne Unterschied des Geschlechtes, Alters und Standes, umbringen. Er befahl aber doch, daß der geplünderte Sonnentempel wieder hergestellet werden sollte, legte in die Stadt eine Besatzung, und verordnete dieselbst einen Befehlshaber, über das dazu gehörige Gebieth. K. Diocletianus zierete die Stadt mit einigen Gebäuden, und unterm K. Honorio hatte sie noch eine Besatzung und einen Bischof. K. Justinianus, ließ sie stärker befestigen, auch eine kostbare Wasserleitung anlegen, die zum Theile noch vorhanden ist. Die Stadt gerieth gleich im Anfange des arabischen Reiches, unter desselben Herrschaft, und im 39sten Jahre der Hedschrah, welches das 659ste Jahr nach Jesu Geburt war, fiel bey derselben zwischen des Khalifa Ali und Moawijah Truppen, eine Schlacht vor, in welcher die ersten den Sieg davon trugen. Im 127sten Jahre der Hedschrah oder 744sten Jahre Christi, nahm die Stadt den Rebellen Solaiman auf, daher sie der Khalifa Marwan belagerte, und erst nach 7 Monaten eroberte. Benjamin von Tudela fand 1172 dieselbst 2000 topfere Juden, welche mit des Sultan Nureddin Unterthanen, sowohl Christen als Arabern, Krieg führeten.

Die Alterthümer oder Trümmern dieser Stadt, sind den Europäern erst bekannt geworden, als Robert Huntington, Prediger bey der englischen Factorey zu Haleb, dasige engl. Kaufleute überredete, die Stadt zu besuchen. Die erste Reise 1678 war vergeblich, weil der arabische Fürst Milhem, welcher bey diesem Orte sich aufhielt, den Engländern, welche zu ihm kamen, sehr hart begegnete: allein, die zweyte, welche 1691 angestellet wurde, gieng nach Wunsch von statten. Wilhelm Halifax, hat dieselbige beschrieben, und Edm. Halley Anmerkungen dazu gemacht. Dieser Bericht, ist in die *Philosophical Transactions* von

von 1695 eingerücket worden, man findet ihn auch in le
Bruyn Voyages T. 2. S. 381. f. der Ausgabe in Quart.
Er veranlassete Abraham Sellers, daß er 1696 eine Hi-
story of Palmyra zu London herausgab, welche 1705 von
neuem gedruckt, und 1716 von P. G. Hübnern unter
dem Titel, Antiquitäten von Palmyra oder Tadmor,
verdeutschet herausgegeben worden. Die griechischen
Aufschriften, welche die oben zuerst genannten Engländer
mitgebracht, hat Thomas Smith 1698 mit Eduard
Bernards und seinen eigenen Anmerkungen ans Licht gestellet. Von denen hiesigen, in einer andern Schrift und
Sprache, welche man die Palmyrenische nennet, abgefasseten Inschriften, schrieben die Engländer 1691 auch
einige, aber noch fehlerhafter, als die griechischen, ab, und
daher waren sie ganz unverständlich. Gruter hat auch
eine, und Spon und Reland haben eine andere palmyrenische Inschrift, bekannt gemacht. Jacob Rhenferd
bemühete sich vergeblich, das palmyrenische Alphabet
ausfindig zu machen. Die Akademie der Inschriften und
schönen Wissenschaften zu Paris, trug gleiche Bemühung
1706 dem Abte Renaudot, und nachmals dem geschickten
Galland auf: beyde aber richteten dasjenige nicht aus,
was man wünschete. Endlich unternahmen die Engländer Bouverie, Dawkins und Robert Wood 1750 eine
neue Reise nach Asia, und insonderheit nach Tadmor, auf
welcher sie 26 griechische, eine lateinische, und 13 palmyrenische Inschriften sorgfältig abschrieben, welche 1753
zu London in dem prächtigen Wercke The Ruins of Palmyra
genannt, ans Licht gestellet wurden. Die älteste dieser
Aufschriften fällt in die Zeit Augusti, und zwar in das
dritte Jahr nach Jesu Geburt, und die jüngste in die Regierung Diocletiani. Als diese Inschriften der Welt mitgetheilet waren, machten fast zu gleicher Zeit und übereinstimmig die Engländer Godwyn und Swinton, und
der Franzose Barthelemy, das palmyrenische Alphabet
ausfindig. Swinton hat das seinige im 2ten Theile des
48sten Bandes der Philosophical Transactions, und der
Abt Barthelemy das seinige in seiner Schrift Reflexions
sur l' Alphabet et sur la langue dont on se servoit autre-

fois

fois à Palmyre, der Welt mitgetheilt. Das erste hat,
nach Hofrath Michaelis Urtheile, darinn einen Vorzug
vor dem zweyten, daß es mehr Figuren der Buchstaben
angiebt, auch die in einander gezogenen Figuren (figuras
connexas,) nebst den Ziefern enthält. Nunmehr wissen
wir, daß die palmyrenische Sprache, der Hauptsache
nach, mit der syrischen einerley gewesen sey, ihre Buchstaben aber sind in unterschiedenen Stücken den hebräischen viel ähnlicher, als den alten syrischen. Die palmyrenischen Zahlen, bestunden nur aus vier Ziefern, welche man vervielfältigte und zusammensetzte. In den ältesten Inschriften, findet man keine andere Namen, als
die zu Palmyra gewöhnlich gewesen; in den neuern aber
griechische und römische.

Was ich oben S. 445 von denen hieselbst noch jetzt
wachsenden Palmbäumen geschrieben habe, muß ich hier
widerrufen. Am Ende des 17ten Jahrhunderts waren dergleichen hier noch vorhanden, 1750 aber trafen
Wood und seine Reisegefährten keine mehr an, sie fanden aber Olivengärten. Es ist hier auf der Westseite der
Ruinen eine warme Quelle, die zum Baden gebraucht
wird. Der davon abfließende Bach, nimmt noch einen
andern, welcher hier fließt, auf, und geht in einen kleinen Graben, welcher 3 Schuhe breit, und 1 Schuh tief
ist: es verliert sich aber das Wasser nach kurzem Lauf in dem
Sande. Die wenigen Einwohner des Orts, sind Araber von
schwarzbrauner Farbe, aber guten Gesichtszügen. Aus
dem vorhin genannten Werk, the Ruins of Palmyra, ist
zu ersehen, daß Tadmor unter dem Aga stehe, welcher
zu Hasseiah oder Hassia (s. oben S. 267) seinen Sitz hat.

Von Palmyra, hat die Landschaft Palmyrene den Namen bekommen, und ein Theil der arabischen Wüste, ist
auch davon benannt worden.

Auf dem Wege nach Hasseiah, liegen die Dörfer Ca-
rietin, Howarin, welches, wie die hiesigen Ruinen bezeugen, ein ansehnlicher Ort gewesen seyn muß, und
woselbst noch ein viereckichter Thurm mit Schießlöchern
ist, und Sudud, wo maroniische Christen wohnen, welche etwas Getraide und rothen Wein bauen.

10 Narecca, ein Ort, 5½ Stunde von Tadmor gegen Nordosten, woselbst ein Brunnen ist. Er hat seinen Namen von einem Siege, welchen die Türken daselbst über die Memalik (Mamlucken,) erfochten haben, und kömmt nur in den Philosophical-Transactions vor.

11 Suchna, Sukana, Sukney, ein armseliger Flecken, den Araber und Turkomannen bewohnen. Er liegt 7 Stunden von dem vorhergehenden Ort, beym Eingang eines Weges zwischen 2 Bergen. Er hat seinen Ursprung einer verfallenen Festung zu danken, welche zur Sicherheit der Kierwanen erbauet worden. Ein Paar hundert Schritte davon, ist ein schwefelartiges warmes Wasser, welches aus einem nahgelegenen Teich kömmt, durch die Gärten fließt, dieselben wässert, und in einer andern Gegend in den Teich zurückfließt. Man trinkt es, und badet sich auch darinnen. Texeira, der alles dieses berichtet, saget auch, daß Salz aus dem Wasser bereitet werde. Die hiesige Luft ist ungesund.

12 El Her, entweder eine Stadt oder ein Flecken, in einer ziemlich guten Gegend, mit einem verfallenen Kasteel; welches von großen Marmorsteinen erbauet gewesen ist.

13 Taiba, Teiba, ein bemauerter Ort in einem großen Thal, am Fuß eines Felsen, mit einer Schanze. Sein Name bedeutet einen gesunden Ort. Er hat Araber zu Einwohnern, welche in der hiesigen Moschee einen alten viereckichten Stein verehren, in welcher auch P. della Valle, und die 1691 hier gewesenen Engländer, sowohl eine griechische, als palmyrenische Inschrift gefunden haben. Tavernier hat hier vor dem Thor eine Quelle, die einen Teich macht, und Philippus a S. Trinitate viel Quellen süßen Wassers bemerket. Der letzte nennt diesen Ort nur ein geringes Dörflein; hingegen Texeira, der wenige Jahre vor ihm hieselbst gewesen ist, sagt, er sey ein Flecken von 250 Häusern. Der erste berichtet, er sey ehedessen eine schöne Stadt gewesen, und der zweyte, er sey auf die Trümmer eines Ortes gebauet, der von europäischen Christen bewohnet gewesen. Nach Taverniers Anzeige, ist Taiba 3 Tagereisen von Haleb entfernet.

14 Ar-

14 **Arsoffa**, 8¼ Stunden von Taiba, und 4 vom Euphrat, ein Ort, deſſen Halifax in den Philoſophical Transactions erwähnet, welcher auch muthmaßet, daß er der aus der alten Geographie bekannte, und nach Ptolemäi Bericht, in Palmyrene belegen geweſene Ort Reſapha ſey.

II **Die Wüſte von Dſcheſira,** erſtreckt ſich nach Jbn Haucal Beſtimmung, von Balis bis Anbar, längſt dem Euphrat, wie auch bis Tayma und Wabilcora. Es gehören dazu folgende Oerter:

1 **Jaabar,** oder beſſer **Dſchaabar,** ein Bergſchloß, welches zwiſchen Balis und Raca auf der Oſtſeite des Euphrats, und alſo in den Gränzen von Dſcheſira, liegt, aber doch, wie Rauwolf verſichert, dem Emir des wüſten Arabiens gehöret. Es iſt ehedeſſen oft belagert worden, und kömmt in Abu'l Pharaj Hiſtoria Dynaſtiarum mehrmals vor.

2 **Scheleby,** ein verfallenes ſehr feſt geweſenes Schloß, welches vom Ufer des Euphrats einen Berg hinan erbauet iſt. Eine halbe Meile von demſelben, den Strom abwärts, iſt in Dſcheſira am Ufer des Stroms, eine andere Feſtung, **Nieder-Scheleby** genannt.

3 **Saccar el Prellij,** ſo nennet Rauwolf eine im wüſten Arabien, ungefähr 3 Meilen oberhalb Deïr, liegende Stadt, welche man auf dem Euphrat von fern erblicket.

4 **Taphſach,** in der Bibel **Thiphſach,** in den griechiſchen und lateiniſchen Schriftſtellern Thapſacus, eine ehemalige Stadt am Euphrat, über deren Lage man nicht einig iſt. Vielleicht iſt am Euphrat mehr als eine Stadt dieſes Namens geweſen. Haſe ſetzt das Thapſach, welches auch Amphipolis geheißen hat, ungefähr in dieſe Gegend. Aſſeman in ſeiner Bibl. orient. T. III. P. II. p. 560, ſetzt Taphſach als eine noch vorhandene Stadt über Bir. (S. 242).

5 **Rahaba,** beym Rauwolf Errachaby, und beym Tavernier Mached-Raba, eine Stadt, eine halbe Meile vom Euphrat, in einer fruchtbaren Ebene, dem in Dſcheſira liegenden Dorf Rahaba, gegen über. Ich

habe

habe ihrer schon S. 215, Num. 13 gedacht. Sie ist 5 Tagereisen von Taiba, und eben so weit von Ana, entfernet.

6 Schara, ein Städtchen oder Flecken auf einer Höhe, eine halbe Meile vom Euphrat, ein Paar Stunden Weges von der vorhergehenden Stadt.

7 Kahem, ein vom Texeira angeführter, und wie er meldet, von den Arabern also genannter Ort, am Euphrat, der hieselbst langsam fließet. Er hat seinen Namen von einer Person, deren Grabmaal hier in Gestalt eines kleinen Thurms ist. Vielleicht soll der Name Cäiem heißen, welchen sowohl einige Khalifen, als ein Paar arabische Gelehrte, geführet haben. Die Araber, welche in dieser Gegend wohnen, halten dafür, daß hier ehedessen auf beyden Seiten des Stromes, eine große Stadt gestanden habe, davon aber keine Spur mehr vorhanden ist.

8 Ana oder Anna, eine schon oben S. 215 angeführte Stadt am Euphrat. Hier ist von dem Theil derselben die Rede, welche auf der arabischen Seite liegt, groß, und längs dem Strom erbauet, auch ehedessen bemauert gewesen ist. Sie wird als die Hauptstadt des wüsten Arabiens angesehen, dessen oberster Emir hier ein Wohnhaus hat, in welchem er sich aber selten, und nur eine ganz kurze Zeit aufhält. Die Häuser sind von Steinen gemauert, viereckicht, klein, und mit Holz bedeckt. Die Einwohner sind Araber und Juden. Die vielen Gärten sind mit Birn-Datteln-Citronen-Pomeranzen-Granat- und anderen Fruchtbäumen, angefüllet, und man sollte, wie Tavernier urtheilt, beym Anblick derselben nicht denken, daß dieser Ort von allen Seiten mit traurigen Wüsten umgeben sey. Nahe bey der Stadt, liegen Berge. Philippus a Sancta Trinitate hat hier in dem Monat Junius eine unsäglich große Hitze, und Texeira im Winter, eine beschwerliche Kälte, ausgestanden. Rauwolf meldet, die Stadt und der dazu gehörige District werde Gimel genennet. Die Stadt Ana ist vermuthlich die Stadt Hena, welche beym Jes. 37, 13 genennet wird.

9 Ha-

9 Hadith oder Hadice, eine oben S. 215 und 216 schon angeführte Stadt, welche auf beyden Seiten des Euphrats, und zwar größtentheils auf der Seite desselben liegt, und nach Rauwolfs Versicherung, dem Emir des wüsten Arabiens zugehöret. Vielleicht ist dieser Ort derjenige, welchen Ptolemäus Audattha oder Adittha nennet.

Asseman rechnet auch die oben S. 184 und 216 beschriebenen Städte Hit und Anbar, zum wüsten Arabien, und nach denselben führet er noch Cosr und Sura als dazu gehörige am Euphrat liegende Städte an. Die letzte ist vielleicht die oben S. 215 genannte Stadt dieses Namens.

III Die Wüste von Irak, erstrecket sich, wie auch Ibn Haucal schreibt, von Anbar bis Abadan, auch bis an das Land Nedsched und Hedschas. Auf der in Sale Uebersetzung des Koran befindlichen Charte von Arabia, steht ein namenloses Gebirge, welches sich von Abadan bis gegen Anbar über erstrecket. Aus derselben ist es auf die homannische Charte, Imperium turcicum genannt, übergetragen, und Sinan genannt worden. Allein, einestheils müßte der Name entweder Sinam oder Senam heißen, und anderntheils ist der Berg dieses Namens, welcher etwa 2 Tagereisen von Basra gegen Westen liegt, nach Texeira Bericht, nur ungefähr 2 gemeine französische Meilen lang, und so hat ihn auch D'Anville auf seiner Charte zu Otters Reisebeschreibung, bezeichnet. Zu dieser Wüste werden folgende oben schon beschriebene Oerter, gerechnet:

Hilla oder Hella. S. 186.

Alufa, Kufa, auf syrisch Acula, davon die Aculensischen Araber, Achoali, den Namen haben. S. 187.

Hira, auf syrisch Hirta, S. 198, davon die Hirtensischen Araber, benannt sind.

Kadisie oder Kadessia. S. 188.

IV Das Land Hedscher, welches Abulfeda
Baharain nennet, liegt gegen Osten am persischen
Meerbusen, gegen Norden gränzet es an das Gouvernement Basra, gegen Westen an das Land Nedsched, und gegen Süden an das Land Oman. Der
Name Baharain, bedeutet zwey Meere, und ist
diesem Lande beygeleget worden, weil es zwischen zwey
Meeren, nämlich zwischen dem östlichen Meer, und
dem See bey Ahsa, liegt. So saget Abulfeda,
nach la Roque französischen Uebersetzung. Herbelot
aber meynet, der Name rühre daher, weil dieses
Land sich längs der Küste zweyer Meere, nämlich des
persischen Meerbusens, und des arabischen Meeres,
oder des Meeres von Oman, erstrecke. Die Türken
geben sich zwar für Herren desselben aus, haben aber,
wie Otter versichert, nichts darinn zu befehlen, sondern die Araber, Beni Khalid genannt, welche
darinn wohnen, gehorchen nur ihrem Scheikh. Auf
unterschiedenen Landcharten steht, daß diese Landschaft dem persischen Reich unterworfen sey; an diesem Irrthum aber ist die Verwechselung desselben
mit der Insel Baharain, Schuld. Das Land hat
Quellen und Bäche, und wenn man in die Erde
nur 10 Schuhe tief hineingräbt, trifft man fast allenthalben gutes Wasser an. Es wachsen hier Baumwolle, al Hanna, (S. 421) Reis, und unterschiedene Arten von Baumfrüchten, insonderheit solche vortreffliche Datteln, daß das arabische Sprichwort,
Datteln nach Hedscher bringen, eine unnütze Be-

mühung, ausdrücket. Die Hitze ist so groß, daß
man nur des Morgens und Abends arbeiten kann.
Der Wind wehet aus dem Sand bald hier bald dort
Hügel zusammen, die er nicht lange hernach, wieder
zerstreuet. Dieser Flugsand, hat die Landstraße,
welche aus Hedscher nach Omon führet, dergestalt
verschüttet, daß man sie jetzt nicht mehr gebrauchen
kann, sondern zu Wasser dahin reisen muß, wie
Otter 1739 erfahren hat. In dem persischen Meerbusen, werden auf dieser Küste an unterschiedenen
Orten Perlen gefischet. Diese Landschaft war vor
Alters ein Hauptsitz der Secte der Carameth oder
der Caramethah, deren Urheber Carmath, gegen
das Ende des neunten Jahrhunderts lebte. Folgende Oerter sind darinn belegen:

1 Catema oder Kademah, eine Stadt am persischen
Meerbusen, zwo Tagereisen von Basra.

2 al Catipf oder al Katif, eine mit Mauern und
Graben umgebene Stadt am persischen Meerbusen, 6
Tagereisen von Basra, 4 von Kademah, und 2 von
Lahsa. Zur Zeit der Fluth, können auf dem Kanal,
welcher diese Stadt mit dem Meerbusen verbindet, die
größten beladenen Schiffe hieher kommen, und wenn die
Fluth hoch ist, kömmt das Meer bis an die Mauern der
Stadt. Philippus à S. Trinitate giebt die hiesige Luft für
ungesund aus. Im District der Stadt, wachsen überaus viele
Dattelnbäume. In der Gegend der Stadt, ist eine Perlenfischerey, welche dem Scheikh des Landes Hedscher
zugehöret. Nach dieser Stadt, wird nicht nur der persische Meerbusen Bahr al-Katif, das ist, das Meer vor
Katif, sondern die Sammete, werden auch von der eb-
ben im Orient Katifeh genannt.

3 Tarut, eine kleine Stadt, eine halbe Tagereise gegen Osten von Catipf, welche zur Zeit hoher Fluthen,
vom Meer ganz umgeben wird, und alsdann eine Insel
vorstellet. Es wächst hier viel Wein.

4 al Ahsa oder Lahsa, in der vielfachen Zahl, al-Ahsa

fa, auch Abaffa und Labaffa genannt, eine Stadt, in
einer an Datteln = und Granaten = Bäumen reichen Gegend, der Wohnsitz des Scheïkh der Beni Khalid, wie
Otter meldet.   Philippus a S. Trinitate berichtet,
sie sey in dieser Gegend nächst Basra die vornehmste
Stadt, und der Sitz eines besondern Pascha, welcher ansehnliche Einkünste von dem Perlenfang bey al Katif, und
aus Mecca habe: allem Ansehen nach aber ist der oben
genannte Scheïkh gemeynet.   Abulfeda saget, es wären
2 Städte dieses Namens vorhanden, Absa in Baharain,
4 Tagereisen von Jemama, ein offener Ort, und al Aba-
fa, 2 Tagereisen gegen Westen von al Katif im Lande
Hedscher, dem arabischen Stamm Saod zugehörig.   Allein, Hedscher und Baharain sind ja Namen einer und
eben derselben Landschaft.

    5 Chati oder Khat, eine Stadt, von welcher die Cha-
tenes den Namen führen.

    6 Hadschar oder Hedscher, eine Stadt, von welcher das
Land den Namen hat.   Nassir Eddin und Ulug Beg in ihren geographischen Tabellen, rechnen sie zu Baharain oder
Hedscher, Abulfeda aber giebt sie mit al Mostharec als die
vornehmste Stadt in Jemama an, und Herbelot meynet
auch, sie sey von Jemama abhängig, davon sie nur 24 Stunden Wegs entfernet liege. Sie ist bey den Moslemim als der
Begräbnißort dererjenigen bekannt, welche in der Schlacht
wider den sogenannten falschen Propheten Moseilemah,
umgekommen sind.   Von dieser Stadt, deren Name Ha-
giar geschrieben wird, haben die Agräer den Namen.

    7 Daden, Dadiana, Dirin, sind Namen einer Insel
der Cataraischen Araber, zu dem Lande Hedscher gehörig, welche eine Stadt gleiches Namens gehabt hat, die
ein Sitz Nestorianischer Bischöfe gewesen ist.   Dieses ist
aus Assemani Bibliotheca orientali Tom. 3. P. 1. p. 1u.
146. 153. P. 2. p. 184. 560. 564. 604 und 744 zu ersehen.
Auch der Portugiese Odoardo Barbosa in seinem Somma-
rio dell' Indie Orientali, welches er 1516 geschrieben hat,
und in dem Navigationi et Viaggi raccolte da Ramusio
vol. 1. p. 288. u. f. befindlich ist, giebt in dieser Gegend
einen Ort auf dem festen Lande von Arabien, Namens
Dadena an, und setzet denselben zwischen Corfacan und
Roba-

Daba: er kann aber aus dem, was Asseman gesammlet hat, verbessert werden. Unterdessen sind ihm Ortelius, Wilhelm und Johann Blaeu, Sanson und andere gefolget, und haben in ihre Landcharten in dieser Gegend auf die Küste des persischen Meerbusens, theils eine Stadt, theils eine Landschaft, Namens Dadena, gesetzet, die aber in den Landcharten der Homannischen Officin ausgelassen worden. Bochart hält ganz wahrscheinlich dafür, daß Daden, die vom Dedan (1 Mos. 10, 7.) benannte Stadt Dedan, Ezech. 27, 15. sey.

Anmerkungen.

1 Der vorhin genannte Barbosa, giebt zwischen Dabena und Basra folgende am persischen Meerbusen liegende Oerter an: Daba, Julfar (Dschulfar) welche Stadt starken Handel treibet, bey welcher auch eine Perlenfischerey ist; Rafollima, Mequehoan, Calba, ein fester Platz, Baha, Doyat, Pahan, Iguir, Elguadim, Nabam, Guameda, Lesere, Quesibi, Tabla, Berohu, Puza, Mohi, Macini, Limghorbaz, Alguesa, Carmon, Cohomo, Bar, Que, Guez, Hangvan, Bacido, Gostaque, Coneo, Conga, Ebraemi, Penaze, Menahaon, Pamile, Leitam, Batam, Doam, Lorom. Wilhelm Blaeu hat sie auf seine Charten von Persien und vom türkischen Reich, gebracht, und den ganzen Raum bis Basra mit denselben angefüllet. Ich zweifle daran, daß alle Namen recht geschrieben sind, kann auch nicht sagen, was für eine Bewandniß es jetzt mit diesen Oertern habe? Zur Zeit des Barbosa gehöreten sie zu dem Königreich Hormus. Sie hatten einen Ueberfluß an Fleisch, Getraide, Wein, Datteln und andern nützlichen Dingen, und trieben starken Handel. Die Einwohner waren von weißer Farbe, und trugen lange Kleider, entweder Seiden-oder Baumwollenzeug, oder von Kamlot.

2 Die Insel Babarain oder Bahrein, im persischen Meerbusen, gegen Osten von Katif, hat ehedessen zu dem Lande Hedscher gehöret, und Otter sagt, sie werde auch noch, so wie die Inseln Kis und Kharek, für abhängig von diesem Lande gehalten: allein, ich glaube, daß er hierinn irre. Tereira berichtet, daß der König von Persien sich der Insel Bahzraim 1602 bemächtiget habe. Hanway erzählet, daß 1720 der Imam von Mascat oder Meskiet, sich derselben bemeistert habe, daß sie aber 1721 durch Unterhandlung wieder an Persien gekommen sey, bey welchem Reich ich sie eben sowohl, als Kis und Kharek, beschreiben werde.

V Der mittlere Strich Landes, zwischen dem Euphrat, persischen Meerbusen, dem petraischen Arabien, und den Ländern

Nedſched und Jemama. Die darinn belege-
nen Oerter ſind:

1 al Thoalabiyah oder Thaalabia, ein großer bemauerter Flecken, welcher ungefähr auf dem dritten Theil des
Weges liegt, den die Pilgrime gehen, welche aus Iraf
Arabe nach Mecca reiſen. Von demſelben haben die Thaa-
labener den Namen.

2 Tandſcha, eine Stadt.

3 Samman, eine Stadt.

4 Merab, eine Stadt.

5 Salamia, eine Stadt, iſt vielleicht Ptolemäi Salma.

6 Saal, eine Stadt.

7 Hadrama, eine Stadt.

Außer den Sabäern, welche von Seba, Abrahams
Enkel, 1 Moſ. 25, 3. abſtammen, muß man auch die Aeſiten oder Auſiten, in dieſer Gegend ſuchen. Bochart
meynet, daß Ptolemäus den Namen Auſiten geſchrieben habe, obgleich in den Ausgaben Aeſiten geleſen wird.
Nach dieſer Muthmaßung, könnten ſie wohl von Uz, dem
Sohn Nahas, den Namen haben. Wenigſtens wird in
der griechiſchen Ueberſetzung das Land Uz, in welchem
Hiob gewohnet hat, das Land Auſitis oder der Auſiten,
genannt, und ſowohl die vorhin genannten Sabäer, als
die Chaldäer, ſind in der Nachbarſchaft der Auſiten zu
finden.

VI Das Land Nag'd oder Naged, oder
Ragid, beſſer Nedſched, hat ſeinen Namen von
ſeiner Höhe, und man könnte es das bergichte Arabien nennen. Abulfeda ſchreibt, die Meynungen
von dieſem Lande wären ſehr unterſchieden, die be-
währteſte aber ſey, daß der Name Nedſched den
erhabenen Strich Landes bezeichne, welcher Jaman
von Tahamah (dem niedern Arabien,) und Iraf Arabe von Syrien ſcheide. Auf der Seite von Hedſchas,
hat es viele Moräſte. Die Berge Salamy und
Abſcha, ſind die bekannteſten, und von Arabern des
Stammes

Stammes Tay bewohnet, welche Taiten oder Ta-
jer und Taveni genennet werden. Es ist aber dieser
Name auch allen andern gemein, daher in Assemani
Bibl. orient. T. 1. p. 364. , Monder ein König der
Taiten, das ist, der Araber, genennet wird. Bey
den Chaldäern ist מטיא ein arabischer Kauf-
mann, wie aus Buxtorfii Lexico chaldaico pag.
872 zu ersehen. In der Gegend des Berges Salamy, hat vielleicht die vom Ptolemäo angeführte
Stadt Salma gelegen. Folgende Oerter werden
zu dieser Landschaft gerechnet:

1 Duma oder Dumath al Dschendal, beym Ptolemäo Dumætha, eine Stadt, deren sich Mohammed im
fünften Jahr der Hedschrah bemächtigte. Sie hat von
Ismaels Sohn, Duma, den Namen. 1 Mos. 25, 14.
1 Chron. 1, 30.

2 Taima, Thima, beym Ptolemäo Themma, ein festes Schloß, welches auch al Ablak genennet wird. Es
hat seinen Namen von Ismaels Sohn, Thema, bekommen,
und die Thämer sind davon benannt. Al Azizi schreibt,
daß es dem arabischen Stamm Tay zugehöre. In der
umliegenden Gegend, wachsen viele Dattelnbäume.

3 Faid oder Phaid, beym Plinio Phoda, eine kleine
Stadt, um die Mitte des Weges, den die Pilgrime,
welche aus Irak Arabe, insonderheit aus Kiufa, nach
Mecca reisen, nehmen müssen. Ihre Entfernung von
Kiufa, beträgt 109 Parasangen.

4 Kaibar oder Chaibar, beym Ptolemäo Gabara,
eine kleine besestigte Stadt, in einer an Datteln und andern Baumfrüchten reichen Gegend, ungefähr 4 Tagereisen von Medina, und 6 von Mecca. Abulfeda saget,
ihr Name bedeute in der Sprache der Juden eine Festung:
und diese Erklärung ist besser, als diejenige, nach welcher
er ein Bündniß anzeigen soll. Er liegt im District des
arabischen Stammes Ansab. Im 7ten Jahre der Hedschrah, griff Mohammed diesen festen Platz, den die Juden vom Stamm Koreidha vertheidigten, nebst denen zur

an, und Ali eroberte ihn. Vermöge der Capitulation blieben die Juden damals im ruhigen Besitz dieses Platzes, und des dazu gehörigen Landes, wurden aber unter Omars Khalifat aus demselben und ganz Arabien vertrieben.

5 Dulmæra oder Marath, eine Stadt.

6 Rababa, beym Ptolemäo Rhabana, eine Stadt, von welcher die Rababaniten benannt worden.

7 Rahet, beym Ptolemäo Rhatta, eine Stadt, von welcher die Rhatener ihren Namen haben.

8 Arab, eine Stadt.

9 Arhaal, eine Stadt, welche Strabo Chaalla nennet.

10 Rima, Ba-Raman, von den Syrern Roman und Beth-Raman genannt, eine Stadt, von welcher vermuthlich das Land der Rhamäer oder Rhamaniten, den Namen hat, dessen Strabo Erwähnung thut.

VII Das Land Jamamah oder Jemama,

hat seinen Namen, nach einiger Meynung, von einem Fluß, oder auch von einer Quelle, nach anderer Urtheil aber von der Hauptstadt, bekommen. Es war der Sitz des arabischen Stammes Honaifah. Folgende Oerter sind darinn belegen:

1 al Jamamah oder Jemama, vor Alters Dschau, die Hauptstadt dieses Landes, in einer bergichten, aber an Datteln reichen Gegend. Golius schreibet, diese Stadt habe ihren Namen von der Enkelinn des Tasm, die wegen ihrer blitzenden und durchdringenden Augen, unter den Arabern so berühmt gewesen, daß sie im Sprichwort sagen: scharffichtiger als Jemama. Hier hatte Mosailemah, Mohammeds Gegenprophet, seinen Sitz, den des Abu Bekr Feldherr Khaled, im 11ten Jahr der Hedschrah in der Schlacht bey Akreda überwand, in welcher auch Mosailemah erstochen ward. Bey dieser Stadt ist ein Thal, al Rardsche genannt, und eine sehr ergiebige Quelle.

2 Wadi Aphtan, ein Thal, in welchem viele Flecken sind. Es ist vielleicht das im vorhergehenden Artikel erwähnte Thal.

3 Arud, beym Ptolemäo Arrade, eine Stadt.

4 Maisria oder Masa, eine Stadt, von welcher die Masaner den Namen haben. 1 Mos. 25, 14.

5 Chisria, beym Ptolemäo Choce, eine Stadt.

6 Dschlors, von andern Ger. sa genannt, eine Stadt.

7 Lia, eine Stadt, von welcher die Läaniten den Namen haben.

8 Tarba, eine Stadt.

9 al Sora, beym Ptolemäo Sora, eine Stadt.

10 Chadia oder Radia, eine Stadt.

11 Thania, beym Ptolemäo Thana oder Thoana, eine Stadt, von welcher die Thanaiten oder Toaner, den Namen haben.

12 Sapbra, eine Stadt.

13 Seda, eine Stadt.

14 Rarjathain, in der Bibel Rirjathaim, beym Plinio Carriata, eine Stadt, von welcher die Carräer benannt sind.

15 Dama, beym Ptolemäo Dapha, eine Stadt.

16 Tanoscha, eine Stadt, welche mit der oben genannten Stadt gleiches Namens, nicht verwechselt werden muß.

17 Sarpha, eine Stadt.

18 Dschedila, eine Stadt.

19 Phalaa oder Falba, eine Stadt.

20 Rokaiba, eine Stadt.

21 Roba, eine Stadt.

Nur die 8 letzten, stehen auf Sale Landcharte von Arabien.

II Das peträische Arabien.

Das peträische Arabien, nannten die Griechen Πετραια Αραβια, die Lateiner Arabia petræa, und die Araber nennen es Hadschar oder Hedscher. Alle diese Benennungen kommen von der Stadt Petra oder Hadschar her, deren arabischer Name eben sowohl, als der griechische und lateinische, einen großen Stein und Felsen, bedeutet. Auf diese Bedeutung sehen diejenigen, welche diesen Theil von Arabien, das steinichte Arabien nennen, und führen zur Bestätigung dieser Benennung an, daß das Land mit felsichten Bergen angefüllet sey. Das letzte hat seine Richtigkeit, und dennoch gründet sich die Benennung des Landes nicht darauf.

Es ist vom glücklichen und wüsten Arabien, von Palästina, Aegypten und dem arabischen Meerbusen, umgeben. An diesen gränzet gegen Abend der vornehmste Theil des Landes, welcher Hedschas genennet wird. Es schließen auch die beyden Arme des Meerbusens, welche er an seinem nordlichen Ende ausstrecket, einen Theil des peträischen Arabiens ein, und eben dieser Theil gränzet auch gegen Abend an Aegypten, wenn wir ihn mit den alten griechischen Erdbeschreibern zu dem peträischen Arabien rechnen. (s. oben S. 413. 414.) Wenn man aus dem peträischen Arabien nach Aegypten reiset, und aus den Bergen herauskömmt, welche einige geographische Meilen gegen Osten von dem westlichen Arm des arabischen Meerbusens entfernet sind, so tritt man in Aegypten: denn diese Berge sind die Gränze zwischen dem peträischen Arabien und Aegypten, wie P. della Valle und Pocock angemerket haben. Ob der auf der Ostseite von Palästina liegende Strich Landes, den ich oben S. 385 bis 390 beschrieben habe, zu dem peträischen Arabien gehöre? darüber sind die Meynungen unterschieden. (s. oben S. 444.)

Der von den Armen des arabischen Meerbusens, Aegypten und Palästina, umgebene Theil des peträischen Arabiens, ist um deswillen sehr merkwürdig, weil die Israeliten auf ihrer Reise aus Aegypten nach Palästina, sich in demselben lange aufgehalten haben, und weil der Berg

Sinai

Sinai und Horeb darinn liegen, den die Pilgrime besuchen.

Die natürliche Beschaffenheit des Landes kennen wir weiter nicht, als insofern sie auf den Wegen, welche die Reisenden, sowohl aus Palästina, als Aegypten, nach dem Berge Sinai und Horeb nehmen, kann wahrgenommen werden. Ich will aus den Tagebüchern einiger Reisenden dasjenige herausziehen, was sie von den Wegen und der natürlichen Beschaffenheit des Landes, angemerket haben.

Johann Tucher ist 1479, Bernhard von Breitenbach aber und Felix Fabri, sind 1483 in Gesellschaft von Gazza nach den Bergen Sinai und Horeb gereiset. Die Tagebücher der beyden letzten, stimmen genau mit einander überein, sie sind aber schwer mit dem Tagebuche des ersten zu vergleichen. Von Gazza bis Lebhem sind 8, und von Lebhem bis an einen gewissen Sandhügel in der Landschaft Cawatha, auch 8 Stunden, wie Felix Fabri anmerket. (s. oben S. 400.) Dieser hat bis an den letztgenannten Ort das mittelländische Meer sehen, und des Nachts das Brausen desselben hören können. Daraus ist zu schließen, daß er an dem Wege liege, welcher von Gazza nach Aegypten führet; und weil Tucher auch auf dieser Straße, nämlich zu Rappa, (oder Raphia,) sein erstes Nachtlager gehabt hat: so erkennet man hieraus, daß man nach der Abreise von Gazza in den ersten 2 Tagen auf der Straße bleibe, die nach Aegypten führet. Wie es scheint, so verläßt man sie nachmals, und geht gerade zu nach Süden. Tucher ist auf der dritten Tagereise von Gazza zweymal in einen sandigen Grund, Namens

mens Larisch gekommen, und in demselben das er-
stemal nur 5 bis 6 italienische Meilen vom mittelländischen Meer entfernet gewesen. Dieser Grund wird
auch Wadalaiar genennet, und durch denselben fließt
in der Regenzeit ein Bach nach dem Meere zu. Ich
finde eine große Aehnlichkeit zwischen dem Namen
Larisch und dem Namen Larissa, unter welchem
letztern innerhalb der ägyptischen, und nicht weit von
der palästinischen Gränze, auf alten blaeuischen
Charten ein Ort vorkömmt, der an einem kleinen
Flusse liegt, welcher sich eben daselbst in einen kleinen Busen des mittelländischen Meeres ergießt.
Dieser Fluß wird auf eben diesen Charten von dem
Rhinocorura unterschieden, und westlicher, als derselbige gesetzet, ist aber dem Ansehen nach eben dieser
Rhinocorura, dessen Daseyn viele behauptet, und
viele geleugnet haben. Das Thal Larisch oder Wadalaiar ist auf beyden Seiten mit hohen Sandbergen
umgeben, und in denselben wachsen Stauden und
Kräuter, insonderheit viele Coloquinten. Man
geht über einen hohen Sandberg nach Süden, und
kömmt in ein anderes steinichtes Thal, durch welches
in der Regenzeit gegen Osten ein Bach nach dem
todten Meer fließt. Das Thal liegt zwischen weis-
sen Kreidebergen. Auf der dritten Tagereise, von
dem oben genannten Sandhügel in Cawatha, an zu
rechnen, reiset man über eine sandige Ebene, und
sieht auf beyden Seiten, oder gegen Osten und Westen, hohe und dürre Sandberge, aber weder Laub,
noch Kraut. Auf der vierten Tagereise kömmt man
zu 2 trockenen Bächen, die nur in der Regenzeit
Wasser haben, und von welchen der zweyte von Kreide-

bergen

bergen umgeben iſt. Auf der fünften Tagereiſe,
ſiehet man gegen Oſten den Anfang einer Wüſte,
von welcher die arabiſchen Wegweiſer erzählen, daß
ſelten ein Menſch das Ende derſelben erreiche; und
wenn jemand auch 2 Monate lang täglich 10 deutſche
Meilen darinn reiſe, ſo treffe er doch keinen Menſchen, auch keinen Tropfen Waſſers an. Dieſe Beſchreibung iſt übertrieben fürchterlich, und alſo auch
unrichtig: denn wenn man gleich von hier bis Basra
ein Paar hundert deutſche Meilen durch die Wüſte zu
reiſen hat, ſo kömmt doch das nicht heraus, was die
Araber erdichten. Man läßt dieſe Wüſte zur linken
Hand liegen, und hat zur rechten Hand Kreideberge.
Tucher hat den Sinai in einer Entfernung von 5 bis
6 Tagen, geſehen. Auf der ſechſten Tagereiſe trifft
man Berge und Thäler an, die wie Salz ausſehen,
(vermuthlich weil ſie mit Salpeter bedecket ſind,) ein
Paar ausgetrocknete Bäche, und Kreideberge, auf
deren einem Breitenbach und Fabri Spuren von
ehemaligen Bergwerken gefunden zu haben meynen. Das Gebirge, dazu er gehöret, dehnet ſich von
Abend gegen Morgen aus, und man kann die En-
den deſſelben nicht erblicken. Auf der ſiebenten Tagereiſe kömmt man in ein Thal, durch welches zur
Regenzeit Waſſer fließt, und auf deſſen rechten
Seite die Berge roth, auf der linken Seite aber
weiß ausſehen. Man gehet aus denſelben in ein weites Feld, in welchem Gras, Stauden und Bäume

Te ist. Die gewöhnliche von Gazza herkommende Straße, geht zur rechten oder gegen Westen neben demselben weg, und theilet sich nachher in 2 Wege, von welchen einer nach al Kahira in Aegypten, der andere aber nach Tor führet. Man kann auch einen nähern Weg quer über das Gebirge nehmen, der aber sehr beschwerlich ist. Auf dem höchsten Rücken desselben erblicket man, zur rechten Hand, den westlichen Arm des arabischen Meerbusens, und zur linken Hand das sich nach und nach erhebende Gebirge, und unter den höchsten Bergen den Sinai als den allerhöchsten. Der steile, steinichte und gefährliche Abgang, heißt nach Breitenbach und Fabri Rakani, nach Tuchern aber Roakie. Pocock hält dieses Gebirge Te, für dasjenige, welches von Mose Hor genennet wird. Demselben gegen über, oder gegen Süden, liegt ein anderes sich von Osten gegen Westen erstreckendes Gebirge, und zwischen diesen beyden Gebirgen ist ein Feld, welches mit durchsichtigen kleinen Steinen von allerley Farben, bedeckt ist, auch Holz hat, und sich auf der rechten Seite bis an den arabischen Meerbusen erstrecket. Ueber das zuletztgenannte Gebirge kömmt man in eine sandige Wüste, Namens Ramlu, (das ist, Sand) und alsdann fangen die Granitberge an, welche zwischen den beyden Armen des arabischen Meerbusens liegen, und deren Mittelpunct ungefähr der Berg Sinai ist, wie Pocock saget. Zwischen diesen Granitbergen, sind enge Thäler, und sandige Ebenen. Die rauhen und krummen Thäler, welche man auf der neunten Tagereise durchziehet, sind mit Dornsträuchen und Gras bewachsen, daher sich in denselben Araber mit

ihren

ihren Heerden aufhalten. Die hohen Felsen auf
beyden Seiten derselben, sind roth, schwarz und
braun durch einander, glatt, und glänzen, wenn die
Sonne darauf scheint. Auf der zehenten Tagereise,
gehet man durch ein ebenes, weites und grünes
Thal, zwischen hohen und wilden Bergen; hernach
in ein anderes Thal zwischen noch höheren Bergen,
welches sich so sehr krümmet, daß man den über alle
andere Berge sich erhebenden Sinai, bald vor sich,
bald hinter sich hat. Er führet zu einer großen von
hohen und rauhen felsichten Bergen eingeschlossenen
Ebene, welche die Araber Abalharok nennen, und
des Winters gute Weide hat. Aus derselben kömmt
man am eilften Tage durch einen engen Weg, welcher zwischen hohen Felsen ist, in eine andere breite
und lange Ebene, die sich bis an den Fuß des Berges Sinai und Horeb erstrecket, und aus gröbem
Sande von rother Farbe besteht, welche Farbe auch
die hiesigen Berge haben. (Monconys schätzet ihre
länge auf 1½ französische Meilen, und ihre Breite
auf ein großes Viertel einer solchen Meile.) Sie
ist vermuthlich Rephidim, 2 Mos. 17, 1. weil man
aus derselben durch ein enges, tiefes und sehr steinichtes Thal, bis nach dem Sanct Katharinenkloster,
am Fuß des Berges Horeb, sieht, dahin unsere
Reisende an diesem eilften Tage kamen. Lucher
hat diese Reise von Gazza bis zum Berge Sinai ungefähr in 150 Stunden gethan. Montagu berichtet,
daß es vom Berge Sinai gerade nach Jerusalem
zween Wege gebe, einer gehe über Pharan, der
andere über Dsahab. Jener betrage 11 Tagereisen,
nämlich 2 bis Pharan, 3 bis zu einer Nation der

Pilgrime, die von al Kahira nach Mecca reisen, Namens Scheikh Ali, 1½ bis zu beträchtlichen Trümmern, und alsdann etwa noch 4 bis Jerusalem über Hebron. Der andere Weg sey wegen der vielen Gebirge etwas länger, doch komme man auch über Scheikh Ali, und bey den angeführten Trümmern vorbey. Die Mohammedaner, welche von Jerusalem nach Mecca reiseten, nahmen allezeit diesen Weg, um in Scheikh Ali zu dem Kierwan von al Kahira zu stoßen.

Ich will auch den Weg von Sues nach dem Berge Sinai und nach Tor beschreiben. Wenn man von Sues an das östliche oder arabische Ufer des westlichen Armes vom arabischen Meerbusen gekommen ist, so findet man die Küste niedrig und sandig bis Gorandal, von dannen bis Tor, ist sie mehrentheils bergicht und felsicht. Eine halbe Tagereise oder 7 Stunden von Sues, wie Helfrich, Breuning und Monconys angemerket haben, kömmt man zu Ain el Muse, das ist, Mosesbrunnen, die nach Monconys Meynung etwa eine französische Meile vom westlichen Arm des arabischen Meerbusens, in einem sandigen Felde auf kleinen Hügeln sind, in welchen man allenthalben, wo man gräbet, Wasser findet, wie Pocock angemerket hat. Der Quellen sollen 12 seyn, Breuning aber fand nur 6 von denselben wasserreich, die übrigen aber hatten entweder nicht viel Wasser, oder waren fast ausgetrocknet, und mit Binsen rings umher bewachsen. Zu Pococks Zeit waren nur noch 4 oder 5 offen. Doch zählete er wohl ein Dutzend Oerter, wo Quellen gewesen. Das aus denselben fließende Wasser, macht einige kleine

kleine Bäche, die sich aber gleich wieder im Sande
verlieren. Das Wasser ist etwas salzig, bitter,
schwefelhaft und warm. Die letzte Eigenschaft, haben nur Monconys, Pocock und Shaw, bemerket,
doch bezeuget der zweyte auch, daß eine von diesen
Quellen ziemlich gutes Wasser habe, und der Vorsteher des Franciscanerklosters zu al Kahira, glaubet, daß das Wasser dieser Quellen überhaupt, besser
und häufiger seyn würde, wenn sie vom Schlamm
gereiniget wären. Shaw hat angemerket, daß
sie einige Zoll hoch über die Oberfläche aufkochen.
Ihr Wasser wird nach Sues geführet. Breuning
und Pocock haben einige Palmbäume bey denselben
gefunden. Ein wenig höher hinauf, haben Egmond
van der Nyenburg und Heyman eine Quelle von mi-
neralischem Geschmack, und schwärzlicher Farbe, gefunden. Um Ain el Muse geht, wie Pocock beobachtet hat, eine Landspitze weit in den Meerbusen
hinein, und bricht die Fluth, wenn Südostwinde
wehen: und daselbst ankern die Schiffe. Gegen
den Quellen über, auf der andern oder ägyptischen
Seite des Meerbusens, und zwar, wie der Vorsteher des Franciscanerklosters zu al Kahira anmerket,
in Westsüdwest, und also nicht gerade gegen den Quellen über, sieht man eine Oeffnung zwischen den Felsen im Gebirge, oder genauer zu reden, die Mündung des Thals Badiah, welche durch die östlichen
Spitzen der Berge Attakah und Gewubi gemachet
wird, von welcher jener dem Thal gegen Norden,
und dieser gegen Süden liegt. Es ist eine gemeine Meynung, daß die durch solche Oeffnung in den
arabischen Meerbusen hineingegangenen Israeliten,

in

in der Gegend von Ain el Muse wieder herausgegangen wären. Man will diese Meynung dadurch wahrscheinlich machen, weil der Meerbusen zwischen Badiah und Ain el Muse sehr schmal und sandicht ist. Die Breite beträgt, nach des portugiesischen Admirals Juan de Castro und Shaw Bestimmung, ungefähr eine französische Seemeile, und nach Monconys Meynung nur etwa ⅓ einer solchen Meile, nicht aber, wie der Vorsteher des Franciscanerklosters zu al Kahira meynet, 4 bis 5 Stunden. Die Tiefe ist so gering, daß Helfrich und Wormbser weit in den Meerbusen hineingegangen sind, und sich darinn gebadet haben: ja, Fürer von Haimendorf ist zur Zeit der Ebbe wohl eine halbe (vermuthlich italienische) Meile weit hineingegangen und hat sich gebadet, er hat es auch ein andermal gewaget, kurz vor der Fluth von Ain el Muse durch den Meerbusen nach Sues zu gehen, (zwischen welchen beyden Orten man sonst gewöhnlichermaßen mit Böten fährt), und ist glücklich hindurch gekommen, ehe das Wasser zu groß geworden, doch ist es ihm zuletzt bis unter die Achseln gegangen. Montagu versichert, daß das Wasser bey Sues höchstens nur 3 Schuhe tief sey. Alle diese Umstände veranlassen aber auch den Zweifel, ob der Meerbusen in dieser Gegend breit und tief genug gewesen sey, das ganze Heer des ägyptischen Königs zu fassen und zu ersäufen? Und sollte auch dieser Zweifel ungegründet seyn, so ist doch schwer zu glauben, daß Moses B. 2. K. 15, 22 die von ihm heutiges Tages benannten Quellen, mit Stillschweigen übergangen haben sollte, wenn die Israeliten dieselben angetroffen hätten. Denn daß sie

sie die 12 Brunnen in Elim seyn sollten, 2 Mos. 15
27 wie unterschiedene Schriftsteller glauben, ist
Mosis Erzählung eben sowohl entgegen, als daß sie
nach anderer Reisebeschreiber Meynung Marah wären.   Pocock hat in dieser Gegend auf der Ebene
viel Talk, und nachher auf der weitern Fortreise noch
unterschiedene damit angefüllete Hügel gesehen.

Man geht von Ain el Muse 4 bis 5 Stunden
durch eine sandige Ebene bis Sedur, welches ein
kleiner mit Büschen bewachsener Hügel an dem
Meerbusen ist.   Hier soll die Wüste Sur oder
Schur anfangen.   Shaw und unterschiedene andere halten dafür, daß die Israeliten zu Sedur aus
dem arabischen Meerbusen herausgekommen wären.
Shaw versichert, Sedur sey gerade gegen dem Thal
Badiah über, wo die Israeliten in den Meerbusen
hineingegangen sind. Seinem Zeugniß nach, ist die Anmerkung des Vorstehers des Franciscanerklosters zu
al Kahira, daß gedachtes Thal in Westsüdwest am
Ain el Muse liege, ganz gemäß: und selbst Pococks
Beschreibung kann damit verglichen werden; denn
er saget, daß diesem Hügel (Sedur) der Berg Gewubi, welchen ich oben genannt habe, in Westen
gegen über liege.   Der Meerbusen ist zwischen Badiah und Sedur ungefähr 3 französische Seemeilen
breit, wie Shaw saget.   Egmond van der Nyenburg und Heyman haben sich im Augustmonat gegen
Norden von Sedur in dem Meerbusen gebadet, und
gefunden, daß er daselbst nicht tief sey, ja, sie versichern, daß man wohl eine halbe Stunde weit hineingehen könne, ohne Grund zu verlieren.   Pocock

Gg 4   erwäh-

erwähnet auch eines Kasteels, Namens **Sedur**, von welchem ich sonst nichts gefunden habe.

Wenn man einige Stunden weiter gereiset ist, so trifft man wieder viele Büsche, und hernach das Bette eines Winterflusses, Namens **Wardan**, an, in welchem eine Quelle ist. Durch eine sandige Ebene, kömmt man zu einem Hügel, der fast ganz aus Talk besteht, und über welchen man 2 Stunden lang reiset, hernach eben so lange in einem Thal geht, und wenn man alsdann wieder in die Höhe steigt, auf der Ostseite einen Berg, Namens **Huss**san, und auf der Westseite einen, Namens **Morah** hat. Westwärts von dem letzten ist in einem Thal eine salzige und bittere Quelle, welche Pocock für das 2 Mos. 15, 23 genannte Wasser hält. Zwischen dieser Quelle, und Gorandal, hat Fürer am 9ten Nov. einen Bach mit gutem Wasser, und bey demselben Tamarisken und Acacienbäume, auch Weinraute gefunden. Zehen Stunden von Wardan, ist ein Thal, durch welches ein schneller Bach läuft, welcher vom Abulfeda Gorandal, von den Reisebeschreibern gemeiniglich Corondel genannt wird. Es wachsen hier viele Sträuche und Tamarisken. Pocock hat hier am 4ten April, und Fürer am 9ten Nov. kein Wasser gefunden; hingegen Thevenot, welcher hier am Ende des Jänners, Egmond van der Nyenburg und Heyman, welche hier im Julio gewesen sind, haben sehr gutes Wasser angetroffen. Shaw beschreibt das Wasser als salzig. Der Vorsteher des Franciscanerklosters zu al Kahira, welcher in diesem Bach im September und October Wasser gesehen hat, saget, es sey zwar sehr klar, aber nicht ohne Bitterkeit, ja, in der untersten Ge-

gend

gend des Baches, wo er sich in den Meerbusen ergießt, sey es bitter und salzig, und also sehr unangenehm von Geschmack. Montagu stimmet damit
überein, und saget, es sey schon bey seinem Ursprung
etwas bitter und salzig, werde es aber durch den salpetrichten Boden, welchen es durchfließe, zuletzt in
einem solchen Grad, daß man es nicht trinken könne.
Daher halten es einige für Marah. Der Bach läuft
durch das Thal einige Stunden gegen Westen hinab, und ergießt sich in einen großen Busen des
arabischen Meerbusens, welcher Berkah (oder
Birkah) Gorandal, das ist, der See Gorandal,
genennet wird. Shaw berichtet, daß in dem arabischen Meerbusen ein starker Strom von Norden
nach diesem See Gorandal fließe, der insonderheit
zur Zeit der Ebbe sehr merklich sey. Montagu hat
beobachtet, daß dieser Strom von Badiah südostwärts nach der entgesetzten Küste laufe, und durch
seine Heftigkeit einen Wirbel verursache, welcher die
Schiffe mit fortreisse, wenn kein Wind wehe, und
allem Ansehen nach häufe er auch die Sandbank zusammen, welche unter dem Vorgebirge Gorandal
ist, und deren Länge von Osten gegen Westen beynahe eine französische Seemeile beträgt.

Dem Thal Gorandal gegen Westen, liegt am Meerbusen ein Berg, welcher Dschebel Hamam el Feraun, das ist, der Berg von Pharaons Bade, genennet

Pocock, und versichert, daß eine große Menge saurer vitriolischer Dünste von dieser Quelle aufsteige. Es haben ihm seine arabischen Wegweiser gesaget, daß ein Ey in einer Minute darinn hart gekochet, und in der andern völlig maceriret werde. Das heiße Wasser fließt durch den Felsen und die Sandbänke in kleinen Bächen, in welchen man sich baden kann, dem arabischen Meerbusen zu, welcher hier eine Bucht macht, die Berkat al Feraun, das ist, Pharaons See, genannt wird.

Drey Stunden von hier, auf dem Wege nach Tor, ist zu Wuset eine salzige Quelle, und drey Stunden weiter zu Taldi, auch eine. An beyden Orten wachsen Palmbäume. Etwa eine Tagereise von Gorandal, hat Fürer am 23 November ein Thal mit Palmenbäumen und Tamarisken, und in demselben einen kleinen Bach angetroffen, dessen gutes Wasser aus einem Felsen entsprung. Pocock gedenket des ziemlich breiten Flusses, Wad Faran genannt, welchen er auch auf seiner Charte bezeichnet hat. Ungefähr 30 englische Seemeilen von Gorandal, und 3 gegen Norden von Tor, sind unterschiedene Quellen, welche für

Elim, 2 Mos. 15, 27 gehalten werden. Sie sind am Fuß eines kleinen Berges, haben einen Geschmack von Salpeter, und sind warm: es ist hier auch ein schweflichtes warmes Bad, welches von Mose benennet wird, aber auch ein Brunn, der gutes Wasser hat. Shaw saget, er habe nicht mehr, als 9 von den 12 Brunnen, deren Moses Erwähnung thut, gesehen, die übrigen wären mit Sand angefüllet. Die meisten Quellen sind mit in den Garten eingeschlossen, welcher dem griechischen Kloster zu Tyr gehöret,

und mit einer sehr großen Menge Dattelbäume besetzet ist. Die Mönche lösen aus den Datteln und andern Früchten jährlich 2500 Pfund Sterling, wie
Montagu berichtet.

Gegen Osten von diesem Ort und Tor, erstrecket
sich bis an das Gebirge, durch welches man nach dem
Sinai kömmt, eine sandige Ebene, welche für die
Wüste Sin gehalten wird, und in welcher es viele
Acacienbäume giebt. In das Gebirge geht man durch
ein ganz angenehmes Thal, in welchem Palmbäume
und ein Paar Bäche sind, auch an den großen Felsen
einige Inschriften wahrgenommen werden. Bis zu
dem Berge Sinai kömmt man noch durch einige
schöne Thäler. Die übrigen Thäler und Wege, durch
welche man zu dem Berge Sinai kommen kann, sind
den bisher beschriebenen ähnlich, ich will sagen, sie
sind entweder sandig und unfruchtbar, oder mit Pflanzen, Stauden und Bäumen bewachsen.

Der Himmel ist im peträischen Arabien mehrentheils helle. Es ist eine große Seltenheit, wenn es
im Sommer regnet, und überhaupt regnet es weder
oft, noch stark. Shaw hat im October Donner, Blitz
und Regen im Gebirge, und Harant auch im October etwas Regen auf dem Berge Horeb, Fürer aber
dergleichen im Anfang des Novembers im Gebirge,
und Wormbser am 27 Nov. auch im Gebirge einen
sehr starken Regen erfahren. Zur Zeit des Regens
läuft das Wasser mit großer Heftigkeit von den Ber-

richten. Auf dem Berge Sinai und Horeb, hat P. della Valle im December, und Thevenot im Anfang des Februars, viel Schnee gefunden: der letzte konnte auch mit einem großen Stock das Eis nicht zerschlagen, welches er mitten auf dem Sinai in dem dasigen Wasserbecken antraf. Am 30 April empfand Monconys auf eben diesem Sinai oder Sanct Kathrinenberge, einen sehr kalten Wind, von welchem der ausgebrochene Schweis am Leibe gefror. Nichts destoweniger erfuhr Bochove um die Mitte des Octobers beym Sinai, Führer auf der Reise durch das Gebirge im November, und P. della Valle am Ende des Decembers und im Anfang des Jänners, zu Tor, große Sonnenhitze. Diese ist aber in den Sommermonaten weit größer. Neißschitz stund im Julio in den Thälern zwischen den hohen Felsen unaussprechlich große und fast unerträgliche Hitze aus. Die Sonne machte den Sand so heiß, daß er es, seiner guten und starken Schuhe ungeachtet, nicht aushalten konnte, in demselben zu stehen und zu gehen: doch giengen die Araber mit ihren verhärteten bloßen Füßen in dem allerheißesten Sande. In den sandigen Ebenen, hat der erhitzte Sand das betrügliche Ansehen einer Sammlung von Wasser, welche vor den Reisenden in einiger Entfernung herzugehen scheint, der zwischen Ihnen und dem scheinbaren Wasser gelegene Raum aber ist in einer beständigen Gluth, welche die zitternde wellenförmige Bewegung der schnell aufeinander folgenden Dünste verursachet. In diesem erhitzten Sande erscheint auch alles sehr groß, ein Strauch, als ein Baum, ein Haufen Vögel, wie ein Kierwan von Kameelen, welches alles Shaw angemerket hat. Ob er es aber im September und Octobermonat selbst

aufsahnen

erfahren, oder aus andern Erzählungen und Büchern
genommen hat, lasse ich dahin gestellet seyn. Im
Koran Kap. XXIV, 39 ist dieses scheinbaren Wassers
gedacht, und Maraccius hat diese Stelle aus dem
Gielaloddin erläutert. Golius in seinem arabischen
Wörterbuch p. 1163 und in seinen Anhängen zu Erpe-
nii arabischen Grammatik S. 93 und 228 redet auch
davon, und Jes. 35, 7 wird darauf gezielet. Die heftige Hitze verzehret auch die Feuchtigkeit der sterben-
den Kameele und anderer Thiere so geschwind, daß
sie viele Jahre dauern. Die Hitze würde unausstehl-
lich seyn, wenn sie nicht durch die kühlen Winde ge-
mindert würde, welche Neitzschitz, Egmond van der
Nyenburg und Heyman im Junio und Julio empfunden. Allein, in eben diesen sowohl, als andern
Monaten, sind die Nächte kühl, wie eben diese Reisebeschreiber angemerket haben. Shaw erfuhr im
September und October des Nachts, und Pocock
am 19 April früh Morgens, dicken Nebel. Der Thau
ist so häufig, daß er die Reisenden durch und durch
naß macht, wie Neitzschitz und Shaw aus eigener
Erfahrung bezeugen: und Helfrich berichtet, daß ein
ausgespanntes leinen Tuch des Morgens vom Thau
so naß sey, als ob es im Wasser gelegen hätte. Die
Winde sind oft heftig, und verursachen den Reisenden große Beschwerlichkeit und Gefahr, indem sie
den Sand auf eine ähnliche Weise in Bewegung bringen, als im Meer das Wasser. (Auster arenas,
quasi maria, agens, siccis sævit fluctibus. *Mela*.)
Sie heben den feinen Sand auf, und machen bald
dicke Staubwolken, die von ferne wie Rauch aussehen, bald Sandhügel, welche sie auch wieder zerstreu-
en. Man muß diese Sandhügel sorgfältig vermei-

den; denn Menschen und Thiere können darinn ver-
ſinken. Wenn Reiſenden die Winde ſtark entgegen
wehen, ſo können ſie nicht fortreiſen; denn die Wege
ſind verſchüttet und unſichtbar: ſie können nicht durch
den Sand kommen, und auch die Augen nicht auf-
thun; ſie müſſen alſo dem Winde folgen, um nicht
umzukommen. Alles dieſes haben Breitenbach, Felix Fabri, Neißſchitz, Harant, Egmond van der
Nyenburg und Heyman aus Erfahrung berichtet,
und Shaw ſtimmet mit den Erzählungen derſelben
überein. Gutes friſches Waſſer iſt in den meiſten
Gegenden eine ſeltene Sache, und ein wichtiges Ge-
ſchenk. Die Urſache davon iſt, weil es wenig regnet,
und wenige Quellen vorhanden ſind. Faſt alle Quellen ſind entweder ſalzig oder ſchweſelhaft, aber ge-
ſund; und weil die Bäche, ſo lange ſie nach dem Regen Waſſer haben, mehrentheils über einen ſalpe-
trichten Boden laufen, ſo nimmt ihr Waſſer auch
davon einen Geſchmack an. Hin und wieder ſind ausgehauene Ciſternen, in welchen Regenwaſſer aufbehalten wird. Die heiſſe Quelle, Hamam el Feraun,
und das warme Bad bey Tor, habe ich oben beſchrieben. Montagu meynet nicht weit von Dſchebel el
Mocatab, ſichtbare Spuren eines erloſchenen vitrio-
liſchen Feuers, wahrgenommen zu haben. Shaw
hält es für Wirkungen heftiger Erdbeben, daß hin
und wieder zwiſchen den Felſen tiefe Thäler ſind, welche durch eine Zerreißung der Felſen entſtanden zu
ſeyn ſcheinen, weil dieſe an beyden Seiten in einander päſſen würden, wenn ſie zuſammengeſchoben werden könnten.

Staub- oder gemeine Erde, iſt in dem peträi-
ſchen Arabien nicht. Die wenigen Gewächſe ſtehen

entweder im Sande, oder auf den nackten Felſen.
Daß aber der Boden in Gegenden, wo man etwas
Waſſer hat, gebauet, und fuͤr allerley Gewaͤchſe
fruchtbar gemacht werden koͤnnte, bezeugen die Gaͤr-
ten der griechiſchen Moͤnche an den Bergen Sinai
und Horeb. Der Granit, aus welchem die zwiſchen den beyden Armen des arabiſchen Meerbuſens
befindlichen Berge, beſtehen, wird von einigen unrichtig unter die Marmorarten gerechnet. Es iſt,
nach Breunings, Egmonds van der Nyenburg und
Heymans Anmerkung, eben dieſelbige Gattung von
Felsſtein, welche in Aegypten Lapis ſyenites und
Lapis thebaicus genennet wird, und aus welchem die
Obelisken gehauen werden. Seine Farben ſind ſo
mannichfaltig, daß es ſchwer halten wuͤrde, ein
hinlaͤngliches Stuͤck zu einer Saͤule von einerley Farbe zu finden: hingegen iſt es deſto leichter, große
Steine von unterſchiedenen Farben, als gruͤner, weiſ-
ſer, rother, braungelber, ſchwarzer, zu erlangen. Weil
die Felſen an vielen Orten braun und ſchwarz ſind,
und wie verbrannt ausſehen, ſo iſt begreiflich, weswegen ſie, nach Ptolemaͤi Bericht, die ſchwarzen
Berge genannt worden. Van der Beſchaffenheit
des Berges Sinai und der daſigen Dendriten, koͤmmt
hernach ein Mehreres vor. Von vielen Kreidebet-
gen, und von Spuren eines ehemaligen Bergwerks
auf einem derſelben, iſt oben in der Beſchreibung des
Weges von Gazza nach dem Berge Sinai, geredet
worden. Der Talk iſt ſehr gemein.

Die wenigen Gewaͤchſe, haben ihre Nahrung
vornehmlich von dem haͤufigen Thau. Die Reiſenden treffen oft Coloquinten an. Die Araber bedienen ſich derſelben wider die venerische Krankheit,

denn sie lassen in der ausgehölten Frucht des Nachts
Milch stehen, und trinken dieselbige des Morgens,
wie Breuning berichtet. (Vergl. mit dem, was oben
S. 438 steht.) Die sogenannten Rosen von Jericho, (s. oben S. 341) hat Tucher 5 bis 6 Tagereisen
vom Berge Sinai gegen Norden, in einer Ebene von
grobem Sande, angetroffen, und so, wie andere Reisende, an statt des Brennholzes gebrauchet.   Egmond
van der Nyenburg und Heyman haben in dem Gebirge, welches Hamam el Feraun gegen Osten liegt, eine Art Solanum zwischen den Felsen angetroffen,
dessen rothe Frucht so groß, wie eine Birne, ist, und
einen Geschmack von Senf hat.   Breuning hat große Kappern hoch an den Felsen, und Shaw den
Oleander, und in den Thälern beym Berge Sinai,
das Apocynum erectum, gesehen.   In den Thälern,
durch welche zuweilen das Regenwasser läuft, wachsen Tamarisken.   Palmien- und Dattelnbäume,
sind hin und wieder in guter Anzahl zu finden.
Von den vielen Fruchtbäumen und Weinstöcken,
welche von den Mönchen beym Berge Sinai gezogen werden, kömmt eine Nachricht vor.   Die Weintrauben traf daselbst der Vorsteher des Franciscanerklosters zu al Kahira, im September reif an.   Breuning hat wolletragende Bäume gesehen, aus deren
sehr feinen Wolle, die Araber ein schönes Gewebe
verfertigen.   Daß die Balsamstauden, welche den
köstlichen so genannten Balsam von Mecca (Opobal-
samum) geben, nicht bey Mecca, sondern tief im peträischen Arabien in berglichten Gegenden wachsen,
und gewissen arabischen Familien, als ein kostbarer
Schatz, eigenthümlich zugehören, hat Hasselquist von
glaubwürdigen Zeugen erfahren.   Man hat ihm auch

berichtet,

berichtet, daß ihre Blätter, den Myrthenblättern
ähnlich, aber etwas größer wären, und er hält für
wahrscheinlich, daß dieser Baum eine Art Pistacia,
und also mit dem Mastir- und Terpentinbaum nahe
verwandt sey. Die Araber führen den Balsam gegen die Zeit nach Mecca zum Verkauf, wenn die
Kierwanen aus Aegypten und der Türkey, sich daselbst aufhalten, und diese führen ihn aus; er wird
aber bald vermischet und verfälschet. Der stachlichten Bäume, welche die Araber Chasem nennen,
gedenket der Vorsteher des Franciscanerklosters zu
al Kahira. Der gemeinste Baum im peträischen A-
rabien, welcher häufig vorhanden, ist die ägyptische
Dorne, spina ægyptia, Acacia, auf hebräisch
Schitta, auf arabisch Sant und Kharadt, von
den hiesigen Arabern aber, wie Porock schreibt, Cyale,
genannt, (s. oben S. 437, wo die aus Rauwolfs Reisebeschreibung angeführten arabischen Namen vielleicht unrichtig sind:) aus welchem Moses die Bun-
deslade, den Schaubrodttisch, und die Stangen,
auf welchen beyde getragen worden, hat machen lassen.
2 Mos. 25, 10. 13. 23. Thevenot hat diesen Baum
von der Höhe und Dicke unserer Weiden, und Neißschitz von der Höhe und Größe der Birn- und Aepfel-
bäume gesehen; der letzte merket auch an, daß seine
Aeste sich sehr weit ausbreiten. Er hat dornichte
Stacheln eines halben Fingers lang, seine Blätter
sind sehr klein und zart, und er trägt Früchte, die
wie Bohnen gestaltet, aber nur noch einmal so groß,
als ziemliche Linsen sind, und von den Kameelen und
Hammeln sehr gern gegessen werden. Von demselben fließt von sich selbst ein Harz herab, welches hart

5 Th: H h   und

und süß ist, und von den Arabern **Akakia** genennet wird, uns aber unter dem Namen des Gummi arabici, bekannt ist. Die Araber sammlen es im Herbst, wie Thevenot meldet, essen es auch sehr gern, wie Neitzschitz aus eigener Erfahrung berichtet; denn ein Araber schenkte ihm ein gutes Stück, in der Meynung, daß ers essen sollte. Weil dieses Gummi gallertartig ist, so hat es eine nährende Kraft, und Hasselquist erzählet, daß 1750 ein abissinischer Kerwan von mehr als tausend Personen, in Ermangelung anderer Lebensmittel, zween Monate lang seine Nahrung davon gehabt habe. Fast glaube ich, daß es das Manna sey, von welchem Breitenbach, Felix Fabri, Tucher, Wormbser, Neitzschitz und Harant berichten, daß es in den Thälern, welche um die Berge Sinai und Horeb herliegen, im August und September, gefunden, und durch die Mönche sowohl, als Araber, von den Aesten der Bäume, von den Steinen, und von den Pflanzen, in kleinen weißen Körnlein gesammlet werde, die, wenn viele vereinigte werden, dem Harz gleichen. Harant saget, daß er und seine Reisegefährten von diesem Manna, welches ihnen die Araber gebracht, gegessen, und es sehr süß und wohlschmeckend befunden hätten. Sollte dieses Manna von dem Gummibaum nicht kommen, so müßten es entweder die Tamarisken, welche auch häufig vorhanden sind, oder die Dornstaude Algul geben, (S. 437) welche letztere aber keiner von den Reisebeschreibern, welche ich gelesen habe, im peträischen Arabien genannt hat. Von dem Gewächs Ben (welches ohne Zweifel einerley

nerley mit Ban ist, (ſ. Celſii Hierobotanicon P. II.
p. 1.) ſagen Egmond van der Nyenburg und Heyman, daß es in großer Menge auf dem Berge Horeb wachſe. Sie vergleichen es mit dem Balanus
Myrepſica, auch wohl Ben parvum Monardi, und
von den Mönchen im Sanct Katharinenkloſter am
Berge Horeb, Pharagon genannt. Die Frucht
iſt länglicht, dreyeckicht, ungefähr ſo groß, als eine
Haſelnuß, und mit einer dünnen grauen und weißen
Schale bedecket, in welcher ein weißer öhlichter Kern
ſitzt. Das Bäumchen hat viele Aehnlichkeit mit
den Tamariſken. Aus dem Kern der Frucht pref-
ſet man ein Oehl, Oleum Balamnum genannt, welches durch das Alter nicht verdirbt. Die Frucht
wird innerlich als ein Reinigungsmittel, und das
Oehl äußerlich zur Reinigung und Verbeſſerung der
Haut, gebraucht. Breuning redet von einem
Baum, deſſen Stamm weiß, die Blätter breit, und
die Frucht grün und den Hoden (teſticulis) ähnlich
iſt, in welcher ſich, wenn man ſie öffnet, ein ſchup-
pichter Zapfen von goldgelber und rother Farbe findet. Ich kann nicht errathen, was dieſes für ein
Baum ſey?

An zahmem Vieh haben die Araber kleine ſchwarze Ziegen, Hammel, Eſel, Kameele, und Gän-
ſe, die letzten vermuthlich nur an wenig Orten.
Die Milch der Ziegen und Kameele, gehöret zu ihren vornehmſten Nahrungsmitteln: ſie verfertigen
auch Käſe daraus. Es muß ſich aber dieſes Vieh
mit wenigem und ſchlechtem Futter behelfen. An
wilden vierfüßigen Thieren nennen Breitenbach, Fe-

lir Fabri, Breuning, Thevenot, Pocock und Shaw,
wilde Esel, viele Gasellen oder Antilopen, welche man zuweilen haufenweise laufen sieht, Hasen,
darunter auch weiße gesehen werden, wilde Schweine, Bären, Füchse, Wölfe, Tschakals, und Leoparden mit kleinen Flecken. Breitenbach), Felix
Fabri und beyder Gefährten, sahen ungefähr 2 Tagereisen vom Berge Sinai, als sie in einem Thal
zwischen dem Gebirge reiseten, hoch auf einer Spitze
ein Thier, welches ihnen größer als ein Kameel vorkam, sie aber für ein Kameel hielten: allein, die Araber,
welche sie geleiteten, versicherten, es sey ein Einhorn.
Harant nimmt für gewiß an, daß dieses Thier ein
Einhorn gewesen sey: ich aber weis nicht, wofür ichs
halten soll. Daß die Araber Feldmäuse essen, berichtet Helfrich; er beschreibt aber die Mäuse nicht:
doch vermuthe ich, daß es eben dieselben sind, von
welchen ich oben S. 441 geredet habe. Von den
hiesigen Vögeln, nennen die Reisebeschreiber Strau-
se, Rebhüner, welche in ziemlich großer Menge vorhanden sind, Tauben, unterschiedene See-
vögel, als Distelfinken, Ammern oder Emmer-
linge und Nachtigalen, von welchen Breuning
die beyden ersten Arten am 11ten September in einem
Thal nicht weit vom arabischen Meerbusen, Wormbser, Graf Albrecht von Löwenstein und ihre Gefährten
aber die letzten, am 28sten Nov. in einem Thal, nicht
weit vom Berge Sinai, gehöret haben: Raben,
und große Störche mit schwarzen Flügeln. Die
letzten werden heerdenweise gesehen, wie Breuning
und Pocock bezeugen. Von Amphibien, nennen
die

die Reisebeschreiber Eidexen, welche eine gute
Spanne und darüber lang sind, Dab genannt,
Schlangen, und Vipern, welche letztern sehr ge-
fährlich sind. Von Insecten nennet man, Pha-
raonisläuse, welche so groß und rund als eine Ha-
selnuß sind, und sehr scharf beißen, große gelbe
Horniſſen von sehr beschwerlicher und gefährlicher
Art, und große Heuschrecken, welche Harant und
Shaw im October in kleinen und größern Schwär-
men angefochten haben, und dem ersten auch des
Nachts beschwerlich gewesen sind.

Die Araber dieses Landes, sind armselige, na-
ckete und hungrige Leute. Sie tragen entweder nur
ein weißes Hemd, oder über dieses noch ein blaues.
Die Ermel der Hemden sind sehr weit. Einige wickeln sich über das Hemd weiße Sarsche um den Leib,
unter die Achseln, und über die Schultern. Andere
tragen Unterhosen, und einen schwarz und weiß ge-
streiften härnen Rock, oder auch zusammengenehete
Schaffelle, deren rauhe Seite sie einwärts kehren,
wenn es kalt ist, und auswärts, wenn es heis ist.
Sie schürzen die Hemden mit einem breiten Gürtel
auf, in welchen sie vorn einen krummen Dolch,
Sef genannt, und ein kleines Meſſer, welchem sie
den Namen Sekino geben, hinten aber einige
Pfeile stecken, wenn sie dergleichen gebrauchen.
Auf dem Kopf tragen sie einen weißen Turban, von
welchem hinten ein Zipfel hinab hängt. Sie gehen
entweder ganz baarfuß, oder sie haben Soolen unter
die Füße gebunden, oder hohe Schuhe von rother,
oder gelber oder blauer Farbe, welche von Fischhäuten gemacht sind. Die Weiber haben nur ein weites

Hh 3 blaues

blaues Hemb an, und ihr Gesicht bedecken sie mit
einem Stück Leinwand, in welches 2 Löcher geschnit-
ten sind, um durch dieselben zu sehen. Ihr Haar
ist hinten abgeschnitten, und vorn in kleine Locken
gebunden, welche einen kleinen Theil des Vorkopfs
bedecken. In den Ohren tragen sie große messinge-
ne Ringe, um den Hals und die Arme Schnüre Korallen. Die Kinder gehen nacket. Die Araber wohnen entweder in Felsenhölen, oder sie spannen auf dem Sande
ihre entweder schwarzen oder weißen von Ziegenhaaren gemachten Tücher auf, und verbergen sich unter
diesen elenden Zelten vor der Sonnenhitze. Wenn
in einer Gegend gar kein Futter mehr für ihre Kameele, Hammel und Ziegen vorhanden ist, so begeben sie sich in eine andere. Sie ernähren sich von
der Milch der Kameele und Ziegen, aus welcher sie
auch wohl Butter und Käse machen: sie essen auch
das Fleisch der Kameele eben sowohl, als ihrer andern Thiere, und die oben erwähnten Feldmäuse.
Sie haben nur wenig Datteln. Aus dem Korn
oder Mehl, welches sie entweder von den Mönchen
des Sanct Katharinenklosters bekommen, oder aus
al Kahira in Aegypten holen, bereiten sie ihre angenehmsten Speisen, welche sie Beta und Marfuru-
ca nennen. Sie machen nämlich in einer hölzernen
Schüssel einen Teig von Mehl und Wasser, und
aus diesem dünne runde Kuchen. Alsdann zünden
sie ein kleines Feuer entweder von dürren Reisern
und Gewächsen, oder von trocknem Kameelkoth, an,
legen die Kuchen auf den dadurch erhitzten Sandbo-
den, bedecken sie mit der glühenden Asche und den
Kohlen, und lassen sie solchergestalt etwas backen.

Sie

Sie essen entweder diese halb gar gebackene Kuchen
sogleich, oder sie zerbrechen dieselben in ganz kleine
Stücken, befeuchten solche wieder mit Wasser,
kneten sie von neuem, mischen Butter oder auch
etwas Honig darunter, zerreißen den Teig in Stücke, und essen dieselben als eine köstliche Speise,
die selten vorkömmt. Sie bestreuen auch wohl den Teig,
welchen sie in der glühenden Asche backen, mit Käse, um
ihn schmackhafter zu machen. Weil aber ihre Speisen
nur zur äußersten Nothdurft hinlänglich sind, so sind
sie immer hungrig, verlangen von den Reisenden etwas zu essen, nehmen es ihnen auch wohl mit Gewalt, und wenn sie dieselben plündern und Zeit dazu
haben, so essen sie sich erst an den Lebensmitteln, welche sie finden, satt, ehe sie den übrigen Raub genau
aufsuchen und unter sich theilen, wie Harant von
Polschiz aus eigener Erfahrung berichtet. Sonst
sind sie gegen einander sehr gastfrey, also daß auch
diejenigen, welche Reisende führen, so oft sie essen
wollen, überlaut jedermann einladen, mit ihnen zu
speisen, und allen, welche sich einstellen, etwas geben.
Diejenigen, welchen man sich auf Reisen anvertrauet,
sind treu und zuverläßig, halten auch gemeiniglich
ihre bekannten Landesleute von Gewaltthätigkeiten dadurch ab, daß sie denselben vorstellen und betheuren,
wie sie übernommen hätten, die Reisenden sicher und
unbeschädigt an Ort und Stelle zu bringen. Sonst
gehen sie bey aller Gelegenheit entweder einzeln, oder
in kleinen und großen Haufen auf Raub aus, tödten
aber diejenigen, welche sie überwältigen können, und
sich nicht wehren, gemeiniglich nicht, sondern lassen
es dabey bewenden, daß sie dieselben alles dessen, was

Hh 4   sie

sie haben, berauben. Ihre gewöhnlichen Waffen
sind Lanzen, Säbel oder krumme Dolche, Bogen
und Pfeile, auch wohl Schilde von Fischhäuten gemacht: viele haben auch Flinten, aber selten Pulver
und Bley. Wer keins von allen diesen Stücken hat,
der führet nur einen großen Stock in der Hand, welcher unten mit Eisen beschlagen ist. Fürer saget,
daß sehr wenige Araber Pferde hätten: ich finde auch
nicht, daß außer ihm ein Reisebeschreiber in diesem
Lande Araber zu Pferde gesehen habe. Was Thevenot von den Pferden der Araber meldet, scheint nur
auf diejenigen zu gehen, welche sich in Aegypten aufhalten.

Die Araber sind in unterschiedene Stämme abgetheilet, von welchen ein jeder unter einem Scheikh
el Kebir oder Groß-Scheikh steht. Ein jedes Lager hat seinen besondern Scheikh. Alle sind durch eine
Art eines Bündnisses vereiniget, daher dienet einer
zum Schutz wider die übrigen. Diejenigen, welche
in Städten wohnen, werden hier, wie in andern Gegenden, Mohren genannt. Um das St. Katharinenkloster her, halten sich 3 Stämme oder Geschlechter auf, deren Häupter dieses Kloster beschützen.
Diesen Geschlechtern muß das Kloster entweder
Brodt oder Mehl schenken. Die zahlreichsten und
besten, sind die Alekad oder Elecat; nicht so zahlreich, aber boshaft, sind die Sualli oder Schualli,
und am schwächsten an der Zahl, aber am boshafte-
sten, sind die La Said oder Wecelcadisaid, welche, wie es scheint, aus Said oder Oberägypten
herstammen. Es halten sich auch die Geschlechter
Mesendis und Garas in den Gegenden des Klosters

sters auf, ihre Häupter aber gehören nicht zu den
Beschirmern des Klosters. Wenn einige von ihnen
bey dem Kloster vorüberziehen, so reichen ihnen die
Mönche auch wohl etwas zu essen, doch sind sie nicht
dazu verpflichtet. Von den Beni Soliman, welche zu Sues sich aufhalten, sind auch welche zu Tor.
Um Accabah oder Ailah, leben die Allauni, ein
räuberisches Volk, welches mit allen übrigen Feindschaft unterhält. Vor Alters wohneten in diesem
Lande die Nabatäer, Idumäer oder Edomiten,
Pharaniten, Elaniten, Munichiaten, Saracenen, Rathener, Cagulaten, Arsicodaner, Wadäer, Barasäer, Lichener, Thamudener, und
andere Völkerschaften. So viel von dem peträischen
Arabien überhaupt. Nun sind einige besond.re
Merkwürdigkeiten desselben zu untersuchen.

Von den Bergen Sinai und Horeb, haben Bel.n,
Breuning, Harant, Reitzschitz und Pocock, Abbildungen
geliefert: es bestätiget aber selbst der große Unterschied unter diesen Zeichnungen, das Urtheil des Reisebeschreibers
P. della Valle, daß es unmöglich sey, beyde Berge in einem einzigen Entwurf vorzustellen, ja auch nur den Berg
Horeb allein, in einer einzigen Zeichnung zu bringen.
Er verwirft also alle Abbildungen, welche er gesehen, und
führet zur Ursache seines Urtheils an, daß der Horeb allein
aus 5 oder 6 übereinander stehenden Bergen bestehe, an
deren Fuß, man nur den niedrigsten erblicken könne. Monconys theilet den Horeb in 3 Berge ab, die Griechen in
4, am gewöhnlichsten aber wird er in 2 Berge abgetheilet,
wie wir hernach sehen wollen. Moses schreibt B. 2.
Kap. 19, 20. Kap. 24, 16. 24, 32. B. 3. Kap. 7, 38.
26, 46. 27, 34. B. 4, Kap. 3, 1. Gott sey auf den
Berg Sinai herabgekommen, daselbst sey die Herrlichkeit
desselben sichtbar gewesen, da habe der Herr mit ihm
geredt, und ihm das Gesetz gegeben: und eben dieses saget

Hh 5   er

er B. 5, Kap. 1, 6. 4, 10. 15. 5, 2. 18, 16. 29, 1. von
dem Berge Horeb, verglichen mit Mal. 4, 4. Das bringt
uns auf die Gedanken, daß Sinai und Horeb zween
Namen eines Berges seyn müssen. So ist es auch, oder
vielmehr so kann es auf zweyerley Weise seyn. Auf dem
bergichten Lande, welches die beyden Arme des arabischen
Meerbusens einschließen, zwischen dem 27 und 28sten
Grad der Breite, ist ein Berg, der sich ziemlich hoch über
seinem Fuß, in zween Berge theilet, welche alle umliegende Berge an Höhe übertreffen. Der höchste, wird heutiges Tages gemeiniglich der Sanct Katharinenberg, der
andere aber, Sinai und Horeb genannt. Daß der letzte,
an dessen Fuß das berühmte Sanct Katharinenkloster steht,
mit dem Namen Sinai und Horeb beleget wird, ist folgendermaßen zu verstehen. Wenn man den größten Theil
des Berges erstiegen hat, und nacheinander durch zwey
in den Felsen ausgehauene Thore gegangen ist, so kömmt
man auf eine ziemlich lange, aber nicht breite, Ebene,
auf welcher außer einem Paar anderer Kapellen auch die
Kapelle Eliä steht. Hier theilet sich der Berg in 2 Spitzen, eine ist gegen Norden, oder auf der Seite, wo man
den Berg aus dem Katharinenkloster erstiegen hat, und
eine gegen Süden: jene, welche die niedrigste ist, wird
der Berg Horeb, diese aber, welche die höchste ist, und
von der Kapelle Eliä an, erst innerhalb einer Stunde bestiegen werden kann, wird Sinai, und von den Arabern
Dschebel el Musa, das ist, der Berg Mosis, genannt.
Zwischen beyden ist die kleine Ebene, auf welcher die
schon genannten Kapellen stehen, und ein kleiner Garten.
Die Spitze, welche Sinai genannt wird, kann man den
ganzen Weg hinauf nicht eher sehen, als bis man auf diese Ebene gekommen ist; denn die Spitze, welche Horeb
genannt wird, verhindert ihren Anblick. So reden Harant von Polschitz, Egmond van der Nyenburg und Heymann, der ungenannte Vorsteher des Franciscanerklosters zu Alkahira, und Pocock. Felix Fabri und Reißschitz kehren es um, und nennen die höchste Spitze des
Berges, Horeb, die niedrigere aber, Sinai, und sagen, der
Sinai sey gleichsam der Fuß des Horebs. Breuning,

　　　　　　　　　　　　　　　　　　　Fürer

Fürer von Haimendorf, Helfrich, von der Gröben, Monconys und Shaw, nennen dieſen Berg bloß Sinai, ohne
von einem Theil deſſelben den Namen Horeb zu gebrauchen, als welcher vielmehr nach Breunings und Gröbens
Bericht, zu ihrer Zeit von den Mönchen einem kleinen Berge, welcher dem Katharinenkloſter gegen Norden liegt,
oder wie Fürer will, den kleineren vor dem Sinai liegenden Bergen, iſt beygeleget worden. Rudolph kömmt mit
keinem einzigen Reiſebeſchreiber überein; denn er nennet
den über dem Sanct Katharinenkloſter liegenden Berg,
Sinai, und von dem andern höhern, ſaget er, er verliere
den Namen, und werde Horeb genennet. Thevenot nennet den Berg Sinai, nur den Berg Moſis, und Welſch
ſaget, Sinai und Horeb ſey einerley. Ganz anders reden die Reiſebeſchreiber Breitenbach, Johann Tucher, Belon, Wormbſer, P. della Valle, Stochove und Troilo;
denn dieſe nennen den bisher beſchriebenen Berg, nicht
Horeb und Sinai, ſondern bloß Horeb, und hingegen
den weit höherern Sanct Katharinenberg, halten ſie für den
rechten Berg Sinai. Auch der vorhin genannte Breuning glaubet, daß dieſe Meynung die richtigſte ſey, und
wenn ich, wie ich glaube, einen der älteſten Reiſebeſchreiber, den Johannes de Montevilla, recht verſtehe, ſo iſt
er auch dieſer Meynung zugethan; denn er ſaget, das Gebirge Sinai ſey durch ein Thal getheilet, und der Ort,
wo Eliä Kapelle ſteht, heiße Horeb. Albrecht, Graf zu
Löwenſtein, und Felix Fabri, meynen, daß alle hier gelegene Berge, Sinai, von der Wüſte Sin, heißen; daher
brauchen ſie die Namen Sinai-Horeb und Sinai-Sanct
Katharinenberg. Wäre auch dieſes richtig, ſo hülfe es
doch nichts zur Entſcheidung der Frage: auf welchem von
den beyden Theilen des Berges das Geſetz gegeben worden, auf dem Sanct Katharinenberge, oder auf dem
zweyten niedrigern? Die gemeinſte Meynung iſt zwar
für den letzten, ſie hat aber wichtige Zweifel wider ſich.
Der jüdiſche Geſchichtſchreiber Joſeph ſaget, der Sinai
ſey der höchſte Berg in dieſer Gegend, das iſt aber der
Sanct Katharinenberg. Doch weil es ſeyn kann, daß
Joſeph den ganzen unten vereinigten Berg Sinai

H

Horeb, zusammengenommen, verstanden hat: so will ich
Hieronymum zu Hülfe nehmen. Dieser saget in seinem hebräischen Namenbuch, der Berg Gottes Horeb, sey neben dem Berge Sinai. Ich beweise aus diesen Worten,
daß man zu Hieronymi Zeit einen von den beyden Bergen, die an ihrem Fuß nur einen einzigen Berg ausmachen, Sinai, und den andern Horeb genannt habe. Daß
nun der Sanct Katharinenberg der Sinai sey, wie
einige der ältesten und jüngern Reisebeschreiber behaupten, wird folgendermaßen wahrscheinlich. Aus 2 Mos.
19, 16·20. 5 Mos. 4, 10·12. scheint zu erhellen, und
aus 2 Mos. 19, 11. 24, 17. ist deutlicher zu erkennen,
daß die Israeliten, als sie am Fuß des Berges gestanden,
die oberste Spitze desselben, wo Gott mit Mose redete,
und ihm das Gesetz gab, gesehen haben, so wie sie die
Stimme Gottes gehöret. Nun aber kann man nach P.
della Valle, am Fuß des Berges Horeb, nur den untersten seiner Absätze erblicken. Harant und andere Reisebeschreiber versichern, daß man die oberste Spitze dieses
Berges erst sehen könne, wenn man ihn schon größtentheils erstiegen habe, und auf die oben genannte Ebene
gekommen sey: und Pocock meldet, daß man den Gipfel
des Berges, welcher heutiges Tages Sinai genennet wird,
von keinem demselben gegen Norden und Nordwesten belegenen Ort, auch nicht aus dem gegen Westen befindlichen
Thal Melgah, welches aller Wahrscheinlichkeit nach, die
2 Mos. 19, 2 genannte Wüste ist, erblicken könne. Hingegen der Gipfel des Sanct Katharinenberges, kann
sowohl am Fuß des Berges, als 4 bis 6 Tagereisen
weit gesehen werden, und wird daher mit vorzüglicher
Wahrscheinlichkeit für den rechten Sinai gehalten, auf
welchem das Gesetz gegeben worden.

Wahrscheinlicher Weise hat man die höchste Spitze des
Berges Horeb, um deswillen Sinai genannt, weil man
dadurch dem scheinbaren Widerspruch am besten abzuhel-
fen geglaubt hat, daß dasjenige, was vermöge einiger
Stellen der Bücher Mosis, auf Sinai geschehen ist, nach
andern auf Horeb geschehen seyn soll. Diese Verwechselung der Namen aber könnte auch um deswillen vorgenommen

nommen werden, weil beyde Berge unten an ihrem Fuß
vereiniget sind. Man kann also von dem ganzen Berge
bald unter dem Namen Sinai, bald unter dem Namen
Horeb reden, (welches auch Hieronymi Meynung ist,)
wenn man aber genau sprechen will, so muß man den
höchsten von den beyden Bergen, in welche er sich theilet,
Sinai, und den niedrigern Horeb nennen. Der Apostel
Paulus schreibt Galat. 4, 24. Der Berg Sinai heiße
auch Hagar, und Harant bezeuget, daß die Araber diesen Namen noch gebrauchen: es bedeutet aber das Wort
Hagar in der arabischen (in welcher es Hadschar ausgesprochen wird:) und syrischen Sprache, einen Felsen.
Die Araber nennen den Horeb auch Tur, wie der nubische Erdbeschreiber, Abulfeda, und der von Schultens angeführte Verfasser des arabischen Namenbuches, angemerket haben, und Harant in seiner Reisebeschreibung bestätiget. Auch Tur ist bey den Arabern, Syrern und Chaldäern, ein allgemeines Nennwort, welches einen Berg
anzeiget, oftmals aber als der Name eines besondern Berges gebrauchet wird. Die Araber sagen aber auch al Tur
Sinein, der Berg Sinai.

Diese beyden Berge muß ich noch genauer beschreiben.
Am Fuß des Berges Horeb, auf der nordöstlichen Seite
desselben, in einem tiefen Thal, zwischen 2 Granitfelsen,
welche Sanct Johann und Sanct Epistomius (Pocock
saget S. Episteme) genennet werden, und wie man vorgiebt, auf dem Platz des brennenden Busches, den
Moses gesehen hat, steht das Sanct Katharinenkloster,
welches auch das Kloster des Berges Sinai, genennet
wird. Kaiser Justinian hat es erbauet, die Kaiserinn Helena aber, vermuth ich schon den jetzt in der Mitte des
Klosters stehenden Thurm aufführen lassen. Mohammed
soll demselben und den Christen überhaupt, einen Freyheitsbrief ertheilet haben, welche vorgegebene Urkunde
Sultan Selim der erste, für richtig an- und zu sich genommen, und unter seinem Namen einen gleichlautenden
Freyheitsbrief gegeben hat. Es wird von griechischen
Mönchen bewohnet, ist von aller Gerichtsbarkeit befreyet, und steht unter einem hier wohnenden Erzbischof,

welchen die hiesigen Mönche und die zu Alkahira erwählen, der Patriarch von Jerusalem aber weihet ihn ein.
Das Kloster ist mit starken Mauern umgeben, und das
Thor, um der Araber willen, mehrentheils verschlossen oder
gar zugemauert, so daß es nur alsdann geöffnet wird,
wenn ein neuer Erzbischof eingesetzet werden soll. Doch
sind Harant und P. della Valle durch dasselbige eingelassen
worden. Man wird gemeiniglich, vermittelst einer Winde,
in einem Korbe hinein und heraus durch ein Fenster gelassen, welches etwa 30 Schuhe hoch über der Erde ist,
und aus welchem auch den Arabern, die es täglich verlangen, in einem Korbe entweder Korn, oder Mehl, oder
Brodt hinabgelassen wird. In dem Kloster ist auch eine
mohammedanische Moschee. Den Mönchen werden aus
Alkahira Getraide, Mehl, und Hülsenfrüchte, aus Tor
aber getrocknete Fische zugeführet, und sie schicken viele
von den Baumfrüchten ihrer Gärten, nach al Kahira an
den Pascha und andere vornehme Personen, zum Geschenk.
Sie sind von der Kopfsteuer frey, bezahlen auch keinen
Zoll von dem Korn, welches ihnen zugeschicket wird. Dem
Kloster gehören einige hundert Leute eigenthümlich, deren
Vorfahren Kriegesgefangene gewesen seyn sollen, die Kaiser Justinian dem Kloster geschenket hat. Sie sind Mohammedaner geworden, haben einen Vorgesetzten aus ihrem Mittel, arbeiten für das Kloster in den Gärten desselben, führen auch Korn und Reisende von al Kahira
hieher, müssen aber für alles, was sie thun, bezahlet, und
zugleich mit Essen versorget werden, und nehmen sich,
wie es Egmond van der Nyenburg und Heymann vorgekommen ist, mehr Freyheit heraus, als die Mönche.
Bey dem Kloster ist auf der Nordwestseite ein mit Kü-
chengewächsen und Baumfrüchten reichlich versehener Garten, dessen sandigen Boden die Mönche durch den Keh-
richt und Mist ihres Klosters verbessert haben, und zu welchem man aus dem Kloster unter der Erde hingeht,
welcher Zugang mit eisernen Thüren verschlossen ist.

Man braucht von dem Sanct Katharinenkloster an,
drey Stunden, um den Gipfel des Berges Horeb zu erreichen. Der Aufgang ist größtentheils mit steinernen

Stufen

Stufen versehen, die meistens 1 Schuh, viele auch 2
Schuhe hoch, und von demselben Granit sind, aus welchem der ganze Berg besteht, in welchen sie eingehauen
sind. Solcher Stufen sind, nach dem Bericht der meisten Reisebeschreiber, über 7000, an unterschiedenen Orten aber sind keine. Bald Anfangs trifft man eine gute
Quelle an, welche unter einem Felsen entspringt, und hinab ins Katharinenkloster, aus diesem aber in ein großes
Becken fließt, welches, wenn es überläuft, einen kleinen Bach verursachet. Hoch auf dem Berge, ist eine
tiefe Cisterne, aus welcher man das gute Wasser durch
einen Eimer und Strick heraufzieht, und auf dem Gipfel des Berges, sind noch 2 Cisternen, deren Wasser
aber nicht von der besten Art ist. Ich habe der Ebene,
auf welche man kömmt, wenn man nach einander durch
2 in dem engen Wege befindliche Thore gegangen ist,
schon oben erwähnet. Die dasige nordliche Spitze des
Berges, welche man heutiges Tages gemeiniglich Horeb
nennet, ist, wie Pocock anmerket, mit kleinem Gebüsch
und wohlriechenden Kräutern häufig bewachsen, hat auch
Hagedornen. Auf der südlichen steilen Bergspitze, zu
deren Besteigung man von Eliä Kapelle an, eine Stunde
gebrauchet, und welche oben nur klein ist, steht eine kleine christliche Kirche, die in 2 Kapellen abgetheilet ist, deren einer sich die Griechen, und der andern die Lateiner
bedienen: und bey derselben ist eine Höhle in einem großen Felsen. Bey einer andern Höhle, steht eine kleine
mohammedanische Moschee, und in der Höhle ist eine
verstümmelte griechische Inschrift. Man erblicket von diesem höchsten Gipfel des Berges, beyde Arme des arabischen Meerbusens, von welchen der östliche sich weiter gegen das mittelländische Meer zu erstrecket, als der westliche, wie Monconys beobachtet haben will, dahingegen
Pocock gemessen zu haben vermeynet, daß der westliche
Arm des arabischen Meerbusens fast um einen Grad sich
weiter gegen Norden erstrecke, als der östliche. Der
ganze Berg Horeb ist ein Granitstein, der entweder roth,
oder gelb mit schwarzen Flecken ist. Auf demselben wachsen hartstenglichte Kräuter, wie Reitzschitz angemerket hat.

Monco-

Monconys hat große Stücken Kristall auf demselben gefunden. Noch häufiger sind die Dentriten, mit lebhaf-
ten Figuren von Zweigen und Büschen. Egmond van
der Nyenburg und Heymann merken an, daß das Gewächs, Ben genannt, auf diesem Berge in großer Menge
wachse. Zwischen den Felsen, halten sich viele Rebhüner auf, welche um des Wassers willen hieher kommen.
Gasellen sind auch häufig.

Wenn man auf der Abendseite des Berges, (wo keine
Stufen sind,) hinabsteigt, kömmt man nach 2 Stunden zu dem Kloster der vierzig Märtyrer oder Brüder, das am südwestlichen Ende des so genannten Got-
testhals liegt, welches die beyden Berge Horeb und Sinai (Sanct Katharinenberg) scheidet. Diesem Kloster
liegt der Berg Horeb gegen Osten, der Berg Sinai aber
gegen Süden, oder vielmehr gegen Südwesten. Es
wird von einigen eigenthümlichen Leuten des Sanct Katharinenklosters bewohnet. Bey demselben, das Thal
hinab, ist ein großer Garten, in welchem Oliven-Ae-
pfel-Birn-Pomeranzen-Granaten-Pfirschen-Feigen-
Mandel-Nuß-Datteln-und Zibeben-Bäume, in großer
Anzahl, und auch Weinstöcke, stehen. Sie sind reich
an Früchten, wenn die Heuschrecken sie nicht kahl machen, die am 18ten October, des Nachts, dem Harant
von Polschitz um den Kopf flogen, und die Quelle, darinn sie ersoffen waren, bedeckten. Der Garten ist von
vielen Kanälen durchschnitten, in welche zur Bewässerung der Bäume, das Wasser einer Quelle geleitet wird,
die vom Sanct Katharinenberge herabfließt.

Will man diesen Sanct Katharinenberg, oder den
rechten Berg Sinai, besteigen, so muß man nicht langsam gehen, wenn man seinen Gipfel von dem Kloster der
vierzig Märtyrer an, in 3 Stunden erreichen will, wie
die meisten Reisebeschreiber versichern. Man kömmt in
einer Stunde zu der sogenannten Rebhühner Quelle, hierauf in drey Vierthelstunden zu einer Ebene; auf dieser
geht man eine gute halbe Stunde, und besteigt hierauf
den steilen Gipfel des Berges mit großer Mühe, indem
hin und wieder Stellen sind, wo gemeiniglich eine Person

son die andere hinauf ziehen, oder ihr auf andere Weise
hinauf helfen muß. Dieser Gipfel ist oben ein flacher
Felsen, auf welchem etwa 40 Personen Platz haben, oder
nach Stochove Ausmessung, ist er etwa 22 Schuhe lang,
und 12 breit. Es steht auf demselben eine kleine Kapelle, in deren Boden die Figur des Leichnams der heiligen Märtyrerinn Kathrina eingedruckt ist, wie die Fabel
versichert. Alle Reisebeschreiber sind darinn einig, daß
der Sinai viel höher sey, als der Horeb, und alle umliegende Berge, und einige glauben, er sey noch einmal,
ja mehr als noch einmal so hoch, als der Horeb. Der
Prediger, Stephan Schulz, will 1754 auf dem Berge
Zion zu Jerusalem, von dem sogenannten Thurm Davids, den Berg Horeb gesehen haben. Er will, oder
er sollte ohne Zweifel sagen, den Berg Sinai: ich halte
aber dafür, daß er sich geirret habe. Dieser Berg ist
von Jerusalem etwa 11 Tagereisen, und nach der geraden
Linie ungefähr 40 deutsche Meilen entfernet, und in Ansehung der höchsten Berge, nur von mittelmäßiger Höhe.
Nimmt man noch dazu, daß auf dem Berge Zion, (welcher nur halb so hoch, als der Oelberg, ist, S. 339.) die
Aussicht nach dem Berge Sinai, durch die im südlichen
Theil von Palästina befindlichen hohen Berge, gehindert
werde: so wird es ganz unwahrscheinlich, daß man ihn
zu Jerusalem sehen könne. Daß ihn aber einige Reisende
auf 4 ja 5 Tagereisen gesehen haben, ist oben angeführet worden. Der ganze Berg besteht aus sehr hartem
Granit von rothbrauner und schwärzlicher Farbe: es sind
auch allenthalben in demselben Abbildungen von Büschen
und Bäumen zu sehen. Die einzelnen Dendriten, welche
man auch auf diesem Berge häufig antrifft, haben schwarze schöne Figuren, welche Blättern, Kräutern und Bäumen ähnlich sind, und sich durch und durch erstrecken,
doch inwendig ganz dünne sind. Sie lassen sich aber

5 Th.   J i   nicht

nicht poliren, wie Monconys anmerket. Außer der vor hingenannten eingefaßten Quelle, welche von dem Berge hinabfließt, ist noch ein anderer Brunn auf demselben, und bey beyden fand Neitzschitz im Julio viele wohlrie chende Kräuter, so wie Harant überhaupt auf dem Berge viele Stauden. Von dem Gipfel des Berges hat man eine viel weitere Aussicht, als von der obersten Spitze des Horebs. Man erblickt beyde Arme des arabischen Meerbusens, und die am westlichen belegenen Oerter Tor und Sues, jenseits desselben aber Aegypten. Ge gen Nordosten siehet man auf die beyden Spitzen des Berges Horeb tief hinab. Gegen Norden siehet man ein rauhes Gebirge, welches sich gegen Osten ziehet, und unter andern den beschwerlichen und gefährlichen Abgang Nakani, dessen oben S. 466 gedacht worden, nebst den meisten übrigen Bergen, durch welche man reiset, wenn man von Gazza hieher kömmt. Gegen Osten, ist, so weit das Gesicht reicht, nichts als ein hohes felsichtes Gebirge, und auch der Pisga, zu sehen. Die Mönche wollten Breuning überreden, daß sie in Nordwesten das mittel ländische Meer sehen könnten, Breuning aber hat keine eigene Erfahrung davon gehabt. So ist es auch dem P. della Valle ergangen, dem die Mönche ein gleiches versicherten, den aber der Schnee und Nebel hinderte, die Wahrheit dieser Aussage zu untersuchen. Nimmt man für wahrscheinlich an, daß das Gebirge Te, dazu der oben erwähnte gefährliche Abgang Nakani gehört, das Gebirge Seir sey; (davon unten ein mehreres vor kommen wird:) so ist gewiß, daß man das Gebirge Seir vom Gipfel des Berges Sinai sehen könne. Das Gebirge Pharan liegt keine Tagereise von Sinai gegen Nordwesten, und kann also von Sinai noch deutlicher ge sehen werden. Man hat also auf den Gipfel des Sinai

sehen

sehen können, wie die Gewitterwolken, (das Zeichen der
Gegenwart Gottes,) von Seir und Pharan sich nach dem
Berge Sinai gezogen haben; welches zur Erläuterung
der Stellen 5 Mos. 33, 2. Habakuk 3, 3. dienet.

Wenn man aus dem Kloster der vierzig Märtyrer das
Thal zwischen den Bergen Horeb und Sinai (Sanct Ka-
thrinen) gegen Südwesten hinabgeht, so trifft man unten
am Fuß des Berges Horeb, und zwar des Theils desselben, welcher der Serich genennet wird, einen abgesonderten Felsenstein an, welcher für denjenigen ausgegeben wird, den Moses, laut seines Berichts im 2ten
Buch, Kap. 17, 7 geschlagen hat, worauf Wasser
aus demselben geflossen. Graf Albrecht von Löwenstein,
Helfrich und Monconys sagen, er liege unten am Wege,
und sehe aus, als ob er von dem Berge herabgefallen
wäre. Shaw stimmet damit überein; denn er meldet,
es schiene, daß dieser Stein ehemals ein Stück des Berges Sinai (Horeb) gewesen sey, von dessen Felsenspitzen
viele über dieser Ebene hiengen. Breitenbach, Felix
Fabri, Harant und Breuning schreiben, der Stein hänge
nicht mit dem Berge zusammen, sondern stehe besonders,
auf allen Seiten frey und los. Thevenot, Egmond van
der Nyenburg und Heyman, und der Vorsteher des
Franciscanerklosters zu al Kahira, sagen, er rage aus
dem Erdboden hervor, als ob er aus demselben hervor-
gewachsen wäre. Er ist ein sehr harter sprenglichter Fels,
von rother und weißer Farbe, glatt wie ein Kieselstein.
Shaw und Pocock nennen ihn einen rothen Granit. Seine Höhe wird entweder 2 Mann, oder 2 Klafter, oder
12 bis 13 Schuhe geschätzet. Einige sagen, er sey 8
bis 3 10 Schuhe breit oder dicke; einer schätzt seine Länge
auf 15 Schuhe, ein anderer den ganzen Umfang auf 9
Klafter, ein anderer auf 41½ Schuhe, und noch ein an-

derer

derer auf 52 Schuhe. Belon gedenket der Oeffnungen dieses Steins mit keinem Wort: alle andere Reisebeschreiber aber reden davon. Sie nennen dieselbigen länglichte Spalten, Linien, Schrämlein, Ritzen, Merkzeichen, wie Narben eines Leibes, Löcher, Spalten, den Lippen ähnlich, Oeffnungen, davon einige den Löwenmäulern gleichen, welche an steinernen Wasserröhren ausgehauen werden, welches letzte Pocock saget. Breitenbach, Helfrich, Tucher, Harant und Reitzschitz sagen, es wären dieser Oeffnungen 12 über einander, und sie reden so, als ob dergleichen nur auf einer Seite wären: hingegen sagen Thevenot und Pocock, es wären auf beyden Seiten des Steins viele Löcher. Der Vorsteher des Franciscanerklosters zu al Kahira, giebt auf jeder Seite 6, Breuning auf einer Seite 8, und auf der andern 4, Troilo auf einer Seite 7, und auf der andern 5, an: Stochove schreibt, auf einer Seite wären noch 10, und auf der andern 2 kenntlich. Graf Albrecht von Löwenstein, Wormbser, Sicard, Egmond van der Nyenburg und Heyman geben auf jeder von beyden Seiten 12 an, und die beyden letztern versichern, daß auch oben auf dem Stein zwo Oeffnungen wären. P. della Valle saget auch, daß auf beyden Seiten des Steins, und oben auf demselben, Merkzeichen wären. Monconys redet nur von einer großen Menge Löcher überhaupt. Sicard meldet, eine jede Oeffnung sey von der andern einige Querfinger breit entfernet; die Löcher der einen Seite stünden nicht in gleicher Linie mit den Löchern der andern Seite, und keines gehe durch den Stein ganz durch, sie wären aber alle einen Schuh lang, und einen Daum breit. Harant giebt den Oeffnungen eine Breite von zween Fingern, und Shaw saget, einige wären 4 bis 5 Zoll tief, und hätten 1 oder 2 Zoll im Durch-

schnit

schnitt. Breuning, Thevenot und Monconys versichern, man könne augenscheinlich wahrnehmen, daß Waffer an diesem Stein heruntergelaufen sey, weil es den Stein ausgehölet habe. Dieses erkläret Harant so, daß die Löcher in einer engen Rinne wären, und Shaw saget genauer, daß herausgestoffene Waffer habe sich durch eine Ecke des Steins einen Kanal ausgehölet, der 2 Zoll tief, und 20 Zoll breit, und außer einigen mit Moos bewachsenen Stellen, ganz mit einer Rinde überzogen sey, welche derjenigen gleiche, die sich in einem langgebrauchten Theekeffel ansetze. Von solcher Materie müssen die Tropfen seyn, welche als Kegel an den Oeffnungen hangen, wie Stochove berichtet. Helfrich hat es geschienen, als ob wenige Jahre vorher, ehe er den Stein gesehen, (er war aber hier 1565) Waffer aus den Oeffnungen geflossen sey; denn es lag vor den Löchern etwas, welches vertrocknetem Waffer ähnlich war. Tucher und Stochove reden so davon, als ob noch zu Zeiten Waffer aus diesen Oeffnungen fließe; Felix Fabri versichert solches auf das Zeugniß eines Mönchs; Fürern kam es vor, als ob noch vor weniger Zeit Waffer heraus geflossen wäre; Egmond van der Nyenburg und Heyman sagen, es habe ihnen in Wahrheit so ausgesehen, als ob erst den Tag vor ihrer Ankunft bey diesem Stein, Waffer herausgeflossen wäre: und Troilo meldet sogar, „das Waffer, welches aus diesen Oeffnungen komme, sey „ein sehr köstliches und frisches Waffer, davon er auch „getrunken habe, und es sey sehr lustig zu sehen, wie „das Waffer in einem jeden Quell absonderlich so stark „aus dem Felsen springe, hernach aber, ungefähr einen „Steinwurf davon, zusammenfließe, und also in das „Thal hinunter laufe. „ Was soll ich zu diesen Worten sagen? Hat Troilo mit seinen Augen gesehen, daß aus

diesen

diesen Oeffnungen Wasser heraus gesprungen ist? Ich
glaube es nicht; er sagt es auch nicht deutlich, sondern
er schreibt nur, es sey sehr lustig zu sehen. Das erzählet er vermuthlich vom Hörsagen, und das köstliche
Wasser, welches er getrunken hat, fließt nicht aus diesem Stein, sondern, wie man aus P. della Valle, Breuning, Egmond van der Nyenburg und Heyman erkennen kann, nahe bey demselben, und dieses Bächlein,
welches gar keine Gemeinschaft mit dem Stein hat,
kömmt etwas höher, als der Platz, wo der Stein liegt,
von dem Berge Horeb herab. Es hat beständig Wasser;
denn die genannten Reisebeschreiber, welche in den Monaten December, August und Julius hieselbst gewesen
sind, haben es fließen gesehen: in die letzten fanden einen
Ueberfluß an Wasser, welchen man ganz wahrscheinlich
den in dem vorhergehenden Winter sehr häufig und an-
haltend gefallenen Regen zuschrieb. Belon ist schon auf
die Muthmaßung gekommen, ob nicht der Ort, wo dieser Bach aus dem felsichten Horeb entspringt, derjenige
sey, an welchem das durch Mosen verrichtete Wunderwerk geschehen? Die Oeffnungen an dem berühmten
Stein aber sind sehr verdächtig, insonderheit diejenigen,
welche, nach Pococks Anmerkung, wie an den Brunnen
ausgehauener Löwenmäuler aussehen. Es wollen zwar
die Engländer Shaw, Pocock, Montagu und Clayton,
und einige andere Schriftsteller, nicht zugeben, daß hier
ein Meißel gebraucht worden sey: sie vertheidigen aber
eine unwahrscheinliche Sache. Wie es scheint, so sind
diese Oeffnungen dem Harant von Polzschitz auch verdächtig gewesen; denn er nennet sie gehauene Linien, und
sagt auch von der Rinne, in welcher sie sind, daß sie
gehauen sey. P. della Valle ist der einzige Reisebeschreiber, welcher ausdrücklich seinen Zweifel bekennet, daß

dieser

dieser Stein derjenige sey, an welchem das Wunderwerk
Mosis geschehen: und die Wahrscheinlichkeit ist groß,
daß die Oeffnungen und die Spuren von Wasser, in
und bey denselben, eben ein solches betrügendes Kunststück, als auf dem Berge Horeb der Eindruck, den Mohammeds Kameel mit einem Fuß in einen Felsen gemacht
haben soll, (den veranstaltet zu haben, die griechischen
Mönche nicht leugnen, wie der Vorsteher des Franciscanerklosters zu al Kahira berichtet,) als die Gestalt
seines Körpers, welche Moses eben daselbst in einer
Grotte in den Felsen eingedrückt haben soll, und als auf
der Spitze des Berges Sinai der Eindruck des Körpers
der heiligen Kathrine, an dem Ort, wo er auf dem Felsen gelegen haben soll. Daß dieser Stein schon vor Mohammeds Zeit vorhanden gewesen sey, wird dadurch
wahrscheinlich, weil in der zweyten Sure des Korans,
com. 60 steht, daß aus dem von Mose geschlagenen
Stein, zwölf Quellen hervorgebrochen wären. Ich
finde eben, da ich diese Materie beschließen will, noch
etwas, welches ich nicht übergehen kann, weil jemand
glauben könnte, daß es auf eine andere Weise zur Erklärung der Löcher dieses Steins diene. Breuning hat auf
der zweyten Tagereise von Um el Muse, nach dem Berge Sinai, als er sich von dem arabischen Meerbusen ab,
und ins Gebirge gewandt, Felsen angetroffen, welche
voller Löcher gewesen, als wenn sie vom Wasser also
ausgefressen wären. Können nicht die Löcher in dem
großen Stein am Fuß des Berges Horeb einerley physi-
calische Ursache mit jenen Löchern in den Felsen haben?
Ich will aber nicht verschweigen, daß Egmond van der
Nyenburg und Heyman in einigen Thälern, ungefähr
eine Tagereise vom Berge Sinai, viele Granitsteine liegen gesehen, die von der großen Sonnenhitze löchericht,

Ji 4   aber

aber auch zugleich so mürbe gemacht worden, daß sie in
unzählige Stücke zersprungen, wenn sie auf den Boden
geworfen worden: hingegen der berühmte Stein, den
Moses geschlagen haben soll, ist so hart, daß Harant
sich vergeblich bemühet.hat, ein Stück davon abzu-
schlagen.

Gegen Westen von dem Berge Sinai, ist

Al Tur oder, Tor, von den Griechen Raitho genannt, ein sehr geringes Städtchen, auf der Ostseite
des westlichen Arms am arabischen Meerbusen. Die geringen Häuser sind mehrentheils von Leimen und weiß-
sen Korallen, welche der arabische Meerbusen häufig liefert, unförmlich erbauet, wie Helfrich, Fürer, Breuning und Shaw beobachtet haben. Die meisten Einwohner sind Araber, und unter denselben ist, nach Pecocks
Bericht, eine besondere mohammedanische Secte, welche den Namen der Selininiten führet, und die Haupt-
Moschee inne hat. Ich glaube aber, daß diese Araber
von dem Stamm der Beni Solinan sind, deren oben
S. 489 Erwähnung geschehen. Es sind hier auch griechische Christen, und die Mönche vom Berge Sinai,
haben hieselbst ein kleines Kloster. Nicht weit von hier,
auf der Südseite des Orts, ist ein verwüstetes Kasteel
von Quaderstücken, welches zu Pococks Zeiten unter der
Bothmäßigkeit der Araber stund, auch von Arabern bewohnt ward: ehebessen aber, nach dem Bericht der ältern Reisebeschreiber, eine türkische Besatzung gehabt
hat. Der Meerbusen, liefert unterschiedene Arten Fische,
Austern und Schnecken. In der allgemeinen Beschreibung des arabischen Meerbusens, welche unten folgen
wird, werde ich von dem großen Fisch ausführlicher handeln, welcher bey denen unweit Tor liegenden kleinen
Inseln, gefangen wird, aus dessen Haut, welche die

Größe

Größe einer Ochsenhaut hat, Schuhe und schußfreye
Schilde gemacht werden, und der vermuthlich der Thachasch
der hebräischen Bibel ist. Süßes Wasser, müssen die
Einwohner zu Tor über eine halbe deutsche Meile weit,
aus dem oben S. 474 angeführten Brunnen holen.
In den hiesigen Hafen, laufen Fahrzeuge mit Gewürze
und andern indianischen Waaren ein. Es können aber
die beladenen indianischen Schiffe bis hieher und Sues
nicht kommen, sondern sie bleiben bey Dschebba liegen,
woselbst ihre Waaren in kleine Fahrzeuge geladen werden,
welche, weil es an Eisen mangelt, aus Brettern gemacht
sind, die durch verpichte Stricke verbunden, und die
Löcher, durch welche die Stricke gehen, mit Pflöcken verwahret werden: inwendig aber ist alles mit Hanf verstopfet und verpicht, damit das Wasser nicht hineindrin-
gen kann. Die Segel sind entweder aus Binsen und
Rohr, oder von Blättern der Palmbäume geflochten,
und der Anker ist ein schwacher an ein Seil gebundener
Stein.

Nach dem griechischen Namen dieses Ortes, Raitho,
sind die Rathener benennet, deren Ptolemäus gedenket.

Dschebele, ein Dorf, gegen Süden von Tor, welchem gegen Süden der Meerbusen Raie, und noch weiter gegen Süden, das Vorgebirge, Mohammeds, das
die äußerste Spitze des von den beyden Armen des arabischen Meerbusens eingeschlossenen Landes ist.

Wenn man vom Berge Sinai über Scheikh Selim
gegen Norden reiset, so geht man immer Berg ab, und
sieht fast überall das Bette eines Flusses, welcher Wasser nach dem Regen hat. Es wendet sich gegen Westen
kurz vorher, ehe man die Oeffnung in einem Felsen er-
reicht, der etwa 80 Schuhe senkrecht hoch, die Oeffnung

Ji 5   abe

aber 40 Schuhe breit ist. Man sieht daselbst auf dem
Berge zur rechten Hand, die Trümmer von alten Gebäu-
ben, deren eins dem Montagu wie ein eingefallenes
Kasteel vorkam. Wenn man durch diese Oeffnung gegen Norden geht, so trifft man bis Faran unterschiedene
Quellen, und 7 bis 8 Stunden von dem Berge Sinai,
in einem Thal und Flußbette, nicht weit von einem
Berge, einen großen Stein an, den die Araber
den Stein Mosis nennen, und welcher für denjenigen Felsen gehalten wird, den Moses zweymal geschlagen hat. 4 Mos. 20. Man siehet an demselben von
unten bis oben Oeffnungen, aus welchen das Wasser geflossen seyn soll. Der Vorsteher des Franciscanerklosters zu
Al Kahira, und Montagu, haben diesen Stein gesehen,
von welchem eben dasjenige gilt, was oben von dem
ähnlichen Stein am Fuß des Berges Horeb, gesagt worden. Es wendet sich das zuletzt erwähnte Flußbette von
diesem Stein ostnordostwärts bis Scheüch Ali, und von
bannen nach dem mittelländischen Meer.

Von gedachtem Stein an, kömmt man in eine Ebene,
und wenn man sich alsdenn gegen Nordwesten wendet,
geht man durch ein großes Thal zwischen hohen, spitzigen
und rauhen Bergen, welche

Dschebel Faran genennet werden. Das abwärts
sich erstreckende Thal, ist mit Bäumen, insonderheit
Dattelnbäumen, besetzt, und in 5 bis 6 Stunden, von
dem sogenannten Stein Mosis an gerechnet, kömmt man
zu den Trümmern des ehemaligen Klosters

Faran oder Pharan, welches auf dem Platz (oder
vielleicht nur in der Nachbarschaft,) der ehemaligen
Stadt Pharan, die der Sitz eines Bischofs war, gestanden haben soll. Dieses ist nicht unwahrscheinlich,
und die ehemalige Stadt sowohl, als die 1 Mos. 21, 21.

4 Mos.

4 Mos. 10, 12 vorkommende Wüste Paran, hat den
Namen von dem hier befindlichen Berge Pharan oder
Paran, welcher 5 Mos. 33, 2. Habakuk 3, 3 vorkömmt,
der auch dem oben S. 474 genannten Wad Faran seinen Namen mittheilet. Auch die ehemaligen Pharaniten, sind von Pharan benannt.

Es dauert von dem zerfallenen Kloster Faran an,
noch einige Stunden, ehe man aus dem ungeheuren
Gebirge Faran heraus, und in eine breite Ebene kömmt,
welche aber doch von hohen felsichten Hügeln eingeschlossen ist, die

Dschebel el Mocatab, das ist, der beschriebene
Berg, genennet werden. Ehe man in diese Ebene oder
in dieses Thal kömmt, geht man bey einem Berge vorüber, woselbst Montagu die oben S. 478 erwähnten merk-
lichen Spuren eines erloschenen unterirdischen Brandes angetroffen haben will. Es sind in dem von den beyden
Armen des arabischen Meerbusens eingeschlossenen Theil
des peträischen Arabiens, an unterschiedenen Orten Inschriften an Felsen zu sehen, welche schon Cosmas In-
dicopleustes im sechsten Jahrhundert in seiner Topogra-
phia christiana, nachmals aber mancher anderer Reisebeschreiber, als Neitzschitz an 4, und Monconys an
2 Orten, bemerket hat. Die meisten sind in dem vorhin genannten Thal, welches sich von Süden gegen Norden erstreckt, und in welchem man über eine Stunde lang,
auf allen an der Westseite liegenden Felsen, dergleichen
Inschriften sieht, die an einigen Orten 12 bis 14
Schuhe hoch über der Erde, an andern Orten aber niedriger stehen, wie der Vorsteher des Franciscanerklosters
zu Al Kahira, und Montagu berichten. Sie mögen nun
mit dem Meißel eingehauen, oder, wie Monconys meynet, mit Scheidewasser, oder nach Pococks Urtheil,
durch

durch ein anderes unbekanntes Mittel eingebeißet seyn:
so müssen sie viele Mühe gekostet haben. Neitzschitz hat
Buchstaben gesehen, die höher, als ein Finger lang, gewesen. Kircher hat eine am Fuß des Berges Horeb befindliche Inschrift, im prodromo copto in Kupfer stechen
lassen. Egmond van der Nyenburg hat 1721 einige
Inschriften abgeschrieben, und dem berühmten la Croze,
dieser aber hinwieder dem berühmten Professor Bayer
zu S. Petersburg mitgetheilet, wie der letzte in den
Comment. Acad. scient. imp. petrop. T. 2. p. 477
anführet. Nachmals hat Pocock unterschiedene von denen an und auf dem Berge Sinai befindlichen Inschriften sehr fehlerhaft abgeschrieben, und in seiner Beschreibung des Morgenlandes geliefert. Robert Clayton,
Bischof zu Clogher in Irland, erboth sich 175- daß er
500 Pfund Sterling zu den Kosten einer Reise nach
Arabien geben wolle, deren Absicht vornehmlich seyn
sollte, die Inschriften an Dschebel el Mocatab, genau abzuschreiben. Clayton zweifelt nicht, daß diese
Inschriften von den Israeliten, während ihres Aufenthalts in hiesiger Gegend, verfertiget, und in den ältesten
hebräischen Buchstaben abgefasset wären. Das ist auch
die gemeine Meynung der Araber und Reisenden, wie
aus Neitzschitz Reisebeschreibung erhellet: sie ist aber um
deswillen unwahrscheinlich, weil Egmond van der Nyenburg und Montagu bemerket haben, daß zwischen diesen
Characteren, Figuren von Menschen und Thieren stehen.
Eben deswegen rühren sie auch von keinen Mohammedanern her. Der Kanzler von Mosheim hatte Nachricht von einem Gelehrten zu Paris, daß die meisten dieser Inschriften arabisch, einige aber theils aus arabischen, theils aus coptischen Buchstaben zusammenge-
setzt wären, wie er in seiner Vorrede zum zweyten Theil

von

von Pococks Beschreibung des Morgenlandes saget.
Hofrath Michaelis hat in den göttingischen Anzeigen geurtheilet, sie könnten entweder in den alten kufischen
Buchstaben abgefasset, oder ein Werk der Juden seyn,
welche vor Mohammeds Zeiten in Arabien mächtig gewesen. Allein, wider die erste Muthmaßung streitet
Montagu Versicherung, daß diese Buchstaben mit den
kufischen keine Aenlichkeit haben: und wider die zweyte,
meine obige Anmerkung, daß Bilder von Menschen und
Thieren zwischen diesen Characteren stehen. Es ist also
noch zur Zeit Bayers Meynung in den petersburgischen
Commentariis, die wahrscheinlichste, nach welcher diese
Characteren phönicische Buchstaben sind: denn er hat
zwischen den phönicischen Buchstaben, welche auf Münzen stehen, und denen von Kircher und Egmond van der
Nyenburg abgezeichneten Characteren, eine große Aenlichkeit gefunden. Diese Muthmaßung wird noch wahrscheinlicher, wenn man sich erinnert, daß die Phönicier
zuerst in dieser Gegend am arabischen Meerbusen gewohnet haben. s. oben S. 258. Der Inhalt dieser Inschriften, ist uns bisher unbekannt, doch sind außer denen
in unbekannten Characteren abgefasseten Inschriften, auf
den beschriebenen Felsen auch griechische, hebräische,
arabische und saracenische, deren Inhalt weiter nichts
saget, als, zu der und der Zeit war N. N. hier. Dieses hat Montagu entdeckt.

Dem Berge Sinai gegen Ost-Nord-Ost, am östlichen
Arm des arabischen Meerbusens, ist

Scharme, ein geräumiger, mit hohen und steilen
Felsen umgebener Hafen, dessen Eingang sehr enge ist.
Man verspühret in demselben keinen Wind, wirft auch keinen Anker, sondern man befestiget nur die Schiffseile an
den Felsen. Bey diesen, ist das Wasser tief. An gu-

tem

tem Trinkwasser fehlet es hier nicht. An der Seite des
Berges, welcher den Hafen einschließt, sind einige
Wohnungen, und auf dem Gipfel desselben, steht ein
großes Dorf. Alles dieses berichtet Montagu, welcher,
wie es scheint, an diesem Ort gewesen ist. Pocock gedenket desselben auch. Man hatte ihm gesagt, daß dieser
Ort dem Berge Sinai gegen Osten liege, er glaubte
aber, daß er an der südöstlichen Ecke des hiesigen Landes liege, und 1½ Tagereise von dem Sinai entfernet sey.
Er meldet auch, daß das Sanct Kathrinenkloster von
daher am meisten mit Fischen versorget werde. Bischof
Clayton muthmaßet, daß Mosis Schwiegervater Jethro
an diesem Ort im Lande Midian, gewohnet habe; denn
als Moses auf der Rückreise nach Aegypten auf der
ersten Station von der Wohnung seines Schwieger-
vaters, angekommen war, geschahe dasjenige, was
2 Mos. 4, 24-26 steht, und Moses sendete von da
seine Frau und Kinder zurück zu seinem Schwiegervater.
2 Mos. 18, 2. Hierauf setzte er seine Reise fort, und
sein Bruder Aaron begegnete ihm (auf der zweyten Tagereise,) bey dem Berge Horeb. 2 Mos. 4, 27. Ich
halte diese Muthmaßung in so weit für sehr wahrscheinlich, daß ich glaube, Jethro habe, wo nicht an diesem
Ort, doch in der Gegend desselben, gewohnet. Denn
da Moses auf seiner Rückreise von dem Wohnort des
Jethro nach Aegypten, seinem Bruder Aaron bey dem
Berge Horeb angetroffen hat: so muß Jethro dem Berge
Horeb entweder gegen Süden, oder Südosten auf dieser Halbinsel, gewohnet haben. Auch 2 Mos. 3, 1.
stimmt hiermit überein. Zu Mosis Zeiten gehörte diese
Gegend den Edomitern noch nicht, sondern den Midia-
nitern. Uebrigens halte ich Scharme für Ezion
Geber, dahin die Israeliten auf ihrer Reise gekommen
sind,

sind, 4 Mos. 33, 35. 36. 5 Mos. 2, 8. und von dannen Salomons Flotte nach Ophir ausgelaufen ist. 1 Kön. 9, 26. 2 Chron. 8, 17. 18. Denn in der ersten Stelle wird gesagt, daß Ezion Geber mit (nicht, bey) Eloth am Schilfmeer oder arabischen Meerbusen im Lande der Edomiter liege, (dazu diese Gegend damals gehörte,) und nach Bocharts Erklärung im Canaan, p. 764, bedeutet der Name einen Felsen, der sich wie ein Rücken ins Meer erstrecket. Ein solcher hoher felsichter Berg ist hier, und an demselben, (vermuthlich außer dem Hafen, zerschellerten die Schiffe, welche Josaphat zur Reise nach) Ophir ausrüsten ließ. 1 Kön. 27, 49. 2 Chron. 20, 36. 37.

Weiter gegen Norden hinauf am östlichen Arm des arabischen Meerbusens, und wie man dem Pocock und Shaw erzählet hat, ungefähr 3 Tagereisen von dem Berge Sinai, ist

Minah el Dhahab, (das ist, der Goldhafen,) im fünften Buch Mosis, Kap. 1, 1. Disahab, (das ist, ein Ort, wo Gold ist,) ein Hafen, welcher sicher und gut, und größer, als der vorhergenannte, aber nicht so wie derselbige, mit Bergen umgeben ist. Hier ist ein sehr alter Brunn, mit gutem Wasser, und ein arabisches Lager. Entweder an diesem Ort, oder ungefähr um die Mitte des Weges zwischen demselben und dem Berge Sinai, (denn beydes hat Montagu gehöret,) sollen ansehnliche Ruinen von einer vormaligen gewesenen Stadt zu sehen seyn. Sind sie zwischen diesem Ort, und dem Berge Sinai, so können sie wohl von der oben S. 506 genanten Stadt Pharan seyn. Von diesem Hafen aus, geht eine Straße über Sherh Ali nach Jerusalem, welche vor Alters sehr gangbar war. Montagu, welcher dieses angemerket hat, ist eben sowohl als

als Clapton, Shaw und einige andere, der Meynung,
daß hier Etzion Geber zu suchen sey. Man hat aber
in der Bibel keine Spur, daß Disahab und Etion Geber
Namen eines Ortes gewesen sind: es sind auch hier die
Felsen nicht, welche der Name Etzion Geber erfordert:
daher ich diesen Ort oben wahrscheinlicher zu Scharme
gesucht habe. Shaw saget, daß die Mönche des Sanct
Katharinenklosters zuweilen aus Minah el Dsahab
Muscheln und Hummer bekämen.

Accabah, vor Alters Aila, (welcher Name noch zu
Abulfeda Zeit gewöhnlich war,) Elana oder Aelana,
und in der Bibel Eloth, ein Ort am Ende des davon
benannten östlichen Arms des arabischen Meerbusens,
70 Stunden vom Kasteel Adscherute, welches an der
Gränze von Aegypten liegt. Er war vor Alters eine
kleine Stadt, hatte auch im Meerbusen, vermuthlich
auf einem Inselchen, eine kleine Festung zum Schutz:
zu Abulfeda Zeit aber war hier nur noch ein Thurm am
Strande, mit einer Besatzung. Heutiges Tages liegt
hier, wie Shaw gehört hat, eine türkische Besatzung.
Diese dienet vermuthlich zur Beschützung des Kierwans,
welcher von Al Kahira in Aegypten, hieher kömmt, und
von hier weiter nach Mecca geht. Er hat hier entweder seine 8te oder 9te Station; denn die Verzeichnisse
der Stationen, welche Pocock und Shaw empfangen
haben, kommen nicht völlig mit einander überein. Der
Kierwan ruhet hier zween Tage, weil hieselbst gutes
Wasser in Menge ist. Er verliert aber auch in dieser
Gegend, wegen des bösen Weges, und der vielen rauhen
Pässe, sehr viele Kameele.

Von Accabah wird das Gebirge benannt, welches
diesem Ort gegen Norden liegt. Shaw muthmaßet, daß
es das Gebirge Hor der Bibel sey, Pocock aber meynet,
daß das Gebirge, welches zwischen den Spitzen der beyden

Arme

Arme des arabischen Meerbusens liegt, von Westen
gegen Osten sich erstreckt, und von den Arabern Te genennet wird, (s. oben S. 456) das Gebirge Hor sey:
ja er muthmaßet, daß eben dieses Gebirge auch Seir geheißen habe. Ich glaube, daß sowohl das Gebirge Te,
als das Gebirge Accabah, zu dem Gebirge Seir gehöret, und dieses sich gegen Norden bis an Palästina erstrecket habe. Vielleicht machte das Gebirge Te den äußersten Theil des Gebirges Seir gegen Süden aus, und
Hor war ein besonders dazu gehöriger, oder doch gegen
Osten daran stoßender Berg.

Scheikh Ali, ist der Name einer schon S. 511 erwähnten Station des Kierwans, welcher von al Kahira
nach Mecca gehet. Sie liegt gegen Westen von Accabah 14 Stunden, 40 Minuten, vermöge des Verzeich-
nisses der Stationen der Pilgrime, welches Sharr mittheilet.
Hier stoßen die Mohammedaner, welche von Jerusalem
nach Mecca reisen, zu denen, welche von al Kahira
kommen. Es sind aber von Scheikh Ali bis Jerusalem, ungefähr 5½ Stationen, nämlich 1½ gegen Norden, bis zu beträchtlichen Ruinen, und etwa 4 gegen Nordosten bis Jerusalem, auf der Straße von Hebron, wie Montagu berichtet.

Die nächstfolgenden Gegenden und Oerter, wel-
che bis an Hedschas reichen, werden vom Abulfeda
zu Syrien gerechnet, und zwar nicht zu desselben
Schund oder Dschund Damaschk (S. 221) wie
Professor Reiske im Anhange zu Abulfedæ Tabula
Syriæ S. 233 der Köhlerischen Ausgabe, berichtet,
sondern zu dem Dschund Falasthin, oder zu Palästina. Denn Abulfeda setzet in seiner Tabula Syriæ
S. 8 der Ausgabe des Professor Köhlers, daß zu
Falasthin auch Zoghar, (das todte Meer) die Districte der Nachkommen Loths, (oder al Balkaa,) al
Dschabal und as Schorat gehörten, und daß sich
das Gebiet von Falasthin bis Aila erstrecke. Man
ersiehet auch eben daselbst aus S. 8 und 9, daß der
Theil von al Ghaur, (s. oben S. 207) welcher

auf der Westseite des Jordans, und todten Meeres liegt, sich vom See Gennesaret (S. 302) an, nach el Beysan, (S. 367) Jericho, (S. 341) und dem todten Meer, (S. 306 f.) erstreckt, an der West= seite des letztern fortläuft, und sich bey Aila am En= de des östlichen Arms vom arabischen Meerbusen, (S. 512) endiget. Ich hätte also diese Districte auch bey Syrien, und zwar insonderheit bey Palästina, beschreiben können, so wie ich den District Hauran daselbst abgehandelt habe. (S. 386 f.) Weil aber die griechischen Erdbeschreiber diese Gegenden zu dem peträischen Arabien rechnen, (S. 413, 414, 444, 462) auch Eusebius in seinem Namenbuch bey dem Namen Jordan schreibet, daß dieser Fluß Judäa von Arabia scheide: so handele ich dieselbe hier ab. Das meiste, was ich davon sage, ist aus des Prof. Köhlers Ausgabe von Abulfeda Tabula Syriæ und Anmerkungen zu derselben, und aus Schultens geo= graphischem Register zu Saladins Leben, genommen.

Drey Tagereisen von Damaschk, an der Stra= ße, welche von dannen nach Mecca führet, wenn man durch Benin reiset, liegt eine kleine Stadt, von welcher le Blanc berichtet, daß sie Mascharaib, auch Mascharib und Maserib genennet werde. Barthema nennet dieselbige Meseribe, und meldet, daß der arabische Fürst, dem sie dazumal gehörte, als er durch dieselbige reisete, 40000 Mann zu Pfer= de unter seinem Befehl, und eben so viele Kameele gehabt habe. Wo ich nicht irre, so ist dieser Ort eben derselbige, welchen Abulfeda in seiner allgemei= nen Beschreibung von Arabien aus dem Jbn Hau= kal, nach la Roque Uebersetzung, Mascharik nen= net, zu Hauran rechnet, und von einem andern Ort gleiches Namens, unterscheidet, der in der Guta

As Schorat oder **as Scharat,** ist ein ge-
birgichter Strich Landes, welcher sich von Hedschas
gegen Norden, auf der Ostseite des todten Meeres
und Jordans, erstrecket, durch welchen die Pilgrime,
welche von Damaschk nach Mecca reisen, ihren Weg
nehmen müssen, und der in unterschiedene Gegenden
oder Landschaften abgetheilet wird. In la Roque
Uebersetzung von Abulfeda Beschreibung Arabiens
S. 297 ist dieses Gebirge durch einen Schreib-oder
Druckfehler Harah genennet worden. Der nördliche
Theil desselben heißt

al Balkaa oder **al Belkaa,** wiewohl es
zuweilen auch umgekehrt, und as Schorat ein Theil
von al Balkaa genennet wird. Al Balkaa ist von
Jericho gegen Osten eine Tagereise entfernet, und
begreift das Land der Ammoniter und Moabiter.
Amman oder Ammon, eine uralte Stadt, welche
in diesem Distrikt gelegen hat, ist lange vor Mohammed
verwüstet gewesen, doch sahe man noch zu Abulfeda Zeit
ansehnliche Trümmer von derselben. Sie lag an der
Westseite des Flusses Zerka, und eine Tagereise gegen Norden von dem See Ziza, dessen Namen Schultens, zwar
nach Anleitung seines arabischen Lexicographi, aber wie
ich glaube, nicht sehr wahrscheinlich, in Zaira verwandelt hat. Ptolemäus führet eine Stadt Namens Ziza
an. Die umliegende Gegend von Amman, bestehet aus
gutem Ackerlande. Professor Köhler muthmaßet, daß
Amman eine Vorstadt, Namens al Balkaa, gehabt habe.
Die Griechen nenneten die Stadt Amman, Rabbath Am-
mana, der ägyptische König Ptolemäus Philadelphus
aber gab ihr den Namen Philadelphia. Sie war nachmals der Sitz eines Bischofs, und das umliegende Land
wurde von derselben Philadelphine genannt, dazu unter
andern eine Stadt Namens Bacatha gehörte, welche auch
ein bischöflicher Sitz war. Abulfeda saget, daß zu seiner Zeit
Chosban oder **Hosban** die Hauptstadt von al Balkaa

Stadt, in einem fruchtbaren Thal, welches sich bis an al
Gaur erstrecke. Ich habe diesen Ort, welcher in der
Bibel Cheschbon oder Hesbon, und vom Ptolemäo Esbuta genannt wird, schon oben S. 389 angeführet: er gehöret aber eigentlich hieher. Ich erkenne auch jetzt erst, daß
ich eben daselbst den Irrthum begangen, und Salth und
Assele für zween unterschiedene Oerter gehalten habe: da
doch Salth kein anderer Ort, als Assele, oder deutlicher,
als Salth, ist.

Ob Mab und Carach zu al Balkaa oder as Schoras
gehören? ist ungewiß.

Mab oder Mob, die vormalige Hauptstadt der Moabiter, welche auch Ar, (das ist, Stadt,) Ar Rabbath,
Areopolis, Rhabmathem, und Rabbath Moba genannt, der letzte Name aber aus dem hebräischen מאב
רבה gemacht, und auf eine verdorbene Weise auch
Rabbat Moma geschrieben worden. Sie ist der Sitz
eines Bischofs gewesen. Zu Abulfeda Zeit war dieser
Ort nur ein Flecken, welcher Ar Rabbath genennet wurde, und zum Gebiet von Carach gehörte. Nicht weit davon stund auf einem hohen Hügel ein Gebäude, welches
Schaichon (beym Schultens Sichon,) hieß. Kaum eine halbe Tagereise von Mab gegen Süden, ist

Carach, oder al Krach, al Karak, vom Ptolemäo Characmoba auch Mobachara, vom Wilhelm
von Tyrus, Breitenbach und andern abendländischen
Schriftstellern Crach genannt, ein Ort, der vor Alters
der Sitz eines Bischofs gewesen ist, und noch zu Abulfeda
Zeiten ein bemauertes Städtchen war, welches unter einem
sehr festen Bergschloß lag, in dem dabey befindlichen
Thal aber waren warme Bäder, und Gärten mit vielen
Fruchtbäumen.

Gegen Süden von Carach ist oder war der Ort Mu-
tah, wo im 8ten Jahr der Hedschrah oder 629, die er-

sche Arabien diesen Namen hat, dessen Hauptstadt sie auch, so wie ein bischöflicher Sitz, gewesen ist. Sie ist auch vermuthlich Sela der Bibel, 2 Kön. 14, 7. Jes. 16, 1. hat auch Hadrians vom Kaiser Hadrian geheißen. Den Namen Ae Rakim hat sie nicht von einem Fürsten, Rekem genannt, wie Josephus meynet, sondern von ausbauen, weil, angeführtermaßen, alle ihre Häuser in Felsen ausgehauen sind.

Anmerkung. Die Araber nennen die Leute, welche in Höhlen wohnen, die in Felsen ausgehauen sind, Gesellen des Felsen, wie wir im Koran finden: die Gebrder םיבר oder Chorder, und ברעמ oder Succhäer, und die Griechen Τρωγοδύται oder Τρωγλοδύται, und Ἐρεμβαῖ.

Eusebius saget in seinem Namenbuche, unter dem Artikel Idumäa, daß das um die Stadt Petra herumliegende Land Gebalene oder Gabalene genennt werde. Das ist eben der District, welchen Abulfeda in seiner Tabula Syriæ S. 8 al Dschabal nennet, aber nicht beschreibet. Er hat den Namen von seiner bergichten Beschaffenheit, und gehöret zu dem Lande der alten Edomiter. Es scheinet, daß dieser District auch die Syria Sobal des Wilhelms von Tyrus sey, die ihren Namen von dem Kastell Sobal gehabt hat, welches auch Mons Regalis genennet worden.

Der District as Schorat, ist, wie Abulfeda in seiner Beschreibung von Arabien aus dem Ibn Haukal angeführet, von Aila 3 Tagereisen (gegen Norden) entfernet. In seiner Tabula Syriæ giebet er folgende dazu gehörige Orte an:

al Chomaimah oder Homaimah, ein berühmtes Städtchen, eine Tagereise von Schaubekh, dessen, nach Professor Köhlers Bericht, auch Jakut und Ibn Rabb al Chak, gedenken, und eben sowohl als Abulfeda anmerken, daß er der Sitz der Abassiden gewesen sey, ehe dieselben zu dem Khalifat gelangten. (S. 433). Dieses stehet auch in Abulfedä Annalibus Moslemicis S. 139 der Reiskischen Uebersetzung. Köhler hat wohl angemerlet, daß Herbelot diesen Ort S. 558 im Artikel **Marwan II**, unrichtig Hunain nenne, und in Irak Arabe suche.

Maan, eine schon zu Abulfeda Zeit zerstöhrte kleine Stadt, mit einem Schloß, eine Tagereise von Schaubekh, an der Gränze des wüsten Arabiens. Sie ist wahrscheinlicher Weise der Ort Maon, dessen im Buch der Richter Cap. 10, 12 und 1 Sam. 25, 2 Erwähnung geschiehet, und davon die Mennim oder Maoniten, 1 Chron. 4, 41 den Namen haben. Harenberg und Bachiene haben in ihren Charten von Palästina Maon nicht richtig auf die Westseite des todten Meeres gesetzt. Sie ist ein Sitz der Ommajaden (S. 433) gewesen.

as Schaubekh, ein Städtchen und Kasteel, nahe bey Carach, und unweit der Gränze von Hedschas. Am Fuß des weißen Felsens, auf welchem das Kasteel stehet, sind Quellen, welche durch das Städtchen fließen, und die Gärten wässern, die in dem Thal sind, welches auf der Westseite des Städtchens liegt. Zu Abulfeda Zeit, waren die meisten Einwohner Christen. Schultens hält diesen Ort für Sobal oder Mons Regalis des Wilhelms von Tyrus, welchen ich vorhin in al Dschabal gesucht habe.

Die Landschaft al Hedschas,

deren Name gemeiniglich Hegjaz geschrieben wird, gehöret nicht zu dem sogenannten glücklichen Arabien, sondern zu dem peträischen, ja sie macht nach dem Begriff der Araber das peträische Arabien aus. Sie gränzet gegen Norden an den eben beschriebenen District as Schorat, gegen Westen an den arabischen Meerbusen, gegen Süden an Jaman oder Jemen, gegen Osten an Nedschd und Jamamah. Der Boden bestehet größtentheils entweder aus Felsen, oder dürrem Sande, welcher letztere in einigen Gegenden Seen vom Flugsande ausmacht, in welchem man sich des Compasses bedienen muß, um nicht zu irren.

Der erste Ort, dessen ich gedenken will, und der hieher gehören muß, ist

Jasoreb, eine kleine Stadt auf einem Berge, bei

etwa 3 deutsche Meilen im Umfang hat. Le Blanc und
Varthema gedenken derselben, und man ersiehet aus ihren Reisebeschreibungen, daß diese Stadt an dem Wege
liegt, welcher von Damaschk nach Medina führet, 15
oder 16 Tagereisen von Damaschk. Am Fuß des Berges, auf welchem sie stehet, sind Bäche und Wassergru-
ben. Sie ist fast bloß von Juden bewohnet, welche sehr
klein von Statur, und schwarz von Farbe sind, auch so
nacket gehen, daß sie nur die Schaam bedecken.

Tabuk, eine Stadt und Kasteel zwischen as Schorat
und Hadschr, woselbst es Wasser und Palmbäume giebt.
Asseman schreibet, dieser Ort hieße auch Jesboe. Er
liegt auf dem Wege von Damaschk nach Medina, wie
der arabische Erdbeschreiber anmerket, der Stadt Madian,
welche hernach vorkömmt, gegen Osten.

al Hadschr oder Hidschr, vielleicht Egra Plinii,
eine Stadt und fester Platz zwischen felsichten Bergen, in
welchen die Wohnungen ausgehauen sind: daher diese
Berge Alatbaleb oder Elarbalib genennet werden. Zwischen diesen Bergen erblickt man von fern keinen Unterschied, wenn man aber nahe hinzukömmt, so siehet man
ihre Absonderung. Man muß diesen Ort weder mit Ar-
raim oder Petra, noch mit Carach verwechseln, ungeachtet ich das erste selbst oben S. 461 durch Bocharts
und Assemans Verführung, gethan habe. Er war vor
Alters, und lange vor Mohammeds Zeit, der Sitz des
Stamms Thamud (Tschamud,) oder der Thamudener
oder Themuditen, von welchen im Koran oft geredet,
auch erzählet wird, daß sie durch ein Erdbeben umgekommen wären. Hofrath Michaelis hat diese Erzählung
in seiner Comment. de Troglodytis, Seiritis et Them-
denis gut vertheidiget, aber nicht bemerkt, daß Hadschr
der Hauptsitz der Thamudener gewesen sey, sondern aus
dem Diodoro Siculo erweisen wollen, daß ihre in den Felsen ausgehauenen Wohnungen, am Strande des arabischen Meerbusens gewesen. Es kann seyn, daß der District, welchen sie bewohnten, sich bis an den arabischen
Meerbusen erstreckt hat: aber nach den Nachrichten des
Nubischen Erdbeschreibers, des Abulfeda, und des Lexicographi, deren Worte Schultens im Artikel Errakim
anführet, ist die Stadt Hadschr ihr rechter oder Haupt-

Station habe.

Wadilkora, ist nach dem Ibn Haukal und Nubischen Erdbeschreiber, nur 1 Tagereise, nach dem Abulfeda aber über 5 Tagereisen (gegen Westen) von Hadschr entfernt. Es ist dieses Thal mit Dörfern angefüllet: es wird auch eine Stadt dieses Namens angegeben. Daß dieser Ort fest gewesen sey, erkennet man aus der Belagerung und Eroberung desselben von Mohammed im 7ten Jahr der Hedschrah oder 628.

Zwischen Aila (S. 512) und Haura, giebt der Nubische Erdbeschreiber 3 Häfen am arabischen Meerbusen an, welche er Aunod, Tenna und Aruf nennet.

Haura, beym Ptolemäo Avara, auch λευκὴ κώμη, das ist, Albus pagus, genannt, ist am östlichen Arm des arabischen Meerbusens, und wird vom Nubischen Erdbeschreiber ein wohlbewohntes Städtchen genennet.

Madian, beym Ptolemäo Modiana, eine schon zu Abulfeda Zeit zerstört gewesene Stadt, am arabischen Meerbusen, ungefähr 6 Tagereisen gegen Westen von Tabuk, und 5 von Aila, welche größer als Tabuk gewesen ist. Sie wird von den Arabern ohne alle Wahrscheinlichkeit für den Ort gehalten, wo der Brunn gewesen, aus welchem Moses des Schoaib oder Jethro Schafe getränket habe. (s. oben S. 510). Es ist hier eine Station des Kierwans, welcher aus Aegypten nach Mecca reiset, und fließend Wasser. Abulfeda bemerket, daß Ibn Said die Breite des arabischen Meerbusens in dieser Gegend ungefähr auf 100060 Schritte geschätzet habe.

Jambo oder Janbu, oder Jamba, beym Ptolemäo Jambia, ein Städtchen und Kasteel, auf dem Wege, den der ägyptische Kierwan nach Mecca nimmt, 8 Tagereisen von Medina, und eine Tagereise vom arabischen Meerbusen, an welchem ein hieher gehöriger Hafen ist, woselbst africanische Pilgrime anlanden, und sich zu Janbo mit dem Kierwan vereinigen. Der Ort hat seinen Namen von einer Quelle; es sind auch hieselbst Wiesen,

gebanete Aecker und Dattelnbäume. Der berühmte Ali
hat hieselbst gewohnt, ehe er Khalifah geworden, wie
Abulfeda berichtet. Eben diese Gegend bezeichnet, wie
es scheinet, der Nubische Erdbeschreiber, wenn er S. 110
der lateinischen Uebersetzung schreibet, daß in dem Raum
zwischen Medina, Diar-Dschiohaina und der Seeküste,
6000 Schritte von Abua, Wohnungen zu sehen wären,
welche ein von Ali abstammendes Volk bewohne. Barbosa beym Ramusio Th. 1 S. 291 nennet diesen Ort irrig Eliobon. (El Johon.) Auf der homannischen Charte
vom türkischen Reich, wird er den Türken zugeschrieben,
davon ich den Grund nicht gefunden habe.

Nicht weit von hier gegen Osten, ist der Berg Red-
wai, aus welchem man Mühlsteine bricht, und zwischen
welchem und Medinah, 7 Stationen sind. Dieses saget Abulfeda. Der Nubische Erdbeschreiber aber meldet,
daß dieser Berg, den er Radhua nennet, nicht weit von
Haura gegen Süden liege. Vielleicht erstrecket er sich
bis in die Gegend von Haura; denn er hat viele Arme
und tiefe Thäler.

Al Dschar, ein Städtchen am arabischen Meerbusen,
welches für den Hafen von Medinah gehalten wird, von
welcher Stadt es 3 Stationen entfernet ist. Dieses lehren der Nubische Erdbeschreiber und Abulfeda. Bochart
hält Dschar für Egra Stephani, und Arga Ptolemæi.

Badr, oder Bedr, oder Chalis Badr, ein Ort, welcher wegen der Schlacht berühmt ist, die daselbst im 2ten
Jahr der Hedschrah zwischen Mohammeds Anhängern,
und denen Koraischiten vorgefallen ist, in welcher jene
obgesieget. (s. oben S. 431.) Hier stoßen die Kierwanen
von Kahira und Damaschk zusammen, und haben hier
eine Station, auf welcher sie unterschiedene gottesdienstliche Ceremonien verrichten.

Sachia, beym Ptolemäo Sacacia, an einem Fluß,
woselbst Araber vom Stamm Tay (S. 459) wohnen.

al Abua; eine Station auf dem Wege der Pilgrime,
die nach Mecca reisen. Einige meynen, daß hier Mohammeds Vater Abdallah gestorben sey.

Zwischen Abua und Dschofa ist das Thal Rabig.

al Dschofa, 4000 Schritte vom Meer, ein Flecken,
woselbst sich auch Araber vom Stamm Tay aufhalten.

Codaid, 5000 Schritte vom Meer, einer der berühmt=
t.. ..en Oerter in Arabien, welcher vor seiner Verwüstung,
die durch eine Wasserfluth geschahe, Mahiaa hieß. Er
ist zum zweytenmal wüste geworden.

Zwischen Codaid und Medinah sind die Oerter Chuar,
Theniath al Mara, Batn = Madbeg oder Medbeg,
Batn=Chesced, Adscherad, Aina und Theniath al Ajar,
an welchem letztern die Amariten oder Kinder Amri wohnen.

Asfan oder Osfan, 10000 Schritte vom Meer, ist
eben so, wie die beyden vorhergehenden Oerter, eine Sta=
tion der Pilgrime. Hier wohnen Araber vom Stamm
Dschiobaina oder Dschebina.

Batn=Marr, Batn=Marri, Batn=Mor, sonst auch
Modarredsch Otschman genannt, ist eine Station der
Pilgrime, eine Tagereise von Mecca. Abulfeda sagt,
es sey eine Gegend von vielen Dörfern, welche fließend
Wasser und Dattelnbäume habe. Man bringe von hier
nach Mecca Lebensmittel, auch zuweilen Wasser.

Dschodda, Dschudda, Dschedda, Dschidda, eine
Stadt und guter Hafen am arabischen Meerbusen, 2 Ta=
gereisen von der Stadt Mecca, für deren Hafen sie ange=
sehen wird. Der Khalifah Otschman hat die Stadt ge=
bauet. Barthema merket an, daß die Häuser von Stei=
nen nach italienischer Bauart aufgeführet wären. Hie=
her kommen alle Jahr viele Schiffe aus Indien, und an=
dern Gegenden: es gehen auch von hier Schiffe nach
Tor und Sues, welche Caffe, Weihrauch und einige in=
dische und persische Waaren dahin, Korn und Reis aber
zurückbringen: die reichsten Waaren aber werden zu Lan=
be mit dem Kierwan abgeschickt, wie Pocock versichert.
Die Pilgrime, welche sich zu Aidsab in Aegypten ein=
schiffen, um nach Mecca zu gehen, landen zu Dschodda
an. Des hiesigen türkischen Pascha wird vom Pocock eben
sowohl, als in ältern Nachrichten, Erwähnung gethan:
es wird aber in der von La Roque herausgegebenen Voy=
age de l' Arabie heureuse angemerkt, daß seine Gewalt
sehr eingeschränkt sey. Otter berichtet genauer, daß aus=
ser dem türkischen Befehlshaber, auch einer von Seiten
des Scherif von Mecca, hieselbst sey, und daß sie den
Zoll unter sich theileten. In der Beschreibung der Reise
des Soliman Pascha, und des Barbosa beym Ramusio,

in Barthema und le Blanc Reisebeschreibung, wird dieser Ort Zidem und Siden genennet, und diese unrichtigen Namen stehen auch auf alten Landcharten: ja, in einigen neuen Charten, sind aus diesem einzigen Ort, 2 Oerter unter dem Namen Jodda und Giada gemacht worden. Thevenot berichtet, daß der Hafen zu Dschodda durch 2 Kastelle beschützet werde. Es hat diesem Ort an gutem Wasser gefehlet, bis Mustafa Pascha dergleichen 1682 oder 83 hieher leiten und zu dem Ende Berge durchhauen lassen. Es ist auch die Fabel der Moslemim anzumerken, daß, als Adam und Eva von Gott aus dem Paradiese getrieben worden, die Eva nach Dschodda gekommen, und vom Adam getrennt geblieben sey, bis sie einander nach vielen Jahren, (einige schreiben nach) 120, andere nach 200) auf dem Berge Arafat bey Mecca wieder angetroffen hätten.

Mecca oder Macca, eine hochberühmte Stadt, welche einige arabische Schriftsteller zu der Landschaft Tahamah, die meisten aber zu Hedschas rechnen. Ptolemäus nennet diese Stadt Macoraba, welcher Name nach Bocharts Meynung so viel als Mecca rabba, das ist, das große Mecca, bedeutet, nach Assemans Meynung aber von dem arabischen Wort Machrab, ein Tempel, herkömmt. Die Moslemim nennen dieselbige Moadhemah, das ist, die große und vortreffliche, auch Omm al Kora, das ist, die Mutter der Städte, weil sie dieselbige als den Mittelpunct und Hauptsitz ihrer Religion ansehen. Der Name Mecca, ist vermuthlich aus Becca entstanden. Die Araber und Türken benennen den arabischen Meerbusen von dieser Stadt, ob sie gleich 3 Tagereisen davon entfernet ist. Die unfruchtbaren Berge, welche die Stadt rund umher einschließen, dienen ihr anstatt der Mauer. Barthema meynet, daß sie auf 6000 Feuerstellen habe, saget auch, daß sie sehr volkreich sey. Sie ist nicht nur die Geburtsstadt Mohammeds, sondern enthält auch die berühmte Coaba oder Coba. Um von dieser einen richtigen Begriff zu bekommen, muß man wissen, daß die heidnischen Araber hieselbst dem Bacchus (Bar Chus oder Ben Chus, Chus Sohn, nämlich Saba,) zu Ehren, einen viereckigten Thurm, welchen sie Sorab nenneten, oder einen Tempel erbaueten. Von dem Di-

des Bacchus wurde die Stadt Baccha oder Becha genannt, dieser Name aber endlich in Mecca verwandelt.
In eben diesem Thurm, wurde auch die Venus, von den
Arabern Ozza, Allat und Johara genannt, unter einem
großen schwarzen viereckichten Stein verehret, welchen
die Araber Caaba oder Caabata, auch Hadschr al Aswad,
(das ist, den schwarzen Stein,) und Borka oder Borka-
ta, nenneten. In diesem Tempel stelleten sie Wallfahrten an. Mohammed und seine Anhänger gaben nachmals vor, Abraham habe dieses Gebäude erbauet, und
zur Zeit des Baues auf dem schwarzen Stein gestanden,
anderer Fabeln nicht zu gedenken. Nachmals haben sie
gar einen Unterschied zwischen der Caaba, und dem schwarzen Stein gemacht, und dem viereckichten steinernen Gebäude oder dem Tempel, den Namen Caaba beygelegt.
Sie nennen denselben auch Beit Allah, das ist, das
Haus Gottes. Seit dem zweyten Jahr der Hedschrah,
ist diese Caaba die Keblah der Moslemim, das ist, sie
richten beym Gebet ihr Angesicht nach der Gegend derselben. (s. oben S. 430. 431.) Dieses kleine Gebäude
wird auswendig alle Jahr von neuem mit kostbarem schwarzen seidenen Zeuge bekleidet, welches der türkische Kaiser
schenkt. Le Blanc und Barthema berichten, daß die
Caaba und der Platz, auf welchem sie stehet, von einem
ansehnlichen runden, gewölbten, und mit Pfeilern un-
terstützten Gebäude von gebackenen Steinen, eingeschlossen sey, welches ungefähr 100 Thüren habe. Man nennet dasselbige Masschad al Haram, das ist, den heiligen Tempel. Von außen sind an diesem Gebäude, Buden
mit Kaufmannswaaren. Der oben erwähnte schwarze
Stein, welcher von den Pilgrimen andächtig geküsset
wird, ist nahe bey der Thür der Caaba befestigt. Auf
dem inwendigen Platz, 10 oder 12 Schritte von der Caaba, stehet ein anderes Gebäude, nach Barthema Be-

ist ein besonderer Art der Andacht, in dem vom Haram eingeschlossenen Raum. Zur Zeit des Bairam, da sich die Kierwanen hieselbst einfinden, wird zugleich ein großer Handel getrieben, um welches willen man eben so wohl, als wegen der Religion, hieher reiset. Es finden sich aber um beyder Ursachen willen hieselbst Moslemint aus Europa, Asia und Africa ein. An gutem Wasser fehlets, daher die Einwohner das Regenwasser in Cisternen sammlen; doch ist auch vom Berge Arafat Wasser hieher geleitet worden.

Das zu Mecca gehörige Gebiet, wird auch Haram, oder das Heilige, genannt, und stehet sowohl, als die Stadt, unter einem Emir oder Fürsten, welcher sich Scherif von Mecca nennt. Das Wort Scherif bedeutet zwar überhaupt einen edlen von Geburt und Stande: es ist aber insonderheit der Name und Titel der Nachkommen Mohammeds von seiner Tochter Fatimah und Schwiegersohn Ali, welche zum Unterschied von den übrigen Moslemin, einen grünen Turban tragen. Die jetzigen Scherifs zu Mecca kommen vom Kotabah, Edris Sohn, her, welcher von dem Hossainischen Zweig des alidischen Stammes entsprossen ist. Der türkische Kaiser nennet sich Hami al Haramain, das ist, Beschützer der beyden heiligen Städte, nämlich Mecca und Medinah.

Bey Mecca sind folgende Oerter, welche die Pilgrime gottesdienstlich besuchen:

Marwah und Safa oder Sofa, bis dahin sich Hagar begeben haben soll, als sie für ihren Sohn Ismael Wasser gesucht:

Der Tempel Abrahams, nahe bey der Mauer Ibn Amar, woselbst der Imam von Mecca die Pilgrime am Tage, da sie auf den Berg Arafat steigen, versammlet:

Arafah oder Arafat, ein Berg zwischen dem Thal Gasnah und der Mauer Ibn Amar, auf welchem Adam und Eva nach langer Trennung wieder zusammengekommen seyn sollen, und von welchem Wasser nach Mecca geleitet wird:

Das Thal Mina (von andern Mena, Mona, Muna und Mony genannt,) in welchem unzählige Schafe zu Opfern geschlachtet, auch andere gottesdienstli-

Batn Mohasser, ein Thal:

Thabir, ein hoher Berg:

Dschemret el Aakbé, Oerter, an welchen der Teufel dem Abraham, der Hagar und dem Ismael erschienen seyn soll, um sie von dem Opfer abzuhalten, welches Abraham mit seinem Sohn verrichten wollen, daher die Pilgrime hieselbst Steine werfen, und dem Teufel dabey fluchen.

Noch sind um Mecca folgende Berge und Thal zu bemerken:

Abu Kobais, auf der Ostseite der Stadt:

Kaaikaan, auf der Westseite:

Harrah:

Tschur, wo Mohammed auf der Flucht nach Medinah sich in einer Höle verbarg, auf der Südseite:

Al Mohasseb, zwischen Mecca und Mina, oder das sogenannte Thal von Mecca:

Al Hodaibiescha, ein Berg auf der Gränze von Haram. Auf dem Wege von Mecca nach Jamamah trifft man an, Amrah, Datirat oder Dsat Erk, welcher Ort aber zu Tahamah gerechnet wird, Autas, wo die Hawazaniten ihr Lager hatten, welche Mohammed im 8ten Jahr der Hedschrah überwand, als er sein Lager in dem nahe gelegenen Thal Honain, 3 arabische Meilen von Mecca, hatte: Vegera und Marah. Alsdenn folget Koba, der erste Ort in Jemamah, s. oben S. 461.

Gegen Osten von Mecca wohnen Araber vom Stamm Helal, und gegen Westen halten sich Araber von den Stämmen Medleg und Madar, auf.

Auf dem Wege von Mecca nach Tajef, liegen:

Badid al Mortafe, zu des Nubischen Erdbeschreibers Zeit ein volkreiches Städtchen:

Karn al Manasel, zu eben dieses Erdbeschreibers Zeit ein Kastell:

Al Radsch, ein Ort, wo Mohammed im 4ten Jahr

Tajef oder Taïf, eine kleine Stadt auf dem Berge
Ghafuan, auf dessen Gipfel eine so grose Kälte herrschet,
daß man daselbst bisweilen Eis findet, wie Abulfeda saget, und zwar im Sommer, wie der Nubische Erdbeschreiber hinzusetzt. Eben diese Schriftsteller versichern
aber auch, daß die Stadt Tajef gesunde Luft, gutes
Wasser, und viele Früchte, insonderheit viele Weintrauben, habe. Die Araber, welche sich hier und auf den Bergen
aufhalten, sind von den Stämmen Tachipf, Saad u. Hhodail
oder Hodfail. Zu Mohammeds Zeit, wohneten hier Dscha-
kafiten, wie aus Abulfeda Annal. Moslem. p. 15. zu ersehen.

Der nächste Weg von Mecca nach Medinah, gehet
über al Far oder Farua, welcher Ort fast 4 Tagereisen
von Medinah gegen Süden entfernet ist.

Batn-Naaman, ein Thal und Ort, über welcher man
von Mecca nach Tajef gehen kann, auf dem Wege nach
Wadi Akik. Von demselben haben die Naamaniten oder
Naamathiten, den Namen.

Wadi Akik, das ist, der Sapphirfluß, fließet nach des
Nubischen Erdbeschreibers Beschreibung, 4000 Schritte gegen Süden von Medinah. Er wird vom Ptolemäo
Baetius genennet. Das Thal gleiches Namens, wird in
das obere und untere abgetheilet. Die Wadäer haben
von demselben den Namen.

Medinah oder Madinah, das ist, die Stadt im vorzüglichen Verstande, gemeiniglich Medinat al N.by,
das ist, die Stadt der Propheten, auch Munaowerah,
die herrliche, vor Alters Jatschreb, beym Ptolemäo La-
thrippa, und beym Stephano Jathrippa, eine berühmte
Stadt, in einer Ebene, die einen salzigen und unfruchtbaren Boden hat. Gegen Süden liegt der Berg Air, gegen Norden der Berg Obod, bey welchem im dritten
Jahn der Hedschrah Mohammed von den Koraischiten geschlagen wurde. Sie hat steinerne Häuser, derer nach
Barthema Meynung etwa 300 sind, und kein anderes
Wasser, als was sie aus einigen Brunnen bekömmt, unter welchen derjenige, welcher Beobaat genennet wird, der
berühmteste ist, und von der Ostseite der Stadt nach der
Nordseite derselben geleitet wird, an welchem Kanal Dattelnbäume stehen. T. Ruhm der Stadt ist, daß Mo-

genommen, und sie zu seinem Sitz erwählet hat. (S. 429. 430.) auch hier gestorben und begraben ist. Es haben auch die ersten Khalifen hier gewohnet. Mohammed erbauete nach seiner Ankunft eine Moschee, in welcher er auch begraben liegt. Sein Grabmaal ist auf der Erde von weißem Marmor, und mit einem besondern kleinen und runden Gebäude bedeckt, welches eine gewölbte Haube hat, und von außen mit seidenem Zeug bekleidet ist. Es liegen noch andere berühmte Personen daselbst begraben, nämlich die Khalifen Abubecr, Omar, Otschman, Abbas, und Haffan, imgleichen Dschafer Effadik, Ibrahim und Malek. Bey allen diesen Gräbern, insonderheit aber bey Mohammeds seinem, verrichten die hieher kommenden Pilgrime, ihre Andacht. Abulfeda berichtet in seinen Annal. Moslemicis, p. 16. daß zu Mohammeds Zeit die Einwohner dieser Stadt von den Stämmen Chasradsch, u. Aus gewesen, welche aus Jaman ihren Ursprung gehabt.

Der arabische Fürst, unter welchem diese Stadt und ihr District stehet, oder der Scherif von Medinah, stammet vom Ali, und durch denselben vom Haschemi ab. (S. 427.) Ein Paar hieher gehörige Anmerkungen stehen oben bey Mecca.

Zu Medinah gehören die Oerter Phadech, Coraftine, Vahida, Siara, Heseb, Oraib, Siala und Siada.

Coba oder ál Kafar, ist ein Flecken mit einer berühmten Moschee, 2 arabische Meilen (jede von 96000 Zoll,) gegen Süden von Medinah. Hier kehrte Mohammed auf seiner Flucht von Mecca nach Medinah ein, und stiftete den erwähnten berühmten Tempel, welcher auch Maschad ot Takwa, das ist, der Tempel der Furcht Gottes, genennet, und im Korah in der 9ten Surá, com. 110. angeführet wird. Prof. Reiske hat diesen Tempel in seinen Prodidagmatibus S. 222, durch ein Versehen, mit der Caaba zu Mecca verwechselt.

Sawaida, ist nach dem Jakut in Moschtarekh, ein Ort, 2 Tagereisen von Medinah gegen Norden, an der Gränze von Syrien, (in dem Umfang, wie die Araber es nehmen!) womit der Nubische Erdbeschreiber übereinstimmet, als welcher auch meldet, daß Syrien sich bey Suwalda endige. Es ist oben S. 236 ein gleichnamiger Ort vorgekommen, und S. 286 ein anderer, den die abendländi-

III Das glückliche Arabien.

Das glückliche Arabien, von den Griechen Ἀραβία ἡ εὐδαίμων, von den Lateinern Arabia felix genannt, hat diesen Namen nicht sowohl wegen seiner vortrefflichen Beschaffenheit, als vielmehr einestheils in Vergleichung mit den wüsten und peträischen Arabien, und anderntheils wegen seiner Specereyen, insonderheit des Weihrauchs, bekommen. Die Griechen haben diese Benennung aufgebracht, von welcher die Araber nichts wissen. Es ist vor Alters auch Aethiopien und Indien genennet worden, insonderheit hat das Land, welches die Hamyariten oder Homeriten bewohnt haben, diese Namen geführet, oder, welches einerley ist, die Homeriten sind Aethiopier (oder Chusäer, Cuschiten,) und Indianer genennet worden, wie aus denen von Asseman in der Bibliotheca orientali Tom. III. P. 2. pag. 568. 569. 453. angeführten Stellen griechischer, lateinischer und syrischer Schriftsteller erhellet. f. auch oben S. 416. 417. In dieses (dießseitige) Indien, ist nach dem Bericht Eusebii und anderer Schriftsteller, der Apostel Bartholomäus gekommen, und hat das Evangelium Matthäi in hebräischer Sprache hieher gebracht, welches Pantänus 100 Jahre hernach hieselbst angetroffen:

Die Araber nennen diesen vornehmsten Theil Arabiens Jaman oder Jemen, weil er der Caaba zu Mecca, wenn man sein Gesicht nach Morgen richtet, zur rechten Hand und gegen Mittag liegt: sowie sie Syrien um deswillen Scham genennet haben, weil es ihnen, oder genauer zu reden, der Caaba,

5 Theil. Ll zur

zur linken liegt. (S. 220.) Ibn Haukal beym Abulfeda, saget, daß Jemen die Landschaften Taha-
máh, Nedsched, al Jaman in der engsten Bedeutung, Oman, Mahrah und Hadhramaut,
die Districte von Sanaa und Aden, und einige
andere Stücke begreife. Diese letztgenannten Districte rechne ich mit zu Jemen in der engsten Bedeutung,
weil ich ihre Gränzen und Zugehör nicht angeben kann,
und weil sie auch von den morgenländischen Erdbeschreibern gemeiniglich mit unter Jemen in der engsten Bedeutung begriffen werden. Das Land Nedsched, von welchem die arabischen Schriftsteller sehr
unterschiedene Meynungen haben, ist oben S. 458-460
schon beschrieben worden. Es gränzet also Jemen gegen Norden an die Landschaften Hedschas, Nedsched,
Jemamah oder Arub, Hedscher oder Baharain: gegen Morgen an den Anfang des persischen Meerbusens:
gegen Süden an das offene Weltmeer, welches die
alten griechischen Erdbeschreiber das rothe Meer nennen; und gegen Westen an den arabischen Meerbusen. Otter rechnet das Land Oman nicht mit zu Jemen, und beschreibet also die Gränzen von Jemen
also, daß es gegen Osten an das Land Oman, gegen
Süden an das Weltmeer, gegen Westen an den arabischen Meerbusen, und gegen Norden an die Landschaften Hedschas und Hedscher, gränze. Nach seinem Bericht ist es heutiges Tages in 2 große Provinzen getheilet, nämlich in das eigentlich so genannte
Jemen, und in Tahamah, oder wie er schreibet, in
Tihame. Ich weiß wohl, daß das Land Fartach
oder Schadschar nicht unter dem Könige von Jemen
stehet, sondern seinen eigenen Herrn hat: es gehöret
aber

aber doch zu dem glücklichen Arabien, und ich handele es, um des Zusammenhangs willen, unter den Landschaften des Reichs Jemen ab.

Die Franzosen, welche 1712 hier gewesen, und von
Mokha bis Mahwahib gereiset sind, haben erfahren,
daß durch dieses ansehnliche Reich unterschiedene große
Heerstraßen gehen, deren einige auch gepflastert, und
über 100 französische Meilen lang sind.

Die natürliche Beschaffenheit des Landes,
ist sehr unterschieden. Die Gegenden am Meer sind
größtentheils eben, sandicht, schlecht und unfruchtbar, stehen auch eine sehr beschwerliche Hitze aus, und
haben selten Regen. Der mittlere Theil des Landes
ist bergicht, und hat zwar kahle und unfruchtbare Berge, auch einige sandichte und unfruchtbare Striche,
aber auch fruchtbare Berge, gutes Wasser, gute Luft,
angenehme Gegenden, und gute Erd- und Baumfrüchte im Ueberfluß. Dergleichen Gegenden sind
bey Zabid, Rhada, Jrame, Mahwahib, Sanaa und
anderwärts. Sie bringen Zuckerrohr, Reiß, Getreide, Zwiebeln, Knoblauch, Gurken, Melonen, Limonen, Quitten, Pomeranzen, Citronen, Granatäpfel, Feigen, Apricosen, Pfirschen, Pflaumen, Aepfel, Datteln, Mandeln,
Zibeben, sehr gute Weintrauben, aus welchen
Rosinen gemacht werden, und insonderheit auch
Caffeebohnen hervor. Das arabische Wort Ca-
huah, welches die Türken Cahveh aussprechen, bedeutet bey den Arabern überhaupt ein Getränk, insonderheit aber dasjenige, welches aus den Bohnen,
welche sie Buun nennen, bereitet wird, oder den
Cahuat al Bunniat. Der Caffeebaum wächset in

Ll 2   Arabien

Arabien nirgends anders, als in Jemen, und am häufigsten in den Districten von Beit al Fakih, Sanaa
und Galbany, welcher letztern Stadt Lage ich nicht
habe ausfindig machen können. Die Caffebäume können die heftige Sonnenhitze nicht vertra-
gen, sondern lieben Schatten und Kühle: man pflanzet sie also an denen der Mittagssonne ausgesetzten Oertern, unter gewisse große Bäume, welche eine Art
von Pappelbäumen sind, und welche ihnen Schatten
verschaffen. Man nennet die aus Jemen kommenden
Caffeebohnen, die levantischen. Aus Jemen ist der
Caffeesaamen von den Holländern nach Batavia, und
von dannen nach Suriname in America, gebracht worden. Der Baum Selem, dessen Rinde und Laub,
Caradh genannt, zu den Gerbereyen gebraucht wird,
ist in diesem Lande so häufig, daß es deswegen Belad
al Caradh, das ist, das Land wo man Caradh hat,
genennet wird. Die Specereyen, welche Jemen
hervorbringt, sind vorzüglich berühmt. Die Aloe,
von den Arabern Sabe genannt, wächset in Hadhramaut, Schadschar und auf Socotora, daher die Namen Sabr al Hadhri oder Hadhramuthi, Sabr al
Schedscheri, und Sabr al Socotori, kommen.
Der letzte ist der beste. Nach des Nubischen Erdbeschreibers Bericht, werden die Blätter des Baums
oder der Staude, im Julio abgepflückt, der Saft wird
ausgepreßt und gekocht, hernach in Schläuchen verwahret, und im Augustmonat in der Sonne getrocknet. Das wohlriechende Agallochum oder Lignum
Aloes, wächset hier nicht, sondern, nach den morgenländischen Erdbeschreibern, nur in Indien, die Araber aber kennen insonderheit die beyden Arten desselben,

welche

welche sie Ud al Senfi, und Ud al Comari, nach
den Inseln Senf und Comar, nennen. Die Myrrhe
ist das Herz einer Staude, welche in Habhramaut
wächset. Eben daselbst in den Gegenden von Scianna
und Mareb, ferner in der Landschaft Schadschar, und
vornehmlich in der Landschaft Mahrah auf den Bergen
bey Merbath, wächset die Staude häufig, welche den
Weihrauch giebt, den die Araber sowohl Loban
als Condur nennen. Es ist auch ein Harz, welches
diese Staude ausschwitzet. Das hiesige Drachenblut,
gehöret auch zu den Harzen. Daß hieselbst Manna
gesammlet werde, berichtet Jürgen Andersen. Im
Lande Schadschar giebts nach dem Abulfeda Muscatennüsse, Nardschil oder Coco, und Indigo.
Auf dem Berge bey Schibam in Habhramaut, findet
man Carniole, Achate und Onyche, und nach dem
Jürgen Andersen hat dieses Arabien auch Jaspis,
Kristall, und bisweilen gute Rubinen. Eben derselbige redet von drey Goldbergwerken, welche dem
Fürsten von Sandschar gehörten. Diese Nachricht
ist erheblich, aber die einzige in ihrer Art, und zu kurz.
Von einem heilsamen warmen Bade, findet man unten in Habhramaut etwas. Die hiesigen Pferde sind
berühmt. Bey Jrame oder Reame, hat Barthema Schafe gesehen, deren fetter Schwanz über 44
Pfund gewogen. Ueberhaupt ist an zahmen Vieh
kein Mangel. Das gemeinste und nützlichste Thier
ist der Kameel, insonderheit die Art desselben, welche Dromedar genennet, und in Mahrah vorzüglich
gut gezogen wird.

Die hiesigen Araber wohnen theils in Städten,
theils sind sie Bedevi. (S. 419.) Barthema hat angemerket,

merket, daß die Mannspersonen Hörner tragen, welche sie aus ihren eigenen Haaren machen. Die Frau-
ensleute tragen auch hier sehr weite Hosen, und in der
durchlöcherten Scheidewand der Nase, einen großen
goldenen Ring. Sie tragen auch Ringe von Silber
und Gold um die Arme, über den Gelenken der Hand,
und über den Knöcheln an den Füßen: sie färben sich
auch die Augen schwarz, und die Nägel an den Fingern roth. Alles dieses ist in der Voyage de l'Arabie heureuse angemerket worden, verglichen mit den
obigen Seiten 422 und 423. Von den verschiedenen
Secten unter den Mohammedanern habe ich nur das
wenige gefunden, daß es unter den hiesigen Arabern
außer den Sonniten, auch so genannte Schiiten
oder Anhänger des Ali gebe, als zu Ajaz und al Dscha-
nab, welche Oerter man unten aufsuchen kann.

Aller Handel wird hier zu Lande vermittelst der
abgöttischen Banianen getrieben, welche aus Indien hieher kommen, und unter denen es reiche Kaufleute giebt: die Araber aber verstatten ihnen nicht, sich
hier zu verheurathen, weil sie dieselben verabscheuen.
Sie kehren daher, wenn sie ihr Glück in Arabien einigermaßen gemacht haben, in ihr Vaterland zurück.
Die Uebung ihrer abgöttischen Religionsgebräuche,
ist ihnen hier erlaubt.

Es sind auch Türken in Jemen, als zu Mokha.
Die Juden sind häufiger, und wohnen zu Mokha,
Aden, Mahwahib, und vermuthlich noch an andern Orten. In Aden sind Armenier und Habessinier, welche freyen öffentlichen Gottesdienst haben, und auf Socotora sind Jacobitische und Nestorianische Christen.

Das

Das Königreich Jemen ist eins der allerälte-
sten auf dem Erdboden. Joktans Nachkommen haben darinn über 2300 Jahre in ununterbrochener Reihe regieret, nämlich bis 70 Jahre vor Mohammeds
Geburt, oder bis aufs Jahr Christi 502, und von diesem großen Zeitraum kommen über 2000 Jahre auf
das Geschlecht der Hamyariten, welche vom Ha-
myar, Sohn des Abdscham, entsprossen sind. s. oben
S. 418. Im Jahr Christi 502 wurde Jemen von
den Aethiopiern erobert, welche den Dhu'lnaopas, letzten König vom Hamyaritischen Stamm bekriegten,
weil er die Christen verfolgte. Der unglückliche König stürzte sich aus Verzweifelung ins Meer, und die
Aethiopier beherrschten Jemen von dieser Zeit an durch
Statthalter. Ob die jetzigen Könige von Jemen ihren Ursprung vom Aly, oder vom Aschub herleiten?
ist unbekannt. Das letzte wird in der Voyage de
l'Arabie heureuse um deswillen für wahrscheinlich gehalten, weil man gewiß weiß, daß im 13ten Jahrhundert ein Zweig der Aschabiten in Jemen regieret,
und der damalige König die Titul Khalifah und
Jmam geführet habe, welchen letztern die jetzigen
Könige sich noch beylegen, und als Jmams oder Ho-
hepriester der mohammedanischen Religion, am Freytage das öffentliche Gebet verrichten, wie in der Voyage de l'Arabie gemeldet wird. Der König ist
ein uneingeschränkter Herr, und keinesweges dem
türkischen Kaiser unterworfen. Das Reich ist nicht
erblich, sondern derjenige Prinz aus dem königlichen
Hause besteiget den Thron, welcher sich entweder durch
Macht oder andere Mittel auf denselben zu schwingen
weiß. Der alte König, welcher 1712 regierte, und

zu Mahwahib seinen Sitz hatte, war seinem Bruder
in der Regierung gefolget, und hatte desselben Sohn
zum Statthalter von Tis gemacht. Sein eigener
Sohn war Statthalter zu Dschoblah, und er bemühete sich, denselben zum Nachfolger zu bekommen.

Ich beschreibe nun die einzelnen Landschaften des
glücklichen Arabiens.

Tahamah.

Diese Landschaft heißt Tahamah oder auch Tehajim, weil sie den niedern am Meer liegenden
Theil von Jemen ausmacht. Sie hat zwar auch
einige Berge, die am arabischen Meerbusen anfangen, und sich zum Theil gegen Osten erstrecken: ihrer
sind aber wenig, in Ansehung dererjenigen, welche
im eigentlichen Jemen sind. Herbelot meynet,
Tahamah sey ein Stück von der Landschaft Hedschas, und Abulfeda führet einen arabischen Schriftsteller an, welcher dafür hält, daß Tahamah der südliche Theil vom Lande Hedschar sey: in andern Stellen aber unterscheidet Abulfeda Tahamah von Hedschas, und rechnet jene Landschaft zu Jemen, womit
der Nubische Erdbeschreiber übereinstimmet. Wenn
Otters oben S. 430. angeführte Anmerkung richtig ist,
so wird Jemen heutiges Tages nur in 2 große Landschaften abgetheilet, und Tahamah ist eine von denselben.
In Ansehung der Lage dieser Landschaft, gehen die
Landcharten sehr von einander ab. Ich hatte mich,
weil ich nichts gewisseres finde, an den Nubischen
Erdbeschreiber. Nach desselben Beschreibung, gränzet sie gegen Westen an den arabischen Meerbusen,
und gegen Osten an eine Reihe Berge, die sich von
Süden gen Norden erstrecket. Sie fängt gegen
Süden

Süden von Dschobba an, erstrecket sich bis Aden, und ist längst dem arabischen Strande, 12 Tagerei-sen lang, ihre Breite aber beträgt 4 Tagereisen. Zu derselben gehöret auch das Land Chaulan, welches nach Bocharts sehr wahrscheinlicher Meynung, von Joktans Sohn Chavila, 1 Mos. 10, 29. den Namen hat. Die Chaulaniten sind vermuthlich die Carber, welche Agatharchides und Diodorus anführen. Pto-lemäi Landschaften der Cassaniten und Elesarer, können nirgends anders, als in Tahamah, gesuchet werden. Diodorus nennet die ersten Gasandes, und Agatharchides nennet sie Casandres. Ich zweifele nicht, daß der arabische Stamm Ghasan, dessen der Nubische Erdbeschreiber bey der Stadt Dschenkan Erwähnung thut, die Cassaniten oder Gasanden ausmachen, vermuthe auch, daß der Name der Stadt Gesan, von ihnen zeuge. Bochart glaubet, daß sie von den Schätzen und Reichthümern, (Chasan) wel-che sie besessen, den Namen hätten: denn er bewei-set, daß sie sehr viel gediegenes Gold in kleinen Stü-cken, die kleinsten wie der Kern einer Nuß, die größ-ten wie eine Wälsche Nuß groß, gehabt, und ihren Nachbarn, den Minäern, Gebaniten und Sabä-ern für Eisen zweymal, für Kupfer dreymal, und für Silber zehnmal so viel Gold gegeben haben. Hier suchet also Bochart das goldreiche Ophir, dessen Hiob 22, 24. 28, 16. 1 Chron. 29, 4. Erwähnung ge-schiehet, zu welchen Stellen man auch 1 Mos. 10, 29. 30. setzen kann. Was ich von den natürlichen Eigen-schaften und Producten dieses Landes finde, das will ich bey den Oertern, bey welchen es gemeldet wird, anmerken. Der Nubische Erdbeschreiber saget, daß

Ll 5   in

in Tahamah Bedevi von allen Stämmen wären, und
Barthema berichtet, daß sie nacket gehen, und kein
anderes Gewehr als die Schleuder führen. Die Araber, welche in den Städten und Flecken wohnen, sind
gesitteter. Tahamah gehört dem König von Jemen.
Daß sich desselben Gebieth bis gegen Dschobba zu erstrecke, erhellet auch aus dem Bericht in der von la
Roque herausgegebenen Voyage de l'Arabie heureuse, daß 1712 ein Aufruhr auf der Seite von Dschobba entstanden sey, zu dessen Dämpfung der König
von Jemen Truppen abgesandt, welche auch die Rebellen zu Paaren getrieben.

Ich führe nun die merkwürdigsten Oerter an,
welche ich genannt, und einigermaßen beschrieben gefunden habe. Auf den Charten von Arabien, welche Sanson, Blaeu, Jansson, Tirion und andere
herausgegeben haben, stehen längst dem rothen Meer
viele Namen von Oertern, welche insgesamt aus der
Beschreibung der Seereise genommen sind, die ein
ungenannter Venetianer von 1537 bis 1539 mit dem
Pascha Soliman gethan hat. Ich führe sie aber
nicht an, weil einestheils die Namen nicht richtig
geschrieben sind, und anderntheils die Beschaffenheit
der Oerter, ob sie Städte, Flecken, Dörfer, und so
weiter sind? nicht angezeiget worden ist. Ich gebe
zuerst die Oerter an, welche an und nahe bey dem
arabischen Meerbusen liegen, und hernach diejenigen,
welche weiter ins Land hinein liegen.

1 Sachia, Sokjia, 3 Stationen gegen Süden von
Dschobba, ein Flecken mit einem Hafen am arabischen
Meerbusen, welcher zum Gebieth von Mecca gehöret.

2 Serrain, Sirin, eine kleine Stadt am arabischen
Meerbusen, 3 Stationen von dem vorhergehenden Ort, 5
von

von Haly, und 4 große Tagereisen von Mecca. Sie gehöret zum Gebieth von Mecca, und hat ein festes Kasteel wenigstens ehedessen gehabt.

3 Jalamlim, unweit Serrain, ein Flecken. Versammlungs- und Andachtsort der Pilgrime aus Jemen, welche nach Mecca gehen. Er ist entweder an oder auf einem von Osten gen Westen ausgedehntem Berge, eine Station von Mecca.

4 Aridan, ein Ort am arabischen Meerbusen, welcher vom le Blanc eine Stadt genennet wird. In der Nachricht von des Pascha Soliman Unternehmungen, heißt er Ariadan, und es wird gesagt, daß er von Bauern bewohnt werde, und zum Gebieth von Mecca gehöre. Sein Hafen wird eben eben daselbst Mazabraiti genennet.

5 Salta, ein Ort am arabischen Meerbusen, welcher in der eben angeführten Nachricht vorkömmt, und von le Blanc eine Stadt genennet wird.

6 Haly, Hely, Chely, eine kleine Stadt am arabischen Meerbusen, nach dem Nubischen Erdbeschreiber 5 Tagereisen, und nach dem Abulfeda ungefähr 6 Stationen von Serrain, und eine Station bis an den Fluß Sancan, welcher nach der Stadt Sancan fließet.

7 Al Bir, (das ist, der Brunn,) am arabischen Meerbusen, heißt beym le Blanc eine Stadt.

In der homannischen Charte vom türkischen Reich, stehet am arabischen Meerbusen ein Ort Namens Gomphida, welcher den Türken zugeschrieben wird. In D'Anville Charte von Asia heißt er Confida, und die Academie des Inscriptions et des belles lettres zu Paris, nimmt in Hofrath Michaelis Fragen S. 376 für richtig an, daß daselbst noch eine türkische Besatzung sey. Ich weiß nicht, woher dieser Ort genommen worden. In der Nachricht von der Reise des Pascha Soliman beym Ramusio, ist in dieser Gegend eines Orts Namens Chofodan gedacht, welcher auf den ältern Charten Cofonda heißt. Otter bezeuget, daß die Türken im Lande Jemen nichts zu befehlen hätten, und daß Dschedda der letzte Ort ihrer Herrschaft sey.

8 Aaw

8 Aatu oder Attu, eine kleine Stadt, 2 kleine Stationen von Sancan, und 5 von Haly gegen Mittag. Wie es
scheinet, so ist dieser Ort einerley mit demjenigen, welchen le Blanc Outor, und einen schlechten Flecken nennet.

9 Magora oder Mugora, am arabischen Meerbusen,
ein guter Hafen, dem es weder an Holz, noch an süßem
Wasser mangelt. Dieses wird in der Nachricht von der
Reise des Soliman Pascha gesagt. Le Blanc nennet diesen Ort eine Stadt.

10 Sancan, eine Stadt, 2 kleine Stationen von Aatu.
Sie gehöret zum Gebieth von Mecca. Bis hieher fließet der
vorhin genannte Fluß Sancan.

11 Gesan, eine Stadt am arabischen Meerbusen, mit
einem sehr guten Hafen. Das umliegende Land ist fruchtbar, und träget Weintrauben, Pfirschen, Feigen, Limonen, Citronen, und andere gute Baumfrüchte, wie auch
Melonen, Gurken, Knoblauch, Zwiebeln, und Getreide
im Ueberfluß, und Vieh hat man auch reichlich. Alles
dieses berichtet Barthema.

12 Cubit, heißt beym le Blanc eine Stadt, und in
der Nachricht von der Reise des Pascha Soliman, kömmt
dieser Ort unter dem Namen Cubit Sarif vor. Er liegt
am arabischen Meerbusen.

13 as Schardschab, in la Roque Uebersetzung vom
Abulfeda, Hargiab, ein Hafen am arabischen Meerbusen,
bey welchem einige Häuser stehen, eine Tagereise von
Dscherdah.

14 al Dscherdah, von andern Gerdah und Herdah
genannt, ein kleines Kasteel am arabischen Meerbusen.

15 Alafakah oder Galapbeca, ein Kasteel am arabischen
Meerbusen, 4 Stationen von Dscherdah. Es beschützet
den Eingang des hiesigen Hafens, welcher der Hafen von
Zabid ist, diese Stadt aber lieget 50000 Schritte von hier.

16 Mokha, eine Stadt und berühmter Hafen am arabischen Meerbusen, 20 französische Seemeilen von Bab
al Mandab. Den Hafen machen zwo Erdzungen, welche sich wie ein Bogen krümmen. Auf jeder Spitze liegt
'n Fort zur Beschützung des Eingangs zum Hafen, wel-

cher

cher letzte nicht tief, und daher nur für Schiffe von mitt-
ler Größe bequem ist. Die Stadt ist mit Mauern von
Steinen, und halb von Erde mit Stroh vermengt, wie
auch mit vielen Thürmen umgeben. Die letztern sind mit
Soldaten besetzt, auf einigen stehen auch Kanonen. Jürgen Andersen hat 7 Stunden gebraucht, die Stadt zu umgehen. Er hat die Straßen unordentlich, und die Häuser
schlecht gebauet gefunden. Mokha ist nicht so ansehnlich,
als Aden, sie treibt aber stärkern Handel. Man schätzte
1709 die Anzahl ihrer Einwohner auf 10000, die größtentheils Araber und Türken, zum Theil auch Armenier und
Habessinier, und arme Juden waren, welche letztere in
einem abgesonderten Theil der Stadt wohnen. Jürgen
Andersen berichtet, daß die Armenier eine, und die Habessinier zwo Kirchen hätten. Die umliegende Gegend ist
in einem Umfang von ungefähr 15 französischen Meilen,
sehr dürre, und hat kein anderes, als salpetrichtes und
salzichtes Wasser. Die Hitze ist hier schon im Jänner so
groß, als zu Paris im Julio, am stärksten aber im Junio
und Julio, wenn Südwind wehet. Es regnet selten, ja
als der Hauptmann Scharpey 1609 hier war, erzählten
ihm die Einwohner, daß in sieben Jahren kein Regen gefallen sey, und als die Franzosen 1709 hier waren, hatte
es in zwey Jahren nicht geregnet, damals aber fiel im
Jänner zweymal Regen. Die Franzosen bemerkten auch,
daß Vormittags gegen 9 und 10 Uhr ein kühler Wind aus
der See kam, welcher die Hitze verminderte. Nach dem
Regen ist der Boden mit einer Art Rinde von Salz bedeckt,
dessen man sich hier bedienet; man macht auch kleine
Graben, in welche man das Seewasser zur Zeit der Fluth
hineintreten läßt, da denn die Sonne ein so hartes Salz
bereitet, daß man es mit Mühe zerbrechen muß. Außerhalb der Stadt stehen Dattelnbäume zwischen dem Sande,
welche man mit dem Wasser ausgegrabener Brunnen wässert. Es wächset auch an einigen Orten weißer und großer Hirse. Der Ueberfluß an guten Baumfrüchten, Getreide, Schlachtvieh und Geflügel, welchen Scharpey 1609
hier gefunden hat, ist ohne Zweifel von andern Orten
hieher

hieher geschafft worden, wie man aus dem folgenden Artikel Mosa ersehen wird. Unter dem Statthalter von Mokha, stehen die Befehlshaber von 7 andern Oertern. Die Franzosen, welche 1709 hier waren, erfuhren, daß der Statthalter zu Mokha dem König von Jemen jährlich 30000 Piaster bezahle, welche er durch Auflagen von dem Volk erhebe. Unterschiedene europäische Nationen, welche Seehandel treiben, besuchen diesen Hafen, insonderheit die Franzosen, Engländer und Holländer. Die ostindische Compagnie in den Niederlanden unterhält hier ein Contoir.

In dieser Gegend, etwas näher nach Bab al Mandab, ist die Stadt und der Hafen Ocelis oder Oeila, oder Acila, gewesen. Den ersten Namen brauchen Ptolemäus und Arrianus, den zweyten Plinius, den dritten Strabo. Sie gehörte zum Lande der Gebaniten, welches sich von hier bis Thumna erstreckte.

17 Mosa, eine kleine Stadt in der Ebene, 10 französische Meilen von Mokha. Sie liefert fast alles Geflügel, welches nach Mokha gebracht wird, es ist auch hier die Niederlage der Früchte, welche dahin aus dem Gebirge geführet werden. Alles dieses ersiehet man aus der Voyage de l' Arabie heureuse. Die Stadt erinnert mich an Musa Ptolemäi, Arriani und Plinii, oder Mesa (Mescha) 1 Mos. 10, 30. wo geschrieben stehet, daß die Jectaniten von Mesa nach Saphar (heutiges Tages Dhafar) zu, gewohnet hätten. Ich weiß wohl, daß die erstgenannten alten Schriftsteller, Musa als einen Hafen und Handelsplatz am arabischen Meerbusen, beschrieben haben: allein, entweder ist die jetzige Stadt Mosa, nach dem vormaligen Ort Musa benannt worden, oder der Hafen, welchen diese Stadt am arabischen Meerbusen gehabt, hat auch ihren Namen geführet, so wie Abulfeda den oben beschriebenen Ort Alafakah, welcher der Hafen der Stadt Zabid ist, auch Zabid nennet, und saget, Zabid sey ein Hafen in Jemen. Einige Gelehrte halten Mesa für Mecca.

Zwischen Mosa und Tis, 16 (englische) Meilen von der letzten Stadt, liegt nach Middletons Reisenachrichten,

eine

eine Stadt Namens Eufras, von welcher ich sonst nichts gefunden habe.

18 Zabid oder Zebid, war zu des Nubischen Erdbeschreibers Zeit, eine große und reiche Handelsstadt, und nach dem Abulfeda ist sie die Hauptstadt von ganz Tehajim, das ist, von dem an der Seeküste liegenden Theil von Jemen. Barthema nennet sie auch eine große und gute Stadt, welche starken Handel treibe, und man ersiehet aus der Voyage de l' Arabie heureuse, daß die Franzosen, welche 1709 hier gewesen sind, noch Spuren von der ehemaligen Größe und Wichtigkeit dieser Stadt angetroffen haben. Sie gehöret, allem Ansehen nach, zu dem Gouvernement von Motha. Zu Barthema Zeit, wurde hier viel Zuckerrohr gebauet. Der unbekannte Verfasser der Reisen und Schiffahrt des Pascha Soliman, beschreibet die Stadt und ihre Gegend, als sehr schön, und rühmet ihre schönen Gärten, und ihren Ueberfluß an Zibeben, Datteln, andern vorzüglichen Früchten, Fleisch, und vielen andern Dingen, welche in keinem andern Theil von Arabien gefunden würden. Was er aber von ihrem Ueberfluß an fließendem Wasser saget, widerspricht nicht nur des Abulfeda, sondern auch der 1709 hier gewesenen Franzosen Zeugniß: denn jener saget, die Stadt habe kein anderes als Brunnenwasser, und diese versichern, daß kein Fluß hieselbst sey. Unterdessen ist nicht zu leugnen, daß der Nubische Erdbeschreiber von einem kleinen Fluß bey Zabid rede. 1539 wurde die Stadt von den Türken eingenommen und besetzt. Von ihrem Hafen am arabischen Meerbusen, welcher von dem ihn beschützenden Kasteel, Alfaakah genennet wird, habe ich oben schon gehandelt. Der Nubische Erdbeschreiber saget, er sey 50000 Schritte von hier. Abulfeda setzet desselben Entfernung auf etwas weniger als eine Tagereise, Barthema auf eine halbe Tagereise, und le Blanc auf 5 (französische) Meilen.

19 Beit al Fakih, oder wie in der Voyage de l' Arabie heureuse stehet, Betelfaguy, eine Stadt, 10 französische Meilen vom arabischen Meerbusen, und ungefähr 35 von Motha. Sie ist viel größer als Motha, sieh al

aber unter dem Statthalter, welcher in dieser Stadt wohnet. Sie hat keine Mauern, wird aber durch ein Kasteel
beschützet, welches ungefähr einen Büchsenschuß davon
lieget, und kein anderes Wasser als dasjenige hat, welches
aus einem sehr tiefen Brunnen vermittelst eines Kameels
geschöpfet, und wenn es herauf gezogen wird, so stark
rauchet, als ob es kochte. Man kann es daher nicht sogleich trinken, läßt man es aber eine Nacht über stehen,
so ist es von sehr guter Art. Die Häuser der Stadt,
sind von Backsteinen, ein oder 2 Stockwerke hoch erbauet. Hieher wird täglich von dem etwa 3 französische
Meilen entfernten Gebirge, Caffe gebracht, welchen hieher reisende Kaufleute aus Aegypten und der Türkey, auf-
kaufen, und auf Kameelen nach einem 10 französische
Meilen von hier liegenden Hafen am arabischen Meerbusen bringen, woselbst er in kleine Fährzeuge geladen, und
in denselben nach Dschodda, von dannen aber weiter ausgeführet wird. Alles dieses findet sich in der Voyage de
l' Arabie heureuse. Otter gedenket dieser Stadt wegen
des Caffehandels auch, macht aber einen Unterschied unter klein und groß Beit al Fakih: von jener Stadt kömmt
nach seinem Bericht der Caffe, diese aber liegt 5 Tagereisen von Sanaa, und eine vom Meer. Ich vermuthe,
daß im klein Beit al Fakih der oben beschriebene Hafen
Alafakah ist. Beit, das erste Wort des Namens, bedeutet ein Haus, und der ganze Name, das Haus des Rechts-
gelehrten. Weil die bisher beschriebene Stadt weder im
Nubischen Erdbeschreiber, noch im Abulfeda stehet, so
schließe ich daraus, daß sie neuer sey, als dieser
Schriftsteller.

Nach le Blanc Reisebeschreibung liegen auch die Städte Abra, Damican und Erit am arabischen Meerbusen:
ich weiß aber nicht, wo ich sie hinsetzen soll.

Es folgen nun die im Innern des Landes liegenden
Oerter.

20 al Mahoscham, eine kleine Stadt, 8 kleine Stationen von Aden, 7 von Sanaa, und 4 von Habran.
Hier ist die Gränze zwischen Tahamah und Jemen, wie
der

der Nubische Erdbeschreiber anmerket, in dessen lateinischen Uebersetzung ihr Name Mahgem, in la Roque Uebersetzung von Abulfeda allgemeinen Beschreibung Arabiens aber Maghian geschrieben wird. Abulfeda saget, sie liege 3 Stationen von Zabid, dieser Stadt gegen Nordosten auf einer Ebene. Ihre Entfernung sowohl von Sanaa als Aden, setzt er auf 6 Stationen, und giebt dieses in Ansehung der letzten Stadt für des Scherif Edriß oder sogenannten Nubischen Erdbeschreibers Bericht aus. Die Zahlen sind in einem oder dem andern Schriftsteller verdruckt. Sonst saget Abulfeda ausdrücklich, daß diese Stadt zu Tehajim, oder dem am Strande der See liegenden Theil von Jemen gehöre.

21 Mabadschera, ein großes Dorf, in welchem die Gränze der Gebiete von Mecca und Jaman ist, wie der Nubische Erdbeschreiber berichtet.

22 Sadum-Xab, ein großer Flecken, welcher Quellen und Weinbau hat.

23 Dschorasch, eine Stadt, in deren Gegend viel Caradh wächset, (davon ich oben S. 532 gehandelt habe,) daher hier viel Leder bereitet wird, wenigstens zu Asim und des Nubischen Erdbeschreibers Zeiten bereitet worden ist.

24 Miad, ein großer Flecken, welcher Dattelnbäume hat.

25 Chaulan-Dhi-Sobaim, ein Kasteel, dessen Einwohner der Nubische Erdbeschreiber als starke und tapfere Leute beschreibet. Es ist der Hauptort des Districts Chaulan, welcher von Joktans Sohn Chavila den Namen hat.

26 Haran al Corain, ein Flecken mit fließendem Wasser, eine Station von dem vorhergehenden Ort. Dieser Ort Haran, kömmt Ezech. 27, 23. vor. Bey demselben haben die Corainiten oder Caraniten Plinii, gewohnet.

27 Baisath-Jaktan, eine kleine Stadt, welche gute Quellen und Felder hat, eine Station von Sancon. Sie hat vom Jaktan, dem Stammvater der Araber, den Namen. Die Jaraniten sind eben diejenigen, welche Ptolemäus Cataniten nennet.

28 Ocadh, ein großes Dorf, in welchem wöchentlich

5 Theil.   M m   einmal

einmal Markt gehalten wird. Es liegt 3 Stationen von Tabala.

29 Tobala oder Tabala, eine geringe Stadt, am Fuß eines Hügels, welche Quellen, Dattelnbäume und Aecker hat. Sie gehört zum Gebiet von Mecca.

30 Rouaitha oder Rovaitha, ein Flecken, welcher viele Dattelnbäume und Quellen hat.

31 Darca und Olaib oder Alib, Flecken.

32 Caze, Chezi, ein Flecken, welcher viele Dattelbäume und abfließende Quellen hat.

33 Sophar, Sofe, ein kleiner Flecken, welcher 2 Brunnen mit gutem Wasser hat. Man muß ihn mit Saphar Mosis, Ptolemäi und Plinii, nicht verwechseln.

34 Gossem, Bais, und Ach, Kasteele, welche zum Gebiet von Mecca gehören.

al Jaman oder Jemen

in der engsten Bedeutung, ist der beste Theil von Jemen in weiter Bedeutung. Ich fange die Beschreibung desselben bey Aden an.

1 Die Stadt Aden mit dem Zunamen Abyan, durch welchen sie von Aden Laah unterschieden wird, heißt in der Bibel Eden, Ezech. 27, 23. beym Ptolemäo Arabia Emporium, beym Philostorgio Adane. Le Blanc saget, sie werde von ihren Einwohnern Adedun genennet. Sie liegt am Weltmeer auf einer Landspitze, die aus einem felsichten Berge bestehet, welcher in viele Klippen getheilet ist, und die an seinem Fuß liegende Stadt fast von allen Seiten einschließt. Dieser Berg macht ein sehr steiles Vorgebirge aus, welches man 15 bis 20 französische Seemeilen von fern in der See erblicken kann. Auf demselben sind unterschiedene kleine Kasteele und Forts, die Stadt selbst ist auch mit Mauern und Vollwerken umgeben, und diese sind mit Kanonen besetzt. Der schmale Zugang von der Landseite, wird durch drey Forts, und der große tiefe und sichere Hafen, welcher ein Theil des hiesigen Meerbusens ist, wird noch durch ein besonderes Fort beschützet. Zunächst bey der Stadt, am Fuß des

Berges,

Berges, siehet man wohl etwas grünes, aber der nahe liegende Boden des festen Landes ist theils sandig und dürre,
theils so lange er sich unter denen weit ins Land hineingehenden Bergen erstrecket, morastig, und bringt nichts
hervor. Es müssen also die Lebensmittel, das Holz, und
was die Einwohner sonst nöthig haben, von andern Orten hieher gebracht werden. Zu Abulfeda Zeit bekam die
Stadt ihr gutes Wasser aus einem Brunnen, der fast eine Tagereise weit von ihr entfernet ist, daher das Landthor,
durch welches es eingeführet wurde, Bab al Sakyine,
das ist, das Thor der Wasserträger, genennet wurde. Nachmals ist eine Wasserleitung angelegt worden, durch welche das Regenwasser von dem Berge in ein unweit der
Stadt befindliches großes Behältniß geleitet, und in demselben zum Gebrauch aufbehalten wird. Die Stadt ist
ziemlich groß, also daß Barthema zu seiner Zeit die Anzahl ihrer Feuerstellen auf 6000 schätzte. Die Franzosen,
welche 1709 hier waren, trafen noch viele wohlgebauete
Häuser von 2 Stockwerken aber auch viele verfallene an.
Die Einwohner sind schwarzbraun, hager und klein. Es
wohnen hier viel Juden. Die Stadt war ehedessen die
schönste, vornehmste und blühendeste Handelsstadt in Jemen. 1513 wurde sie von den Portugiesen vergebens angegriffen, 1530 aber nöthigten sie den Statthalter, sich
zu einem jährlichen Tribut zu verpflichten. 1538 bemächtigten sich derselben die Türken durch List: sie haben sie
aber nachmals wieder verlassen. Sie ist von Sanaa 68
Parasangen entfernet, wie Abulfeda berichtet. Zur Zeit
des römischen Kaisers Constantii errichtete hier der König
der Homeriten, welcher ein Christ geworden war, ein
Bisthum, welches nachmals mit einem Nestorianischen
Bischof besetzt worden ist.

2 Lagi, eine Stadt, 15 italienische Meilen von Aden,
hat Barthema besucht, und gefunden, daß sie in einer
Ebene lieget, welche viele Dattelnbäume und Getreide,
aber großen Mangel an Holz hat. Tirion setzt sie ans
Meer.

3 Abin, ist nach dem Nubischen Erdbeschreiber ein Ka-

steel,

steel, und Flecken, 12000 Schritte von Aben auf dem Wege nach Sanaa.

4 Hadschar und Nadar sind zween nicht weit von einander liegende Flecken auf dem Wege von Aben nach Sanaa; und

5 Sabtan, auf eben diesem Wege, ist ein Kasteel.

6 Die Städte Ajaz, Dante und Al Macarana, welche Barthema besucht und beschrieben hat, weiß ich nicht recht zu setzen. Nach Ajaz kam er in einem Tage von Lagi, und fand jene Stadt auf 2 kleinen Bergen erbauet, zwischen welchen ein schönes Thal mit einem Brunnen ist, woselbst Markt gehalten wird. Die Einwohner der beyden Theile der Stadt, sind von 2 Secten: denn die, welche den gegen Mittag liegenden Berg bewohnen, sind Sonniten, und die Bewohner des gegen Mitternacht liegenden Berges sind Schiiten. Auf jedem Berge ist ein Kasteel. Von hier kam Barthema in 2 Tagen nach der Stadt Dante, welche auf einem Berge stehet, der von einer unfruchtbaren Gegend umgeben ist. Von derselben reisete er in 2 Tagen nach der Stadt Al Macarona, die auf dem ebenen Gipfel eines sehr hohen Berges liegt, fest ist, gesunde Luft, und eine reichlich angefüllte Cisterne hat. Die Einwohner sind etwas weißer von Farbe, als in den umliegenden Oertern. Von hier kam er in einem Tage nach Reame. Le Blanc kennet diese Stadt auch. Er nennet sie Al Macarama und Samacara, bestätiget ihre hohe Lage und Festigkeit, rühmet ihre Größe, und berichtet, daß zu seiner Zeit der König von Jemen in derselben seinen Schatz und seine Gemahlinnen verwahret, auch selbst seine vornehmste Wohnung darinn gehabt habe, weil die Türken und Perser damals einige seiner Provinzen im Besitz hatten. Le Blanc unterscheidet diese Stadt von einer andern, Namens Al Macara, die auch auf einem Berge liegt, und auf ihrer Ostseite die große und wohlbewohnte Stadt Gafa hat: ich weiß aber weder jener noch dieser Lage anzugeben.

7 Tis oder Tees, von Barthema und le Blanc Taessa, in Middletons Reise Tajes, und in der Voyage de l'Arabie heureuse

heureuse Tage genannt, eine wohlgebauete, große und bemauerte Stadt, 33 französische Meilen von Mosa, und 4 Tagereisen von Mokha. Ich vermuthe, daß das Land zwischen Aden und Mahdscham, und zwischen Aden und Sanaa, welches in der lateinischen Uebersetzung des Nubischen Erdbeschreibers Dahes genannt wird, von dieser Stadt den Namen habe. Ueber derselben liegt auf einem Berge ein Schloß, welches die Stadt beschützet, und 6 französische Meilen weit gesehen werden kann. Zu Abulfeda Zeit war dieses Schloß die Residenz der Könige von Jemen. Die Gärten, welche am Abhange des Schloßberges angeleget worden sind, verursachen einen schönen Anblick. Auf dem nahe dabey liegenden noch höhern Berge Sabir, stehet

8 Aden Laah, eine kleine Stadt, deren vorhin bey Aden Abyan schon Erwähnung geschehen ist, und welche Adana Stephani zu seyn scheinet. Abulfeda gedenket derselben, und Schultens hat ihre Lage aus einem arabischen geographischen Wörterbuch, besser bestimmt.

9 Al Dimluh oder Demluwah, in la Roque Uebersetzung von Abulfeda allgemeinen Beschreibung Arabiens, Hisn ud Damula, oder al Demlow, ein Kasteel im Gebirge, welches ehedessen für so fest und unzugänglich gehalten wurde, daß man im Sprüchwort sagte: fest wie al Dimluh, daher auch die Könige von Jemen vor Alters ihre Schätze in demselben verwahreten.

10 al Dschanad, eine halbe Station gegen Norden von Tis, eine Stadt die schlechtes Wasser hat. Die Einwohner waren zu Abulfeda Zeit größtentheils Anhänger des Ali. Nahe bey der Stadt ist das Thal Sahul, durch welches man in eine Wüste, und alsdenn auf einen Berg kömmt, der ungefähr 20 Parasangen breit ist, auf welchem zu Abulfeda Zeit tausend Dörfer waren. Von dannen kömmt man durch lauter unfruchtbaren Sand nach Zabid.

11 Xhada, Redia, eine kleine Stadt am Fuß eines Berges, und zum Theil auf demselben, 8 Tagereisen

Aben, 3 von Sanàa, und 12 französische Meilen von
Beit al Fakih, wie aus Barthema Reisebeschreibung und
aus der Voyage de l'Arabie heureuse zu ersehen. Die
hiesige Gegend ist eine der besten des ganzen Landes: denn
außer den schönsten Caffebäumen, sind hier noch andere
Fruchtbäume im Ueberfluß, man bauet sehr gutes Getreide, hat auch Melonen, Gurken, und andere Gewächse
in Menge.

12 Dschilan, ein Dorf und Kasteel, 36000 Schritte
von Zabid.

13 Zwischen Tis und Mansuel, sechs französische
Meilen vom ersten Ort, sahen die Franzosen 1712 die ersten Caffebäume, und man sagte ihnen, daß sie die besten in ganz Jemen wären: sie fanden auch daselbst viele
andere Fruchtbäume. Zu Mansuel trafen sie 2 sehr alte
Kasteele an.

14 Dschoblah, in der Voyage de l'Arabie heureuse,
Gabala, eine kleine Stadt, welche wegen ihrer Lage an
2 Bächen auch Medinat al Nabrain, oder Medinat
en Nahreine, das ist, die Stadt zweyer Flüsse, genannt
wird.

15 Jrame, eine große aber offene Stadt, 2 Tagereisen von Mansuel. Dieses stehet in der Voyage de
l'Arabie heureuse. Allem Ansehen nach ist diese Stadt
eben diejenige, welche Barthema Reame nennt, und
ihre Einwohner als sehr schwarz von Farbe, aber als
große Kaufleute beschreibet. Er saget auch, daß sie auf
2000 Feuerstellen habe, und daß auf einer Seite der
Stadt ein festes Kasteel auf einem Berge liege. Das umliegende Land, ist sehr fruchtbar, es fehlet aber an Holz.
Barthema hat hier Schafe angetroffen, deren fetter
Schwanz über 44 Pfund gewogen, und welche vor Fett
kaum gehen können: er hat auch schöne weiße Weintrauben ohne Kerne gesehen. Von der hiesigen gesunden
Luft, zeuget das hohe Alter unterschiedener Personen;
denn Barthema hat solche gesprochen, die 120 bis 125
Jahre alt, und noch ziemlich bey Kräften waren. Der
Name des Orts bringt mich auf die Gedanken, ob nicht
hier

hier der Garten Jram, oder das Paradies gewesen sey,
davon die arabischen Dichter so viel Rühmens machen?
Ein König von Jemen, Namens Schedad Ben Ad, der
lange vor Mohammed gelebet hat, soll diesen schönen
Garten angelegt haben. s. Herbelot in den Artikeln Jram
und Schedad. Ich vermuthe auch, daß Raema beym
Ezechiel Kap. 27, 22 dieser Ort sey, welcher von Raema,
Chus Sohn, 1 Mos. 10, 7. den Namen hat: ob ich
gleich weiß, daß Bochart Raema für das Rhegma Stephani am persischen Meerbusen halte.

Wenn man von hier nach Damar reiset, trifft man
nichts als hohe unfruchtbare Berge, und dürren Boden
an; zu Damar aber öffnet sich das Land zu angenehmen
Ebenen.

16 Damar, Dhamar, Dsemar, Dsimar, eine Stadt,
15 französische Meilen von der vorhergehenden, wie in der
Voyage de l'Arabie heureuse gemeldet wird, und 16 Parasangen, wie Abulfeda, oder 48000 Schritte, wie der
Nubische Erdbeschreiber saget, von Sanaa. Sie ist als der
Geburtsort unterschiedener namhafter Personen, welche
Mohammeds und seiner Schüler Worte nachgeschrieben
haben, berühmt. Barthema bezeuget, daß das umliegende Land sehr fruchtbar sey. Wo ich nicht irre, so
kömmt diese Stadt beym le Blanc unter dem Namen
Adimar vor, und wird eine der besten Städte in Arabien genennet.

17 Mahwahib, in der Voyage de l'Arabie heureuse,
Mouab, eine Stadt auf einem kleinen Berge, etwa ein
Viertheil einer französischen Meile von Damar. Der
noch 1712 lebende alte König von Jemen hat sie erbauen lassen, und sie war seine Residenz. Er hat auch
das gleichnamige Schloß erbauet, welches auch ungefähr ein Viertel einer französischen Meile von hier auf einem höhern Berge stehet: und diese 3 Oerter Damar, Stadt und Schloß Mahwahib, machen ein
gleichseitiges Dreyeck aus. Noch hat dieser König
2¼ französische Meilen von Mahwahib, auf einem kleinen
Berge, ein festes Kasteel angelegt, dahin er sich in Krie-

gen

gen mit den benachbarten Prinzen, und wenn er in Gefahr war, zur Sicherheit begab. Die Stadt Mahwahib ist nicht groß, hat auch nur Mauern von Erde, und die Häuser sind auch meistens so gebauet: allein, die Luft ist sehr gut. Der Pallast des Königes ist groß, aber ohne Schönheit und Pracht. In einer Vorstadt wohnen lauter Juden, welche sich des Nachts in der Stadt nicht aufhalten dürfen. Der umliegende Boden ist sehr gut: die Ebenen tragen Reiß und Getraide, die Hügel und Thäler sind mit Caffebäumen, andern Fruchtbäumen und Weinstöcken bepflanzet.

18 Siam, eine kleine Stadt, mit einem zur Seite auf einem Hügel stehenden Kasteel, zwischen Damar und Sanaa. Ich habe sie nur in Middletons Reise gefunden, es sey denn, daß sie Samma beym le Blanc sey.

19 Sanaa, in Reisebeschreibungen auch Seena und Senan, und von denen in Jemen wohnenden Juden Uzal genannt, eine Stadt auf einem Berge, 15 französische Meilen von Mahwahib, 48000 Schritte von Damar, 104000 Schritte von Aden, und 3 Tagereisen von Jrame oder Reame. Al Asith beym Abulfeda saget, sie sey eine schöne und berühmte Stadt, die Hauptstadt von ganz Jemen. Der Nubische Erdbeschreiber beschreibet sie als die älteste Stadt in Jemen, rühmet ihre sehr gemäßigte Luft, ihre Größe und ihren Reichthum. Abulfeda nennet sie eine der größten Städte in Jmen, und vergleicht sie mit Damaschk in Ansehung des Ueberflusses an Wasser, und der vielen Obstgärten. Barthema berichtet, sie habe einen sehr großen Umfang, schließe aber auch Weinberge, Baumgarten und andere offene Plätze ein. Er meynet, daß sie an 4000 Feuerstellen habe, und rühmet ihre nach italienischer Bauart gebaueten Häuser. Von ihren Mauern saget er, sie wären 10 Ellen hoch, und 20 dicke, also, daß acht Pferde neben einander darauf gehen könnten. Er rühmet auch die Fruchtbarkeit ihres umliegenden Bodens, der viele gute Früchte und unterschiedene kleine Specereyen trage, und ihre vielen Brunnen. Middleton merket an, daß hier das Holz sehr theuer sey,

weil

weil es weit hergeholt werde. Er gedenket auch eines
auf der Ostseite befindlichen Kasteels. Vor Alters war
sie die Residenz der Könige von Jemen. In ihrem Umfang ist ein erhabener Platz, welcher Gomdan genennet
wird, und auf welchem man noch zu Abulfeda Zeit die
Trümmern von dem ehemaligen Pallast der Könige und
dem berühmten Tempel sahe. In der Voyage de l' Arabie
heureuse, wird gemuthmaßet, daß man hier noch schöne
Ueberbleibsel von Alterthümern finden werde. Die Academie des Inscriptions et des belles lettres zu Paris, hat
diese Worte unrichtig so verstanden, als ob man hier noch
etliche prächtige Gebäude antreffe. s. Michaelis Fragen
S. 384. Daß die Juden die Stadt Sanaa noch jetzt
mit ihrem alten Namen Uzal belegen, hat der jüdische
Schriftsteller Abraham Zachuth in seinem Buch, Jucha-
him genannt, angeführet. Die Araber haben diesen Namen wie Ausal ausgesprochen, und die Griechen haben
nach Bocharts Anmerkung diesen Namen in Ausara verwandelt, davon die Myrrha Ausaritis benannt worden ist.
Daraus erhellet auch, daß die Gebaniten, deren Plinius erwähnet, bis in diese Gegend gewohnet haben.

20. Han und Orf oder Orph, Dörfer und Kasteele.

21. Von dem District Chaiwan oder Khaiwan, sa-
get Abulfeda, daß er viele Dörfer und angebauete Felder
begreife, Wasser und viele Einwohner von mancherley
Stämmen habe. Aus dem Assih führet er an, daß er die
Gränze des Landes sey, welches von den Nachkommen
des Schodak, von der Familie Jafar, und von dem
Stamm Tebabaab bewohnet werde. Chaiwan liegt 16
Parasangen von Saadah.

22 Rabda, eine kleine Stadt, eine Station von Sanaa. Sie ist mit Weinbergen und fruchtbaren Feldern
umgeben. Das saget der Nubische Erdbeschreiber.

23 Anafeth, eine Stadt, welche viele Weinberge hat.
Die Einwohner bekommen ihr Wasser aus einem Teich,
in welchem viele Quellen sind.

24 Dschenuch oder Dschonwan, eine Stadt, in welcher zu des Nubischen Erdbeschreibers Zeit ein festes Ka-

steel war. Die Einwohner sind vom Geschlecht Omar oder Amriten. Sie holen ihr Wasser aus 2 Teichen. Es wachsen hier Weintrauben, die sehr große Beeren haben, aus welchen Rosinen gemacht werden. Bey diesem Ort wohnen auch Araber vom Geschlecht Ghasan, und gegen Westen ist das Land der Abadhiten, welches wohl angebauet und bewohnet ist. Von Dschenuan bis Saadah sind 48000 Schritte.

25 Habran, ein Städtchen in der Ebene, 4 Stationen von Mahdscham, 3 von Sanaa. Die fruchtbare und wohlgewässerte Gegend ist reich an unterschiedenen Früchten.

26 Aschamijah, ein großer Flecken, 25000 Schritte von Saada.

27 Saada, eine kleine Stadt, 60 Parasangen von Sanaa. Sie soll ihren Namen von ihrer niedrigen Lage haben. Der Nubische Erdbeschreiber, Asisy und Abulfeda, rühmen ihre Leder-Manufacturen. Das umliegende Land ist fruchtbar. Von hier kömmt man über das Dorf Adaca nach dem oben in Tahamah angeführten Gränzdorf Mahadschera.

28 Haus, eine Stadt, welche beym Nubischen Erdbeschreiber zwischen Saada und Nadschran vorkömmt.

29 Nadschran, bey den Syrern Nagran, eine kleine Stadt, 6 Stationen von Dschenuan, eben so weit von Dschorasch, und 5 von Ocadh. So bestimmet der Nubische Erdbeschreiber ihre Lage. Abulfeda schreibet, sie sey zwischen Aden und Hadhramaut im Gebirge, welches ich für unrichtig halte. Der persische Erdbeschreiber beym Herbelot schreibt, daß man von hier bis Mecca 20 Tagereisen zähle. Zur Zeit des römischen Kaisers Constantii, errichtete hier der König der Homeriten, welcher ein Christ geworden war, ein Bißthum, welches aber die Juden 524 zerstörten, und einige hundert Christen umbrachten.

30 Olu-Jachseb, (Ober-Jachseb,) ein geringer Ort, 36000 Schritte von dem folgenden.

31 Nadschah, ein Kasteel, 27000 Schritte von dem folgenden Ort.

32

32 Chond, ein Kasteel auf einem großen Hügel, welches Chaulaniten bewohnen, 140000 Schritte von Sanaa.

33 Sosl-Jachseb, (Nieder-Jachseb,) ein Kasteel, bey welchem Bäche sind, die aus guten Quellen kommen. Es liegt 16000 Schritte vom Kasteel Alac, und dieses 14000 Schritte von Dafar.

Zwischen Jemen, Jamamah und Oman, ist eine Wüste von ungeheurer Größe, von welcher ich aber nichts sagen kann.

Hadhramaut.

Die Landschaft Hadhramaut oder Hadramuth, liegt der Stadt Aden gegen Osten, und gränzet an die Districte Aden, Lis und Sanaa, an das eigentliche Jemen, an Schadschar und an den Ocean. Sie ist von Jaktans Sohn Chatzarmaveth benannt, welcher Name bey den Arabern Chadramauth oder Hadhramaut lautet. Die alten griechischen Erdbeschreiber nennen dieselbige Adramuta, Chatramis, Chatramitis, und die Einwohner heißen Atramotiten, Chatramotiten, Chatramoten, Chatrimmiten und Chatrimmititen, ingleichen Atramiten oder Adramiten. Es hat auch der arabische Stamm Ad, in diesem Lande gewohnet, von welchem im Koran geredet wird. Bey den alten Schriftstellern ist dasselbige berühmt, weil es Myrrhen, Weihrauch, Aloe (Sabr al Hadhri) Cassia und Zimmet hervorgebracht hat. Abulfeda nennet es ein blühendes Land, und saget, daß es vom Stamm Namud bewohnet worden. Folgende Oerter gehören dazu.

Lasaa oder Lassa, eine kleine Stadt am Ocean. Sie ist von den oben nach Aden beschriebenen Flecken Abin, zur See nur 24 Stunden entfernet, zu Lande aber braucht man

man wegen des dazwischen liegenden Berges 5 Tage, um
von einem Ort zum andern zu kommen.

Zwischen dieser Stadt und der folgenden liegt, nach
des Nubischen Erdbeschreibers Bericht, ein großer Flecken,
woselbst ein heilsames warmes Bad ist.

Sciarma oder Sciorama, eine Stadt am Ocean, fast
? Tagereisen von Lasaa.

Wie es scheinet, so ist auch der gute Hafen Makalla
oder Makulla, an der Küste von Hadhramaut, welcher
in Reisebeschreibungen und auf Landcharten vorkömmt.

Es muß auch an dieser Küste die Stadt Cana gelegen
haben, welche Ptolemäus, Arrianus und Plinius anführen, auch Ezech. 27, 23 vorkömmt. In le Blanc Reisebeschreibung kömmt zwar eine Stadt Namens Cana vor,
welche am Meere zu liegen scheinet: allein, ihre Lage ist
nicht genau bestimmt.

Die bisher genannten Oerter, liegen am Meer. In
dem östlichen Theil des innern Landes fängt der Abcaf
oder Sandstrich an, welcher sich bis Oman erstrecket,
und zur Zeit starker Winde, in eine für die Reisenden sehr
beschwerliche und gefährliche Bewegung gesetzt wird.

Die Stadt Mareb oder Marib, welche am östlichen
Ende der Berge von Hadhramaut, 3 oder 4 Stationen
von Sanaa gelegen hat, war schon zu des Nubischen Erdbeschreibers Zeit verwüstet. Das saget er S. 26 der lateinischen Uebersetzung ausdrücklich, und doch redet er
S. 52 noch von einem Flecken Mareb, in welchem man
die Trümmer von des Königs Salomo Schloß Seruab,
und der Königinn Baltis Schloß Caschib, finde. Alle
orientalische Erdbeschreiber sind der Meynung, daß an
diesem Ort oder in dieser Gegend, die uralte Stadt Saba
gestanden habe, welche von Jaktans Sohn Saba, erbauet und benannt worden, und der Sitz der alten Könige
von Jemen gewesen, welche Tbabeah oder Tabbaiah geheißen haben. Hier soll auch die in der Bibel vorkommende und vorhin schon genannte Königinn von Saba
gewohnet haben, welche den jüdischen König Salomo
besucht hat, und welcher der Name Balkis beygeleget
wird.

wirb. Ich habe vorhin aus dem Abulfeda den Umstand angemerket, daß Mareb am Ende der Habhramuthischen Berge gestanden habe. Hier war in der ältesten Zeit ein Damm, von ungeheurer Größe, Dicke und Stärke, Aarem genannt, welcher das Wasser eines aus den Bergen kommenden Bachs aufhielt, so daß es wohl zwanzig Mannshöhen oder Faden aufschwoll. Der Damm stund über der Stadt wie ein hoher Berg. Alle Seiten des Wasserbehältnisses waren durch Kunst der Einwohner aufs stärkste verwahret, und sie hatten Häuser auf denselben erbauet. Das Wasser wurde durch Röhren und Kanäle einer jeden Familie in gleicher Menge zugetheilet, und zwar nicht nur zum Genuß, sondern auch zum Verkauf und zur Bewässerung der Aecker. Gott aber bestrafte den Stolz und Uebermuth der Einwohner durch eine heftige Fluth, welche während der Zeit, als sie schliefen, den Damm zerriß, und die ganze Stadt nebst den nahegelegenen Flecken, Dörfern und darinn wohnenden Menschen, vertilgete. So erzählet der Nubische Erdbeschreiber diese merkwürdige Begebenheit. Von seiner Erzählung ist eine andere darinn unterschieden, daß sie die Veranlassung zum Bruch des Damms den Bergmäusen zuschreibet, welche ihn durchlöchert haben sollen. Dem sey wie ihm wolle, die Araber haben von dieser Begebenheit eine Jahrrechnung angefangen, und ihrer geschiehet im Koran sura 34, com. 15. 16. Erwähnung. Prof. Reiske hat in seiner Schrift de Arabum epocha vetustissima ruptura catarrhactæ Marebensis, welche ich aber nicht gesehen habe, ausführlich davon gehandelt. Man kann auch Hofrath Michaelis Fragen S. 269-277. 372. nachsehen, in welcher aber, vermuthlich nach Anleitung der Reiskischen Schrift, die Stadt Mareb in die Landschaft Schichr (besser Schadschar) gesetzt wird, zu der sie nicht gehöret. Die arabischen Schriftsteller glauben, daß die Königinn Balkis den Damm aufgeführet habe. Wenn dieses richtig, und zugleich wahr wäre, daß der Bruch des Damms unter dem König Dhuhabschan geschehen: so hätte der Damm nur eine kurze Zeit gestanden; denn die Balkis
soll

soll ums Jahr 980, und Dhuhabschan ums Jahr 850 vor Christi Geburt, regieret haben. Es hätte auch die Verwüstung nicht Mareb, sondern Saba betroffen: und doch ist nach des Nubischen Erdbeschreibers und Abulfeda Erzählung, Mareb verwüstet worden. Prof Reiske hält für wahrscheinlich, daß der Bruch im ersten Jahrhundert nach Christi Geburt geschehen sey. Das Wasserbehältniß hat dem Ansehen nach viele Aehnlichkeit mit demjenigen gehabt, welches in Frankreich in der Landschaft Languedoc bey Saint Ferreol, zum Behuf des languedocschen Kanals veranstaltet worden. s. meine Erdbeschreibung Th. 2. S. 500 der fünften Ausgabe.

Abulfeda S. 288 der Uebersetzung von la Roque, gedenket eines Orts Namens Elmasab, bey welchem das Wasser unterschiedener Bäche durch einen Damm aufgehalten, und aus dem Behältniß zur Bewässerung der Felder vertheilet werde.

Schibam oder Schebam, in der lateinischen Uebersetzung des Nubischen Erdbeschreibers Sciabam und Scebam, wird von diesem Schriftsteller eine Stadt und Festung genannt. Sie stehet auf einem Berge gleiches Namens, (nicht am Fuß desselben, wie Herbelot schreibet,) welcher schwer zu besteigen, oben aber mit vielen Dörfern bebauet ist, Aecker und herabfließende Wasser hat. Abulfeda, und der persische Erdbeschreiber, den Herbelot anführet, sagen, daß man auf diesem Berge Carniole, Achate und Onyche finde. Die Stadt Schebam ward zu Abulfeda Zeit als die Hauptstadt des Landes Hadhramaut angesehen. Sie liegt eine Station von Damar, und 11 von Sanaa. Einige sagen, sie heiße auch Hadhramaut. Bochart hält sie für Sabota Plinii, Sabbatha Arriani, und Saubatha Ptolemæi.

Tarim, eine Stadt, eine Station von der vorhergehenden.

Das Land Schadschar.

Daß dieses Land gegen Westen an Hadhramaut gränzet, ist gewiß; denn der Nubische Erdbeschreiber saget solches ausdrücklich: allein, der Name desselben

ßen ist mehr als einer Schwierigkeit unterworfen.
In der lateinischen Uebersetzung des Nubischen Erdbeschreibers heißt er Seger, und dieser unrichtige
Name, stehet auf den meisten, insonderheit den alten
Landcharten. Im Abulfeda, unter dem Artikel von
Dafar, ist er in la Roque Uebersetzung Shagiar
geschrieben. D'Herbelot schreibet ihn Schagiar,
an dessen statt ich, um die Aussprache besser auszu-
drücken, Schadschar, sage. Beym Asseman finde ich den Namen mit lateinischen Buchstaben Sa-
giar, mit arabischen aber Sadschar geschrieben.
Und gewiß ist in diesem Namen beym Nubischen
Erdbeschreiber und Abulfeda der Buchstabe Dschim.
Da man nun denselben am häufigsten durch ein g
ausdrücket: so ist es sehr gemein, daß man den arabischen Namen, entweder wie Sagar oder Seger
lieset, welches auch Bochart thut. Doch dieser gelehrte Mann gehet weiter; denn er ist dreist genug,
den Punct wegzunehmen, und also aus dem Dschim
ein Cha zu machen, so daß der Name Sachar
heiße: und also verwandelt er ihn weiter in Sachal,
und bringt mit der ihm eigenen Kunst und Mühe heraus, daß der Meerbusen Sachalites, und das Volk
der Sachaliten, davon benannt worden sey. Gleichwie aber in diesem Namen unterschiedene Consonan-
ten, nämlich entweder ein Dschim, (g) oder ein Cha
gebraucht werden: also sind auch unterschiedene Vo-
calen gewöhnlich; denn einige sprechen ihn Scheg'r,
und andere Schichr oder Schihr aus. In unterschiedenen Reisebeschreibungen, wird diese Landschaft das
Königreich Fartas, oder Fartach, oder Far-
tak, oder Farraque oder Farraça, genennet; als
in

in Barbofa, le Blanc, und Juan de Caſtro Reiſebeſchreibungen, und in der Voyage de l'Arabie heureuſe. In den Landcharten, iſt dieſer Name auch
gewöhnlich. Er kömmt von einer Stadt her, und
wird auch einem Vorgebirge beygelegt. Nach le
Blanc, gehört dieſes Land, dem Könige von Jemen,
nach Middleton, Dounton, Saris, Roe, und der
Voyage de l'Arabie heureuſe aber, war es 1610,
1611, 1612, 1624 und 1709 ein beſonderes Königreich,
welches ſeinen eigenen König hatte. Der 1624 re-
gierende hieß Seid Ben Seid, und war bey Lebzeiten ſeines Vaters deſſelben Statthalter auf der In-
ſul Socotorah geweſen, welches zur Zeit ſeiner Regierung ſein Sohn Amar Ben Seid war. In der
Voyage de l'Arabie heureuſe, wird angemerket, daß
in dieſem Lande Weihrauch, und andere am meiſten geſchätzte Specereyen gefunden werden. Die
hieſige Aloe, wird von den Arabern Sabr al
Schedſcheri, genennet. Nach Abulfeda Bericht,
träget dieſes Land viele Gewächſe und andere Producte, die ſonſt in Indien wachſen, als Muſcaten-
Nüſſe, Narbſchil oder Coco, Indigo, u. a. m. An
Oertern finde ich folgende genannt.

1 Cheer, in der Voyage de l'Arabie heureuſe, nach
deutſcher Ausſprache Scheer, oder vielmehr Scheber,
auf der Charte vom morgenländiſchen Meer, welche in
Frankreich 1740, auf des Grafen von Mäurepas Befehl herausgegeben werden, Schabr oder Schebr, auf
ältern Charten nach der portugieſiſchen Schreibart Xael
oder Xaer, iſt nach der Voyage de l'Arabie heureuſe,
der vornehmſte Hafen im Reich Fartach, und bey demſelben eine Stadt. Hingegen ſtehet in Keelings Reiſebeſchreibung, daß dieſer Ort weder Hafen noch Rhede
habe, es werde aber daſelbſt Eiſen und Bley ver-

kauft,

käuft, welches von Kayschem oder Kuschen hieher gebracht
werde, und diese Stadt liege eine Tagereise westwärts von
Scheher. Allein, auf allen alten Landcharten liegt Kuschen gegen Osten von Scheher. In der Beschreibung
der Unternehmungen des portugiesischen Statthalters
Soarez, wird von einem Könige von Xael oder Schael
geredet, welcher sich 1530 den Portugiesen zu einem jährlichen Tribut unterworfen habe; und in der Nachricht
von des Befehlshabers be Cuña Thaten, wird auch die
Höflichkeit gerühmet, welche dieser König den Portugiesen erwiesen, von ihnen aber mit Undank belohnt, und
sie daher 1538 hieselbst und in dieser Gegend insgesamt
umgebracht worden. Es ist entweder der König von
Fartach, oder wohl gar nur ein Befehlshaber zu Scheher gemeynet.

2 Kuschen, in den Reisebeschreibungen der Enländ-
der Keeling und Saris, Cayrem oder Cayrim und Ru-
schin, von andern Kuschem, Kayschem, Kaschin, Kassen oder Kassin, Caracim, Carasem, Karesen, und
von den Portugiesen Caren genannt, eine Stadt mit einem guten Hafen am Meer. 1610 und 1612, und vermuthlich auch schon 1508, war sie der Sitz des Königs
von Fartach, wie aus Middletons und Saris Reisebeschreibungen zu ersehen. Auf Tirions Charte von Arabien, ist sogar ein Königreich Karesen, angegeben, welches vermuthlich daher rühret, weil in der Nachricht von
den Thaten des Almenda, in Saris Reisebeschreibung
und in andern Büchern, der König von Schadschar
oder Fartach, von seiner Residenz Kuschin oder Karasem,
benannt worden ist.

3 Fartach, eine Stadt, welche erst nach des Nubischen Erdbeschreibers und Abulfeda Zeit erbauet seyn
muß, weil beyde derselben nicht gedenken. In der Voyage de l' Arabie heureuse, wird sie die Hauptstadt des
Reichs Fartach genennet, welches auch ohne Zweifel
von derselben seinen Namen bekommen hat.

4 Dafar, Dhafar, Thaphar, Tapbar, eine Stadt
am innersten Ende eines sehr großen Meerbusens, welcher sich weit gegen Norden hinein ins Land erstreckt

5 Theil.   Nn

mit einem Hafen. Dieſes ſaget Abulfeda. Aus Barboſa Reiſebeſchreibung, in welcher dieſe Stadt Diufar
genennet wird, erſiehet man, daß ſie dem Vorgebirge
Fartach gegen Oſten liege. Nach dem Nubiſchen Erdbeſchreiber, iſt dieſer Ort die Hauptſtadt (des Landes)
Jachſeb, und heißt auch urſprünglich Jachſeb, iſt aber
von denen oben in Jemen angeführten Oertern Olu-
und Soſt-Jachſeb, unterſchieden. Abulfeda nennet ſie
die Hauptſtadt des Landes Schabſchar, beym Philoſtor-
gio und Ammiano heißt ſie Capharon, beym Stephano
in der vielfachen Zahl Carphara, und in alten Landcharten Dolfar. Sie iſt von Damar 36000, von Alat
14000 Schritte, und von Mareb 3 Stationen entfernet. 1526 wurde ſie von den Portugieſen zerſtöret. Derſelben gegen Norden ſind Sandhügel, auf welchen der
Stamm Beni Aad wohnet. Vielleicht gehören dieſe Hügel zu dem Gebirge, welches 1 Moſ. 10, 30. Sapbar,
beym Ptolemäo aber Climax heißt, und die Stadt Dafar hat entweder den Namen von dieſem Gebirge, oder
dieſes iſt nach der Stadt benannt worden. Dieſe letzten
Muthmaßungen hat Bochart vorgetragen. Beym Ptolemäo kommen auch die Sapphariten vor. Zur Zeit
des römiſchen Kaiſers Conſtantii, wurde hier von dem
zum Chriſtenthum gebrachten König der Homeriten, ein
Bisthum errichtet, welches nachmals ein Erzbisthum
wurde.

5 Pecher, ein Ort mit einem großen Hafen, welcher
nach Barboſa und le Blanc Bericht, zu der Landſchaft
Fartach gehöret. Der Handel, welcher hier zur See
nach Indien getrieben wird, iſt wichtig. Die Ausfuhr
beſtehet in Pferden, und in Weihrauch. Es wohnen
hier Juden. Man hat in dieſer Gegend Getraide, Fleiſch,
Datteln, Weintrauben, und andere gute Producte in
Menge. Der Ort liegt gegen Oſten von Dafar.

Dem Anſehen nach, gehöret der Landſtrich Ghobbo,
welcher nach des Nubiſchen Erdbeſchreibers Nachricht,
zwiſchen den Städten Sciarma und Merbat, iſt, zu dieſer Landſchaft. Sein Name bedeutet feſtes Land. In
einem untern Theil iſt eine Gegend, Namens Chalfar,

in

in dem obern aber ein Berg, welcher wegen seiner Krümme und weißen Farbe, der Mondberg genennet worden ist.

6 Die Insul Socotorah, von den Syrern Catara, vor Alters Dioscoridis Insula, genannt, gehört zu Jemen als ein Theil dieses Landes, wie der Nubische Erdbeschreiber versichert, insonderheit aber zu dem davon abgerissenen Reich Schabschar oder Fartach, wie die Reisebeschreiber Middleton unterm Jahr 1610, Dounton und Saris, unter dem Jahr 1612, Roe unterm Jahr 1624, und die Voyage de l'Arabie heureuse unter dem Jahr 1708, bezeugen. Zur Zeit der erstgenannten Engländer war der Statthalter auf derselben ein Sohn des Königs von Fartach und hieß Amar Ben Seid. In welchem Jahr die Insul unter des Königs von Fartach Bothmäßigkeit gekommen? weiß ich nicht. Ich finde zwar in Don Juan de Castro Reisebeschreibung, daß die Einwohner dieser Insul 1541 weder einen König, noch andern Gesetzgeber gehabt hätten, sondern ganz ohne Regierung gewesen wären: allein, aus den Beschreibungen der ältern Reisen, welche die Portugiesen von 1503 an, hieher gethan haben, ist zu ersehen, daß diese Insel schon 1508 dem König von Fartach oder Kuschen, unterworfen gewesen sey. Sie liegt nach dem Nubischen Erdbeschreiber gegen den Städten Merbat und Hasec über, erstrecket sich meistens von Osten nach Westen, ist nach dem Abulfeda 80 Parasangen, und nach den portugiesischen Nachrichten 20 (portugiesische) Meilen lang, und 9 breit. Nach dem Nubischen Erdbeschreiber kann man von der arabischen Küste mit gutem Winde in 2 Tagen hieher kommen. Von dem Vorgebirge Guardafui in Habessinien, ist sie 30 portugiesische, oder nach andern, 34 englische Meilen, entfernet. Die Küste ist mit hohen und rauhen Bergen umgeben. Es gehet auch mitten durch die Insul eine Reihe sehr hoher Berge, auf deren Gipfel aber doch der Nordwind den Sand vom Strande wehet. Dieser vom Winde herumgeführte Sand, verursachet, daß das Land ohne Pflanzen und Bäume ist, einige kleine Thäler ausgenommen, welche vor dem Winde bedeckt liegen, und nicht nur die beste Aloe, welche

Sabr al Socotori genennet, und im August bereitet wird, sondern auch Aepfel- und Datteln-Bäume tragen. So wird die natürliche Beschaffenheit der Insul in der Nachricht von Almeyda Thaten beschrieben. Juan de Castro stimmt hiermit überein, außer daß er die Nachläßigkeit und Unwissenheit der Einwohner zur Ursach angiebt, weswegen die Insul weder Getraide, noch andere zur menschlichen Nothdurft und Bequemlichkeit nützliche Dinge hervorbringe: denn sie habe viele Thäler, welche zum Anbau geschickt wären. Er versichert auch, daß die Berge mit Basilico und andern aromatischen Kräutern bedeckt wären, und daß man hier alle Arten von zahmen Vieh in Menge habe. Zu ihren Producten rechnet er auch das Drachenblut, dessen aber, wie Dounton anmerket, nicht viel hieselbst zu finden ist, und welches von Lahor hieher kömmt, wenn ich Roe Worte recht verstehe, welche also lauten: der König (Statthalter) hatte Drachenblut und Indigo von Lahor. Dieser sahe auch, daß er viele kleine Zibet-Katzen um des Zibets willen unterhielt. Nach le Blanc giebts hier auch Ambra. Daß die Dürre auf dieser Insul sehr groß seyn müsse, ersiehet man daraus, weil dem Dounton, welcher 1612 im September hier war, erzählet wurde, es habe in zwey Jahren nicht geregnet. Aus eben desselben und Thomas Roe Nachrichten ersiehet man auch, daß hier freylich Ochsen, Kühe, Ziegen, Schafe und Hühner vorhanden sind, daß aber auch alles Vieh sehr mager ist. Jürgen Andersen gedenket der hiesigen Gemsen, Land- und See-Schildkröten, und unter den Vögeln, der Cassnare. Roe saget, daß aus der Wolle der Aloe ein grobes Tuch für die Sclaven gemacht werde. Die Insul hat keinen Hafen, in welchem eine Anzahl Schiffe überwintern könnte. Der Nubische Erdbeschreiber hat schon angemerket, daß die meisten Einwohner Christen wären, und sie für Abkömmlinge einer Colonie, welche König Alexander der Große hieher geschickt habe, gehalten. Der persische Erdbeschreiber, den Herbelot aufführet, stimmet damit überein: hingegen nach dem ältern Schriftsteller Philostorgio, hat König Alexander in dieser Gegend nicht Griechen, sondern Syrer, oder Colo-

Colonisten geschicket, welche zu Philostorgii Zeit noch die
syrische Sprache geredet. Abulfeda führet aus dem Asisy
an, daß die Einwohner dieser Insul Nestorianische Christen wären, und M. Paulus Venetus lib. 3. cap. 38. welches überschrieben seyn sollte, de insula Socotora, und nicht
Scoira, berichtet, die Christen dieser Insul hätten einen
Erzbischof. In der Nachricht von Almeyda Thaten, wird
angeführet, daß die Einwohner dieser Insul, eben so wie
die Habessinier, Monophysitische oder Jacobitische Christen
wären: es wird auch eben daselbst, und von Juan de
Castro angemerket, daß ihre Gebethe in chaldäischer Sprache abgefasset wären. In Assemani Bibliotheca orientali
T. II. p. 456 kömmt unter dem Jahr 1593 nach griechischer Rechnung, ein jacobitischer Bischof von Socotorah
vor, und aus p. 460 ist zu ersehen, daß dieses Bisthum
zu der Kandischen Provinz gehöre. Es ist aber auch die
vorhin angeführte Nachricht des Abulfeda richtig, daß
hier Nestorianische Christen wären, und diese haben auch
einen Bischof, welcher ehedessen unter dem persischen, und
nachmals unter den malabarischen Metropoliten gestanden hat, wie aus Assemani Bibl. oriente. T. III. P. II.
p. 602. 603. 780, und aus la Croze Histoire de christianis-
me des Indes pag. 39 zu ersehen. Am umständlichsten
benachrichtiget uns Thomas Roe von den Einwohnern
dieser Insul. Er saget, sie wären von vier Arten, nämlich Araber, welche das Land beherrschen: die Unterthanen
derselben, mit welchen als mit Sclaven umgegangen wird:
alte Einwohner, Bediognes genannt, welche Jacobitische
Christen sind, auf den Bergen wohnen, und das Verkehr
mit den Arabern aufs möglichste scheuen, und endlich ein wildes, nacktes und armes Volk, welches in
den Gebüschen lebet, ohne Häuser zu haben, und die
ältesten Einwohner des Landes ausmacht. 1508 wurde
die Insul von den Portugiesen erobert.

Nach Middleton, Dounton, Roe und der Voyage de
l' Arabie heureuse, ist auf der arabischen Seite dieser Insul, nicht weit von der Rhede, eine Stadt, Namens
Tamarin oder Tamara, welche an hohen und steilen
Bergen lieget, und der Sitz des Statthalters ist. Eine

(englische) Meile von derselben, stehet auf einem Berge ein
viereckichtes Kasteel.

Die zwo Schwestern, sind 2 kleine Insuln, 7½ englische Seemeilen von der östlichen Spitze von Socotorah,
welche ihrer Aehnlichkeit wegen also genannt werden: und
Abdal Kuria, von den Reisebeschreibern auch Abba
del Kuria, Abla del Kuria, und Abdalakora genannt,
ist eine lange, schmale und wüste Insul, 14 englische Seemeilen von der westlichen Spitze von Socotorah, wie Dounton schreibet. Der Statthalter von Socotorah hat einige
Leute, und zahmes Vieh auf derselben.

Mahrah.

Diese Landschaft liegt am Meer, und gränzet gegen Osten an die Landschaft Schadschar, gegen Norden aber an Oman. Es scheinet, wenigstens nach
der lateinischen Uebersetzung, als ob der Nubische Erdbeschreiber diese Landschaft mit zu Schadschar rechne.
Sie hat nach Abulfeda Bericht, weder angebauete
Aecker, noch Dattelnbäume, aber sehr gute Kameele,
insonderheit von der Art, welche Dromadare genannt
werden: es wächset auch in derselben Weihrauch.
Die Sprache der Einwohner ist rauh und hart, und
schwer zu verstehen. Ich meyne, daß folgende Oerter zu dieser Landschaft gehören:

· Merbath oder Mirbath, beym Nubischen Erdbeschreiber auch Berbar, eine kleine Stadt am Meer, 6 Tagereisen zur See von Sciauma, am Meerbusen von Dafar,
dieser Stadt gegen Südosten, und so wie Hasec, der Insul Socotorah gegen über. So bestimmen ihre Lage der
· Nubische Erdbeschreiber, Jbn Said beym Abulfeda, und
dieser selbst. In der Charte von Arabien, welche Sale seiner Uebersetzung des Korans beygefüget hat, ist die Lage
der Stadt unrichtig gesetzt, und sie nebst Hasec und Cabar
Hud zu der Landschaft Hadhramaut gerechnet worden, welcher Irrthum daher rühret, weil der Nubische Erdbeschreiber

der diese Oerter von der Landschaft Habhramaut nicht deutlich unterscheidet. Auf den Bergen bey Merbath wachsen Weihrauchstauden.

Hasec oder Asech, eine kleine Stadt, 2 Tagereisen zu Wasser, und 4 zu Lande, von Merbath, am Meerbusen al Haschisch. Bey dieser Stadt und am Meer, ist ein hoher Berg, Namens Lus, und demselben gegen über auf der Nordseite, ist das Land der Aditen, beym Ptolemäo Oaditen, und beym Plinio Chaddæer.

Cabar Hud, oder das vorgegebene Grab des Patriarchen Hud, das ist, Hebers, ist 2000 Schritte von Hasec.

Der angeführte Dschun (Meerbusen) al Haschisch, hat seinen Namen von den darinn befindlichen Gewächsen. Er ist wie ein Sack gestaltet, sehr tief und gefährlich. In demselben liegen die vom Nubischen Erdbeschreiber genannten Inseln Chartan und Martan, deren arabische Einwohner, eine alte besondere Sprache reden, welche andere Araber nicht verstehen, und mit Ambra handeln, welchen das Meer an den Strand dieser Inseln wirft, wie Herbelot meldet. Allein, der Nubische Erdbeschreiber, aus welchem er alle diese Umstände genommen hat, saget, daß der Ambra von Seefahrern hieher gebracht, und den Einwohnern verkauft werde. Auf den alten Landcharten heißen diese Inseln Curian und Murian, und diese Namen braucht auch Bochart. Es ist auf den Landcharten ein ziemlich großer Fluß abgebildet, welcher sich in den Meerbusen al Haschisch ergießet, und Prim genennet wird. Dieser Name ist aus dem Ptolemäo genommen, und sollte Prion heißen. Es ist mir aber weiter nichts von dem selben bekannt. 1503 überwinterten Portugiesen in dem Meerbusen, darinn diese Inseln liegen, und fanden die Babavi an dieser Küste, welche von der Viehzucht leben, als ganz leutselige Leute.

Es wäre angenehm, gewiß zu wissen, wo man den Meerbusen Sachalites suchen solle, den Ptolemäus und Arrianus anführen. Nach dem ersten ist er auf der Ostseite, und nach dem letzten auf der Südseite von Arabien. Hat Arrianus Recht, so ist der Dschun al Haschisch vermuthlich der Meerbusen Sachalites: denn von jenem saget der

Nubische Erdbeschreiber, und von diesem Arrianus, daß er
sehr tief sey, und die Weihrauch tragende Gegend, welche
Arrianus an diesen Meerbusen setzt, können die Berge bey
Merbath seyn. In die Herleitung des Namens Sachalites, lasse ich mich nicht ein: da aber Asseman eine Stadt
Namens Sachalia anführet, welche Reiste Sabatab nennet, so wünschte ich derselben Lage genau zu wissen. Der
erste nennet sie zwischen Haly und Sancan, der andere
zwischen Hesn Tees und Hesn Demkuwah. Daher ist zu
vermuthen, daß sie nach dem arabischen Meerbusen zu liege,
und nicht brauchbar sey, um den Namen des Meerbusens
Sachalites davon herzuleiten.

Oman.

Die Landschaft Oman, gränzet gegen Süden an
Mahra, gegen Westen und Norden an Jamamah
und Hedscher, und gegen Osten an das Weltmeer,
dessen diese Küste bespülenden Theil, die Araber
Bahr Oman, nennen, und welcher an Ambra vorzüglich reich ist. Herbelot schreibet, die Araber be-
legten den ganzen südlichen Theil von Jemen, welcher sich von Meskiet bis Aden, oder von dem persischen bis zum arabischen Meerbusen erstrecke, mit
dem Namen Oman. Ich weis nicht, wo er dieses
gefunden hat. Nach dem Nubischen Erdbeschreiber
und Abulfeda, ist es unrichtig. Der letzte berichtet,
daß diese Landschaft unmäßig heiß sey. Sie hat einen,
nach arabischer Art, großen Fluß, Namens Phaleg
oder Falg, welcher bey Dschulfar in den persischen
Meerbusen fließet, und dessen Ufer stark bewohnet
sind. Es liegt auch an demselben das Gebirge Sciorm. An den Küsten ist diese Landschaft eben so
sandicht, das Innere Land aber ist bergicht. An Datteln und andern guten Früchten, hat es einen Ueberfluß, es wird aber sehr durch die große Menge der
Affen

Affen verwüstet. Diese Umstände hat mich Otter gelehret. Der letzte, erinnert mich an eine merkwürdige Stelle in Barthema Reisebeschreibung, die ich oben
anzuführen vergessen habe. Er erzählet, daß er auf
der Rückreise von der oben beschriebenen Stadt Damer nach Aden, ungefähr nach 5 Tagereisen, in ein
schreckliches Gebirge gekommen sey, in welchem er und
seine Reisegefährten, gewiß mehr als zehn tausend
Affen, Meerkatzen und andere seltsame Thiere gesehen hätten. Sie machten den Weg sehr beschwerlich
und gefährlich, weil sie die Reisenden anfielen, welche
daher in Gesellschaften reisen müßten, die nicht unter
hundert Personen stark wären. Sonst merket Otter
noch an, daß Oman sehr volkreich sey: und der Nubische Erdbeschreiber saget, die meisten Einwohner
wären Schiiten.

Es hat diese Landschaft ein ansehnliches Vorgebirge, welches auf den Landcharten Ras al Gat genennet wird, beym Nubischen Erdbeschreiber aber,
wo ich nicht irre, Al Mahdschame heißet, und ein
hoher Berg ist. Es ist mir wahrscheinlich, daß es
das Vorgebirge Syagrum sey, dessen Ptolemäus und
Arrianus Erwähnung thun: denn jener saget, es sey
am Ende der südlichen Küste von Arabien. Arrianus
meynet, es sey das größte Vorgebirge in der Welt.

Aus Otters Reisebeschreibung ersiehet man, daß
das Land Oman durch einen Imam regieret werde,
welcher von dem König von Jemen unabhängig zu
seyn scheinet. Derjenige, welcher 1720 regierte, machte sich damals Meister von der Insul Baharain im
persischen Meerbusen, welche aber 1721 durch Unterhandlung wieder an Persien kam. Der Imam und

Nn 5 seine

seine Araber vereinigten sich 1739 mit den Hulen, um ihre beyderseitige Freyheit, gegen die Perser zu vertheidigen, und hatte 1740 eine Flotte von 12 Schiffen. 1742 wurde er von seinen Unterthanen abgesetzt, und nahm seine Zuflucht zu den Persern. 1743 bediente sich der neue Imam einer Kriegeslist, wider die Perser: er verließ nämlich mit seinen Truppen die Stadt Mesket, und zog sich nach dem nahgelegenen Ort Matra. Zwey tausend Perser besetzten hierauf die Stadt, wurden aber von dem Imam unvermuthet überfallen, und bis auf 4 oder 5 Mann nach getödtet. Zu gleicher Zeit erhielt auch seine Flotte einen Sieg über die persische, auf der Höhe von Sewabi. Diese Nachrichten hat auch Hanway aus dem Otter angeführet, ohne ihre Quelle zu nennen.

An Oertern der Landschaft Oman, finde ich folgende genannt.

Tsur oder Sur, eine Stadt, welche eine Tagereise von Kalahat entfernet ist, wie der Nubische Erdbeschreiber berichtet. Ihr Name ist einerley mit dem griechischen Tyrus, und sie ist von einer Colonie Tyrier, Sidonier und Araber erbauet, wie Strabo bezeuget. Von hier kann man nach dem Vorgebirge al Mahdschame oder Ras al Gat, zu Wasser in 2 Tagen kommen.

Kalahat, eine Stadt am Meer. In der Nachricht von den Thaten der Portugiesen unter dem Almeyda, wird sie Kalajata, und eine schöne starke Stadt genannt. Die Portugiesen trafen 1508 mit derselben einen Vertrag.

Kuriat, eine Stadt am Meer, welche die Portugiesen 1508 eroberten und verbrannten.

Mesket, gemeiniglich Mascat, auch Mascate, und beym Barthema, Mescher, genannt, die Hauptstadt des Landes Oman, welche am Meer liegt, und ein gutes Kastell hat. Bey derselben wachsen Datteln, Coco, Pfeffer, und Temri-hind oder Tamarinden. Die Stadt ward 1508 von den Portugiesen eingenommen, geplündert, und eine geraume Zeit besessen, 1659 aber wurde sie ihnen von den Arabern wieder entrissen. Die Einwohner holen in ihren Schiffen von Beit al Fakih Caffe, und von Sewahil in Africa, Negern ab, und führen jenen und diese zum Verkauf nach Basra. Ihre Schiffe sind ohne Eisen, und sie verbinden die Bretter mit Cair, welches, nach Otter, die Rinde eines Baums ist. Es ist in der Gegend dieser Stadt eine starke Fischerey im Meer, wie Barbosa berichtet: es ist auch gegen derselben über eine viereckichte Insul Namens Kis, welche 12000 Schritte lang, und eben so breit ist, wie der Nubische Erdbeschreiber saget. Man muß aber diese Insul mit der oben S. 457 angeführten Insul gleiches Namens, nicht verwechseln.

Sewadi, auf der Charte vom morgenländischen Meer, welche zu Paris auf Befehl des Grafen von Maurepas herausgegeben worden, Swada, ein Ort am Meer, auf dessen Höhe die meskietische Flotte 1743 die persische schlug.

Sachar, Sohar, Sir, die älteste Stadt im Lande Oman, und vormalige Hauptstadt desselben, war schon zu Abulfeda Zeit verwüstet, denjenigen Theil derselben ausgenommen, welcher Oman genennet, und bewohnet wurde. Afish beym Abulfeda, nennet die Stadt Oman, und ihr Kasteel Sohar. Der Name Sachar oder Sohar ist noch in den Reisebeschreibungen und Landcharten gewöhnlich, der gute und berühmte Hafen aber wird von den Arabern gemeiniglich Cassabat al Oman genennet. Diese Stadt ist der Hauptort des Districts, welchen der Stamm Asd oder die Asiden, bewohnen. Als 1508 die Portugiesen sich der Stadt Sachar näherten, flohen alle Einwohner, bis auf den Statthalter, und einige der vornehmsten Araber nach, welche sich verpflichteten, dem König von Portugal Tribut zu entrichten.

Ich habe oben angeführet, daß Bochart sich die Mühe gebe, den Namen der Landschaft Schadschar in Sachar und Sachal zu verwandeln, um den Namen des Meerbusens Sachalites davon herzuleiten. Hätte er sich an diese Stadt Sachar erinnert, so hätte er seine Absicht viel leichter erreichen können, zumal da nach dem Ptolemäo, der Meerbusen Sachalites in dieser Gegend gewesen seyn müßte.

Damar

Damar, beym Plinio Thamar, ein Flecken am Meer, nicht weit von Sachar, wie der Nubische Erdbeschreiber lehret.

Orfukam, in den Nachrichten von Almeyda Thaten, Orfacan und Orfacano auf den Landcharten, Corfucan beym Ramusio Tom. I. eine Stadt, 15 (portugiesische) Meilen von Meskiet, welche die Portugiesen 1508, als sie von ihren Einwohnern verlassen war, drey Tage lang plünderten.

Nach den schwarzen Bergen der Asaber, folget beym Ptolemäo das Vorgebirge der Asaber, welches auf den Landcharten Musaldon, Mosledon, Mossandan, Monsadon, und auch auf andere Weise, genennet wird, und bey welchem der persische Meerbusen seinen Anfang nimmt. Es ist ein hoher felsichter Berg. Nach dem Nubischen Erdbeschreiber und Abulfeda, siehet man in dieser Gegend al Dordur, das ist, die 3 Berge, von welchen sie zween namentlich anführen, nämlich Cosair und Quair, oder Kasir und Awir. Das Meer macht in der Gegend dieser Berge Wirbel, welche den Schiffen gefährlich sind.

Ich habe oben S. 457 Anmerkung 1. schon einen diesseits des Vorgebirges liegenden Ort, Namens Daba, angeführet, und bleibe also bey demselben hier stehen.

An dem oben genannten Fluß Phaleg oder Salg, liegt das Land Tarua, und in demselben liegen nahe bey einander, und zwar an dem Fluß, die kleinen Städte Sobal oder Saal, und Ofor, in einer fruchtbaren Gegend. Eine halbe Tagereise von diesen Oertern, siehet die kleine Stadt Maneg oder Mang, am Fuß des Gebirges Sciorm, und am Fluß Phaleg. Zwo Stationen von dieser gegen Westen, und im innern Gebirge Sciorm, liegt die kleine Stadt Ser-Oman. Alles dieses hat der Nubische Erdbeschreiber, und auch Asseman erwähnt dieser Oerter.

Druckfehler und andere Verbesserungen.

Die Menge der eingeschlichenen Druckfehler, ist mir sehr unangenehm. Es ist aber doch besser, dieselben anzuzeigen, als zu verschweigen. Ich menge unter dieselben andere Anmerkungen und Verbesserungen, welche ich seit dem Druck der Bogen gemacht habe.

S. 3. Z. 19. nach dem koreischen Meer, setze man noch, das japanische Meer. S. 7

S. 7. Z. 3. Argali.

— Z. 8. Die Gaselle, das Muscusthier, welches da, wo das männliche Glied zum Vorschein kömmt, eine kleine Tasche hat, —

— Z. 17. den Tschakal, den schwarzen Fuchs.

S. 8. Z. 21. 22. die nicht Araber sind. In einer —

S. 9. Z. 1. Badawi.

S. 11. Z. 22. Zwischen Mendai Jabia, muß das Comma weg; denn es ist Ein Name.

S. 12. Z. 19. Curden, in Curdistan und in Syrien —

S. 14. Z. 3. Hendi, Hendowi, Hindu, ein Indianer, in der vielfachen Zahl auf syrisch Hendevoje und Hendoje, die alten —

S. 15. Z. 5. Mongolen.

S. 17. Z. 10. und von den erstern Kurilen, Jaankur genennet.

S. 21. Z. 9. Silsian.

S. 23. Z. 8. s. Bucharen.

S. 24. Z. 19. Ajali.

S. 15. Z. 3. Kolbalischer.

— in der letzten Zeile, Arat.

S. 29. Z. 19. auf chinesisch Solon, eins —

S. 32. Z. 14. theils Mohammedaner, theils Christen.

S. 34. Z. 20. oder Kuttiren, oder —

— Z. 5 von unten, Aijuka.

S. 37. Z. 3 von unten, Abu Hanifa.

S. 39. Z. 1. I. die griechischen Christen.

S. 40. Z. 7. Starowerzi.

— Z. 6 von unten, Mussal, in al Dschesira, und heißt —

S. 41. Z. 14. Mardin.

S. 43. Z. 18. Zu Smyrna und Astrachan —

S. 45. Z. 5 von unten, Babylonier.

S. 49. Z. 1. Kaptschak.

— Z. 9. das Wort, noch, streiche man aus.

— Z. 15. Taulai.

S. 51. Z. 14. mit denen zu —

S. 57. Z. 18. Sattine.

S. 59. Z. 8 von unten, morgenländischen, römischen.

S. 60. Z. 14. 15. Merasche.

S. 63

S. 63. Z. 1. Nach Kadhi-Kioi ein Comma.

S. 64. Z. 26. Jaloway.

S. 70. Z. 19. An berselben.

S. 73. Z. 2. Aesepus.

S. 76. Z. 5. von unten, Schweden, Preußen und —

S. 77. Z. 10 und 9. von unten, deren einer von — und der andere —

S. 84. Muß der ganze 98ste Artikel von Seleuceier ausgestrichen werden.

S. 87. Z. 8. von unten, nach Schweden und Frankreich gebracht.

S. 90. Z. 3. und 1. von unten, Karamanen.

S. 91. Z. 16. von neuern Schriftstellern.
— in der untersten Zeile, und durch die —

S. 93. Z. 2. von unten, Katun Seraï.

S. 94. Z. 8. vor Alters Cæsarea Cappadociæ, in noch ältern Zeiten Mschak, Maschak, Masaca oder Mazaca, eine —

S. 106. Z. 6. und Arzerum, an einem von Abend herkommenden Fluß, welcher sich hier in den Euphrat ergießet.

Nach Num. 5) setze man die

Anmerkung. Wenn man von Malatia (S. 101) aus, gegen Norden also reiset, daß man den Euphrat zur rechten Hand behält, so hat man bis Arzendschan beständig über Berge zu reisen, die wohl bewohnt sind, aber so, daß die Dörfer aus lauter Hölen in den Bergen, bestehen. Schillinger hat sie auf seiner Reise angetroffen.

S. 117. Z. 19. doch sind keine Ueberbleibsel —

S. 122. Z. 16. von unten, es werden ihnen.

S. 128. Z. 10. von unten, es werden —

S. 131. Z. 1. Panaia Cheque oder —
— Z. 21. davon noch.
— Z. 24. oder Chrisofu,
— Z. 8 von unten, hat an.

S. 132. Z. 23. auf 10 —

S. 133. Z. 7. Gouvernements.
— Z. 16. Commener.

S. 136. Z. 15. Bakar.
— Z. 2 von unten, Kacheti.

S. 137. Z. 10. noch genauer.   S. 144.

S. 144. Z. 1. Das giurdschistanische.

S. 147. Z. 8. Cardueli.

— Z. 16. nach dem Worte, ergießen, ist folgende
    Stelle durch ein Versehen ausgelassen worden:
    Der vornehmste unter diesen Flüssen, der Fachs
    oder Fasso, oder Rione, vor Alters Phasis genannt,
    nimmt die Flüsse Skeni, ehedessen Hippus, Abbascia,
    ehedessen Glaueus, und Tachur, ehedessen Sigamen,
    auf. Anfänglich, da er vom Gebirge kömmt, ist sein
    Lauf heftig, in der Ebene aber fließet er so langsam,
    daß man seine Bewegung kaum wahrnehmen kann.
    Es ist merkwürdig, daß die Phasanen oder Fasanen
    von demselben den Namen haben: denn die Argonau-
    ten haben diese Vögel hier gefunden, nach Griechen-
    land geführet, und von dem Fluß Phasis benannt.
    Es giebt noch jetzt viele Fasanen hier zu Lande.

S. 149. Z. 11. Die Worte, welche wenige verstehen, wer-
    den ausgestrichen.

— in der letzten Zeile, und dem

S. 150. Z. 10. worden.

S. 152. Z. 8. S. 154. Z. 4. S. 156. Z. 8 von unten, und
    S. 161. Z. 21. Chorenensis.

S. 155. Z. 19. Achankiulk.

S. 160. Z. 15 und 18. Eumasur.

S. 163. Z. 5. oder Betlis, von den Armeniern Paguez
    genannt, ein Ort —

S. 167. Z. 7. Kiziltsche.

S. 168. Z. 19. der größere Fluß Zab.

S. 169. Z. 5. Die badgilanischen Kiurden.

S. 170. Z. 11 von unten, sein Salz niederlege.

S. 171. Z. 1. Caschdim.

— Z. 13. Halwam.

S. 173. Z. 7. bey dem

— Z. 15. Nahar al Salam.

S. 178. Z. 21. Dar.

— Z. 31. Holagu.

S. 180. Z. 10. Arabe.

S. 181. Z. 3 von unten, Ctesiphon (auch Chalane und
    Esphanir genannt,) und Seleucia —

S. 183. Z. 9. Schelmegan.   S. 184.

S. 184. Z. 8 von unten, Conisapor.

S. 186. Num. 28. Meschebed Hussein — heißt die Stadt auf der Ebene — wallfahrten dahin. Die Einwohner sind Araber von weißer Farbe, und von Ali Secte. Die Stadt hatte an 4000 geringe Häuser, als Texeira 1604 daselbst war, und eine türkische Besatzung. Das Wasser des Euphrats wird durch einen Kanal hieher geleitet. Die Luft ist gemäßigt, und die Stadt hat einen Ueberfluß an Korn, Reiß, Hülsenfrüchten und anderen Lebensmitteln, aber kein Holz, daher man getrockneten Koth von Ochsen und Kameelen brennet. In der Nähe sind 2 große Landseen.

S. 187. Z. 24. woselbst noch

Num. 36. Meschebed Ali, — Flecken, auf einem Berge, dahin — gehöret. Noch in der ersten Hälfte des 16ten Jahrhunderts, war es eine Stadt von 6 bis 7000 Häusern, im Jahr 1604 aber fand Texeira hier nur etwa noch 500 schlechte Häuser. Es ist hier gemeiniglich eine türkische Besatzung. Eine Wasserleitung, führet dem Ort süßes Wasser zu. Die Einwohner sind weiß von Angesicht. Lebensmittel müssen ihnen zugeführet werden.

Nahe bey diesem Ort, ist ein großer See, der nach Texeira Bericht Rahemat genennet wird. Er hat 35 bis 40 gemeine französische Meilen im Umfang, und ist 6 breit. Sein Wasser kömmt theils vom Regen, theils aus dem Euphrat, und wenn der letzte hoch ist, hat der See eine Tiefe von mehr als 50 Schuhen. Der salpetrichte Boden macht es salzig, und die Sonne bereitet daraus eine große Menge Salzes, welches nach Bagdad und anderen Orten gebracht wird. Der See ist auch fischreich, und an seinen Ufern halten sich Wasservögel auf.

Ungefähr eine Meile von Meschebed Ali, oder —

S. 190. Z. 19. um sich.

S. 192. Z. 21. Tuster.

—   Z. 23. Klaftern tief ist.

S. 193. Z. 17. Randul.

—   Z. 4 von unten, 1668.

S. 196.

S. 196. Z. 18. Teredon.

S. 197. Z. 9. Zeini.

Nach Z. 21. muß folgendes eingerücket werden:

Eine Tagereiſe gegen Nordweſten von Basra, in der Wüſte, trifft man einen Flecken an, der, wie Texeira meldet, Drabemya genennet wird, und woſelbſt er 1604 große Trümmer von einer ehemaligen Stadt fand. Das umliegende Feld wird gebauet. Wenn man von dannen gegen Norden reiſet, läßt man 6 oder 7 gemeine franzöſiſche Meilen weit zur Linken, einen hohen Berg, der ungefähr 2 Meilen lang iſt, und von den Arabern Sinam oder Senam genennet wird.

Auf der 5ten oder 6ten Tagereiſe von Basra, kam Texeira im September über einen mit Salpeter bedeckten Boden.

Al Kaiſſar, 7 Tagereiſen von Basra, eine verfallne von Backſteinen erbauet geweſene Feſtung, am Ufer eines Fluſſes, der nur im Winter Waſſer hat. Dieſer Ort liegt auf der Hälfte des Weges von Basra nach Meſchehed Ali, wie Texeira meldet.

Zwo Tagereiſen von dannen gegen Norden, findet man die Trümmer von Ain al Salda, in welcher ehemaligen Stadt einige Brunnen ſind. Texeira gedenket ihrer.

S. 198. Z. 5. Meſopotomia. Al Dſcheſira.

S. 201. Z. 9 von unten, Oruaghiar.

S. 204. S. 19. 20. ſprechen die aramiſche Mundart.

S. 205. Z. 1. Moſul.

S. 206. Z. 4 von unten, Tigranocerta.

S. 216. Z. 1. liegt auf der Seite des wüſten Arabiens.

S. 219. Z. 4 von unten, Iſbaki.

S. 220. Z. 10. Haſſaſſim.

S. 221. Z. 9. welcher er Adſchnad, oder in der einfachen Zahl einen jeden Dſchund oder Sjund —

S. 225. Z. 11 von unten, Weinbeerenſaft.

S. 226. Z. 3. iſt ein.

S. 227. in der letzten Zeile, nach dem Wort, bewohnet.

— Sie ſtehen nicht unter dem Emir des wüſten

— Arabiens, ſondern unter Haleb.

S. 228. Z. 17·19 die Worte, Sie stehen — Haleb, werden hier weggestrichen.

S. 230. 17. oder Einwohnern.

S. 231. Z. 17. von unten, welches

S. 236. Z. 14 Sultan Bibars hat —

— Z. 28. Suwaida

— Z. 30. Pieria.

S. 238. Z. 19. negro.

Z. 23 in der Stadt.

S. 239. Z. 5. Sultan.

S. 241. Aintab — wachsen. Schillinger beweiset, daß die Einwohner vom Honigbau und Wachshandel die meiste Nahrung hätten. Die hiesigen —

S. 242. Z. 21. Singas.

S. 243. Z. 15. Hierapolis.

S. 244. Z. Balis — nennet, und der Sitz eines Sandschak.

S. 254. Z. 12. es hatte also alle 3 Seiten.

S. 262. Z. 6. ihr.

— Z. 12. nach Num. 7.

— Z. 20. Arvad und Arpad.

S. 263. Z. 5. Molheoun.

— Z. 15. beytrugen. Brocardt gedenket ihrer als eines zu seiner Zeit (1283) mächtigen Volks.

— Z. 22. gedenken Des Mouceaux, Maundrel —

— Z. 10 von unten, nach dem Wort heißen, setze man: Es meldet auch Melchior von Seyd-litz in seiner Reisebeschreibung, daß er zwi-schen Balbek und Hems, viele Ismaeliter unter Zelten wohnend angetroffen habe.

S. 268. Z. 6. an den Fuß.

S. 269. Z. 24. ausgestorben.

Z. 5 von unten, die Districte —

S. 270. Z 19. Reisebeschreibern aber.

S. 271. Z. 12 Num 15.

S. 274. Z. 6 von unten, Wannigers, welchen Namen er aus Bernh. von Breitenbach Reisebeschrei-bung genommen hat, darinn sie Pannigeri heißen, und Korte —

S. 281. Z. 15. Stadt Aphaca.

S. 284

S. 284. Z. 13 von unten, Dſchebel Tſaldſch, vor
    Alters —

S. 285. Z. 2 von unten, in die See.

S. 290. Z. 5 von unten, Ras al Ain.

S. 304. Z. 5. Hauran.

S. 306. Z. 17. Ulu.

S. 308. Z. 18. das ihnen.

S. 309. Z. 3. einigen alten.
    Z. 12 von unten, Rundung.

S. 314. Die 3 letzten Zeilen müſſen alſo lauten: daß um die
    Mitte des Sees eine Tiefe ſey, aus welcher
    Feuer und Aſphalt hervorbreche, und Pocock —

S. 332. Z. 18. Wadi Ali.

S. 343. Z. 15. ein Thal.

S. 346. Z. 14 von unten, Valle und Egmond van der
    Nyenburg, Ain —

S. 348. Z. 5 nach dem Worte, hat, ſetze man, ungefähr ei-
    ne halbe Stunde Weges von Bethlehem, iſt —

S. 352. Z. 4 von unten, Wadi.

S. 356. Z. 18. 19. auch nach dem — benennet.

S. 363. Z. 22. am Fuße.

S. 364. Z. 6 von unten, Schamarajin.

S. 368. Z. 10. Itabyrion.

S. 369. Z. 9 von unten, Legune oder al Ladſchun, —

S. 371. Z. 15. Gaba.

S. 380. Z. 20. Magdol, Misdel auch —

S. 384. Z. 15. meldet eben dieſes.

S. 385. Z. 3. ſteinichte.
   — Z. 17. bey Saſſa komme,

S. 386. Z. 4. die nachher erwähnte —
   — Z. 15. Suite, beſſer aber Sowaida oder Suwaida.

S. 387. Z. 18. Zar, eine —

S. 400. Z. 7 von unten, und der

S. 410. Z. 3. die Worte, weil ſeine Entfernung, wer-
    den ausgeſtrichen.

S. 413. Z. 16. Katif.

S. 418. Z. 7 von unten, von ihnen.

S. 424. Z. 5 von unten, Fellah.

S. 433. Z. 2. Jazid.

S. 434. Z. 6. 16. Mamun

S. 445. Z. 18. von der noch)

S. 449. Z. 2 von unten, maronitische

S. 452. Z. 4. Schara, oder, wie Carré den Namen
schreibet, Aschera.

S. 453. Z. 3. auf dieser Seite

S. 454. Z. 3. Obolla.

— Z. 6. Oman.

S. 456. Z. 4 von unten, in den

S. 457. Z. 24. Bagra.

— Z. 31. entweder von

— Z. 37. Baharain.

S. 458. Z. 20. Nahors

S. 459. Z. 3. allen Arabern gemein

S. 461. Z. 6 von unten, Arabia petræa, und diese Benennungen kommen von der Stadt Petra her, deren
Name einen großen Stein und Felsen bedeutet.

S. 467. in der letzten Zeile, Station.

S. 471. Z. 17. Seinem Zeugniß, ist —

— Z. 19. von Ain —

S. 472. Z. 12. Marab.

S. 476. Z. 10. Stochode.

S. 478. Z. 10 von unten, erloschenen unterirdischen Feuers.

— Z. 5 von unten, von beyden

S. 479. Z. 14. worden.

S. 480. Z. 12 von unten, kömmt unten eine —

S. 492. in der letzten Zeile, konnte

S. 505. Z. 18 ein schwerer an —

— Z. 25 wird das Comma zwischen den Wörtern,
Vorgebirge Mohammeds, ausgestrichen.

S. 513. Z. 29. S. 225.

— Z. 31. saget in seiner —

S. 516. Z. 4. Esbuta

— Z. 25. Mobacharax

S. 519. Z. 23. Arrakim

S. 523. Z. 6 von unten, Czaba oder —

S. 527. Z. 15. welchen

S. 528. Z. 23. Cora Arine.

Register.

Register.

Dd 3   Aese-

Register.

5 Th. Pp Deluk

Eglun

Register.

Pp 4   Halicar-

Jat

Register.

Lima.

5 Th.　　　　　　　Q q　　　　　　Mina

Register.

Paneas	285	Peruz Sciabbut		184
Panias	285	Pessinus		85
Panionium	79	Petra		111, 516
Panius	284	Phadech		528
Panormo	69	Phaid		459
Pantichio	63	Phalaa		461
Pantik	63	Phaleg, Fl.		568
Papas-Adassi	107	Phamia		220
Paphlagonien	60	Pharau, Geb.		498, 507
Papodonisia	107	——— Kl. u. St.		506, 511
Partaia	131	Pharani		401
Parin	241	Pharin		241
Parthenius	55, 89	Pharphar, Fl.		279
Paschakuk	145	Phasis		146, 575
Paschalik	145	Phasaelis		404
Pasin	156	Pheroz-Sapor		184
Pathmos	120	Pheschin		242
Patino	120	Phiala, See		285
Patmos	12	Philadar		67
Papas	98	Philadelphia		75, 515
Pecher	562	Philomelium		96
Pedius	129	Philsidar		67
Pelenkan	167	Phoda		459
Pella	388	Phönice		258
Pellinæus	117	Phönicia		258
Pelopia	73	Phokæa		74
Penate	457	Phrat, Fl.		157
Penbek	155	Phrnglen		60
Penderaschi	90	Pbyk		387
Pendik	63	Physcus		82
Peraa	388	Picria		237
Peramare	118	Piramus		100
Perath Maisan	194	Pisga, Bg.		389
Pergamo, Pergamum	73	Pisilis		82
Perre	241	Platana		134
Perrhi	241	Platz Abrahams		524
Pertek	210	Pozli		90
Pertekrek	155	Polia		90

Qq 3   Polis

Schem-

Tabuc

Tschel-

Register.